Sustainable Marketing Management

17 -

Heribert Meffert • Peter Kenning
Manfred Kirchgeorg
(Hrsg.)

Sustainable Marketing Management

Grundlagen und Cases

unter Mitarbeit von Dr. Inga Wobker

Springer Gabler

Herausgeber
Heribert Meffert
Westfälische Wilhelms-Universität
Münster
Deutschland

Manfred Kirchgeorg
HHL-Leipzig Graduate School of
Management Leipzig
Deutschland

Peter Kenning
Heinrich-Heine-Universität
Düsseldorf
Deutschland

ISBN 978-3-658-02436-9
DOI 10.1007/978-3-658-02437-6
ISBN 978-3-658-02437-6 (eBook)

Die Deutsche Nationalbibliothek verzeichnet diese Publikation in der Deutschen Nationalbibliografie; detaillierte bibliografische Daten sind im Internet über http://dnb.d-nb.de abrufbar.

Springer Gabler

Lektorat: Barbara Roscher, Jutta Hinrichsen

Gedruckt auf säurefreiem und chlorfrei gebleichtem Papier

Springer Gabler ist eine Marke von Springer DE. Springer DE ist Teil der Fachverlagsgruppe Springer Science+Business Media
www.springer-gabler.de

Vorwort

Blickt man auf die Entwicklungen der letzten Jahrzehnte, so steht außer Frage, dass Problemstellungen des Nachhaltigkeitsmanagements in der betriebswirtschaftlichen Forschung wie auch in der Marketingwissenschaft zunehmende Beachtung gefunden haben. International ist ein beachtlicher Erkenntnisfortschritt in unserer Wissenschaftsdisziplin auszumachen. Gleichzeitig verfügt die Unternehmenspraxis in zunehmendem Maße über Umsetzungserfahrungen im Sustainable Marketing. Und auch das Verbraucherverhalten verändert sich derart, dass Aspekte des Nachhaltigkeitsmanagements an Bedeutung und Akzeptanz gewinnen. Somit scheint der Weg für eine nachhaltige Entwicklung bereitet zu sein. Warum bedarf es dann noch einer Publikation wie dieser? Gerne möchten wir die einleitenden Ausführungen nutzen, um dem Leser unsere Motivation sowie auch die inhaltliche Konzeption des vorliegenden Werkes nahezubringen.

Als Herausgeber repräsentieren wir drei Forschergenerationen. Ende der 1960er Jahre hat sich Heribert Meffert bereits mit Ansätzen des Broadening and Deepening im Marketing beschäftigt und in den 1970er Jahren grundlegende Forschungsprojekte zum Social- und Öko-Marketing initiiert. Manfred Kirchgeorg begann Mitte der 80er Jahre mit Forschungen zu Fragestellungen des marktorientierten Umweltmanagements und setzt sich seit den 1990er mit verschiedenen Fragestellungen des Nachhaltigkeitsmarketing auseinander. Peter Kenning hat sich seit der Jahrtausendwende insbesondere mit verbraucher- und neurowissenschaftlichen Ansätzen zur Erklärung des marken- und umweltorientierten Kaufverhaltens in verschiedenen zivilgesellschaftlichen Kontexten auseinandergesetzt und damit neue Erkenntnisse in die Diskussion eingebracht. Unsere Initiative zu diesem gemeinsamen Werk fußt somit auf einer jahrzehntelangen Auseinandersetzung mit den ökonomischen, ökologischen und sozialen Entwicklungspfaden der Marketingwissenschaft.

Blicken wir auf das Jahr 1987 zurück, so erlangte das Konzept der Nachhaltigen Entwicklung durch den Brundtlandbericht „Our Common Future“ eine weltweite und disziplinenübergreifende Aufmerksamkeit. Dieses Leitkonzept wurde in den 90er Jahren schrittweise in der Marketingwissenschaft aufgegriffen. Unter dem Begriff des „Sustainable Marketing“ sind vielfach die isoliert betrachteten Forschungsstränge des Social- und Öko-Marketing zusammengeführt und erweitert worden. Seit Anfang 2000 sind in zunehmendem Maße im nationalen wie auch internationalen Kontext Grundlagenwerke zum Sustainable Marketing wie auch Journalbeiträge zu Teilaspekten auszumachen. Parallel zur wissenschaftlichen Auseinandersetzung hat die Unternehmenspraxis Konzepte des Nachhaltigkeitsmanagements erprobt und nachhaltige Marketingstrategien umgesetzt. Zunehmend liegen Erkenntnisse vor, dass Unternehmen, die konsequent integrierte Nachhaltigkeitsstrategien verfolgen, im Durchschnitt eine höhere Wertsteigerung realisieren können als Unternehmen, die Nachhaltigkeitsstrategien nur selektiv und auf Druck der Gesellschaft etablieren.

Trotz aller referierten Aktivitäten haben uns zwei Sachverhalte nachdenklich gestimmt. Dabei geht es zum einen um die fehlende Transparenz der vorliegenden Erkenntnisse. In einer Vielzahl von Gesprächen mit Vertretern der Unternehmenspraxis wurde uns immer wieder signalisiert, dass eine systematische Zusammenführung der Ergebnisse aus Wissenschaft und Praxis fehlt. Mühsam seien Konzepte zum Sustainable Marketing von Unternehmen oftmals im Trial & Error-Prinzip erprobt worden, wobei man sich von der Marketingwissenschaft mehr Beistand gewünscht hätte. Verwiesen wurde drauf, dass nachhaltige Leistungsangebote vielfach keine „Selbstläufer" sind und durch ein sehr hohes Maß an Professionalität im Marketing begleitet werden müssen. Allzu häufig zeigt sich eine große Lücke zwischen dem Nachhaltigkeitsbewusstsein von Konsumenten und ihrem konkreten Kauf- und Nutzungsverhalten, sodass eine Vielzahl von Pionierinitiativen gescheitert ist. Somit schien es uns geboten, mit dem vorliegenden Sammelband Beiträge aus Wissenschaft und Praxis zu verbinden, um den Transfer von Erkenntnissen zu fördern. Zum anderen gibt die zunehmende Umweltbelastung Anlass zur Besorgnis, denn trotz aller erzielten Fortschritte auf dem Gebiet des Nachhaltigkeitsmanagements im nationalen wie auch internationalen Rahmen schreitet der Klimawandel, der Verlust der Biodiversität und die Übernutzung der natürlichen Ressourcen immer weiter voran. Analoge Defizite lassen sich hinsichtlich der globalen sozialen Entwicklungen konstatieren, die einen immensen politischen aber auch zivilgesellschaftlichen Handlungsdruck erzeugen. „Wir machen uns Sorgen. Große Sorgen. Wir warnen im Interesse zukünftiger Generationen und des sozialen und ökologischen Gleichgewichts." Mit diesen einleitenden Worten rief im Juni 2013 eine Gruppe renommierter Persönlichkeiten aus Wissenschaft, Wirtschaft und Gesellschaft zum „Generationenmanifest" auf. Diese Initiative unterstreicht, dass weiterhin erhebliche Anstrengungen und Fortschritte von allen Akteuren notwendig sind, um überhaupt noch einen nachhaltigen Entwicklungspfad erreichen zu können. Auch der im Frühjahr 2014 vorgelegte fünfte IPCC-Sachstandsbericht des Zwischenstaatlichen Ausschusses für Klimaänderungen mahnt weltweit alle Akteure, dass im kommenden Jahrzehnt erhebliche Fortschritte im Nachhaltigkeitsmanagement erzielt werden müssen, um die sich abzeichnenden Auswirkungen des Klimawandels noch begrenzen zu können. Es war uns daher ein wichtiges Anliegen, mit der Konzeption des vorliegenden Werkes auch die Verbreitung von Ansätzen des Sustainable Marketing zu befördern.

Wir hoffen, dass wir dem interessierten Leser eine hinreichende Orientierung für die nun folgenden Beiträge geben konnten. Sollten sie Anregungen und Fragen haben, so würden wir uns sehr freuen, wenn sie unter der E-Mail-Adresse „sustainable.marketing@hhl.de" den Kontakt mit uns aufnehmen.

Wir möchten uns an dieser Stelle bei allen Autoren bedanken, die uns ohne zu zögern ihre Mitwirkung zugesagt und mit ihren Expertisen überhaupt erst das Entstehen des Werkes ermöglicht haben. Schließlich konnten wir bei der Endredaktion auf die engagierte Unterstützung von Frau Dr. Inga Kristina Wobker zurückgreifen. Hierfür gilt unser besonderer Dank. Für die reibungslose Zusammenarbeit mit der Verlagsgruppe Springer Science+Business Media bei der Entwicklung und Drucklegung des Werkes möchten wir Frau Barbara Roscher ebenfalls unseren Dank aussprechen.

Wir würden uns freuen, wenn es uns mit dem vorliegenden Sammelwerk gelungen ist, einen Impuls für den Wissenstransfer zwischen Wissenschaft und Praxis zu geben. Ebenso verbinden wir mit dem vorliegenden Werk die Hoffnung, dass die innovative und wirkungsvolle Umsetzung von Konzepten des Sustainable Marketing weiter voranschreitet und noch reale Chancen zur Erreichung eines nachhaltigen Entwicklungspfades bestehen.

Münster, Düsseldorf, Leipzig
im September 2014

Heribert Meffert
Peter Kenning
Manfred Kirchgeorg

Einführung

Um Erkenntnisse aus Wissenschaft und Praxis zu verknüpfen, haben wir die vorliegenden Autorenbeiträge in eine entscheidungsorientierte Grundstruktur eingeordnet. Entlang der Phasen des Marketingmanagementprozesses beschäftigen sich Wissenschaftler wie auch Führungspersönlichkeiten aus der Unternehmenspraxis mit den Grundlagen, Konzepten, Instrumenten und Wirkungen eines Sustainable Marketing. Mit dem folgenden Überblick zu den einzelnen Beiträgen möchten wir die Gelegenheit nutzen, den Leser auf die Ausführungen einzustimmen.

Dem Grundverständnis und situativen Kontext des Sustainable Marketing ist einleitend das Kap. I „Ausgangslage und Rahmenbedingungen des Sustainable Marketing" gewidmet. Peter Kenning setzt sich zunächst mit der Entwicklung und Präzisierung des Begriffs „Sustainable Marketing" auseinander. Er verweist auf die unscharfe Extension des Begriffes in Literaturbeiträgen, grenzt ihn vom Konzept der „Corporate Social Responsibility" ab und verortet „Sustainable Marketing" als Führungskonzeption, die durch Schaffung von Kundennutzen und Wettbewerbsvorteilen unter Beachtung von Nachhaltigkeitsanforderungen einen wichtigen Beitrag zum geplanten Wandel leisten soll. Hieran schließt sich der Beitrag von Heribert Meffert und Jan Hensmann an, in dem die inhaltlichen „Entwicklungspfade des Sustainable Marketing" in Wissenschaft wie auch Praxis aufgezeigt und kritisch gewürdigt werden. Meffert spannt den Bogen von dem zunächst ökonomisch- und betriebsorientierten Marketingverständnis bis hin zum gesellschaftsorientierten Marketingansatz, der heute die in der Gesellschaft adressierten ökologischen und sozialen Problemstellungen unter einer integrierten Perspektive aufgreift.

Zielsetzung des Sustainable Marketing ist es, Lösungsoptionen zur Begegnung von ökologischen und sozialen Problemstellungen unter Generierung eines Kunden- und Wettbewerbsvorteils zu betrachten. Letztlich wird in der generellen wie auch betriebswirtschaftlichen Diskussion zur Nachhaltigen Entwicklung unterstellt, dass die Erhaltung des bestehenden ökologischen Gleichgewichts gelingt. Mit „Sustainability Myopia" bezeichnet Manfred Kirchgeorg die Gefahr, dass Akteure in der Hoffnung der Erhaltung des ökologischen Gleichgewichtsdenkens jene Entwicklungen ignorieren, die eintreten, wenn der Nachhaltigkeitspfad nicht erreicht wird. In seinem Beitrag „Sustainable Marketing in Zeiten zunehmender ökologischer Diskontinuitäten" beschäftigt sich Kirchgeorg deshalb mit der Frage, welche neuen Managementherausforderungen entstehen, wenn Unternehmen wie auch Gesellschaft mit zunehmenden ökologischen Diskontinuitäten konfrontiert werden.

Mit Blick auf die einzelnen Schritte des Managementprozesses eines Sustainable Marketing erfolgt in vier weiteren Beiträgen eine Analyse unterschiedlicher Kontextfaktoren, die den situativen Rahmen für die Entwicklung einer nachhaltigen Marketingkonzeption bilden. Nico Stehr und Marian Adolf beleuchten in ihrem Beitrag den sozial-ökonomischen Wandel in der Gesellschaft aus einer soziologischen Perspektive. Zentraler Ansatzpunkt für die Schaffung von Kundennutzen und Wettbewerbsvorteilen ist hierbei die Betrachtung des Verbraucher- und Kaufverhaltens. Raimund Wildner fundiert seine Ausführungen zum „Wandel im Verbraucher- und Kaufverhalten" mit aktuellen Ergebnissen aus der Marktforschung und hebt hervor, dass „Nachhaltigkeit" bei den Konsumenten überwiegend verkürzt mit Umweltaspekten assoziiert wird. Wildner zeigt auf, dass es Unternehmen in Massenmärkten trotz der Sensibilisierung der Bevölkerung vielfach sehr schwer haben, eine breite Akzeptanz für nachhaltige Produkte und Dienstleistungen zu erlangen, wenn sie nicht mit weiteren Nutzenkomponenten verbunden werden.

Eine bedeutende Rolle spielt der politische und rechtliche Kontext bei der Internalisierung von externen Effekten, die durch ökologisches und soziales Fehlverhalten entstehen. Helmut Schneider, Frederik Ferié und Anja Quednau beleuchten in ihrem Beitrag „Rahmenbedingungen des Sustainable Marketing: Der Politische Wandel", welches Gewicht Nachhaltigkeitsfragen im bundespolitischen Diskurs der letzten Dekaden hatten und welche thematischen Schwerpunkte dabei auszumachen sind. Um nicht der Kritik einer isolierten Betrachtung von situativen Kontextfaktoren zu unterliegen, werden im Beitrag „Wandel aus integrativer Sicht" von Frank-Martin Belz weitere situative Kontextfaktoren unter Berücksichtigung der ökologischen Umwelt reflektiert und aus einer integrierten Perspektive gewürdigt. Ein Sustainable Marketing erfordert die gesamthafte Reflexion der sich verändernden Faktoren in der Makro- und Mikro-Umwelt.

Nach der Auseinandersetzung mit den Rahmenbedingungen widmet sich das Kapitel II den Managementherausforderungen eines Sustainable Marketing. Gemäß der gewählten entscheidungsorientierten Strukturierung erfolgt zunächst eine Betrachtung der Ziel- und Strategieebene, um dann die Umsetzung und Kontrolle einzelner Marketinginstrumente zu diskutieren. Die Auseinandersetzung mit Umsetzungskonzepten erfolgt in besonderer Weise unter Einbeziehung von Praxisbeiträgen, um zu verdeutlichen, welche Optionen, Problemstellungen und Wirkungen sich bei der Implementierung von Sustainable Marketing-Konzepten im Unternehmensalltag zeigen.

Unter der Themenstellung „Entscheidungsorientierung im Sustainable Marketing Management" macht Ingo Balderjahn den Leser zunächst mit der Integration von Nachhaltigkeitsanforderungen in einzelnen Elementen des Marketingmanagementprozesses vertraut. Er weist auf die Notwendigkeit hin, Ziele, Strategien und Instrumente des Sustainable Marketing auf einer sorgfältigen Analyse der Ausgangssituation zu basieren, in der alle relevanten Kontextfelder der Nachhaltigkeitsdimensionen betrachtet werden. Ausführlich beschäftigt er sich mit der Verankerung von Nachhaltigkeitszielen im Marketing und der inhaltlichen Präzisierung ökologischer, sozialer und ökonomischer Zielinhalte.

Orientiert an der Grundstruktur des klassischen Marketingmix erfolgt im zweiten Teilkapitel eine umfassende Auseinandersetzung mit Fragestellungen und Praxisbeispielen zur Umsetzung von nachhaltigen Marketingstrategien. Heribert Meffert und Christian Rauch beschäftigen sich in dem Beitrag „Nachhaltigkeit in der Markenführung" zunächst mit den Konzepten, Wirkungen und Erfolgsbeispielen der Markenführung im Sustainable Marketing. Gerade identitätsorientierte Markenführungskonzepte erfordern eine systematische und kontinuierliche Auseinandersetzung mit den Erweiterungsnotwendigkeiten der Markenidentität, um die Anforderungen der Nachhaltigkeit authentisch innerhalb eines Unternehmens aufgreifen zu können. Produkte werden auch als „Herz des Marketing" bezeichnet und bilden den zentralen Kern einer nachhaltigen Markenstrategie. Eine umfassende Analyse von Best Practice-Markenstrategien legen Carsten Baumgarth und Lars Binckebanck vor. Orientiert am Ansatz der identitätsorientierten Markenführung werden vier Markenstrategien aus dem BtoB- und BtoC-Bereich miteinander verglichen, um Erfolgsfaktoren nachhaltiger Markenstrategien zu identifizieren.

Sowohl auf Unternehmens- als auch auf Produktebene ist eine adäquate Markenkommunikation wichtig, um mit kundengerichteten Zielgruppen sowie anderen Stakeholdern über eine nachhaltige Ausrichtung der Marketingaktivitäten in den Dialog zu treten. Hieran knüpft der Beitrag von Vera Fricke und Ulf Schrader zum Thema „Unternehmenskommunikation zur Förderung des nachhaltigen Konsums" an, wobei sie auf Kommunikationsprozesse abzielen, die Handlungstipps vermitteln und eine Bedarfsreflexion fördern, damit Konsumenten ihr Konsum- und Nutzungsverhalten an den Erfordernissen einer nachhaltigen Entwicklung stärker orientieren. Die Autoren verweisen darauf, dass entsprechende Kommunikationsansätze bisher kaum verbreitet sind und sich damit verstärkt ein Erfordernis der empirischen Erforschung ihrer Ausgestaltungsformen und Wirkungen zeigt. Aus der Praxisperspektive beschäftigen sich Ina Andree und Christian Hahn mit „Nachhaltigkeit in der Kommunikationspolitik", dargestellt am Beispiel der Deutschen Telekom. Dabei werden die Ziele und Ausgestaltungsformen einer stakeholderübergreifenden Kommunikationskampagne im Detail vorgestellt.

„Preis- und konditionenpolitische Entscheidungstatbestände im Sustainable Marketing" diskutieren Hermann Simon und Andreas von der Gathen. In ihrem Beitrag begründen sie die besondere Bedeutung des Preises als Instrument für ein Sustainable Marketing, die einerseits auf die starke Wirkung von Preisen auf das Kaufverhalten und andererseits auf deren Relevanz für die Verfolgung nachhaltiger Gewinnziele zurückzuführen ist. Während sie für den BtoC-Bereich bereits Ansätze einer nachhaltigkeitsorientierten Preisgestaltung ausmachen können, sehen sie erhebliche Defizite in den BtoB-Segmenten.

„Marktorientiertes Nachhaltigkeitscontrolling" ist für Stefan Schaltegger eng mit der Umsetzung eines zielorientierten Sustainable Marketing verbunden. In seinem Beitrag zeigt er auf, dass konventionelle Steuerungsgrößen durch Nachhaltigkeitsindikatoren erweitert werden müssen, damit eine adäquate Steuerung und Kontrolle eines Sustainable

Marketing möglich wird. Ruth Stock-Homburg, Anette von Ahsen und Marina Melanie Wagner greifen in ihrem Beitrag Fragestellungen der „Nachhaltigkeit in der Unternehmens- und Mitarbeiterführung" auf. Letztlich kommt es bei einer integrierten Umsetzung einer Sustainable Marketing-Konzeption darauf an, dass alle Mitarbeiter einen Beitrag zur Erreichung definierter Nachhaltigkeitsziele leisten. Die Autoren zeigen auf, wie ein nachhaltiges Marketing durch die Implementierung von integrierten Managementsystemen unterstützt werden kann und welche Rolle dabei Konzepte der transaktionalen und transformativen Mitarbeiterführung spielen.

Unter dem Blickwickel des Dienstleistungsmarketing arbeitet Manfred Bruhn im Weiteren die sektoralen Besonderheiten der Berücksichtigung von Nachhaltigkeitsanforderungen heraus. Dem Dienstleistungssektor wird unter der Philosophie „Mieten statt Kaufen" für eine nachhaltige Entwicklung ein besonderes Zukunftspotenzial zugeschrieben, wobei es auch darauf ankommt, dass sich die Dienstleistungserstellung selbst an Nachhaltigkeitszielen orientiert. Die Dimensionen der Nachhaltigkeit verknüpft Bruhn deshalb mit den Besonderheiten von Dienstleistungen, sodass sich hieraus die dienstleistungsspezifischen Managementherausforderungen klar identifizieren lassen.

Die Umsetzung ganzheitlich ausgerichteter Sustainable Marketing-Konzepte wird in einem Praxisbeitrag von Christian Brock und Andreas Streubig betrachtet. Sie beschreiben die Umsetzung eines Nachhaltigkeitsmanagements am Beispiel der Otto Group. In diesem Zusammenhang verweisen sie auf die besonderen Herausforderungen, das Konzept eines Sustainable Marketing in einer dezentralen Organisationsstruktur umzusetzen. Anhand von konkreten Projekten beschreiben sie, wie es gelingen kann, Wertschöpfungsketten an Nachhaltigkeitsanforderungen auszurichten. Aus der Perspektive eines Branchenverbandes verdeutlicht Martin Koers in seinem Beitrag „Nachhaltigkeit in der Automobilindustrie", dass eine proaktive Ausrichtung der Innovationsstrategien als Schlüssel einer nachhaltigen Mobilität angesehen werden kann. Aufgrund der starken Exportorientierung der deutschen Automobilindustrie thematisiert er in besonderer Weise das Zusammenspiel von Politik und Industrie um auch international wettbewerbsfähige Nachhaltigkeitsinnovationen anbieten zu können. Mit der Fragestellung des „Transition Enabling auf nationaler und Unternehmensebene" beschäftigen sich Jade Buddenberg, Johannes Buhl und Christa Liedkte. Anhand des Beispiels der Vergabe des Deutschen Nachhaltigkeitspreises verdeutlichen sie, wie Best-Practice-Auszeichnungen die Sichtbarkeit von erfolgreichen Nachhaltigkeitsstrategien erhöhen und dadurch Transformationsprozesse in Wirtschaft und Gesellschaft beschleunigt werden können. Mit der Entwicklung und Umsetzung eines Sustainable Marketing-Konzeptes zur Reduzierung des Ressourcenverbrauches in der Konsumgüterindustrie beschäftigen sich Merlin Koene, Katja Wagner, Anja Buerke und Manfred Kirchgeorg. Sie stellen anhand einer aktuellen Fallstudie dar, wie durch Produktinnovationen im Deodorantbereich Nachhaltigkeitsziele des Unilever Sustainable Living Plans in Form eines Sustainable Marketingkonzeptes erreicht werden können. Hierdurch erhält der Leser einen Einblick darüber, wie die einzelnen Entscheidungstatbestände zur erfolgreichen Implementierung eines integrierten Sustainable Marketing-Konzeptes aufeinander abzustimmen sind.

Besonders dankbar sind wir Franz-Josef Radermacher, den wir zusammen mit der Co-Autorin Estelle Herlyn dazu gewinnen konnten, mit Blick auf die einzelnen Autorenbeiträge aus ihrer Sicht eine Würdigung vorzunehmen und Zukunftsperspektiven abzuleiten. Dabei gehen die Autoren pointiert der Frage nach: „Was kann Marketing für die Nachhaltigkeit tun?" Abschließend haben wir als Herausgeber die Gelegenheit ergriffen, ausgehend von den in diesem Werk zusammengetragenen Perspektiven wichtige Implikationen für die Marketingwissenschaft und -praxis zu skizzieren.

Inhaltsverzeichnis

Teil I

Ausgangslage und Rahmenbedingungen des Sustainable Marketing

Sustainable Marketing – Definition und begriffliche Abgrenzung

Peter Kenning

Inhaltsverzeichnis

Zusammenfassung

Gegenstand des vorliegenden Beitrags ist es die für die weitere Diskussion des Konzepts des Sustainable Marketing wichtigsten Begriffe zu definieren und zu systematisieren. Hierzu wird der Begriff zum einen gegenüber anderen in ähnlichen Kontexten verwendeten Begriffen abgegrenzt. Zum anderen werden unterschiedliche Definitionen und Interpretationen von Sustainable Marketing bzw. Nachhaltigkeits-Marketing genannt und diskutiert. Im Ergebnis zeigt sich, dass der Begriff unter einer gewissen Unschärfe leidet, die an bestimmten Stellen problematisch ist.

P. Kenning (✉)
Lehrstuhl für BWL, insbes. Marketing, Heinrich-Heine-Universität Düsseldorf, Universitätsstraße 1, 40225 Düsseldorf, Deutschland
E-Mail: peter.kenning@hhu.de

H. Meffert et al. (Hrsg.), *Sustainable Marketing Management*,
DOI 10.1007/978-3-658-02437-6_1

1 Sustainable Marketing als Führungsaufgabe

Eingebettet in gesellschaftliche, ökonomische und kulturelle Entwicklungen ist die marktorientierte Führung von Unternehmen einem permanenten Wandel unterworfen. Oft reflektiert das Führungsverständnis dabei die jeweiligen gesellschaftlichen Ansprüche, auch um die eigene Rolle zu legitimieren. So waren beispielsweise die neunziger Jahre des letzten Jahrhunderts noch geprägt von einer verstärkten Ausrichtung der Unternehmensführung auf die Kapitalgeber und den Shareholder-Value. Das zentrale Ziel der Unternehmensführung war dabei die Steigerung des Unternehmenswertes. In der Folge ließ sich in vielen Unternehmen eine verstärkte, einseitig finanzwirtschaftlich geprägte und oft kurzfristig angelegte Kapitalmarktorientierung beobachten, die bedeutsame Implikationen für das Marketing hatte. Konfrontiert mit den daraus resultierenden ökonomischen, ökologischen und auch sozialen Problemen schwingt das Pendel nun in die Gegenrichtung: Unternehmen sollen heute nachhaltig und ganzheitlich agieren. Damit einhergehend rücken Fragen der gesellschaftlichen Verantwortung von Unternehmungen wieder mehr und mehr in den Mittelpunkt der wissenschaftlichen und praktischen Diskussion. Ursächlich dafür sind unter anderen die sich verändernden Rahmenbedingungen der globalisierten Wirtschaftssysteme und Märkte. Diese manifestieren sich im verstärkten nationalen und internationalen Wettbewerb auf den Beschaffungs- und Absatzmärkten, im klimatischen und demographischen Wandel, in einer verstärkten Umweltbelastung, in der Verknappung natürlicher Ressourcen, einer rasanten Digitalisierung der Produkte, der Kommunikation sowie der Distribution, und nicht zuletzt in leeren Staatskassen, die oft mit der Streichung sozialer Leistungen einhergehen. Insgesamt kann man vor diesem Hintergrund deutlich erkennen, dass eine einseitige, kurzfristige und unbalancierte Ausrichtung der Unternehmung auf nur eine Anspruchsgruppe (z. B. die Kapitalgeber) mit einem dauerhaften Erfolg der Unternehmung nicht in Einklang gebracht werden kann.

Die mit dieser Erkenntnis und den genannten Veränderungen einhergehenden Implikationen für das Marketing und das Marketing-Management sind gravierend, umfassend, vielfältig und fundamental (vgl. für viele Belz 2003; Belz und Peattie 2012). Zum Teil sind Unternehmen dabei in der Rolle derjenigen, die diese Implikationen aktiv umsetzen können, zum Teil können sie aber auch nur reagieren. Die erfolgreiche Gestaltung beider Rollen setzt aber ein Verständnis der wesentlichen Entwicklungen und Phänomene voraus. Die Grundlage hierfür bildet wiederum die Systematisierung und damit einhergehend, die Klärung zumindest der wichtigsten Begriffe. Denn nur wenn die mit den oben genannten Entwicklungen einhergehenden Strukturen, Phänomene und Zusammenhänge deutlich sind, kann das Marketingmanagement aufbauend auf einer systematischen Situationsanalyse adäquate Ziele definieren, Strategien entwickeln, Maßnahmen ergreifen und deren Erfolg kontrollieren um daraus zu lernen. Vor diesem Hintergrund ist es das Ziel dieses Kapitels einen Beitrag zur Strukturierung und Systematisierung wichtiger Begriffe im Problemfeld des Sustainable Marketing zu leisten.

In Hinblick auf die zunächst angesprochene **Strukturierung** lassen sich verschiedene Ansätze unterscheiden (vgl. z. B. Belz 2003). Auf einer relativ abstrakten Ebene kann dabei analog zu anderen Autoren zwischen einem Aktions- und einem Philosophieaspekt des Sustainable Marketing[1] unterschieden werden.

Der **Aktionsaspekt** des Marketings beschreibt die Tatsache, dass das Handeln von Unternehmen auf Märkten die Struktur der jeweiligen Märkte beeinflussen kann. Insofern schafft sich das Angebot „seine Nachfrage". In diesem Sinne ist davon auszugehen, dass Unternehmen die mit der Nachhaltigkeitsdiskussion verbundenen Möglichkeiten auch dazu nutzen, neue bzw. latente Kundenbedürfnisse und Verhaltensweisen zu wecken bzw. zu befriedigen. In der Folge entstehen neue Märkte und Geschäftsmodelle, die wiederum zu neuen Bedürfnissen, Fähigkeiten und Verhaltensweisen führen können. Mit dieser „transformativen Ebene des Nachhaltigkeits-Marketings" (z. B. Belz 2003, S. 352) sind zahlreiche Chancen verbunden. Ein Beispiel hierfür bieten neuere Geschäftsmodelle und Institutionen im Energiesektor wie z. B. Energieberater oder Energiegenossenschaften (vgl. z. B. VR aktuell 2012). In dieser Hinsicht bietet das Sustainable Marketing zunächst einmal eine nahezu unglaubliche Vielfalt an neuen Handlungsoptionen und Instrumenten. Gleichwohl steht bei der Diskussion dieser Optionen immer wieder die Frage im Raum, inwiefern die Integration nachhaltiger Aspekte in die marktorientierte Unternehmensführung als „Business Case" dargestellt werden kann (vgl. Hansen und Schrader 2005, S. 374 sowie 383 ff.). Zudem ist an vielen Stellen noch gar nicht deutlich, welche Potenziale aber auch Probleme mit den genannten Entwicklungen einhergehen.

Der **Philosophieaspekt** (auch: Strategieaspekt) des Marketing beschreibt die Ausrichtung des Unternehmens auf alle Marktakteure, insbesondere aber auf die konkurrierenden Anbieter und die Kunden. In diesem Sinne werden die Veränderungen der Märkte, z. B. im Hinblick auf veränderte Kundenbedürfnisse in möglichen strategischen Szenarien letztlich zu Daten für die Unternehmensführung. In dem Maße, in dem sich durch die oben genannten Entwicklungen die Annahmen der strategischen Szenarien, insbesondere die Bedürfnisse der Kunden und ihr Verhalten (z. B. eine erhöhte Nachfrage nach CO_2-armen Fahrzeugen) verändern, wird das Marketing reagieren müssen. Manche Autoren bezeichnen diesen Ansatz auch als „normative Ebene des Nachhaltigkeits-Marketings" (z. B. Belz 2003, S. 352). Deutlich wird dieser normative Charakter bereits an vielen Stellen, so zum Beispiel im Kontext der politisch eingeforderten CO_2-Reduktion im Automobilmarkt. Marketing in dieser Hinsicht impliziert immer öfter auch den Einsatz neuartiger Führungstechniken, die regelmäßig zum Ziel haben, die Flexibilität des Unternehmens in turbulenten Märkten zu erhöhen. Man denke hier beispielsweise an Begriffe wie Open Innovation, Netzwerkmanagement, Brand-Communities oder die viel zitierte Schwarmintelligenz. Der Einsatz dieser Techniken geht dabei oft einher mit der Sorge des reaktiven Marketing, die Kontrolle über wichtige Führungsbereiche zu verlieren. An vielen Stellen und in vielen Unternehmen sind die aus diesem Spannungsfeld resultierenden Diskussionen gerade erst begonnen worden. Oft werden dabei aber unterschiedliche Aspekte der Diskussion miteinander vermengt, so dass eine klare Entscheidungsfindung erschwert

[1] Hier und im Folgenden verwenden wir die Begriffe „Nachhaltigkeits-Marketing" und „sustainable marketing" synonym (vgl. ähnlich Balderjahn 2004, S. 37, ergänzend: Rödel 2013, S. 121).

wird. Ein Grund dafür mag darin zu sehen sein, dass auch die Marketinglehre sich in den letzten Jahren im Hinblick auf die an anderen Stellen intensiv geführten Diskursen zum Thema Nachhaltigkeit nur wenig beteiligt hat. So findet man auch heute noch einschlägige Lehrbücher, in denen die entsprechenden Begrifflichkeiten vollständig fehlen. Besonders pointiert bringt diese Beobachtung das folgende Zitat von Frank-Martin Belz und Ken Peattie auf den Punkt:

> „All this time, and through all the momentous change, the way in which we teach marketing, and the books from which we teach marketing have barely changed. They may have evolved to reflect the use of new technologies in marketing or to register that environmental and ethical concerns are one type of issue that may influence consumers' behavior but they have never sought to rethink marketing in light of the new realities that exist in the world" (Belz und Peattie 2012, S. xi).

Unabhängig davon, dass diese Aussage die zum Teil doch recht hohe Bedeutung der gelegentlich jedoch unter anderen Überschriften geführten Nachhaltigkeitsdiskussion auf die Entwicklung des Faches etwas vernachlässigt (vgl. Balderjahn 2004; Meffert et al. S. 249 ff.), ist für beide Marketingaspekte – Aktion und Philosophie – die Tatsache wesentlich, dass die Bedürfnisse des Kunden vielfältiger und anspruchsvoller geworden sind. Im Wesentlichen erwarten Kunden heute von Unternehmen eben nicht mehr nur durch die Bereitstellung adäquater Marktleistungen die Befriedigung ökonomischer Bedürfnisse, sondern darüber hinausgehend auch eine Erfüllung der ökologischen und sozialen Belange (vgl. Balderjahn et al. 2013). Die in diesem Kontext zum Mantra erhobene Forderung nach einer „nachhaltigen Unternehmensführung" ist demzufolge omnipräsent, wird aber oft mit anderen ähnlichen Begriffen und Entwicklungen vermischt, so dass der Kern des Sustainable Marketing gelegentlich unklar geworden ist. Damit sind die für die Etablierung und Definition einer neuen Disziplin bzw. eines neuen Phänomens zentralen Aspekte angesprochen, nämlich zum einen die Intension (*was ist es?*), zum anderen die Extension (*was ist es nicht?*) (vgl. Carnap 1972). Die mit der Klärung dieser Aspekte und Fragen verbundene Operationalisierung des Begriffs „Sustainable Marketing" bildet den Gegenstand des vorliegenden Beitrags. Sie ist nicht nur praktisch sondern auch wissenschaftlich geboten, denn noch 2011 stellte der VHB im Rahmen seiner Jahrestagung hierzu fest:

> „Die Operationalisierung des Leitbilds der Nachhaltigkeit stellt im Rahmen der betriebswirtschaftlichen Forschung nach wie vor eine Herausforderung dar, auch wenn einzelne Ansätze wie etwa die Wirtschaftsökologie, Industrial Ecology und Corporate Social Responsibilty wertvolle Beiträge geleistet haben. Damit sind die vorhandenen Forschungslücken nicht auf ein mangelndes Interesse an diesem Konstrukt zurück zu führen, sondern eher auf eine „systembedingte" Unschärfe des Leitbilds" (VHB 2011, S. 5).

Vor diesem Hintergrund soll im Folgenden zunächst die für die Definition des Nachhaltigkeitsmarketing bzw. Sustainable Marketing unabdingbare Frage beantwortet werden, welche Bedeutungen der Begriff „Nachhaltigkeit" in seiner langen Entwicklung angenommen und heute erlangt hat. Darauf aufbauend wird die Extension, dann die Intension des Begriffs Sustainable Marketing diskutiert werden. Damit einher geht die Systematisierung des Sustainable Marketing im Zusammenhang mit anderen, in ähnlichen Kontexten verwendeten Begriffen wie Corporate Social Responsibility („CSR") oder Öko-Marketing. Abschließend wird ein kurzes Fazit gezogen und ein Ausblick auf die mögliche weitere begriffliche Entwicklung gegeben werden.

2 Was bedeutet „Nachhaltigkeit"?

Im deutschen Sprachraum wurde der Begriff der „Nachhaltigkeit" wohl zum ersten Mal 1713 durch Hans Carl von Carlowitz (1645–1714) in seinem 450 Seiten umfassenden Buch „Sylvicultura oeconomica" im forstwirtschaftlichen Zusammenhang verwendet (vgl. weiterführend: Grober 2010, S. 111 ff.). Das knapp einhundert Jahre später von Joachim Heinrich Campe, dem Lehrer Alexander von Humboldts 1809 herausgegebene Wörterbuch der deutschen Sprache definiert „Nachhalt" als das „woran man festhält, wenn alles andere nicht mehr hält" (Grober 2010, S. 14). Und auch im 20. Jahrhundert findet der Begriff „Nachhaltigkeit" immer wieder an prominenter Stelle Verwendung, z. B. im bekannten Bericht des Club of Rome von 1972. „Nachhaltigkeit" hat daher offenkundig eine lange Tradition, die Jahrhunderte überspannt und ihren Kern darin hat, dass sie als Gegenbegriff zum Kollaps verstanden wird und bezeichnet, was standhält, was tragfähig, auf Dauer angelegt, und was resilient ist (vgl. Rödel 2013, S. 120 und 121). Eine Eigenschaft die in Kombination mit den aktuellen globalen Entwicklungen dazu geführt hat, dass der Begriff der Nachhaltigkeit sogar als eine „semantische Innovation von welthistorischer Bedeutung" (Pies 2006, S. 1) bezeichnet wurde.

In neuerer Zeit kommt der Abgrenzung des Nachhaltigkeitsbegriffs im Brundlandt-Bericht aus dem Jahr 1987 eine Impulsfunktion für die Nachhaltigkeitsdiskussion zu (VHB 2011). Dieser nach dem damaligen Vorsitzenden der Kommission dem norwegischen Premierminister Gro Harlem Brundtland benannte Bericht verwendete die für die Definition des Nachhaltigkeitsbegriffs wohl bedeutsamste Beschreibung „as meeting the needs of the present without compromising the ability of future generations to meet their needs" (VHB 2011, S. 5). Von herausragender Bedeutung ist dabei das im weiteren Fortgang der nationalen und internationalen politischen Diskussion entwickelte, sogenannte Drei-Säulenmodell, bestehend aus den gleichrangingen Dimensionen ökonomisch, ökologisch und sozial (vgl. Abb. 1).

Die genannten Säulen bzw. Dimensionen sollen im Folgenden kurz erörtert werden.

1. **Ökologische Nachhaltigkeit:** Diese Säule bildete lange Zeit den eigentlichen Kern der Nachhaltigkeitsdiskussion, deren Ursprünge wie geschildert bis in die Zeit zurückgeht, in der die Notwendigkeit eines nachhaltigen Waldbaus dadurch entstand, dass die zunehmende Industrialisierung ansonsten zu einer Übernutzung der Wälder geführt hätte. Die ökologische Nachhaltigkeit orientiert sich am stärksten am ursprünglichen Gedanken, keinen Raubbau an der Natur zu betreiben. Ökologisch nachhaltig wäre eine Lebensweise, die die natürlichen Lebensgrundlagen nur in dem Maße beansprucht, wie diese sich regenerieren können. Die mit dieser Säule verbundene, rein ressourcen-

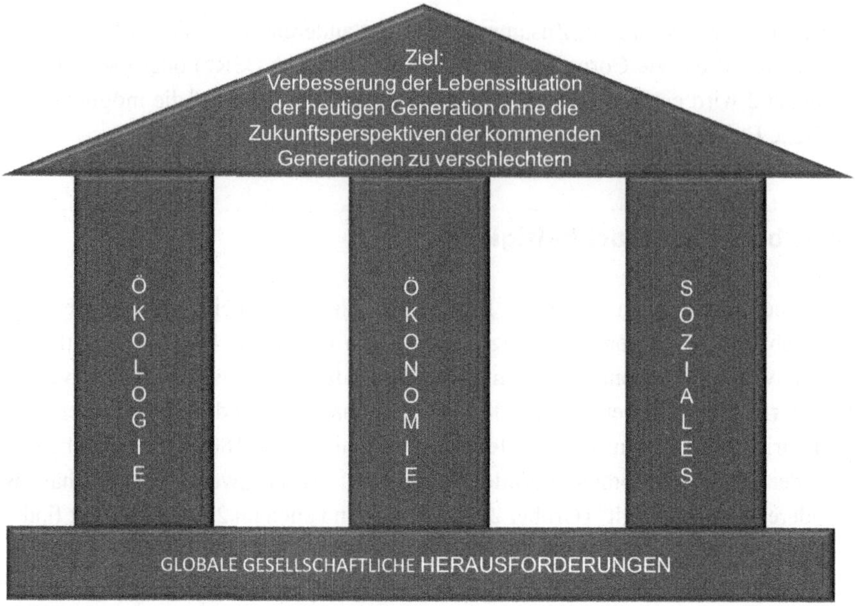

Abb. 1 Das Drei-Säulenmodell der Nachhaltigkeit

ökonomische Interpretation von Nachhaltigkeit hatte bis weit in das 20. Jahrhundert Bestand (Deutscher Bundestag 2004, S. 1). Nach und nach wurde aber deutlich, dass eine rein ressourcenorientierte Betrachtung umweltpolitischer Probleme nicht hinreichend ist. Wesentliche Meilensteine auf dem Weg zu dieser Erkenntnis waren der 1972 veröffentlichte Bericht des Club of Rome „Grenzen des Wachstums", sowie der Chemieunfall in Seveso/Italien im Jahr 1976.

2. **Ökonomische Nachhaltigkeit:** Als eine Reaktion auf die geschilderten Entwicklungen wurde deutlicher, dass die umwelt- und gesellschaftspolitisch relevanten Entwicklungen einer Integration ökonomischer Aspekte bedürfen, wenn sie erfolgreich gestaltet werden sollen. Die Konferenz der Vereinten Nationen für Umwelt und Entwicklung in Rio de Janeiro sowie die Agenda 21 zielten daher auf einen Ausgleich zwischen wirtschaftlichen Interessen und umweltpolitischen Zielen. Demzufolge sollte eine Gesellschaft wirtschaftlich nicht über ihre Verhältnisse leben, da dies zwangsläufig zu Einbußen der nachkommenden Generationen führen würde. Allgemein gilt eine Wirtschaftsweise demzufolge dann als nachhaltig, wenn sie dauerhaft betrieben werden kann. An dieser Stelle deutet der Begriff „dauerhaft" aber bereits auf die inhärente Operationalisierungsproblematik hin.
3. **Soziale Nachhaltigkeit:** Im Nachgang der Rio-Konferenz hat sich der Begriff der Nachhaltigkeit in vielen Politikfeldern als Leitbild etabliert. In Deutschland bewirkte dabei insbesondere die vom Bundestag eingerichtete Enquete-Kommission „Schutz des Menschen und der Umwelt", dass das Drei-Säulen-Modell und damit auch das Konzept der sozialen Nachhaltigkeit auf zunehmende gesellschaftliche Akzeptanz

stieß. Die Idee der sozialen Nachhaltigkeit berücksichtigt dabei, dass ein Staat oder eine Gesellschaft so organisiert sein sollte, dass sich die sozialen Spannungen in Grenzen halten und Konflikte nicht eskalieren, sondern auf friedlichem und zivilem Wege ausgetragen werden können. Insofern spielen auch verteilungspolitische Aspekte im Nachhaltigkeitskonzept eine bedeutsame Rolle. So gewinnt beispielsweise der GINI-Index der Einkommensverteilung in dieser Hinsicht an Bedeutung.

Bereits an dieser Stelle wird deutlich, dass der Nachhaltigkeitsbegriff eine kontextspezifische Bedeutung hat und oft kulturell geprägt ist (vgl. Grober 2010). Im Kern integriert und subsummiert er seit langem bestehende Entwicklungspfade – Umweltorientierung, Wachstumskritik und soziale Gerechtigkeit – und lenkt diese in eine neue, integrative Richtung. Darüber hinaus wird deutlich, dass der Begriff im Laufe der Zeit einen Bedeutungswandel und, damit verbunden, eine erhebliche Erweiterung erfahren hat (vgl. weiterführend: Rödel 2013, S.117 ff.). Beginnend vom alltäglichen, dann forstwirtschaftlichen Fachbegriff umfasst er heute nahezu sämtliche Bereiche der Umwelt-, Wirtschafts- und Gesellschaftspolitik und ist dabei nach wie vor „äußerst vage" (Rödel 2013, S. 126). Neben dem damit angesprochenen Unschärfeproblem wird deutlich, dass die Denotation des Begriffs immer flexibler wird und, damit verbunden, im wissenschaftlichen Kontext erhebliche Operationalisierungsprobleme entstehen. Diese manifestieren sich unter anderen an den folgenden nach wie vor ungeklärten Fragen:

1. Welches Maß an heutiger Bedürfnisbefriedigung schadet den nächsten Generationen?
2. Welche Maß an Bedürfnisbefriedigung entspricht dem Postulat der intra- und intergenerativen Gerechtigkeit?
3. Wie können intertemporale Zielkonflikte zwischen den Bedürfnissen der Generationen gelöst werden?
4. Wer kennt die Bedürfnisse künftiger Generationen und vertritt deren Interessen?
5. Wie können die aus der Beantwortung dieser Fragen resultierenden Entscheidungen hinreichend legitimiert werden?

Diese, sicher nicht abschließenden Probleme mögen ursächlich dafür sein, dass der ehemalige Vorsitzende des renommierten Vereins für Socialpolitik – Friedrich Georg Schneider – noch 2010 die folgende Aussage zum Stand der wirtschaftswissenschaftlichen Nachhaltigkeitsdiskussion traf:

> „Obwohl viele Wirtschaftswissenschaftler hervorragende Beiträge im unweltökonomischen Bereich zur Durchsetzung einer ökosozialen Marktwirtschaft bzw. einer nachhaltigen Wirtschaftsweise verfasst haben, beobachten wir „nur" einen sehr langsamen Prozess hin zu einer ökosozialen oder nachhaltigen Wirtschaft" (Schneider 2010, S. 9).

Und auch in der Marketingdisziplin ist unklar, wie der Begriff der Nachhaltigkeit zu verorten und zu verstehen ist. So findet man auf der einen Seite eine Priorisierung der ökonomischen Ziele unter der Nebenbedingung ökologische Belastungen möglichst zu vermeiden und soziale Anliegen so weit wie möglich zu berücksichtigen (z. B. Belz 2003, S. 352). Auf der anderen Seite wird hingegen ein gänzlich neues Marketingparadigma postuliert. Die damit angesprochenen ungelösten Zielkonflikte stellen eine weitere Problematik für das Sustainable Marketing dar (vgl. Meffert et al. 2011, S. 252), mit deren Lösung sich zum Teil neugeschaffene Institutionen wie z. B. das World Business Council for Sustainable Development (WBCSD) und viele andere Institutionen mehr befassen (vgl. Belz 2003, S. 353; sowie Jansen 2012, S. 35).

3 Sustainable Marketing – Was ist es *nicht*?

3.1 Sustainable Marketing ist nicht Umwelt- oder Ökomarketing

Versucht man trotz der Unschärfe des Nachhaltigkeitsbegriffs den spezifischen Begriff des Sustainable Marketing zu definieren, so fällt auf, dass dieser an vielen Stellen und von vielen Autoren zunächst noch wie in seiner ursprünglichen Verwendung überwiegend ökologisch verstanden wird. Gerade im Zusammenhang mit klimapolitischen Auseinandersetzungen, Entwicklungen und Maßnahmen wird oft von Nachhaltigkeit gesprochen und der Begriff entsprechend akzentuiert (vgl. z. B. Schneidewind und Palzkill-Vorbeck 2011, S. 5). Exemplarisch dafür ist das folgende Zitat:

> „Als zentrales Ziel nachhaltigen Wirtschaftens wird die Erhaltung der natürlichen Ressourcen angesehen. Das Ziel kann unter der Berücksichtigung der Regenerationsfunktion ökologischer Systeme nur dann erreicht werden, wenn die Abbaurate bei erneuerbaren Ressourcen ihre Regenerationsrate nicht übersteigt" (Balderjahn 2004, S. 9).

Ein Grund für diese zunächst besondere Betonung ökologischer und umweltpolitischer Aspekte, die dann um die beiden anderen Säulen ergänzt werden, mag darin zu sehen sein, dass in der Praxis das Öko- bzw. Umweltmarketing in einigen Unternehmen als Ausgangspunkt zur Entwicklung eines Sustainable Marketing gesehen wird bzw. diente (vgl. Meffert et al. 2011, S. 906) und das „green marketing" somit seine wohl wichtigste Wurzel bildet (Balderjahn 2004, S. 37). Dass beide Bereiche aber nicht deckungsgleich sind, wird deutlich, wenn man sich vergegenwärtigt, dass Umweltschutzmarketing bzw. ökologieorientiertes Marketing definiert ist als

„(…) eine Ausprägung des Societal Marketings mit dem Ziel, bei der Planung, Koordination, Durchsetzung und Kontrolle aller marktgerichteten Transaktionen eine Vermeidung und Verringerung von Umweltbelastungen zu bewirken, um über eine dauerhafte Befriedigung der Bedürfnisse aktueller und potenzieller Kunden unter Ausnutzung von Wettbewerbsvorteilen und bei Sicherung der gesellschaftlichen Legitimität die angestrebten Unternehmensziele zu erreichen. Das Ökomarketing kann als Vertiefung (Deepening) des kommerziellen Marketings angesehen werden, bei der neben der Abnehmer- und

Wettbewerbsorientierung ökologische und ethische Entscheidungskriterien ergänzend Berücksichtigung finden" (Kirchgeorg 2012).

Insofern lassen sich zumindest die folgenden Unterschiede zwischen dem Öko- bzw. Umweltmarketing einerseits und dem Konzept des Sustainable Marketing unterscheiden:

1. Während das Sustainable Marketing einen intertemporalen Bezug aufweist und in der zeitlichen Dimension der Generationen agiert, fehlt dem Öko- bzw. Umweltmarketing diese explizit langfristige Perspektive.
2. Darüber hinaus fokussiert das Öko- und Umweltmarketing explizit die „Vermeidung und Verringerung von Umweltbelastungen". Diese primär defensive Haltung korrespondiert mit Strömungen in der Nachhaltigkeitsdiskussion, die gelegentlich sogar ein Ende des Wachstums fordern (Jansen 2012). Moderne Ansätze des Sustainable Marketing versuchen hingegen den Widerspruch zwischen Wachstum und Nachhaltigkeit durch die offensive und interaktive Entwicklung innovativer Produkte, Dienstleistungen oder Geschäftsmodelle aufzulösen (vgl. Schrader und Diehl 2010). Voraussetzung dafür ist aber oft, dass die Kunden bzw. bestimmte Kundengruppen bereit sind, für die entsprechenden sozial-ökologischen Produkteigenschaften Nutzeneinbußen oder Kostenerhöhungen in Kauf zu nehmen (vgl. Belz 2003, S. 354)
3. Der deutlichste Unterschied zwischen Öko- bzw. Umweltmarketing und dem Konzept des Sustainable Marketing besteht aber darin, dass Letzteres neben ökologischen auch ökonomische und soziale Kategorien umfasst und einem intergenerationalem Ausgleich zuführen möchte.

Zusammenfassend lässt sich sagen, dass das Öko- bzw. Umweltmarketing einen **Vorläufer** des Sustainable Marketing darstellt, welcher auch heute noch die Rezeption im öffentlichen Diskurs bestimmt (vgl. Rödel 2013, S. 134). Das Konzept des Nachhaltigkeitsmarketing ist in fachlicher Hinsicht aber deutlich umfassender und langfristiger angelegt und damit weniger eindimensional und intragenerational als das Öko-Marketing (vgl. Meffert et al. 2011, S. 895).

3.2 Sustainable Marketing ist nicht CSR

Ein zweiter Begriff der oft mit dem Konzept des Sustainable Marketing assoziiert und gelegentlich auch verwechselt wird ist der Begriff **Corporate Social Responsibility** (CSR). Gleichwohl bildet die damit angesprochene gesellschaftliche Verantwortung von Unternehmen einen wichtigen Teilaspekt der von der deutschen Bundesregierung in 2002 veröffentlichten und 2004 fortgeschriebenen nationalen Nachhaltigkeitsstrategie (vgl. Hansen und Schrader 2005, S. 373). Einer weit verbreiteten Definition zufolge umfasst CSR das

„Konzept, das den Unternehmen als Grundlage dient, auf freiwilliger Basis soziale Belange und Umweltbelange in ihre Unternehmenstätigkeit und in die Wechselbeziehungen mit den Stakeholdern zu integrieren" (vgl. Europäische Kommission 2001, S. 7; Meffert et al. 2011, S. 893; Hansen und Schrader 2005, S. 375).

Ein wesentliches Merkmal ist dabei, dass nicht nur gesetzliche Bestimmungen einzuhalten sind, sondern „freiwillig“ mehr zu investieren ist in Humankapital, die Umwelt sowie in die Beziehungen zu den Stakeholdern (vgl. Europäische Kommission 2001, S. 3 und 5).

Aufbauend auf dieser Definition und der praktischen Umsetzung des CSR-Konzepts (vgl. z. B. Balderjahn 2004, S. 55 ff.) werden damit die wesentlichen Unterschiede zum Sustainable Marketing wie folgt erkennbar:

1. Ein Zweck des Sustainable Marketing liegt nach wie vor in der Erreichung ökonomischer Ziele. Die zentrale Erfolgsgröße des Sustainable Marketing wäre nach wie vor ein unternehmungsbezogener Erfolg. Dementgegen findet die Zieldefinition im CSR-Konzept auf gesellschaftlicher Ebene statt und akzentuiert soziale Aspekte. Ob ein Unternehmen gesellschaftlich „verantwortlich“ und sozial handelt, wird ihm durch die Gesellschaft zugeschrieben und nicht durch den Blick in die Bilanz oder GuV erkennbar. Mit dieser Verlagerung der betrieblichen Ziele auf eine gesellschaftliche Ebene dürften zahlreiche Probleme einhergehen, die die Unternehmensführung erheblich erschweren könnten und Koordinationsbedarf hervorrufen. So stellt sich bspw. die Frage nach der Legitimation betrieblicher Entscheidungen, die ja in der betrieblichen Praxis regelmäßig durch die Eigentumsverhältnisse bestimmt wird. Zudem wäre fraglich, wie die Unternehmung bei gesellschaftlichen Zielkonflikten reagieren und Änderungen in gesellschaftlichen Bereichen (z. B. bedingt durch einen Wertewandel) abbilden und umsetzen kann. Die im Kontext der Nachhaltigkeitsdiskussion oft erwähnte Operationalisierungsproblematik würde rasch evident. Folgerichtig lassen sich zahlreiche Implementierungslücken identifizieren (vgl. exemplarisch Meffert et al. 2011, S. 895).
2. CSR und Sustainable Marketing unterscheiden sich zudem in ihrer zeitlichen Perspektive. So sucht man in der CSR-Definition den für das Sustainable Marketing konstituierenden generationenübergreifenden Aspekt vergeblich. CSR beschränkt sich offenkundig auf die Bedürfnisse heutiger Gesellschaften. Umfassen diese auch die Bedürfnisse künftiger Generationen können CSR und Sustainable Marketing aber zeitlich harmonisiert werden.
3. Ein weiterer Unterschied zwischen beiden Konzepten besteht schließlich in den Kontexten, in denen sie verortet sind und agieren. Die Grundidee des Sustainable Marketing besteht darin, als Führungskonzept zur Erreichung betrieblicher Ziele beizutragen. Insofern ist das Konzept in den Kontext der betrieblichen Mittelentstehung zu verorten. Es soll bspw. dazu beitragen Umsätze zu erzielen oder durch eine bessere Nutzung knapper Ressourcen die betrieblichen Gewinne zu erhöhen. CSR hingegen wird primär im Kontext der Mittelverwendung verortet und praktiziert. Hier wird primär die Frage danach gestellt, wie entstandene Gewinne der Unternehmung zu verwenden sind. Tatsächlich sind die relativen Größen, die für CSR-Maßnahmen aufgewendet werden, bis dato aber noch gering. Dies wird z. B. deutlich, wenn man sich die Tab 1 ansieht. Die dort genannten unternehmensbezogenen Daten basieren auf den oft regelmäßig freiwilligen Angaben in Publikationen der Unternehmen und zeigen insgesamt eine eher rückläufige Bedeutung. Insofern besteht derzeit noch eine Lücke zwischen der

Tab. 1 Ausgewählte Darstellung von CSR-Aktivitäten deutscher Unternehmen

Unternehmen	Umsatzerlöse	CSR-Ausgaben für Community Projekte („Community Spendings"[1])	CSR-Ausgaben für Community Projekte/ Umsatzerlöse (in %)	Beispielaktivitäten innerhalb der CSR Community-Projekte.
BASF	63,873 Mrd. € (2010)	49,8 Mio. € (2010)	0,0780 (2010)	Die BASF initiiert beispielsweise die sogenannten „*Kids' und Teens' Labs*" für 54.813 Kinder und Jugendliche in 33 verschiedenen Ländern, um ihnen naturwissenschaftliche Phänomene der Chemie näher zu bringen.
	73,497 Mrd. € (2011)	48,7 Mio. € (2011)	0,0663 (2011)	
Bayer	35,088 Mrd. € (2010)	6,087 Mio. € (2010)	0,0173 (2010)	Bayer vergibt unter anderem den „Aspirin Sozialpreis" in der Höhe von 35.000 €. Mit diesem Preis sollen innovative, gemeinnützige Sozialprojekte aus dem Gesundheitsbereich gefördert werden.
	36,528 Mrd. € (2011)	6,0 Mio. € (2011)	0,0164 (2011)	
BMW Group	60,477 Mrd. € (2010)	36,8 Mio. € (2010)	0,0608 (2010)	In einem in China initiierten Projekt hat BMW 320.000 Kinder darin geschult, sich sicher im Straßenverkehr zu bewegen. Hierfür hat BMW Trainingparks und -camps in Grundschulen aufgebaut und Lehrbücher entwickelt.
	68,821 Mrd. € (2011)	18,273 Mio. € (2011)	0,0266 (2011)	
Daimler	97,761 Mrd. € (2010)	139,1 Mio. € (2010)	0,1423 (2010)	Daimler hat unter anderem eine Soforthilfe für die Tsunami-Opfer in Japan geleistet. Hierfür spendete das Unternehmen 2 Mio. € und sandte 50 Lkws und Geländewagen mit Flugzeugen nach Japan.
	106,54 Mrd. € (2011)	59,0 Mio. € (2011)	0,0554 (2011)	

Tab. 1 (Fortsetzung)

Unternehmen	Umsatzerlöse	CSR-Ausgaben für Community Projekte („Community Spendings“[1])	CSR-Ausgaben für Community Projekte/ Umsatzerlöse (in %)	Beispielaktivitäten innerhalb der CSR Community-Projekte.
MAN	14,675 Mrd. € (2010)	0,854 Mio. € (2010)	0,0058 (2010)	MAN hat unter anderem das „*Energy Efficiency Network*“ in Changzhou in China gegründet. Innerhalb dieses Netzwerkes haben die lokalen Unternehmen die Möglichkeit sich über mögliche Energieeinsparungen auszutauschen.
	16,472 Mrd. € (2011)	n.a. (2011)	n.a.	
Merck	8,9289 Mrd. € (2010)	6,9 Mio. € (2010)	0,0773 (2010)	Ein kulturelles Engagement von Merck ist das „*Merck Philharmonic Orchestra*“ in Darmstadt. Das Orchester besteht aus bis zu 80 professionellen Musikern und gibt nicht nur in Darmstadt, sondern auch international Konzerte.
	9,9059 Mrd. € (2011)	n.a. (2011)	n.a. (2011)	
SAP	12,464 Mrd. € (2010)	12,845 Mio. € (2010)	0,1031	SAP hat unter anderem ein Schulungsprojekt für Landwirte in Ghana initiiert. Ziel des Projekts war die Verbesserung des Anbaus von Cashewnüssen mit Hilfe mobiler Technologien.
	14,233 Mrd. € (2011)	16,1 Mio. € (2011)	0,1131	

n.a. = nicht angegeben, [1] Bloomberg L.P., New York

rhetorisch-medialen Bedeutung des Themas und den tatsächlichen Spendings. Eine Diskrepanz die bereits vor einigen Jahren in einem Überblicksartikel von Hansen und Schrader thematisiert worden ist (vgl. Hansen und Schrader 2005, S. 374 sowie S. 381) und die vielleicht auch ein Grund dafür ist, warum die Übersetzung von CSR in einen Business Case oft noch problematisch ist (vgl. Du et al. 2010) (Tab. 1).

Insgesamt wird damit deutlich, dass CSR einige Überschneidungen mit dem Konzept des Sustainable Marketing aufweist, in den genannten Punkten aber auch deutliche Unterschiede festgestellt werden können (vgl. auch Hansen und Schrader 2005, S. 375 und 376). Insofern sollte diese beiden Konzepte nicht miteinander verwechselt werden.

3.3 Sustainable Marketing bedeutet nicht Nicht-Wachstum

In jüngeren Publikationen wird die Diskussion um Sustainable Marketing häufig auch mit Aspekten der Austerität und Suffizienz verbunden. Der grundsätzliche Tenor kann dabei so weit gehen, dass die Begriffe „Nachhaltigkeit“ und „Wachstum“ als grundsätzliche Gegensätze thematisiert werden und „Suffizienz als Business Case“ (Schneidewind und Palzkill-Vorbeck 2011) vorgeschlagen wird. Dabei wird „Suffizienzorientierung, als effektivste Form der Ressourceneffizienz“ verstanden, die das Potenzial hat, „eine strategische und richtungssichere Handlungsoption für Unternehmen zu sein“ (Schneidewind und Palzkill-Vorbeck 2011, S. 4). Von besonderer Bedeutung ist dabei der sogenannte „**safe economic operating space**“ (vgl. Schneidewind und Palzkill-Vorbeck 2011, S. 6). Dieser definiert die Rahmenbedingungen unter denen wirtschaftliche Aktivität sich im heute bekannten Maß weiter entfalten kann. An den Stellen, an denen der so definierte Raum bereits überschritten ist, kann es demnach zu irreversiblen globalen und ökologischen Schäden kommen.

Im Hinblick auf die Abgrenzung der Begriffe „Suffizienz“ und Nachhaltigkeit können mindestens die folgenden Unterschiede identifiziert werden:

1. Sustainable Marketing umfasst neben den ökologischen und ökonomischen Aspekten insbesondere auch soziale Aspekte. Diese werden im Kontext der Suffizienz nur selten diskutiert.
2. Das Primat der Suffizienzdiskussion ist deutlich im ökologischen Bereich verortet. „Den Ausgangspunkt bilden die globalen ökologischen Herausforderungen“ (vgl. Schneidewind und Palzkill-Vorbeck 2011, S. 5). Ein integrativer Ansatz zum Ausgleich zwischen den drei Säulen der Nachhaltigkeit steht in der Suffizienzdiskussion nicht im Vordergrund.
3. Der Aspekt der intra- und intergenerativen Gerechtigkeit, der das zentrale Merkmal der Nachhaltigkeit ist, wird nur unzureichend berücksichtigt. Im Kern basieren die Forderungen auf ökologischen Analysen und lassen Aspekte der intra- und intergenerativen Verteilungsgerechtigkeit und Ressourcenallokation außen vor.

Insgesamt lässt sich damit festhalten, dass „Suffizienz" und „Postwachstum" primär die ökologischen Aspekte des Sustainable Marketing betreffen. Soziale und ökonomische Aspekte werden dementgegen eher als Nebenbedingung definiert, intertemporale Aspekte eher außen vor gelassen.

Zudem werden Ökologie und Ökonomie als Gegensätze definiert (vgl. Jansen 2012, S. 35). Gerade diese Gegensätzlichkeit soll aber durch ein erfolgreiches Sustainable Marketing, z. B. durch die interaktive Entwicklung entsprechender Innovationen aufgelöst werden (vgl. Schrader und Diehl 2010). Etwas verkürzt stellt sich die Suffizienzdiskussion somit als extremere Form des Umwelt- und Ökomarketing dar.

3.4 Sustainable Marketing ist kein Marketing-Instrument

Aus den bisherigen Ausführungen wurde ersichtlich, dass Sustainable Marketing vielmehr ein innovatives und integratives Führungskonzept als ein bloßes Marketing-Instrument sein sollte. Unternehmen die dieses Führungskonzept lediglich kommunikationspolitisch instrumentalisieren wollen, laufen mithin Gefahr des „Greenwashings" bezichtigt zu werden (vgl. Schrader und Diehl 2010, S. 17; Rödel 2013, S. 115). Da ein Ziel des Sustainable Marketing darin besteht, Reputationsrisiken zu reduzieren, die sich aus dem sozial-ökologisch induzierten Wandel für die Unternehmens- und Produktmarken ergeben kann festgehalten werden, dass eine rein instrumentelle Betrachtung des Sustainable Marketing wenig zielkonform ist. Die mit einem instrumentellen Verständnis des Sustainable Marketing verbundene Problematik bringt das folgende Zitat von Schrader und Diehl (2010, S. 20) auf den Punkt:

> „Wer Nachhaltigkeitsmarketing nur deswegen praktiziert, um damit Geld zu verdienen, wird damit auf Dauer kein Geld verdienen."

Ob aus dieser Aussage allerdings Implikationen resultieren, die zu neuen Governance-Strukturen der entsprechenden Unternehmen führen (z. B. Umwandlungen von einer GmbH zur gGmbH oder Genossenschaft) wird der zukünftige öffentliche und wissenschaftliche Diskurs zeigen.

4 Sustainable Marketing – Was ist es?

Nachdem bis zu dieser Stelle der Begriff Sustainable Marketing von einigen anderen, ausgewählten Begriffen abgegrenzt worden ist, stellt sich die Frage, wie der Begriff zusammenfassend definiert werden kann. Dabei sind verschiedene Arten denkbar, die sich insbesondere darin unterscheiden, in welcher Form das Adjektiv „sustainable" interpretiert wird bzw. worauf es sich bezieht (siehe Tab. 2).

Tab. 2 Definitionen des Begriffs Sustainable Marketing bzw. Nachhaltigskeitsmarketing

Jahr	Autor	Definition
2002	Kirchgeorg	„Nachhaltigkeits-Marketing integriert die gesellschaftspolitische bzw. soziale, die moralische bzw. ethische und die unternehmerische bzw. marktliche Perspektive in einem Managementkonzept. Nachhaltigkeits-Marketing erfasst demnach konzeptionelle Überlegungen aus dem Makro-, dem Societal und dem Öko-Marketing“ (S. 6)
2003	Belz	„Im Nachhaltigkeits-Marketing geht es darum, die individuellen Kundenbedürfnisse auf eine Art und Weise zu befriedigen, dass ökologische Belastungen möglichst vermieden und soziale Anliegen soweit wie möglich berücksichtigt werden“ (S. 353)
2004	Balderjahn	"Nachhaltigkeits-Marketing verfolgt neben ökologischen und ökonomischen Zielen auch soziale Ziele (…). Nachhaltiges Marketing erfordert, dass alle Aktivitäten des Unternehmens hinsichtlich ihrer ökonomischen (ökonomische Effizienz), ökologischen (ökologische Effizienz) und sozialen Konsequenzen (soziale Effektivität) geprüft werden“ (S. 40)
2009	Belz und Peattie	"(…) sustainable marketing represents an evolution of marketing that blends the mainstream economic and technological perspectives with the emerging concepts of relationship marketing and the social, ethical, environmental and intergenerational perspective of the sustainable development agenda“ (S. 18)
2010	Schrader und Diehl	"Während traditionelles Marketing auf die Kunden zugeschnitten ist, haben in unserem Verständnis des Nachhaltigkeitsmarketing unterschiedliche interne und externe Anspruchsgruppen eine hohe Bedeutung. Damit geht es nicht mehr nur darum, bei der Befriedigung von Kundenbedürfnissen ökologische und soziale Anforderungen als Nebenbedingungen zu beachten (…) sondern diese als eigene Ziele des Nachhaltigkeitsmarketing zu verfolgen“ (S. 17).
2012	Kirchgeorg	"Eine spezielle Ausrichtung des Marketingansatzes an dem normativen Leitbild der nachhaltigen Entwicklung. Nachhaltigkeitsmarketing setzt die Einbeziehung ökologischer und sozialer Ziele bei der Gestaltung von Markttransaktionen voraus. Es umfasst die Planung, Koordination, Durchsetzung und Kontrolle aller markt- und nichtmarktbezogenen Transaktionsaktivitäten zur Vermeidung oder Verringerung ökologischer und sozialer Probleme, um über eine dauerhafte Befriedigung aktueller und potenzieller Kunden, unter Ausnutzung von Wettbewerbsvorteilen und bei Sicherung der gesellschaftlichen Legitimität die angestrebten Unternehmensziele zu erreichen“ (o.S.)

Zum einen könnte man Sustainable Marketing darauf beziehen, dass es sich um eine Unterform des Marketing handeln würde, die auf der **instrumentellen Ebene** verankert ist. In dieser Art und Weise würden Unternehmungen, deren Produktpolitik auf Nachhaltigkeit angelegt ist, ein Marketing *von* nachhaltigen Produkten betreiben. Da der Marketing-Mix auf der operativen Ebene mehrere Instrumente umfasst, könnte man entsprechende weitere oder engere Formen unterscheiden. Dieses eher operativ-instrumentelle Verständnis trägt dem Leitgedanken des Marketing als Konzept der marktorientierten

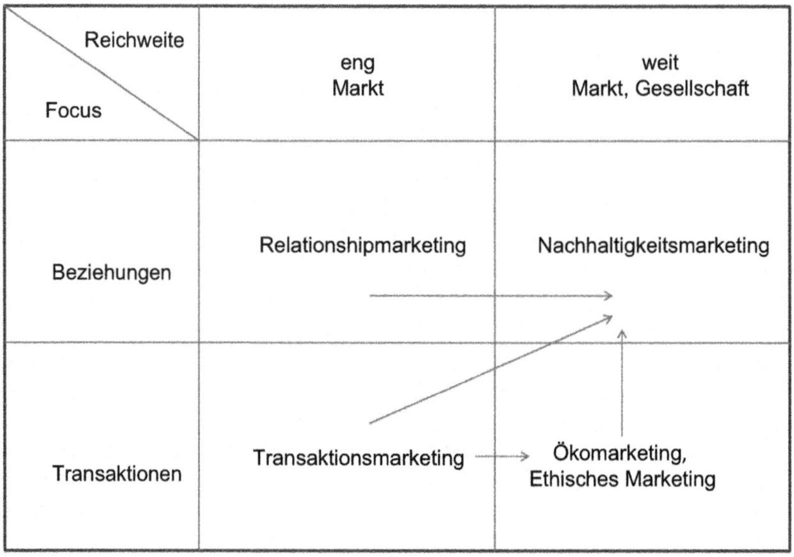

Abb. 2 Entwicklungspfade zum Nachhaltigkeitsmarketing. Quelle: Belz und Peattie (2012), S. 17

Unternehmensführung aber kaum Rechnung und wäre zudem in der Praxis rasch dem Vorwurf des Greenwashing ausgesetzt (siehe hierzu auch Kap. 3.4; sowie Schrader und Diehl 2010).

Zum anderen könnte der Begriff so interpretiert werden, dass Sustainable Marketing bedeuten würde, die Unternehmung betreibe Marketing nachhaltig. In diesem Sinne würde das Konzept dem Relationship Marketing sehr nahe kommen. Das Marketing des Unternehmens *wäre* demnach nachhaltig. Diese Interpretation würde aber zu stark auf ökonomische Aspekte abstellen und somit die Bereiche „Soziales" und „Ökologie" ausblenden.

Drittens könnte der Begriff verstanden werden als Marketing *für* Nachhaltigkeit. In diesem Sinne würde das Ziel des Marketing-Konzeptes aber außerhalb des Unternehmens liegen. Ein solches Marketing wäre somit gesellschaftlich vielleicht wünschenswert, hätte aber eher einen ideologischen als einen betriebswirtschaftlichen Charakter.

Schließlich könnte man den Begriff aber auch definieren als Konzept der marktorientierten Unternehmensführung, welches bei der Planung, Realisation und Kontrolle sämtlicher Transaktionen und Beziehungen die sozialen, ökonomischen und ökologischen Bedürfnisse der betrieblichen Anspruchsgruppen berücksichtigt ohne die künftiger Anspruchsgruppen zu beeinträchtigen.

In einem solchen Sinne würde deutlich, dass es sich beim Sustainable Marketing nicht um eine gänzlich neue Form des Marketing handelt sondern um eine Weiterentwicklung und Synthese bereits bestehender Konzepte. Dies verdeutlicht noch einmal die Abb. 2.

Insgesamt bleibt aber auch beim letztgenannten Ansatz eine gewisse immanente Unschärfe, die insbesondere aus der im zweiten Kapitel diskutierten Unschärfe des Nachhaltigkeitsbegriffs resultiert.

5 Fazit

Gegenstand des vorliegenden Beitrags war es den Begriff des Sustainable Marketing zu definieren und von anderen naheliegende Konstrukten und Begriffen abzugrenzen. Dabei wurde an vielen Stellen deutlich, dass es zwar Unterschiede zwischen den hier diskutierten Begriffen gibt, an vielen Stellen aber auch Überschneidungen bestehen. Die zur Abgrenzung wohl wichtigsten Merkmale des Begriffs sind die „intra- und intergenerative Gerechtigkeit" sowie die Betonung sozialer Aspekte, die bspw. im Öko-Marketing noch außen vorgeblieben ist und im CSR-Konzept nicht in die betriebliche Führungskonzeption integriert wird. Diese etwas unscharfe Extension ist sicherlich der evolutionären Entwicklung des Begriffs geschuldet.[2] Diese Unschärfe findet sich aber auch in der Intension. Hier sind es insbesondere die Elemente „generationsübergreifend" und „beschränken", die eine exakte Beschreibung erschweren. Insgesamt leidet die Begriffsdiskussion daher an einer ererbten Unschärfe des Oberbegriffs der Nachhaltigkeit. Verwischen dessen Grenzen besteht die Gefahr, dass sich mit einem Begriff der seiner Substanz beraubt ist, wenig oder alles machen lässt. „Noch den banalsten Vorgang, ja sogar die rücksichtsloseste Plünderung des Planeten, kann man mit diesem entkerntem Begriff als „nachhaltig" bezeichnen" (Grober 2010, S. 17). Es wurde aber auch deutlich, dass eine gewisse Unschärfe in beiden für die Definition wichtigen Aspekten nicht nur unvorteilhaft sein muss, sondern sogar gewollt sein kann (van Marrewijk 2003). Seine Abstraktheit ist somit „Stärke und Schwäche zugleich" (Belz 2003, S. 353). Sie führt zu dem Paradox dass die Bedeutung von „Nachhaltigkeit" und „sustainable Marketing" eben nicht zwingend nachhaltig ist. Insofern bleibt abzuwarten, welche Interpretationen und gegebenenfalls auch Abnutzungen die hier diskutierten Begrifflichkeiten durch die künftige diskursive Abstimmung in unterschiedlichen Kontexten künftig noch erfahren werden.

Literatur

Balderjahn I (2004) Nachhaltiges Marketing-Management – Möglichkeiten einer umwelt- und sozialverträglichen Unternehmenspolitik. Verlag Lucius, Stuttgart

Balderjahn I, Buerke A, Kirchgeorg M, Peyer M, Seegebarth B, Wiedmann K-P (2013) Consciousness for sustainable consumption: scale development and new insights in the economic dimension of consumers' sustainability. AMS Rev 3:181–192

Belz F-M (2003) Nachhaltigkeits-Marketing. Die Betriebswirtschaft 63:352–355

Belz F-M, Peattie K (2012) Sustainability marketing—a global perspective, 2. Aufl. Wiley, Chichester

Carnap R (1972) Bedeutung und Notwendigkeit [engl. Meaning and necessity: a study in semantics and modal logic, 1947]. Springer, Berlin

Du S, Bhattacharya CB, Sen S (2010) Maximizing business returns to Corporate Social Resonsibility (CSR): the role of CSR communication. Int J Manag Rev 12:8–19

[2] Grober (2010, S. 16) spricht in diesem Zusammenhang auch von einer „Begriffsverwirrung".

Europäische Kommission (Hrsg) (2001) Grünbuch Europäische Rahmenbedingungen für die soziale Verantwortung von Unternehmen
Grober U (2010) Die Entdeckung der Nachhaltigkeit, Kulturgeschichte eines Begriffs. Kunstmann-Verlag, München
Hansen U, Schrader U (2005) Corporate Social Responsibility als aktuelles Thema der Betriebswirtschaftslehre. Die Betriebswirtschaft 65:373–395
Homburg C (2012) Marketingmanagement: Strategie – Instrumente – Umsetzung – Unternehmensführung. Gabler, Wiesbaden
Jansen S (2012) Nachhall der Nachhaltigkeit. BrandEins 7:34–35
Kirchgeorg M (2002) Nachhaltigkeits-Marketing. UmweltWirtschaftsforum 5:4–11
Kirchgeorg M (2012) Gabler Wirtschaftslexikon, Stichwort: Ökomarketing, Gabler-Verlag. online im Internet unter: http://wirtschaftslexikon.gabler.de/Archiv/10606/nachhaltigkeitsmarketing-v8.html
Meffert H, Burmann C, Kirchgeorg M (2011) Marketing – Grundlagen der marktorientierten Unternehmensführung. Gabler, Wiesbaden
Pies I (2006) Nachhaltigkeit: eine semantische Innovation von welthistorischer Bedeutung, Diskussionspapier des Lehrstuhls für Wirtschaftsethik an der Martin-Luther-Universität Halle-Wittenberg
Rödel M (2013) Die Invasion der Nachhaltigkeit – Eine linguistische Analyse eines politischen und ökonomischen Modeworts. Deutsche Sprache – Zeitschrift für Theorie Praxis Dokumentation 2:115–141
Schneider F (2010) Geleitwort zu den Forschungsergebnissen des Projektes WENKE². In: Antoni-Komar I, Lehmann-Waffenschmidt M, Pfriem R, Welsch H (Hrsg) WENKE² – Wege zum nachhaltigen Konsum. Metropolis-Verlag, Marburg, S 9–11
Schneidewind U, Palzkill-Vorbeck A (2011) Suffizienz als Business Case – Nachhaltiges Ressourcenmanagement als Gegenstand einer transdisziplinären Betriebswirtschaftslehre. Wuppertal-Institut für Klima, Umwelt, Energie, Wuppertal
Schrader U, Diehl B (2010) Nachhaltigkeitsmarketing durch Interaktion. Marketing Review St. Gallen 5:16–20
van Marrewijk M (2003) Concepts and definitions of CSR and corporate sustainability: between agency and communion. J Bus Ethics 44:95–105
VHB (2011) Nachhaltigkeit – Unternehmerisches Handeln in globaler Verantwortung, Programm der 73. Wissenschaftlichen Jahrestagung des Verband der Hochschullehrer für Betriebswirtschaft, e. V. 16–18. Juni 2011, Kaiserslautern
VR aktuell (2012) Nachhaltigkeit als Prinzip, VR Nr. 6, Juni 2012

Foto: Schmidt-Dominé

Prof. Dr. Peter Kenning Seit 2014 Inhaber des Lehrstuhls für BWL, inbesondere Marketing an der Heinrich-Heine-Universität Düsseldorf. Prof. Kenning promovierte und habilitierte an der Universität Münster und hatte von 2007-2014 den Lehrstuhl für Marketing an der privaten Zeppelin Universität inne. Die wissenschaftlichen Schwerpunkte von Prof. Kenning liegen u.a. in der Konsumentenverhaltensforschung sowie der Neuroökonomik. Seit 2011 ist Prof. Kenning Mitglied des wissenschaftlichen Beirats „Verbraucher- und Ernährungspolitik" beim Bundesministerium für Ernährung und Landwirtschaft.

Entwicklungsstufen des Nachhaltigkeitsmanagements

Von der Betriebs- über die Markt- zur Gesellschaftsorientierung

Heribert Meffert und Jan Hensmann

Inhaltsverzeichnis

Zusammenfassung

Die skizzierte Entwicklung des Nachhaltigkeitsmanagements, mit seinen Ursprüngen im betriebsorientierten Umweltmanagement, über die ersten ökologieorientierten Marketingstrategien hin zu einem integrativen Managementansatz nach dem Leitbild einer nachhaltigen Entwicklung, ist Gegenstand des vorliegenden Beitrages. Diese genetisch-historische Betrachtungsweise scheint notwendig, da sie Voraussetzung ist, um

Der vorliegende Beitrag ist eine Weiterentwicklung des Festschriftbeitrages anlässlich des 70. Geburtstages von Dr. Georg Winter Hrsg.: Seidel, E., Marburg 2012

H. Meffert (✉)
Marketing Center Münster, Am Stadtgraben 13-15, 48143 Münster, Deutschland
E-Mail: meffert@uni-muenster.de

J. Hensmann
Oesterleystrasse 90 c, 22587 Hamburg, Deutschland
E-Mail: jhensmann@t-online.de

H. Meffert et al. (Hrsg.), *Sustainable Marketing Management*,
DOI 10.1007/978-3-658-02437-6_2

den gegenwärtigen Status des Nachhaltigkeitsmanagements sowie zugehöriger Konzepte – wie dem Sustainable Marketing als Fokus des vorliegenden Sammelwerkes – zu verstehen. Im Folgenden werden einzelne Entwicklungsstufen sowie die einflussreichsten Treiber des Wandels aufgezeigt und analysiert. In einer Schlussbetrachtung werden die Herausforderungen an ein leistungsfähiges nachhaltiges Marketing-Management kritisch reflektiert und Perspektiven für eine erfolgreiche Weiterentwicklung des Konzeptes in Wissenschaft und Praxis diskutiert.

1 Nachhaltigkeitsmanagement aus historischer Perspektive

In den letzten Jahren haben nur wenige Themen eine derart hohe Beachtung in der wirtschaftlichen, politischen und wissenschaftlichen Diskussion gefunden wie das Thema Nachhaltigkeit (Meffert 2008, S. 381). Gründe hierfür liegen neben einschneidenden ökologischen Veränderungen wie dem Klimawandel auch in einem durch Globalisierung und Wirtschaftskrise ausgelösten Vertrauensverlust der Öffentlichkeit gegenüber der Wirtschaft. Als Folge sieht sich die marktorientierte Unternehmensführung zunehmend mit Forderungen konfrontiert, neben der Realisierung von Wachstumszielen auch ökologische, soziale und ethische Aspekte zu berücksichtigen. Angesichts der aktuellen Herausforderungen ist es nicht verwunderlich, dass mit dem Nachhaltigkeitsmanagement ein Konzept in Wissenschaft und Praxis an Bedeutung gewinnt, welches den Problembezug und den Lösungsbeitrag unternehmerischen Handelns im gesamtgesellschaftlichen Kontext vertiefend betrachtet (Dyckhoff und Kirchgeorg 2012, S. 269 ff.).

Dabei ist die Idee des Nachhaltigkeitsmanagements in den Unternehmen nicht gänzlich neu. Bereits in den 1970er Jahren fanden Diskussionsbeiträge zur Erweiterung der unternehmensbezogenen Zielsysteme um ökologische Dimensionen Einfluss in die deutsche Betriebswirtschaftslehre (Dyckhoff und Kirchgeorg 2012, S. 269). Auslöser war damals nicht zuletzt der vom Club of Rome initiierte Bericht „Grenzen des Wachstums" (Maedows et al. 1972), der mit düsteren Szenarien über den Zusammenbruch des Erdsystems weltweites Aufsehen erregt und das Bewusstsein für die Notwendigkeit der Lösung drängender ökologischer Probleme (Umweltverschmutzung, Rohstoffverknappung) geweckt hat. Während die Anfänge des betrieblichen Umweltmanagements in diesem Zeitraum vorwiegend auf die Erfüllung gesetzlicher Vorgaben ausgerichtet waren, fanden ökologische Aspekte Ende der 1980er bzw. Anfang der 1990er Jahre auch zunehmend Einfluss in die Marketingdisziplin (Meffert und Kirchgeorg 1992). Mit Konzepten des „Ökologie-Marketing" entwickelte eine wachsende Zahl von Unternehmen Strategien zur Erzielung strategischer Wettbewerbsvorteile, bspw. in Form umweltverträglicher Produkte. Ein wesentlicher Treiber dieser Entwicklung war ein verändertes, zunehmend umweltorientiertes Bewusstsein der Konsumenten (Michael 1990, S. 38). Nach der Jahrtausendwende führten eine Vielzahl ökologischer, sozialer und wirtschaftlicher (Fehl-) Entwicklungen zu einem erhöhten Druck auf Unternehmen zur Übernahme gesellschaftlicher Verantwortung. Parallel erfuhr die aus dem angelsächsischen Raum ausgehende Diskussion zur „Corporate

Social Responsibility“ zunehmend Beachtung in Wissenschaft und Praxis (Dyckhoff und Kirchgeorg 2012, S. 271). Als Folge schritt das sog. „Deepening“ des kommerziellen Marketingansatzes in Form einer Ausweitung des Marketingzielsystems über die Grenzen rein ökonomischer Gewinnziele weiter voran (Meffert et al. 2012). Mit dem umfassenderen Nachhaltigkeitsmanagement erfolgte eine Weiterentwicklung in zwei Dimensionen. Zum einen erlangten soziale Aspekte eine nunmehr gleichgewichtige Beachtung in dem als „Triple Bottom Line“ bezeichneten Dreiklang mit ökologischen und ökonomischen Ansprüchen (vgl. Meffert und Münstermann 2005). Zum anderen erfuhr die vornehmliche Ausrichtung der umwelt- und sozialorientierten Maßnahmen an den Erwartungen der Kunden mit der zunehmenden Gesellschaftsorientierung eine Erweiterung um alle relevanten Anspruchsgruppen des Unternehmens.

Die skizzierte Entwicklung des Nachhaltigkeitsmanagements, mit seinen Ursprüngen im betriebsorientierten Umweltmanagement, über die ersten ökologieorientierten Marketingstrategien hin zu einem integrativen Managementansatz nach dem Leitbild einer nachhaltigen Entwicklung, ist Gegenstand des vorliegenden Beitrages. Diese genetisch-historische Betrachtungsweise scheint notwendig, da sie Voraussetzung ist, um den gegenwärtigen Status des Nachhaltigkeitsmanagements sowie zugehöriger Konzepte – wie dem Sustainable Marketing als Fokus des vorliegenden Sammelwerkes – zu verstehen. Im Folgenden werden einzelne Entwicklungsstufen sowie die einflussreichsten Treiber des Wandels aufgezeigt und analysiert. In einer Schlussbetrachtung werden die Herausforderungen an ein leistungsfähiges nachhaltiges Marketing-Management kritisch reflektiert und Perspektiven für eine erfolgreiche Weiterentwicklung des Konzeptes in Wissenschaft und Praxis diskutiert.

2 Treiber und Entwicklungsstufen des Nachhaltigkeitsmanagements

Abbildung 1 zeigt die bisherige Entwicklung des unternehmerischen Nachhaltigkeitsmanagements anhand einer vereinfachten Stufenbetrachtung. Auf der jeweils vorangehenden Stufe aufbauend ist jede Erweiterung des Konzeptes gleichzeitig auch mit einer Zunahme an Komplexität verbunden. Im Folgenden werden die Stufen differenziert nach inhaltlicher Orientierung untersucht, wobei insbesondere auf die unternehmensinternen und -externen Entwicklungstreiber eingegangen wird.

2.1 Betriebsorientiertes Umweltmanagement als Ursprung

Nachdem die Umwelt von der Wirtschaft lange Zeit als „öffentliches Gut“ betrachtet wurde, sahen sich Unternehmen in den siebziger Jahren des vergangenen Jahrhunderts verstärkt mit ökologischen Anforderungen konfrontiert (vgl. Töpfer und Koch 1994, S. 9; Michaelis 1999, S. 1). In diese Zeit lassen sich die Anfänge des unternehmerischen Umweltmanagements zurückführen, das seitdem sowohl inhaltliche Veränderungen als auch

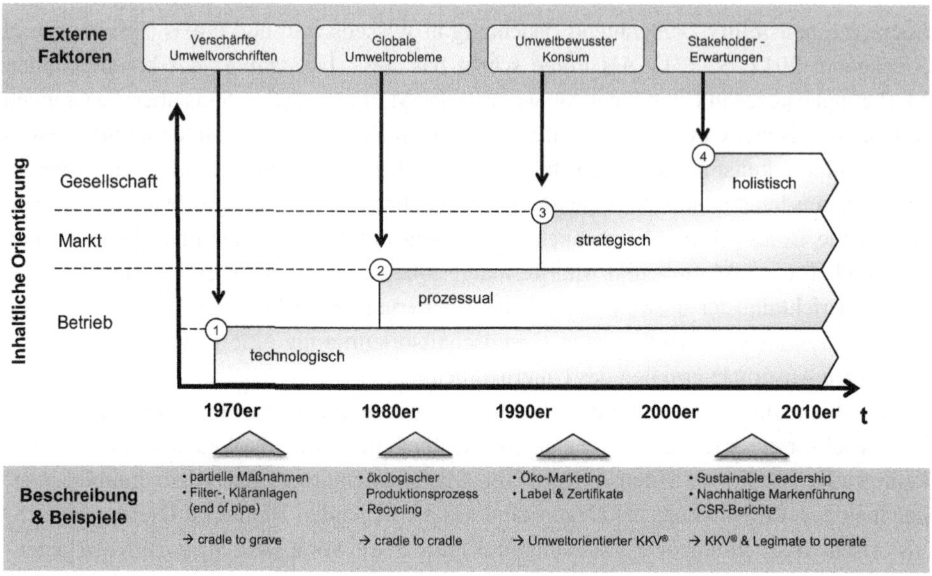

Abb. 1 Stufenbetrachtung der Entwicklung des Nachhaltigkeitsmanagements

Ausweitungstendenzen erfahren hat (vgl. Winter und Butterbrodt 1998, S. 11; Nordhause-Janz et al. 1998, S. 333 f.) und damit als historischer Ursprung des Nachhaltigkeitsmanagements zu verstehen ist. Die im Folgenden untersuchten ersten beiden Entwicklungsstufen sind daher dem **Umweltmanagement** zuzuordnen und zeichnen sich durch eine überwiegend nach innen gerichtete Betriebsorientierung aus.

Auslöser der ersten Stufe in den 1970er Jahren waren verschärfte Umweltvorschriften in Form von Ge- oder Verboten, Gebühren und Abgaben. Der Staat zielte mit diesen ordnungsrechtlichen Instrumenten auf eine Internalisierung der zunehmenden Umweltprobleme ab. Physisch wahrnehmbare Umweltschäden wie Lärm, Abwässer und Abgase führten zu regionaler Betroffenheit der Bevölkerung und konnten einzelnen Unternehmen weitgehend verursachungsgerecht zugeordnet werden (vgl. Matten 1998, S. 3).

Die Unternehmen begannen zwangsläufig mit isolierten Umweltschutzmaßnahmen auf die veränderten Rahmenbedingungen zu reagieren. Ziel war es, die gesetzlichen Vorgaben mit möglichst geringem Aufwand zu erfüllen, um regulierungsbedingte Risiken zu minimieren (vgl. Freimann 1999, S. 131). Der betriebliche Umweltschutz beschränkte sich weitgehend auf partielle, unsystematische Maßnahmen im technischen Bereich der einzelnen Betriebsstätte. Beispiele für die nachgeschalteten Umweltschutzaktivitäten dieser ersten Stufe sind **abfallreduzierende „end-of-pipe"-Lösungen** wie Filter- und Kläranlagen in Industriebetrieben (vgl. Hipp und Reger 1998, S. 40 f.; Seidel 1999, S. 314).

Zu Beginn der zweiten Stufe in den 1980er Jahren erlangten Umweltprobleme zunehmend globale Dimensionen. Die Zerstörung der Ozonschicht und Umweltkatastrophen wie das „Tschernobyl-Unglück" verstärkten als ständige Bedrohungspotenziale das Umweltbewusstsein der Öffentlichkeit. Dabei wurde der Wirtschaft in zunehmendem Maße ökologische Verantwortung zugewiesen (vgl. Matten 1998, S. 3).

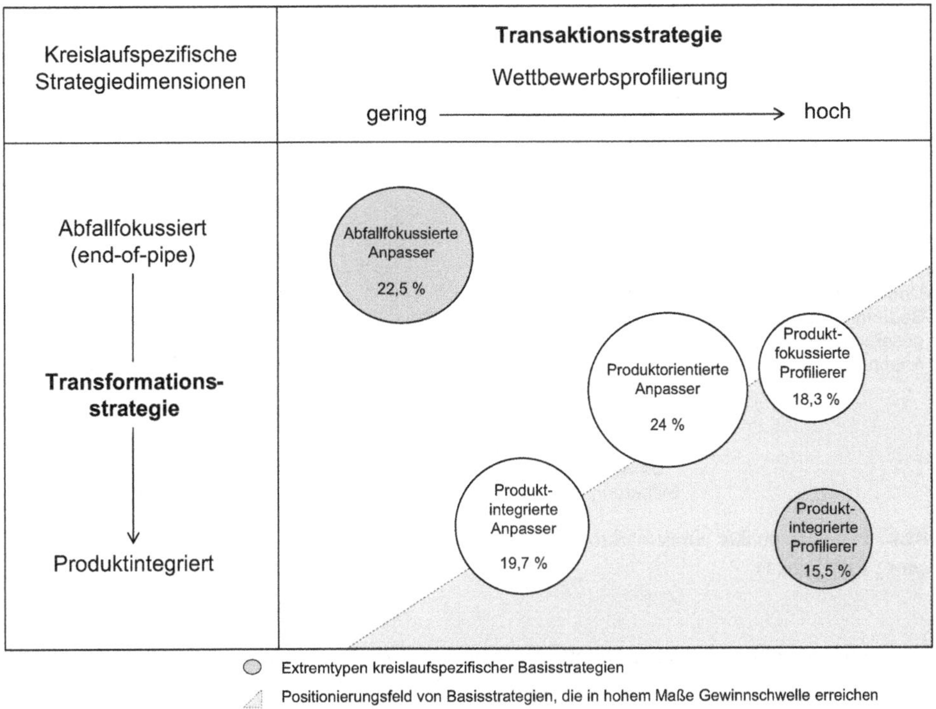

Abb. 2 Positionierung kreislaufspezifischer Strategietypen. (Quelle: Kirchgeorg 1999, S. 439)

Als Folge dessen erkannten Unternehmen die langfristige Notwendigkeit, den Umweltschutz zum integrativen Bestandteil der Unternehmensführung zu machen, und zwar über die reine Gesetzeseinhaltung hinaus (vgl. Richter 1998, S. 73). Nach der anfänglichen Ausrichtung auf einzelne abfallreduzierende Maßnahmen erfuhr das Umweltmanagement in dieser zweiten Entwicklungsstufe eine weitgehende Integration auf Produkt- und Prozessebene und bildete damit die Grundlage der anschließenden Erweiterung um die Marktperspektive. Wie Ergebnisse einer empirischen Untersuchung von Kirchgeorg zeigen, hat Mitte der 1990er Jahre bereits die überwiegende Mehrheit der befragten Unternehmen Umweltschutzmaßnahmen in den Stoffkreislauf der Produkte integriert (vgl. Kirchgeorg 1999, S. 438 ff.).

Bei einem Vergleich der identifizierten Strategietypen in Abb. 2 wird deutlich, dass die sog. „Abfallfokussierten Anpasser" an den „end-of-pipe"-Lösungen der ersten Stufe festhielten und damit hinsichtlich der ökonomischen Effektivität von allen anderen Strategieformen dominiert wurden. Insbesondere den „Produktintegrierten Profilierern" gelang durch die **Umsetzung des Kreislaufprinzips** („cradle to cradle") – von der Beschaffung über die Produktion bis zur Verwertung – die Erschließung von Kostensenkungspotenzialen (vgl. Gege 1997, S. 50 f.; Kirchgeorg, 1998, S. 701 ff.). Voraussetzung hierfür war eine entsprechende Anpassung der gesamten Wertschöpfungskette. Mit Hilfe von funktionsübergreifenden Umweltschutzmaßnahmen wurde insgesamt die Rationalisierung des

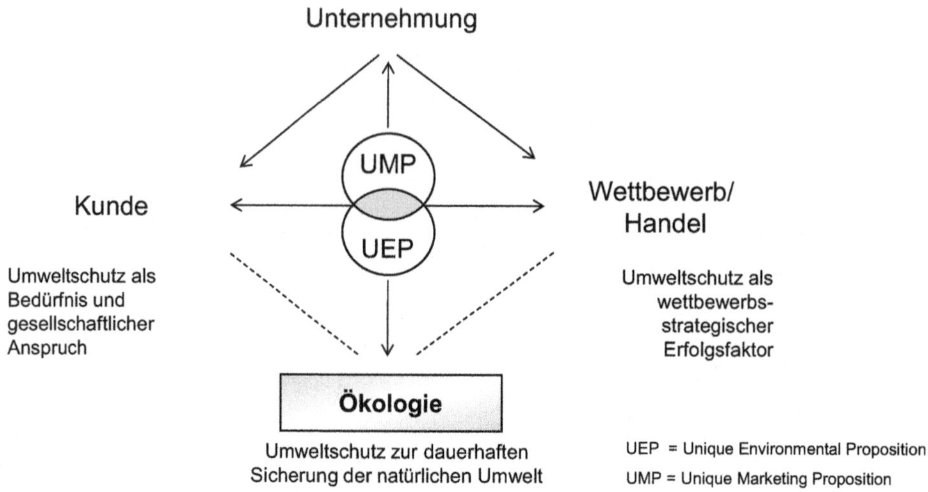

Abb. 3 Bezugspunkte eines marktorientierten Umweltmanagements. (Quelle: Meffert und Kirchgeorg 1998, S. 24)

betrieblichen Umweltmanagements Ziel dieser zweiten Entwicklungsstufe (vgl. Seidel 1999, S. 314; Hipp und Reger 1998, S. 41 f.).

2.2 Erweiterung um die Marktperspektive

Neben dem umweltpolitischen Anpassungsdruck der ersten beiden Entwicklungsstufen des Nachhaltigkeitsmanagements gewann Anfang der 1990er Jahre der Ökologie-Pull im Sinne eines verstärkt umweltorientierten Nachfrageverhaltens zunehmend Einfluss auf die Unternehmensführung. Langzeitstudien zeigen, dass zu diesem Zeitpunkt das Umweltbewusstsein der deutschen Bevölkerung seinen bisherigen Höhepunkt erreichte (vgl. Bruhn und Meffert 2006, S. 20). Dies wurde durch öffentliche Proteste wie im Fall der geplanten Versenkung der Ölplattform „Brent Spar" deutlich. Auch der Erfolg der Partei „Bündnis 90/Die Grünen" zeugte von diesem veränderten Bewusstsein. Die Sensibilisierung der Konsumenten für Umweltprobleme führte dazu, dass Umweltkriterien zunehmend Eingang in die Kaufentscheidung fanden (vgl. Meffert und Bruhn 1996, S. 638; Michael 1990, S. 38). Auch der Handel begann Umweltaspekte in seiner Sortimentspolitik zu berücksichtigen und nahm so die Rolle eines **ökologischen „Gatekeepers"** zwischen Hersteller und umweltbewussten Kunden ein (vgl. Hansen 1990, S. 145 ff.).

Gegenüber der innengerichteten Betriebsorientierung der vorangegangenen Entwicklungsstufen zielten die Unternehmen nunmehr mit einer marktorientierten Ausrichtung der Umweltschutzmaßnahmen auf die Erzielung entsprechender Wettbewerbsvorteile ab. Wie Abb. 3 zeigt, wurde dabei die Kunden- und Wettbewerbsorientierung um eine Ökologieperspektive erweitert (vgl. Meffert und Kirchgeorg 1998, S. 24 ff.).

Im Zusammenhang mit den Triebkräften des Wettbewerbs werden vor allem Innovationen für die Lösung ökologischer und sozialer Probleme gesehen. So betont z. B. Radermacher (2011, S. 16) als Vertreter einer weltweiten Ökosozialen Marktwirtschaft: „Das Potenzial des Marktes, Innovationen hervorzubringen ist eine der Hauptmotivationen für eine konsequente Marktorientierung". In diesem Sinne versuchen Unternehmungen mithilfe umweltorientierter Marketingkonzepte strategische Umweltvorteile (UEP) in Form von umweltgerechteren Produkten bzw. Dienstleistungen in Kunden- und Wettbewerbsvorteile (UMP bzw. KKV® – komparative Konkurrenzvorteile) zu überführen. Dies gelang jedoch nur in den Fällen, in denen das ökologische Leistungsangebot für den Konsumenten wahrnehmbare Nutzen- bzw. Preisvorteile aufwies. Mit Ausnahme kleinerer Nischenmärkte bestand in der Praxis indes oftmals eine Divergenz zwischen bekundetem Umweltbewusstsein und der Bereitschaft der Konsumenten, einen höheren Preis für das umweltgerechtere Angebot zu entrichten (vgl. Meffert 1993, S. 52 f.). Folglich erlangte die Marktsegmentierung bei der Vermarktung ökologischer Leistungen eine ebenso wichtige Rolle wie die strategische Ausrichtung des Öko-Marketingmix (z. B. durch den Einsatz von Labeln und Zertifikaten als Differenzierungsmerkmal). Im Mittelpunkt stand dabei vielerorts eine dem „Ökotrend" folgende werbliche Profilierung des Leistungsangebots. Um langfristig Glaubwürdigkeit und Legitimität sicherzustellen, begannen die Unternehmen Umweltschutz erstmals auch in ihr normatives Werte- und Zielsystem zu integrieren.

Als Beispiel für diese dritte marktorientierte Entwicklungsstufe des Nachhaltigkeitsmanagements kann die Erfolgsgeschichte der Marke Frosch des Unternehmens Werner & Mertz herangezogen werden (vgl. Meffert und Kirchgeorg 1998, S. 591 ff.). Vor dem Hintergrund einer zunehmenden Sensibilisierung der Konsumenten für Umweltbelange wagte das Unternehmen im Jahr 1986 die Einführung eines für dieses Segment konzipierten Reinigungsmittels. Mit einer konsequent umweltorientierten Marketingkonzeption konnte sich Frosch innerhalb der folgenden zehn Jahre deutlich vom Wettbewerb differenzieren und avancierte Mitte der 1990er Jahre aus der anfänglichen Nischenorientierung heraus zu einer der erfolgreichsten Marken im hart umkämpften Bereich der Haushaltsreiniger.

2.3 Gesellschaftsorientierung als Übergang zum ganzheitlichen Nachhaltigkeitsmanagement

Aktuelle Umweltprobleme wie der Klimawandel lösten nach der Jahrtausendwende im Gleichtakt mit einer zunehmenden Globalisierung und verstärkt durch Wirtschaftskrisen einen generellen Vertrauensverlust zwischen Unternehmen und deren Anspruchsgruppen bzw. Stakeholdern aus. Neben den direkt am Transaktionsprozess mit der Unternehmung beteiligten Mitarbeitern, Kunden und Aktionären erhöhten auch externe Anspruchsgruppen wie Medien und Non-Governmental Organizations (NGOs) den Erwartungsdruck auf Unternehmen zur Übernahme gesellschaftlicher Verantwortung (vgl. Meffert 2008, S. 381). Folglich entwickelte sich in Verbindung mit der Corporate Social Responsibility (CSR) die Idee eines ganzheitlichen Nachhaltigkeitsmanagements. Dabei gilt es, ökologi-

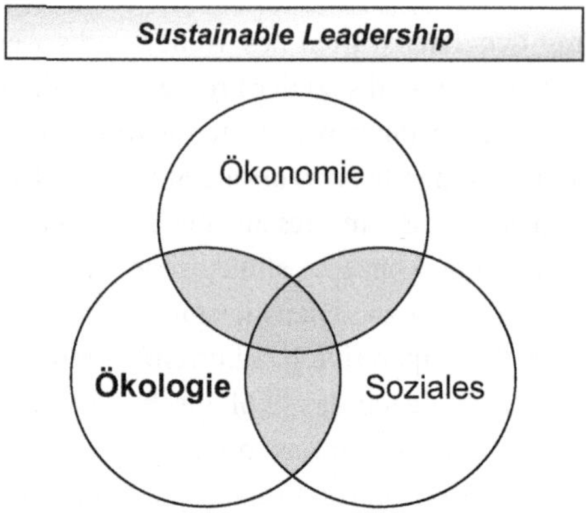

Abb. 4 Zielbereiche des Sustainable Leadership

sche, soziale und ökonomische Belange nunmehr systematisch und im Austausch mit den Stakeholdern in alle Bereiche der Unternehmenstätigkeit zu integrieren. Umweltschutz existiert gleichberechtigt neben sozialen und ökonomischen Ansprüchen im Rahmen des sog. **Triple Bottom Line-Konzepts** (vgl. Meffert und Münstermann 2005, S. 22; Münstermann 2007, S. 8 f.).

In Folge des gestiegenen Erwartungsdrucks ist eine Ausweitung von der Markt- hin zur Gesellschaftsorientierung in der vierten und aktuellen Entwicklungsstufe des Nachhaltigkeitsmanagements zu beobachten. Anstelle der vornehmlichen Fokussierung auf Markt- und Wettbewerbsvorteile rückt mit der Stakeholderorientierung öffentliches Vertrauen und gesellschaftliche Legitimierung („Legitimate to operate") ins Blickfeld der nachhaltigkeitsorientierten Unternehmensführung. Wie Abb. 4 verdeutlicht, wird der Umweltschutz hierbei nicht mehr isoliert, sondern vielmehr holistisch und als Dreiklang im Rahmen eines ganzheitlichen „Sustainable Leadership" in Balance mit den sozialen und ökonomischen Unternehmenszielen verstanden (vgl. Meffert 2008, S. 381 ff.; Loew et al. 2004, S. 70 ff.; Abell 2007).

In der Praxis zeugen sog. CSR- bzw. Nachhaltigkeitsberichte vom Bestreben der Unternehmen, soziale und ökologische Maßnahmen neben den ökonomischen Aktivitäten in ein ganzheitliches Nachhaltigkeitsmanagement zu integrieren und gegenüber allen relevanten Anspruchsgruppen des Unternehmens zu kommunizieren.

Diese Entwicklung findet nicht zuletzt ihren Niederschlag in der Marketingdisziplin. Gemäß der aktuellen Definition der American Marketing Association (AMA), ist die Gesellschaft („society at large") explizit als Anspruchsgruppe des Marketing zu berücksichtigen (AMA 2007). Mit dem Sustainable Marketing gewinnt ein Konzept an Bedeutung, bei dem ökologische und soziale Ziele bei der Gestaltung von Markttransaktionen einbezogen werden (Kirchgeorg 2011; Belz und Peattie 2009).

In der Markenführung lässt sich ein Trend zur Profilierung mit Sozial- und Umweltaspekten im Rahmen eines Sustainable Branding beobachten (Rauch 2012). Ausgangspunkt und Maßstab ist dabei die glaubhafte Abstimmung der ökologischen Markensubstanz mit der Markenkommunikation. Die wachsende Bedeutung nachhaltiger Marken zeigt sich auch in der zunehmenden Anzahl entsprechender Rankings, Indizes, Preisverleihungen und Evaluierungsmodellen in der Praxis. Trotz teilweise gravierender Unterschiede in der jeweiligen Methodik fließen Aspekte des Umweltschutzes stets in die Beurteilung der Marken mit ein. Als Beispiele können der „Good Brand Social Equity Index" sowie der mittlerweile zum siebten Mal verliehene „Deutsche Nachhaltigkeitspreis" erwähnt werden (vgl. Meffert et al. 2010, S. 33).

Besonders seit der Finanzkrise kann ferner eine steigende Anzahl an nachhaltigen Geldanlagemöglichkeiten beobachtet werden. So werden nicht nur allein Marken, sondern ganze Unternehmen hinsichtlich ihres Nachhaltigkeitsengagements bewertet und in entsprechenden Indexfonds gelistet (vgl. Oberhuber 2010, S. 41).

Auf Produktebene wächst bei den Konsumenten die Tendenz, Sozial- und Umweltverträglichkeit als „Hygienefaktor" zu betrachten – zumindest bei Convenience Produkten. Entsprechende Aspekte können langfristig jedoch nur noch dann als Differenzierungsmerkmal dienen, wenn sie vom Verbraucher als besonders innovativ wahrgenommen werden (vgl. Meffert und Kirchgeorg 1998, S. 442). Sie rücken so ins Zentrum des Marketing, oder mit den Worten von Winter: „War die Umweltfreundlichkeit eines Produktes gestern noch eine kaum honorierte Nebenleistung, so ist sie heute ein wichtiges Verkaufsargument, und morgen wird sie Voraussetzung für die Verkäuflichkeit des Produktes überhaupt sein." (Winter 1998, S. 216).

3 Schlussbetrachtung und Ausblick

Die vorliegende historisch-genetische Analyse zeigt in vereinfachter Form die Entwicklungspfade von betrieblicher über marktliche Ausrichtung des Umweltschutzes zu einem auf soziale und gesellschaftliche Belange integrierenden ganzheitlichen Nachhaltigkeitsmanagement. Diese Betrachtung entspricht weitgehend dem Verhalten von Unternehmungen im deutschsprachigen Raum während Fragen der gesellschaftlichen Verantwortung (Corporate Social Responsibility) in der Makro- und Mikroperspektive im Vordergrund der angelsächsischen Diskussion standen. Erst in jüngerer Zeit fanden Probleme der Nachhaltigkeit in der Betriebswirtschaftslehre, insbesondere in der Marketingdisziplin, erhöhte Aufmerksamkeit (vgl. v. a. Balderjahn 2004, 2013; Belz und Paettie 2009; Hentze und Thies 2012). In diesem Zusammenhang wird Marketing als ein auf die aktuellen und potentiellen Märkte ausgerichtetes Managementkonzept zur Planung, Koordination, Durchführung und Kontrolle zur Erreichung der Unternehmensziele und zur Befriedigung der Bedürfnisse der Marktpartner verstanden. Im Mittelpunkt steht dabei ein funktionsübergreifendes, auf die Gestaltung der Wertschöpfung ausgerichtetes marktorientiertes Führungskonzept. In diesem Sinne erfordert nachhaltiges Marketing, „dass alle Aktivitäten des Unternehmens hinsichtlich ihrer ökonomischen (ökonomische Effizienz), ökologischen (ökologische Effizienz) und sozialen Konsequenzen (soziale Effektivität) geprüft werden" (Balderjahn 2013, S. 41). Die Umsetzung dieser Forderung ist in Wissenschaft und Praxis gleichermaßen mit der Lösung weitreichender methodischer, inhaltlicher und organisationaler Probleme verbunden.

In **methodischer Hinsicht** stellt sich nicht nur die Frage nach dem Verhältnis einer normativ-ethischen und praktisch-normativen Sichtweise des Nachhaltigkeitsmanagements. Stellt man den ökonomischen Aspekt in Form eines „Business Case" ins Zentrum der Diskussion, so reduziert sich nachhaltiges Marketing-Management auf eine reine „Mittel-Zweck-Betrachtung". Es bedarf einer Klärung, wer vor wem nach welchen Kriterien für nachhaltiges Verhalten von Unternehmungen verantwortlich ist. Vor dem Hintergrund einer einseitigen Kritik am „Business Case – CSR" zeigt Schreck die Leistungsfähigkeit ökonomischer CSR – bzw. Nachhaltigkeitsforschung – im Hinblick auf die Erkenntnisziele der Unternehmensethik auf (Schreck 2011; vgl. ferner im Zusammenhang mit ökolog. Fragen Steinmann und Wagner 1998). Folgt man dieser – in der Marketingdisziplin weit verbreiteten – Auffassung einer angewandten ökonomischen Marketing-Ethik, so ergeben sich aus den Strukturdefekten des komplexen Entscheidungsproblems zur Sicherung der Nachhaltigkeit der Unternehmen weitreichende Implikationen. In aller Regel liegen Zielsetzungs-, Wirkungs-, Bewertungs- und Lösungsdefekte bei der Gestaltung komplexer Nachhaltigkeitsprobleme vor. Sie erfordern in der Regel ein **heuristisches Vorgehen** (vgl. hierzu Adam 1983, S. 484 ff. und Münstermann 2007, S. 40 ff.). Die Inhalte der Ziele wie Steigerung der Mitarbeitermotivation und -bindung, Generierung von Differenzierungsvorteilen im Wettbewerb, Erzielung von Reputationsgewinnen, Reduzierung der Prozess- und Kapitalkosten sowie Sicherung der Akzeptanz der Geschäftstätigkeit sind vielschichtig und z. T. konkurrierend. Die Messung eines mehrdimensionalen Nachhaltigkeitserfolges und die Wirkung der eingesetzten Maßnahmen sind meist nicht hinreichend exakt quantifizierbar. In Bezugnahme auf ein Risiko- und Chancenmanagement wird der Ertragswert als relevante finanzwirtschaftliche Zielgröße für nachhaltiges wirtschaftliches Handeln diskutiert (Schmiel 2012, S. 309 ff.). Angesichts dieser Strukturdefekte werden für die Gestaltung und Steuerung eines ganzheitlichen Nachhaltigkeitsmanagements Konzepte der **hierarchischen Unternehmensplanung** in Verbindung mit dem **integrierten St. Galler Managementmodell** herangezogen (vgl. Bleicher 1991; Balderjahn 2004; Münstermann 2007).

Zentrale inhaltliche Aspekte sind mit der Übertragung des **St. Galler Managementmodells** auf ein marktorientiertes Nachhaltigkeitsmanagement verbunden. Über das weitverbreitete aktionsbezogene und funktionale Marketing hinaus ist ein breit angelegtes, auf die marktorientierte Führung ausgerichtetes „duales Marketingverständnis" erforderlich (vgl. hierzu Meffert et al. 2012, S. 13). Im Einzelnen ist eine normative, strategische und operative Planungsebene mit folgenden Inhalten zu unterscheiden:

- normatives Nachhaltigkeitsmanagement mit dem Entwurf von Leitbildern, Grundsätzen und Oberzielen;
- strategisches Nachhaltigkeitsmanagement mit der Aufgabe Strategien zu entwickeln, die geeignet sind Wettbewerbsvorteile zu sichern bzw. Wettbewerbsnachteile zu vermeiden. Durch längerfristige Akzentsetzung sind ökonomische Ertrags- und Chan-

cenpotentiale zu nutzen, Beziehungen zu relevanten sozialen Anspruchsgruppen aufzubauen und zu pflegen sowie Umweltschutz und gesellschaftliche Verantwortung möglichst bei allen Partnern in der Wertschöpfungskette zu sichern;
- operatives Nachhaltigkeitsmanagement mit dem Ziel der Umsetzung der Strategien durch den Einsatz der Marketinginstrumente Produkt-, Preis-, Distributions- und Kommunikationspolitik. Sie sind auf die Bedürfnisse der Konsumenten mit unterschiedlichen Lebens- und Konsumstilen (z. B. LOHAS) auszurichten.

Der Positionierung und Führung der Unternehmens- und Produktmarken als Orientierungs- und Vertrauensanker für die Erfüllung nachhaltiger Leistungsversprechen kommt dabei eine besondere Rolle zu. Im Einzelfall ist vor allem darüber zu entscheiden, ob ökologische, soziale und gesellschaftliche Argumente dominant oder flankierend einzusetzen sind und wie durch eine zielgruppengerechte, glaubwürdige Kommunikation Leistungsbeweise für nachhaltiges Verhalten erbracht werden können. Letzteres setzt voraus, dass Mitarbeiter und Partner (z. B. Lieferanten, Investoren) die Rolle von „Markenbotschaftern" übernehmen. Dementsprechend sind beim marktorientierten Nachhaltigkeitsmanagement vor allem Schnittstellen zur Personalführung (internes Marketing) und zum Supply-Chain-Management zu beachten.

Der Übergang zum integrierten Nachhaltigkeitsmanagement ist insbesondere bei Vorliegen von Konflikten zwischen sozialen und ökonomischen Zielen oft mit schwierigen Anpassungsprozessen verbunden. Die Schaffung eines ganzheitlichen Nachhaltigkeitsverständnisses ist deshalb Voraussetzung für die erfolgreiche **Implementierung in der Unternehmensorganisation**. Diese erfordert neben spezifischen fachlichen Kompetenzen ein effizientes **„Change Management"** durch eine werteorientierte, glaubwürdige Führung. Im Spannungsfeld ökonomischer und ethisch-moralischer Ansprüche gewinnt beim geplanten Wandel von einer ökologieorientierten hin zur nachhaltigen Unternehmensführung ein **explizites** und **implizites Wertemanagement** im Sinne gemeinsam geteilter Vorstellungen wachsende Bedeutung. Auf diesen Sachverhalt weisen im Zusammenhang mit dem Design und der Implementierung von Corporate Social Responsibility-Konzepten Maon et al. (2009) hin. Sie betonen neben der Schaffung eines einheitlichen CSR-Verständnisses vor allem, dass die Zielsetzungen des Unternehmens im gesellschaftlichen Kontext diskutiert werden müssen, um Unternehmenswerte aufzudecken und Nachhaltigkeitsmaßnahmen mit diesen zu verbinden. Darüber hinaus zeigen sie wie ausgehend von einer Bestimmung des aktuellen Status Nachhaltigkeit in die strategische Planung integriert werden kann. Hierbei ist es notwendig Werte und Visionen in Ziele, Erwartungen und Führungsprinzipien zu übersetzen und erforderliche Strukturen sicherzustellen indem bspw. die Koordination zwischen den einzelnen Unternehmensfunktionen verbessert und die Verantwortung für Nachhaltigkeit in Stellenbeschreibungen integriert werden. Dabei wird die besondere Rolle des Top-Management betont, welches die Richtung des Nachhaltigkeitsengagements vorgibt. Es sind jedoch die Mitarbeiter, die Nachhaltigkeit implementieren, Strategien umsetzen sowie kommunizieren und somit einen wesentlichen Erfolgsbeitrag zum Gelingen des Wandels leisten. Dabei kommt der **mitt-**

leren Unternehmensebene im Change Prozess eine wichtige Aufgabe zu. Die interne Kommunikation über Nachhaltigkeitsaktivitäten und angepasste Anreizsysteme tragen dazu bei, das Bewusstsein und die Motivation für die Übernahme ökologischer, sozialer und gesellschaftlicher Verantwortung im Unternehmen z. B. durch Corporate Citizenship zu fördern und zu übernehmen. Nach außen gerichtete Informationen erfüllen den immer stärker werdenden Anspruch nach Transparenz über Aktivitäten zur Erfüllung von Verantwortung gegenüber Stakeholdern.

Unternehmen, die ein erfolgreiches Nachhaltigkeitsmanagement praktizieren und für ihr vorbildliches Verhalten ausgezeichnet wurden, verfolgen meist konsequent Leit- und Führungsprinzipien des Nachhaltigkeitsmanagements. Dennoch ist der Weg exzellenter Nachhaltigkeit für die Unternehmensführung nicht einfach zu begehen, da wirtschaftliche, ökologische und soziale Ziele häufig nicht im Einklang miteinander stehen. So zahlen sich z. B. Investitionen in den Umweltschutz, die Entwicklung energie- und ressourcensparender Produkte, Aus- und Weiterbildungsmaßnahmen, Förderung und Balance von Familie und Arbeit oft erst langfristig aus. Nicht alle Kunden honorieren umweltverträglichere Angebote, Wettbewerber nutzen unter Verzicht auf Nachhaltigkeit Vorteile aus und Aktionäre bzw. Banken erwarten gute Quartalsergebnisse. Vor allem im sozialen Bereich der Sicherung von Arbeitsplätzen sind im Spannungsfeld von effektiver und verantwortlicher Unternehmensführung oft schwierige Konfliktsituationen zu lösen. Empirische Untersuchungen belegen jedoch, dass ein proaktives, an bestimmten Erfolgsgrundsätzen und -prinzipien ausgerichtetes Nachhaltigkeitsmanagement in zahlreichen Branchen zu besseren Ergebnissen führt. Dies sind vor allem die im sog. **6-C-Konzept** verankerten Prinzipien (Meffert 2008, 381 ff.):

Commitment: Das Unternehmen muss ein gemeinsames Grundverständnis von Nachhaltigkeit entwickeln und CSR als Chefsache im Führungssystem der Unternehmen verankern.

Coordination: Die Aktivitäten werden in einem längerfristigen strategischen Verhaltensplan priorisiert und funktionsübergreifend an den Kernkompetenzen der Unternehmung ausgerichtet.

Culture: Die Unternehmen zeichnen sich durch eine auf Nachhaltigkeit ausgerichtete und gelebte Unternehmenskultur (Shared Values) und entsprechende Maßnahmen der Personalentwicklung bzw. -führung aus.

Credibility: Die Unternehmen praktizieren eine glaubwürdige und transparente Kommunikation zur Sicherung der Akzeptanz und Stärkung der Reputation bei den Stakeholdern. Gesellschaftsbezogene Werte werden in der Unternehmensmarke verankert und Schönfärberei, Window Dressing und emotional überhöhte Botschaften vermieden.

Cooperation: Durch Zusammenarbeit mit geeigneten Kooperationspartnern im Profit- und Non-Profit-Bereich kann es gelingen, die Effizienz gesellschaftlichen Engagements zu steigern.

Controlling: Mit Hilfe geeigneter Bewertungs- und Evaluationsverfahren werden die angestrebten wirtschaftlichen, ökologischen und sozialen Zielerreichungen überprüft. Fundierte und aussagefähige Nachhaltigkeitsberichte dienen der Rechenschaftslegung.

Darüber hinaus ordnen die nach solchen Prinzipien arbeitenden Unternehmen das Nachhaltigkeitsmanagement in den größeren Zusammenhang von Change-Prozessen ein. Dabei werden stufenweise Etappenziele verfolgt und die in einzelnen Funktionsbereichen relativ schnell erzielten Ergebnisse (z. B. Kostensenkung, Qualitätssteigerung, positive Kunden- und Lieferantenreaktionen als Quick-Wins) für die Motivation zur Durchführung weiterführender funktionsübergreifender Maßnahmen herangezogen.

Literatur

Abell D (2007) Responsible leadership & governance: new perspectives on business responsibility beyond the bottom Line. In: Backhaus K, Kirchgeorg M, Meffert H (Hrsg) Marktorientierte Unternehmensführung in gesellschaftlicher Verantwortung. Dokumentation des 6. Münsteraner Marketing-Symposiums vom 12. Mai 2007, Leipzig, S 1–18

Adam D (1983) Planung und Entscheidung in schlecht-strukturierten Entscheidungssituationen mit Hilfe heuristischer Vorgehensweisen. Betriebswirtschaftliche Forschung und Praxis 35:484–494

AMA (2007) http://www.marketingpower.com/AboutAMA/Pages/DefinitionofMarketing.aspx Zugegriffen: 01 Januar 2008

Balderjahn I (2004) Nachhaltiges Marketing-Management. Lucius & Lucius, Stuttgart

Balderjahn I (2013) Nachhaltiges Management und Konsumentenverhalten. UTB GmbH, Konstanz

Belz F-M, Peattie K (2009) Sustainability marketing: a global perspective. Wiley, Chichester

Bleicher K (1991) Organisation: Strategien, Strukturen, Kulturen. Gabler, Wiesbaden

Bruhn M, Meffert H (2006) Umweltbewusstsein der Bevölkerung in der Bundesrepublik Deutschland: empirische Ergebnisse einer Langzeitstudie. Die Unternehmung 60:7–26

Dyckhoff H, Kirchgeorg M (2012) Editorial: Nachhaltigkeitsmanagement und BWL. Die Betriebswirtschaft (DBW) 72:269–275

Freimann J (1999) Jenseits von EMAS: Umweltmanagementsysteme – Erfahrungen und Perspektiven. In: Seidel E (Hrsg) Betriebliches Umweltmanagement im 21. Jahrhundert. Springer, Heidelberg, S 131–145

Gege M (1997) Umweltschutz, Umweltkosten und Umweltmanagement: In: Gege M (Hrsg) Kosten senken durch Umweltmanagement. 1000 Erfolgsbeispiele aus 100 Unternehmen. Verlag Vahlen, München, S 49–54

Hansen U (1990) Die Rolle des Handels als Gate-Keeper. In: Gottlieb Duttweiler Institut (Hrsg) Ökologie im vertikalen Marketing. GDI, Zürich, S 145–174

Hentze I, Thies B (2012) Unternehmensethik und Nachhaltigkeitsmanagement. UTB, Wien

Hipp C, Reger G (1998) Die Dynamik ökologischer Entwicklungsprozesse in Unternehmen: Kernelemente eines ganzheitlichen Umweltmanagementsystems. Betriebliches Umweltmanagement, Zeitschrift für Betriebswirtschaft (ZfB) 1:25–46

Kirchgeorg M (1998) Marktorientiertes Kreislauf- und Stoffstrommanagement. In: Winter G (Hrsg) Das umweltbewusste Unternehmen: Die Zukunft beginnt heute. Verlag Vahlen, München, S 701–721

Kirchgeorg M (1999) Marktstrategisches Kreislaufmanagement: Ziele, Strategien und Strukturkonzepte. Gabler, Wiesbaden

Kirchgeorg M (2011) Stichwort: Nachhaltigkeitsmarketing. In: Gabler Verlag (Hrsg) Gabler Wirtschaftslexikon, Abruf unter http://wirtschaftslexikon.gabler.de

Loew T et al (2004) Bedeutung der internationalen CSR-Diskussion für Nachhaltigkeit und die sich daraus ergebenden Anforderungen an Unternehmen mit Fokus Berichterstattung: Endbericht an

das Bundesministerium für Umwelt, Naturschutz und Reaktorsicherheit (BMU), Münster und Berlin
Maon F, Lindgreen A, Swaen V (2009) Designing and implementing corporate social responsibility: an integrative framework grounded in theory and practice. J Bus Ethics 87:71–89
Matten D (1998) Sustainable Development als betriebswirtschaftliches Leitbild: Hintergründe, Abgrenzungen, Perspektiven. Betriebliches Umweltmanagement. Zeitschrift für Betriebswirtschaft (ZfB) 1:1–23
Meadows D, Meadows D, Zahn E, Milling P (1972) Die Grenzen des Wachstums: Bericht des Club of Rome zur Lage der Menschheit. Deutsche Verlags-Anstalt, Stuttgart
Meffert H (1993) Umweltbewußtes Konsumentenverhalten: Ökologieorientiertes Marketing im Spannungsfeld zwischen Individual- und Sozialnutzen. Marketing ZFP 15:51–54
Meffert, H (2008) Corporate Social Responsibility: mehr als eine Modewelle. Zeitschrift für Führung + Organisation (zfo) 77:381–383
Meffert H, Bruhn M (1996) Umweltbewußtsein von Konsumenten. Die Betriebswirtschaft 56:631–648
Meffert H, Kirchgeorg M (1992) Marktorientiertes Umweltmanagement: Grundlagen und Fallstudien. Schäffer-Poeschel Verlag, Stuttgart
Meffert H, Kirchgeorg M (1998) Marktorientiertes Umweltmanagement. Schäffer-Poeschel Verlag, Stuttgart
Meffert H, Münstermann M (2005) Corporate Social Responsibility in Wissenschaft und Praxis: eine Bestandsaufnahme. In: Meffert H, Backhaus K, Becker J (Hrsg) Corporate Social Responsibility: gesellschaftliche Verantwortung von Unternehmen, Arbeitspapier Nr. 186 der Wissenschaftlichen Gesellschaft für Unternehmensführung e. V., Münster
Meffert H, Rauch C, Lepp HL (2010) Sustainable Branding: mehr als ein neues Schlagwort?!. Marketing Review St. Gallen 27:28–35
Meffert H, Burmann C, Kirchgeorg M (2012) Marketing. Grundlagen marktorientierter Unternehmensführung. Gabler, Wiesbaden
Michael BM (1990) Wenn der Rückschritt plötzlich zum Fortschritt wird. Horizont 46:38
Michaelis P (1999) Betriebliches Umweltmanagement. Verlag Neue Wirtschafts-Briefe, Herne
Münstermann M (2007) Corporate Social Responsibility: Ausgestaltung und Steuerung von CSR-Aktivitäten. Gabler, Wiesbaden
Nordhause-Janz J, Rehfeld D, Wompel M (1998) Rahmenbedingungen und Strategien betrieblichen Umweltmanagements. In: Kaluza B (Hrsg) Kreislaufwirtschaft und Umweltmanagement. Erich Schmidt Verlag, Hamburg, S 331–359
Oberhuber N (2010, 26 Dez.) Ökologisch investieren für die Ewigkeit. Frankfurter Allgemeine Zeitung 51:41
Radermacher FJ (2011) Welt mit Zukunft: Die ökosoziale Perspektive. Murmann Verlag GmbH, Hamburg
Rauch C (2012) Corporate Sustainable Branding: Ein empirischer Beitrag zum Markenerfolg öffentlich exponierter Unternehmen. Springer, Wiesbaden
Richter E (1998) Entwicklung zu einer Kreislaufwirtschaft im Elektronikbereich. In: Kaluza B (Hrsg) Kreislaufwirtschaft und Umweltmanagement. Erich Schmidt, Hamburg, S 71–96
Schmiel U (2012) Ist der Ertragswert eine mögliche Zielgröße für nachhaltiges wirtschaftliches Handeln?. Die Betriebswirtschaft (DBW) 72:309–324
Schreck P (2011) Ökonomische Corporate Social Responsibility Forschung: Konzeptionalisierung und kritische Analyse ihrer Bedeutung für die Unternehmensethik. Zeitschrift für Betriebswirtschaft (ZfB) 81:745–769
Seidel E (1999) Das Umweltmanagement an der Jahrhundertschwelle: Zeit für einen zweiten Blick. In: Seidel E (Hrsg) Betriebliches Umweltmanagement im 21. Jahrhundert. Springer, Heidelberg, S 303–322
Seidel E (2012) Georg Winter – Pionier der umweltbewussten Unternehmensführung. Metropolis Verlag für Ökonomie, Marburg

Steinmann H, Wagner GR (1998) Umwelt- und Wirtschaftsethik. Verlag Schäffer-Poeschel, Stuttgart

Töpfer K, Koch A (1994) Die Herausforderungen eines umweltverträglichen Wirtschaftens: Von einer zukunftsvergessenden zur zukunftsbewußten Gesellschaft. In: Hansmann K-W (Hrsg) Marktorientiertes Umweltmanagement. Gabler, Wiesbaden, S 5–20

Winter G (1998) Umweltorientierte Unternehmensführung nach Integriertem System: das Winter-Modell. In: Winter G (Hrsg.) Das umweltbewusste Unternehmen. Die Zukunft beginnt heute. Verlag Vahlen, München, S 211–222

Winter G, Butterbrodt D (1998) Fünf Stufen auf dem Weg zu einer zukunftsfähigen Unternehmensführung. In: Winter G (Hrsg) Das umweltbewusste Unternehmen. Die Zukunft beginnt heute. Verlag Vahlen, München, S 11–19

Em. Universitäts-Professor Dr. Dr. h.c. mult. Heribert Meffert Er war von 1969 bis 2002 Inhaber des Lehrstuhls für Betriebswirtschaftslehre an der Westfälischen Wilhelms-Universität Münster und Gründer des ersten Instituts für Marketing an einer deutschen Universität. Im Brückenschlag zur Praxis war er Mitgründer der „Wissenschaftlichen Gesellschaft für Marketing und Unternehmensführung e.V.“. Zu Beginn der 1990er Jahre engagierte er sich für die Wiedergründung der Handelshochschule Leipzig (HHL) und war von 1995 bis 1997 als Rektor verantwortlich für das wissenschaftliche Management der HHL Graduate School of Management. Zu den wissenschaftlichen Schwerpunkten von Prof. Meffert zählen neben General Management und Marktorientierter Unternehmensführung vor allem auch Fragen des Non Profit- und Nachhaltigkeitsmanagements. Als Forscher veröffentlichte er über 400 wissenschaftliche Schriften, davon mehr als 30 Monografien. Nach seiner Emeritierung war er von 2002 bis 2005 Vorsitzender der Bertelsmann Stiftung. Neben seinem Engagement in zahlreichen Aufsichtsgremien der Wirtschaft war er langjährig als Juror des Deutschen Nachhaltigkeitspreises tätig.

Prof. Dr. Jan Hensmann 1969 Promotion an der Universität Münster und Tätigkeit am ersten deutschen Institut für Marketing (Prof. Dr. H. Meffert). Seit 1973 in leitenden Funktionen in der Wirtschaft tätig, stv. Vorstandsvorsitzender des Medienunternehmens Gruner+Jahr AG in Hamburg. Seit 1983 selbstständiger Unternehmensberater mit Schwerpunkt Strategisches Marketing (Internationalisierung, neue Medienformen) und Sustainable Marketing.

Sustainable Marketing bei zunehmenden ökologischen Diskontinuitäten

Manfred Kirchgeorg

Inhaltsverzeichnis

M. Kirchgeorg (✉)
SVI Stiftungslehrstuhl für Marketing, HHL- Leipzig Graduate School of Management,
Jahnallee 59, 04109 Leipzig, Deutschland
E-Mail: manfred.kirchgeorg@hhl.de

H. Meffert et al. (Hrsg.), *Sustainable Marketing Management*,
DOI 10.1007/978-3-658-02437-6_3

Zusammenfassung

Bei der Entwicklung von Ansätzen des Sustainable Marketing wird überwiegend unterstellt, dass die Erreichung eines Nachhaltigkeitspfades gelingt und Belastungsgrenzen des ökologischen Systems nicht dauerhaft überschritten werden. Hierzu werden primär Vermeidungs- und Reduktionsstrategien empfohlen. Ausgeblendet werden dabei jedoch jene Managementherausforderungen, die dann auftreten, wenn es weltweit nicht gelingt, die Übernutzung des ökologischen Systems zu verhindern, sodass kontinuierliche wie auch abrupte Veränderungen in Form von Klimawandel und Extremwettersituationen wahrscheinlicher werden. In Managementansätzen des Sustainable Marketing müssen die Implikationen dieser Entwicklungen berücksichtigt werden. Resilience- und Adaption-Konzepte erlangen in diesem Zusammenhang eine besondere Relevanz. Sie nehmen Einfluss auf alle Stufen des Marketingmanagement-Prozesses.

1 Grundausrichtung des Sustainable Marketing bei Dominanz von „Inside-Out-Effekten"

Sowohl das in den Beiträgen zuvor bereits skizzierte Leitbild des Sustainable Development wie auch der hieraus abgeleitete erweiterte Anspruch an ein Konzept des Sustainable Marketing sollen sicherstellen, dass langfristig ein Nachhaltigkeitspfad erreicht wird. Ökologische, soziale und ökonomische Ziele werden so ausbalanciert, dass die Lebensbedingungen und Entwicklungsmöglichkeiten für die nachfolgenden Generationen nicht eingeschränkt werden. Ausgehend von der umwelt- und gesellschaftspolitischen Diskussion der 80er und 90er Jahre wurden angesichts der vielfach sichtbaren negativen Auswirkungen von Produktions- und Konsumprozessen auf das ökologische System (z. B. Waldsterben, Verschmutzung von Flüssen, Rückgang der Artenvielfalt) in der Betriebswirtschaftslehre insbesondere Vermeidungs- oder Reduktionsstrategien diskutiert, um eine drohende Übernutzung des ökologischen Systems zu vermeiden. Hiermit verbunden war und ist die Hoffnung, dass es gelingt, die wirtschaftliche und soziale Entwicklung durch Innovationen und Verhaltensanpassungen im Einklang mit der ökologischen Umwelt zu vollziehen. Dabei steht die zu klärende Frage am Ausgangspunkt, welches Ausmaß an Produktions- und Konsumtätigkeiten nötig ist, damit das ökologische Gleichgewicht nicht dauerhaft gestört wird. Als Antwort auf diese Frage wurden auf der Grundlage systemtheoretischer Überlegungen „Managementregeln" abgeleitet, die eine nachhaltige Nutzung der natürlichen Ressourcen ermöglichen. Hierzu gehören (vgl. Pearce und Turner 1990, S. 40 ff.):

- dass die Abbaurate bei erneuerbaren Ressourcen ihre Regenerationsrate nicht überschreitet;
- dass das Ausmaß an Schad- und Abfallstoffen die Assimilationskapazität des ökologischen Systems nicht überschreitet;
- dass die Abbaurate von nicht regenerierbaren Ressourcen kleiner bzw. gleich ihrer Substitutionsrate ist.

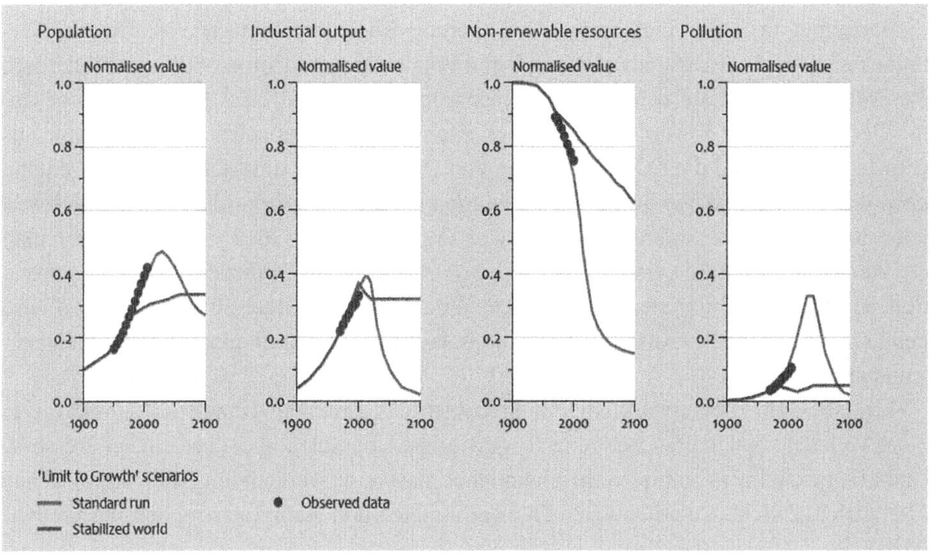

Abb. 1 Vergleich der Limit to Growth-Szenarien des Club of Rome-Berichtes aus dem Jahre 1972 mit aktuellen globalen Daten. (Quelle: Netherlands Environmental Assessment Agency 2009, S. 23)

Diese generellen Managementregeln fanden auch Eingang in die Operationalisierung von Zielen für die Konzepte des Sustainable Marketing. Die Regeln verdeutlichen, dass es darum geht, die negativen Einflüsse von Produktions- wie auch Konsumprozessen auf das ökologische System (sog. Inside-Out-Effekte) zu reduzieren. Eng mit dieser Denkweise war verbunden, dass die Managementregeln nur zur Anwendung gelangen können, wenn Informationen darüber vorliegen, in welchem Umfang Unternehmen und die von ihnen produzierten Leistungen während des gesamten Lebenszyklusses die ökologische Umwelt belasten. Hierzu wurden sogenannte Life Cycle-Analysen, Öko-Bilanzen und Konzepte der Critical Loads entwickelt (vgl. z. B. Nagel 1999). Der Einsatz dieser Instrumente wird als notwendige Voraussetzung eines proaktiven Sustainable Marketing angesehen.

Seit Mitte der 90ziger Jahre wurde im verstärkten Umfang in Beiträgen darauf hingewiesen, dass die Beeinträchtigung des ökologischen Systems schon so weit vorangeschritten ist, sodass eine Veränderung des bestehenden ökologischen Gleichgewichtes mit erheblichen negativen Folgen für die Wirtschaft und Gesellschaft verbunden sein wird. Bereits in den 60er Jahren wurde in dem unter Leitung von Dennis Meadows verfassten Bericht des Club of Rome „The Limits to Growth" dargelegt, dass bei einer Fortführung des Wirtschafts- und Bevölkerungswachstums die Belastungsgrenzen des ökologischen Systems erreicht werden (Meadows et al. 1972). Wenngleich der Bericht des Club of Rome eine weltweite Beachtung erfahren hat, so wurde jedoch die Prognosequalität der verwendeten Weltmodelle mit Blick auf die bisher nicht eingetretenen Ressourcenengpässe und erreichten Belastungsgrenzen angezweifelt. Nach über 40 Jahren wurde erneut eine aktuelle Bestandsaufnahme der im Club of Rome verwendeten Indikatoren vorgenommen, deren Ergebnisse in der Abb. 1 dargestellt sind.

Betrachtet man die Indikatoren Bevölkerungswachstum, industrieller Output, Verbrauch nicht regenerierbarer Ressourcen und Entstehung von Emissionen so befindet sich die Weltgesellschaft auf dem Pfad des KatastrophenSzenarien, das 1972 im Club of Rome-Bericht abgeleitet wurde. Gemäß Berichten der internationalen Energieagentur aus dem Jahre 2012 sind die CO_2-Emissionen von 1990 bis 2010 um 44,4 % angestiegen und nach der Wirtschaftskrise im Jahr 2009 wurde ein jährliches Rekordniveau von weltweit über 30 Gigatonnen ermittelt (International Energy Agency 2012, S. 13). Bezieht man die Abnahme der Biodiversität und die hierdurch bedingte Reduzierung der Regenerationsfähigkeit des Ökosystems (vgl. World Wild Fund for Nature 2010) mit ein, so wird deutlich, dass trotz aller Anstrengungen die Belastungen des ökologischen Systems weiter zugenommen haben.

Mit Blick auf die verstärkt spürbaren Folgen des globalen Klimawandels und die in einer Vielzahl von Untersuchungen nachgewiesene Übernutzung der natürlichen Ressourcenbasis erscheint es immer wahrscheinlicher, dass eine Veränderung des ökologischen Fließgleichgewichts zu erheblichen Diskontinuitäten und Naturkatastrophen führt (IPCC 2014).

Dennoch sind die Ansätze des Nachhaltigkeitsmanagements wie auch die mentalen Modelle der Entscheidungsträger vom Gleichgewichtsdenken und der Zuversicht geprägt, dass die negativen Einwirkungen auf das ökologische Systems schon in den „Griff zu bekommen" sind. Vernachlässigt wurde dabei die Diskussion darüber, ob der Ansatz des Sustainable Development auch dann noch zielführend ist, wenn sich im ökologischen System immer mehr diskontinuierliche Veränderungen abzeichnen. Der Glaube an einen zu erreichenden Nachhaltigkeitspfad kann den Blick für notwendige Anpassungen an ein verändertes ökologisches Gleichgewicht blenden. Diese Fehleinschätzung kann plakativ als „Sustainability Myopia" bezeichnet werden (Winn und Kirchgeorg 2005).

2 Anpassungserfordernisse bei Zunahme von „Outside-In-Effekten"

Während in den letzten drei Jahrzehnten das Nachhaltigkeitsdenken in der betriebswirtschaftlichen Diskussion primär durch ein „Management" von Inside-Out-Effekten geprägt war, so öffnet sich zunehmend der Blick für Problemstellungen, die sich mit den Herausforderungen von Outside-In-Effekten durch ökologische Diskontinuitäten beschäftigen.

2.1 Einfluss ökologischer Systemveränderungen auf das soziale und ökonomische System

Aus einem systemtheoretischen Verständnis heraus ist festzuhalten, dass das ökonomische und soziale System in das übergeordnete ökologische System eingebettet ist. Somit sind Veränderungen des ökologischen Systems auch mit Auswirkungen auf die Subsysteme verbunden. Die Abb. 2 zeigt in schematischer Weise die Kopplung der drei Systeme. Aus-

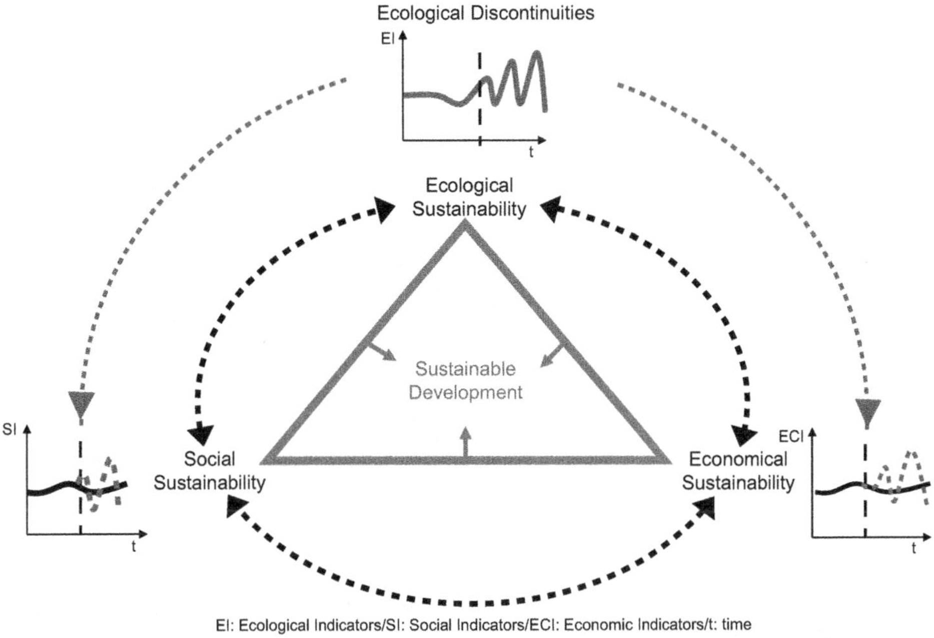

Abb. 2 Ausbalancierung von ökologischen, sozialen und ökonomischen Entwicklungszielen. (Quelle: Winn und Kirchgeorg 2005)

gehend von diesem Verständnis, wurde über den Nachhaltigkeitsansatz auch die Sensibilität dafür geschärft, dass die Entwicklung in allen drei Systemen aufeinander abgestimmt werden muss. D. h. nur anhand der gemeinsamen Beachtung von ökologischen, sozialen und ökonomischen Indikatoren ist ein nachhaltiger Entwicklungspfad zu erreichen.

Wenn allerdings das langjährige Überschreiten von Belastungsgrenzen des ökologischen Systems zu einer Veränderung dieses übergeordneten Systems führt, so stellt sich die Frage, welche Auswirkungen dies auf die wirtschaftlichen und sozialen Akteure hat. Grundsätzlich lassen sich eine Vielzahl von kontinuierlichen und diskontinuierlichen Veränderungen im ökologischen System beobachten. Die Phänomene des Klimawandels haben dabei einerseits eine Trendkomponente (z. B. Erwärmung von Regionen, Anstieg des Meeresspiegels) sowie eine mit der Veränderung der Trendkomponente einhergehende Zunahme der Eintrittswahrscheinlichkeit und Einwirkungsstärke von ökologischen Diskontinuitäten. Hierzu zählen Extremwetterereignisse bezogen auf die Ausprägungen Temperatur, Windgeschwindigkeit und Niederschlag (Winn et al. 2011; Munich Re 2013b).

Diese wirken wiederum auf das soziale und ökonomische System ein, sodass in zunehmendem Maße eine Absorption ökologischer Diskontinuitäten durch die wirtschaftlichen und gesellschaftlichen Akteure notwendig erscheint (vgl. Abb. 2). Aufgrund der geringen kurzfristigen Beeinflussbarkeit des ökologischen Globalsystems durch die Akteure erlangt das Anpassungsverhalten (Adaption) und die Sicherung der Überlebensfähigkeit von Wirtschaft und Gesellschaft zunehmend an Relevanz (Winn und Kirchgeorg 2005).

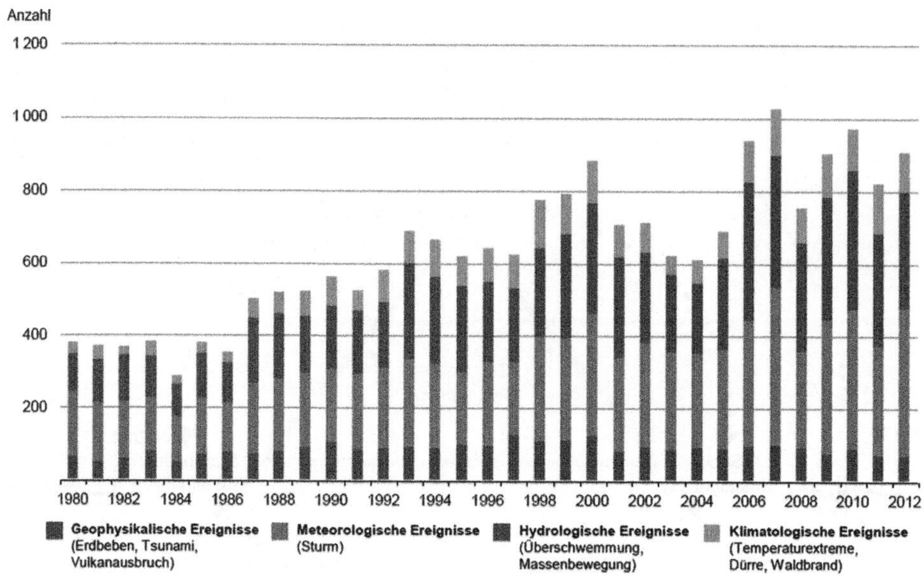

Abb. 3 Anzahl von Naturkatastrophen (inkl. Extremwetterereignisse) im Zeitraum von 1980 bis 2012. (Quelle: Munich Re 2013a)

Die Zunahmen von Outside-In-Effekten auf das ökonomische und soziale System lassen sich anhand einer Reihe von Beobachtungen und Untersuchungen belegen.

Die Einflüsse von Klimaextremen und Naturkatastrophen auf das sozio-ökonomische System sind in den letzten Jahren verstärkt auszumachen, dies belegen die im Folgenden referierten Untersuchungen:

- In dem IPCC-Report wurden Szenarien über die Einwirkung zunehmender Wetterextreme durch den Klimawandel auf die amerikanische Gesellschaft untersucht. Deutlich wird in diesem Bericht die veränderte Perspektive: Nicht mehr die Gefährdung des ökologischen Gleichgewichts durch anthropogen verursachte Umweltbelastungen wird thematisiert. Vielmehr wird die Bedrohung der Überlebensfähigkeit des sozio-ökonomischen Systems angesichts extremer Einwirkungen durch bereits eingetretene Veränderungen des ökologischen Systems in den Mittelpunkt der Betrachtungen gestellt (Schwartz und Randall 2003, S. 14 ff.). Im Jahre 2012 wurde erstmals ein IPCC-Sonderbericht veröffentlicht, in dem aufgrund der zunehmenden weltweiten Einwirkung von Wetterextremen für Politik, Wirtschaft und Gesellschaft Anpassungsstrategien vorgestellt wurden (IPCC 2012). Im aktuellen IPCC-Bericht „Climate Change 2014" erfolgt eine Fortschreibung der Entwicklung und notwendigen Handlungsoptionen (IPCC 2014).
- Einen weiteren Beleg für die zunehmenden Effekte von Naturkatastrophen und Klimaveränderungen auf die ökonomischen und sozialen Systeme liefern die Analysen und Schadensstatistiken der Rückversicherungsunternehmen (Abb. 3). Die Statistiken über Naturkatastrophen und deren ökonomische Schäden bestätigen einen deutlichen

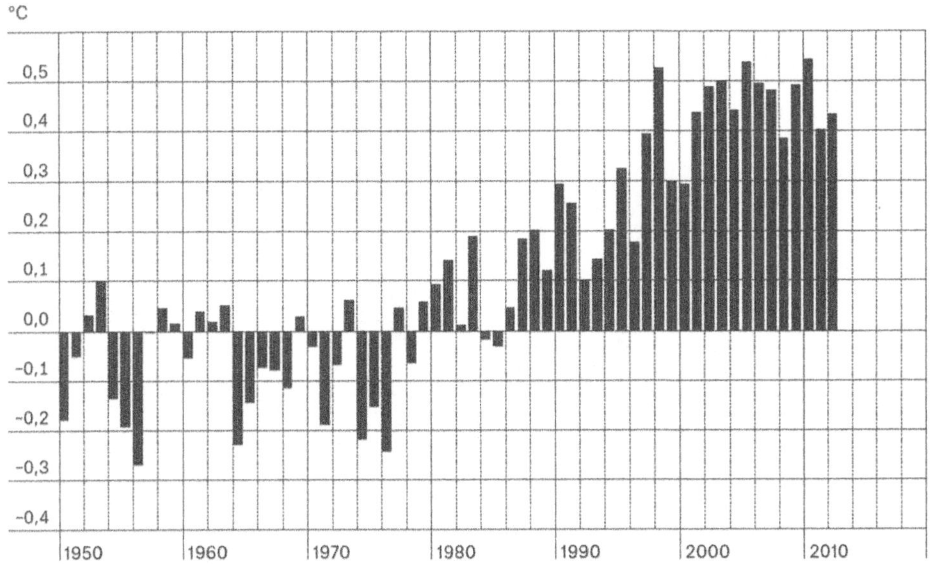

Abb. 4 Jährliche Abweichungen der globalen Jahresmitteltemperaturen von 1950 bis 2012 vom Mittel 1960 bis 1990. (Quelle: Munich Re 2013b, S. 43)

Anstieg in den letzten fünf Jahrzehnten. So haben sich die Naturkatastrophen in ihrer Häufigkeit nahezu verfünffacht und die volkswirtschaftlichen Schäden in der letzten Dekade auf das 16-Fache erhöht. Seit dem Beginn der Aufzeichnungen von Temperaturdaten wurde schließlich im Jahr 2010 der wärmste Sommer gemessen (Abb. 4) und in den letzten zwei Jahrzehnten wurden die zehn wärmsten Sommer dieses Zeitraums gemessen (vgl. Munich Re 2011 und 2013b).

In Deutschland ist die Jahrhundertflut vom Jahre 2002 bereits im Jahre 2013 gemessen am Wasserplegel der Elbe übertroffen worden. Die Münchner Rückversicherung beziffert die Gesamtschäden der Flut 2013 in Deutschland auf ca. 12 Mrd. Euro (Schäden 2002: 16,5 Mrd. €), von denen etwa nur ein Drittel versichert ist (Munich Re 2013c). Im gleichen Jahr treten in China sowie Indien Extremwettersituationen unbekannten Ausmaßes auf. Die vorliegenden Erkenntnisse weisen damit in der Summe darauf hin, dass in der Zukunft eine verstärkte Einwirkung von Veränderungen des ökologischen Systems auf das sozio-ökonomische System zu erwarten ist.

Damit erscheint das aus dem nachhaltigen Entwicklungsansatz entstandene Denken eines Ausbalancierens von ökonomischen, ökologischen und sozialen Nachhaltigkeitszielen kaum noch Orientierungen zu liefern, weil bei einem sich wandelnden ökologischen System die Frage der Neubestimmung von Critical Loads und Nachhaltigkeitsindikatoren zu beantworten ist. Bei einer Dominanz von Outside-In-Effekten gegenüber den Inside-Out-Effekten ist ein Paradigmenwechsel notwendig. Das Nachhaltigkeitsmanagement der

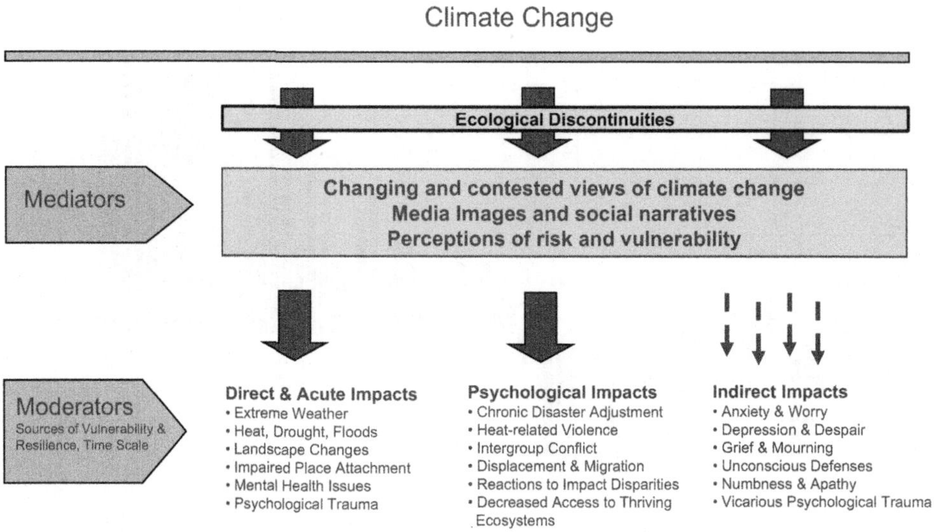

Abb. 5 Wirkungen des Klimawandels auf Individuen. (Quelle: Doherty und Clayton 2011, S. 266)

Akteure im sozio-ökonomischen System ist explizit durch ein Resilience- und Diskontinuitätenmanagement zu ergänzen (vgl.u. a. Folke et al. 2002).

2.2 Reaktion von Unternehmen und Nachfragern auf ökologische Systemveränderungen

Führen die Einwirkungen des ökologischen Systems in zunehmendem Maße zu abrupten Störungen im sozio-ökonomischen System, so stellt sich im nächsten Schritt die Frage, wie Unternehmen und Nachfrager auf diese Phänomene reagieren. In diesem Zusammenhang kann auf Erkenntnisse aus unterschiedlichen Forschungsdisziplinen zurückgegriffen werden, wie die Environmental Psychology, Desaster Psychology, Psychological Adaptation, Cultural Theory und Risk Management (vgl.u. a. Doherty und Clayton 2011; Heskett et al. 2008; Uzzell und Räthzel 2009; Well et al. 2010). Zunehmend finden sich Beiträge zum Einfluss von Klimawandelphänomenen und ökologischen Diskontinuitäten auf die Akteure im sozio-ökonomischen System. Doherty und Clayton entwickeln ein Modell zur Analyse des Einflusses von ökologischen Diskontinuitäten auf Individuen (Abb. 5). Dabei unterscheiden sie zwischen drei Betroffenheitsgraden: direkte und akute Betroffenheit, psychologische Betroffenheit und indirekte (medial vermittelte) Betroffenheit.

Differenziert nach der direkten oder indirekten Betroffenheit von Individuen durch ökologische Diskontinuitäten beschreiben Doherty und Clayton drei Einwirkungsarten: Direkte und akute Einwirkungen, psychologische Folgewirkungen und Wirkungen aus medial vermittelten Phänomenen ökologischer Diskontinuitäten (Doherty und Clayton 2011).

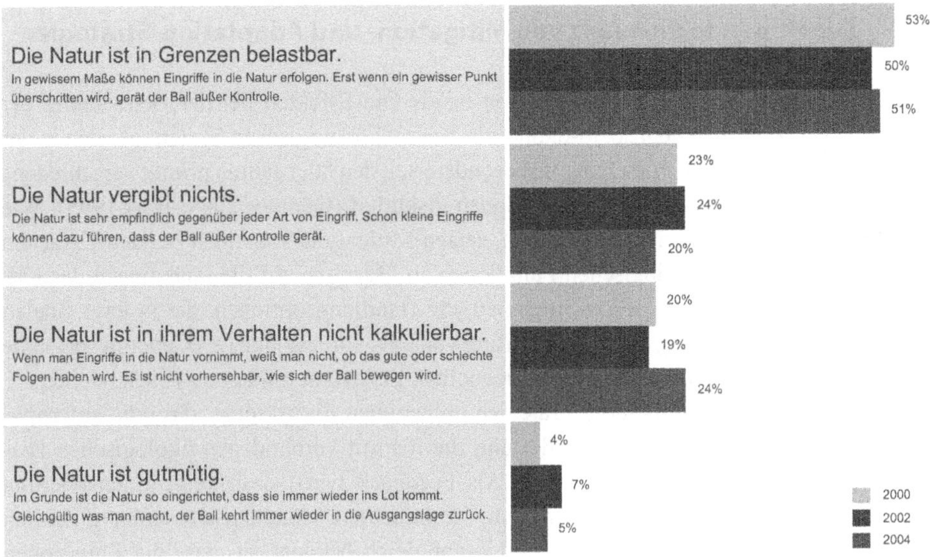

Abb. 6 Zustimmung zu Naturbildern in der deutschen Bevölkerung. (Quelle: Bundesministerium für Umwelt, Naturschutz und Reaktorsicherheit 2006, S. 58)

Interessant ist in diesem Zusammenhang, dass eine Sensibilisierung breiter Bevölkerungsschichten für die Auswirkungen von ökologischen Diskontinuitäten nicht nur durch persönliche Erlebnisse erfolgt, die dann in besonderer Weise psychologische Folgewirkungen nach sich ziehen können. Vielmehr trägt auch die mediale Vermittlung von Extremwetterereignissen dazu bei, dass sich die Einstellung von Individuen gegenüber der Bedrohung durch den Klimawandel verändert. Je häufiger und intensiver die Betroffenheit von Individuen durch ökologische Diskontinuitäten auftritt, desto stärker ist ein Werte- und Einstellungswandel gegenüber dem ökologischen System zu erwarten. Erste Hinweise hierzu geben insbesondere Forschungsansätze der Ecological Psychology und Cultural Theory (vgl. Bundesministerium für Umwelt, Naturschutz und Reaktorsicherheit 2006, S. 57 ff.; derselbe 2012; Uzzell und Räthzel 2009, S. 341 ff.).

Die in Abb. 6 dargestellten Ergebnisse über die Wahrnehmung der Natur aus der Sicht der bundesdeutschen Bevölkerung geben zu erkennen, dass jeder zweite Bundesbürger die Meinung vertritt, dass die Natur nur in Grenzen belastbar ist. Die Bürger sind sich auch bewusst, dass das Verhalten der Natur nicht kalkulierbar ist. Schließlich findet die Aussage, dass die Natur gutmütig auf Belastungen wirkt, kaum eine Zustimmung. Grundsätzlich kann die These vertreten werden, dass eine positive Einstellung und Wertschätzung gegenüber der natürlichen Umwelt bzw. Natur durch eine direkte oder indirekte Betroffenheit von ökologischen Diskontinuitäten verändert wird. Es ist nicht auszuschließen, dass sich die Wahrnehmung und Wertschätzung der Akteure im sozio-ökonomischen System gegenüber der Natur im Sinne von „Nature as Beauty“ bei Zunahme ökologischer Diskontinuitäten hin zu „Nature as Beast“ verändern kann. Hieraus sind grundlegende Veränderungen für das Angebots- und Nachfrageverhalten auf Märkten zu erwarten.

2.3 Zunehmende Relevanz von Mitigation- und Adaptation-Strategien

Unter dem Paradigma der Dominanz von Inside-Out-Effekten bei der Betrachtung der Beziehungen zwischen dem sozio-ökonomischen und ökologischen System wurden in der betriebswirtschaftlichen Forschung insbesondere seit den 80er Jahren primär verschiedene Mitigation-Strategien als Handlungsoptionen diskutiert (Günther 2009; Hart 1995). Wie die Abb. 7 schematisch zu erkennen gibt, setzen Mitigation-Strategien bei den Ursachen der Übernutzung der ökologischen Funktionen an. Bezogen auf die Phänomene des Klimawandels umfassen Mitigation-Strategien alle Handlungsoptionen, die in ihrer finalen Wirkung eine Vermeidung oder Verringerung von CO_2-Emissionen (z. B. energiesparsame Häuser, Erschließung alternativer Energiequellen, Elektromobilität u. a.) sicherstellen.

Beim Einsatz von Mitigation-Strategien unterstellen die Akteure, dass die anthropogenen Ursachen für den Klimawandel und die hiermit verbundenen ökologischen Diskontinuitäten beseitigt werden können. Als Feedback wird somit keine Intensivierung des Klimawandels erhofft, wobei in dem vereinfachten Modellzusammenhang zeitlich verzögerte Effekte nicht dargestellt sind, wenngleich bekannt ist, dass die Emissionen von Produktions- und Konsumprozessen über einen längeren Zeitraum im ökologischen System verweilen und somit dazu beitragen, dass ggf. mehrere Jahrzehnte zwischen der Reduzierung von CO_2-Emissionen und sich daraus ergebenden Rückwirkungen zeigen.

Wird hingegen angenommen, dass sich Klimawandelphänomene kurz- und mittelfristig nicht mehr beeinflussen lassen, so kommen Adaptation-Strategien zum Tragen. Durch spezifische Handlungsoptionen soll bei Adaptation-Strategien den Chancen und Risiken, die aus dem Klimawandel resultieren, begegnet werden (vgl. zur Abgrenzung von Mitigation und Adaption u. a. Günther 2009, S. 3 ff.; Berkhout 2012; Auerswald et al. 2011, S. 2; Winn et al. 2011, S. 158 ff.).

Die in der Abb. 7 dargestellte unterschiedliche Wirkung von Mitigation- gegenüber Adaptation-Strategien wurde vom Intergovernmental Panel on Climate Change (IPCC) im Jahre 2012 in einer Schwerpunktpublikation, die sich mit den Managementherausforderungen des Klimawandels und den Extremwetterereignissen beschäftigt, herausgearbeitet (IPPC 2012, insbesondere S. 30 ff.). Dabei wurde darauf hingewiesen, dass die Notwendigkeit der Umsetzung von Adaptation-Strategien gegenüber Klimawandel-Phänomene von der jeweiligen Betroffenheit (Exposure) und Verletzlichkeit (Vulnerability) eines Akteures (z. B. Unternehmen) abhängt. Im Rahmen einer empirischen Untersuchung analysierten Mahammadzadeh et al. in Deutschland 2011 im Rahmen einer Betroffenheits- und Verletzlichkeitsanalyse, in welchem Umfang sich Unternehmen und Gemeinden sowohl mit Mitigation-Strategien (Klimaschutz) wie auch Adaptation-Strategien (Anpassung an Klimawandel) auseinandersetzen (Mahammadzadeh et al. 2013). Die Befragungsergebnisse lassen erkennen, dass Unternehmen in den nächsten Jahren verstärkt eine Anpassung ihrer Verhaltensweisen an den Klimawandel signalisieren, wobei erhebliche Branchenunterschiede zu beobachten sind. Allerdings lassen die Ergebnisse auch die Schlussfolgerung zu, dass eine systematische Auseinandersetzung mit den Chancen und Risiken sowie den vorhandenen Kompetenzen zur Umsetzung von Adaptation-Strategien nur in ersten Ansät-

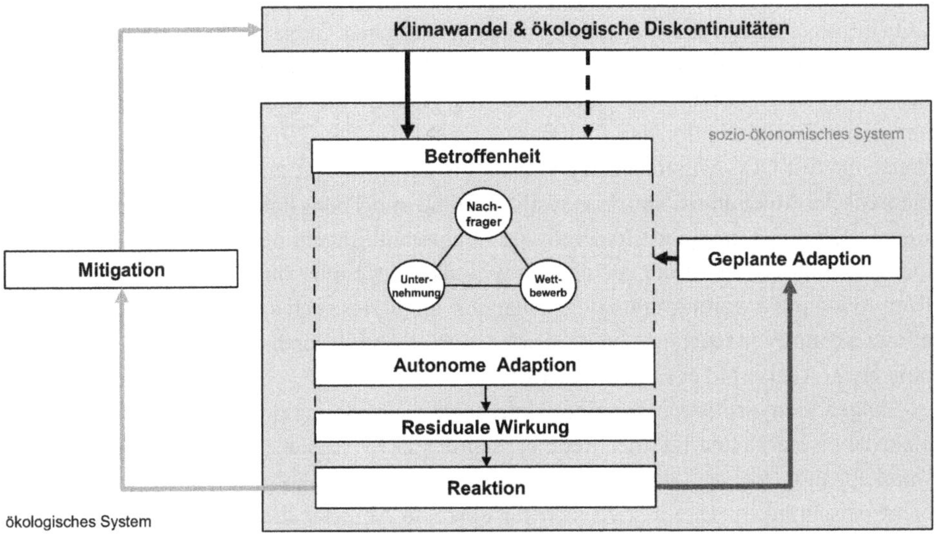

Abb. 7 Wirkungsweise von Mitigation- und Adaptation-Strategien (Quelle: i. A. Günther 2009, S. 5)

zen bei wenigen Unternehmen zu beobachten sind. Im Rahmen einer zukunftsorientierten Ausrichtung des Sustainable Marketing erscheint es angesichts des aufgezeigten situativen Kontextes geboten, sich auf allen Stufen des Marketingmanagementprozesses mit den Konsequenzen von Adaptation-Strategien in verstärktem Umfang auseinanderzusetzen.

3 Anbieter- und nachfragerbezogenes Nutzendilemma in Zeiten ökologischer Diskontinuitäten

Bisher wurde aus der Zunahme von ökologischen Diskontinuitäten die Notwendigkeit abgeleitet, dass sich Akteure im sozio-ökonomischen System aufgrund ihrer zunehmenden direkten oder indirekten Betroffenheit in verstärktem Umfang mit diesen Phänomenen auseinandersetzen müssen. Der hieraus folgende Werte- und Einstellungswandel gegenüber dem ökologischen System bzw. der Natur kann zu tiefgreifenden Veränderungen des Verhaltens der Akteure im sozio-ökonomischen System führen. Neben der empirischen Erfahrbarkeit von ökologischen Diskontinuitäten wird der Übergang von Mitigation- zu Adaptation-Strategien sowohl auf der Anbieter- als auch auf der Nachfragerseite durch ein Nutzendilemma befördert.

Einleitend wurde auf den Sachverhalt hingewiesen, dass in der betriebswirtschaftlichen Forschung in den 80er und 90er Jahre überwiegend Mitigation-Strategien in unterschiedlichen Ausprägungsformen zur Erreichung eines nachhaltigen Entwicklungspfades analysiert und empfohlen wurden. Mit Blick auf den Klimawandel können die Wirkungen von Investitionen in Maßnahmen zur Reduzierung des CO_2-Ausstoßes allerdings von Unternehmen im globalen Kontext nicht ermittelt werden, weil es sich bei der Reduzierung von

CO_2-Emissionen um die Herstellung eines öffentlichen Gutes handelt. Globale Wachstumseffekte und Trittbrettfahrer können die zur Prävention gegenüber dem Klimawandel definierten Reduzierungsziele unterminieren (vgl. z. B. Suchanek 2007, S. 52 ff). Die eingangs von der Internationalen Energieagentur für das Jahr 2011 berechneten weltweiten Werte für den CO_2-Ausstoßanstieg können als Beleg hierfür angeführt werden. Modelltheoretische Ableitungen von Auerswald, Konrad und Thum liefern hierzu ebenfalls Hinweise, wobei sich ihre modelltheoretische Analyse auf Länder bezieht: „As learning about the damaging effects of climate change will take place over time, countries may benefit from following a waiting strategy … Adaption facilitates such a waiting strategy as it still allows a country to react on climate change even when it is too late for effective mitigation policies." (Auerswald et al. 2011, S. 18.)

Steigende Investitionen einzelner Unternehmen in Mitigation-Strategien, die weltweit nicht zu einem Nettoeffekt der Reduzierung des CO_2-Ausstoßes führen, werden Klimawandelphänomene und die damit verbundene Zunahme ökologischer Diskontinuitäten nicht einschränken. Damit stellt sich für einzelne Anbieter die Frage des Nutzens von Mitigation-Strategien, wenn gleichzeitig die Wahrscheinlichkeit der Betroffenheit durch ökologische Diskontinuitäten steigt.

Betrachtet man die Nachfragerseite, so werden hier ebenfalls Vermeidungs- und Reduktionsstrategien ihre Grenzen finden, wenn ihr Nutzen nicht durch entsprechende Rückkopplungen (keine Beschleunigung des Klimawandels) spürbar wird bzw. durch zunehmende ökologische Diskontinuitäten die Wirkung von Mitigation-Maßnahmen ganz infrage gestellt wird.

Aufgrund der zunehmenden direkten oder indirekten Betroffenheit des sozio-ökonomischen Systems durch ökologische Diskontinuitäten ist zu erwarten, dass sich die Einstellung der Marktteilnehmer gegenüber der Natur verändert. Verstärkt ist damit zu rechnen, dass der Bedrohungscharakter des ökologischen Systems durch Extremwettersituation je nach Betroffenheitsgrad der Akteure einen Werte- und Einstellungswandel bedingt, sodass Adaptation-Strategien auf Nachfrager- wie auch Anbieterseite im Vergleich zu Mitigation-Strategien eine steigende Relevanz erfahren werden.

Der Übergang von Mitigation- zu Adaptation-Strategien wird dadurch gefördert, dass Handlungsweisen im Bereich Adaption i. d. R zu einem höheren wahrnehmbaren Individualnutzen (z. B. Abschluss einer Versicherung gegen Hagelschlag) führen als Mitigation-Strategien (CO_2-Reduktion durch regenerative Energiegewinnung), denen vielfach der Charakter eines öffentlichen Guts zugeschrieben wird.

Hierbei wird ein Nutzen für die Allgemeinheit erzeugt, der sich jedoch nicht direkt im Individualnutzen niederschlägt. Die Abb. 8 stellt einen schematischen Vergleich zwischen Produkten bzw. Dienstleistungen dar (Darstellung Kaas 1992, S. 474 ff.; Meffert und Kirchgeorg 1998, S. 25 ff.), die einerseits eine Verminderung oder Vermeidung von Umweltbelastungen bewirken (Mitigation) und andererseits eine Anpassung an einen sich abzeichnenden Klimawandel fördern (Adaption). Sofern Nachfrager die Wahl zwischen Mitigation- und Adaptation-Strategien haben, so werden sie – unterstellt, dass beide Pro-

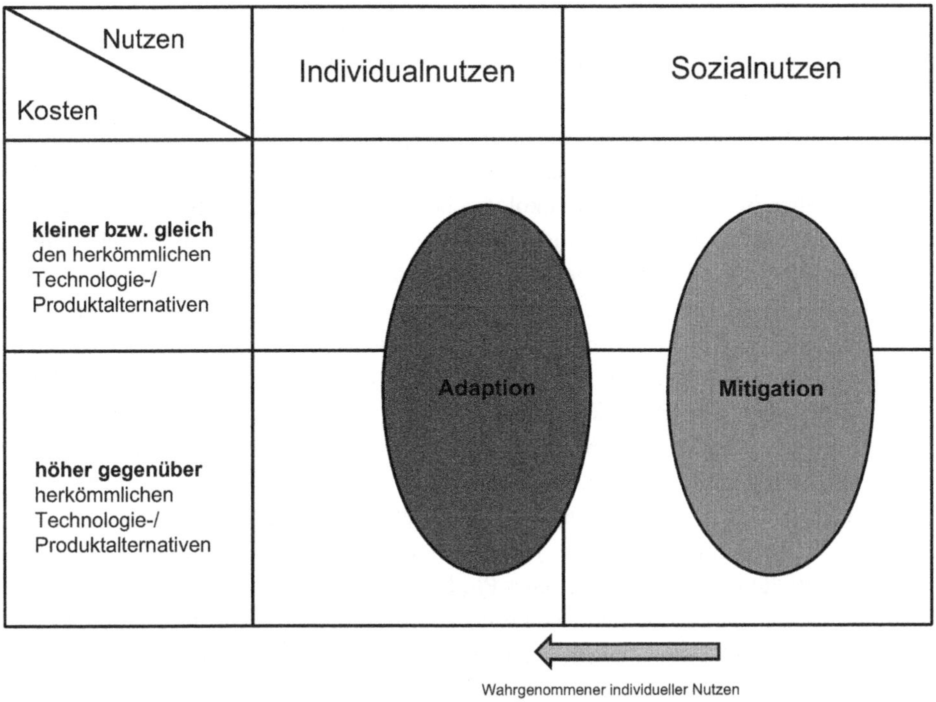

Abb. 8 Vergleich des Nutzens von Mitigation- und Adaptation-Strategien aus Konsumentensicht

blemlösungen im Vergleich zu traditionellen Produkten den gleichen oder einen höheren Preis aufweisen – bei zunehmenden ökologischen Diskontinuitäten einen höheren Individualnutzen erlangen, wenn sie Vorsorge dafür treffen, dass sie von Extremwetterereignissen nicht so stark betroffen werden. Wird ein begrenztes Einkommen der Nachfrager unterstellt, so ist anzunehmen, dass die Investitionen für die Anpassung an den Klimawandel zu Lasten der Investitionen für Umweltschutzprodukte geht. Aus Investitionen für den Umweltschutz werden Investitionen für den „Schutz vor der Umwelt".

4 Implikationen für das Sustainable Marketing Management?

Sustainable Marketing Management erfährt unter der Annahme, dass Vermeidungs- und Verminderungsstrategien der Akteure nicht ausreichen, eine Erweiterung des Blickwinkels auf geeignete Strategien zum Umgang mit dem Klimawandel sowie zunehmenden ökologischen Diskontinuitäten. Aus einer managementorientierten Sicht können Implikationen für einzelne Entscheidungsstufen eines Marketingprozesses verortet werden (vgl. hierzu auch Kirchgeorg 2012, S. 127 ff.).

4.1 Identifikation von Chancen und Risiken des Einflusses von ökologischen Diskontinuitäten

Wichtige Implikationen ergeben sich für die Analyse von Transaktionsbeziehungen zwischen Nachfragern und Anbietern auf bestehenden Märkten. Eine systematische Analyse der potentiellen Betroffenheit durch ökologische Diskontinuitäten erfordert eine lebenszyklusorientierte Betrachtung aller produkt- und dienstleistungsbezogenen Wertschöpfungs- und Produktnutzungsphasen. Dabei gilt es, die potentielle Betroffenheit und Verletzlichkeit im Falle von Extremwettersituationen zu identifizieren und strategische wie auch operative Handlungsoptionen zur Erhöhung der Widerstandsfähigkeit der Unternehmensaktivitäten zu prüfen (Günther 2009, S. 234 ff.). Neben spezifischen SWOT-Analysen können Betroffenheits- und Verletzlichkeitsportfolios zur Identifikation von Schwachstellen genutzt werden (vgl. hierzu z. B. Mahammadzadeh et al. 2013). Wichtig ist in diesem Zusammenhang, die gesamte Wertschöpfungskette zu betrachten, da die Verletzlichkeit von Lieferanten erhebliche Auswirkungen auf unternehmenseigene Wertschöpfungsprozesse haben kann. Andererseits kann eine Betroffenheitsanalyse der Kunden bzw. Nachfrager Ansatzpunkte für die Entwicklung neuer Produkte und Dienstleistungen aufzeigen. Erste Untersuchungen, die unterschiedliche Formen von Extremwetterereignissen für verschiedene Branchen analysieren, zeigen deutliche Unterschiede im Ausmaß der Betroffenheit (Winn et al. 2011; Mahammadzadeh et al. 2013). Hieraus lassen sich Prioritäten für die Ableitung von Adaptation-Strategien identifizieren. Erfahrungen aus der Versicherungsbranche verdeutlichen, dass hierbei die regionale Verteilung von Märkten bzw. die regionale Bündelung der Wertaktivitäten eine besondere Beachtung finden muss (Ismail-Zadeh und Takeuchi 2007, S. 465 f.), um eine geografische Lokalisierung von Risiken sowie die Konkretisierung ihrer Eintrittswahrscheinlichkeiten vornehmen zu können.

4.2 Analyse veränderter Präferenz- und Kaufverhaltensmuster von Konsumenten

Weiterhin sind Erklärungsansätze zu entwickeln, die Aufschluss darüber geben, wie Marktakteure auf zunehmend wahrnehmbare ökologische Diskontinuitäten reagieren und welche Veränderungen sich hieraus in den persönlichen Werthaltungen, Einstellungen und Nutzeneinschätzungen ergeben. Erkenntnisse zu einer sich abzeichnenden Veränderung der Präferenzstruktur gegenüber Mitigation- und Adaption-Lösungen können einen Beitrag dazu leisten, marktgerechtere Produkte und Dienstleistungen zu entwickeln (vgl. beispielhaft die Untersuchung von Wells et al. 2010). Damit einher geht die Identifikation erweiterter Bedürfnisfelder von Konsumenten, die beim Auftreten von ökologischen Diskontinuitäten relevant werden. Die Erweiterung von Segmentierungsansätzen (z. B. Sinus-Milieus, LOHAS) um Variablen, die in der Cultural Theory zur Erfassung von Naturbildern Verwendung finden, kann Frühwarninformationen bereitstellen, inwieweit die Zahlungsbereitschaft für Vermeidungs- und Verminderungsleistungen zugunsten von Adaption-Maßnahmen eingeschränkt wird.

4.3 Anpassungserfordernisse auf der Ebene der Marketingziele und Marketingstrategien

Auf der Ebene der Marketingziele ergeben sich weiterführende Anpassungserfordernisse. So stellt sich die Frage, welchen Zielbeeinträchtigungen durch ökologische Diskontinuitäten zu erwarten sind und welcher Einfluss die verstärkte Akzeptanz von Adaption-Lösungen auf bestehende Zielausprägungen hat. Generell ist davon auszugehen, dass in Abhängigkeit unterschiedlicher Betroffenheitsgrade der Kundensegmente durch Extremwetterereignisse (z. B. in den Branchen Tourismus, Wasserversorgung, Versicherungen) die Kundenbeziehungen mit Blick auf Zufriedenheits- und Loyalitätsziele erheblich beeinträchtigt werden können, wenn Unternehmen sich nicht mit Adaptation-Strategien auseinandergesetzt haben.

Bei der Ableitung adäquater Marketingstrategien können Fragen der Kompatibilität von Adaptation-Strategien mit Kostenführerschafts- und Differenzierungsstrategien adressiert werden. Günther diskutiert unterschiedliche Strategien zur Erhöhung der Widerstandsfähigkeit von Unternehmen und er weist u. a. auf Konzepte zur Erhöhung der Adaptive Capacity und der Unternehmensflexibilität hin (Günther 2009, S. 253 ff.). Bisher liegen keine Erkenntnisse darüber vor, welchen Einfluss die Erhöhung der Adaptive Capacity auf Differenzierungs- und Kostenführerschaftsstrategien ausübt. Grundsätzlich können bei einer zielgruppengerechten Umsetzung von Adaptation-Strategien sowohl Differenzierungs- wie auch Kostenvorteilsargumente für die Wettbewerbsprofilierung identifiziert werden. Weiterhin ergeben sich bei der Ableitung von Positionierungsstrategien neue Herausforderungen für die Positionierung von Mitigation- und Adaption-Leistungen innerhalb eines Produktportfolios, wenn das oben skizzierte Nutzendilemma auftritt.

Gleichzeitig ist die Widerstandsfähigkeit von Unternehmen gegenüber den zunehmend auftretenden ökologischen Diskontinuitäten durch ein systematisch ausgebautes Risiko- und Katastrophenmanagement zu erhöhen (Swiss Re 2004; IPCC 2012). Strategien der Risikovermeidung und Risikoverminderung können im Falle regional gefährdeter Gebiete bei veränderten Bauweisen von Produktionsstätten ansetzen und bis hin zur Verlagerung von Produktionsstätten oder der Verlagerung von Absatzgebieten (z. B. Tourismusmärkte) führen. Strategien der Risikoübertragung erfordern eine Auseinandersetzung mit neuen Formen von Versicherungsangeboten. Vielfach waren in der Vergangenheit Katastrophenrisiken nicht versicherbar, allerdings hat sich die Versicherungsbranche in zunehmendem Maße auf die verstärkte Nachfrage von Produkten für die Absicherung von Katastrophenrisiken eingestellt. Der rasch wachsende Katastrophenversicherungsmarkt (Swiss Re 2004, S. 14 f.; Berz 2004, S. 16 ff.) ist ein Beleg dafür, dass Unternehmen diese neuen Versicherungsformen zunehmend in ihre Risikomanagementkonzepte einbeziehen. Es ist zu erwarten, dass zukünftig der Analyse des Zusammenhangs zwischen Risiko- und Marketingstrategien eine größere Bedeutung beizumessen ist.

4.4 Anpassungserfordernisse auf der Ebene der Marketinginstrumente

Gemäß den obigen Ausführungen erscheint es zukünftig wichtig, im Produkt- und Leistungsportfolio Problemlösungen anzubieten, die einen Beitrag zur Vermeidung und Verminderung von Umweltproblemen leisten. Darüber hinaus ist das Leistungsspektrum um Lösungen zu erweitern, die die Widerstandsfähigkeit gegenüber Klimawandelphänomenen erhöhen. Erste Systematiken, die eine Verknüpfung von Wertschöpfungsaktivitäten und deren indirekte sowie direkte Betroffenheit durch Klimawandelphänomene herstellen, präsentiert Berkhout (2012) in seinen Ausführungen mit Rückgriff auf den englischen Markt für Hausbauten. Erhebliche Herausforderungen ergeben sich für den Bereich der Distributionspolitik. Je nach Branchenkontext können weltweit vernetzte Logistiksysteme eine große Anfälligkeit gegenüber den oben skizzierten ökologischen Diskontinuitäten aufweisen, sodass sowohl in der Beschaffungs- wie auch Absatzlogistik Maßnahmen zu ergreifen sind, um die Störanfälligkeit zu reduzieren. Erkenntnisse aus dem Fallbeispiel des Hurrikans Katrina in den USA dokumentieren, dass gerade für logistische Systeme eine erhebliche Anfälligkeit besteht (vgl. u. a. Heskett et al. 2008). Mit Blick auf die preis- und kommunikationspolitischen Implikationen ergeben sich weitere Anpassungserfordernisse. Hervorzuheben sind proaktive Kommunikationsstrategien, um Kunden über die Notwendigkeit von Adaptation-Strategien aufzuklären. Vielfach bestehen erhebliche Kommunikationsdefizite beim Eintritt von Naturkatastrophen, weil die Kommunikationsinfrastruktur beeinträchtigt wird. Im Rahmen einer systematischen Analyse sollten entsprechende Schwächen identifiziert und Handlungsoptionen zur Überwindung z. B. von Kommunikations-Black-Outs entwickelt werden.

Berkhout verweist darauf, dass die Anpassungen von Unternehmen bzw. Organisationen an die Phänomene des Klimawandels letztlich in erheblichem Umfang eine Veränderung von Strukturen, Systemen und Kulturen innerhalb eines Unternehmens bedingen und gleichzeitig eine erhöhte Kooperation mit externen Stakeholdern notwendig machen (Berkhout 2012). Die Übertragung dieser Problemstellungen auf den Kontext des Marketingmanagements sensibilisiert dafür, dass sich die marktorientierte Unternehmensführung zukünftig mit den Fragen der Modifizierung und Implementierung eines nachhaltigen Marketingansatzes auseinandersetzen muss, der auftretende ökologische Diskontinuitäten im verstärkten Umfang antizipiert.

5 Fazit

Über zwei Jahrzehnte wurden primär Vermeidungs- und Verminderungsstrategien im Ansatz des Sustainable Marketing als Orientierungsrahmen zur Erreichung eines nachhaltigen Entwicklungspfades diskutiert. Angesichts des zu beobachtenden Voranschreitens des Klimawandels stellt sich jedoch die Frage, wie den damit einhergehenden ökologischen Diskontinuitäten zu begegnen ist. Mitigation-Strategien reichen hierfür nicht mehr aus. Vielmehr ist mit Hilfe von gezielten und effizienten Adaptation-Strategien den Chancen wie auch Risiken des Klimawandels zu begegnen. Dabei können auch neue Markt- und

Kundenbindungspotentiale erschlossen werden. Es wurde skizziert, dass bei einer Zunahme von Wetterextremen in der Bevölkerung ein Einstellungs- und Nutzenwandel gegenüber der Natur beschleunigt werden kann. Der Umwelt- und Naturschutz könnte zu Lasten des „Schutzes vor der Natur" an Bedeutung verlieren. Es wird eine besondere Zukunftsherausforderung für Wirtschaft wie auch Gesellschaft sein, gleichermaßen ein hinreichendes Maß an Mitigation-Strategien und ein notwendiges Maß an Adaptation-Strategien zu verfolgen.

Literatur

Auerswald H, Konrad KA, Thum M (2011) Adaption, mitigation and risk-taking in climate policy. In: CESIFO Working Paper No. 3320. ifo Institut, München

Berkhout F (2012) Adaption to climate change by organizations. WIRE's clim change 3:91–106. doi:10.1002/wcc.154

Berz G (2004) Naturkatastrophen und Klimaänderung und ihrer Folgen für die Versicherungswirtschaft. RISKNEWS 6:16–20

Bundesministerium für Umwelt, Naturschutz und Reaktorsicherheit (Hrsg) (2006) Umweltbewusstsein in Deutschland 2006 – Ergebnisse einer repräsentativen Bevölkerungsumfrage. Berlin

Bundesministerium für Umwelt, Naturschutz und Reaktorsicherheit (Hrsg) (2012) Naturbewusstsein 2011, Bevölkerungsbefragung zu Natur und biologischer Vielfalt. Berlin

Doherty TJ, Clayton S (2011) The psychological impacts of global climate change. Am Psychol 66:265–276

Folke C et al (2002) Resilience and sustainable development: building adaptive capacity in a world of transformations, scientific background paper on resilience for the process of the world summit on sustainable development on behalf of the environmental advisory council to the Swedish Government, Stockholm

Günther E (2009) Klimawandel und Resilience Management – interdisziplinäre Konzeption eines entscheidungsorientierten Ansatzes. Gabler, Wiesbaden

Hart SL (1995) A natural-resource-based view of the firm. Acad Manag J 37:986–1014

Heskett ME, Smith Scott S, Nears K, Grimmett MA (2008) Lessions from Katrina: disaster health service in the gulf coast region. Prof Psychol Res Pract 39:93–99

International Energy Agency (2012) CO_2-emissions from fuel combustions – highlights (Edition 2012), Paris

Intergovernmental Panel on Climate Change (IPCC) (2012) Managing the risks of extreme events and disasters to advance climate change adaptation. In: Field CB et al (Hrsg) A Special report of working groups I and II of the intergovernmental panel on climate change Cambridge, New York

Intergovernmental Panel on Climate Change (IPCC) (2014) Climate Chage 2014 – Draft Synthesis Report, Geneva

Ismail-Zadeh A, Takeuchi K (2007) Preventing disaster management of extreme natural events. Nat Harzards 42:459–467

Kaas KP (1992) Marketing für umweltfreundliche Produkte. DBW 52:473–487

Kirchgeorg M (2012) Kritische Reflexionen zum Einfluss ökologischer Diskontinuitäten auf das Marketing. In: Corsten H, Roth S (Hrsg) Unternehmerisches Handeln in globaler Verantwortung. Wiesbaden, S 113–132. Springer Gabler, Berlin

Mahammadzadeh M, Chrischilles E, Bibeler H (2013) Klimaanpassung in Unternehmen und Kommunen – Betroffenheit, Verletzlichkeiten und Anpassungsbedarf. IW Medien, Köln

Meadows DH, Meadows DL, Randers J, Behrens WW (1972) The limits to growth. New York

Meffert M, Kirchgeorg M (1998) Marktorientiertes Umweltmanagement. Schäffer-Poeschel Verlag, Wiesbaden
Munich Re (2011) Topics Geo 2010. München
Munich Re (2013a) NatCatService, München http://www.munichre.com/de/reinsurance/business/non-life/georisks/natcatservice. Zugegriffen: 9. Juli 2013
Munich Re (2013b) Topics Geo 2012. München.
Munich Re (2013c) NatCatService. München. http://www.munichre.com/de/media_relations/press_releases/2013/2013_07_09_press_release.aspx. Zugegriffen: 10. Juli 2013
Nagel G (Hrsg) (1999) Ökologische Belastungsgrenzen – Critical Loads & Levels. Berlin Heidelberg, Springer
Netherlands Environmental Assessment Agency (2009) Growing within limits: a report to the global assembly 2009 of the club of Rome. Bilthoven
Pearce D, Turner RK (1990) Economics of natural resources and the environment. Pearson Education Limited, Essex
Schwartz P, Randall D (2003) An abrupt climate change scenario and it's implications for United States national security. Washington
Suchanek A (2007) Ökonomische Ethik. Tübingen, Mohr Siebeck
Swiss Re (Hrsg) (2004) Natur- und Man-made-Katastrophen im Jahr 2003, Nr. 1. SIGMA, Zürich
Uzzell D, Räthzel N (2009) Transforming environmental psychology. J Environ Psychol 29:340–350
Wells V, Ponting CA, Peattie K (2010) Behaviour and climate change: consumer perceptions of responsibility. J Mark Manag 0:1–16. (iFirst)
Winn M, Kirchgeorg M (2005) The Siesta is over: a rude awakening from sustainability Myopia. In: Sharma S (Hrsg) New perspective in research in corporate sustainability, vol. 3. Edward Elgar, Cheltenham, S 232–258. (Corporate Environmental Strategy and Competitive Advantage)
Winn M, Kirchgeorg M, Griffiths A, Linnenluecke M, Günther E (2011) Impacts from climate change on organizational environments. A conceptual foundation. Bus Strategy Environ 20(3):157–173
World Wild Fund for Nature (2010) Living planet report 2010. Biodiversity, biocapacity and development, Gland

Prof. Dr. Manfred Kirchgeorg ist Inhaber des SVI-Stiftungslehrstuhls für Marketing, insbes. E-Commerce und Crossmediales Management an der HHL Leipzig Graduate School of Management. Seine Forschungsschwerpunkte sind in vier Kompetenzbereichen verankert: Sustainable Marketing, Holistic Branding, E-Commerce und Cross-media Management. Prof. Kirchgeorg hat sich bereits in den 80er Jahren auf konzeptioneller und empirischer Grundlage mit Erfolgsfaktoren nachhaltiger Unternehmensstrategien beschäftigt. Zusammen mit Heribert Meffert publizierte er 1991 unter dem Titel „Marktorientiertes Umweltmanagement" eines der ersten managementorientierten Grundlagenwerke. In den Folgejahren setzte er sich mit Kreislaufwirtschaftsstrategien und den damit verbundenen netzwerkbezogenen Organisationskonzepten auseinander. Neben seinen Forschungs- und Lehraktivitäten ist er seither in einer Vielzahl von Gremien aktiv, die sich mit der nachhaltigen Zukunftsausrichtung beschäftigen.

Der Konsum der Verbraucher

Nico Stehr und Marian Thomas Adolf

Inhaltsverzeichnis

Zusammenfassung

Angesichts der Wichtigkeit des privaten Konsums ist dessen analytische Durchdringung und theoretische Einbettung von zunehmender Bedeutung für die Sozial- und Kulturwissenschaften. Der Beitrag nähert sich dem Konsumieren als dynamischem Prozess sozialen Handelns, welcher von den jeweils dominanten Wertvorstellungen einer Gesellschaft maßgeblich geleitet ist. Wir basieren unsere Untersuchung des Markthandelns der Konsumenten auf drei maßgeblichen zeitgenössischen Dynamiken des sozialen Wandels: (i) soziostrukturell induzierten Veränderungsdruck, (ii) sozio-

N. Stehr (✉)
Am Seemooser Horn 20, 88045 Friedrichshafen, Deutschland

M. T. Adolf
Zeppelin Universität, Am Seemooser Horn 20, 88045 Friedrichshafen, Deutschland
E-Mail: Marian.Adolf@zu.de

H. Meffert et al. (Hrsg.), *Sustainable Marketing Management*,
DOI 10.1007/978-3-658-02437-6_4

Tab. 1 Umfang der Haushaltsausgaben in ausgewählten Ländern als Prozentsatz des Bruttosozialprodukts, 1960–2010. (Quelle: Weltbank: http://data.worldbank.org/indicator/NE.CON.PETC.ZS)

	1960	1970	1980	1990	2000	2010
Deutschland	–,–	54,6	58,4	57,4	58,4	57,4
Großbritannien	–,–	60,7	58,2	62,2	65,6	64,0
Botswana	85,9	72,2	52,0	33,2	30,8	56,6
USA	–,–	63,3	63,4	70,3	69,0	70,9

kulturelle Wandlungserscheinungen und eine (iii) selbstinduzierte Transformation der Märkte. Sodann werden diese Dynamiken in ihren Auswirkungen auf Wertschöpfungsketten, Produktionsprozesse sowie die Rolle des Konsums selbst besprochen. Dabei zeigt sich, dass der zusehends hervortretende Prozess einer Moralisierung der Märkte auf die Einbettung individuellen Verhaltens in die Kultur der umgebenden Gesellschaft verweist.[1]

1 Einleitung

Zwei vor allem in den amerikanischen Medien fast ikonische Wirtschaftsdaten sind (zurzeit) 8,3 und 70 %. Die Zahl 8,3 ist die der aktuellen amerikanischen Arbeitslosenquote. Sie ist ein essentiell strittiger Wert (Stehr 2001). Weniger strittig dagegen ist die Zahl 70. Sie bezieht sich auf den monetären Wert der Entscheidungen amerikanischer Haushalte in Relation zu allen wirtschaftlichen Aktivitäten. Die Verbraucher Amerikas sind für 70 % aller wirtschaftlichen Aktivitäten verantwortlich. Die Verbraucher entscheiden wesentlich über das wirtschaftliche Wachstum bzw. den Verlauf einer Rezession der amerikanischen Volkswirtschaft. Die Verbraucher sind somit für 70 % des Bruttosozialprodukts der Gesellschaft zuständig (Tab. 1).[2]

[1] Die Weltbank erläutert diese Zahlen wie folgt: „Household final consumption expenditure (formerly private consumption) is the market value of all goods and services, including durable products (such as cars, washing machines, and home computers), purchased by households. It excludes purchases of dwellings but includes imputed rent for owner-occupied dwellings. It also includes payments and fees to governments to obtain permits and licenses. Here, household consumption expenditure includes the expenditures of nonprofit institutions serving households, even when reported separately by the country. This item also includes any statistical discrepancy in the use of resources relative to the supply of resources."

[2] Allfällige Beispiele finden sich fast tagtäglich in den Nachrichten landesweit verbreiteter amerikanischer Medien: In einem Artikel der NBC News vom 02.08.2012: (http://www.msnbc.msn.com/id/48459722/ns/business-stocks_and_economy/#.UBrtSnBm0i4): „Only a handful of chains representing roughly 13 % of the U.S. retail industry report monthly sales. Major chains that don't report include Wal-Mart Stores Inc. and J.C. Penney Co. The figures are based on stores open at least a year and are a key measure of retailers' health because they exclude newly opened and closed stores. *Economists watch the numbers because consumer spending accounts for 70 % of U.S. economic activity*" (jeweils unsere Betonung). Oder in einem Auszug aus den NPR News: „Weak consumer spending was the main reason the economy grew at an annual pace of just 1.5 % in the April-June quarter.

Wie auch immer man zu diesen Werten gelangt und wie kritisch man diese Zahlen auch beleuchten mag, die Zahl von 70 % für die USA, sowie der hohe Anteil der Haushaltsausgaben am Bruttosozialprodukt in anderen Ländern, signalisieren die Bedeutung der von Verbrauchern getroffenen Entscheidungen für die Gesundheit, den Wachstumspfad und die Zukunft der Wirtschaft in modernen Gesellschaften. Es bleibt gleichzeitig festzuhalten, dass der Wert von 70 %, selbst wenn er aus unterschiedlichen methodischen und theoretischen Überlegungen der Ökonomie als fragwürdig gelten mag, eine Tatsache eindeutig symbolisiert: Der Konsum der Verbraucher interessiert im ökonomischen und wirtschaftspolitischen Diskurs vorrangig als quantitative Größe. Sieht man einmal insbesondere von den klassischen sozialpsychologischen Erwägungen (den sogenannten subjektiven Faktoren)[3] eines der wichtigsten der modernen ökonomischen Theorien ab, der Keynes'schen Theorie, in der Bereitschaft zum Konsum (the propensity to consume) und damit die Motive der Zurückhaltung oder der Ausdehnung des Verbrauchs einen erheblichen Stellenwert einnehmen, interessiert den Ökonomen bis auf den heutigen Tag sehr viel eher der Umfang des Verbrauchs, nicht aber die Fragen nach den Gründen und dem Wandel der Motive des Verbrauchverhaltens der Konsumenten.

Selbst für die keynesianisch denkenden Ökonomen der Nachkriegszeit war der Konsum im Gegensatz zu Keynes schon wieder primär eine Funktion des Volumens des verfügbaren Haushaltseinkommens. Die neoklassisch argumentierenden Ökonomen waren später, wie wir noch ausführlicher dokumentieren werden, davon überzeugt und wie von Akerlof (2007, S. 6) zusammenfassend kommentiert, dass „constrained maximization of profit and utility functions is the appropriate microfoundation for macroeconomics."

Die Verbrauchsfunktion mag in der Tat, wie etwa Simon Kuznet (1946) oder später Milton Friedman (1957) anhand empirischer Befunde argumentiert haben, trotz gestiegener Einkommen relativ stabil sein. Keynes hatte noch angenommen, dass der Anteil des Verbrauchs mit gestiegenen Einkommen sinken dürfte. Was aber weder Keynes,[4] noch

That's slower than the 2 % growth rate in the January-March quarter this year. *Consumer spending drives roughly 70 % of growth*"; sowie in einem Beitrag „5 economic indicators to watch" (http://www.bankrate.com/finance/investing/5-economic-indicators-to-watch-1.aspx#ixzz22QTR2D5v:) „*Consumer spending accounts for 70 % of gross domestic product.*"

[3] Im neunten Kapitel seiner *Allgemeinen Theorie* behandelt John Maynard Keynes (1936, S. 92–93), die von ihm sogenannten „subjektiven und gesellschaftlichen Antriebe" der Bereitschaft zum Enthalt von bzw. zum Verbrauch. Keynes erwähnt acht Beweggründe nicht zu konsumieren, gespeist durch Motive wie Vorsicht, Voraussicht, Berechnung, Verbesserung, Unabhängigkeit, Unternehmenslust, des Stolzes, und des Geizes. Für den Verbrauch erwähnt Keynes Motive wie Genuss, Kurzsichtigkeit, Freigiebigkeit, Fehlrechnung, Prahlerei und Verschwendung. Die Summe der objektiven (beispielsweise das Realeinkommen oder die Differenz zwischen Brutto- und Nettoeinkommen) und (dahinter liegenden) subjektiven und sozialen Faktoren ergeben die Verbrauchsfunktion, die zumindest auf kurze Sicht relativ stabil sei.

[4] John Maynard Keynes (1936, S. 94) ist bewusst, dass sich der gesamtgesellschaftliche Kontext des Verbrauchs zu wandeln vermag, betont aber, dass sich seine allgemeine Theorie „nicht mit den Folgen weitragender gesellschaftlicher Änderungen oder mit den allmählichen Wirkungen langfristigen Fortschritts beschäftigen" wird (siehe aber Keynes 1930).

Kuznet oder Friedman analysieren, sind massive gesamtgesellschaftliche Veränderungen in ihrem potentiellen Einfluss auf sozio-ökonomische Prozesse in modernen Gesellschaften. Genau diese Frage soll in unserem Beitrag problematisiert werden.

2 Die These der Moralisierung der Märkte

Die These von der Moralisierung der Märkte (Stehr 2007; Stehr und Adolf 2008, 2010) basiert auf der Beobachtung eines sich beschleunigenden Wandels des Marktverhaltens insbesondere auf Verbrauchermärkten. Die Wahlentscheidung der Konsumentinnen und Konsumenten scheint zunehmend auf nicht-utilitaristischen Motiven zu beruhen – doch nicht mehr nur in Bezug auf bestimmte außeralltägliche Warengruppen, sondern auch im alltäglichen Konsum. Aus der umfassenden Perspektive der Gesellschaftstheorie betrachtet, scheint eine Spirale in Gang gesetzt, welche zu Veränderungen des Markthandelns ökonomischer Akteure führt. Diese gegenständliche Entwicklung kann als Moralisierung der Märkte bezeichnet werden, da wir beobachten, dass das Konsumverhalten zunehmend vom Versuch der Verbraucher bestimmt wird, moralisch gut zu handeln. So ist zu beobachten, dass Konsumentscheidungen in hochentwickelten Ländern zusehends von ehemals randständigen Erwägungen geleitet sind, die man aus soziologischer Warte als moralisch, das heißt in Übereinstimmung mit den geltenden Werten und Normen einer Kultur, qualifizieren kann.

Dazu zählen neben Exklusivität, Originalität, Authentizität, Gesundheit u. a. auch solche Faktoren, die die Auswirkungen des eigenen (ökonomischen) auf andere berücksichtigen, wie etwa Fairness, Solidarität und Nachhaltigkeit. Der Konsum, so hat es den Anschein, ist nicht mehr nur eine Angelegenheit der kurzfristigen Suche nach dem günstigsten Kauf, nach individueller Nutzenmaximierung oder der Optimierung des shareholder value. Immer öfter ist damit ein aktives soziales Handeln verbunden, immer mehr scheinen die Verbraucher und Verbraucherinnen die Folgen ihrer Entscheidungen für andere Menschen und für die Umwelt in Betracht zu ziehen.

Nun ist die Entdeckung solcher ökonomisch exogener Motive nicht unbedingt neu: Thorstein Veblen (1899) gilt zu Recht als einer der ersten, die sich mit der sozialen Geltung von Konsum auseinander gesetzt haben. Beim demonstrativen Konsum stehen soziokulturelle Aspekte und nicht die Funktionalität einer Ware im Vordergrund. Die feinen Unterschiede (Bourdieu [1979] 1982) zeigen sich auch heute, mehr denn je, in der Wahl von bestimmten Marken – also von Konsumentscheidungen – die soziale Distinktion herstellen sollen, und nicht selten milieuspezifische Identitätsmarker darstellen. Auch besteht kein Mangel an soziologischer und ökonomischer Literatur zum Phänomen des Altruismus, seiner Ursprünge und Prävalenz in bestimmten Kontexten und Populationen. Bei der beobachteten Moralisierung der Märkte handelt es sich jedoch um einen allgemeinen – wenn auch keinen universellen oder unumstrittenen – Trend des alltäglichen Marktverhaltens, der immer größere Teile des Konsumverhaltens in entwickelten Ländern erfasst.

Die gegenständlichen Veränderungen lassen vermuten, dass entgegen einer weiterhin weit verbreiteten Vorstellung inner- und außerhalb der Wissenschaft, Konsum nicht mehr in erster Linie in Abhängigkeit von der Organisation der Produktion verstanden werden kann. In entwickelten Wirtschaftssystemen müssen Produktion und Verbrauch als zumindest gleichbedeutend entworfen werden. Diese Veränderungen zu verstehen ist Ziel unserer Untersuchung, bilden neue Marktverhältnisse gemeinsam mit veränderten Regimes der Regulierung vor dem Hintergrund gesamtgesellschaftlicher Veränderungen doch auch neue (feldspezifische) Rationalitäten und (gesamtgesellschaftliche) Realitäten aus. Diese gilt es in der Folge zu durchdringen, will man aktuelle empirische Beobachtungen zu fassen bekommen.

2.1 Ein seltsamer Konsum

Auf welche Ursachen also geht die stetige Vermehrung der Anzahl und des gehandelten Volumens von Waren wie etwa Bananen aus biologischem Anbau, Fair-Trade-Kaffee, Holzprodukte aus nachhaltig bewirtschafteten Wäldern, lokal erworbenem Gemüse, u.v.m. zurück? Während man vor gar nicht allzu langer Zeit solche Produkte kaum, an vielen Orten gar nicht erwerben konnte, finden die sich heute in jedem Supermarkt. Weltweit führende Textilketten verpflichten sich ohne Not zur Umstellung auf organic cotton, Lebensmittelhersteller entschuldigen sich in aufwändigen Inseraten für nicht-vegane Ingredienzien, und Automobilhersteller entdecken das „umweltschonende" Auto für sich. In den Wochen nach dem Reaktorunfall in Fukushima wechselten knapp 4,5 Mio. deutsche Haushalte ihren Energieversorger, und viele entschieden sich für erneuerbare Energien. Die oftmals kleinen bis mittleren, sogenannte „Ökostromanbieter" konnten den Ansturm kaum bewältigen. Und selbst solche Waren und Dienstleistungen, die sich nicht ohne weiteres „moralisieren" lassen, versuchen vermittels sekundärer Kodierung ihrer Produkte so etwas wie ein soziales Gewissen zu erwerben: Babywindelhersteller, die pro verkaufter Packung an UNICEF spenden, Software-Firmen, die für jede erworbene Lizenz eine weitere an gemeinnützige Stiftungen geben. Solche Beispiele finden sich heute überall, und ihre Anzahl nimmt zu. Zwar bedeutet dies nicht, dass alle Märkte dieser Entwicklung unterliegen, jedoch scheint es sich bei den beobachteten Phänomenen mehr als nur um einen kurzfristigen Trend zu handeln.

2.2 Konsum mit Moral

Wir haben diese Erscheinungen sozialen Wandels und seinen Ausdruck im Konsumentenverhalten als „Moralisierung der Märkte" bezeichnet (Stehr 2007). Auch die seit 2008 Einzug haltende ökonomische Krisenstimmung im Gefolge der Wirtschafts- und Finanzmarktkrise konnte den Entwicklungen keinen Abbruch tun. Diese Veränderungen, egal wie marginal sie zunächst erscheinen mögen, haben das Potenzial einer selbstverstärkenden sozio-ökonomischen Entwicklung, wie die oben genannten Beispiele in verschiedenen Branchen belegen. Der Kern des Phänomens besteht darin, dass Güter zunehmend mit moralischen Qualitäten ausgestattet scheinen – was den Umgang mit Rohstoffen und Produktionsprozessen betrifft – und dass diese zunächst diffusen Eigenschaften für ihren Erfolg bzw. Misserfolg auf dem Markt immer wichtiger werden. Insbesondere auf Verbrauchermärkten gehandelte Waren und Dienstleistungen sind von diesem Prozess betroffen, da ihnen intrinsische, moralische Qualitäten zugeschrieben werden: neben ihrem ökonomischen Wert, tritt der moralische Wert von Waren und Dienstleistungen zunehmend in den Vordergrund. Zudem werden die Motive dieser sozialen Veränderungen, die wir im Auge haben, in weiterer Folge zu mitbestimmenden Faktoren für Produktionsstandards als auch für die gesetzliche Normierung, beispielsweise in Form von Mindeststandards oder Grenzwerten (vgl. Bartley 2005).

In der Konfrontation von Werten der Produktion mit denen des Verbrauchs, werden letztere zusehends zu Triebfedern eines sich selbst verwirklichenden und sich selbst verstärkenden Prozesses. Bemerkenswerter Weise müssen nicht alle beteiligten Akteure diese Werte und Motive teilen, um ihnen auf dem Markt zum Durchbruch zu verhelfen. Es genügt das Wirken einiger Weniger, deren Motivlagen sich in der heutigen Gesellschaft weithin und alsbald folgenreich verbreiten. Der weltweite Handel trägt diese Werte bis ans andere Ende der Welt, hinein in die Produktionsstätten in China, wie man zuletzt im Falle von Apple sehen konnte.[5] Eine globalisierte Netzwerkkommunikation, transnationaler Werbe-und PR-Kampagnen sowie ein zusehends globalisierter Aktivismus engagierter Bürgerinnen und Bürger, von NGOS und nationalen Politkern sorgen häufig für die weltweite Verbreitung dieser transformativen Prozesse. Die Moralisierung der Märkte ist also kein rein ökonomisches Phänomen, denn sie basiert auf einer umfassenderen Dynamik sozialen Wandels.

3 Ursachen und Mechanismen

Auf gesamtgesellschaftlicher Ebene lassen sich zunächst zwei langfristige Prozesse sozialen Wandels identifizieren, die für die von uns genannten Phänomene verantwortlich zeichnen. So haben sich, erstens, die grundlegenden volkswirtschaftlichen Parameter in der Geschichte der modernen Gesellschaft fundamental verändert. Ein durchschnittlicher OECD-Haushalt muss heute 30 bis 40 % seines Einkommens für die Deckung der Grundbedürfnisse (Nahrung, Kleidung, Unterkunft) aufwenden; vor hundert Jahren waren es noch knapp 80 %. Im gleichen Zeitraum stieg das Realeinkommen in Deutschland um das Vier- bis Fünffache. Dies bedeutet weder, dass Armut gänzlich aus solchen Gesellschaften verschwunden wäre, noch, dass sich der gesellschaftliche Wohlstand innerhalb solcher

[5] Apple gerät aufgrund der Arbeitsbedingungen seines Zulieferers Foxconn [www.foxconn.com] regelmäßig weltweit in die Schlagzeilen. War es zunächst die hohe Selbstmordrate der dort beschäftigten MitarbeiterInnen, so wurde zuletzt eine Massenschlägerei zum Aufhänger der Berichterstattung.

Länder – geschweige denn im globalen Kontext – gleich verteilt. Jedoch muss man sich der Einmaligkeit dieser soziostrukturellen Situation und ihrer kulturellen Auswirkungen gewahr sein, will man nicht stets auf prominente, jedoch geschichtlich überholte theoretische Bestände zurückgreifen.

Darüber hinaus, und zweitens, ist der allgemeine Wissensstand der Individuen in solchen Gesellschaften ungleich höher als jemals zuvor. Dies bezieht sich nicht allein auf die eindeutig messbare Größe formaler Bildungsabschlüsse. Die Ausbildung des Sozial- und Wohlfahrtsstaates, gerade im europäischen Kontext, führt neben einer historisch einmaligen Zunahme des allgemeinen sozialen Wohlstandes auch zu immer wissenderen Individuen, deren Möglichkeiten der gesellschaftlichen Teilhabe, der Selbstorganisation und des politischen wie aktionistisches Widerstandes immens gestiegen sind (Stehr 2003). Allgemeine Bildung, die Institutionalisierung von sozialen Sicherungssystemen, technologischer Fortschritt, geänderte Produktionsprozesse und die umfassende Mediatisierung (Stichwort: neue Medien) führen zur Entstehung neuer gesellschaftlicher Strukturen und einer neuen Machtverteilung, deren Auswirkungen auch im ökonomischen Bereich sichtbar werden.

3.1 Soziostrukturell induzierter Veränderungsdruck

Ein erstes Faktorenbündel lässt sich der soziostrukturellen Dimension zuordnen. Auch von hier gehen Veränderungen großer Tragweite aus, die sich letztlich auch auf das Konsumentenverhalten auswirken.

Erstens kommt es im Rahmen einer beispiellosen Vermehrung des gesellschaftlichen Wohlstandes seit den 50er Jahren zu einer historisch einmaligen materiellen Sicherheit weiter Bevölkerungsschichten. Materielle Zwänge gehen zugunsten individueller Wahlfreiheit zurück, eine Entwicklung, die selbst mit Verweis auf nach wie vor bestehende relative und absolute Armut in entwickelten Gesellschaften eindeutig ausfällt. Lebenserwartung und Lebensstandard nehmen rasant zu. So verdreifachte sich in Deutschland zwischen 1950 und 1973 das Realeinkommen pro Kopf (vgl. Davies et al. 2010). Addiert man zu diesen geldähnlichen Vermögenswerten nun auch das gestiegene Humankapital also Wissen und Fertigkeiten, dann fällt der Anstieg des allgemeinen Wohlstandes noch einmal bemerkenswerter aus (vgl. Morrisson und Murtin 2009).

So ist, zweitens, ein immenses Wachstum des Wissens bzw. der Informationen zu verzeichnen. Im Gefolge der Zunahme materiellen Wohlstandes wachsen auch das Humankapital und das kulturelle Kapital (vgl. Bourdieu 2005, S. 75 f.). Für die weibliche Bevölkerung – bis heute maßgebliche Entscheidungsträgerinnen in Rahmen des privaten Konsums – fällt der Anstieg des Bildungsniveaus besonders beeindruckend aus. Der Zugang zu Wissen wird weiter erleichtert, was sich in einem erhöhten Wissensstand und einer gesteigerten Handlungsfähigkeit sozialer Akteure widerspiegelt. Dies beeinflusst nun auch die Entwicklung von horizontalen sozialen Beziehungen, von neuen Bedürfnissen, eine Erhöhung des Selbstwerts und gebiert zahlreiche neue Interessen der Menschen.

In Summe stellt dies auch für die Märkte wesentlich veränderte soziale Rahmenbedingungen dar. Neue Kontakte, Vorstellungen und Ideen führen zu einer mentalen Neuorientierung sozialen Verhaltens. Die erweiterte individuelle und kollektive Klugheit, eine wachsende erworbene Wissenheit im Sinne der erhöhten Fähigkeit zu einer selbstständig-kritischen und selbstbewussten Lebensgestaltung, lässt es als sinnvoll und zwingend erscheinen, nicht mehr nur die Klasse der Produzenten, sondern auch die Schicht der Konsumenten als aktive Akteure zu begreifen. Konsumenten sind keineswegs nur als willenslose Gefangene einer Kultur der Abhängigkeit, als passive Opfer der Werbeindustrie oder, wie zuletzt verbreitet, als hilflose Akteure im Angesicht der unüberschaubaren Angebotsvielfalt zu verstehen. Im Gegenteil: es bedarf der gesteigerten theoretischen Berücksichtigung dieser Entwicklung in Form von klügeren, selbstbewusst am Markt agierenden Menschen – um die Bedeutung des Aggregats relevanten Wissens der Käufer, das, was von Weizsäcker (2005) den „Wissensstand des imaginären Gesamtkunden" nennt. Allein schon die Antizipation solcherart selbstbewusst gewordener, potenziell handlungsfähiger Akteure zeitigt Auswirkungen auf Seiten der Produktion. Angesichts einer zunehmend wissensbasierten Ökonomie sind nun auch Produkte und Dienstleistungen zunehmend wissensbasiert. Wissen – auch das der Konsumenten – wird insgesamt immer wichtiger.

Ein dritter Schauplatz der gegenständlichen Veränderungen betrifft die Märkte selbst, nämlich ihre soziale Extension. Wie im Laufe der Entwicklung der modernen Gesellschaft generell, unterliegen auch die Märkte einer steten Ausweitung sozialen Handelns. Dies hat deren Ausdifferenzierung in immer neue, spezifische Märkte, sowie eine Ausweitung auf soziale Aktivitäten und Dinge zur Folge, die bisher außerhalb des Marktregimes angesiedelt waren, wie etwa im Gesundheitswesen, im Erziehungssystem oder auch im Strafvollzug. Im Zuge der Globalisierung treten zudem verstärkt neue Akteure auf, wie beispielweise die zunehmend wichtigen transnationalen Organisationen (Weltbank, IMF, OECD, EU; aber auch nicht institutionalisierte Handelsabkommen und ihre relevanten Marktregeln und -standards). Des Weiteren muss auch die geographische Ausdehnung bereits bestehender Märkte in diesem Faktorenbündel Beachtung finden, führt diese Entwicklung doch zu einer verstärkten Berücksichtigung nationaler und somit kultureller Werthaltungen, sowie zur steten Erweiterung des Kreises der maßgeblichen Akteure.

Die Wirkmächtigkeit von lokalen bis hin zu globalen Regelwerken, die sich auf die Handlungsbedingungen der Wirtschaft auswirken – sowie die durch sie ausgelösten Gegenbewegungen und politischen Debatten (wie zuletzt etwa im Fall von ACTA[6]) darf nicht unterschätzt werden. Gesetzgeberischen Regulierungsmaßnahmen, z. B. im Lebensmittelrecht, in der Finanzmarktgesetzgebung, in Wettbewerbsregeln, in Umwelt- und Sicherheitsstandards, Berufsgesetzen, Gesundheits- und Hygienevorschriften und andere

[6] Das Anti-Counterfeiting Trade Agreement, ein ab 2006 vorbereitetes internationales Handelsabkommen, wurde im Winter 2011/2012 plötzlich durch massive mediale Berichterstattung zu einem Gegenstand einer breiten öffentlichen Debatte. Die Befürchtungen, dass dieses Anti-Piraterie-Abkommen die Freiheit des Internet auf Basis völkerrechtlicher Regelungen beeinträchtigen könnte, führte zu weltweiten Protesten. Im Juli 2012 schließlich lehnte das Europäische Parlament die Ratifizierung des von einer Reihe Industrienationen bereits unterzeichneten Vertrages ab.

mehr, führen zum Einschluss nicht-utilitaristischer Momente in den Markt und beeinflussen Kauf- und Produktionsmöglichkeiten sowie die Eigenschaften von Waren und Dienstleitungen. Die heute am Markt wirksamen Kontrollmechanismen erfassen eben in steigendem Maße auch Marktprozesse – und nicht mehr nur Marktergebnisse.

3.2 Soziokulturelle Wandlungserscheinungen

Die Rolle von Werthaltungen, Lebensstilen und sozialen Praxen ist somit bereits angeklungen. Mit Blick auf die beschriebene Veränderungsdynamik erscheinen uns drei Aspekte besonders prominent.

Erstens ist ein transnationaler, soziokultureller Wandel zu beobachten, der sich an neuen öffentlichen Meinungsmustern, der historisch neuartigen Risikoperzeptionen menschlichen Handelns und als Reaktionen auf kollektive, zivilisatorische Katastrophen ausbildet (Beck 1986, 2008). Zu den Langzeitfolgen von Three Mile Island, Tschernobyl und Fukushima zählt eben nicht nur radioaktiver fall-out. Gemeinsam mit anderen kollektiven Erfahrungen zivilisatorischer Risiken und in Verbindung mit langfristigen Prozessen des Wertewandels bedingen sie Mentalitätsverschiebungen. Zusammen mit neuen Lebensstilen entstehen auch neue politische Ziele (wie am Beispiel der „Grünen" oder heute der „Piraten"-Partei zu beobachten), ein neues Risiko- und Sicherheitsbewusstsein (insbesondere betreffend Lebensmittel, angetrieben von stets wiederkehrenden Skandalen wie BSE, Gammelfleisch, e-coli Kontaminationen, etc.), sowie insgesamt eine neue Wichtigkeit von Gesundheits- und Umweltfragen (vgl. Inglehart 1977, 1998).

Auch entfalten in einer pluralistischen Mediengesellschaft (Jarren 2001; Adolf 2012) alternative Weltanschauungen und ihre umfassende kommunikative Darstellung immer neue Repräsentationen alternativer Werthaltungen. Dies wirkt sich nicht zuletzt auch in einer Verbreitung und Diskussion zunächst vielleicht rein deklamatorischer Ideale aus, wie etwa hinsichtlich innerstaatlicher oder gar internationaler Gerechtigkeit. Getragen werden diese von sozialen Bewegungen unterschiedlichen Organisationsgrades (Bürgerinitiativen, Arbeitsgruppen, Charities, NGOs), die – auch aufgrund ihrer voranschreitenden Professionalisierung – hohe Öffentlichkeitswirkung erzeugen, was einerseits mit einer bislang undenkbaren Vervielfältigung der technischen Kommunikationsmöglichkeiten, andererseits mit der Verbreitung von Fähigkeiten („Wissenheit") in der Außenkommunikation zusammenhängt. Der Einfluss dieser „Lobbyisierung" der Gesellschaft und immer professioneller agierender, auch rein zivilgesellschaftlicher Akteure, sollte nicht unterschätzt werden; insbesondere in einem allgemeinen Öffentlichkeitsklima, welches sich der Thematisierung und Skandalisierung geradezu andient.

Die Folge sind bisweilen institutionelle Reformen, beispielsweise die Änderung gesetzlicher Rahmenbedingungen im politischen Bereich, bzw. die Adaption von Firmenpolitiken, etwa im Bereich der Produktion. Sodann lassen sich, drittens, Marktveränderungen beobachten, die auf die jeweils eigendynamische Entwicklung innerhalb von Märkten zurückzuführen sind.

3.3 Die selbstgemachte Transformation der Märkte

Großen Anteil an der aktuellen Veränderung des Konsumverhaltens hat auch der materielle Erfolg der Marktwirtschaft selbst. Hier hat ein endogenes Geschehen, angesichts des herbeigeführten Wohlstandsniveaus und damit einhergehenden Sättigungserscheinungen, Anteil an einer marktimmanenten, normativen Neuorientierung. Ökonomische Ziele wandeln sich in der Folge, sie sind dann keine rein hedonistischen mehr – sondern werden immer öfter Mittel zur Erreichung anderer, kollektiver Ziele. Dies gilt umso mehr, je stärker die einstige Vorherrschaft des Angebots durch das wachsende Gewicht der Nachfrageseite abgelöst wird (Featherstone 1991; Shields 1992). Neue Formen der unternehmerischen Organisation, die Wahrnehmung ehemals wohlfahrtstaatlicher Aufgaben durch private Unternehmer („social entrepreneurs") oder die zunehmende Rücksichtnahme auf individuen- und gruppenspezifische Bedürfnisse im modernen Management stehen beispielhaft für diesen Trend.

Auch die bereits angesprochene erhöhte Sensibilität gegenüber Fehlentwicklungen des Marktgeschehens können als marktimmanente Faktoren verstanden werden. Dies betrifft sowohl öffentlich thematisiertes strukturelles, wie individuelles Fehlverhalten von Marktteilnehmern (vor allem auf Produzentenseite). Solche Perzeptionen führen auch zu neuen Regulierungs- und Schutzmaßnahmen durch externe Akteure, wie z. B. Verbraucherschutzkommissionen oder supranationale Instanzen wie die Europäische Kommission. Marktimmanente Fehler und Beinahe-Katastrophen, sowie die dadurch ausgelösten Disziplinierungsmaßnahmen, können in einer mediatisierten Gesellschaft mehr denn je den Trend zur Moralisierung der Märkte verstärken, und das Kaufverhalten bisweilen auf Dauer modifizieren.

Schließlich zeitigen auch Veränderungen der Zusammensetzung der Marktteilnehmer Effekte. Die sich verändernde Bevölkerungsstruktur, die demographischen Veränderungen der Gegenwartsgesellschaft, bringen neue Konsumententypologien hervor. Moralische Ansprüche und Erwartungshaltungen verändern sich mit den am Markt teilnehmenden Gruppierungen. So verfünffachte sich in den letzten Jahrzehnten die Lebenszeit im Ruhestand; der Kohortenanteil, der das Rentenalter erreichte, hat sich im selben Zeitraum versiebenfacht (vgl. Fogel 1997, S. 1905). Der durch die neue Altersstruktur veränderte Anteil der Wohlhabenden in der Bevölkerung, wie auch der wachsende Anteil weiblicher Erwerbstätiger, weisen auf ein sich wandelndes Marktverhalten der typischen Marktteilnehmer hin.

4 Faktoren und Prozesse des Wandels

Die zuvor besprochenen Kontextfaktoren, welche für die uns hier interessierenden Verhaltensänderungen auf Märkten verantwortlich zeichnen, halten auf verschiedene Weise Einzug in den ökonomischen Prozess. Es wird deutlich, dass sich angesichts der komplexen Verschränkung von Markt, Kultur und Gesellschaft, von Bedürfnis, Produktion und Nachfrage eine klare Trennung verschiedener ökonomischer Handlungsstadien schwer durchhalten lässt. Betrachtet man nun den Konsum, so lassen sich Schnittstellen identifizieren, an denen Moralisierungsprozesse ansetzen können.

1. Die Ebene des Konsums
   Im Zuge der von uns beschriebenen Entwicklungen werden zunehmend Produkte nachgefragt, die mit den moralischen Prämissen der Konsumenten in Einklang stehen. Zudem wird das Konsumieren selbst tendenziell zu einem bewussten Akt, der nicht allein der Bedürfnisbefriedigung dient, sondern der zudem individuelle und gruppenspezifische Werthaltungen zum Ausdruck bringen kann. Die Orientierung als auch das (Konsum)Verhalten der Marktteilnehmer verändern sich. Preiserwägungen sind nicht mehr die einzigen Kriterien für die Kaufentscheidung, und auch die Abwägung der Funktionalität wird zusehends ergänzt durch die moralisch-reputativen Eigenschaften von Produkt und Marke. Dabei ist es nicht vorrangig, ob die angestrebten Effekte des bewusst gesetzten Konsumaktes vollumfänglich erreicht werden. Wesentlich ist die Motivlage der Konsumenten, der Wunsch und das Bedürfnis auch den Nutzen anderer zu erhöhen. Diese Entwicklung im Rahmen des Konsumverhaltens hat wiederum Auswirkungen auf den Produktionszusammenhang als auch auf die produzierten Güter und Dienstleistungen selbst.
2. Die Ebene der Produktion
   Die solcherart veränderten Kriterien des Markthandelns beziehen sich nun nicht mehr ausschließlich auf Produkte und Dienstleistungen, nachdem diese gefertigt worden sind. Vielmehr beeinflussen sie ganz unmittelbar das Zustandekommen als auch die Beschaffenheit der angebotenen Waren und Dienstleistungen. So werden die Herkunft, die Zusammensetzung und die Umstände der Produktion selbst immer wichtiger, wie etwa die Diskussion um die Produktkennzeichnung von Lebensmitteln oder die beliebte Klassifikation der Energieeffizienz von Haushaltsgütern belegen. Sehr wohl betrifft dies bestimmte Produktkategorien mehr als andere, jedoch lassen sich keine eindeutigen Unterscheidungen mehr ziehen. Tendenziell gilt die neue Sensibilität für die Herkunft von Waren für Hühnereier ebenso wie für Wildlachsfilets, für Turnschuhe und Smartphones, für T-Shirts und Maßanzüge.
3. Die Ebene der Ressourcen
   Die Moralisierung der Konsumgüterproduktion erfolgt also über sich verändernde Qualitätserwartungen. Diese werden zum Machthebel der Konsumenten, indem diese ihre Vorstellungen vom Produktionsprozess und der für sie relevanten Qualitätskriterien in den Wertschöpfungsketten durchsetzen. Und Qualität bedeutet nun nicht mehr ausschließlich die Wertschätzung für besonders robuste oder edle Materialien oder hochwertige Verarbeitung, oder die Statusaffinität bestimmter Marken, sondern nunmehr auch fair pay, Ressourcenschonung und Energieeffizienz in der Herstellung. Sehr wohl sind value chains auch weiterhin hierarchisch organisiert, jedoch ändern sich die Kontrollmöglichkeiten und der relative Einfluss unterschiedlicher kollektiver Akteure auf relevante Marktprozesse.

5 Der Motor der Moralisierung

Wie bereits angemerkt, werden die Marktmechanismen selbst, so zweckrational sie auch sein mögen, zum Transmissionsriemen kulturellen, wertorientierten Handelns. Die Tendenz zur Moralisierung wird indirekt durch den Markt selbst perpetuiert, weil Märkte gesamtgesellschaftlich eingebettet liegen und sich ihrer umgebenden Kultur und deren Veränderungsdynamiken nicht entziehen können. Besonders deutlich lassen sich solche Trends in der Wirtschaftswerbung ablesen – ihre Narrative, Symbole und Idealbilder sind oft Abbilder der vorherrschenden Werte und gesellschaftlichen Desiderata. Auch die Werbung muss sich stets der akzeptierten Werte der sie umgebenden Gesellschaft bedienen, um Resonanz zu erzeugen. Die Moralisierung der Märkte ist also nur ein Teil eines gesamtgesellschaftlichen Phänomens und kann insofern – mit Verweis auf Löfgren (2003, S. 244) – als ein Prozess der Kulturalisierung verstanden werden. Der Mechanismus lässt sich zudem mit Robert Mertons Konzept der nicht intendierten Folgen absichtsvollen Handelns erfassen. Denn einmal in Gang gekommen spielt die Motivlage der betroffenen Akteure keine unmittelbare Rolle mehr (vgl. Hiß 2005, 2006): ob nun Produzenten, die zunehmend dominanten Werte teilen, oder ob sie aus wirtschaftlichem Kalkül handeln, wenn sie neue, moralkonforme Produkte einführen und alte ausmustern, ob sie aus freien Stücken oder aufgrund öffentlichen (medialen) Druckes die Produktionsbedingungen bei Zulieferern verbessern – in jedem Fall werden die eingeschleusten nicht-utilitaristischen Motive affirmiert, und gewinnen gegenüber dem Preiskalkül an Bedeutung. Auch wenn die CSR-Abteilung zunächst nur als Feigenblatt geplant war: „Unternehmerisches Handeln, welches anfänglich als folgenloses Lippenbekenntnis gedacht war und lediglich einer wenig aufwendigen Verbesserung des Images dienen sollte, kann durch die Prozesse einer Mythenspirale unintendierte Auswirkungen für Unternehmen haben" (Hiß 2005, S. 228).

Dasselbe gilt für die Konsumentenseite. Auch jene, die keine Verantwortung jenseits ihres Eigeninteresses übernehmen, nehmen an der Moralisierung teil, da sie nun zusehends gezwungen sind, Produkte zu erwerben, die den vorherrschenden kulturellen Werten entsprechen.[7] Hier wird sodann der Markt selbst zum Treiber der Moralisierung, indem er den Konsumenten qua Angebot zwingt, sich „verantwortlich" zu verhalten. Wenn sodann die Moralisierung bisweilen zum Selbstläufer avanciert, dann verdeckt dies nicht nur eine Moralisierung qua Inkorporation in Produktionszusammenhänge, sondern lässt sie gar als normale Marktentwicklung erscheinen, die in weiterer Folge und ohne in ihren Ursachen erkannt zu werden, im Rahmen des betriebswirtschaftlichen Kalküls beschrieben werden kann. So werden gegenwärtig ehemals exogene Faktoren, etwa die Rücksichtnahme auf

[7] Um nur ein aktuelles Beispiel zu nennen: auch wenn britische und irische Käufer der beliebten Marke *KitKat* ihren Schokoriegel aus herkömmlich gehandeltem Kakao bevorzugen würden, sie könnten einen solchen nicht erwerben. Seit 2010 hat Nestlé für diese Märkte nur noch zertifizierte Fair Trade Schokolade im Programm. Eine plastische Vorstellung des von uns skizzierten, unterschwelligen Prozesses erhält man, wenn man sich vorstellt, dass etwa ein Kunde an der Supermarktkasse mit Nachdruck einen Schokoriegel aus „unfairem Handel" verlangte.

anonym bleibende, weit entfernt agierende Landarbeiter zum nicht notwendigerweise bewusstseinspflichtigen Bestandteil des Konsumentenhandels: nicht marktgängiges Wohlwollen wird zum Nebenprodukt der Interessensrealisierung der Marktakteure selbst (Khalil 1997, S. 501), womit man langfristig von einer Konvergenz von Moralisierung und Interessensrealisierung sprechen könnte.

6 Fazit

Entgegen der weiterhin in Wissenschaft und Öffentlichkeit dominierenden Annahme, dass ökonomische Entscheidungen – hier: die Kaufentscheidungen von KonsumentInnen – sich auf einem letztlich eng umschriebenen Kriterienkatalog zurückführen lassen, wächst die empirische Evidenz für das Gegenteil. Für eine aktuelle, in Köln durchgeführte Studie, kombinierten Georg Sunderer und Jörg Rössel (2012) drei theoretische Konstrukte, um den Einfluss moralischer als auch wirtschaftlicher Überlegungen für den Einkauf von fair gehandelten Produkten zu messen. Sie kommen zu dem Ergebnis, dass moralische Erwägungen die ökonomischen in nahezu jeder Hinsicht überflügeln: „The personal norm with respect to purchasing fair trade products is the measure of moral motives which has the strongest explanatory power" (Sunderer und Rössel 2012, S. 249). Dies bedeutet nicht, dass ökonomische Motive keine Rolle mehr spielen, die gemeinhin angewandte Basis für die Erklärung wirtschaftlicher Entscheidungen – insbesondere des Verbrauchs der Konsumenten – muss jedoch verbreitert werden: „In general, the results of our study speak for the application of wide models of human action in the social sciences that do not only take economic factors into account" (Sunderer und Rössel 2012).

Das von vielen als ehern angesehene Gesetz wirtschaftlichen Handelns, nach dem jeder Versuch, wirtschaftliche Aktivitäten in Kontakt mit ethischen Ideen zu bringen, zur unweigerlichen Vertreibung der moralischen Werte aus dem System der wirtschaftlichen Aktivität führt hilft uns nicht (länger) weiter. Es geht hier nicht darum die Spezifizität von ökonomischen, und insbesondere von Konsumentscheidungen zu Grabe zu tragen: im Gegenteil müssen diese weiter analysiert und expliziert werden. Und so scheint sich das, was man bislang als Marktrationalität bezeichnet hat, selbst zu wandeln. Anstatt zu versuchen die neue empirischen Verhältnisse auf kreative Weise zu „ökonomisieren", indem man etwa versucht moralischen Konsum, durch die Modifikation des Postlautes der Nutzenmaximierung doch noch einzufangen, plädieren wir für eine Öffnung des ökonomischen Blicks: weder lässt sich die These der umfassenden Manipulation und Verführung der KonsumentInnen durch Industrie und Werbung durchhalten (Barber 2007), noch scheinen sozialisierte Menschen angesichts ökonomischer Entscheidungen zu ausschließlich nutzenmaximierenden Maschinen zu werden (Devinney et al. 2010).

Der (private) Konsum – besser: das Konsumieren, verstanden als Prozess sozialen Handelns, und geleitet von den jeweils dominanten Wertvorstellungen einer Gesellschaft – ist ein wesentlicher Teil moderner Volkswirtschaften. Moral meint dabei nicht Moralität in einem essentialistischen Verständnis, sondern die Ausrichtung sozialen Verhaltens, auf soziale Tatbestände und Handlungsabläufe. Ein besseres Verständnis für die Motive der KonsumentInnen ist also über die Grenzen der ökonomischen Analyse hinaus von Bedeutung. Die aktuellen symbolischen Wandlungsprozesse des Marktes verweisen auf, und sind bestimmt von umfassenderen, langfristigen sozio-ökonomischen Wandlungserscheinungen, von Prozessen der Individualisierung, der Mediatisierung (vgl. Adolf 2013), der Globalisierung moderner Gesellschaften. Die Rolle des Bürgers und des Verbrauchers rücken in den entwickelten Ländern näher zusammen, und es gibt deutliche Anzeichen dafür, dass auch Entscheidungen auf den nur vermeintlich kultur-freien Märkten zunehmend anhand ihrer Folgen für andere beurteilt werden. Die Moralisierung der Märkte verweist einmal mehr darauf, dass soziales Handeln wesentlich durch seine Einbettung individuellen Verhaltens in die Kultur der umgebenden Gesellschaft geleitet wird.

Literatur

Adolf M (2012) Media society. In: Ritzer G (Hrsg) Encyclopedia of globalization. Blackwell, Hoboken. doi:10.1002/9780470670590.wbeog378.

Adolf, M (2013) Clarifying mediatization. Sorting through a current debate. Empedocles. Eur J Philosophy Commun 3(2):153–175. (im Erscheinen)

Akerlof GA (2007) The missing motivation in macroeconomics. Am Econ Rev 97:5–36.

Barber, BR (2007) Consumed. Wie der Markt Kinder verführt, Erwachsene infantilisiert und die Demokratie untergräbt. C.H. Beck, München

Bartley T (2005) Corporate accountability and the privatization of labor standards: struggles over codes of conduct in the apparel industry. Res Polit Sociol 14:211–244

Beck U (1986) Risikogesellschaft. Auf dem Weg in eine andere Moderne. Suhrkamp, Frankfurt a. M.

Beck U (2008) Weltrisikogesellschaft: Auf der Suche nach der verlorenen Sicherheit. Suhrkamp, Frankfurt a. M.

Bourdieu P ([1979] 1982) Die feinen Unterschiede. Suhrkamp, Frankfurt a. M.

Bourdieu P (2005) Principles of an economic anthropology. In: Smelser N, Swedberg R (Hrsg) The handbook of economic sociology. Princeton University Press, Princeton, S 75–89

Davies JB, Sandström S, Shorrocks A, Wolff EN (2010) The level and distribution of global household wealth. Econ J 121:223–254

Devinney TM, Auger P, Eckhardt GM (2010) The myth of the ethical consumer. Cambridge University Press, Cambridge

Featherstone M (1991) Consumer culture and postmodernism. Sage, London

Fogel RW (1997) Economic and social structure for an ageing population. Philos Trans R Soc Lond B Biol Sci 352(1363):1905–1917

Friedman M ([1957] 2008) A theory of consumption. Princeton University Press, Princeton

Hiß, S (2005) Durch Reden zum Handeln?! Zur Rolle freiwilliger Unternehmensinitiativen bei der Verbreitung von Sozialstandards. Zeitschrift für Wirtschafts- und Unternehmensethik 6(2):215–230

Hiß S (2006) Warum übernehmen Unternehmen gesellschaftliche Verantwortung? Ein soziologischer Erklärungsversuch. Campus, Frankfurt a. M.

Inglehart R (1977) The silent revolution. Princeton University Press, Princeton

Inglehart R (1998) The trend toward post-materialist values continues. In: Terry C, Rempel M (Hrsg) Citizen politics in post-industrial societies. Westview Press, Boulder, S 57–66
Jarren O (2001) „Mediengesellschaft" – Risiken für die politische Kommunikation. Politk und Zeitgeschichte 41–42:10–19
Keynes JM (1930) Economic possibilities for our grandchildren. In: Keynes JM (Hrsg) Essays in persuasion. Macmillan, London, S 335–366
Keynes JM (1936) Allgemeine Theorie der Beschäftigung, des Zinses und des Geldes. Duncher & Humblot, Berlin
Khalil EL (1997) Etzioni vs. Becker: do moral sentiments differ from ordinary tastes? De Economist 145:491–520
Kuznet S (1946) National income. A summary of findings. National Bureau of Economic Research, Inc., S 1–2
Löfgren O (2003) The new economy: a cultural history. Global Networks 3:239–254
Morrisson C, Murtin F (2009) The century of education. J Hum Capital 3:1–42
Shields R (1992) Lifestyle shopping. The subject of consumption. Routledge, New York
Stehr N (2001) Politische Arithmetik. Merkur 265:453–456
Stehr N (2003) Wissenspolitik. Die Überwachung des Wissens. Suhrkamp, Frankfurt a. M.
Stehr N (2007) Die Moralisierung der Märkte. Eine Gesellschaftstheorie. Suhrkamp, Frankfurt a. M.
Stehr N, Adolf M (2008) Konsum zwischen Markt und Moral: Eine soziokulturelle Betrachtung moralisierter Märkte. In: Jansen SA, Schröter E, Stehr N (Hrsg) Mehrwertiger Kapitalismus. Multidisziplinäre Beiträge zu Formen des Kapitalismus und seiner Kapitalien. ZU-Schriften, Bd. IV. VS-Verlag, Wiesbaden, S 195–217
Stehr N, Adolf M (2010) Unternehmen, Markt und Moral: Zu einer neuen politischen Ökonomie. In: Heidbrink L, Seele P (Hrsg) Unternehmertum. Vom Nutzen und Nachteil einer riskanten Lebensform. Campus, Frankfurt a. M., S 178–195
Sunderer G, Rössel J (2012) Morality or economic interest? The impact of moral motives and economic factors on the purchase of fair trade groceries. Int J Consum Stud 36:244–250
Veblen T ([1899] 1986) Die Theorie der feinen Leute. Eine ökonomische Untersuchung der Institutionen. Fischer, Frankfurt a. M.
von Weizsäcker, CC (2005) Hayek und Keynes: Eine Synthese. Vortrag am Walter Eucken Institut, Freiburg

Nico Stehr Ph.D., F.R.S.C. ist Inhaber des Karl Mannheim Lehrstuhls für Kulturwissenschaften an der Zeppelin Universität. Studium der Ökonomie und Soziologie in Deutschland und den USA. Buchveröffentlichungen jüngsten Datums: Knowledge Politics: Governing the Consequeneces of Science and Technology (Paradigm Books, 2006), Knowledge (Routledge, 2006, mit Reiner Grundmann), Die Moralisierung der Märkte (Suhrkamp, 2007), Moral Markets (Paradigm Publishers, 2008), Knowledge and the Law (Transaction Publishers, 2008, mit Bernd Weiler) Knowledge & Democracy (Transaction Publishers, 2008), Society (Routledge, 2009 mit Reiner Grundmann), Klima Wetter Mensch (Budrich, 2010, mit Hans von Storch), Wissensökonomie (Metropolis, 2010, mit Manfred Moldaschl) und The Power of Scientific Knowledge (2012, mit Reiner Grundmann).

Dr. Marian Thomas Adolf ist Juniorprofessor für Medienkultur am kommunikations- und kulturwissenschaftlichen Department der Zeppelin Universität in Friedrichshafen. Seine Forschung widmet sich dem Zusammenhang von Medien- und Gesellschaftswandel an der Schnittstelle von Kommunikationswissenschaft und Mediensoziologie. Er ist Sprecher des ZU-Forschungsverbundes Mediatisierte Moderne und unterrichtet an einer Reihe in- und ausländischer Universitäten, u.a. an der Quest University in Kanada.

Wandel im Verbraucher- und Käuferverhalten

Raimund Wildner

Inhaltsverzeichnis

Zusammenfassung

Zunächst wird gezeigt, dass der Begriff der Nachhaltigkeit für den Verbraucher eher verschwommen ist, am ehesten aber noch mit Umweltschutz in Verbindung gebracht wird. Der Umweltschutz wird aktuell immer weniger als Problem wahrgenommen, im europäischem Vergleich aber am ehesten noch in Deutschland. Dies erschwert es international agierenden Firmen, die Nachhaltigkeit betonende Produktkonzepte einzuführen. Betrachtet man das Kaufverhalten, so zeigt sich eine stetige Zunahme der Anteile für Bio bei Lebensmitteln und Getränken, allerdings auf geringem Niveau. Die geringe Bedarfsdeckung mit die Nachhaltigkeit betonenden Produkten zeigt, dass der Verbraucher zu wenig von dem Vorteil dieser Produkte für ihn überzeugt ist. Dagegen ist bei Haushaltsgeräten, bei denen Einsparungen und Umweltfreundlichkeit gemeinsam verfolgt werden können, ein rascher Anstieg der energiesparenden Varianten auf hohem Niveau festzustellen. Als Träger der positiven Entwicklung erweisen sich die Lohas als eine anspruchsvolle Premiumzielgruppe.

R. Wildner (✉)
GfK Verein, Nordwestring 101, 90419 Nürnberg, Deutschland
E-Mail: Raimund.wildner@gfk-verein.org

H. Meffert et al. (Hrsg.), *Sustainable Marketing Management*,
DOI 10.1007/978-3-658-02437-6_5

1 Bedeutung des Begriffes „Nachhaltigkeit" für den Verbraucher

Der Begriff der „Nachhaltigkeit“ wird geradezu inflationär genutzt. Gibt man ihn in Google ein, so findet die Suchmaschine 14,4 Mio. Nennungen. Doch die häufige Nutzung positiv aufgeladener Begriffe trägt nur selten zu ihrer Klarheit bei. Das zeigt sich auch hier. Wenn man die Verbraucher fragt, was sie unter „Nachhaltigkeit“ verstehen, dann ist das Ergebnis unklar und wenig vollständig.

Der GfK Verein hat im September 2012 eine repräsentative Stichprobe von 1079 Personen gefragt, ob sie den Begriff „Nachhaltigkeit“ schon einmal gehört, gesehen oder gelesen haben und was sie damit verbinden. Nur 32 % der Befragten war der Begriff sicher bekannt, 45 % kam er bekannt vor und 23 % konnten nichts mit ihm anfangen. Im Vergleich zu 2011 ist der Anteil derjenigen, die mit dem Begriff sicher etwas anfangen können, sogar leicht gesunken. Bei der weiteren Frage, was darunter zu verstehen ist, überwogen mit 71 % die Nennungen zu Natur- und Umweltschutz, aber auch „Dauerhaftigkeit und lange Lebensdauer“ der Produkte erhielt noch 21 % der Nennungen. Keine Nennungen kamen zu sozialen Aspekten der Nachhaltigkeit wie fairen Arbeitsbedingungen und der Vermeidung von Ausbeutung oder aber zur wirtschaftlichen Nachhaltigkeit, dass man also kein Konsumniveau realisiert, das man finanziell nicht dauerhaft durchhalten kann.

Der Begriff der „Nachhaltigkeit“ ist demnach beim Verbraucher nur schlecht verankert und wird – sofern er überhaupt bekannt ist – eher eng auf die Aspekte des Umweltschutzes beschränkt. Damit eignet sich der Begriff derzeit nur sehr bedingt, um damit für besonders nachhaltige Produkte zu werben.

Die fehlenden Nennungen der sozialen Aspekte der Nachhaltigkeit bedeutet jedoch nicht, dass es dem Verbraucher egal wäre, ob diese erfüllt sind oder nicht. So fanden in einer Umfrage des GfK Vereins vom August/September 2009 96 % der Befragten, dass Unternehmen gegenüber den eigenen Mitarbeitern und 89 % der Befragten auch gegenüber den Zulieferern aus der ganzen Welt verantwortlich handeln sollten. Allerdings wird ein solches Handeln nicht mit dem Begriff der „Nachhaltigkeit“ in Verbindung gebracht.

Laut einer GfK-Untersuchung aus dem Jahre 2009 ist die soziale Orientierung eines Unternehmens für die Kunden eher ein „Hygienefaktor“: In der Regel weiß man darüber nichts und es hat daher keine Auswirkung. Bekannt werden durch Medienberichte in der Regel vor allem Negativbeispiele. Diese können sich dann negativ auf das Kundenverhalten auswirken.

2 Wandlung der Einstellungen der Verbraucher

Betrachtet man den Nachhaltigkeitsaspekt „Umweltschutz“ über die Jahre, so stellt man fest, dass sich dessen Bedeutung im Laufe der Zeit sehr stark geändert hat. Einmal im Jahr, und zwar im Frühjahr, stellt der GfK Verein an eine repräsentative Stichprobe die Frage: „Was sind die dringendsten Probleme, die derzeit in Deutschland zu lösen sind?“ Dabei werden keine Vorgaben gemacht. Dadurch, dass die Frage offen gestellt wird, ist

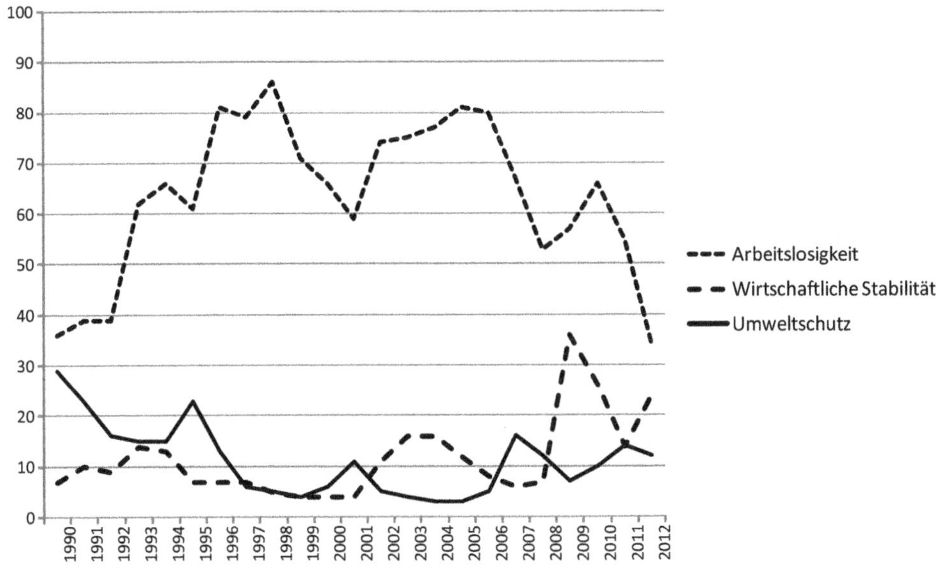

Abb. 1 Anteile, die das jeweilige Problem als dringend zu lösen nennen; Deutschland gesamt – Mehrfachnennungen möglich. (Quelle: GfK Verein 2012)

ein langfristiger Vergleich möglich. Abbildung 1 zeigt die Entwicklung für die Probleme „Arbeitslosigkeit", „wirtschaftliche Stabilität" und „Umweltschutz". Demnach ist die Bedeutung des Umweltschutzes von 29 % im Jahr 1990 langfristig auf einen Wert von 3 % in den Jahren 2004/2005 gesunken und steigt seitdem tendenziell wieder bis auf einen Wert von 12 % im Jahr 2012 an.

Dabei erweisen sich die wirtschaftlichen Aspekte und der Umweltschutz als kommunizierende Röhren: Geht es der Wirtschaft gut, gewinnt die Bedeutung des Umweltschutzes in der Wahrnehmung der Verbraucher und umgekehrt. Addiert man die Prozentzahlen für wirtschaftliche Stabilität und Arbeitslosigkeit so korreliert die Summe mit der Prozentzahl für den Umweltschutz mit −0,76. Umweltschutz muss man sich also offensichtlich leisten können.

Die Frage nach den am dringendsten zu lösenden Problemen wird vom GfK Verein auch in einer Reihe weiterer Länder in Europa für das jeweilige Land gestellt. Dabei ist festzustellen, dass der deutsche Wert von 12 % der Bevölkerung, welche die Umwelt als dringendes Problem nennen, im internationalen Vergleich sehr hoch ist. Mit Ausnahme von Schweden, kommt keines der befragten Länder über einen Anteil von 4 % hinaus (vgl. Abb. 2).

Umweltfreundlichkeit ist folglich eine Eigenschaft, mit der vor allem in Deutschland gepunktet werden kann; schon im europäischen Kontext ist dies sehr viel schwieriger als positives und verkaufswirksames Feature zu kommunizieren. Dies erschwert es ganz erheblich, Marken mit einem entsprechenden USP europaweit zu positionieren.

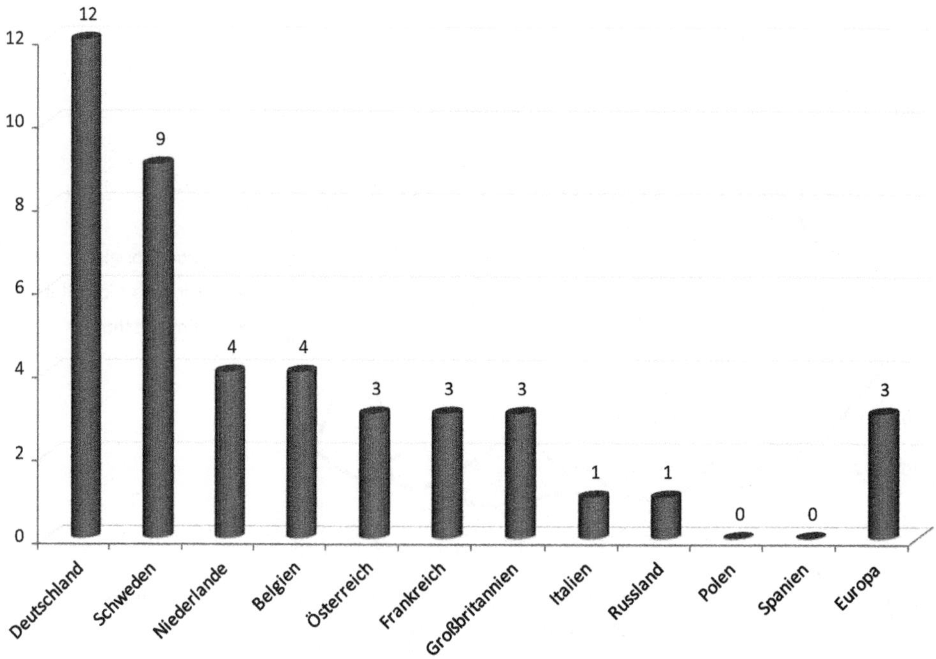

Abb. 2 Anteile in %, die Umweltschutz als in ihrem Land dringend zu lösendes Problem nennen. (Quelle: GfK Verein 2012)

Die Umweltfreundlichkeit von Produkten und Dienstleistungen ist ein Teil der Qualität. Betrachtet man die Entwicklung in Deutschland in einem größeren Kontext, so zeigt sich, dass je nach Kennziffer bis in die Jahre 2003 bis 2008 eine Abnahme der Qualitätsorientierung festzustellen ist und dass sich dies seitdem umkehrt:

- Stellt man die Verbraucher vor die Wahl, ob sie beim Einkaufen lieber auf die Qualität oder den Preis achten, so nahm die Preisorientierung von 1995 bis 2003 von 51 auf 59 % zu und ging seitdem wieder auf 50 % zurück (Quelle: GfK Trendsensor Konsum).
- Laut GfK Verbraucherpanels nahm die Frischeorientierung von 1995 bis 2005 von 43 auf 29 % ab und seitdem bis 2012 wieder auf 42 % zu.
- Ebenso nahm der Anteil der Verbraucher, die auf Naturbelassenheit achten, bis 2008 ab und nimmt seitdem wieder zu.

3 Wandlung des Kaufverhaltens

Geht man weg von den Einstellungen hin zum Kaufverhalten, dann zeigt das Verbraucherpanel der GfK zwar sehr klar, dass umweltbewusstes Einkaufen deutlich an Boden gewinnt, es zeigt aber auch, dass es auf der anderen Seite noch immer eher ein Nischendasein fristet. So nahm der Ausgabenanteil für biologisch erzeugte Lebensmittel von 2004

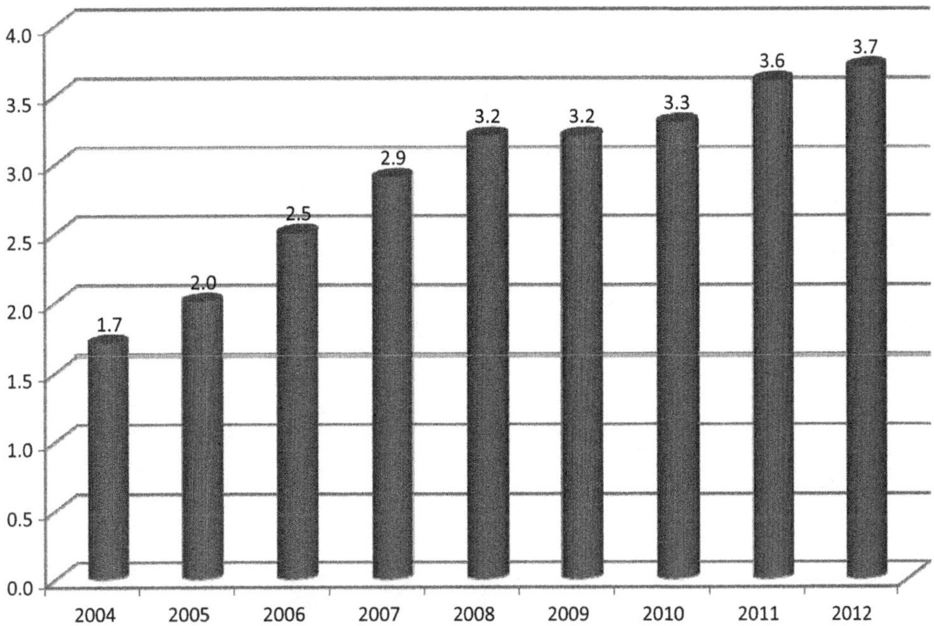

Abb. 3 Anteile Bio an allen Ausgaben für Nahrungsmittel und Getränke; Deutschland gesamt in Prozent. (Quelle: GfK Verbraucherpanel 2012)

bis 2012 von 1,7 % fast kontinuierlich auf aber noch immer niedrige 3,7 % zu. Lediglich in der Krise 2009 trat eine kurze Stagnation ein (vgl. Abb. 3).

Allerdings gibt es hier deutliche Unterschiede zwischen den Warengruppen: Bei genussorientierten wie Süßwaren oder Wurst ist der Anteil deutlich geringer als bei Warengruppen wie Müsli/Cerealien, Brotaufstriche oder Obst/Gemüse/Kartoffeln.

Wichtig ist auch, dass der Anteil der Haushalte, die Bio-Lebensmittel kaufen, 1992 bei 92 % lag und dieser Anteil seit Jahren nahezu konstant ist. Das bedeutet, dass die meisten Haushalte nur sporadisch zu bio greifen. Es bedeutet aber auch, dass nicht neue Haushalte für bio gewonnen werden, sondern dass vorhandene Käufer ihre bio-Einkäufe intensivieren. Von 2009 bis 2012 stiegen denn auch die Ausgaben pro bio-Käufer und Jahr von 84 auf 121 €.

Betrachtet man die Drogeriewarengruppen, so verspricht Naturkosmetik neben dem Nutzen für die Umwelt einen besonderen Nutzen für sensible Haut. Dennoch ist ihr Ausgabenanteil mit 4,6 % in 2012 nur etwas größer als der von „bio" bei Nahrungsmitteln. Abbildung 4 zeigt, dass auch dieser Anteil in den letzten Jahren kontinuierlich gestiegen ist. Ebenso gibt es auch hier deutliche Unterschiede: Bei Pflegeprodukten für Gesicht und Körper, die länger wirken, ist der Ausgabenanteil deutlich höher als bei Dusch-, Bade- und Rasierartikeln, die nur kurzzeitig einwirken und dann wieder abgewaschen werden.

Die Abbildung zeigt auch einen langfristigen steigenden Trend der Käuferreichweite, der jedoch 2011 unterbrochen wurde. Der Grund ist jedoch keine Änderung der Verbraucherpräferenzen sondern der Distribution: In diesem Jahr hat Aldi sein Naturkosmetik-

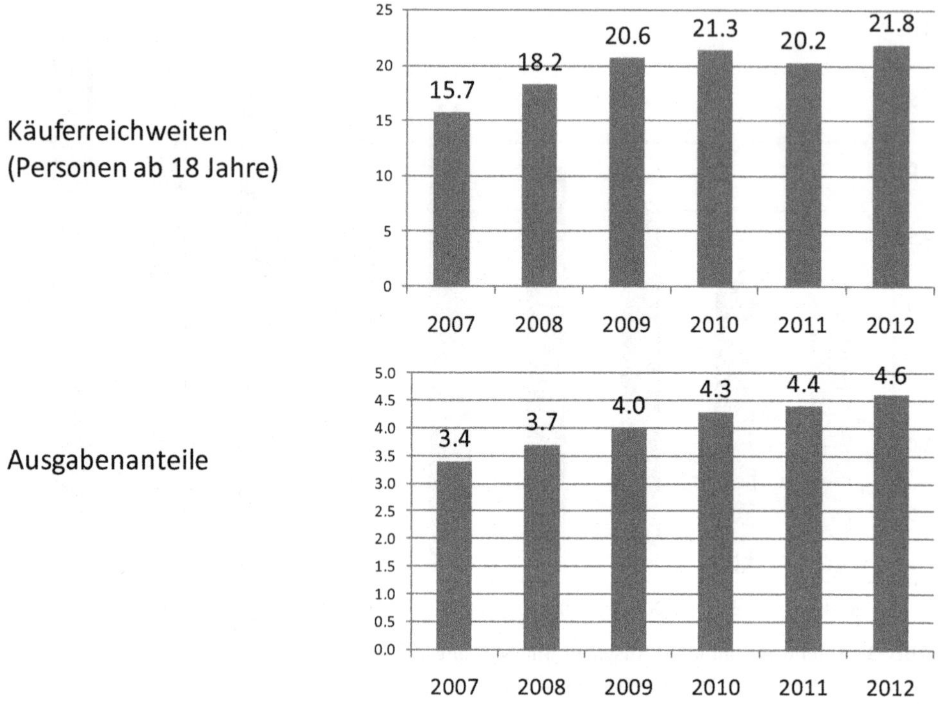

Abb. 4 Entwicklung der Käuferreichweiten und der Ausgabenanteile in Prozent für Naturkosmetik. (Quelle: GfK Verbraucherpanel 2012)

sortiment nahezu halbiert. Durch Intensivierung des Einkaufs pro Käufer konnte trotzdem der Ausgabenanteil gesteigert werden. Bei der Beurteilung von Marktentwicklungen ist also stets neben der Nachfrage der Verbraucher auch das Angebot des Handels zu berücksichtigen.

Der große Unterschied zwischen der Käuferreichweite und dem Marktanteil zeigt, dass der Nutzen der Naturkosmetik vom Verbraucher noch nicht ausreichend wahrgenommen wird. 50 % der Käufer probieren Naturkosmetik zwar einmal im Jahr aus, kaufen aber dann nicht nach.

Sind mit dem Einkauf von bio-Nahrungsmitteln und Naturkosmetik Mehrausgaben verbunden, weil diese trotz sinkender Preise immer noch deutlich teurer sind als konventionell erzeugte Produkte, so bieten umweltfreundliche Elektrogeräte trotz eines höheren Anschaffungspreises durch den geringen Energieverbrauch mittel- und langfristig eine Ersparnis. Entsprechend deutlich nimmt in Deutschland, aber auch in Europa der Anteil der Geräte mit hoher Energieeffizienz zu (vgl. Abb. 5 am Beispiel der Kühlgeräte). Auch hier ist Deutschland wieder Vorreiter, wohl aus zwei Gründen: Einmal haben die Deutschen – wie dargestellt – ein höheres Umweltbewusstsein als die anderen Europäer. Dann sind in Deutschland die Energiekosten besonders hoch, so dass sich energiesparende Geräte früher rechnen.

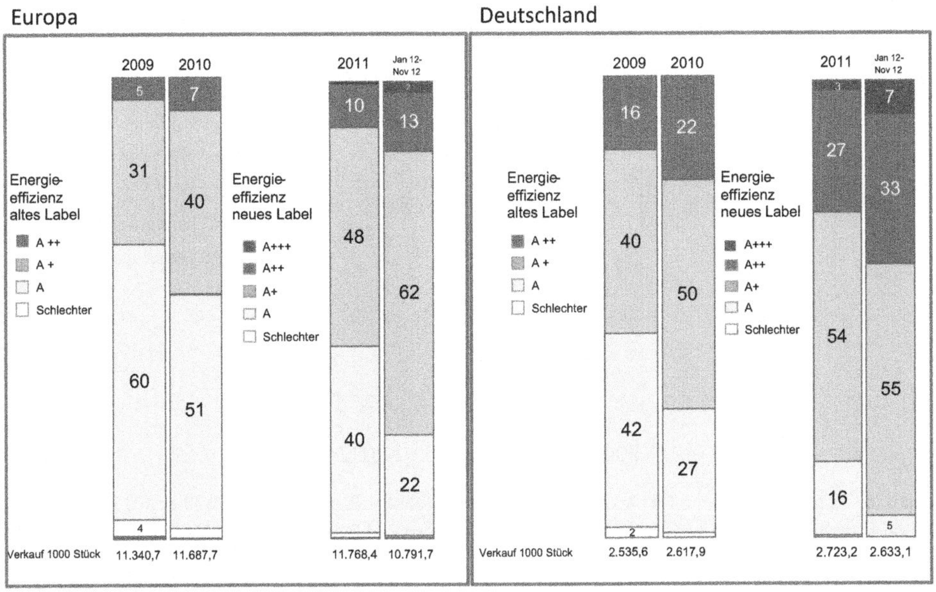

Abb. 5 Entwicklung der Energieeffizienzklassen bei Kühlgeräten in Europa und in Deutschland 2009 bis 2012. (Quelle: GfK Handelspanel)

4 Wandlung der Zielgruppen für den nachhaltigen Konsum

Seitdem Paul Ray im Jahr 2000 erstmals den „Lifestyle of Health and Sustainability" oder kurz „LOHAS" in seinem Buch „The Cultural Creatives: How 50 Million Are Changing The World" beschrieben hat, wurde das Konzept auch in Europa viel beachtet. Was die LOHAS auch für das Marketing interessant macht, ist die Tatsache, dass sie ein hohes Konsumniveau mit dem Streben nach Gesundheits-, Umwelt- und sozialer Verträglichkeit verbinden. Entsprechend wurden für die Bildung der Zielgruppe im GfK Verbraucherpanel Statements zur Konsumfreude (z. B. „Ich probiere gerne neue Produkte aus"), zum sozial nachhaltigen Einkaufen (z. B. „Ich kaufe bewusst Fair-Trade-Produkte"), zu bio (z. B. „Ich bin bereit für bio mehr Geld auszugeben"), zu Verpackungen (z. B. „Ich achte beim Einkauf auf umweltverträgliche Verpackungen") und zur Gesundheit (z. B. „Der Einfluss der Ernährung auf die Gesundheit wird oft überschätzt"; hier wird auf Ablehnung geachtet) abgefragt. Entsprechend ihren Antworten wurden die Verbraucher in die Gruppen „LOHAS Kerngruppe", „LOHAS Randgruppe", „Indifferente" oder „Unbedachte" eingeteilt.

Betrachtet man die Entwicklung der LOHAS Kern- und Randgruppe, so zeigt sich eine Zunahme insgesamt, die auf die Zunahme der LOHAS-Kerngruppe zurückzuführen ist (vgl. Abb. 6).

Die Validität der Abfrage zeigt sich dadurch, dass das geäußerte Kaufverhalten mit dem tatsächlichem Kaufverhalten korrespondiert. So zeigen die LOHAS Kern- und Rand-

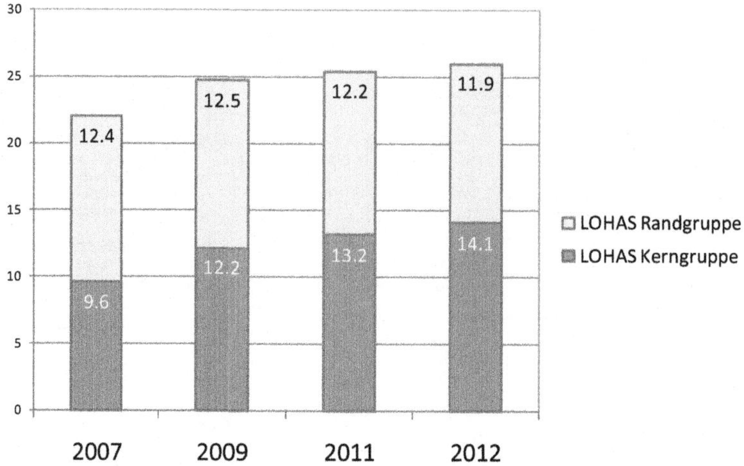

Abb. 6 Entwicklung der LOHAS Kerngruppe und LOHAS Randgruppe 2007 bis 2012: Anteile an allen Haushalten in Prozent. (Quelle: GfK Verbraucherpanel 2012)

gruppen deutlich höhere bio-Anteile als die Restgruppe (vgl. Abb. 7). Valide zeigt sich die Einteilung auch bei für die Gesundheit relevanten Warengruppen: So kauft die LOHAS-Kerngruppe 57 % mehr Obst, aber 19 % weniger Fertig- und Fixprodukte als die Indifferenten und Unbedachten zusammengenommen.

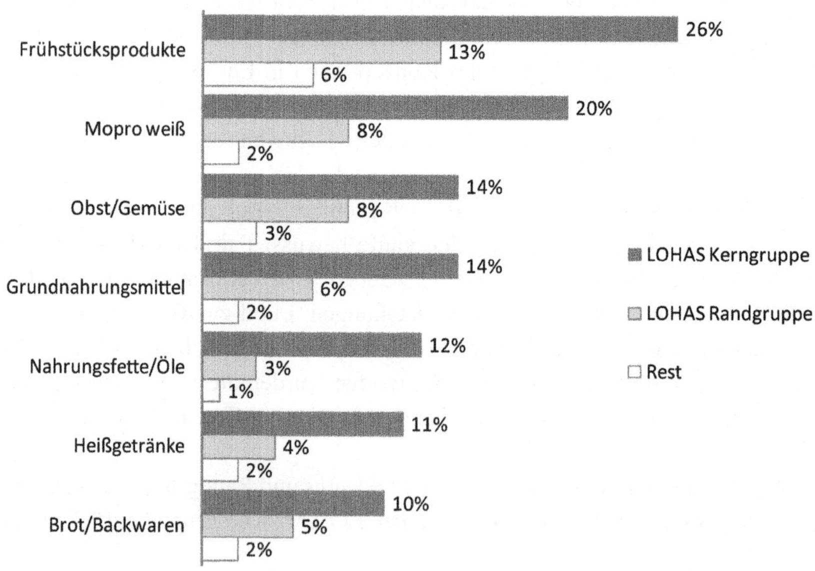

Abb. 7 bio-Anteile (Wert) in Prozent der LOHAS-Zielgruppen im Vergleich für verschiedene Warengruppen. (Quelle: GfK Verbraucherpanel 2011)

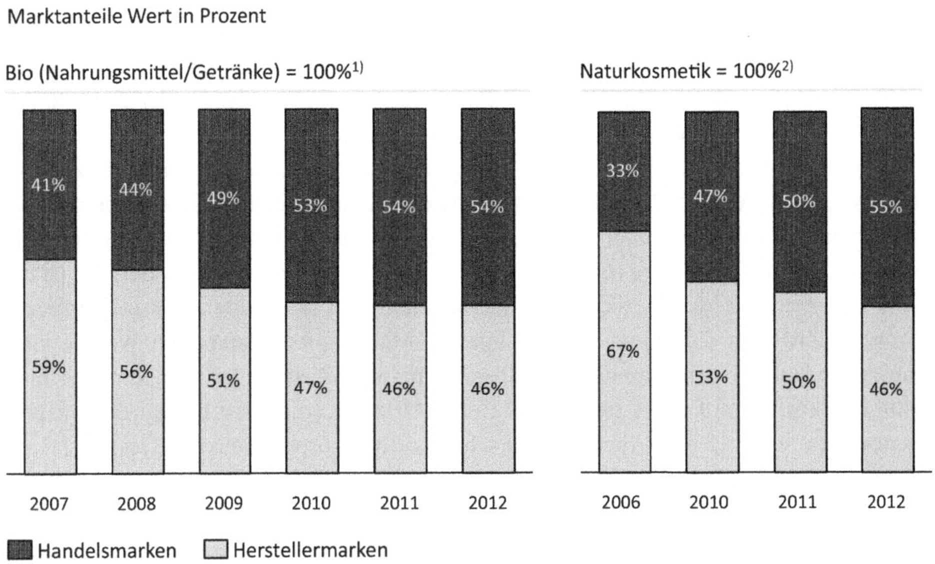

Abb. 8 Handelsmarken gewinnen in an Nachhaltigkeit orientierten Märkten

Untersucht man die LOHAS näher, so zeigt sich eine für das Marketing sehr interessante Zielgruppe: Die LOHAS sind deutlich qualitäts- und weniger preisbewusster als der Rest der Bevölkerung. Sie sind auch mehr an anspruchsvollem Genuss orientiert. Entsprechend greifen sie auch deutlich mehr zu Premiumprodukten. Sie können sich dies auch leisten, weil sie sich überdurchschnittlich aus etablierten und gut situierten Mittelschichtfamilien rekrutieren.

Die LOHAS sind also eine Premiumzielgruppe, die Premiumprodukte haben will. Das bedeutet, dass die Nachhaltigkeit eines Angebots nicht mit einer Verschlechterung der Produktleistung erkauft werden darf. Demnach ist es richtig, die hohe Produktleistung und die Nachhaltigkeit eines Angebotes gleichzeitig zu betonen. Erfolgreiche Beispiele sind BMW mit „efficient dynamics" und Starbucks mit „Gerechter Handel und beste Qualität: Alles in einer Tasse."

5 Der Profiteur des Trends zur Nachhaltigkeit: Die Handelsmarke

Danach ist es nicht überraschend, dass die LOHAS-Zielgruppen nach ihren Angaben mehr Markenprodukte bevorzugen, als die restlichen Zielgruppen. Umso überraschender ist es aber, dass der Anteil der Herstellermarken bei bio-Produkten, aber auch bei Naturkosmetik seit Jahren kontinuierlich sinkt (vgl. Abb. 8).

Warum ist das so? Das ist sicherlich zunächst ein Erfolg der Bemühungen der Händler. Diese Bemühungen zeigen sich zunächst darin, dass die Händler ihre an Nachhaltigkeit orientierten Handelsmarkensortimente deutlich ausgeweitet haben. Während die traditionellen, nur auf den Niedrigpreis abstellenden Handelsmarken stagnieren, steigen die Marktanteile der Mehrwerthandelsmarken – darunter auch die an Nachhaltigkeit orientierten Konzepte – deutlich an. Ihr Marktanteil steigt aber schneller als der Umfang des Sortiments. Es muss also noch weitere Erfolgsfaktoren geben.

Doch auch Hersteller haben versucht, entsprechende Konzepte auf den Markt zu bringen bzw. vorhandene erfolgreich weiterzuentwickeln. Auffallend ist, dass mehrere Neueinführungen von großen internationalen Konzernen gescheitert sind. Auf der anderen Seite gibt es mittelständische Hersteller, die hier sehr erfolgreich sind. Ein Beispiel ist die Firma „Werner und Mertz" mit seinem an Nachhaltigkeit orientierten Reinigersortiment „Frosch". Zwischen 2008 und 2012 konnte die Marke ihren Marktanteil Wert lt. GfK Haushaltspanel bei den Warengruppen Essigreiniger, WC-Reiniger und Handgeschirrspülmittel von 5,0 auf 6,0 % steigern. Bei der LOHAS-Kerngruppe beträgt der entsprechende Wert sogar 13,4 %. Auch Weleda schafft es bei Körpercreme und Gesichtspflege seinen Marktanteil Wert im gleichen Zeitraum lt. GfK Individualpanel von 2,5 auf 3,9 % zu steigern.

Der Grund für das Scheitern der einen und den Erfolg der anderen Hersteller ist wohl darin zu suchen, dass die Moralität des Angebots über den Anbieter läuft. Verbraucher wählen auch ein nachhaltiges und damit moralischer wertvolleres Angebot, um damit moralisch wertvollere Hersteller zu unterstützen. Werner und Mertz hat ebenso wie Weleda das ganze Sortiment auf Nachhaltigkeit ausgerichtet. Als mittelständischen Unternehmen ist diesen Herstellern eine solche Nischenstrategie möglich. Dadurch wirkt der Hersteller insgesamt konsequent und glaubwürdig und das überträgt sich aufs Angebot. Muss ein international aufgestelltes Großunternehmen dagegen vor allem den Mainstream bedienen, so wird durch eine zusätzliche, an Nachhaltigkeit orientierte Produktlinie der Ruf des Herstellers sich nur wenig verändern. Die entsprechende Produktlinie wirkt dann nicht wie der Ausdruck einer Überzeugung sondern eher als Marketinginstrument.

Gegenüber den Händlern haben Hersteller den grundsätzlichen Nachteil, dass sie meist anonym und unpersönlich bleiben. Händler haben es dagegen als Unternehmen, die „vor Ort" sind, mit denen der Verbraucher direkten Kontakt pflegt und deren Angestellte auch als Menschen erlebbar sind, leichter, nachhaltige Konzepte in den Markt zu bringen. Dabei ist es offensichtlich so, dass sich das Vertrauen, das ein Händler genießt, auf die Handelsmarke überträgt.

Dies wurde in einer Untersuchung deutlich, die vom GfK Verein im Spätsommer/Herbst 2012 durchgeführt wurde. Dabei wurden 5862 Personen zu insgesamt 418 konkret benannten Marken aus 22 Warengruppen befragt. Jeder Befragte gab zu einigen am Anfang der Befragung ausgewählten und ihm bekannten Marken Auskunft, indem er diese auf 32 Dimensionen bewertete. Insgesamt kamen so fast 40.000 Markenbewertungen zusammen.

Von den 32 Dimensionen konnte bei einigen „weiß nicht" angekreuzt werden. Die 26 durchgängig zu beantwortenden Statements wurden durch eine Faktorenanalyse in 4 Faktoren zusammengefasst:

- Der Faktor „Qualitätsvertrauen“ mit Statements wie „Ich habe volles Vertrauen zu (Marke)“, „(Marke) ist von hervorragender Qualität“ oder „(Marke)“ strengt sich an, meine Erwartungen voll und ganz zu erfüllen“.
- Der Faktor „Markenauftritt“ mit Statements wie „(Marke) ist eine Kultmarke“, „(Marke) ist eine Marke mit großer Tradition“ oder „Es gibt viel Werbung für (Marke)“.
- Der „Wohlfühlfaktor“, der vor allem die Nachhaltigkeit und Moralität des Angebots, aber auch den Premiumanspruch zusammenfasst. Er beinhaltet Statements wie „(Marke) steht für hohe Lebensqualität“, „(Marke) steht für ein harmonisches Zuhause“, „Mit (Marke) kann man sich sehen lassen“, „(Marke) vermittelt ein Gefühl von Heimat“ oder „(Marke) ist meines Erachtens umweltfreundlich“.
- Der Schnäppchenfaktor mit dem Statement „Es ist leicht, ein Sonderangebot für (Marke) zu finden“.

Alle abgefragten Marken wurden in vier Typen eingeteilt:

- Topmarken sind Premiummarken und Marktführer. Dabei sind Premiummarken dadurch gekennzeichnet, dass ihr Preis höher als der Preis des Marktführers im Segment der Marken, deren Preis über dem Durchschnittspreis des Marktes liegt. Beispiele sind Lindt, Barilla oder Persil.
- Mittemarken sind alle weiteren Herstellermarken wie z. B. Sarotti oder Weißer Riese.
- Preiseinstiegshandelsmarken sind auf den niedrigen Preis fokussierte Handelsmarken, wie z. B. Ja, TIP oder Gut & Günstig.
- Mehrwerthandelsmarken sind Handelsmarken, die zusätzliche Nutzendimensionen ansprechen wie z. B. Rewe Feine Welt oder Edeka Bio.

Dabei zeigt sich zunächst, dass die Herstellermarken einen deutlichen Vorsprung beim Markenauftritt haben, bezüglich der Dimension „Schnäppchen“ die Markentypen sich aber nicht unterscheiden (vgl. Abb. 9. Dargestellt sind die 332 Marken mit mindestens 30 Nennungen; jeder Punkt entspricht einer Marke).

Ganz anders stellt sich die Situation dar, wenn man sich die beiden Dimensionen „Qualitätsvertrauen“ und „Wohlfühlfaktor“ betrachtet. Hier haben zwar noch einige Topmarken einen Vorsprung und einige Preiseinstiegshandelsmarken hinken hinterher, doch der weitaus größte Bereich ist überlappend (Abb. 10).

Besonders vorne sind Handelsmarken von Händlern, welche ein hohes Vertrauen genießen. So gelingt es dem Drogeriemarkt dm, der laut einer GfK-Umfrage vom September 2012 das höchste Vertrauen aller abgefragten Handelsunternehmen erzielte, mit seinen Handelsmarken bereits in den Bereich der Topmarken vorzudringen.

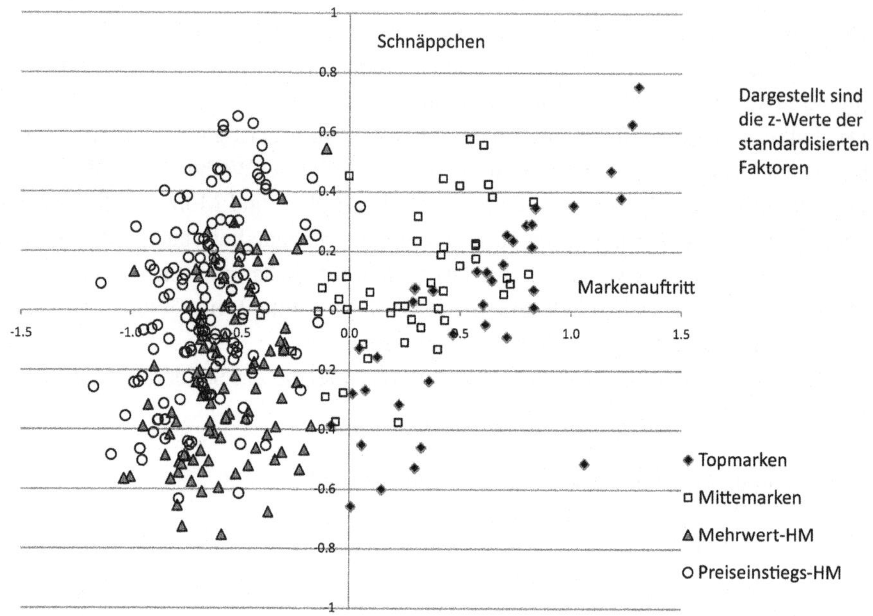

Abb. 9 Beurteilungen von 332 Marken bezüglich der Dimensionen „Markenauftritt" und „Schnäppchen"

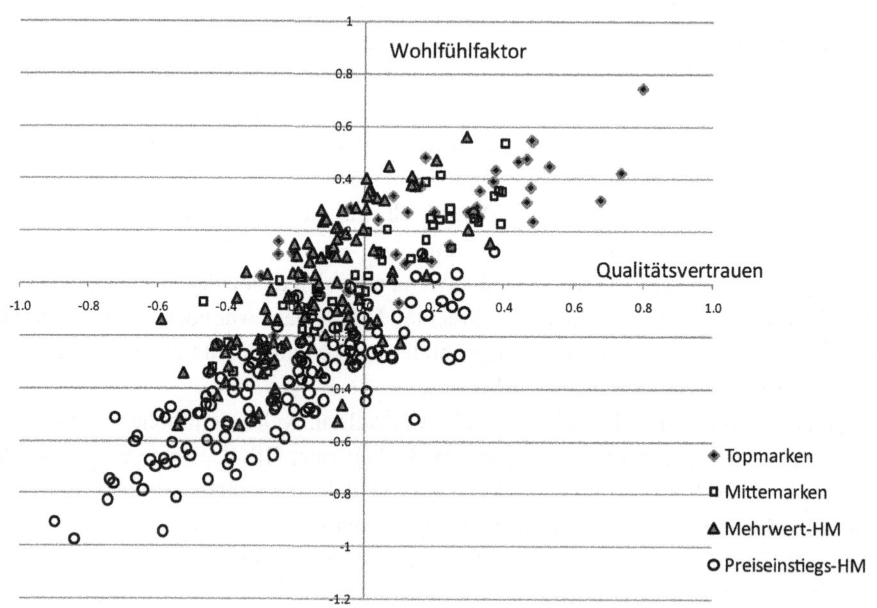

Abb. 10 Beurteilungen von 332 Marken bezüglich der Dimensionen „Qualitätsvertrauen" und „Wohlfühlfaktor"

6 Fazit

Das Konzept der Nachhaltigkeit ist beim Verbraucher bislang nur mit dem Aspekt „Umwelt“ und auch nur teilweise angekommen. Soziale Aspekte sind wichtig, spielen aber nur eine Rolle, wenn Negativberichte auftauchen. Diese haben z. B. bei der Pleite des Drogeriemarktunternehmens Schlecker eine Rolle gespielt.

An der Nachhaltigkeit orientierte Produkte und Dienstleistungen wachsen durchgehend und werden wohl auch weiter wachsen, schon weil die entsprechenden Zielgruppen wachsen und auch in Zukunft wachsen werden. Dabei handelt es sich um anspruchsvolle Zielgruppen, die mit guten Gewissen konsumieren wollen, dabei auch einen höheren Preis akzeptieren, aber keine Abstriche an der Leistung des Produkts oder der Dienstleistung.

Trotzdem führen solche Konzepte noch immer ein Nischendasein, wenn sie nicht mit weiteren Vorteilen für den Kunden verbunden sind. Besonders gut gelingt dies technischen Produkten, bei denen Energieeinsparung sowohl der Umwelt dienen als auch dem Kunden, der mit solchen Geräten mittel- und langfristig deutliche Ersparnisse erzielen kann. Schon weniger gelingt dies der Naturkosmetik und noch weniger den bio-Lebensmitteln.

Schließlich ist festzustellen, dass solche Konzepte in der Regel nur funktionieren, wenn der Absender deutlich machen kann, dass er mit seinem ganzen Handeln eine solche Politik verfolgt. Die Einführung einer einzelnen Produktlinie klappt daher in der Regel nicht. Händler haben hier deutliche Vorteile gegenüber großen internationalen Konzernen.

Literatur

GFK Verbraucherpanel (2012) Nürnberg

Prof. Dr. Raimund Wildner ist geschäftsführender Vizepräsident des GfK Vereins. Nach dem Studium der Wirtschaftspädagogik und anschließender Promotion in Nürnberg, kam er 1984 zur GfK. Dort war er am Aufbau des Mikrotestmarkts GfK BehaviorScan beteiligt, bevor er 1988 mit dem Aufbau der zentralen Methodenforschung der GfK betraut wurde, die er bis 2009 leitete.

Rahmenbedingungen des Sustainable Marketing: Der Politische Wandel

Helmut Schneider, Frederik Ferié und Anja Quednau

Inhaltsverzeichnis

Zusammenfassung

Unternehmen stehen mit ihrer Umwelt in einer wechselseitigen Beziehung. Nicht nur beeinflussen unternehmerische Handlungen in vielfältiger Weise die Gesellschaft, sondern auch die Unternehmensumwelt nimmt Einfluss auf die Unternehmen. Dabei

H. Schneider (✉)
Steinbeis-Hochschule Berlin, Gürtelstr. 29A/30, 10247 Berlin, Deutschland
E-Mail: h.schneider@steinbeis-smi.de

F. Ferié · A. Quednau
Steinbeis-Hochschule Berlin, Gürtelstr. 29A/30, 10247 Berlin, Deutschland

H. Meffert et al. (Hrsg.), *Sustainable Marketing Management*,
DOI 10.1007/978-3-658-02437-6_6

bestimmen nicht zuletzt politische Entscheidungen Freiheitsgrade und Limitationen unternehmerischen Handels; auch und insbesondere in Bezug auf ihren Nachhaltigkeitsbeitrag. Mit der Analyse der Koalitionsvereinbarungen auf Bundesebene seit 1990 wählt dieser Beitrag einen empirischen Zugang, um den Wandel in den politischen Rahmenbedingungen zu vermessen. Hierbei zeigt sich erstens, dass im Durchschnitt aller beobachteten Wahlperioden Nachhaltigkeitsthemen in den Koalitionsvereinbarungen einen starken Bedeutungszuwachs erfahren haben. Zweitens scheinen Nachhaltigkeitsthemen allerdings offenbar den Zenit ihrer Relevanz für Koalitionsverträge überschritten zu haben. Drittens lässt sich in Hinblick auf die thematische Ausrichtung einerseits eine holistische Nachhaltigkeitsperspektive feststellen, die andererseits deutliche thematische Schwerpunkte aufweist. Basierend auf diesen und weiteren Ergebnissen werden abschließend Schlussfolgerungen für ein Nachhaltigkeitsmanagement gezogen.

1 Marketing im Spannungsfeld von Politik und Nachhaltigkeit

Unternehmen übernehmen in ihrer originären Rolle als wertschöpfende Transformatoren (vgl. Wöhe 2002) eine essentielle Aufgabe in der marktwirtschaftlichen Ordnung. Unternehmerische Wertschöpfungsprozesse können nicht autonom vollzogen werden, sondern bedingen im Gegenteil vielfältige Verflechtungen zwischen Unternehmen und ihrer Umwelt. Nicht von ungefähr finden sich in wohl jedem Lehrbuch zur Einführung in die Marketingwissenschaft Entscheidungsmodelle, an dessen Anfang unter anderem eine Analyse der externen Unternehmensumwelt im Sinne einer Abschätzung von Chancen und Risiken steht (vgl. beispielhaft Backhaus und Schneider 2009; Kotler et al. 2008; Meffert et al. 2012).

Die Beziehungen zwischen Unternehmen und ihrer Umwelt sind dabei reziproker Natur. Nicht nur die Unternehmensumwelt nimmt Einfluss auf die Unternehmen, sondern auch unternehmerische Handlungen beeinflussen in vielfältiger Weise die Gesellschaft (vgl. Meffert und Kirchgeorg 1993; Meffert et al. 2012). An dieser Schnittstelle setzt der Diskurs um die gesellschaftliche Verantwortung von Unternehmen an. Auf der einen Seite dieser Debatte steht der von großem Vertrauen in die Funktionsfähigkeit von Märkten getragene Standpunkt, dass sich die gesellschaftliche Verantwortung von Unternehmen auf die Gewinnerzielung beschränkt (vgl. etwa Friedman 1970). Auf der anderen Seite wird unter Hinweis auf vielfältige externe Effekte unternehmerischen Handelns darauf verwiesen, dass Unternehmen eine über die Gewinnerzielung hinausgehende Verantwortung, etwa in ökologischer oder sozialer Hinsicht, für die Wohlfahrt einer Gesellschaft besitzen (vgl. Aguinis und Glavas 2012; Leisinger 2008; Porter und Kramer 2011).

Im Marketing hat diese Debatte um die gesellschaftliche Verantwortung von Unternehmen ihren Niederschlag in der Frage gefunden, welchen Beitrag Marketing für die nachhaltige Entwicklung einer Gesellschaft leistet respektive leisten sollte (vgl. etwa van Dam und Apeldoorn 1996; Ferdous 2010; Hunt 2011). Marketing und Nachhaltigkeit stehen dabei in einem gewissen Spannungsfeld zueinander: während Marketing darauf ausgerichtet ist, den Konsum anzuregen (vgl. Jones et al. 2008), zielt Nachhaltigkeit darauf ab, u. a. den Konsum dahingehend zu limitieren, dass die Lebensqualität zukünftiger Generationen nicht gefährdet wird (vgl. WCED 1987). Im Nachhaltigkeitskonzept werden soziale Gerechtigkeit, ökologische Verträglichkeit und wirtschaftlicher Erfolg zu gleichberechtigten Komponenten einer Zielfunktion unternehmerischen Handelns (vgl. Hansen und Schrader 2005).

Nachhaltiges Agieren von Unternehmen kann sowohl intern als auch extern motiviert sein. Interne Zugänge basieren insbesondere auf einem Selbstverständnis der Eigentümer, wonach sich die gesellschaftliche Verantwortung des Unternehmens nicht in seinen wirtschaftlichen Beiträgen erschöpft (vgl. Freimann 2012; Peloza und Shang 2011; Vázquez-Carrasco und López-Pérez 2012). Externe Anstöße resultieren aus der Erwartungshaltung relevanter Anspruchsgruppen, hierbei nicht zuletzt der Kunden, an ein Verhalten von Unternehmen, das eine nachhaltige gesellschaftliche Entwicklung nicht gefährdet. Die Ignoranz derartiger latenter oder manifester Ansprüche kann die Legitimation eines Unternehmens und damit letztlich seine wirtschaftliche Existenz gefährden (vgl. Porter und Kramer 2006).

Ein Kulminationspunkt der Formulierung solcher Erwartungshaltungen ist „die Politik". Akteure des politischen Teilsystems setzen, z. B. in Form des Rechts, oder beeinflussen, etwa über initiierte Selbstverpflichtungen, wesentliche Rahmenbedingungen für nachhaltiges unternehmerisches Handeln. Vor diesem Hintergrund beleuchtet der Beitrag die Frage, ob und, wenn ja, wie sich die politischen Rahmenbedingungen für ein nachhaltiges Marketing verändert haben. Ein empirischer Zugang zu dieser Fragestellung erfordert Konkretisierungen in drei relevanten Dimensionen:

- **Wann:** Erstens bedingt eine Analyse des Wandels politischer Rahmenbedingungen gleich welcher Couleur die Definition eines Untersuchungszeitraums, da Veränderungen nur im Längsschnitt beobachtbar sind.
- **Wo:** Zweitens ist das Untersuchungsobjekt „politische Rahmenbedingungen" zu konkretisieren, um Hinweise auf die Suchräume der Analyse zu erhalten.
- **Wonach:** Drittens schließlich ist angesichts der Vielschichtigkeit politischer Rahmenbedingungen zu reflektieren, welcher Teil veränderter politischer Rahmenbedingungen relevant für den Untersuchungsgegenstand „nachhaltiges Marketing" ist.

Der Betrachtungszeitraum veränderter politischer Rahmenbedingungen ist in hohem Maße skalierbar. So können politische Veränderungen je nach Erkenntnisinteresse sowohl aus einer Dekaden- (z. B. Prozess der europäischen Integration) als auch einer Monatsperspektive (z. B. Prozess der deutschen Wiedervereinigung) sinnvoll beschrieben werden. Für die hier im Fokus stehende Fragestellung scheint ein retrospektiver Zeitraum von rund zwei Dekaden aus unterschiedlichen Gründen sinnvoll. Erstens wurde mit Aufkommen des Nachhaltigkeitsthemas in den 1980er Jahren sowohl die gesellschaftliche als auch die unternehmerische Dimension von Nachhaltigkeit explizit in den Diskurs einbezogen (vgl. WCED 1987). Zweitens scheint dieser Betrachtungszeitraum lang genug, um themeneinschlägige Veränderungen beobachten zu können. Drittens schließlich markiert die deutsche Einheit einen fundamentalen Schnitt in der Nachkriegsentwicklung Deutschlands. Vor diesem Hintergrund wurde als Betrachtungszeitraum die Zeit ab der Wiedervereinigung Deutschlands in 1990 festgelegt.

Um das Untersuchungsobjekt „politische Rahmenbedingungen“ zu konkretisieren, sind die Wirkungskorridore dieser Rahmenbedingungen zu reflektieren. Hierbei sind zwei Entscheidungsebenen relevant: der zu untersuchende inhaltliche Gegenstandsbereich und die zu betrachtende politische Gliederungsebene. Politik kann Unternehmen über verschiedene Ebenen und Kanäle beeinflussen. In der Politikwissenschaft hat sich die differenzierte Analyse der Politik auf den definitorisch getrennten Ebenen und inhaltlichen Gegenstandsbereichen Policy, Politics und Polity etabliert (vgl. Jahn 2011). Unter Policy bzw. Policies werden Politikfelder, wie zum Beispiel Wirtschafts-, Umwelt- und Energiepolitik, verstanden sowie das darin erfolgende politische Handeln, etwa in Form von erlassenen Gesetzen (vgl. Jahn 2006). Der Bereich Politics umfasst politische Prozesse, auch die Interaktion zwischen politischen und gesellschaftlichen Systemen. Polity wiederum subsummiert die politischen Institutionen, im engeren Sinne das Staatssystem und die Verfassung, im weiteren Sinne auch andere regulierende Institutionen (vgl. North 1990).

Grundsätzlich kann jede dieser drei Konkretisierungen des Politikbegriffes sinnvoll in Beziehung zur Fragestellung dieses Beitrages gesetzt werden. Für eine Längsschnittanalyse muss der Untersuchungsgegenstand im Zeitraum einerseits hinreichende Veränderungen aufweisen, andererseits einer empirischen Beobachtung zugänglich sein. Als in hohem Maße veränderliches und zugleich unmittelbar verfügbares Untersuchungsobjekt bieten sich hierbei die Policies einer Regierung und damit die konkrete parlamentarische Gesetzgebung an. Die Veränderung von Gesetzen stellt allerdings den Endpunkt eines mitunter langwierigen gesellschaftlichen Diskurses dar. Insofern würde eine Zeitraumanalyse von Gesetzesänderungen die Zeitachse im Hinblick auf politisch formulierte Ansprüche an nachhaltiges Verhalten von Unternehmen verzerrt wiedergeben. Zudem sind Gesetze häufig die ultima ratio einer politischen Intervention in wirtschaftliche Abläufe. Zuvor wird über niedrig-schwelligere Instrumente, nicht zuletzt über die Androhung gesetzlicher Regelungen, der Versuch unternommen, Unternehmen zu einer Verhaltensänderung zu bewegen. Auch diese Form von Einflussnahme würde bei einer Analyse des gesetzlichen Rahmens unberücksichtigt bleiben, obgleich sie zu den politischen Rahmenbedingungen zu zählen ist. Daher wurden hier Koalitionsvereinbarungen[1] als Untersuchungsobjekte gewählt. Koalitionsvereinbarungen haben zwar keinen rechtlich bindenden Charakter für die Akteure, definieren aber dennoch die politische Agenda der Regierungsbeteiligten für eine Legislaturperiode (vgl. von Schlieffen 2005). Sie bilden damit eine zeitsensitive Vorstufe für gesetzgeberische Initiativen der Regierung, ohne sich auf diese Form der politischen Einflussnahme zu beschränken.

[1] Obwohl in unterschiedlichen Wahlperioden (WP) die verschriftlichten Ergebnisse der Koalitionsverhandlungen verschiedentlich sowohl als Koalitionsvertrag als auch als Koalitionsvereinbarung bezeichnet wurden, ist die Verwendung beider Begriffe in der wissenschaftlichen Literatur zumeist synonym (vgl. von Schlieffen 2005). In diesem Beitrag wird aus Verständnisgründen durchgehend der Begriff Koalitionsvereinbarung angewendet.

Zusätzlich zur Konkretisierung des inhaltlichen Gegenstandsbereichs muss auch die zu analysierende politische Gliederungsebene festgelegt werden. Im Zuge der europäischen Integration haben sich die Verantwortungs- und Aufgabenbereiche der staatlichen Institutionen auf den unterschiedlichen Gliederungsebenen (Europa, Bund, Land, Kommune) zum Teil signifikant verschoben (vgl. Puhl 2005). Dennoch ist eine Analyse grundsätzlich auf jeder dieser vier Ebenen möglich, wobei sich die supraregionalen Gliederungen aufgrund ihrer Bedeutung für die deutsche Unternehmenslandschaft im Allgemeinen eher anbieten. Die Bundesebene übernimmt im politischen Prozess- und Institutionsgefüge häufig eine Nexusfunktion zwischen europäischen Institutionen und den nationalen Untergliederungen (vgl. Beichelt 2009; von Beyme 2010), die sie als strategisch relevante Untersuchungsebene hervorhebt. Vor diesem Hintergrund wurde die Bundesebene als Bezugsgröße der Analyse ausgewählt.

Zur Spezifizierung des Untersuchungsgegenstandes Nachhaltigkeit stehen eine Vielzahl möglicher Messinstrumente und mit dem Thema Nachhaltigkeit in Zusammenhang stehende Indikatorensets zur Verfügung. Für diese Untersuchung wurde auf die Nachhaltigkeitsindikatoren der Bundesregierung zurückgegriffen (vgl. Bundesregierung 2012; Statistisches Bundesamt 2012). Seit nunmehr fast zehn Jahren verwendet das Statistische Bundesamt dieses Set zur Bestimmung des Zielerreichungsgrads der Umsetzung der nationalen Strategie zur nachhaltigen Entwicklung. Es bietet gegenüber anderen möglichen nationalen und internationalen Indikatorensets den Vorteil, dass es sich auf Bundesebene etabliert hat und somit Vergleichsmöglichkeiten eröffnet.

Zusammenfassend wurden zur Erfassung des Wandels der politischen Rahmenbedingungen eines nachhaltigen Marketing die Koalitionsvereinbarungen auf Bundesebene der letzten sechs Legislaturperioden als Untersuchungsobjekt ausgewählt. Zur Identifikation von Nachhaltigkeitsaspekten in diesen Koalitionsvereinbarungen wird auf das Indikatorenset des Statistischen Bundesamtes zurückgegriffen.

Der Rest des Beitrages gliedert sich wie folgt: zunächst wird vor dem Hintergrund der sechs ausgewählten Koalitionsvereinbarungen auf die Rolle und Bedeutung von Koalitionsvereinbarungen generell eingegangen. Nachfolgend wird die Methode der Auswertung dieses Textmaterials vorgestellt. Nach einer detaillierten Beschreibung der Resultate schließt der Beitrag mit einer zusammenfassenden Diskussion der Ergebnisse.

2 Datengrundlage und Methode

2.1 Datengrundlage

Tabelle 1 beschreibt die untersuchten Koalitionsvereinbarungen im Hinblick auf Zeitraum, beteiligte Parteien und programmatischen Titel.

Koalitionsvereinbarungen sind in der Bundesrepublik Deutschland seit den 1970er Jahren ein fester Bestandteil der politischen Prozesse im Zuge der Bildung einer Koalitionsregierung (vgl. Kropp und Sturm 1998). Die vertragliche Fixierung der Ergebnisse der Koalitionsverhandlungen, die von Delegierten der Koalitionspartner in spe geführt

Tab. 1 Koalitionsvereinbarungen seit 1990 (Quelle: Deutscher Bundestag 2010)

Wahlperiode	Zeitraum	Beteiligte Parteien	Titel
12	1990–1994	CDU/CSU, FDP	Koalitionsvereinbarung
13	1994–1998	CDU/CSU, FDP	Das vereinte Deutschland zukunftsfähig machen
14	1998–2002	SPD, BÜNDNIS 90/DIE GRÜNEN	Aufbruch und Erneuerung – Deutschlands Weg ins 21. Jahrhundert
15	2002–2005	SPD, BÜNDNIS 90/DIE GRÜNEN	Erneuerung – Gerechtigkeit – Nachhaltigkeit: Für ein wirtschaftlich starkes, soziales und ökologisches Deutschland. Für eine lebendige Demokratie
16	2005–2009	CDU/CSU, SPD	Gemeinsam für Deutschland – mit Mut und Menschlichkeit
17	2009–2013	CDU/CSU, FDP	WACHSTUM. BILDUNG. ZUSAMMENHALT

werden, hat zwar keine verfassungsrechtliche Verbindlichkeit, gleichwohl aber eine hohe faktische Bindungskraft (vgl. von Schlieffen 2005). Koalitionsvereinbarungen umfassen neben den Ressortabsprachen in erster Linie die programmatischen Vereinbarungen und Bedingungen, auf deren Grundlage die Koalitionspartner ihre Zustimmung zur Wahl eines gemeinsamen Kandidaten für das Amt des Bundeskanzlers geben (vgl. Georgii 2009).

Eine Koalitionsvereinbarung bildet die programmatische Grundlage für die Zusammenarbeit der Koalitionspartner als Regierungsparteien in der Legislaturperiode und ist damit der Ausgangspunkt der Policies dieser Regierung. Ein Bruch der Koalitionsvereinbarungen würde eine fundamentale Eskalation zwischen den Koalitionspartnern bedeuten, die ultimativ die Auflösung der Koalition zur Folge haben könnte. Dementsprechend werden den Koalitionsverhandlungen und der Ausarbeitung der Koalitionsvereinbarung von Seiten der Führung der Koalitionspartner, aber auch von der Öffentlichkeit, eine hohe Bedeutsamkeit beigemessen. Während Wahl- und Grundsatzprogramme die fundamentalen programmatischen Positionen einzelner Parteien ohne die dem demokratischen Diskurs geschuldete Limitation der politischen Umsetzbarkeit ausdrücken, haben Koalitionsvereinbarungen als Ergebnis interparteilicher Verhandlungsprozesse und ihrer größeren Nähe zu tatsächlichem politischem Handeln einen höheren Verbindlichkeitsgrad.

Auch parteiintern wird die Funktion von Koalitionsvereinbarungen als richtungweisende, koalitionsparteiübergreifende Leitschnur für die Legislaturperiode konsentiert. Dies wird durch die de-facto Ratifikation von Koalitionsvereinbarungen durch Parteitage noch verstärkt, welche sich in den letzten Jahrzehnten bei nahezu allen Parteien etabliert hat (vgl. von Schlieffen 2005). Der strategische ex-ante Charakter der Koalitionsvereinbarung für die gesamte Legislaturperiode und ihre faktische Verbindlichkeit für Koalitionsparteien und Regierungsmitglieder (vgl. Moury 2010) qualifizieren sie als geeignete Datengrundlage für eine empirische Untersuchung politischer Rahmenbedingungen.

2.2 Methode

Der Charakter der gewählten Datengrundlage „Koalitionsvereinbarungen" erfordert ein Analyseverfahren, das in der Lage ist, Textmaterial als Basis der beabsichtigten Zeitreihenbetrachtung statistisch zu verdichten. Vor diesem Hintergrund wurde das Datenmaterial mit Hilfe einer Frequenzanalyse (vgl. Kuckartz 2010), einem Verfahren aus der Gruppe quantitativer Inhaltsanalysen, ausgewertet.[2] Der Einsatz der Frequenzanalyse sowohl in Bezug auf das gesamte Nachhaltigkeitsthema als auch hinsichtlich einzelner Nachhaltigkeitskategorien soll Aussagen über die Bedeutungsentwicklung und etwaige Veränderungen thematischer Schwerpunkte ermöglichen.

Das methodische Vorgehen orientierte sich dabei an einem Vorschlag von Mayring (2010). Nach Präzisierung der Fragestellung und Definition der Datengrundlage (s. o.), waren demnach insbesondere die thematische Kategorisierung und Codierung des Nachhaltigkeitsbegriffes festzulegen. Dazu wurde auf die Nachhaltigkeitsindikatoren der Bundesregierung zurückgegriffen (vgl. Bundesregierung 2012; Statistisches Bundesamt 2012), die zur Messung des Umsetzungserfolges der erstmals in 2002 verabschiedeten nationalen Nachhaltigkeitsstrategie entwickelt wurden.

Dieses Inventar umfasst 38 Einzelindikatoren, die die nachhaltige Entwicklung der Bundesrepublik in vier Bereichen, sog. Leitlinien (Generationengerechtigkeit, Lebensqualität, Sozialer Zusammenhalt und Internationale Verantwortung), und 21 Themen messen (vgl. Tab. 2).

Anhand der Leitlinien und den dazugehörigen Indikatoren wurde ein Codierschema entwickelt, das den durch die Indikatoren beschriebenen inhaltlichen Raum abbildet. Ausgangspunkt der Codierung war der Wortlaut und die inhaltliche Bedeutung der den Indikatoren zugrundeliegenden Nachhaltigkeitsziele. Die verwendeten „Suchbegriffe" lassen sich der rechten Spalte von Tabelle 2 entnehmen. Ein „*" vor oder nach einem der Suchbegriffe bedeutet, dass der jeweilige Begriff auch in Wortkombinationen Gegenstand des Suchprozesses war.

Die Koalitionsvereinbarungen wurden anhand dieser Suchbegriffe quantitativ ausgewertet. Eine Häufigkeitsauszählung, die ausschließlich auf den entwickelten Codes basiert, kann zu nicht validen Ergebnissen aufgrund von Mehrdeutigkeiten einzelner Wörter, einer inhaltlichen Färbung von Begriffen oder einer Extensionsbestimmung durch den Kontext führen. Zudem sind der inhaltliche Bezug der Fundstellen sowie mögliche substitutive Begriffe zu berücksichtigen (vgl. Mayring 2010).

Vor dem Hintergrund dieser Limitationen einer mechanischen Frequenzanalyse wurden die Suchbegriffe im jeweiligen Kontext analysiert und manuell einer Kategorie zugeordnet. Insgesamt wurden in den sechs Koalitionsvereinbarungen 1205 Textstellen identifiziert, die in Verbindung mit den Nachhaltigkeitsindikatoren stehen. Da die Koalitionsvereinbarungen der einzelnen Wahlperioden unterschiedliche Textumfänge aufweisen, wurde zur Vergleichbarkeit der Zeitreihe die Anzahl der Fundstellen in Relation zur

[2] Hierbei wurde das Programm MAXQDAplus in der Version 10 verwendet.

Tab. 2 Übersicht über Nachhaltigkeitsindikatoren und -codes. (Quelle: In Anlehnung an Statistisches Bundesamt (2012); Bundesregierung (2012))

Nachhaltigkeitsbereich	Codes/Suchwörter
I. Generationengerechtigkeit	
Ressourcenschonung: *Ressourcen sparsam und effizient nutzen*	Ressourcenschonung, sparsam, Energieverbrauch, Energieproduktivität, Rohstoffproduktivität, Energieeffizienz, Energieeinsparung, Energie*
Klimaschutz: *Treibhausgase reduzieren*	Klimaschutz, Treibhausgasemission, Treibhausgas, CO_2*, Emission*
Erneuerbare Energien: *Zukunftsfähige Energieversorgung ausbauen*	erneuerbare Energie, zukunftsfähige Energieversorgung, Energiemix, Energie*, Energieversorgung, Energiewende, alternative Energie, regenerative Energie
Flächeninanspruchnahme: *Nachhaltige Flächennutzung*	nachhaltige Flächennutzung, Siedlungsfläche, Verkehrsfläche, Flächennutzung, Flächeninanspruchnahme, Flächenverbrauch, Fläche*
Artenvielfalt: *Arten erhalten – Lebensräume schützen*	Artenvielfalt, Lebensraum, Landschaftsqualität, Arten erhalten, biologische Vielfalt, Landschaft, Umweltschutz, natürliche Ressourcen, Natur*
Staatsverschuldung: *Haushalt konsolidieren – Generationengerechtigkeit schaffen*	Staatsverschuldung, Staatsdefizit, Schuldenstand, Haushalt, strukturelles Defizit, Staatsfinanzen, Sanierung Staatsfinanzen, Schulden*, *Finanzen, Konsolidier*
Wirtschaftliche Zukunftsvorsorge: *Gute Investitions-bedingungen schaffen – Wohlstand dauerhaft erhalten*	wirtschaftliche Zukunftsvorsorge, Investitionsbedingungen, Wohlstand, Investition, Zukunftsvorsorge
Innovation: *Zukunft mit neuen Lösungen gestalten*	Innovation, Forschung, Entwicklung
Bildung: *Bildung und Qualifikation kontinuierlich verbessern*	Qualifikation, Studienanfänger, ohne Abschluss, tertiärer Abschluss, sekundärer Abschluss, Bildung, Ausbildung
II. Lebensqualität	
Leistungsfähigkeit: *Wirtschaftsleistung umwelt- und sozialverträglich steigern*	Leistung, Wirtschaftsleistung, BIP, wirtschaftliches Wachstum, Leistungsfähigkeit, Bruttoinlandsprodukt, Wachstum
Mobilität: *Mobilität sichern – Umwelt schonen*	Transportintensität, Umwelt schonen, Güterbeförderung, Mobilität, ÖPNV, Nahverkehr, Schiene*, *Verkehr
Landbewirtschaftung: *In unseren Kulturlandschaften umweltverträglich produzieren*	Stickstoffüberschuss, ökologischer Landbau, umweltverträglich, ökologische Landwirtschaft, ökologisch*
Luftqualität: *Gesunde Umwelt erhalten*	gesunde Umwelt, Luftqualität, Schadstoffbelastung, Umwelt, Luft*

Tab. 2 (Fortsetzung)

Nachhaltigkeitsbereich	Codes/Suchwörter
Gesundheit & Ernährung: *Länger gesund leben*	Sterblichkeit, Raucherquote, Adipositas, Gesundheit, Ernährung, gesund*
Kriminalität: *Persönliche Sicherheit weiter erhöhen*	Straftaten, Kriminalität, Sicherheit
III. Sozialer Zusammenhalt	
Beschäftigung Beschäftigungsniveau	Erwerbstätigenquote, Arbeitslosigkeit, Beschäftigungsniveau, Arbeitsplatz, Arbeitsplätze, Arbeitsmarkt, Beschäftigung, Erwerbstätig, beschäftig*
Perspektiven für Familien: *Vereinbarkeit von Beruf und Familie verbessern*	Vereinbarkeit von Beruf und Familie, Ganztagesbetreuung, Familie, Betreuung, Vereinbarkeit
Gleichstellung: *Gleichstellung in der Gesellschaft fördern*	Gleichstellung, Verdienstabstand, Mann und Frau, Männer und Frauen, Frauen, gleichberechtig*, Frauenförderung
Integration: *Integrieren statt ausgrenzen*	Integr*, Migrant, ausländisch*, Schulabsolvent, Aufstieg durch Bildung, Schulabschluss
IV. Internationale Verantwortung	
Entwicklungszusammenarbeit: *Nachhaltige Entwicklung unterstützen*	Entwicklungszusammenarbeit, nachhaltige Entwicklung, Entwicklungsausgaben, Zusammenarbeit, Entwicklung*, internationale Zusammenarbeit
Märkte öffnen: *Handelschancen der Entwicklungsländer verbessern*	Handelschancen, Markt öffnen, Entwicklung*, Import

Gesamtmenge an Wörtern der jeweiligen Koalitionsvereinbarung gesetzt. Angesichts des relativ geringen Anteils der Fundstellen am Gesamttext wurde dabei nicht auf das gängige Prozentmaß, sondern auf den analogen Indikator „parts per Million" zurückgegriffen.[3]

Auf Grundlage der über diesen Indikator abgebildeten relativen Häufigkeit von Nachhaltigkeitscodierungen werden zur Analyse zudem ein Streuungs- und ein Konzentrationsmaß herangezogen.

Die Standardabweichung als Streuungsmaß signalisiert den Grad unterschiedlicher Priorisierungen eines Themenbereiches im Zeitverlauf. Der Herfindahl-Index als Konzentrationsmaß gibt Aufschluss darüber, inwieweit eine Kategorie durch ausgeprägte Schwer-

[3] $$ppm = p_i * 10.000 = h_i * 1.000.000 = \frac{Fundstellen}{Anzahl\ der\ Wörter} * 1.000.000.$$

punktsetzungen innerhalb der jeweiligen Wahlperiode gekennzeichnet ist (vgl. Mosler und Schmid 2003).[4]

3 Ergebnisse

Die Darstellung der Ergebnisse ist hierarchisch strukturiert. Im ersten Unterkapitel werden zunächst die summarischen Resultate der vier Nachhaltigkeitskategorien vorgestellt, um eine Indikation für die Entwicklung der gesamten Nachhaltigkeitsthematik in den Koalitionsvereinbarungen zu gewinnen. Anschließend wird auf die relative Bedeutung der vier Themenbereiche im Zeitablauf eingegangen, um mögliche Veränderungen in den politischen Schwerpunkten zu identifizieren. Gegenstand des zweiten Unterkapitels ist dann eine Analyse der Entwicklungen innerhalb der Themenbereiche, denen jeweils ein eigenes Unterkapitel gewidmet ist. Es folgt eine Betrachtung der insgesamt 25 unterschiedlichen Nachhaltigkeitsthemen.[5]

3.1 Kategorienübergreifende Analyse der Berücksichtigung von Nachhaltigkeitsaspekten in den Koalitionsvereinbarungen

Abbildung 1 illustriert zunächst die Entwicklung der an der relativen Häufigkeit der Nennung einschlägiger Indikatoren festgemachten Gesamtrelevanz des Nachhaltigkeitsthemas in den Koalitionsvereinbarungen der letzten Dekaden. In der Terminologie der Marketingwissenschaft visualisiert die Abbildung also quasi die „Marktvolumensentwicklung" des Nachhaltigkeitsthemas als Teil der bundespolitischen Agenda.

Die Abbildung verdeutlicht zunächst einmal, dass das Nachhaltigkeitsthema in den Koalitionsvereinbarungen der letzten Jahrzehnte insgesamt stark an Bedeutung gewonnen hat. So beträgt die durchschnittliche Wachstumsrate von Nachhaltigkeitsbegriffen in den Koalitionsvereinbarungen rund 33 %. Gleichzeitig wird allerdings auch deutlich, dass der politische Stellenwert von Nachhaltigkeitsfragen offenbar seinen Höhepunkt überschritten hat. Während im Zeitraum von 1990 bis 2002 (12. bis 15. WP) eine zum Teil erheblich wachsende Bedeutung auszumachen ist, sinkt der relative Anteil von Nachhaltigkeitsthemen in der 16. (−30 %) und 17. (−11 %) Wahlperiode spürbar ab.

Im Hinblick auf die vier Nachhaltigkeitskategorien dokumentiert Abbildung 2 deren relative Bedeutung im Zeitablauf im Sinne von „Marktanteilen".

---

[4] $H := \sum_{i=1}^{N} h_i^2 \; mit \; h_i := \frac{x_i}{\sum_{j=1}^{N} x_j}$.

Ein Wert von 1 bedeutet in diesem Zusammenhang, dass alle Codierungen auf eine Kategorie entfallen, d. h. maximale Konzentration vorliegt, wohingegen ein Wert von 1/N Gleichverteilung (minimale Konzentration) signalisiert.

[5] Die Abweichung zur weiter oben angeführten Zahl von 21 Themen resultiert aus der Codierung einer Kategorie „Sonstiges" für jede der vier Nachhaltigkeitskategorien.

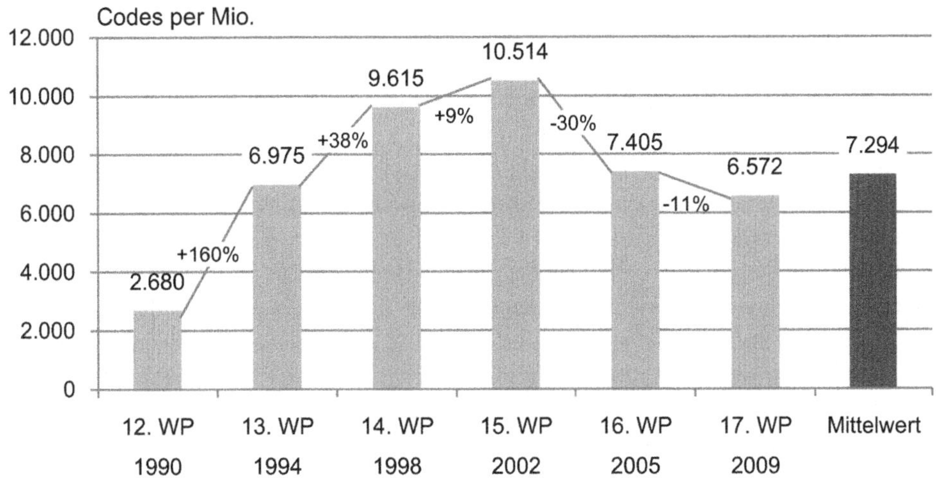

Abb. 1 Entwicklung des Anteils von Nachhaltigkeitsthemen in Koalitionsvereinbarungen

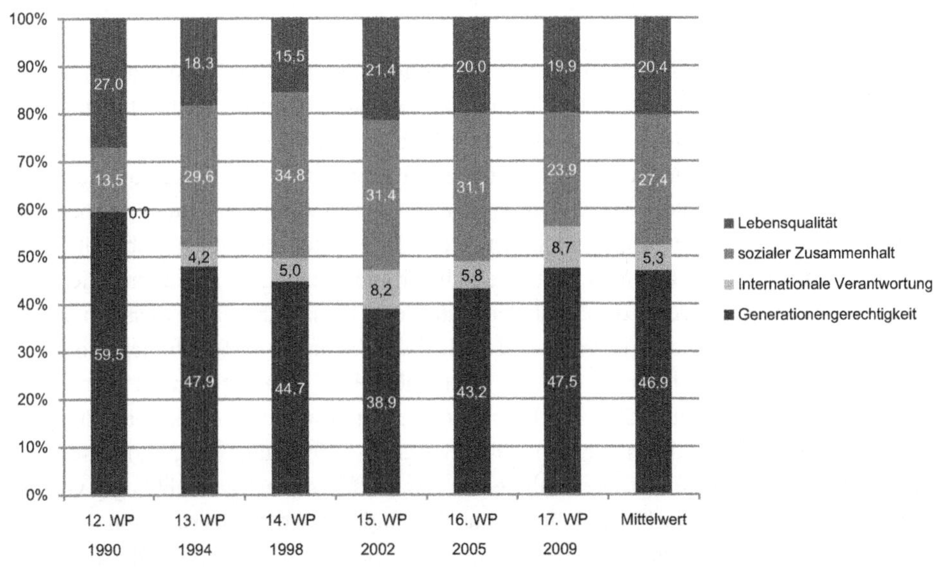

Abb. 2 Relativer Stellenwert der vier Nachhaltigkeitskategorien im Zeitablauf

In einer ordinalen Perspektive dokumentiert die Abbildung eine im Zeitablauf relativ stabile Priorisierung der vier Nachhaltigkeitskategorien. Durchgängig ist „Generationengerechtigkeit" die am häufigsten vorkommende Kategorie, gefolgt von den Themen „Sozialer Zusammenhalt", „Lebensqualität" und „Internationale Verantwortung". Eine Ausnahme von dieser Reihenfolge ist lediglich in der 12. WP zu beobachten: hier wurde das Thema „Lebensqualität" häufiger aufgeführt als der Bereich „Sozialer Zusammenhalt". Die 12. WP kann hinsichtlich der thematischen Schwerpunkte insgesamt als Ausreißer klassifiziert werden. So finden sich lediglich in dieser WP keine Hinweise zur „Internationalen Verantwortung". Zudem ist die Dominanz des Themas „Generationengerechtigkeit" in dieser Periode außergewöhnlich hoch (59,5 %). Die skizzierte Spezifität der Koalitionsvereinbarung der 12. WP ist vermutlich nicht zuletzt auf die politische Sondersituation in Folge der deutschen Einheit zurückzuführen.

Ungeachtet der Stabilität hinsichtlich der Rangfolge der Themen zeigen sich auf metrischem Skalenniveau einige aufschlussreiche Veränderungen. So fällt auf, dass der Themenbereich „Generationengerechtigkeit" von der 12. bis zur 15. WP kontinuierlich an relativer Bedeutung verloren hat, seitdem aber wieder stetig bedeutsamer geworden ist. Über alle WP hinweg vereint dieser Themenbereich knapp 50 % aller Nachhaltigkeitshinweise der Koalitionsvereinbarungen. Der Bereich „Internationale Verantwortung" ist der mit Abstand am wenigsten genannte Themenbereich (MW: 5,3 %), wobei hierbei sicher auch die geringe Anzahl an themeneinschlägigen Indikatoren und damit Codierungen zu berücksichtigen ist. Der Anteil des Themenbereiches „Sozialer Zusammenhalt" schwankt von der 13. bis zur 16. WP geringfügig um die 30 %, hat in der 17. WP allerdings zu Gunsten der Bereiche „Generationengerechtigkeit" und „Internationale Verantwortung" an Stellenwert eingebüßt. Vergleichsweise konstant entwickelte sich der Themenbereich „Lebensqualität", der sich abgesehen von der 12. WP im Zeitablauf eng um die 20 %-Marke bewegt.

Insgesamt zeigt sich – wenn man von der Sondersituation der 12. WP abstrahiert – einerseits eine gewisse Konstanz hinsichtlich der relativen Relevanz der Nachhaltigkeitsthemen. Der mit Abstand wichtigste Themenbereich ist „Generationengerechtigkeit". Ungefähr gleichgewichtig sind die Bereiche „Lebensqualität" und „Sozialer Zusammenhalt", wobei letzterer ein leichtes Übergewicht aufweist. Eher randständig wird der Aspekt der „Internationalen Verantwortung" behandelt. Trotz dieser grundsätzlichen Stabilität offenbaren sich andererseits aber auch deutliche Schwerpunktsetzungen in den einzelnen WP. So schwankt beispielsweise die Wachstumsrate des Themas „Sozialer Zusammenhalt" zwischen +469,7 % (13. zur 12. WP) und −31,7 % (17. zur 16. WP). Ähnlich große Variationen lassen sich auch für die anderen Themenbereiche identifizieren („Lebensqualität" zwischen +76,3 % und −34,3 %, „Internationale Verantwortung" zwischen +80,8 und −50,4 % sowie „Generationengerechtigkeit" zwischen +109,6 und −21,9 %). Insgesamt entwickeln sich die einzelnen Themenbereiche somit offenbar relativ unabhängig von der Gesamtkonjunktur des Nachhaltigkeitsthemas. Mit anderen Worten werden von den politischen Akteuren in den einzelnen WP thematische Schwerpunkte gesetzt. Dies illustriert auch das in Abbildung 3 dargestellte Konzentrationsmaß.

Es zeigt sich, dass im Zeitraum von 1990 bis 2002 die thematische Ausgewogenheit der Koalitionsvereinbarungen im Hinblick auf Nachhaltigkeitsfragen zugenommen hat. Die prozentuale Verteilung der einzelnen Themenbereiche hat sich also untereinander angenähert (Herfindahl-Index bei minimaler Konzentration entspräche $H_{min} = 0,25$). Ab der 16. WP ist allerdings wieder eine stärkere Ungleichgewichtigkeit zu beobachten. Dieser Verlauf korrespondiert mit der Wachstumsentwicklung des Gesamtthemas (vgl. Abb. 1). Das Wachstum von der 12. bis zur 15. WP ging also mit einer stärkeren Ausgewogenheit der vier Nachhaltigkeitsthemen einher. Der Rückgang ab der 16. WP wiederum hat eine stärkere thematische Fokussierung mit sich gebracht.

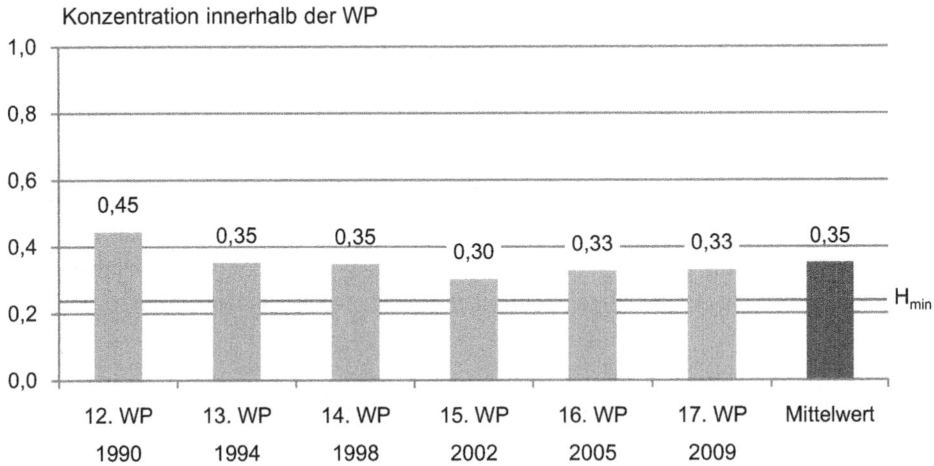

Abb. 3 Ausmaß der thematischen Fokussierung auf die vier Nachhaltigkeitskategorien im Zeitablauf

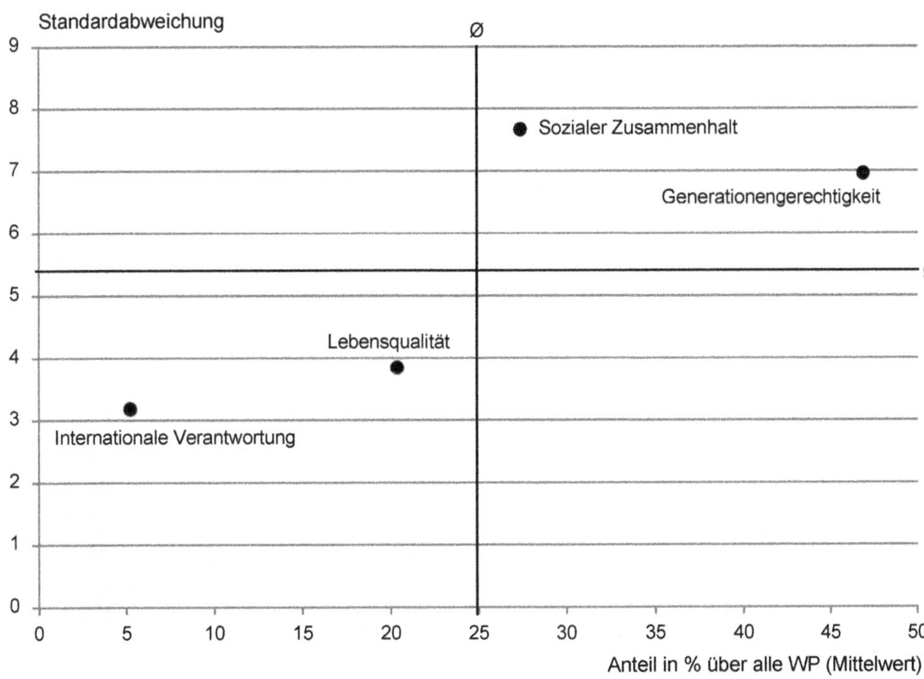

Abb. 4 Standardabweichung und Mittelwert der vier Nachhaltigkeitskategorien

Abschließend soll auf die Streuung der vier Themenbereiche im Zeitablauf eingegangen werden. Dazu wird auf die Standardabweichung zurückgegriffen. Zusätzlich sind in Abbildung 4 die Mittelwerte der prozentualen Anteile der vier Themenbereiche über alle WP hinweg dargestellt. So ist eine Abschätzung möglich, ob eher prominente oder eher randständige Nachhaltigkeitsthemen einer größeren Schwankung ihres relativen Gewichts in den Koalitionsvereinbarungen ausgesetzt sind.

Es zeigt sich, dass offenbar ein Zusammenhang zwischen der relativen Bedeutung eines Themas und seiner Streuung besteht. Die Themen mit dem größten Gewicht („Generationengerechtigkeit" und „Sozialer Zusammenhalt") sind auch diejenigen mit der höchsten Bedeutungsvolatilität. Offenbar sind diese Themen zwar unabhängig von der politischen Grundausrichtung der Handelnden prinzipiell bedeutsam, das Ausmaß ihrer relativen Priorisierung im Kanon der Nachhaltigkeitsthemen wird jedoch scheinbar durch die Schwerpunkte in der jeweiligen politischen Agenda maßgeblich beeinflusst.

3.2 Ergebnisse zu den einzelnen Nachhaltigkeitskategorien

In diesem Abschnitt werden die Ergebnisse zu den vier Nachhaltigkeitskategorien vorgestellt. Dabei wird durchgängig zunächst auf die Gesamtentwicklung des jeweiligen Themenbereiches eingegangen. Anschließend werden auf Grundlage von Streuungs- respektive Konzentrationsmaßen sowohl Konzentrationen innerhalb des jeweiligen Themenblocks als auch Veränderungen der Einzelthemen im Zeitablauf diskutiert.

3.2.1 Generationengerechtigkeit

Abbildung 5 zeigt die Entwicklung der relativen Menge an Fundstellen zum Themenbereich „Generationengerechtigkeit", dem mit Abstand am häufigsten vertretenen Nachhaltigkeitsthema der Koalitionsvereinbarungen.

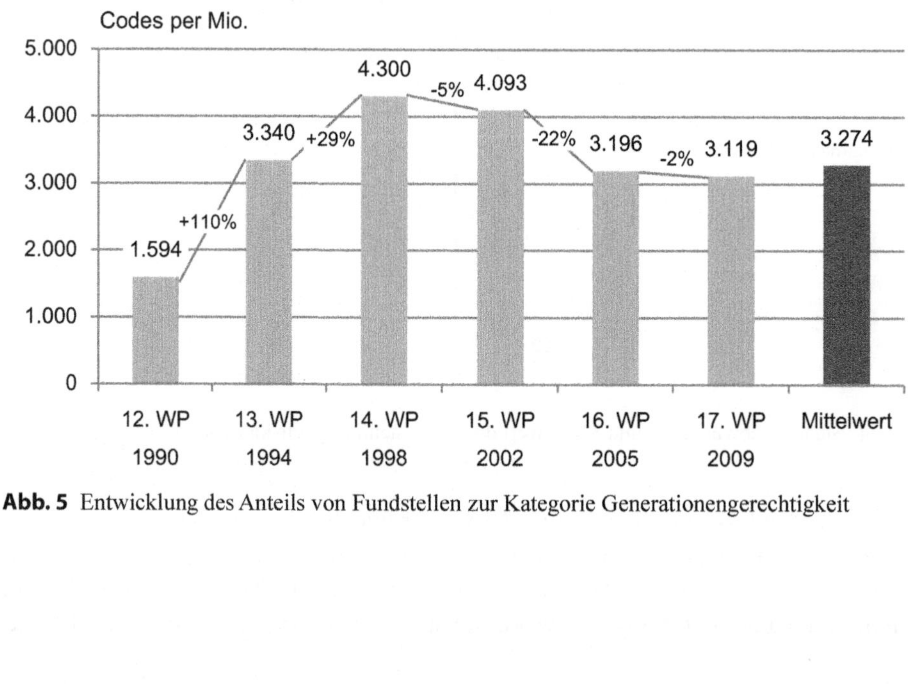

Abb. 5 Entwicklung des Anteils von Fundstellen zur Kategorie Generationengerechtigkeit

Tab. 3 Anteil der Themen innerhalb der Kategorie „Generationengerechtigkeit" im Zeitverlauf

	12. WP	13. WP	14. WP	15. WP	16. WP	17. WP	Mittelwert
	1990	1994	1998	2002	2005	2009	
	Angaben in %						
Innovation	0,0	29,4	29,2	17,4	34,1	27,5	22,9
Bildung	22,7	20,6	23,6	16,5	15,2	12,2	18,5
Wirtschaftliche Zukunftsvorsorge	27,3	11,8	5,6	18,3	12,2	11,5	14,4
Erneuerbare Energien	9,1	11,8	9,7	12,8	5,5	9,2	9,7
Ressourcenschonung	13,6	5,9	12,5	6,4	7,3	9,2	9,2
Klimaschutz	13,6	2,9	2,8	8,3	10,4	15,3	8,9
Artenvielfalt	13,6	2,9	6,9	6,4	6,1	6,1	7,0
Staatsverschuldung	0,0	14,7	8,3	6,4	6,1	4,6	6,7
Flächeninanspruchnahme	0,0	0,0	1,4	2,8	1,2	3,1	1,4
Generationengerechtigkeit	0,0	0,0	0,0	4,6	1,8	1,5	1,3
Summe	100	100	100	100	100	100	100

Auch diese Kategorie hat wie das Gesamtthema in den Koalitionsvereinbarungen im Zeitablauf insgesamt eine wachsende Beachtung gefunden. Allerdings fällt die mittlere Wachstumsrate (+22 %) etwas geringer aus als im Durchschnitt aller Themenbereiche (+33 %). Auffällig ist zudem, dass das Thema „Generationengerechtigkeit" seinen Maximalwert bereits in der 14. WP und damit eine Periode früher als die Summe aller Nachhaltigkeitsthemen erreicht hat. Schließlich ist anzumerken, dass der in der 16. und 17. WP allgemein zu beobachtende Rückgang des Nachhaltigkeitsthemas beim Thema „Generationengerechtigkeit" weniger stark ausfällt.

Im Hinblick auf die Einzelthemen innerhalb der Kategorie (vgl. Tab. 3) lassen sich drei Schwerpunkte identifizieren, die im Durchschnitt aller Perioden gemeinsam mehr als 50 % des Gesamtvolumens auf sich vereinen: Innovation (MW: 22,9 %), Bildung (MW: 18,5 %) und wirtschaftliche Zukunftsvorsorge (MW: 14,4 %).

Das Innovationsthema ist erst in der 13. WP auf die Agenda der Koalitionsvereinbarungen gelangt und ist seitdem (mit einer Ausnahme in der 15. WP) das am häufigsten adressierte Thema im Bereich „Generationengerechtigkeit". Bildungsthemen sind seit der 15. WP kontinuierlich weniger häufig in Koalitionsvereinbarungen vertreten. In der 17. WP wurden sie in der quantitativen Bedeutung vom Klimaschutz überholt. Noch deutlicher hat der Bereich wirtschaftliche Zukunftsvorsorge an Relevanz verloren. In der Koalitionsvereinbarung zur 12. WP mit 27,3 % aller Codierungen der Kategorie „Generationengerechtigkeit" noch bedeutsamster Bereich, rangiert er im letzten Erhebungszeitpunkt nur noch an vierter Position.

Fasst man die Themen Eneuerbare Energien, Klimaschutz, Ressourcenschonung und Artenvielfalt als „Erhalt natürlicher Ressourcen" zusammen, so ergibt sich ein weiterer großer thematischer Schwerpunkt innerhalb der Kategorie „Generationengerechtigkeit".

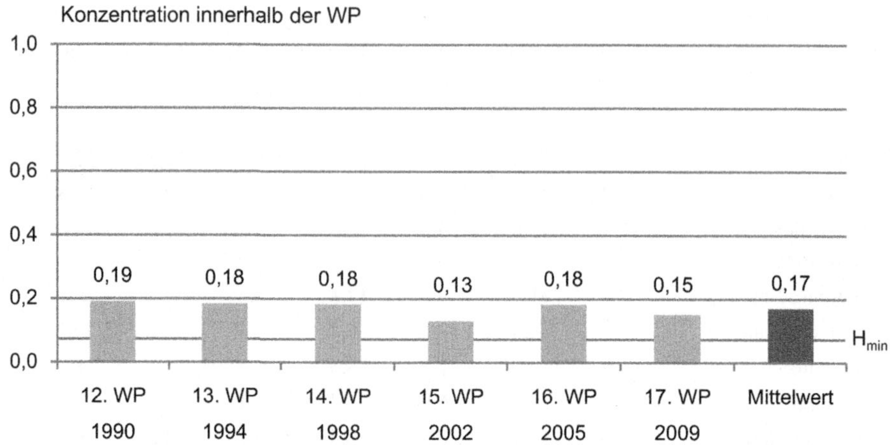

Abb. 6 Ausmaß der thematischen Fokussierung innerhalb der Kategorie Generationengerechtigkeit im Zeitverlauf

Im Durchschnitt aller Untersuchungsperioden vereint dieser Block rund ein Drittel aller Fundstellen der Kategorie auf sich. Insbesondere in der 12. (49,9 %) und in der 17. WP (34,8 %) waren Themen aus dem Kontext „Erhalt natürlicher Ressourcen" besonders häufig vertreten. Insgesamt wird die thematische Kategorie somit von eher wirtschaftsorientierten Aspekten der Generationengerechtigkeit einerseits (Innovation, Bildung, wirtschaftliche Zukunftsvorsorge) und eher ökologischen andererseits (erneuerbare Energien, Klimaschutz, Ressourcenschonung und Artenvielfalt) bestimmt. Erstgenannte finden dabei deutlich häufiger Beachtung als letztgenannte.

Im Hinblick auf die Streuung innerhalb und zwischen den WP zeigt Abbildung 6 zunächst das Ausmaß der Themenfokussierung in den einzelnen WP. Mit Ausnahme der 15. WP und mit Abstrichen der 17. WP zeigt sich hierbei ein homogenes Bild. Das Ausmaß der Schwerpunktsetzung bei unterschiedlichen Themen der Kategorie „Generationengerechtigkeit" war somit im Untersuchungszeitraum grundsätzlich stabil, womit nichts über mögliche Verschiebungen zwischen einzelnen Themen gesagt ist. Eine deutliche Ausnahme zu diesem Befund bildet die 15. WP, in der die ausgewogenste Verteilung zwischen den 10 Themen der Kategorie zu beobachten ist. In dieser Wahlperiode waren alle 10 Themen Gegenstand der Koalitionsvereinbarung, wobei kein Thema einen Anteil von mehr als 20 % erreicht und vier Themen (Innovation, Bildung, wirtschaftliche Zukunftsvorsorge und Klimaschutz) jeweils mehr als 10 % der codierten Inhalte repräsentieren. Ähnliches gilt für die ebenfalls thematisch relativ ausgewogene 17. WP. Hier wurde jedoch ein besonderer Schwerpunkt auf Innovationsthemen gelegt (27,5 %).

Mit Blick auf die Streuung der einzelnen Themen im Zeitverlauf dokumentiert Abbildung 7 die Standardabweichung und die durchschnittliche thematische Repräsentanz. Relativ hohe Schwankungen finden sich bei den Themen Innovation und wirtschaftliche Zukunftsvorsorge; beides Aspekte, die auch einen überdurchschnittlich hohen Anteil der Codierungen in der Kategorie aufweisen. Analog zur Aussage über die vier Hauptkategorien korrespondiert auch bei den Themen innerhalb der Kategorie „Generationengerechtigkeit" eine im Durchschnitt größere thematische Repräsentanz mit einer höhe-

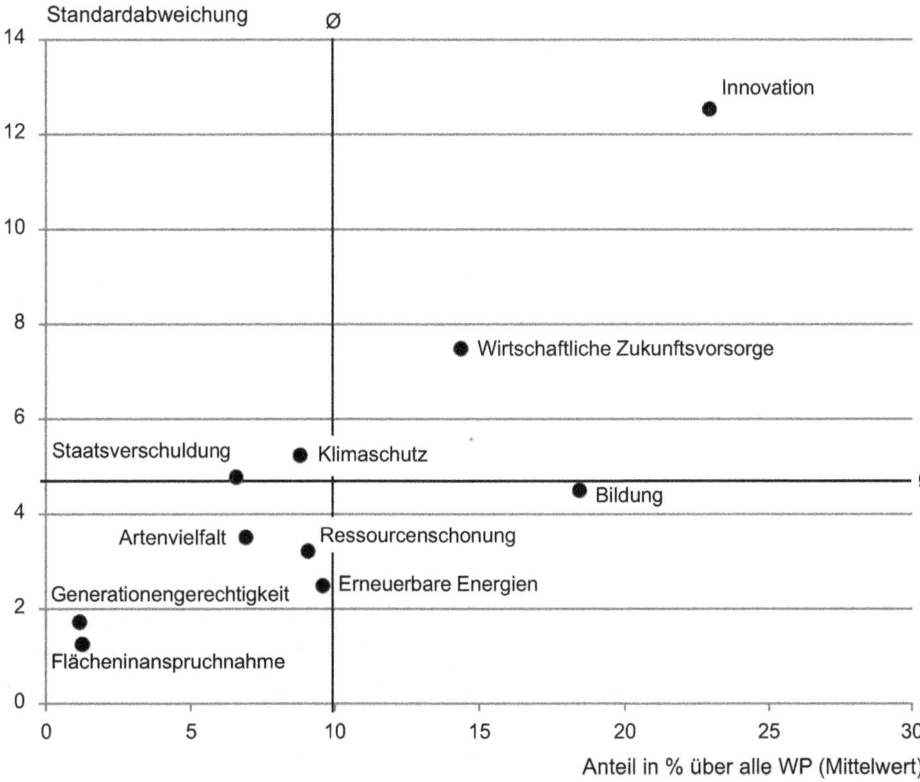

Abb. 7 Standardabweichung und Mittelwert der Themen innerhalb der Kategorie Generationengerechtigkeit

ren Streuung. Im Gegensatz zur Analyse bei den Hauptkategorien sind die Felder „unten rechts" und „oben links" in der Abbildung jedoch besetzt. So ist das Bildungsthema die am zweithäufgisten erfasste Kategorie, die allerdings eine – wenn auch nur geringfügig– unterdurchschnittliche Standardabweichung aufweist. Offenbar wurde Bildung über alle Untersuchungsperioden hinweg als überdurchschnittlich bedeutsamer Bestandteil von Koalitionsvereinbarungen angesehen. Umgekehrt zeigen sich Themen (Klimaschutz, Staatsverschuldung), deren thematischer Anteil insgesamt unterdurchschnittlich ausfällt, die allerdings eine relativ große Streuung aufweisen. Staatsverschuldung vereinigte beispielsweise im Jahr 1994 14,7 % aller Codierungen der Kategorie „Generationengerechtigkeit" auf sich, in der vorangegangenen 12. WP hingegen 0 %. Ähnlich war der Klimaschutz 2005 relativ bedeutsam (15,3 %), 1994 mit 2,9 % hingegen nur von nachrangiger Relevanz.

3.2.2 Sozialer Zusammenhalt

Abbildung 8 fasst die Entwicklung der Kategorie „Sozialer Zusammenhalt" zusammen. Der Verlauf ähnelt zwar grundsätzlich der Entwicklung des gesamten Nachhaltigkeitsthemas, allerdings zeigen sich doch einige Besonderheiten. So ist dieser Themenbereich die

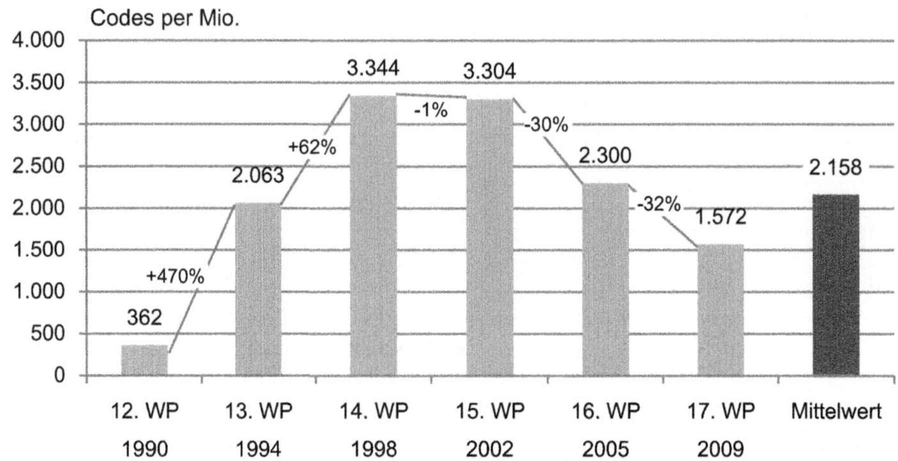

Abb. 8 Entwicklung des Anteils von Fundstellen zur Kategorie Sozialer Zusammenhalt

in der Betrachtung über alle Perioden hinweg mit Abstand am stärksten gewachsene Kategorie (+94 %). Allerdings ist dieses Wachstum insbesondere auf die großen Steigerungen in der 13. (+470 %) und 14. WP (+62 %) zurückzuführen. Nach einer Stagnationsphase in der 15. WP hat die Kategorie „Sozialer Zusammenhalt" in der 16. (−30 %) und 17. WP (−32 %) in den Koalitionsvereinbarungen deutlich an Präsenz verloren. In der 17. WP fällt der Rückgang dabei in Relation zum Durchschnitt aller Themen (−11 %) weit überdurchschnittlich aus.

Im Hinblick auf die Themen der Kategorie „Sozialer Zusammenhalt" zeigt sich eine deutliche Schwerpunktsetzung: mit Ausnahme der 12. und 17. WP ist Beschäftigung das dominierende Thema (vgl. Tab. 4). Auch der Mittelwert über alle Perioden (45,2 %) illustriert die hohe Relevanz des Beschäftigungsthemas in den Koalitionsvereinbarungen der letzten zwei Dekaden. Der bereits mehrfach thematisierte Ausreißerstatus der 12. WP ist

Tab. 4 Anteil der Themen innerhalb der Kategorie „Sozialer Zusammenhalt" im Zeitverlauf

	12. WP 1990	13. WP 1994	14. WP 1998	15. WP 2002	16. WP 2005	17. WP 2009	Mittelwert
	Angaben in %						
Beschäftigung	20,0	66,7	51,8	50,0	52,5	30,3	45,2
Perspektiven für Familien	60,0	23,8	16,1	19,3	25,4	19,7	27,4
Gleichstellung	20,0	4,8	25,0	13,6	11,0	6,1	13,4
Integration	0,0	4,8	7,1	15,9	10,2	42,4	13,4
Sozialer Zusammenhalt	0,0	0,0	0,0	1,1	0,8	1,5	0,6
Summe	100	100	100	100	100	100	100

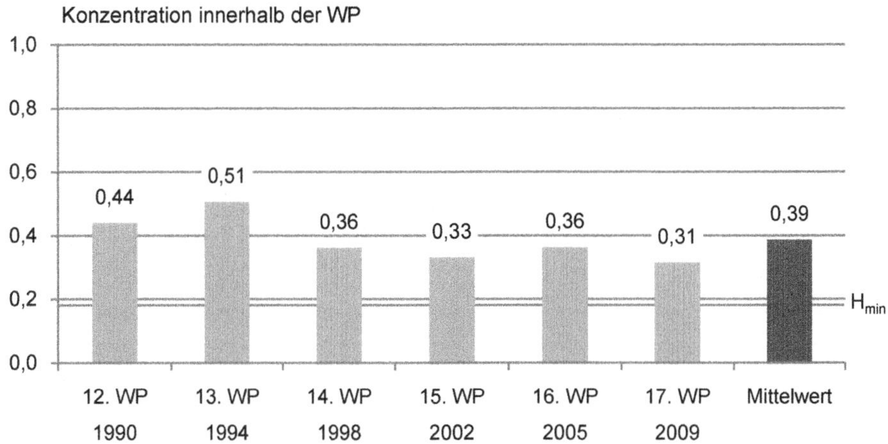

Abb. 9 Ausmaß der thematischen Fokussierung innerhalb der Kategorie Sozialer Zusammenhalt im Zeitverlauf

auch hier evident. Kategoriespezifisch kommt hinzu, dass in der Koalitionsvereinbarung dieser Wahlperiode nur insgesamt fünf Codierungen zum Bereich „Sozialer Zusammenhalt" identifiziert werden konnten, was die Aussagekraft der Verteilungswerte nachhaltig einschränkt. Inhaltlich aufschlussreich ist hingegen die Entwicklung in der Koalitionsvereinbarung des Jahres 2009, wo eine deutliche Schwerpunktverlagerung in Richtung des Integrationsthemas zu beobachten ist. Familienbezogene Themen schwanken im Zeitablauf relativ gleichmäßig um den Wert von 20 % (Ausnahme 12. WP). Gleichstellung als – gemeinsam mit Integration – dritthäufigstes Thema weist hingegen eine deutlich stärkere Schwankung auf. Integration schließlich wurde lange Zeit eher randständig behandelt, hat aber in den jüngsten WP – wie beschrieben insbesondere in der letzten WP – stark an Bedeutung gewonnen.

Die über viele Jahre zu beobachtende Dominanz des Beschäftigungsthemas signalisiert bereits eine relativ starke Fokussierung innerhalb der Kategorie. Abbildung 9 zum Konzentrationsmaß verdichtet diesen Hinweis. So fällt die Fokussierung im Bereich „Sozialer Zusammenhalt" (H_{MW}=0,39; H* = 1,93) stärker aus als im zuvor diskutierten Bereich „Generationengerechtigkeit" (H_{MW}=0,17; H* = 1,7)[6].

Bei dieser Kategorie ist die Konzentration in der 12. und 13. WP höher als in den darauffolgenden Wahlperioden. Ab der 14. WP gewinnt das Integrationsthema an Bedeutung, was dafür sorgt, dass das Themenspektrum in der Kategorie „Sozialer Zusammenhalt" fortan ausgewogener wird.

[6] Aufgrund der unterschiedlichen Anzahl an Subkategorien je Themengebiet ist ein Vergleich der Konzentrationsmaße so nicht möglich. Daher wurden die Maße normiert, indem das mittlere Konzentrationsmaß je Themengebiet durch den Wert der jeweils minimalen Konzentration (d. h. dem Wert, der bei Gleichverteilung vorliegen würde) dividiert wurde: $H^* = \frac{\frac{1}{n}\sum_{i=1}^{n} H_i}{H_{min}}$.

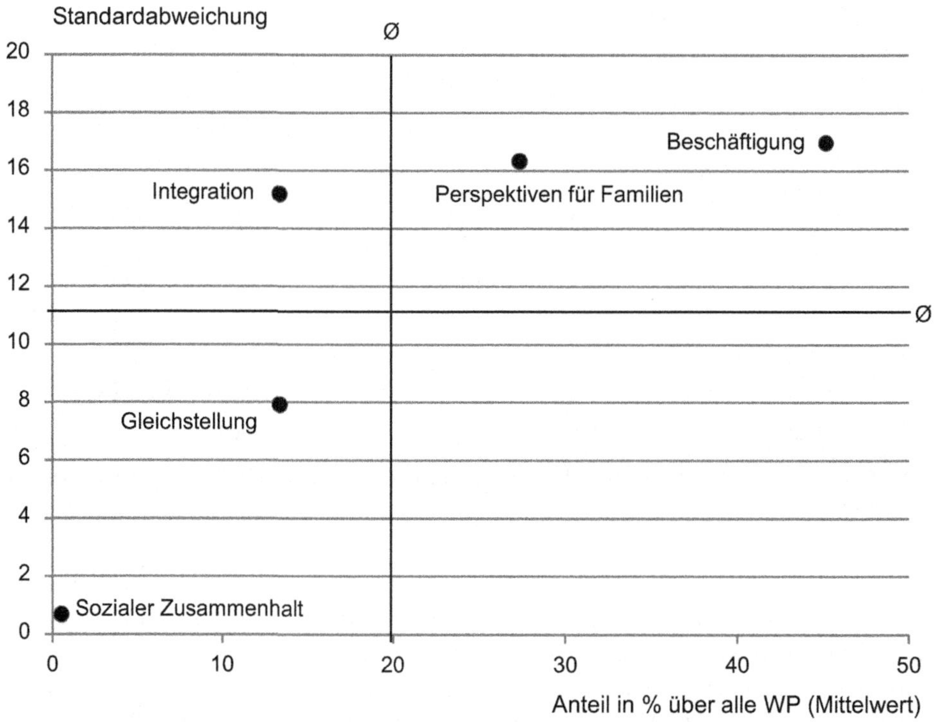

Abb. 10 Standardabweichung und Mittelwert der Themen innerhalb der Kategorie Sozialer Zusammenhalt

Abschließend soll auch für den Bereich „Sozialer Zusammenhalt“ die Streuung einzelner Themen im Zeitablauf in Relation zu ihrer durchschnittlichen Präsenz reflektiert werden (vgl. Abb. 10). Ähnlich wie bei den vorherigen Analysen korrespondiert die Streuung des thematischen Anteils mit dem Mittelwert über alle Perioden. Davon abweichend weist das Integrationsthema eine annähernd so große Standardabweichung auf wie Familien- und Beschäftigungsfragen bei insgesamt geringerer Bedeutung. Gleichzeitig haben Integrationsfragen die durchschnittlich gleiche Bedeutung wie Aspekte der Gleichstellung bei deutlich höherer Streuung. Während Gleichstellungsfragen die politische Agenda offenbar seit einigen Dekaden in ähnlicher Intensität beschäftigen, sind Integrationsfragestellungen weniger kontinuierlich, punktuell aber sehr ausführlich thematisiert worden. Wie dargelegt, gilt dies vor allem für die 17. WP.

3.2.3 Lebensqualität

Analog zur bisherigen Darstellung wird nachfolgend zunächst die Entwicklung der gesamten Kategorie erörtert. Anschließend erfolgt die Diskussion thematischer Schwerpunkte im Bereich „Lebensqualität“ sowie der Streuung innerhalb und zwischen den untersuchten WP. Der Gesamtverlauf (vgl. Abb. 11) der Berücksichtigung von Fragen der

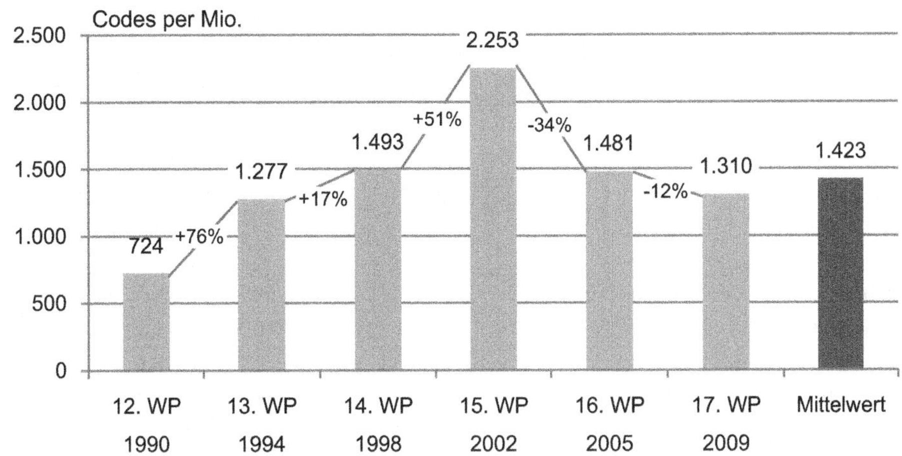

Abb. 11 Entwicklung des Anteils von Fundstellen zur Kategorie Lebensqualität

„Lebensqualität" in den Koalitionsvereinbarungen folgt grundsätzlich dem Muster des Nachhaltigkeitsthemas insgesamt.

Ausgehend von der 12. WP wächst die thematische Bedeutung bis zur 15. WP und fällt in den nachfolgenden WP wieder ab. Gleichwohl weist der Themenbereich „Lebensqualität" eine Besonderheit auf: er ist erst relativ spät auf die politische Agenda der Koalitionsvereinbarungen gelangt. So sind die Wachstumsraten in der 13. und 14. WP deutlich niedriger als bei den anderen Nachhaltigkeitskategorien. In der 15. WP hingegen wird dem Bereich eine besonders große Bedeutung zuteil. In der Folge entspricht der Verlauf wiederum annähernd dem der Gesamtthematik. Die skizzierte Entwicklung bestätigt den zu Beginn des Empirieteils in Abbildung 2 dokumentierten Verlauf der „Marktanteilsentwicklung" der einzelnen Nachhaltigkeitskategorien. Die Kategorie „Lebensqualität" sprang in ihrer relativen Bedeutung in der 15. WP auf einen Wert von 21,4 %. Seitdem ist der Anteil dieses Themenbereiches nahezu konstant, d. h. er entwickelt sich parallel zur Entwicklung des gesamten Nachhaltigkeitsthemas. Ausschlaggebend für den sprunghaften Anstieg in der 15. WP ist vor allem eine sehr starke Zunahme der relativen Häufigkeit der Fundstellen (parts per Million) zum Thema Gesundheit und Ernährung von 179 in der 14. WP auf 901 in der 15. WP (+403 %).

Von den insgesamt sieben Themen innerhalb der Kategorie „Lebensqualität" haben über alle Untersuchungsperioden hinweg fünf einen durchschnittlich zweistelligen Anteil (vgl. Tab. 5). Wirtschaftliche Leistungsfähigkeit (25,1 %) ist das am häufigsten vorkommende Thema, gefolgt von Gesundheit und Ernährung (20,7 %), Mobilität (18,3 %), Kriminalität (18,2 %) und Landbewirtschaftung (10,8 %). Insgesamt lässt sich anders als etwa in den Kategorien „Sozialer Zusammenhalt" (Thema Beschäftigung) und „Generationengerechtigkeit" (Thema Innovation) kein durchgängiger thematischer Schwerpunkt erkennen. So sind in den sechs untersuchten WP fünf unterschiedliche Themen die jeweils am meisten diskutierten: in der 12. WP Mobilität und Landbewirtschaftung, in der 13. WP

Tab. 5 Anteil der Themen innerhalb der Kategorie „Lebensqualität“ im Zeitverlauf

	12. WP 1990	13. WP 1994	14. WP 1998	15. WP 2002	16. WP 2005	17. WP 2009	Mittelwert
	alle Angaben in %						
wirtschaftliche Leistungsfähigkeit	20,0	30,8	12,0	18,3	36,8	32,7	25,1
Gesundheit und Ernährung	10,0	7,7	12,0	40,0	23,7	30,9	20,7
Mobilität	30,0	15,4	24,0	16,7	9,2	14,5	18,3
Kriminalität	10,0	38,5	24,0	11,7	10,5	14,5	18,2
Landbewirtschaftung	30,0	7,7	12,0	8,3	1,3	5,5	10,8
Luftqualität	0,0	0,0	12,0	1,7	6,6	1,8	3,7
Lebensqualität	0,0	0,0	4,0	3,3	11,8	0,0	3,2
Summe	100	100	100	100	100	100	100

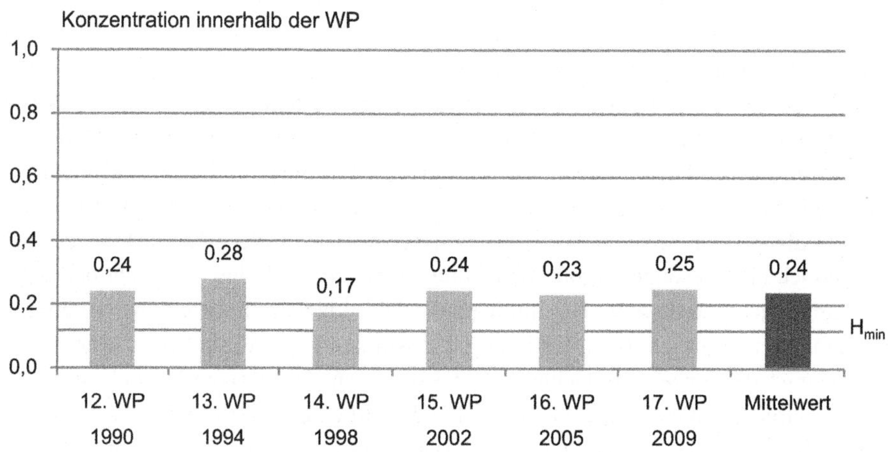

Abb. 12 Ausmaß der thematischen Fokussierung innerhalb der Kategorie Lebensqualität im Zeitverlauf

Kriminalität, in der 14. WP Mobilität und Kriminalität, in der 15. WP Gesundheit und Ernährung, in der 16. und 17. WP schließlich wirtschaftliche Leistungsfähigkeit.

Dementsprechend moderat fällt auch das in nachfolgender Abbildung 12 dargestellte Konzentrationsmaß aus. Mit einem normierten Mittelwert von 1,65 ist die Kategorie „Lebensqualität“ weniger konzentriert als die Kategorien „Generationengerechtigkeit“ und „Sozialer Zusammenhalt“. Mit Ausnahme der 14. WP, die thematisch besonders ausgeglichen war, zeigt sich im Längsschnittvergleich zudem eine relativ geringe Streuung um den Mittelwert. Dies bestätigt noch einmal den oben skizzierten Befund einer relativ konstanten thematischen Ausgewogenheit im Zeitablauf. In einzelnen WP werden zwar durchaus unterschiedliche thematische Schwerpunkte gesetzt, dabei ist die Dominanz des jeweiligen Themas in Relation zu den anderen Themen allerdings relativ gering.

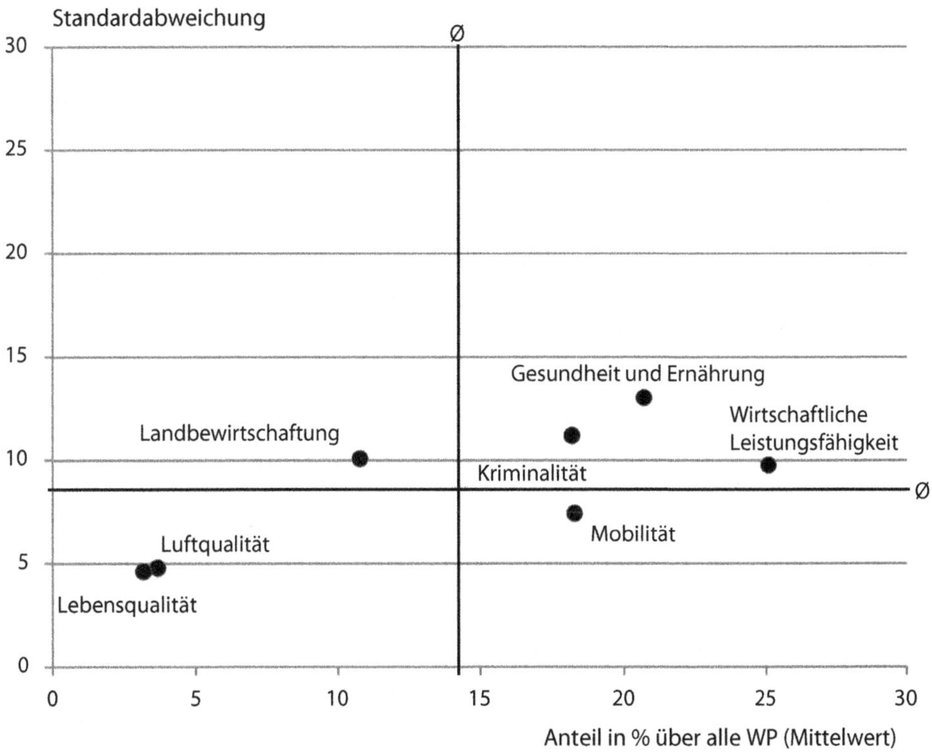

Abb. 13 Standardabweichung und Mittelwert der Themen innerhalb der Kategorie Lebensqualität

Dementsprechend finden sich vier Themen mit einem durchschnittlichen Anteil, der über der Gleichverteilungsmarke von 14,3 % liegt (vgl. Abb. 13). Zudem ist die Standardabweichung der Themen relativ ausgewogen. Die größte Streuung zeigt sich – nicht zuletzt vor dem Hintergrund der skizzierten Sondersituation des Jahres 2002 – beim Thema Gesundheit und Ernährung. In etwa gleich große Streuungen weisen die Themen wirtschaftliche Leistungsfähigkeit, Kriminalität und Landbewirtschaftung auf. Von den nennenswert aufgegriffenen Themen hat Mobilität eine besonders geringe Streuung. Es gehört damit zu den wenigen Nachhaltigkeitsthemen mit in der Gesamtschau überdurchschnittlicher Bedeutung und unterdurchschnittlicher Streuung. Mit anderen Worten handelt es sich offenbar um eine von den politischen Akteuren im Zeitablauf relativ kontinuierlich als bedeutsam eingestufte Fragestellung.

3.2.4 Internationale Verantwortung

Der Themenbereich „Internationale Verantwortung" unterscheidet sich in mehrfacher Hinsicht von den drei bisher erörterten Nachhaltigkeitskategorien. Zunächst einmal ist es die Kategorie mit der mit Abstand geringsten Anzahl von Fundstellen, was sicher auch auf die geringe Menge von Themen innerhalb der Kategorie zurückzuführen ist. Die niedrige

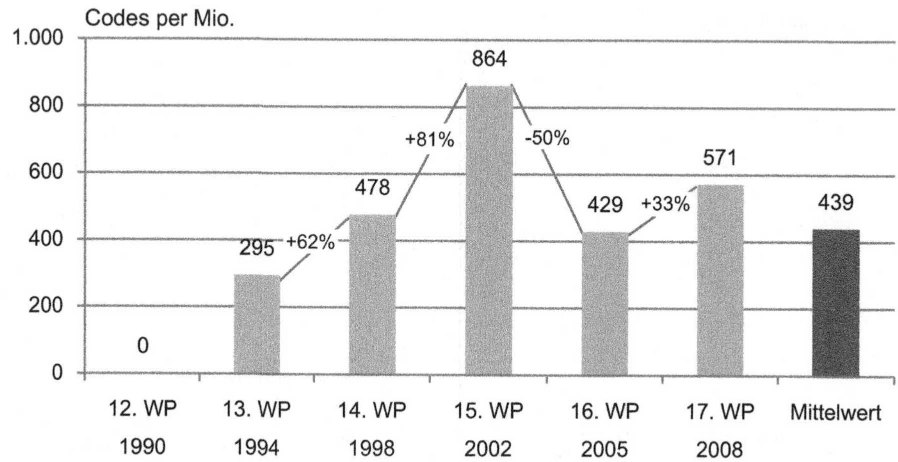

Abb. 14 Entwicklung des Anteils von Fundstellen zur Kategorie Internationale Verantwortung

Basis schränkt die Aussagekraft prozentualer Darstellungen nachdrücklich ein. Dies gilt insbesondere für die 13. und 14. WP mit nur drei respektive acht Fundstellen. Darüber hinaus ist der Verlauf des thematischen Lebenszyklus atypisch (vgl. Abb. 14).

Zwar erreicht auch der Themenbereich „Internationale Verantwortung" – wie das gesamte Nachhaltigkeitsthema – im Jahre 2002 den Höhepunkt seiner quantitativen Präsenz in den Koalitionsvereinbarungen. Im Gegensatz zu allen anderen Kategorien nimmt die Bedeutung der Kategorie in den nachfolgenden WP allerdings nicht kontinuierlich ab, sondern steigt in der letzten Untersuchungsperiode nochmals an (+33 %). Thematisch wird die Kategorie durchgängig vom Thema Entwicklungszusammenarbeit dominiert (vgl. Tab. 6). Dies gilt auch für die 15. WP und folgende, in denen die größere Zahl von Fundstellen die Aussagekraft prozentualer Darstellungen erhöht. Streuungs- respektive Konzentrationsmaße sind aufgrund der skizzierten Sonderstellung der Kategorie kaum sinnvoll zu interpretieren. Auf eine explizite Darstellung wird daher verzichtet.

Tab. 6 Anteil der Themen innerhalb der Kategorie „Internationale Verantwortung" im Zeitverlauf

	12. WP 1990	13. WP 1994	14. WP 1998	15. WP 2002	16. WP 2005	17. WP 2009	Mittelwert
	alle Angaben in %						
Entwicklungs-zusammenarbeit	0,0	66,7	100,0	56,5	77,3	66,7	73,4
Internationale Verantwortung	0,0	33,3	0,0	21,7	13,6	20,8	17,9
Märkte öffnen	0,0	0,0	0,0	21,7	9,1	12,5	8,7
Summe	0	100	100	100	100	100	100

3.3 Analyse auf Themenebene

Abschließend soll ein Schlaglicht auf die Relevanz einzelner Nachhaltigkeitsthemen in den Koalitionsvereinbarungen der letzten zwei Jahrzehnte geworfen werden. Dazu wurden die Fundstellen zu den insgesamt 25 Themen über alle Perioden hinweg aufsummiert und als Prozentwert zur Gesamtsumme aller Fundstellen ausgedrückt. Dieser Prozentwert beschreibt somit den Anteil eines Themas an allen Erwähnungen von Nachhaltigkeitsaspekten in den Koalitionsvereinbarungen der 12. bis 17. WP. Das Ergebnis dieser Analyse zeigt Abbildung 15. In der Abbildung sind die Themen nach ihrem prozentualen Anteil absteigend von links nach rechts sortiert und die kumulierten Prozentwerte sowohl hinsichtlich der Themenanzahl als auch ihrer Anteile dargestellt, um Aufschluss über die thematische Fokussierung zu erhalten.

Zunächst einmal verdeutlicht die Abbildung eine hohe thematische Konzentration von Nachhaltigkeitsaspekten in den Koalitionsvereinbarungen. Die 24% der am häufigsten adressierten Themen vereinen 51,3% aller Fundstellen auf sich. Auf der anderen Seite summiert sich der Anteil der 24% am seltensten genannten Themen nur zu 3,7% aller Fundstellen. Die fünf am häufigsten in den Koalitionsvereinbarungen enthaltenen Themen sind Beschäftigung (14,9%), Innovation (11,2%), Bildung (8,2%), Perspektiven für Familien (6,3%) und wirtschaftliche Zukunftsvorsorge (5,9%). Unter den zehn am häufigsten angeführten Themen stammen vier aus der Kategorie „Generationengerechtigkeit",

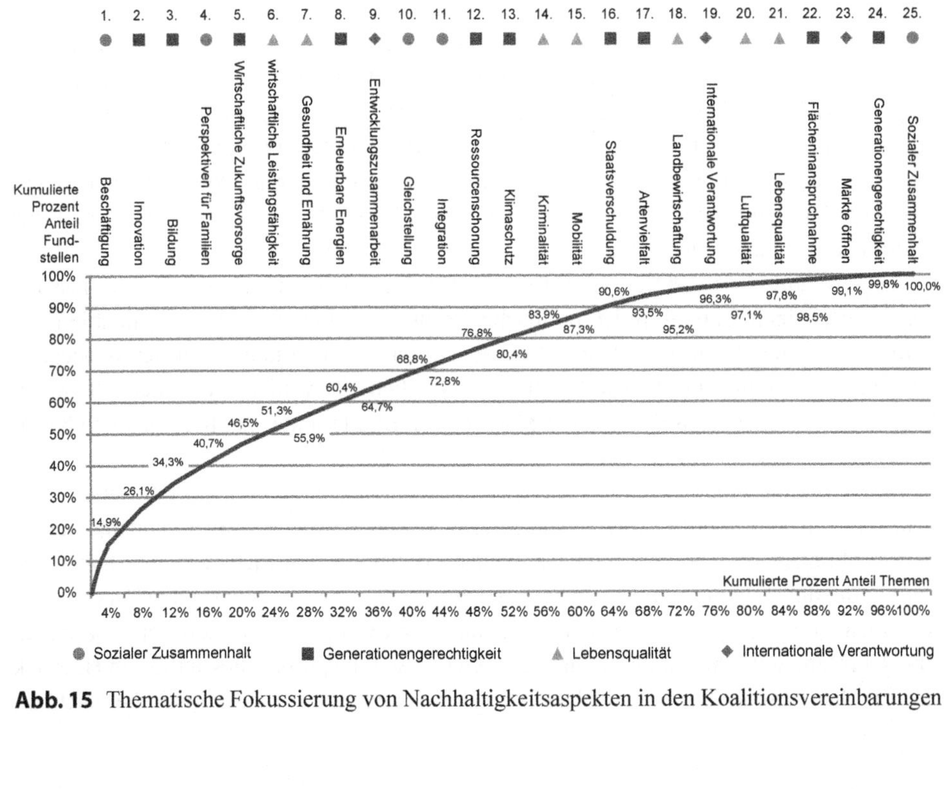

Abb. 15 Thematische Fokussierung von Nachhaltigkeitsaspekten in den Koalitionsvereinbarungen

drei aus der Kategorie „Sozialer Zusammenhalt“, zwei aus dem Themenbereich „Lebensqualität“ und eines aus dem Kontext „Internationale Verantwortung“. Auch auf Ebene der wichtigsten Einzelthemen spiegelt sich somit die Verteilung der Kategorien wider. Auffällig ist zudem, dass explizit ökologische Themen (z. B. Klimaschutz, Ressourcenschonung, Artenvielfalt) eine insgesamt offenbar nachrangige Relevanz besitzen. Das am häufigsten adressierte Thema aus diesem Bereich ist erneuerbare Energien auf Platz acht (4,4 %). Wirtschaftlich orientierte Aspekte der Nachhaltigkeit (z. B. Beschäftigung, wirtschaftliche Zukunftsfähigkeit) nehmen einen deutlich breiteren Raum ein. Vier der 10 am häufigsten erwähnten Themen lassen sich diesem Bereich zuordnen. Diese vier Themen vereinen mehr als ein Drittel (36,8 %) aller Fundstellen auf sich.

4 Zusammenfassende Diskussion der Ergebnisse

Ziel des vorliegenden Beitrages war eine Analyse des Wandels in den politischen Rahmenbedingungen eines nachhaltigen Marketing. Die intendierte empirische Durchdringung einer solchen Fragestellung machte eine Konkretisierung in zumindest drei Punkten erforderlich. Hinsichtlich des Wandels war erstens der relevante Zeitausschnitt zu definieren, da die Analyse von Veränderungen einer Zeitraumperspektive bedarf (Wann?). Zweitens war das Untersuchungsobjekt „politische Rahmenbedingungen“ zu präzisieren (Wo?). Drittens schließlich war festzulegen, welcher Teil politischer Rahmenbedingungen relevant für nachhaltiges Marketing ist (Wonach?).

Auf alle drei Fragen lassen sich ganz unterschiedliche Antworten finden. Der Zeitraum kann lang oder kurz gewählt werden, er kann die Geschichte der Bundesrepublik oder die letzte Legislaturperiode umfassen. Politische Rahmenbedingungen können sich vor dem Hintergrund der in der Politikwissenschaft etablierten Dreiteilung des Politikbegriffes auf Akteursstrukturen (Politics), Regelwerke (Polity) oder konkrete Politikfelder (Policy) beziehen. Die Breite des Nachhaltigkeitsbegriffes schließlich erlaubt ebenso vielfältige Interpretationen der Fragestellung.

Insofern adressiert der Beitrag mit seinen Konventionen eine spezifische Auffassung dessen, was einen Wandel in den politischen Rahmenbedingungen des Sustainable Marketing ausmachen kann. Er beleuchtet die Koalitionsvereinbarungen seit der Wiedervereinigung im Hinblick auf die Häufigkeit und inhaltliche Provenienz von Nachhaltigkeitsbegriffen, wie sie sich aus dem Set des Statistischen Bundesamtes zur Messung von Nachhaltigkeit ergeben.

Im Kern sind dabei folgende Ergebnisse festzuhalten: Erstens kann konstatiert werden, dass im Durchschnitt aller beobachteten Wahlperioden Nachhaltigkeitsthemen in den Koalitionsvereinbarungen einen immensen Bedeutungszuwachs erfahren haben. So beträgt die durchschnittliche jährliche Wachstumsrate 33 %. Zweitens haben Nachhaltigkeitsthemen allerdings offenbar den Zenit ihrer Relevanz für Koalitionsvereinbarungen überschritten. Seit 2002 ist ihr thematischer Gesamtanteil spürbar rückläufig. Im Hinblick auf die thematische Ausrichtung lässt sich drittens einerseits eine holistische Nachhaltigkeitsperspektive mit andererseits aber auch deutlichen thematischen Schwerpunkten ausmachen. Die zentrale Nachhaltigkeitskategorie der Koalitionsvereinbarungen ist „Generationengerechtigkeit“ (46,9 %), gefolgt von „Sozialer Zusammenhalt“ (27,4 %) und „Lebensqualität“ (20,4 %). Von untergeordneter Bedeutung sind Aspekte der „Internationalen Verantwortung“ (5,3 %). Im Hinblick auf die Konzentration innerhalb einer Wahlperiode und zwischen den Wahlperioden zeigt sich der Bereich „Generationengerechtigkeit“ besonders stabil. Der mit Abstand volatilste Bereich ist „Sozialer Zusammenhalt“, zugleich die im Durchschnitt aller Wahlperioden am stärksten gewachsene Kategorie. Die auf Kategorienebene zu beobachtende Fokussierung spiegelt sich noch deutlicher in der Konzentration einzelner Nachhaltigkeitsthemen wider. Die fünf am häufigsten identifizierten der insgesamt 25 Einzelthemen vereinen zusammen knapp die Hälfte (46,5 %) aller Fundstellen auf sich.

Aus diesen Befunden lassen sich unterschiedliche Schlussfolgerungen für ein an Nachhaltigkeit ausgerichtetes Marketing ziehen. Die Ausführungen sind dabei von der Grundüberlegung getragen, dass ein auf die Sicherstellung gesellschaftlicher Legitimation abzielendes Nachhaltigkeitsmanagement auf einen quantitativen wie qualitativen Fit zum gesellschaftlichen Nachhaltigkeitsdiskurs ausgerichtet sein sollte, wie er sich zum Beispiel in Koalitionsvereinbarungen ausdrückt.

Erstens dokumentieren die Ergebnisse eine hohe gesellschaftliche Relevanz von Nachhaltigkeitsthemen. Unternehmen als gesellschaftliche Akteure sollten diesen Bedeutungszuwachs nicht ignorieren. Insofern implizieren die Befunde zunächst einmal einen gewachsenen Stellenwert des Nachhaltigkeitsmanagements im Kontext unternehmerischer Aufgaben.

Der bereits in 2002 erreichte quantitative Höhepunkt von Nachhaltigkeitsbegriffen in den Koalitionsvereinbarungen induziert eine Sensitivität der politischen Akteure gegenüber gesellschaftlichen Entwicklungen. Die Bedeutung einer nachhaltigen Entwicklung wurde von den politischen Akteuren offenbar schon relativ früh erkannt. Wollen Unternehmen die legitimitätssichernde Wirkung einer Nachhaltigkeitsorientierung nicht gefährden, so dürfen sie zweitens nicht Getriebene gesellschaftlicher Entwicklungen sein, sondern proaktiv handelnde und damit glaubwürdige gesellschaftliche Akteure. Insofern gilt es, eigenständig und frühzeitig relevante Nachhaltigkeitsakzente zu setzen. Andernfalls laufen Unternehmen Gefahr, von den relevanten Anspruchsgruppen als Nachlaufakteure klassifiziert zu werden, die gerade so viel Nachhaltigkeit in ihr Handeln integrieren, wie aktuell von der Gesellschaft eingefordert. Ein solches Verhalten dürfte eher legitimationsgefährdend sein.

Der seit 2002 zu beobachtende Rückgang der relativen thematischen Relevanz von Nachhaltigkeit in den Koalitionsvereinbarungen sollte drittens aus Unternehmenssicht nicht als Indiz einer sinkenden gesellschaftlichen Erwartungshaltung gegenüber einem nachhaltigen Unternehmenshandeln missverstanden werden. Der in den Koalitionsvereinbarungen zum Ausdruck gebrachte politische Handlungswille entwickelt über das Scharnier der Gesetzgebung kumulative Wirkungen.

Das relativ breite Spektrum von Nachhaltigkeitsthemen in den Koalitionsvereinbarungen impliziert viertens auch für ein Nachhaltigkeitsmanagement die Anforderung thematischer Diversität. Eine Reduktion des Nachhaltigkeitsbegriffes – etwa auf seine ökologische Dimension – scheint vor diesem Hintergrund nicht zielführend. Die zentrale Position der Kategorie „Generationengerechtigkeit" bedeutet gleichzeitig, dass ein Nachhaltigkeitsmanagement ohne eine Reflektion des unternehmerischen Beitrages zu diesem Themengebiet nicht empfehlenswert erscheint. Hinweise für im Rahmen eines Nachhaltigkeitsmanagements zu adressierende Themen ergeben sich zudem aus der thematischen Konzentration der Koalitionsvereinbarungen. Beschäftigung, Innovation, Bildung sowie Familie sind Beispiele für prominente Nachhaltigkeitsthemen der Koalitionsvereinbarungen, denen auch auf Ebene des unternehmerischen Handelns angemessen Rechnung zu tragen ist.

Fünftens ergeben sich aus der sowohl innerhalb als auch zwischen den Wahlperioden zu beobachtenden Volatilität der Nachhaltigkeitsthemen Flexibilitätsanforderungen an ein Nachhaltigkeitsmanagement. Die getroffenen Schwerpunktsetzungen sind kontinuierlich zu prüfen und gegebenenfalls anzupassen. Zudem sind organisatorische Voraussetzungen für eine hinreichende Themenflexibilität zu treffen.

Sechstens schließlich resultiert aus den in den Koalitionsvereinbarungen adressierten Nachhaltigkeitsthemen ein grundsätzlicher Hinweis auf die Rolle von Unternehmen im Kontext einer nachhaltigen gesellschaftlichen Entwicklung. Vor dem Hintergrund zentraler Nachhaltigkeitsthemen wie Beschäftigung, Innovation, Bildung, allesamt ureigene Handlungsfelder von Unternehmen, scheint es möglich und angezeigt, die vor allem defizitorientierte Klassifizierung von Unternehmen als Gefährder einer nachhaltigen Entwicklung zu überwinden. Unternehmen sind in diesem Sinne nicht nur Verursacher negativer externer Effekte, sondern auch zumindest potenzielle Produzenten einer Reihe positiver externer Effekte. Ihr Nachhaltigkeitsbeitrag sollte in Wissenschaft und Praxis also nicht auf die Vermeidung negativer externer Effekte reduziert werden. Im Gegenteil könnte eine Stärkung der Chancenperspektive mit entsprechenden Handlungsanforderungen an Unternehmen ihren Nachhaltigkeitsbeitrag stärker fördern als eine rein defizitorientierte Vermeidungsstrategie.

Der Beitrag besitzt eine Reihe von Limitationen, die bei der Würdigung der aufgezeigten Schlussfolgerungen zu berücksichtigen sind und gleichzeitig Ansatzpunkte für weiterführende Forschungsarbeiten liefern.

Neben den eingangs erwähnten Beschränkungen, die sich aus der gewählten Interpretation der thematischen Aufgabenstellung ergeben, ist hierbei insbesondere die eingesetzte Methode zu nennen. Die Ergebnisse einer quantitativen Inhaltsanalyse lassen nur eingeschränkte Rückschlüsse auf die tatsächliche inhaltliche Relevanz einzelner Themenbereiche zu, da jeder Begriff des Textmaterials das gleiche Gewicht erhält. Darüber hinaus ergeben sich wie bei jeder empirischen Arbeit Limitationen aus etwaigen Messfehlern, hier insbesondere aus der gewählten Operationalisierung von Nachhaltigkeit. Die Ergebnisse wurden maßgeblich durch die Auswahl der Nachhaltigkeitsindikatoren und der daraus abgeleiteten Suchbegriffe determiniert. Ein anderes Indikatorenset hätte zu anderen Ergebnissen geführt. So umfassen zum Beispiel die Nachhaltigkeitsindikatoren der Bundesregierung im Bereich „Internationale Verantwortung“ in der Subkategorie Entwicklungszusammenarbeit eher wirtschaftliche Indikatoren, während nicht-ökonomisch quantifizierbare Maßnahmen der Zusammenarbeit, wie zum Beispiel die bilaterale Demokratieförderung, nicht mit einbezogen werden. Darüber hinaus kann die Ableitung der Suchbegriffe aus den Indikatoren verschieden interpretiert werden.

Ungeachtet dieser Beschränkungen wurde mit diesem Beitrag nicht nur für die betriebswirtschaftliche Nachhaltigkeitsforschung Neuland beschritten. Eine Inhaltsanalyse der Koalitionsvereinbarungen unter dem Aspekt der Behandlung von Nachhaltigkeitsthemen wurde erstmals durchgeführt. Eine Ausweitung dieses Ansatzes auf andere Gliederungsebenen des föderalen respektive supranationalen Systems oder auch andere Kulminationspunkte, wie etwa Parteiprogramme, scheint vielversprechend. Schließlich wurden in diesem Beitrag keine expliziten Zusammenhangsbetrachtungen angestellt. Diese wären zum einen in Richtung eines Vergleiches zwischen politischen und unternehmerischen Handlungsabsichten in Bezug auf Nachhaltigkeit möglich. Zum anderen wäre ein Abgleich zwischen politischen Handlungsabsichten, wie sie etwa in Koalitionsvereinbarungen dokumentiert sind und tatsächlich realisierten politischen Handlungen, etwa in Form verabschiedeter Gesetze, ein interessantes weiterführendes Forschungsfeld.

Literatur

Aguinis H, Glavas A (2012) What we know and don’t know about corporate social responsibility: a review and research agenda. J Manag 38(4):932–968

Backhaus K, Schneider H (2009) Strategisches Marketing, 2. Aufl. Schäfer-Poeschel, Stuttgart

Beichelt T (2009) Deutschland und Europa: die Europäisierung des politischen Systems. VS Verlag für Sozialwissenschaften, Wiesbaden

von Beyme K (2010) Das politische System der Bundesrepublik Deutschland: eine Einführung, 11. Aufl. VS Verlag für Sozialwissenschaften, Wiesbaden

Bundesregierung (2012) Nationale Nachhaltigkeitsstrategie: Fortschrittsbericht 2012. Berlin. http://www.bundesregierung.de/Content/DE/_Anlagen/Nachhaltigkeit-wiederhergestellt/2012-05-21-fortschrittsbericht-2012-barrierefrei.pdf?__blob=publicationFile. Zugegriffen: 18. April 2012

van Dam YK, Apeldoorn PAC (1996) Sustainable marketing. J Macromark 16(45):45–56

Deutscher Bundestag (2010) Koalitionsvereinbarungen und Koalitionsausschüsse. In: Deutscher Bundestag, Datenhandbuch zur Geschichte des Deutschen Bundestages. http://www.bundestag.de/dokumente/datenhandbuch/06/06_10/index.html. Zugegriffen: 6. Feb. 2012

Ferdous AS (2010) Applying the theory of planned behavior to explain marketing managers’ perspectives on sustainable marketing. J Int Consum Mark 22(4):313–325

Freimann J (2012) Betriebswirtschaft als Sustainability Science: Anforderungen an betriebswirtschaftliches Denken und Handeln im Licht der Nachhaltigkeits-Vision. Die Betr 72(4):279–289

Friedman M (1970) The social responsibility of business is to increase its profits. The New York Times Magazine. http://www.umich.edu/~thecore/doc/Friedman.pdf. Zugegriffen: 11. Mai 2012

Georgii H (2009) Koalitionsverhandlung – Koalitionsvertrag. Wissenschaftliche Dienste des Deutschen Bundestages, Berlin

Hansen U, Schrader U (2005) Corporate social responsibility als aktuelles Thema der Betriebswirtschaftslehre. Die Betr 65(4):373–395
Hunt SD (2011) Sustainable marketing, equity, and economic growth: a resource-advantage, economic freedom approach. J Acad Mark Sci 39(1):7–20
Jahn D (2006) Einführung in die vergleichende Politikwissenschaft. VS Verlag für Sozialwissenschaften, Wiesbaden
Jahn D (2011) Vergleichende Politikwissenschaft. VS Verlag für Sozialwissenschaften, Wiesbaden
Jones P, Clarke-Hill C, Comfort D, Hillier D (2008) Viewpoint: marketing and sustainability. Mark Intell Plan 25(2):123–130
Kotler P, Armstrong G, Wong V, Saunders J (2008) Principles of marketing: European edition, 5. Aufl. Pearson, London
Kropp S, Sturm R (1998) Koalitionen und Koalitionsvereinbarungen: Theorie, Analyse und Dokumentation. Leske & Budrich, Opladen
Kuckartz U (2010) Einführung in die computergestützte Analyse qualitativer Daten, 3. Aufl. VS Verlag für Sozialwissenschaften, Wiesbaden
Leisinger KM (2008) Zur Relevanz der Unternehmensethik in der Betriebswirtschaftslehre. Schmalenbachs Z Betr Forsch 58(8):26–49
Mayring P (2010) Qualitative Inhaltsanalyse: Grundlagen und Techniken, 11. Aufl. Beltz, Weinheim
Meffert H, Kirchgeorg M (1993) Das neue Leitbild Sustainable Development – der Weg ist das Ziel. Harv Bus Manag 15(2):34–45
Meffert H, Burmann C, Kirchgeorg M (2012) Marketing: Grundlagen marktorientierter Unternehmensführung, 11. Aufl. Gabler, Wiesbaden
Mosler K, Schmid F (2003) Beschreibende Statistik und Wirtschaftsstatistik. Springer, Berlin
Moury C (2010) Coalition agreement and party mandate: how coalition agreements constrain the ministers. Party Polit 17(3):385–404
North DC (1990) Institutions, institutional change and economic performance. Cambridge University Press, Cambridge
Peloza J, Shang J (2011) How can corporate social responsibility activities create value for stakeholders? A systematic review. J Acad Mark Sci 39(1):117–135
Porter ME, Kramer MR (2006) Strategy & society: the link between competitive advantage and corporate social responsibility. Harv Bus Rev 84(12):78–92
Porter ME, Kramer MR (2011) Creating shared value: how to reinvent capitalism – and unleash a wave of innovation and growth. Harv Bus Rev 89(1/2):62–77
Puhl T (2005) Entparlamentarisierung und Auslagerung staatlicher Entscheidungsverantwortung. In: Isensee J, Kirchhoff O (Hrsg) Handbuch des Staatsrechts, Band III: Demokratie – Bundesorgane. C.F. Müller, Heidelberg, S 639–682
von Schlieffen K (2005) Koalitionsvereinbarungen und Koalitionsgremien. In: Isensee J, Kirchhoff O (Hrsg) Handbuch des Staatsrechts, Band III: Demokratie – Bundesorgane. C.F. Müller, Heidelberg, S 683–708
Statistisches Bundesamt Deutschland (2012) Nachhaltige Entwicklung Deutschlands: Indikatorenbericht 2012. https://www.destatis.de/DE/Publikationen/Thematisch/UmweltoekonomischeGesamtrechnungen/Umweltindikatoren/IndikatorenPDF_0230001.pdf?__blob=publicationFile. Zugegriffen: 18. April 2012
Vázquez-Carrasco R, López-Pérez ME (2012) Small & medium-sized enterprises and corporate social responsibility: a systematic review of the literature. Qual Quant 47(6):3205–3218. doi:10.1007/s11135-012-9713-4
WCED (1987) Report of the World Commission on Environment and Development: our common future. http://www.un-documents.net/our-common-future.pdf. Zugegriffen: 6. Feb. 2012
Wöhe G (2002) Einführung in die Allgemeine Betriebswirtschaftslehre, 21. Aufl. Vahlen, München

Universitäts-Professor Dr. Dr. Helmut Schneider Seit 2006 Inhaber des SVI-Stiftungslehrstuhls für Marketing und Dialogmarketing an der School of Management and Innovation, Steinbeis-Hochschule Berlin. Seinem Studium der Politik- und Kommunikationswissenschaft sowie der Betriebswirtschaftslehre an der Westfälischen Wilhelms-Universität Münster folgten Promotionen in beiden Fächern. Im Anschluss an seine Habilitation, ebenfalls an der Universität Münster, war Prof. Schneider als Gastdozent an der Marmara Universität Istanbul tätig. Prof. Schneiders Forschungsinteresse gilt Fragestellungen mit gesellschaftlicher Relevanz, wie z.B. der Kommunikation im öffentlichen Sektor, dem freiwilligen Engagement oder der Vereinbarkeit von Beruf und Familie. In diesem Zusammenhang war er Mitglied der Sachverständigenkommission zur Erstellung des achten Familienberichts.

Frederik Ferié, MSc Seit Juli 2011 wissenschaftlicher Mitarbeiter am SVI-Stiftungslehrstuhl für Marketing und Dialogmarketing an der School of Management and Innovation, Steinbeis-Hochschule Berlin. Nach seinem Studium der Betriebswirtschaftslehre an der Westfälischen Wilhelms-Universität Münster und der Tel Aviv University war Herr Ferié zunächst wissenschaftlicher Mitarbeiter der Fraktionsvorsitzenden der FDP-Fraktion im Deutschen Bundestag, verantwortlich für den Bereich Internationale Politik. Im Rahmen seines Promotionsvorhabens befasst Herr Ferié sich mit den Forschungsfeldern Political Marketing und Dialogmarketing.

Anja Quednau, M.Sc. Seit November 2011 wissenschaftliche Mitarbeiterin am SVI-Stiftungslehrstuhl für Marketing und Dialogmarketing an der School of Management and Innovation, Steinbeis-Hochschule Berlin. Zuvor studierte sie Betriebswirtschaftslehre an der Humboldt-Universität zu Berlin sowie Leisure and Tourism Management an der Fachhochschule Stralsund und der Universität von Las Palmas de Gran Canaria. Die Forschungsinteressen von Frau Quednau liegen im Bereich Personalmarketing mit besonderem Fokus auf die Vereinbarkeit von Beruf und Familie.

Wandel aus integrativer Sicht

Frank-Martin Belz

Inhaltsverzeichnis

Der vorliegende Buchbeitrag beruht in Teilen auf dem Kapitel 3 des internationalen Lehrbuchs *Sustainability Marketing: A Global Perspective*, welches vom Verband der Hochschullehrer für Betriebswirtschaft (VHB) 2010 mit dem Preis für das Beste Lehrbuch des Jahres ausgezeichnet worden und 2012 in der zweiten überarbeiteten und erweiterten Auflage erschienen ist (Belz und Peattie, Sustainability Marketing: A Global Perspective, 2012).

F.-M. Belz (✉)
Professur für unternehmerische Nachhaltigkeit
Brau- und Lebensmittelindustrie,
TU München, Alte Akademie 14, 85354 Freising, Deutschland
E-Mail: Frank.Belz@tum.de

H. Meffert et al. (Hrsg.), *Sustainable Marketing Management*,
DOI 10.1007/978-3-658-02437-6_7

Zusammenfassung

Die „IPAT-Formel“ des amerikanischen Bevölkerungswissenschaftlern und Ökologen Paul Ehrlich steht für Impact = Population × Affluence × Technology. Sie hebt auf die drei zentralen Faktoren Weltbevölkerung, materiellen Wohlstand und eingesetzte Technologien ab, die den Einfluss des Menschen auf die natürliche Umwelt aus integrativer Sichtweise darstellen. In diesem Zusammenhang spielt das Marketing eine ambivalente Rolle: Einerseits ist herkömmliches, kommerziell geprägtes Marketing aus dem 20. Jahrhundert für die Entstehung der modernen Konsumgesellschaft mitverantwortlich. Andererseits kann Sustainable Marketing im 21. Jahrhundert dazu beitragen, neue nachhaltige Produkte und Leistungen erfolgreich zu entwickeln, am Markt einzuführen und zu verbreiten (Faktor „Technology“). Darüber hinaus kann Sustainable Marketing Impulse für nachhaltige, global verallgemeinerbare Lebens- und Konsumstile geben (Faktor „Affluence“). Damit werden die wichtigsten Ansatzpunkte und Möglichkeiten, zugleich aber auch die Grenzen des Sustainable Marketing deutlich.

1 Einführung

Seit der Renaissance wissen wir dank großer Wissenschaftler wie Galileo Galilei, dass sich das ptolemäische Weltbild von der Erde als Zentrum der Welt nicht aufrechterhalten lässt. Es dauerte jedoch viele Jahrhunderte, bis wir uns auch ein Bild vom Planeten Erde machen konnten: Im Jahr 1972 hat die Besatzung der Apollo 17 aus 45.000 km Entfernung ein Foto von unserem Planeten aufgenommen, welches als „Blue Marble“ bekannt geworden. Abbildung 1 zeigt den blauen Planeten in der Weite des Weltalls. Ein Großteil der Oberfläche ist mit Wasser bedeckt.

Abb. 1 Blue Marble

Dieses Foto hat ikonischen Charakter. Es ist verankert im kollektiven Gedächtnis der Menschheit und führt(e) zu einem Umdenken im Umgang mit der Umwelt. Während der Planet aus der Froschperspektive sehr groß und schier unerschöpflich sein mag, verdeutlicht die Vogelperspektive, dass er in Tat und Wahrheit relativ klein, fragil und begrenzt ist. Es ist anzunehmen, dass die Diskussion um die Grenzen des Wachstums (Meadows et al. 1972) ohne das Foto der Blue Marple nie so große Resonanz erfahren hätte. Der Einfluss des Menschen auf die natürliche Umwelt ist vielfältig und komplex. Anfang der 1970er Jahre haben die amerikanischen Bevölkerungswissenschaftler und Ökologen Ehrlich und Holdren (1971) eine Formel eingeführt, welche die drei wichtigsten Einflussgrößen beinhaltet. Sie ist als IPAT-Formel bekannt geworden:

- Impact = Population × Affluence × Technology

Die Formel hebt auf die Weltbevölkerung, den materiellen Konsum und die eingesetzten Technologien als die drei zentralen Faktoren ab, die das Ausmaß der menschlichen Umwelteinwirkungen aus globaler Perspektive bestimmen. Mit der Formel lässt sich der fundamentale Wandel beschreiben, der sich in den letzten 100 Jahren vollzogen hat. Die Formel gibt ein Gesamtbild und integriert die wichtigsten Einflussfaktoren, ohne sich in Details zu verlieren. Damit werden die Möglichkeiten, zugleich aber auch die Grenzen eines Sustainable Marketing deutlich. In den folgenden Ausführungen werden die einzelnen Faktoren näher erläutert und einige Implikationen für das Sustainable Marketing aufgezeigt.

2 Population

Population ist die Anzahl der Menschen, die auf dem Planeten Erde leben. Je grösser die Weltbevölkerung, desto stärker ist der Einfluss auf die natürliche Umwelt, da jeder Mensch zumindest ein Minimum an Ressourcen wie Boden, Wasser und Luft zum Leben in Anspruch nimmt. Bis zum 18. Jahrhundert lag die Weltbevölkerung noch bei weniger als 1 Mrd. Menschen. Durch die Industrialisierung, die grüne Revolution in der Landwirtschaft und die Verbesserung der medizinischen Versorgung wies die Weltbevölkerung während der letzten beiden Jahrhunderte ein exponentielles Wachstum auf: Im Zeitraum von 1800 bis 2010 stieg die Weltbevölkerung von 1 auf rund 7 Mrd. Menschen (Abb. 2). Gemäß den neuesten Schätzungen der Vereinten Nationen wird die Weltbevölkerung bis Mitte des 21. Jahrhunderts auf rund 9 Mrd. Menschen ansteigen. Während die Bevölkerung in entwickelten Ländern stagniert, weist sie in unterentwickelten Ländern und Schwellenländern aufgrund der hohen Geburtenrate ein Wachstum auf (trotz Unterernährung und epidemischen Krankheiten wie HIV/AIDS, Malaria und Tuberkulose in diesen Regionen).

Je mehr Menschen den Planeten Erde bevölkern, desto weniger Ressourcen stehen (theoretisch) pro Kopf zur Verfügung. Die neusten Berechnungen des Global Footprint

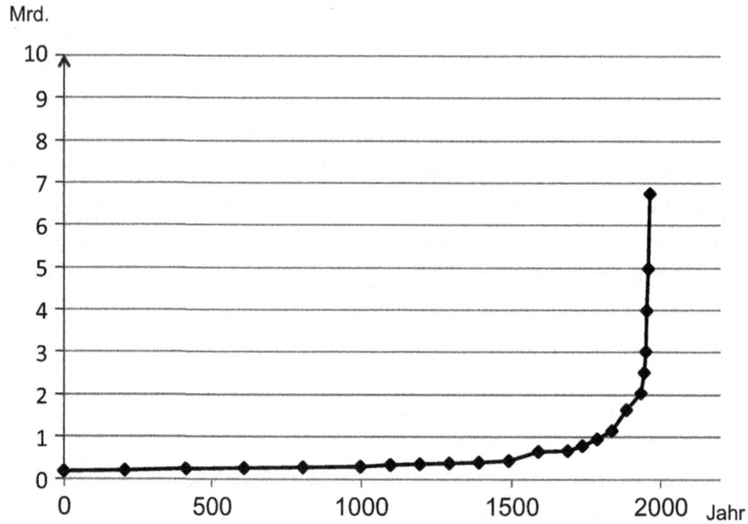

Abb. 2 Entwicklung der Weltbevölkerung. (Quelle: Auf Basis der Vereinten Nationen (2005))

Network (2012) zeigen, dass der globale ökologische Fußabdruck bereits in den 1970er Jahren überschritten worden ist. Im Jahr 2008 wurde die Biokapazität um rund 50 % überschritten. Dabei wurden die natürlichen Ressourcen sehr unterschiedlich in Anspruch genommen, was auf den zweiten zentralen Faktor der IPAT-Formel verweist.

3 Affluence

Mit Affluence wird der materielle Verbrauch pro Kopf der Weltbevölkerung bezeichnet. Um ein menschenwürdiges Leben zu führen, braucht jeder Mensch ein Minimum an materiellen Ressourcen. Weltweit ist jedoch der Verbrauch an Ressourcen pro Kopf sehr unterschiedlich. Dahingehend unterscheidet Durning (1992) aus globaler Perspektive drei Verbraucherklassen: Die Armen, die Mittelschicht und die globale Verbraucherklasse. Die Verteilung gleicht einer Zwiebel, wobei der obere Zipfel die Milliardäre und Millionäre darstellen, die jährlich in einer Liste vom US-amerikanischen Wirtschaftsmagazin Forbes zusammengestellt und veröffentlicht werden.

Die Armen leben definitionsgemäß von weniger als US$ 750 im Jahr, haben keinen Zugang zu sauberen Wasser, unzureichende Ernährung und Behausung. Sie gehen weite Wege zu Fuß und leben von lokal erhältlicher Biomasse (z. B. Holz oder Kuhdung, um Essen zu kochen). Je nach Definition und Schätzung gehören etwa ein Fünftel der Menschen der armen Konsumentenklasse an. Gemäß dem Millenniumentwicklungsbericht der Vereinte Nationen (2005) leben rund 1 Mrd. Menschen weltweit in extremer Armut. Während sich die Situation in Süd- und Ostasien seit 1990 erheblich verbessert hat, sind die Menschen in der (Sub-) Sahara in besonderem Maß von Armut, Hunger, Kindersterblichkeit und epidemischen Krankheiten betroffen.

Die Mittelschicht hat ein jährliches Einkommen zwischen US$ 750 und 7500 pro Kopf. Sie hat ein Dach über dem Kopf, und verfügt über ausreichende (Grund-) Nahrungsmittel. Die Menschen dieser Klasse bewegen sich größtenteils mit dem Fahrrad oder öffentlichen Verkehrsmitteln wie Bus oder Bahn fort. Mit rund drei Fünftel der Menschen weltweit ist die Mittelschicht zahlenmäßig am größten. Viele Menschen aus Osteuropa, Südamerika und China gehören zu dieser Klasse.

Die globale Verbraucherklasse hat definitionsgemäß ein jährliches pro-Kopf-Einkommen von mehr als US$ 7500, lebt in klimatisierten Häusern, isst relativ viel Fleisch und größtenteils verarbeitete, verpackte Lebensmittel. Viele Mitglieder dieser Gruppe besitzen bzw. fahren ein eigenes Automobil und fliegen privat oder von Berufs wegen mit dem Flugzeug. Schätzungsweise ein Fünftel der Weltbevölkerung gehört der globalen Verbraucherklasse an. Dabei ist es ein Irrglauben, dass diese Menschen ausschließlich (oder größtenteils) in Industrieländern wie Nordamerika, Deutschland oder Japan leben. Gemäß Erhebungen von Bentley (2003) gibt es weltweit rund 1,7 Mrd. Menschen, die zur globalen Verbraucherklasse gezählt werden können. Davon kommen 900 Mio. Menschen aus Industrieländern und 800 Mio. leben in Entwicklungs- oder Schwellenländern. Ein Beispiel ist China, wo mindestens 240 Mio. Menschen leben, die vergleichbare Lebens- und Konsumstile führen wie die Menschen in Industrieländern (die Schätzungen beruhen auf Zahlen aus dem Jahr 2000 – aufgrund des anhaltenden Wirtschaftswachstums in China dürften sie in der Zwischenzeit höher liegen). Dabei handelt es sich lediglich um 15 % der chinesischen Bevölkerung. Der Rest der Chinesen (oder zumindest ein Großteil davon) betrachtet ähnliche Lebens- und Konsumstile als erstrebenswert, ungeachtet der ökologischen und sozialen Probleme, die damit einhergehen mögen. Dies zeigt das Wachstums-, aber auch das Bedrohungspotential, die hinter dem Versprechen der Moderne steht. Der soziale Kontrakt zwischen Norden und Süden, zwischen entwickelten und weniger entwickelten Staaten sah in Vergangenheit vor, über weltweiten Handel und ökonomisches Wachstum eine nachholende Entwicklung auf den Weg zu bringen, um zu einem Ausgleich zu kommen (Wuppertal Institut Klima, Energie, Umwelt 2005). Je mehr Menschen in bevölkerungsreichen Staaten wie China, Indien und Indonesien jedoch die ressourcenintensiven Lebensstile der globalen Verbraucherklasse annehmen, desto größer wird der Druck auf die natürliche Umwelt. Je mehr endliche Ressourcen durch die Änderung der Konsumstile weltweit nachgefragt werden, desto höher steigen auch die Preise. Dies lässt sich bei Erdöl als dem meist gehandelten Rohstoff der Welt beobachten: Im Zeitraum von 2000 bis 2010 haben sich die Erdölpreise in etwa vervierfacht. Viele Energieexperten gehen davon aus, dass Peak Oil, d. h. die maximale Produktionsmenge von Erdöl, bereits erreicht worden ist bzw. in den nächsten Jahren erreicht wird. Vor dem Hintergrund des begrenzten Angebots und der weltweit steigenden Nachfrage werden die Preise für Erdöl in Zukunft weiter ansteigen. Ähnlich verhält es sich mit den Lebensmittelpreisen, die in hohem Maß mit Erdölpreisen korrelieren. Einerseits entstehen dadurch ökonomische

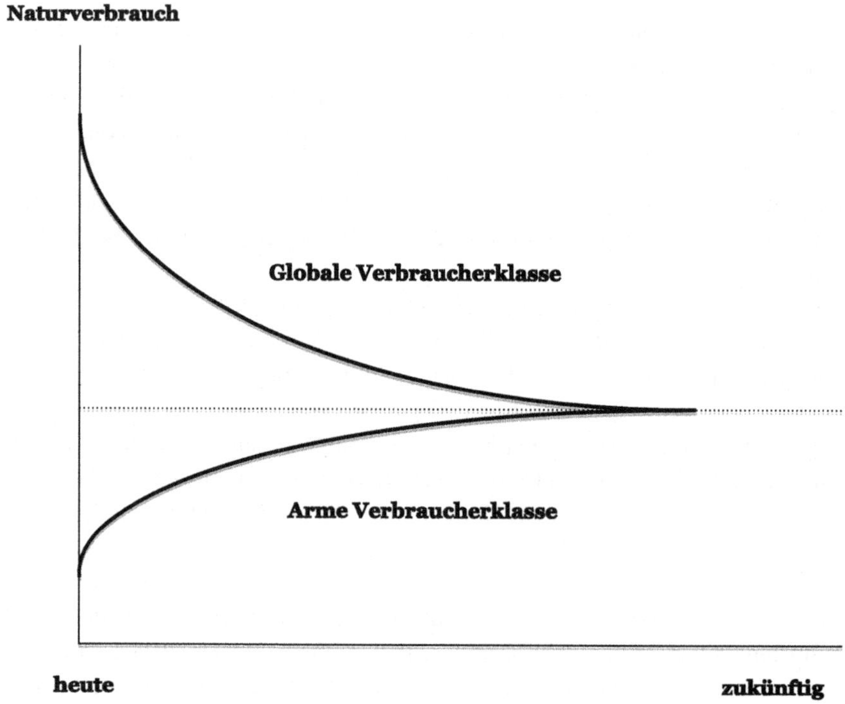

Abb. 3 Zukunftsmodell Kontraktion und Konvergenz. (Quelle: Auf Basis von Wuppertal Institut Klima, Energie, Umwelt 2005, S. 159)

Anreize, effizienter mit knappen Ressourcen umzugehen, andererseits enthalten gerade steigende Lebensmittelpreise viel soziale Sprengkraft.

Aus der Diskussion wird deutlich, dass die ökologische Frage eng mit der sozialen Frage verflochten ist. Die Endlichkeit der Ressourcen und die Begrenztheit des Umweltraums verbieten es, den Lebens- und Konsumstil der globalen Verbraucherklasse zum Maßstab der Gleichheit zu machen. Nur durch eine Annäherung der Lebensstile kann es gelingen, ein zukunftsfähiges Modell zu entwickeln. In diesem Zusammenhang schlägt das Wuppertal Institut für Klima, Umwelt, Energie (2005) ein Zukunftsmodell vor, das auf Kontraktion und Konvergenz beruht. Gemäß diesem Modell muss die globale Verbraucherklasse den Ressourcenverbrauch erheblich vermindern (Kontraktion), während der Ressourcenanspruch der armen Konsumentenklassen steigt, um ein menschenwürdiges Leben zu ermöglichen. Dadurch kommt es im Laufe der nächsten Jahrzehnte zu einer Konvergenz im Rahmen eines Zielkorridors (Abb. 3).

Die Kontraktion lässt sich einerseits durch weniger Konsum erreichen, andererseits durch anderen Konsum, d. h. durch Anwendung von nachhaltigen Technologien. Damit wird auf dritten zentralen Faktor der IPAT Formel verwiesen.

4 Technology

Mit nachhaltigen Technologien sind nachhaltige Prozesse, Produkte, Leistungen, und Systeme gemeint, die einen Beitrag zur nachhaltigen Entwicklung leisten. Im Kontext des Sustainable Marketing geht es insbesondere um nachhaltige Produkte und Leistungen, die Kundenbedürfnisse befriedigen und gleichzeitig die sozial-ökologischen Auswirkungen entlang des gesamten Lebenszyklus im Vergleich zu konventionellen Produkten erheblich verbessern (Belz und Peattie 2012, S. 175, 176). Vor dem Hintergrund einer steigenden Weltbevölkerung und begrenzten Ressourcen ist es notwendig, die Ressourcenproduktivität und die Energieeffizienz der Produkte um ein Vielfaches zu steigern. Von Weizsäcker et al. (2009) halten eine Effizienzsteigerung um den Faktor 5 für notwendig und möglich. In dem Buch geben sie eine Reihe von Beispielen aus verschiedenen Branchen wie Landwirtschaft/Lebensmittel, Bauen/Wohnen und Verkehr/Mobilität, die eine zentrale Rolle bei der Befriedigung menschlicher Bedürfnisse spielen und einen Großteil der gesamten Umweltbelastungen verursachen. Schmidt-Bleek (1998) geht davon aus, dass sich radikale Änderungen nur durch den Faktor 10 an Ressourcenproduktivität und Energieeffizienz erreichen lassen. Er argumentiert, dass ökologische Verbesserungen nicht nur auf der Ebene der Prozesse, Produkte und Leistungen notwendig sind, sondern auch auf der Ebene von ganzen Systemen (z. B. von zentralen zu dezentralen Energiesystemen). Eine zentrale Voraussetzung für solche Produktivitäts- und Effizienzfortschritte ist, dass die Preise die sozial-ökologische Wahrheit sagen, d. h. dass die externen Kosten ganz (oder zumindest teilweise) internalisiert werden und damit in den Preisen zum Ausdruck kommen. Dadurch werden ökonomische Anreize für Produzenten und Konsumenten gesetzt, sich nachhaltig zu verhalten. Sind nachhaltige Produkte und Leistungen gleichauf oder günstiger als konventionelle Angebote, dann wird die Mehrheit der Konsumenten erstere bevorzugen. Werden diese vermehrt (oder ausschließlich) nachgefragt, stellen nicht nur Nachhaltigkeitspioniere, sondern Unternehmen mehrheitlich sich darauf ein und passen ihr Angebot entsprechend an. Dabei ist hervorzuheben, dass Unternehmen nicht bloße Erfüllungsgehilfen der Konsumentenwünsche sind. Sie können (und sollten) mit ihren Produkten und Leistungen einen aktiven Beitrag leisten, um den Übergang zur Faktor 5 (Faktor 10) Gesellschaft zu gestalten. Ausgewählte Beispiele dafür sind: Erneuerbare Energien, Plusenergiehäuser, Passivhäuser, Elektroautos, Car Sharing, Biolebensmittel, Fair Trade Produkte und nachhaltige Mode usw. Teilweise ist dabei die Grenze zwischen Produkt- und Systemebenen fließend. Elektroautos, die sinnvollerweise nur mit Öko-Strom beladen werden und die Energie zwischenzeitlich speichern können, haben zumindest langfristig auch Auswirkungen auf das Energiesystem. Ebenso verhält es sich mit Plusenergiehäusern, die im Laufe eines Jahres mehr Strom erzeugen als verbrauchen und damit vom Energiekonsumenten zum Energieproduzenten werden. Solche Produkte leisten einen Beitrag zum Zukunftsmodell der Kontraktion und Konvergenz. Sie ermöglichen der globalen Konsumentenklasse, ihre Umweltauswirkungen wie z. B. Energieverbrauch und CO_2-Emissionen zu vermindern, damit die Armen zumindest ein Mindestmaß an Ressourcen in Anspruch nehmen können, um ein menschenwürdiges Leben zu führen.

Insofern sind neue öko-effiziente Produkte auch immer soziale Produkte, die (zumindest potentiell) einen Beitrag zur globalen Ressourcengerechtigkeit leisten.

5 Impact

Die drei Faktoren Population, Affluence und Technology haben maßgeblichen Einfluss auf die natürliche Umwelt. Generell sind die Wechselwirkungen zwischen Mensch und Natur sehr komplex, systemisch und unterliegen einem steten Wandel. Biber gelten als die größten Umweltingenieure der Natur. Durch das Roden von Bäumen in der Nähe von fließenden Gewässern nehmen sie nachhaltigen Einfluss auf die umliegende Natur. Der weltweit vermutlich größte Biberdamm findet sich in einem Nationalpark in Alberta (Kanada). Er ist 850 m lang und Generationen von Biber haben daran mitgewirkt. Das ist jedoch nichts im Vergleich zum Menschen. Kein anderes Lebewesen hat die Natur im Laufe der Jahrtausende so nachhaltig verändert wie der Mensch. Durch das explosionsartig angestiegene Wissen und die Entwicklung von neuen Technologien hat sich die Eingriffstiefe des Menschen auf die natürliche Umwelt in den letzten hundert Jahren noch weiter verstärkt. Die Auswirkungen des Menschen auf die natürliche Umwelt lassen sich festmachen an den Quellen (Inputseite) und Senken (Outputseite).

Quellen lassen sich in erneuerbare und nicht-erneuerbare Quellen einteilen. Erneuerbare Quellen sind bspw. Luft, Wasser, Lebensmittel, Fischbestände, und Wälder. Zu den nicht-erneuerbaren Quellen zählen Kohle, Erdöl und Erdgas. Diese Energieträger haben die industrielle Revolution „befeuert". Die moderne Konsumgesellschaft wäre ohne Erdöl heute kaum möglich, wenn man bedenkt, dass 90 % des Verkehrs, sowie Pharmazeutika, Chemikalien, Kunststoffe und Lebensmittel direkt oder indirekt davon abhängen. Der große Vorteil von Erdöl ist die hohe Energiedichte. Der Nachteil besteht in den CO_2-Emissionen, die maßgeblich zum Klimawandel beitragen. Auch fruchtbarer Boden ist eine knappe, nicht-erneuerbare Ressource. Ist er mit Schadstoffen angereichert oder wird er verdichtet, handelt es sich dabei um irreversible Prozesse.

Senken absorbieren Schadstoffe und Abfälle, die durch menschliche bzw. wirtschaftliche Aktivitäten entstehen. Die Emissionen gelangen als Immissionen in Umweltmedien Luft, Wasser und Boden. Wie Carson (1962) in ihrem Umweltklassiker *Silent Spring* zeigt, gelangen Chemikalien über den Umweg Wasser und Boden wieder in die menschliche Nahrungskette. Dies verdeutlicht, wie komplex und verflochten die Umweltprobleme sind. Ein zentrales ökologisches Problem ist die globale Erwärmung, die gemäß dem neuesten Bericht des IPCC (2007) sehr wahrscheinlich durch Menschen verursacht ist, und unvorhersehbare Folgen für das weltweite Klima und Ökosysteme hat.

Alle zwei Jahre veröffentlicht der WWF in Zusammenarbeit mit dem Global Footprint Network, der European Space Agency und der Zoological Society of London den *Living Planet Report*, der umfassend über den „Gesundheitszustand" (oder besser: „Krankheitszustand") der Erde Auskunft gibt. Dort werden auf Basis von seriösen wissenschaftlichen Untersuchungen verschiedene Zahlen und Indices zur Abnahme der Ressourcen- und Absorptionsfähigkeit des Planeten Erde angegeben (WWF 2012). Selbst wenn auf lokaler oder regionaler Ebene Umweltverbesserungen und -erfolge erzielt worden sind bzw. erzielt werden, fällt die Bilanz aus globaler Perspektive sehr ernüchternd aus – unabhängig davon, ob Ressourcenvorräte, verfügbare fruchtbare Böden, Artenvielfalt, oder CO_2-Emissionen betrachtet werden. Alle Indikatoren weisen auf einen Überschuss („overshoot") hin. Die fundamentalen, strukturellen Ursachen für diese Entwicklung werden in der IPAT-Formel aus integrativer Sicht zum Ausdruck gebracht. Bei nüchterner Betrachtungsweise geben sie wenig Anlass zur Hoffnung: Gemäß Einschätzung der Vereinten Nationen wird die Weltbevölkerung in den kommenden Jahrzehnten bis Mitte des 21. Jahrhunderts weiter wachsen. Zugleich üben ressourcenintensive Lebensstile, wie sie von der globalen Verbraucherklasse gepflegt und über Massenmedien im Fernsehen oder das Internet vermittelt werden, große Anziehungskraft auf die Menschen aus, die sich einen solchen materiellen Reichtum bisher nicht leisten können (Gardner et al. 2004). Technologien in Form von neuen nachhaltigen Produkten und Leistungen versprechen zwar eine höhere Ressourcenproduktivität und Energieeffizienz, werden jedoch häufig durch Reboundeffekte, d. h. Verhaltensveränderungen auf Seiten der Konsumenten, zunichte gemacht. So weisen bspw. Energiesparlampen eine höhere Energieeffizienz als konventionelle Glühbirnen auf, wenn jedoch die Konsumenten mehr Licht in Innen- und Außenräumen von Gebäuden einsetzen, werden die erzielten Einsparungen wieder kompensiert oder sogar überkompensiert.

Welche Implikationen ergeben sich aus der IPAT-Formel als integrative Betrachtungsweise? Je nach Standpunkt und Disziplin wird der eine oder andere Faktor als Ursache und Lösung für die Umweltprobleme hervorgehoben: Bevölkerungswissenschaftler wie Stanford Professor Paul Ehrlich sprechen von der *Population Bomb* als die zentrale Ursache für die Überbelastung der Natur durch den Menschen. Solange das weltweite Bevölkerungswachstum nicht gestoppt und rückgängig gemacht wird, halten sie alle weiteren Anstrengungen für Makulatur. Philosophen und Konsumwissenschaftler halten die Konsumgesellschaft, wie sie sich im 20. Jahrhundert in Nordamerika, Westeuropa und Japan herausgebildet hat und sich am Beginn des 21. Jahrhundert weltweit verbreitet, für die Wurzel allen Übels. In einer solchen Gesellschaft werden Werte des Seins wie etwa Erkenntnis und Einsicht, Sensibilität und Solidarität durch Werte des Habens, des Besitzen- und Konsumieren-Wollens ersetzt (Fromm 1979, S. 73). Geistes- und Sozialwissenschaftler beäugen den Technologiefortschritt möglicherweise skeptisch und setzen sich mit den negativen, nicht-intendierten Folgen auseinander. Ingenieurwissenschaftler sind in der Regel weniger skeptisch und neigen eher zu einem mehr oder weniger großen technologischen Gestaltungsoptimismus. Sie sehen in neuen nachhaltigen Technologien wie bspw. erneuerbaren Energien die Lösung aller Umweltprobleme (oder zumindest eines Großteils davon). Die integrative Sichtweise der IPAT Formel verdeutlicht, dass kein zentraler Faktor ausgelassen werden kann und dass alle gleichermaßen wichtig sind, um die menschlichen Aktivitäten in Einklang mit den natürlichen Kreisläufen und Systemen zu bringen.

Das Marketing spielt in diesem Zusammenhang eine höchst ambivalente Rolle (Raffee 1979, S. 13–27):

Auf der einen Seite ist das Marketing mit für die Entstehung der modernen Konsumgesellschaft verantwortlich. Marketing hat im 20. Jahrhundert dafür gesorgt, dass das richtige Produkt zur richtigen Zeit am richtigen Ort verfügbar und für eine immer größere Anzahl an Konsumenten erschwinglich war. Damit hat Marketing gerade nach dem Zweiten Weltkrieg zum materiellen Wohlstand beigetragen, den ein Großteil der Konsumenten in OECD-Ländern genießt. Zugleich hat das kommerziell geprägte Marketing jedoch zu einem Überfluss an Konsum geführt, der ökologisch und sozial bedenklich ist.

Auf der anderen Seite kann Marketing dazu beitragen, neue nachhaltige Produkte und Leistungen erfolgreich zu entwickeln, am Markt einzuführen und zu verbreiten. Darüber hinaus kann Marketing Anleitungen zu ressourcenleichten Lebens- und Konsumstilen geben. Damit werden die Möglichkeiten, zugleich aber auch die Grenzen eines Sustainable Marketing deutlich. Es setzt vor allem am Faktor Technologie und gegebenenfalls beim Faktor Affluence an. In dem folgenden und abschließenden Teil werden einige Implikationen der IPAT Formel für das Sustainable Marketing erläutert.

6 Implikationen für Sustainable Marketing

Aus der integrativen Betrachtungsweise ergeben sich fünf Implikationen für das Sustainable Marketing, die an dieser Stelle näher ausgeführt werden.

6.1 Erste. Implikation: Impact als Ausgangspunkt eines glaubwürdigen Sustainable Marketing

Das Wissen um die globalen Zusammenhänge und die Auswirkungen menschlicher Aktivitäten auf die natürliche Umwelt ist eine zentrale Voraussetzung für glaubwürdiges Sustainable Marketing. Dabei geht es nicht nur um die großen Problemlagen auf der Makroebene, sondern vor allem auch um den Impact einzelner Produkte auf der Mikroebene. Welche Auswirkungen haben Produkte entlang des gesamten Lebenszyklus auf die natürliche Umwelt und die soziale Umwelt? Unter welchen Bedingungen sind die Produkte hergestellt worden? Sind sie sicher und energieeffizient in der Verwendung? Sind sie so entwickelt und designt, dass sie eine lange Lebensdauer haben? Können sie nach der (Wieder-) Verwendung einfach demontiert werden, um stoffliche Kreisläufe zu schließen? Um solche Fragen nicht sporadisch, sondern systematisch zu beantworten, brauchen Marketingmanager Kenntnisse und Instrumente wie die sozial-ökologische Impact Matrix und/oder Life Cycle Assessment (Belz und Peattie 2012, S. 61–70). Erst dadurch werden sie für die reale Welt hinter den Produkten sensibilisiert und können entsprechende Maßnahmen treffen, um die Auswirkungen auf die sozial-ökologische Umwelt zu vermindern. Bewegen sich die Marketingmanager ausschließlich in künstlichen Marken- und Werbewelten, besteht die Gefahr, dass die sozial-ökologischen Maßnahmen nicht die zentralen Probleme angehen, falsche Akzente setzen und lediglich Makulatur bleiben. Ein solches Sustainable Marketing ist als unglaubwürdig einzuschätzen und erweist sich angesichts einer kritischen (Internet-) Öffentlichkeit schnell als Bumerang.

6.2 2. Implikation: Nachhaltige Produkte und Leistungen zur Kontraktion und Konvergenz

Das Wissen um die sozial-ökologischen Probleme auf der Makro- und der Mikroebene kann entsprechendes Handeln nicht ersetzen. Nach der Analyse geht es in einem ersten Schritt darum, die bestehenden Produkte und Leistungen nachhaltiger zu gestalten, d. h. signifikante Beiträge zur Verbesserung der zentralen sozial-ökologischen Probleme entlang des gesamten Produktlebenszyklus zu liefern. Häufig sind diese nicht in der eigenen Produktion oder Logistik zu finden, sondern auf den vor- oder nachgelagerten Stufen der gesamten Wertschöpfungskette. Daher ist es unabdingbar, über die eigenen Unternehmensgrenzen hinauszugehen und mit (Vor-) Lieferanten, Absatzmittlern und Endkunden gemeinsam an sozial-ökologischen Problemlösungen zu arbeiten. Dies schließt gegebenenfalls auch Nicht-Regierungsorganisationen ein. So ist bspw. Unilever Mitte der 1990er Jahre eine Kooperation mit WWF International eingegangen, um das Problem der Überfischung der Weltmeere anzugehen. Die beiden ungleichen Partner haben 1997 den Marine Steward Council (MSC) gegründet, der im Jahr 2012 als Standard für nachhaltigen Fischfang gilt und sich weltweit etabliert hat. In den ersten Jahren musste Unilever nicht nur Absatzmarketing betreiben, um das blaue Label bei den Konsumenten bekannt zu machen, sondern auch Beschaffungsmarketing, um Fischereien zum Umsteigen auf die neuen nachhaltigen Standards zu bewegen (Leitner 2009). Ähnlich ging es dem schweizerischen Handelsunternehmen Coop, das 1993 ein breites Bio-Lebensmittelsortiment eingeführt hat. In den ersten Jahren ging es nicht nur darum, den Schweizern die Besonderheiten und Vorzüge des biologischen Anbaus näher zu bringen und die Knospe als Label bekannt zu machen, sondern auch die Bauern zur Umstellung von integrierter Produktion auf Bio zu bewegen (Belz 2001; Villiger 2000). Insofern haben die Unternehmen ein Gleichgewichts-Marketing (Raffee 1979) betrieben, welches einen Ausgleich zwischen Beschaffung und Absatz anstrebt.

Der zweite Schritt eines fortschrittlichen Sustainable Marketing besteht in der Entwicklung von neuen nachhaltigen Produkten und Leistungen. Hier geht es um Nachhaltigkeits-Innovationen, die zum Erhalt kritischer Naturgüter und zu globalen und langfristig tragbaren Wirtschafts- und Konsumstilen beitragen (Fichter 2005, S. 134–138). Dabei kann es sich um Produkte und Leistungen zur Kontraktion handeln, die eine beträchtliche Steigerung der Ressourcenproduktivität und/oder Energieeffizienz um den Faktor 5–10 versprechen und (zumindest potentiell) einen Beitrag zur Verminderung von Umweltbelastungen in den Industrieländern liefern. Darüber bietet es sich gerade auch für international tätige (Groß-) Unternehmen an, Produkte und Leistungen zur Konvergenz zu entwickeln, d. h.

zur Angleichung der Wirtschafts- und Lebensstile. In seinem grundlegenden Werk *The Fortune at the Bottom of the Pyramid* hat Prahalad (2005) darauf aufmerksam gemacht, dass die Armen und die untere Mittelschicht eine wichtige Zielgruppe für Unternehmen und das Marketing sein können. Dabei gilt es, sich von bestehenden Vorurteilen zu befreien und nachhaltige Geschäftsmodelle zu entwickeln, die ökonomische, ökologische und soziale Beiträge für das Unternehmen, die Kunden und die Gesellschaft liefern. Auch das ist ein wichtiges Betätigungsfeld des Sustainable Marketing in Theorie und Praxis.

6.3 3. Implikation: Förderung global nachhaltiger Lebens- und Konsumstile

Neben Technology spielt auch Affluence eine wichtige Rolle im Rahmen der IPAT Formel. Wie oben ausgeführt, können die (materiellen) Konsumstile der globalen Verbraucherklasse nicht zum Standard einer globalen Ressourcengerechtigkeit erhoben werden. Daher ist ein ganzheitliches Sustainable Marketing auch daran zu bemessen, inwiefern es zu global verallgemeinerbaren Lebens- und Konsumstilen beiträgt. Die Umstellung von Benzinautos auf Hybrid- und Elektroautos mag einen relativen Umweltvorteil auf der Ebene des einzelnen Fahrers bzw. Individuums darstellen, aber lässt sich ein solches Konsummuster auf den Rest der Menschheit übertragen? Was wäre, wenn jeder Zweite wie in Deutschland ein eigenes Automobil besitzt? Wird damit dem Kriterium der intragenerationalen Gerechtigkeit Rechnung getragen, d. h. der Gerechtigkeit innerhalb der bestehenden Generation? Vor dem Hintergrund dieser Fragen ist zu überlegen, wie global verallgemeinerbare Mobilitätsmuster aussehen und wie eine Konvergenz zwischen Nord und Süd, Ost und West erreicht werden kann.

Für Sustainable Marketing bedeutet das im ersten Schritt, Kunden zu einem sinnvollen, sicheren und ökologischen Umgang mit Produkten zu bewegen (z. B. Tipps und Kurse zum umweltsparenden Fahren, wie es einige Automobilunternehmen anbieten). Das schließt durchaus auch Formen des Demarketing ein, wie es Kotler und Levy (1971) vorgeschlagen und zur Diskussion gestellt haben. Im Fall von Automobilunternehmen könnte das heißen, in der Werbung hervorzuheben, den Wagen für den Weg zu Fuß oder mit dem Fahrrad auch mal stehen zu lassen, sprich: weniger Auto zu fahren. Im zweiten Schritt geht es im Sustainable Marketing darum, nachhaltige Produkte und Leistungen zu entwickeln, die global nachhaltige Lebens- und Konsumstile fördern. So ist bspw. Car Sharing in Kombination mit öffentlichen Verkehrsmitteln ein Mobilitätsmuster, welches sich auf den Rest der Welt übertragen ließ. Nicht nur aus ökologischen, sondern auch aus ökonomischen Gründen gewinnt diese Form der intermodularen Mobilität weltweit immer mehr Anhänger, insbesondere in Großstädten und städtischen Agglomerationsgebieten. (Selbst) Nach Einschätzung von Automobilexperten entwickelt sich zu einem potentiellen Wachstumsmarkt mit Milliardenumsätzen. Kritisch stellt sich gerade in entwickelten Ländern die Frage, ob individueller Automobilbesitz durch Car Sharing tatsächlich ersetzt oder nur ergänzt wird.

6.4 4. Implikation: Sustainable Marketing zur Veränderung der Rahmenbedingungen

Solange die Preise nicht die sozial-ökologische Wahrheit sagen, haben die Anbieter von nachhaltigen Produkten und Leistungen gegenüber Anbietern von konventionellen Produkten in der Regel einen Wettbewerbsnachteil in Form von höheren Kosten und Preisen. Die Internalisierung der externen Kosten kann nur durch entsprechende Rahmenbedingungen auf der (gesellschafts-) politischen Ebene geschaffen werden. Unternehmen, denen es mit Sustainable Marketing ernst ist und die eine führende Stellung einnehmen, tun gut daran, sich im wohlverstandenen Eigeninteresse für eine entsprechende Änderungen der Rahmenbedingungen einzusetzen (Belz 2001; Belz und Peattie 2012). Dies kann auf gesinnungsethischen oder wettbewerbsstrategischen Motiven beruhen (oder einer Mischung von beiden). Je mehr die externen Kosten in Form von sozialen und ökologischen Problemen internalisiert werden, desto größer sind die ökonomischen Anreize für Produzenten und Konsumenten, sich nachhaltig zu verhalten. Mit anderen Worten: Die Handlungsspielräume für Sustainable Marketing erweitern sich. Damit wird es nicht nur in Nischen oder Marktsegmenten, sondern auch im breiten Massenmarkt relevant, bis es möglicherweise als guter Standard und Selbstverständlichkeit erachtet wird.

6.5 5. Implikation: Sustainable Marketing als Herausforderung für Forschung und Lehre

Sustainable Marketing ist nicht nur eine Jahrhundertaufgabe für die Praxis, sondern auch für die Theorie. Wenn wir in der Marketingwissenschaft und -lehre über Jahrzehnte hinweg die Folgen des Konsums auf die natürliche und die soziale Umwelt vernachlässigt, um nicht zu sagen ignoriert haben, wen wundert es, wenn die Marketingabsolventen/innen dieser Welt keine Sensibilität dafür entwickeln? Eine integrative Betrachtungsweise über den Tellerrand des kommerziellen Marketings ist notwendig, um die Marketingentscheidungsträger für solche Tatbestände zu sensibilisieren und vorzubereiten. Die IPAT Formel eignet sich, um die fundamentalen Zusammenhänge und Veränderungen aus globaler Perspektive in einfacher, aber nicht simplifizierender Form darzustellen. Wichtig ist, die natürliche Umwelt nicht als eine Rand- oder Rahmenbedingung (unter anderen) zu begreifen, sondern zu erkennen, dass alle menschlichen und wirtschaftlichen Aktivitäten (inklusive Marketing) darin eingebettet sind. Das Verständnis um die Auswirkungen, den Impact der Produkte und Leistungen ist das A und O des Sustainable Marketing. Meffert und Kirchgeorg (1999) haben mit *Marktorientiertes Umweltmanagement* bereits in den 1990er Jahren ein zentrales Lehrbuch verfasst und wichtige Impulse für entsprechende Lehrveranstaltungen im deutschsprachigen Bereich gegeben. In der Zwischenzeit sind auch eine Reihe von internationalen Text Books dazu erschienen, wie bspw. *Sustainability Marketing: A Global Perspective* von Belz und Peattie (2012) und *Sustainable Marketing* von Martin und Schouten (2011). Solange jedoch klassische, kommerziell geprägte Marketingbücher und -lehrveranstaltungen die große Mehrheit darstellen, ist es noch ein weiter Weg zur vollständigen Integration der Nachhaltigkeit in die Marketinglehre. Ähnlich verhält es sich mit der Marketingforschung. Besucht man internationale Marketingkonferenzen (z. B. American Marketing Association, European Marketing Academy Conference), dann finden sich dort zwar auch eine Reihe von Papieren und Präsentationen zu spezifischen Aspekten des Sustainable Marketing und des nachhaltigen Konsumentenverhaltens, von einem Paradigmawandel kann jedoch nicht die Rede sein. Der vorliegende Sammelband stellt einen Anstoß und weiteren Schritt in diese Richtung dar.

Literatur

Belz F-M (2001) Integratives Öko-Marketing: Erfolgreiche Vermarktung von ökologischen Produkten und Leistungen. Gabler, Wiesbaden

Belz F-M, Peattie K (2012) Sustainability marketing: a global perspective, 2. Aufl. Wiley, Chichester

Bentley M (2003) Sustainable consumption: ethics, national indices and international relations. PhD thesis, American Graduate School of International Relations and Diplomacy, Paris

Carson RL (1962) Silent spring. Houghton Mifflin, New York

Durning A. (1992) How much is enough? The consumer society and the future of the earth. WW Norton, New York

Ehrlich P (1969) The population bomb. Ballantine, New York

Ehrlich P, Holdren JR (1971) Impact of population growth. Science 171(März):1212–1216

Fichter K (2005) Interpreneurship. Nachhaltigkeitsinnovationen in interaktiven Perspektiven eines vernetzenden Unternehmertums. Metropolis, Marburg

Fromm E (1979) Haben oder Sein? Die seelischen Grundlagen einer neuen Gesellschaft. Deutscher Taschenbuchverlag, München

Gardner G, Assadouranian E, Sarin R (2004) The state of consumption today. In: Assadourian E (Hrsg) State of the world 2004. WW Norton, New York, S 3–21

Global Footprint Network (2012) http://www.footprintnetwork.org.

IPCC (2007) Climate change 2007. Cambridge University Press, Cambridge

Kotler P, Levy SJ (1971) Demarketing, yes, demarketing. Harv Bus Rev 49(6):74–80

Leitner K (2009) Balanced sustainability marketing: how a fish processor deals with the shortage of natural ressource. Dissertation, Universität St. Gallen

Martin D, Schouten J (2011) Sustainable marketing. Pearson, Upper Saddle River

Meadows DH, Meadows DL, Randers J (1972) The limits to growth. Universe, New York

Meffert H, Kirchgeorg M (1999) Marktorientiertes Umweltmanagement, 2. Aufl. Schäffer-Poeschel, Stuttgart

Prahalad CK (2005) The fortune at the bottom of the pyramid. Wharton School Publishing, Upper Saddle River

Raffee H (1979) Marketing und Umwelt. Poeschel, Stuttgart

Schmidt-Bleek F (1998) Das MIPS-Konzept: Weniger Naturverbrauch – mehr Lebensqualität durch Faktor 10. Droemer, München

Vereinte Nationen (2005) Millennium development report. Veriente Nationen, New York

Villiger A (2000) Von der Ökonische zum ökologischen Massenmarkt. Strategien und Perspektiven für den Lebensmittelsektor. Gabler, Wiesbaden

Von Weizsäcker EU, Hargroves K, Smith M (2009) Faktor 5: Die Formel für nachhaltiges Wachstum. Droemer, München

Wuppertal Institut Klima, Energie, Umwelt (2005) Fair Future. Begrenzte Ressourcen und Global Gerechtigkeit. Beck, München

WWF (2012) Living planet report. WWF, Genf

Universitäts-Professor Dr. Frank-Martin Belz Seit 2003 Inhaber der Professur für unternehmerische Nachhaltigkeit Brau- und Lebensmittelindustrie an der Fakultät für Wirtschaftswissenschaften der Technischen Universität München (TUM School of Management). Die wissenschaftlichen Schwerpunkte von Prof. Dr. Belz liegen in den Bereichen Entrepreneurship, Innovation und Marketing im Kontext der Nachhaltigkeit. Im Jahr 2009 hat er zusammen mit seinem Kollegen Ken Peattie „Sustainability Marketing: A Global Perspective" veröffentlicht, welches 2010 den renommierten Preis des VHB für das „Beste Lehrbuch des Jahres" erhalten hat und mittlerweile in der zweiten, erheblich überarbeiteten und erweiterten Auflage erschienen ist.

Teil II

Grundsatzfragen und Umsetzung von Sustainable Marketing

Entscheidungsorientierung im Sustainable Marketing Management

Ingo Balderjahn

Inhaltsverzeichnis

Zusammenfassung

Das vorliegende Kapitel betrachtet die Entscheidungsorientierung im Sustainable Marketing Management als Problem der Auswahl derjenigen Handlungsalternativen, die unter den jeweiligen Markt- und Umweltbedingungen zu den besten Ergebnissen, d. h. zu einer möglichst vollständigen Erreichung von gesetzten ökonomischen, ökologischen und sozialen Zielen (*Triple-Bottom Line-Konzept*), führen. Es wird dargestellt,

I. Balderjahn (✉)
BWL/Marketing, Universität Potsdam, August-Bebel-Str. 89,
14482 Potsdam, Deutschland
E-Mail: Ingo.balderjahn@uni-potsdam.de

H. Meffert et al. (Hrsg.), *Sustainable Marketing Management*,
DOI 10.1007/978-3-658-02437-6_8

dass das Sustainable Marketing Management am klassischen Marketing Management-Konzept anknüpft und die Marktperspektive um die Bereiche Gesellschaft und natürliche Umwelt erweitert. Die zu treffenden Entscheidungen umfassen alle Managementbereiche der Zielsetzung, Analyse, Planung, Strategieformulierung, Implementierung und Kontrolle. Vorgestellt werden strategische Analyse- und Planungsmethoden und -instrumente im Sustainability Marketing Management. Die strategische Sustainability Analyse umfasst die *Sustainability Stärken-Schwächen-Analyse* sowie die *Sustainability Chancen-Risiken-Analyse*. Als Grundlage der operativen Sustainability Analyse werden nachhaltigkeitsbezogene Indikatoren und Kennzahlen vorgestellt.

1 Einleitung

Für Unternehmen bedeutet nachhaltiges Wirtschaften insbesondere die Verfolgung ökologischer und sozialer Ziele sowie deren Integration im betrieblichen Zielsystem (*Corporate Sustainability*). Das Sustainable Marketing Management übernimmt deshalb die Aufgabe, arbeitsteilige Marketingprozesse und -aufgaben innerhalb des gesamten Unternehmens in allen Wertschöpfungs- und Handlungsbereichen auf die Erreichung ökologischer und sozialer Ziele hin zu koordinieren und zu gestalten (vgl. auch Macharzina und Wolf 2010, S. 40). Zu treffende Entscheidungen umfassen alle mit dieser Aufgabe verbundenen Managementbereiche der Analyse, Planung, Strategieformulierung, Implementierung und Kontrolle. Die Verfolgung ökologischer Ziele (z. B. Ressourceneffizienz, Verringerung der Umweltverschmutzung, Klimaschutz) kann im Konzept des *marktorientierten Umweltmanagements* umgesetzt werden (vgl. u. a. Dyckhoff 2000; Dyckhoff und Souren 2008; Meffert und Kirchgeorg 1998; Müller-Christ 2001; Wagner 1997; Weber 1997). Marktorientiertes Umweltmanagement ist ein betriebliches, auf den Markt hin ausgerichtetes Führungskonzept, das sich durch die Verpflichtung und das Bestreben auszeichnet, bei allen Entscheidungen darauf zu achten, Belastungen für die natürliche Umwelt in allen Unternehmensbereichen konsequent zu vermeiden (Balderjahn 2001, 2007). Das ökologische Marketing (Öko-Marketing, Green Marketing) hat als Teil eines umfassenden Umweltmanagements und als Unterbereich des allgemeinen Unternehmensmarketing die Aufgabe, den betrieblichen Umweltschutz auf die Anforderungen der Märkte, d. h. auf die Wünsche und Forderungen der Konsumenten zum Umweltschutz und auf die vom Umweltschutz geprägten Bedingungen des Wettbewerbs, auszurichten (Balderjahn 2004; Belz 1999, 2001; Meffert und Kirchgeorg 1995). Für die Beachtung sozialer (z. B. Einhaltung der Menschenrechte und der Kernarbeitsnormen der *Internationalen Arbeitsorganisation ILO*), kommunaler (z. B. freiwillige Leistungen für das Gemeinwesen) und gesellschaftlicher Ziele (z. B. Schaffung von Transparenz, fairem Wettbewerb und Anti-Korruption) kann ein *marktorientiertes Sozialmanagement*, das das Umweltmanagement ergänzt, eingerichtet werden.

Sustainable Marketing Management knüpft am klassischen Marketing Management-Konzept an und erweitert die marktorientierte Ausrichtung der Unternehmensführung auf die Bereiche Gesellschaft und natürliche Umwelt (vgl. Kirchgeorg 2002, S. 11). Dies geht einher mit der bewussten Absicht von Unternehmen, als Teil der Gesellschaft auch freiwillig, über die gesetzlichen Normen hinaus Verantwortung für die Umwelt und Gesellschaft zu übernehmen (*Corporate Social Responsibility*). Sustainable Marketing Management erfordert gemäß des *Triple-Bottom Line-Konzepts* (*Planet, People, Profit*), dass alle Entscheidungen des Unternehmens hinsichtlich ihrer ökonomischen, ökologischen und sozialen Konsequenzen überprüft und bewertet werden. Die Umsetzung von Entscheidungen im Sustainability Marketing Management kann mit Hilfe bzw. mit Unterstützung von so genannten *Codes of Conduct* und *Management Standards* erfolgen. *Codes of Conduct* können als verbindliche Managementprinzipien aufgefasst werden, die Verhaltensstandards des Unternehmens festlegen (European Commission 2004, S. 7 f.). Solche Codes können sich auf sehr viele Bereiche, wie z. B. Umweltschutz, Arbeitsbedingungen, Korruption und Produktsicherheit, beziehen. Der Wert solcher *Codes of Conduct* ist von deren Glaubwürdigkeit und Transparenz abhängig. Sustainability Managementstandards bzw. -systeme dienen dazu, auf freiwilliger Basis, über gesetzliche Normen hinaus soziale und ökologische Herausforderungen sowie die Erwartungen von Anspruchsgruppen in betriebliche Entscheidungsprozesse zu überführen (European Commission 2004, S. 15 f.). Zu diesen Standards gehören z. B. der *Workplace Standard Social Accountability* (SA 8000), die Umweltmanagementsysteme EMAS (*Eco-Management and Audit Scheme*) und ISO 14001 sowie die ISO 26000 (Social Responsibility).

Sustainable Marketing Management soll definiert werden als eine Konzeption zur umwelt- und sozialorientierten Führung einer Unternehmung, die alle betrieblichen Marketingentscheidungen auf die Anforderungen des Marktes, d. h. auf die Wünsche und Forderungen der Kunden (Kundenorientierung) und auf die Bedingungen des Wettbewerbs (Wettbewerbsorientierung), unter Beachtung einschlägiger ökologischer und sozialer Standards ausrichtet (Balderjahn 2004, S. 48; 2013). Zudem dient der Dialog mit gesellschaftlichen Anspruchsgruppen (*Stakeholder*) und Nichtregierungsorganisationen (NGOs) über die an das Unternehmen herangetragenen ökologischen und sozialen Forderungen und Erwartungen der Sicherung gesellschaftlicher Legitimation (*License to Operate*) der Unternehmung. Management allgemein bedeutet die zielorientierte Gestaltung arbeitsteiliger Prozesse. Insofern betreffen Entscheidungen des Sustainable Marketing Managements die Markt- und Geschäftsfelddefinition, die strategische Markt- und Umfeldanalyse, die Planung der Sustainable Marketing-Konzeption sowie deren Implementierung und Kontrolle. Eine *Sustainable Marketing-Konzeption* ist ein schlüssiger, ganzheitlicher Handlungsplan, der sich an den angestrebten ökologischen und sozialen Zielen orientiert, für ihre Realisierung geeignete Strategien wählt und auf ihrer Grundlage geeignete Maßnahmen (z. B. Einrichtung eines Lieferantenmonitoring) festlegt. Prägende Elemente des Sustainable Marketing Managements sind (Balderjahn 2004, S. 49, 2013):

- die mehrdimensionale Ausrichtung (Verfolgung ökologischer, sozialer und ökonomischer Ziele),
- eine funktionsübergreifende Organisation (Nachhaltigkeit als Querschnittsfunktion),

- eine unternehmensprozessübergreifende Planung (Orientierung an Wertschöpfungskreisläufen und Produktlebenszyklen),
- marktübergreifende Herausforderungen (Dialog und Kooperation mit gesellschaftspolitischen Anspruchsgruppen),
- Verantwortungsbewusstsein (freiwilliges, über das gesetzlich Notwendige hinausgehendes Handeln) und
- die Interdisziplinarität (Schnittstellencharakter der Nachhaltigkeit).

2 Sustainability Marketing im Management-Konzept

2.1 Sustainability Management

Sustainability Management stellt die Gesamtheit derjenigen Entscheidungen verantwortlicher Akteure dar, welche die auf die Nachhaltigkeit gerichtete Gestaltung und Abstimmung der Unternehmens-Anspruchsgruppen-Interaktion im Rahmen der Wertschöpfungsprozesse zum Gegenstand haben (vgl. Macharzina und Wolf 2010, S. 9 f.). Unter Sustainability Management wird jegliche nachhaltigkeitsorientierte Gestaltung arbeitsteiliger Prozesse in Unternehmen verstanden. Die Begriffe Unternehmensführung und Management werden im deutschsprachigen Raum oft synonym verwendet. Sustainability Management kann aus einer institutionellen und einer funktionalen Perspektive heraus betrachtet werden (vgl. Steinmann und Schreyögg 2005, S. 6). Management als Institution erfasst die Organe, Träger, Gruppen bzw. Personen mit Anweisungsbefugnissen (z. B. Vorstände, Vorgesetzte). Personen, die sich mit diesen Unternehmensführungsaufgaben befassen, sind Funktionsträger mit Entscheidungs- und Anordnungskompetenzen. Nach der Stellung in der Unternehmenshierarchie kann noch zwischen dem Top-, Middle- und Lower-Management unterschieden werden. Mit den Aufgaben, die zur nachhaltigen Steuerung des gesamten Unternehmens erforderlich sind, beschäftigt sich das Sustainability Management als Funktion. Hierbei handelt es sich um Querschnittsfunktionen, die im Managementprozess den Meta-Bereichen Willensbildung (Planung und Entscheidung) und Willensdurchsetzung (Führung und Kontrolle) zugeordnet werden können (Macharzina und Wolf 2010, S. 38). Dabei geht es primär um Entscheidungen hinsichtlich der auf die Nachhaltigkeit gerichteten Analyse, Planung und Steuerung, Personalführung, Organisation, Implementierung, Koordination und Kontrolle.

Eine Management-Konzeption umfasst in Anlehnung an den *St. Galler Management-Ansatz* das normative Management (Setzen von Leitlinien, Grundsätzen und Oberzielen), das strategische Management (strategische Analyse, Planung und Strategieentwicklung) und das operative Management (Implementierung, Maßnahmeneinsatz; vgl. Bleicher 1994, S. 17; Dyllick 1992, S. 407; vgl. Abb. 1). Diese drei Managementebenen werden gesteuert und unterstützt von der Unternehmenskultur, der Unternehmensverfassung (*Corporate Governance*) der Unternehmensphilosophie und den Führungsstilen einerseits und von den Unternehmensorganisationen sowie den Management-Systemen andererseits. Unternehmen haben eine Organisation mit formalen und informalen Regeln,

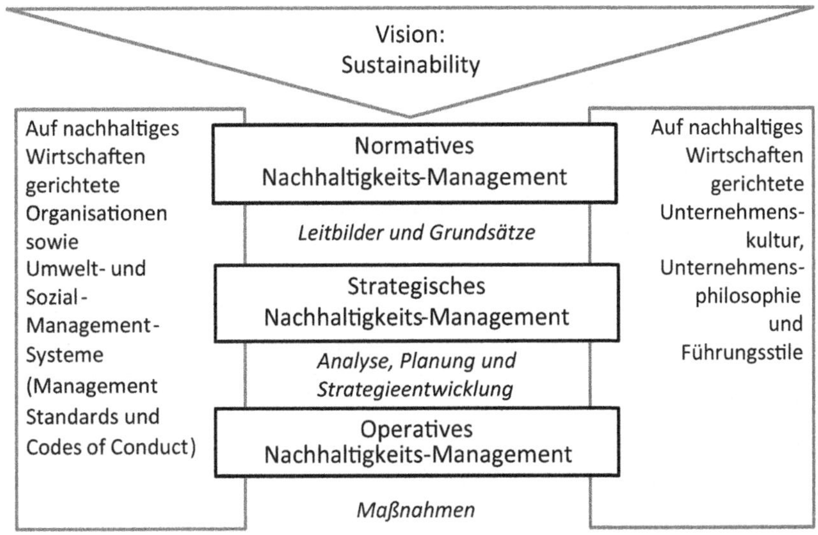

Abb. 1 Sustainable Marketing Management nach dem St. Galler Ansatz. (Quelle: in Anlehnung an Bleicher (1994, S. 17); Dyllick (1992, S. 407))

mit denen die Erwartungen der Organisationsmitglieder gesteuert werden sollen (zu Knyphausen-Aufseß und Picot 2010, S. 398). Informale Regeln sind insbesondere der jeweiligen Unternehmenskultur zuzuordnen. Kulturen allgemein sind mentale Programme, die das Denken, Fühlen und Handeln von Individuen bestimmen (Hofstede 2001). Unter der *Unternehmenskultur* versteht man die von Management und Mitarbeitern einer Unternehmung gemeinsam akzeptierten und gelebten Denk- und Werthaltungen (*Shared Values*), die sich in den Management- und Geschäftspraktiken niederschlagen (Balderjahn 2011, S. 99). Soziale und ökologische Erwartungen der Gesellschaft können von der Kultur eines Unternehmens aufgenommen werden. Die Unternehmenskultur stellt dann auch einen Interpretations- und Orientierungsrahmen für auf Fragen der Nachhaltigkeit ausgerichtete Entscheidungen dar. Umweltschutz, soziale Gerechtigkeit, Generationengerechtigkeit und Verantwortung sind Werte, die das Handeln im Sustainable Marketing Management und Marketing leiten.

Normatives, strategisches und operatives Management können direkt auf das Nachhaltigkeitsprinzip übertragen werden. Danach legt das normative Sustainable Management das Leitbild „Sustainability Development" als Vision zugrunde (vgl. Abb. 1). Weitere Leitbilder und Grundsätze dienen dann dazu, die einzelnen Facetten bzw. Dimensionen der Nachhaltigkeit weiter zu konkretisieren (z. B. Leitbilder, die sich auf Mitarbeiter, Kunden und die Umwelt beziehen). Strategisches Sustainability Management hat die Aufgabe, Strategien zu entwerfen, die geeignet sind,

- durch Nachhaltigkeit ökonomische Erfolgs- und Chancenpotenziale zu nutzen (ökonomische Zielsetzung),
- faire Beziehungen zu relevanten sozialen Anspruchsgruppen aufzubauen und zu pflegen (soziale Zielsetzung) sowie

- den Umweltschutz intern und bei allen Geschäftspartnern, möglichst über die gesamte Wertschöpfungskette hinweg, durchzusetzen (ökologische Zielsetzung).

Grundlage der strategischen Nachhaltigkeitsplanung ist eine umfassende Analyse interner Stärken und Schwächen der Unternehmung sowie der Chancen und Risikopotenziale des Unternehmensumfeldes. Maßnahmen des operativen Sustainability Managements sowie die damit verbundenen Managementsysteme richten sich u. a. auf die

- Einrichtung von nachhaltigen Managementsystemen (z. B. Umweltmanagementsysteme nach EMAS, ISO 14001 und Sozialmanagementsysteme nach ISO 26000),
- Umsetzung nachhaltiger Planungsinstrumente (z. B. Stoffflussrechungen, Lieferantenmonitoring),
- Schulung, Information und Motivation von Mitarbeitern (z. B. nachhaltige Führungsgrundsätze, Mitarbeiterqualifikation),
- Umsetzung von nachhaltigen Strategien durch Auswahl geeigneter Maßnahmen (z. B. Maßnahmen des Sustainability Marketing wie eine nachhaltige Produktentwicklung) und auf die
- Schaffung von Transparenz für die Öffentlichkeit (z. B. Erstellung von Nachhaltigkeitsberichten).

2.2 Sustainability Leitbilder

Leitbilder und allgemeine Grundsätze lassen sich aus der Unternehmenskultur ableiten und in der Unternehmensphilosophie konkretisieren. Unternehmensleitbilder des Sustainability Managements machen Aussagen über alle grundsätzlichen, allgemein gültigen und dennoch realistischen Vorstellungen einer nachhaltigen Unternehmensentwicklung sowie über angestrebte soziale und ökologische Ziele und Handlungspläne (Balderjahn 2011, S. 100). Sie orientieren sich an dem allgemeinen Zweck der Unternehmung und sollen für alle relevanten Akteure im Unternehmen gelten. In Leitbildern und Grundsätzen kommt die Bedeutung zum Ausdruck, die bestimmten Oberzielen, Strategien und Maßnahmen vom Unternehmen eingeräumt wird. Die Unternehmensphilosophie des Sustainability Managements legt allgemeine Werte und Zielvorstellungen zur Nachhaltigkeit verbindlich fest und bildet die Basis eines konkreten Zielsystems. Insofern sind auch ökologische und soziale Ziele des Unternehmens in der Unternehmensphilosophie verankert. Darüber hinaus wirkt das Nachhaltigkeitsgebot in die Unternehmensverfassung (*Corporate Governance*), die Organisation und in die Managementsysteme der Unternehmung hinein.

Auf das nachhaltige Wirtschaften (*Sustainable Development*) bezogen, können die Leitbilder *Corporate Sustainability* (CS) und *Corporate Social Responsibility* (CSR) unterschieden werden. *Corporate Sustainability* verlangt, unter wirtschaftlichen Bedingungen sozial gerecht, umweltverträglich und ökonomisch vertretbar zu handeln. Mit diesem Leitbild legt ein Unternehmen seine Position gegenüber den ökologischen (Beitrag zum Umweltschutz), sozialen (Beitrag zum Gemeinwesen) und ökonomischen Herausforderungen (Beitrag zum Lebensstandard) fest. *Corporate Social Responsibility* (CSR) legt als Leitbild fest, für wen (z. B. interne und externe Anspruchsgruppen) ein Unternehmen freiwillig, aber verbindlich Verantwortung übernehmen will. Nach diesem Leitbild werden verantwortungsbewusste Beziehungen zu einem breiten Spektrum von marktlichen (z. B. Konsumenten), ökologischen (z. B. Umweltorganisationen), sozialen (z. B. Kommunen) und internen Anspruchsgruppen (z. B. Mitarbeiterinnen und Mitarbeiter) gepflegt. CSR orientiert sich an den ethischen Prinzipien der Rechtschaffenheit, Integrität, Transparenz, Glaubwürdigkeit und Fairness gegenüber Menschen, Gesellschaft und Umwelt. Bestimmte Facetten der *Corporate Social Responsibility* kommen in den Leitbildern *Corporate Governance*, *Corporate Compliance*, *Corporate Fairness* und *Corporate Citizenship* zum Ausdruck (vgl. Balderjahn 2004, S. 52 ff., 2013).

- *Corporate Governance* (CG) legt als Leitbild eine verantwortungsvolle Führung und Überwachung von Unternehmen fest. Dieses Leitbild ist darauf ausgerichtet, durch Transparenz Vertrauen bei Kunden, Geschäftspartnern, Aktionären und in der Öffentlichkeit zu schaffen und damit den Unternehmenswert zu steigern (*Shareholder Value*). Beim *Deutschen Corporate Governance Kodex* (DCGK), der seit 2002 jährlich fortgeschrieben wird (www.corporate-governance-code.de), handelt es sich um einen „international und national anerkannten Standard guter und verantwortungsbewusster Unternehmensführung. Er will das Vertrauen der internationalen und nationalen Anleger, der Kunden, der Mitarbeiter und der Öffentlichkeit in die Leitung und Überwachung deutscher börsennotierter Gesellschaften fördern" (Präambel des DCGK). Der DCGK ist mit deutschen Gesetzen, insbesondere mit dem Transparenz- und Publikationsgesetz, abgestimmt (vgl. Regierungskommission Deutscher Corporate Governance Kodex 2003).
- *Corporate Compliance* (CP) fordert vom Unternehmen, dafür zu sorgen, dass sich alle Organmitglieder und Mitarbeiter an die einschlägigen Gesetze und Verordnungen, vertraglichen Verpflichtungen, Selbstverpflichtungen sowie freiwillig gesetzten Verhaltensstandards (*Codes of Conduct*) halten. *Sustainability Codes of Conduct* sind ethische Verhaltensnormen (Codizes), die den Leitbildern und Zielen einer Unternehmung zugeordnet werden können (vgl. zu Knyphausen-Aufseß und Picot 2010, S. 399). Die zunehmende Komplexität rechtlicher Rahmenbedingungen und freiwilliger Standards im Zuge der Globalisierung macht ein professionelles *Compliance Management* für Unternehmen immer wichtiger. Eine gute Compliance kann vor Haftungsrisiken, Schadensersatzzahlungen und öffentlichen Skandalen schützen.
- *Corporate Fairness* (CF) umfasst Verhaltensstandards bezüglich der Mitarbeiter und der Konkurrenten. Sie zielt sowohl auf die Einhaltung fairer Arbeitsbedingungen entlang der Wertschöpfungskette als auch auf einen fairen Wettbewerb und einen fairen Handel.
- *Corporate Citizenship* (CC) umschreibt ein innerhalb der Unternehmensstrategie angelegtes systematisches Konzept für ein kommunales, bürgerliches Engagement des

Unternehmens, das sowohl für die soziale Gemeinschaft als auch für das Unternehmen nützlich ist (Win-Win-Situation; vgl. Habisch 2006). Als Leitbild fordert CC, dass ein Unternehmen nicht nur seinen Rechten, sondern auch seinen Pflichten nachkommt und als „guter Bürger" einen nachhaltigen Beitrag für das Gemeinwohl leistet. CC verknüpft das Gemeinwohl mit den Geschäftsinteressen (vgl. Loew et al. 2004, S. 54). Verantwortungsbewusstes Handeln schafft Glaubwürdigkeit, Vertrauen und letztendlich Reputation für das Unternehmen. Das stützt einen nachhaltigen Unternehmenswert und sichert gesellschaftliche Legitimität. Philanthropische Motive müssen bei diesem Vorgehen nicht maßgeblich beteiligt sein (vgl. Loew et al. 2004, S. 54 f.). Zu diesen bürgerlichen Engagements im Rahmen des *Corporate Citizenships* gehören Spenden (*Corporate Giving*), Sponsoringaktivitäten, die Gründung von gemeinnützigen Unternehmensstiftungen (*Corporate Foundations*) sowie die Förderung eines freiwilligen Einsatzes von Mitarbeitern für wohltätige Zwecke (*Corporate Volunteering*; vgl. Mutz und Korfmacher 2003).

3 Ziele des Sustainability Marketing Managements

Die Verfolgung ökologischer, ökonomischer und sozialer Ziele durch Sustainability Marketing Management steht im Einklang mit dem Leitbild nachhaltigen Wirtschaftens (*Sustainable Development*). Aus dem Leitbild der Nachhaltigkeit (*Sustainability*) und der unternehmerischen Verantwortung (CSR) lassen sich betriebliche Ober- und Unterziele ableiten. Die Verankerung von Nachhaltigkeitszielen erfolgt in der Praxis mit unterschiedlicher Priorität. Die Spannweite ist festgelegt auf der einen Seite durch Festschreibungen gesetzlicher Normen (*Compliance*) und auf der anderen Seite durch eine freiwillige Übernahme ökologischer und sozialer Verantwortung durch das Unternehmen. Das Sustainability Marketing Management fordert eine Integration von ökologischen, ökonomischen und sozialen Zielen. Diese Zielbereiche müssen in Einklang miteinander gebracht bzw. aufeinander abgestimmt werden.

- *Ökologische Zielbereiche* richten sich auf den betrieblichen Umweltschutz. Dazu gehören u. a. der Klimaschutz, der Ressourcenschutz (z. B. Substitution nicht regenerativer Ressourcen durch regenerative Ressourcen), die Emissionsbegrenzung (z. B. Lärm, CO_2-Emission), die Abfallminderung sowie eine Risikobegrenzung. Verbunden damit wird eine drastische Verringerung der Materialintensitäten je produzierter bzw. konsumierter Einheit (Ressourceneffizienz) angestrebt. Allzu oft ist allerdings die Nachhaltigkeit bzw. die Umweltverträglichkeit nur eine Eigenschaft, die mit anderen Attributen, insbesondere dem Preis und der Qualität eines Produktes, bei der Kaufentscheidung in Konflikt steht. Zur Erreichung dieser Ziele müssen nachhaltige Produktionsprozesse und –technologien eingesetzt, nachhaltige Produkte entwickelt, hergestellt und vermarktet sowie nachhaltige Marktsegmente gezielt angesprochen werden.

- *Ökonomische Zielbereiche* richten sich u. a. auf die Erhaltung und Steigerung der Wettbewerbsfähigkeit der Unternehmen, z. B. durch die Entwicklung und das Angebot von innovativen nachhaltigen Produkten und Dienstleistungen. Es geht um die oft schwierige Profilierung der Nachhaltigkeit als wichtiger Wertbestandteil (*Customer Value*) bzw. als dominantes Bewertungs- und Kaufkriterium eines Produktes (z. B. Öko-Marken).
- *Soziale Zielbereiche* richten sich auf die Sozialverträglichkeit und Fairness betrieblicher Entscheidungen. Dazu gehören u. a. die Achtung der Menschenrechte, die Einhaltung internationaler Arbeitsstandards bei Produktion und Handel, Information der Öffentlichkeit und Transparenz sowie der Schutz der Gesundheit der Mitarbeiterinnen und Mitarbeiter.

Nachhaltigkeitsindikatoren, wie sie z. B. vom der *Global Reporting Initiative* (GRI) bereitgestellt werden, können als operationale Ziele angesehen und verfolgt werden. Ökonomische, ökologische und soziale Ziele sollen integriert werden und nach dem Nachhaltigkeitskonzept möglichst komplementär zusammenwirken, um sich gegenseitig zu fördern. Dennoch kann es unter diesen drei Zielarten zu Zielkonflikten kommen. In solchen Fällen kann ein Ziel nur zu Lasten eines anderen Zieles erreicht werden (vgl. Balderjahn 2011, S. 104). Komplementäre Ziele fördern sich gegenseitig. In solchen Fällen liegen *Win/Win-Situationen* vor. Einige Beispiele dazu:

- Stückkosten (ökonomisches Ziel) können durch Einsparungen an Energie- und Materialeinsatz (ökologisches Ziel) gesenkt werden.
- Humane Arbeitsplätze (soziales Ziel) motivieren Mitarbeiter und Mitarbeiterinnen zu höheren Leistungen (ökonomisches Ziel).
- Der Einsatz umweltverträglicher Stoffe bei der Produktion (ökologisches Ziel) reduziert Gesundheitsgefahren am Arbeitsplatz (soziales Ziel).

Der Erfolg von Unternehmen (ökonomisches Ziel) ist auch von den jeweiligen lokalen Bedingungen abhängig (vgl. Porter und Kramer 2002). Wenn Unternehmen durch soziale Engagements lokale Faktoren, insbesondere die lokale Politik, Produktions- und Nachfragebedingungen sowie lokale Netz- und Clusterstrukturen, unterstützen, verbessern sie damit auch ihre eigene Wettbewerbsfähigkeit. Werden z. B. Ausbildungsprogramme gefördert (lokales soziales Engagement), um Qualifikationen herauszubilden, die das eigene Unternehmen in Zukunft braucht (Faktorbedingungen), so dient das auch dem unmittelbaren Vorteil des Unternehmens (Porter und Kramer 2002). Konfliktäre Ziele behindern sich gegenseitig. In solchen Fällen liegen *Win/Loss-Situationen* vor. Einige Beispiele dafür:

- Geplante Kostensenkungen (ökonomisches Ziel) können u. U. durch hohe Umweltschutzinvestitionen (ökologisches Ziel) auf Grund gesetzlicher Auflagen nicht wie geplant erreicht werden.
- Die Wettbewerbsfähigkeit eines Unternehmens (ökonomisches Ziel) kann durch hohe Lohnforderungen der Mitarbeiter (soziales Ziel) beeinträchtigt werden.
- Die Anhebung des Lebensstandards der Menschen (soziales Ziel) kann den Ressourcenverbrauch (ökologisches Ziel) erhöhen.

4 Planung und Analyse im Sustainability Marketing Management

4.1 Aufgaben, Arten und Methoden der strategischen Sustainability Analyse

4.1.1 Aufgaben der strategischen Sustainability Analyse

Strategische Analyse- und Planungsmethoden und -instrumente im Sustainability Marketing Management dienen der methodischen Unterstützung der strategischen, nachhaltigkeitsorientierten Marketingplanung und Entscheidungsfindung. Sie sind darauf gerichtet, dem Sustainable Marketing Management die ökonomischen, ökologischen und sozialen Informationen zu liefern, die für die strategische Ausrichtung erforderlich sind. Unter der Sustainability Marketing-Planung wollen wir das systematische und methodenorientierte „Durchdenken" zukünftiger Entwicklungen in Umwelt und Gesellschaft und die daraus abzuleitenden Festlegungen von Sustainability Marketing Strategien verstehen. Diese Planung dient insbesondere dem rechtzeitigen Erkennen von mit der Nachhaltigkeit verbundenen zukünftigen Chancen und Risiken und damit zur Schaffung und Erhaltung eines umfassenden Handlungsspielraumes für das Unternehmen (*Sustainability Foresight*). Da es über langfristige Entwicklungen in der Umwelt (z. B. zukünftige Energie- und Ressourcenverbräuche, Klimaerwärmung) und in der Gesellschaft (z. B. veränderte Konsum- und Lebensstile) oft nur ein unsicheres Wissen und wenig Erfahrung gibt, müssen im Rahmen von *Sustainability Früherkennungssystemen* Planungs- und Analysemethoden eingesetzt werden, die in der Lage sind, sowohl frühzeitig Hinweise (*Weak Signals*) auf relevante Entwicklungen als auch potenzielle *Diskontinuitäten* erkennen zu können.

Teilaufgaben im Rahmen der strategischen Sustainability Analyse sind:

- Einschätzung zukünftiger Entwicklungen relevanter Aspekte in den Bereichen Markt, Umwelt und Gesellschaft (z. B. Technologieentwicklung, Konsumtrends) und
- Identifikation, Bewertung und Auswahl von Strategien und Maßnahmen, die geeigneter erscheinen, die Sustainability Ziele innerhalb der diagnostizierten Entwicklungen erreichen zu können.

Die strategische Sustainability Analyse kann unterteilt werden in eine unternehmensinterne und eine -externe Analyse (vgl. Abb. 2). Dementsprechend werden Analysemethoden zur frühzeitigen Identifikation und Bewertung unternehmensinterner Sustainability Potenziale (*Sustainability Stärken-Schwächen-Analyse*) und unternehmensexterner Sustainability Entwicklungen (*Sustainability Chancen-Risiken-Analyse)* eingesetzt, um rechtzeitig geeignete Strategien und Maßnahmen zur Zielerreichung planen und implementieren zu können. Die interne Sustainability Analyse zielt darauf festzustellen, ob das Unternehmen mit seinen Ressourcen und Fähigkeiten in der Lage ist, sich den aktuellen und zukünftigen Herausforderungen hinsichtlich der Nachhaltigkeit angemessen stellen zu können. Die Analyse umfasst im Wesentlichen die Bereiche Governance und Unternehmenskultur (z. B. Transparenz), Produkte und Prozesse (z. B. ökologischer Impact), Organisation und

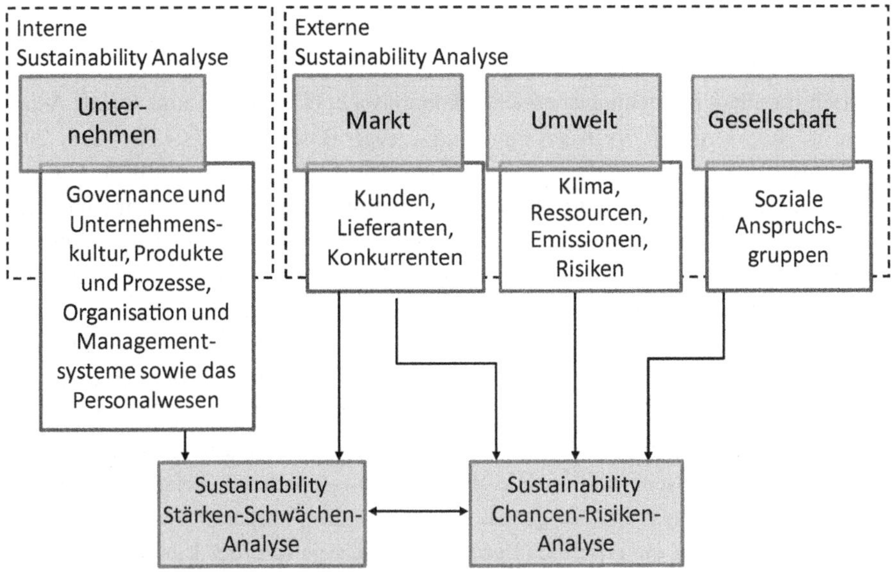

Abb. 2 Bereiche der strategischen Sustainability Analyse

Managementsysteme (z. B. Umweltmanagementsysteme) sowie das Personalwesen (z. B. Arbeitsbedingungen). Die externe Sustainability Analyse untergliedert sich in die Bereiche Märkte, Umwelt und Gesellschaft. Die Sustainability Marktanalyse erstreckt sich im Wesentlichen auf die Bereiche Kunden (z. B. Produktqualität und -sicherheit), Lieferanten (z. B. Überwachung der Einhaltung von ökologischen und sozialen Mindeststandards) und Konkurrenten (z. B. Wettbewerbsfähigkeit der Produkte). Die Sustainability Umweltanalyse erfasst den geschäftsbedingten Ressourcenverbrauch, Schadstoffemissionen und das Abfallaufkommen im Unternehmen sowie betriebsbedingte Gefahrsetzungen (z. B. ökologische Risiken, Gesundheitsgefahren für Mitarbeiterinnen und Mitarbeiter). Auf die soziale Sustainability Analyse entfällt insbesondere die Erfassung und Bewertung von Forderungen politischer und sozialer Anspruchsgruppen (*Anspruchsgruppenanalyse*).

4.1.2 Interne Sustainability Analyse

Grundlage für die Entwicklung langfristiger strategischer Konzepte im Sustainability Marketing Management ist die Kenntnis von unternehmensinternen Stärken und Schwächen. Insbesondere geht es um die Aufdeckung von Schwachstellen in den jeweiligen Analysebereichen (z. B. Produkte und Prozesse). Ziel dieser Analyse ist die Bestimmung der Ist-Position als Ausgangspunkt einer Sustainability Marketing Strategie. Die Ergebnisse der Analyse müssen verglichen und bewertet werden mit bestmöglichen Standards (*Sustainability Benchmarks*) in den jeweiligen Branchen und Bereichen. Zur internen ökologieorientierten Sustainability Analyse können insbesondere bewährte Instrumente des Umweltmanagements wie Stoff- und Energiebilanzen, Öko-Bilanzen und Umwelt-Audits eingesetzt werden. Für den Personalbereich kann auf klassische Instrumente der Personalführung und -entwicklung zurückgegriffen werden (z. B. Befragung zur Mitarbeiterzufriedenheit; vgl. auch Dyckhoff und Souren 2008, S. 144 ff.). Eine Methode, die sehr systematisch für alle Unternehmensbereiche ökonomische, ökologische und soziale Aspekte erfasst, ist die *Sustainability Wertkettenanalyse* (vgl. Balderjahn 2004, S. 72 f., 2013). Die klassische Wertkettenanalyse ist ein Diagnoseinstrument, das sämtliche Unternehmensfunktionen (primäre und unterstützende Funktionen) mit dem Ziel betrachtet, durch kostenreduzierende bzw. ertragssteigernde Maßnahmen vorhandene Wertschöpfungs- und Gewinnpotenziale im Unternehmen besser auszuschöpfen. Dieser Ansatz kann auch für die interne Sustainability Analyse zur systematischen Identifizierung von Schwachstellen und Verbesserungspotenzialen nachhaltigen Wirtschaftens im Unternehmen eingesetzt werden (vgl. auch Müller-Christ 2001, S. 42). Durch die Anwendung dieser Methode können einzelne Tätigkeiten, Funktionen und Prozesse innerhalb eines Betriebs hinsichtlich ihres Beitrages zur Nachhaltigkeit untersucht werden. Für alle Unternehmensbereiche werden ökonomische, ökologische und soziale Wertschöpfungspotenziale erfasst und bewertet. Im Bereich der Eingangs- und Ausgangslogistik kann der Fuhrpark (Art der verwendeten Lkw, Lärmbelästigung etc.), bei der Beschaffung die Auswahl der Lieferanten nach der Einhaltung von internationalen Arbeitsstandards, in der Fertigung der Einsatz integrierter Umweltschutztechnologien sowie im Marketing und Vertrieb die Umweltverträglichkeit der Produkte und Leistungen sowie die Datensicherheit für Kunden beispielsweise betrachtet werden (vgl. Meffert und Kirchgeorg 1998, S. 151 ff.). Auf die unterstützenden Unternehmensaufgaben bezogen, sind es Themen wie Transparenz (Unternehmensführung), Anti-Diskriminierung (Personalwirtschaft) und Entwicklung nachhaltiger Produkte und Dienstleistungen (F&E), die für die Wertkettenanalyse aufgegriffen werden können.

4.1.3 Externe Sustainability Analyse

Die externe Sustainability Analyse umfasst die Bereiche Markt, Umwelt und Gesellschaft (vgl. Abb. 2). Diese Analysen sind darauf gerichtet, möglichst frühzeitig sowohl Chancen als auch Risiken für das Sustainability Marketing Management zu identifizieren (*Sustainability Business Intelligence System*). Als Methoden der externen Sustainability Analyse bieten sich die Szenario-Technik, die Cross-Impact-Analyse, die Anspruchsgruppenanalyse, die Issue-Analyse und das Lieferantenmonitoring an.

Sustainability Szenario-Analyse

Die Szenario-Technik ist ein sehr aussagekräftiges und ein in der strategischen Unternehmensanalyse recht beliebtes, aber auch aufwendiges Instrument der Zukunftsanalyse (vgl. Backhaus und Schneider 2009, S. 260 ff.). Da nachhaltiges Wirtschaften immer langfristig angelegt ist, kommt im Sustainability Marketing Management gerade der Zukunftsanalyse eine zentrale planerische Bedeutung zu. Diese Technik kann zur strategischen Sustainability Analyse ausgesprochen gut eingesetzt werden, da mit ihr Entwürfe (Szenarien) denkbarer Zukünfte in den Bereichen Märkte, Umwelt und Gesellschaft erstellt werden können. Szenarien sind die „Bilder" denkbarer zukünftiger Situationen, die eintreten können, aber nicht eintreten müssen. Entwicklungspfade (*Szenariopfade*), die das Wirken zahlreicher Einflussfaktoren bündeln, führen zu bestimmten Zukunftsbildern (Szenarien). Mit dieser Technik können u. a. das Bevölkerungswachstum, Wohlstandsentwicklungen, Energie- und Ressourcenverbräuche, die Klimaerwärmung, Entwicklungen globaler Produktions- und Handelsstrukturen, Technologieentwicklung sowie die Veränderung von Konsumstilen und der Lebenszufriedenheit der Menschen in ihrer Wirkung auf die ökonomische, ökologische und soziale Zukunft abgebildet werden. Die mit der Zeitperspektive zunehmende Unsicherheit zukünftiger Entwicklungen wird durch den sich exponentiell ausbreitenden Szenariotrichter dargestellt (vgl. auch Müller-Christ 2001, S. 33 f.). Szenariopfade können durch Störereignisse, sog. Diskontinuitäten oder Strukturbrüche, in ihrem Verlauf stark verändert werden. Diskontinuitäten werden als Nicht-Fortsetzung einer geplanten oder erwarteten Entwicklung definiert. Es handelt sich um überraschende Ereignisse, die bisherige Gesetzmäßigkeiten der Entwicklung beeinträchtigen bzw. außer Kraft setzen (z. B. Naturkatastrophen). Gerade im Sustainability Marketing Management ist es unerlässlich, in Diskontinuitäten zu denken. Vorteilhaft ist, dass die Szenario-Technik dem Sustainability Marketing Management eine umfassende und differenzierte Problemsicht (z. B. Bewusstmachung von Unsicherheiten) verschafft und zur systematischen und kritischen Reflektion der eigenen Position zwingt. Andererseits können Szenarien zwar gut belegt und begründet werden, sie sind aber dennoch immer sehr allgemein, vage und unbestimmt in der Aussage. Sichere oder auf Wahrscheinlichkeiten gestützte Vorhersagen sind mit der Szenario-Technik nicht möglich.

Sustainability Cross-Impact-Analyse

Mit Hilfe der Cross-Impact-Analyse (CIA) können für das Sustainability Marketing Management relevante Entwicklungen (z. B. geplante Umweltschutzgesetze, neue Technologien, Konsumtrends) bzw. Szenarien in ihren Wirkungen auf einzelne Geschäftsfelder bzw. Handlungsbereiche (z. B. Vertrieb) eingeschätzt werden. Hiermit ist es möglich, zum einen die von Entwicklungen der Nachhaltigkeit besonders betroffenen Geschäftsfelder im Unternehmen zu identifizieren (vertikale Perspektive in Abb. 3) und zum anderen abzuschätzen, von welchen speziellen Nachhaltigkeitsentwicklungen bzw. Szenarien das Unternehmen insgesamt am stärksten betroffen ist (horizontale Perspektive in Abb. 3). Grundlage dieser Methode ist eine Verflechtungsmatrix mit den Dimensionen „Markt- und Umfeldentwicklungen (Szenarien)“ und „Geschäftsfelder“ (vgl. Balderjahn 2004, S. 72 f., 2013). So könnte eine Zunahme ethischer Konsumwerte (externe Entwicklung) einen Einfluss (*Impact*) auf die Entwicklung von Produkten haben (interne Betroffenheit), gesellschaftliche Forderungen nach Transparenz können Änderungen in der Unternehmenskommunikation erfordern und Skeptizismus könnte sich negativ auf das Image und die Reputation eines Unternehmens auswirken. Mit Hilfe von *Impact-Scores* (Punkteskala) werden solche, für das Sustainability Marketing relevante ökonomische, ökologische und soziale Entwicklungen bewertet (vgl. auch Müller-Christ 2001, S. 35 f.). Die Identifikation besonders attraktiver bzw. brisanter Entwicklungen kann durch eine Summierung der Punktwerte einzelner Nachhaltigkeitsentwicklungen über alle Geschäftsfelder erfolgen (horizontale Summenbildung). Durch eine vertikale Summenbildung erhält man

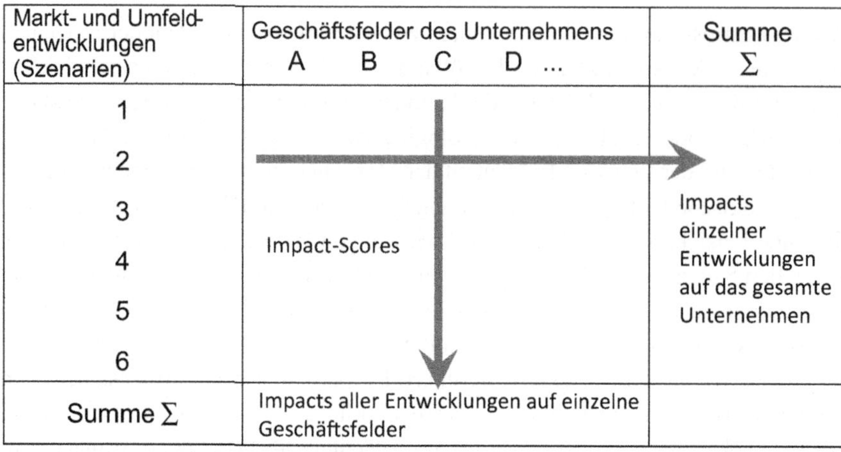

Abb. 3 Sustainability Cross-Impact-Analyse

Hinweise auf solche Geschäftsfelder mit besonders günstigen oder ungünstigen Entwicklungsprognosen hinsichtlich der Nachhaltigkeit. Die Sustainability Cross-Impact-Analyse ist somit ein Instrument zur Identifikation besonders kritischer Entwicklungen für das Sustainability Marketing Management und zur Einschätzung des Betroffenheitspotenzials einzelner Geschäftsfelder und Handlungsbereiche.

Sustainability Anspruchsgruppenanalyse

Nachhaltigkeit ist nicht nur ein Leitprinzip unternehmerischer Entscheidungen, sondern erfasst auch Erwartungen von Anspruchsgruppen (*Stakeholdern*) an Unternehmen, sozial und ökologisch verantwortungsbewusst zu handeln (Sustainability als soziale Norm; vgl. Balderjahn 2004, S. 79 f., 2013). Im Umgang des Unternehmens mit Anspruchsgruppen offenbart sich die unternehmerische Verantwortung. Das Sustainable Marketing Management muss sich der Forderungen relevanter Anspruchsgruppen bewusst sein. Dazu empfiehlt es sich, eine Anspruchsgruppenanalyse durchzuführen. Im Rahmen einer Sustainability Anspruchsgruppenanalyse geht es im Wesentlichen darum, relevante Anspruchsgruppen zu identifizieren sowie deren ökologische und soziale Erwartungen und Forderungen an das Unternehmen zu kennen, zu bewerten und festzulegen, wie damit umgegangen werden soll. Kunden, Mitarbeiterinnen und Mitarbeiter, staatliche Organe, die Öffentlichkeit (Medien) sowie spezielle Nichtregierungsorganisationen (NGOs) stellen oftmals relevante Anspruchsgruppen dar. Die Anspruchsgruppenanalyse kann in folgenden Schritten durchgeführt werden (Freble 2005; Pfriem und Fischer 2001, S. 20):

- Identifikation von Anspruchsgruppen mit ökologischen und sozialen Erwartungen und Forderungen,
- Prüfung der ökologischen und sozialen Erwartungen und Forderungen der Anspruchsgruppen,

- Analyse des Macht- und Einflusspotenzials von Anspruchsgruppen („Betroffenheitsanalyse"),
- Priorisieren der Anspruchsgruppen,
- Analyse von „Anspruchslücken" (Performance-Gaps),
- Analyse der Handlungsmöglichkeiten (Strategien) des Unternehmens in Bezug auf die Forderungen der Anspruchsgruppen,
- Anspruchsgruppen-Monitoring.

Eine Anspruchsgruppenanalyse hat immer zuerst danach zu fragen, welches die Anspruchsgruppen des Unternehmens sind und welche Forderungen diese Gruppen an das Unternehmen bzw. das Sustainable Marketing Management stellen. Die Identifikation von marktlichen Anspruchsgruppen (z. B. Zielgruppen) kann mit Hilfe der Marktforschung erfolgen. Gesellschaftliche Anspruchsgruppen lassen sich am besten über dialogische Instrumente oder mit Hilfe der *Issue-Analyse* erkennen. Soweit diese Gruppen nicht selbst direkt mit dem Unternehmen Kontakt aufnehmen (z. B. Umweltorganisationen), lässt sich der Kontakt zu ihnen mit Hilfe geeigneter Kommunikationsmittel herstellen. So können die Forderungen, Ziele und Absichten von Anspruchsgruppen erfasst werden. Darüber hinaus sollten vorhandenes Informationsmaterial und sonstige Publikationen von Anspruchsgruppen hinsichtlich einer möglichen Betroffenheit des Unternehmens laufend untersucht werden (*Anspruchsgruppen-Scanning und –Monitoring*). Sind die Erwartungen und Forderungen einzelner Anspruchsgruppen bekannt, erfolgt eine Bewertung dahingehend, wie stark das Unternehmen von deren Forderungen betroffen ist. Die Betroffenheit lässt sich unmittelbar aus dem Macht- bzw. Sanktionspotenzial einer Anspruchsgruppe ableiten. Das Machtpotenzial von Anspruchsgruppen ergibt sich aus den ihnen zur Verfügung stehenden Ressourcen (z. B. finanzielle Mittel, Zugang zu Medien) und kann sehr unterschiedlich sein. Unter Macht versteht man die Fähigkeit einer Person, einer Organisation oder einer Institution, auch gegen den Willen einer anderen Person, Organisation oder Institution diese zu einem bestimmten Verhalten zu bewegen, das im Interesse der Machtausübenden liegt. Die dazu eingesetzten Machtmittel (Machtquellen) unterscheidet man in Sanktionsmacht (z. B. Nachfragemacht, Zugriff auf Medien), Expertenmacht (z. B. Vorlegen von wissenschaftlichen Gutachten), Vorbild- bzw. Identifikationsmacht (z. B. Prestige, Attraktivität), Informationsmacht (z. B. spezielles Wissen) sowie legitimierte Macht (z. B. staatliche Macht; vgl. Balderjahn und Scholderer 2007, S. 98; auch Heckhausen und Heckhausen 2006, S. 214). So können Konsumenten Unternehmen bzw. deren Produkte boykottieren, Aktionäre können ihr Stimmrecht auf der Hauptversammlung ausüben und NGOs können versuchen, ihren Forderungen über die Medien Nachdruck zu verschaffen. Anspruchsgruppen stehen zur Durchsetzung ihrer Forderungen u. a. folgende Maßnahmen zur Verfügung:

- Mobilisierung öffentlichen Drucks (z. B. Medienpräsenz),
- internationale Vernetzung und Präsenz (Globalisierung),
- Mobilisierung politischen Drucks (z. B. Lobbyismus),

- Mobilisierung der Marktkräfte (z. B. Konsumboykotts, Shaming-Kampagnen),
- Aktivierung der Gesellschafter einer Unternehmung sowie
- direkte Verhandlungen mit den Unternehmen (z. B. Kooperationen; Meffert und Kirchgeorg 1998, S. 94).

Die Höhe des Sanktionspotenzials einzelner Anspruchsgruppen bestimmt unmittelbar die Relevanz der Anspruchsgruppe für das Unternehmen und die Dringlichkeit der Forderungen. Aus der Gegenüberstellung von Forderungen der Anspruchsgruppen und Reaktionen des Unternehmens darauf kann abgeschätzt werden, inwieweit solche Forderungen vom Unternehmen erfüllt werden können (Analyse von „Anspruchslücken"). Für das Eingehen bzw. Erfüllen von Forderungen müssen Reaktionsformen und -möglichkeiten (Strategien) überdacht und festgelegt werden (z. B. Dialog mit Anspruchsgruppen).

Sustainability Issue-Analyse

Die Issue-Analyse ist eine Methode der strategischen Frühaufklärung und zielt auf eine möglichst rechtzeitige Identifikation und systematische Bewertung so genannter „Schlüssel-Themen" (*Key-Issues*), die auf die zukünftige Entwicklung und den Fortbestand einer Unternehmung einen entscheidenden Einfluss ausüben könnten (Göbel 1992). Die Sustainable Issue-Analyse zielt darauf, die Entwicklung, Verbreitung und Durchsetzung von ökologischen und sozialen Themen, wie z. B. Klimawandel, Ressourcenknappheit und das Entstehen prekärer Arbeitsplätze, in der Gesellschaft einzuschätzen. Dadurch kann die Betroffenheit des Sustainable Marketing Managements von aktuell diskutierten Themen, insbesondere aber von potenziellen Zukunftsthemen, rechtzeitig erkannt werden. Unter dem Begriff „Issue" versteht man ganz allgemein ein relevantes gesellschaftliches Anliegen bzw. eine gewichtige politische Streitfrage. Issues besitzen eine zeitliche Veränderungsdynamik (Lebenszyklus) und diffundieren oft nach typischen Verbreitungsmustern in die Öffentlichkeit (vgl. Belz und Peattie 2009, S. 249 f.). Idealtypisch durchlaufen öffentliche Themen fünf Phasen. Je stärker sich ein *Issue* in der Öffentlichkeit durchgesetzt hat, desto geringer wird der Handlungsspielraum der betroffenen Unternehmungen für entsprechende Gegenmaßnahmen (Liebe 1994, S. 361). Hierbei geht man oft vom Auftreten eines isolierten Ereignisses aus, das sich dann in einer Gesellschaft ausbreitet. Werden die Phasenverläufe kumuliert, so erhält man so genannte *strukturelle Trendlinien* (Kreilkamp 1987, S. 276 ff.; Steger und Winter 1996).

Sustainability Lieferantenmonitoring

Neben der Analyse der internen Wertkette sollte im Sinne einer Chancen-Risiken-Analyse für das Sustainable Marketing Management auch eine externe bzw. vertikale Wertkettenanalyse durchgeführt werden. Die *vertikale Wertkette* stellt sich für ein herstellendes (Endprodukt-)Unternehmen insbesondere durch die Beziehungen zu seinen Lieferanten (Zulieferer und Vorlieferanten) sowie deren Sublieferanten dar. Hier entstehen oft große, teilweise kaum noch zu durchschauende Netzwerkstrukturen gegenseitiger Geschäftsbeziehungen und Abhängigkeiten. Solche Lieferantenstrukturen werden auch als Lieferantenketten oder *Lieferketten* bezeichnet. Aber auch der Handel bzw. Handelsstufen können in die vertikale Wertkette mit einbezogen werden. Wir konzentrieren uns hier auf die Frage der methodischen Erfassung und Bewertung nachhaltiger Lieferantenketten (*Sustainable Supply Chain Management*). Es ist das Ziel, im Sinne eines Frühaufklärungssystems möglichst rechtzeitig soziale und ökologische Risiken, aber auch Chancen in einzelnen Bereichen der Lieferkette aufzuspüren. Dazu kann das Sustainability Lieferantenmonitoring eingesetzt werden. Es dient der kontinuierlichen Überwachung, Kontrolle und Verbesserung der Lieferkette hinsichtlich ökologischer und sozialer Aspekte sowie der Schaffung von Transparenz im Beschaffungswesen (*Sustainable Sourcing*). Es kann folgende Teile bzw. Phasen umfassen:

- Aufstellung eines Katalogs (*Code of Conduct*) mit sozialen und ökologischen Kriterien, deren Einhaltung innerhalb der Lieferkette vom Unternehmen gefordert und überprüft wird. Ein *Code of Conduct* zu Sozial- bzw. Arbeitsstandards enthält in der Regel Anforderungen zur Einhaltung der Menschenrechte, humaner Arbeitsbedingungen (Arbeitszeiten, Löhne), der Chancengleichheit, des Umweltschutzes, des Arbeits- und Gesundheitsschutzes, des Diskriminierungsverbots, des Rechts auf gewerkschaftliche Vereinigung sowie des Verbots unerlaubter Kinder- und Zwangsarbeit.
- Prüfung der Einhaltung dieser Kriterien beim Lieferanten (Eignungsprüfung). Diese Prüfung erfolgt oft in Form von Selbstauskünften der Lieferanten (z. B. durch einen Fragebogen oder ein Online-Portal). Dieser Aspekt ist insbesondere bei der Lieferantenauswahl im Beschaffungswesen durchzuführen (*Sustainable Procurement*).
- Durch *Sozial-Audits* unabhängiger, akkreditierter oder unternehmenseigener Prüfer werden die vorgegebenen Standards vor Ort (Vor-Ort-Kontrollen angemeldet oder nicht angemeldet) kontrolliert. Ergebnisse der Audits werden in Prüfberichten festgehalten. Bei Missachtung einzelner Standards können Lieferanten beraten und geschult oder abgemahnt werden.
- Schaffung von Transparenz durch Publikation von Lieferantenlisten sowie der Ergebnisse der Audits im Internet.

Die *Fair Labor Association* (FLA), eine NGO nach dem Multiple-Stakeholder-Konzept, prüft insbesondere für die Bekleidungsindustrie die Arbeitsbedingungen bei den Lieferanten. Dazu wurde dort ein *Workplace Code of Conduct*, der sich an den ILO Kernarbeitsnormen (Internationale Arbeitsorganisation) orientiert, entwickelt. Teilnehmende Unternehmen werden geprüft und Prüfberichte veröffentlicht. Die Prüfung nehmen von der FLA akkreditierte Prüfer ab. Bislang sind die Compliance Programme von 20 Unternehmen durch die FLA zertifiziert (darunter Adidas, Nike und Puma).

4.2 Arten und Methoden der operativen Sustainability Analyse

4.2.1 Sustainability Indikatoren

Indikatoren und Kennzahlen sind wichtige Instrumente der operativen Sustainability Analyse. Sie verdichten Informationen und machen die Leistungen im Sustainability Marketing Management messbar und vergleichbar. Entsprechend der Nachhaltigkeitskonzeption (*Triple-Bottom Line*) werden ökonomische, ökologische und soziale Sustainability Indikatoren unterschieden. CO_2-Emission, NO_x-Emission, SO_x-Emission, VOC-Emission, Abfallaufkommen, Energie- und Wasserverbrauch sind Beispiele für ökologische Indikatoren. Die Anzahl von meldepflichtigen Arbeitsunfällen, die Höhe der gezahlten Mindestlöhne sind Beispiele für soziale Indikatoren und die Anzahl geschaffener Arbeitsplätze sowie gezahlte Steuern können als Beispiele für ökonomische Nachhaltigkeitsindikatoren genannt werden. In der Betrachtung der zeitlichen Entwicklung von Kennzahlen und deren Vergleich mit einschlägigen Benchmarks sind Fortschritte im Sustainability Marketing Management ebenso erkennbar wie Schwachstellen (z. B. Ressourceneffizienz).

Sustainability Kennzahlen dienen der Steuerung von Prozessen im Sustainability Marketing Management und werden zur Zielformulierung sowie zur Bewertung der Nachhaltigkeitsleistung eingesetzt (vgl. Balderjahn 2004, S. 88 f., 2013). Sie haben folgende Funktionen:

- Darstellung von Veränderungen relevanter Größen des Sustainability Marketing Managements im Zeitablauf,
- Ableitung von Zielen des Sustainability Marketing Managements,
- Bewertung der Leistungen des Sustainability Marketing Managements durch Aufdecken von Schwachstellen und Verbesserungsmöglichkeiten durch Benchmarking,
- Schaffung von Transparenz nach innen und außen und
- Kommunikationsgrundlage für Berichte über nachhaltiges Wirtschaften im Unternehmen (z. B. nach dem GRI-Konzept).

Es kann zwischen absoluten und relativen Sustainability Kennzahlen unterschieden werden. Während die absoluten Kennzahlen eine Maßeinheit haben und somit ein Größenmaß darstellen (z. B. 5 t fester Abfall), erfolgt bei den relativen Kennzahlen ein Bezug der absoluten Kennzahl zu einer geeigneten Basiseinheit (z. B. fester Abfall/Gesamtabfallaufkommen). Hierbei handelt es sich um Prozentgrößen, die gut miteinander verglichen werden können.

Die in den Indikatorenprotokollsätzen G3/G4 des GRI (*Global Reporting Initiative*) vorgeschlagenen Leistungsindikatoren können als Nachhaltigkeitskennzahlen aufgefasst und verwendet werden. *Ökologische Kennzahlen* können nach dem G3 in die Bereiche Materialeinsatz, Biodiversität, Energie- und Wasserverbrauch, Emissionen und Abfallaufkommen gegliedert werden. Beispiele dafür sind:

- eingesetzte Materialien nach Gewicht oder Volumen (EN2),
- direkter Energieverbrauch, aufgeschlüsselt nach Primärenergieträgern (EN3),

- Anzahl der Arten auf der Roten Liste der IUCN (*International Union for Conservation of Nature*) und auf nationalen Listen, die ihren natürlichen Lebensraum in Gebieten haben, die von der Geschäftstätigkeit der Organisation betroffen sind, aufgeteilt nach dem Bedrohungsgrad (EN15) und
- gesamte direkte und indirekte Treibhausgasemissionen nach Gewicht (EN16).

Ökonomische Kennzahlen können nach dem G3 in die Bereiche wirtschaftliche Leistung, Marktpräsenz und mittelbare wirtschaftliche Auswirkungen gegliedert werden. Beispiele dafür sind:

- Umfang der betrieblichen sozialen Zuwendungen (EC3) und
- Spanne des Verhältnisses der Standardeintrittsgehälter zum lokalen Mindestlohn an wesentlichen Geschäftsstandorten (EC5).

Soziale Kennzahlen (Arbeit) können nach dem G3 in die Bereiche Beschäftigung, Arbeitnehmer-Arbeitgeber-Verhältnis, Arbeitsschutz, Aus- und Weiterbildung, Vielfalt und Chancengleichheit gegliedert werden. Beispiele dafür sind:

- Mitarbeiterfluktuation insgesamt und als Prozentsatz aufgegliedert nach Altersgruppe, Geschlecht und Region (LA2),
- Prozentsatz der Mitarbeiter, die unter Kollektivvereinbarungen fallen (LA4) und
- Verhältnis des Grundgehalts für Männer zum Grundgehalt für Frauen nach Mitarbeiterkategorie (LA14).

Im G3 befinden sich auch Indikatoren zu dem Bereich Produktverantwortung. Hierzu zählen die Bereiche Gesundheit und Sicherheit der Kunden, Kennzeichnung von Produkten und Dienstleistungen, Werbung, Schutz der Kundendaten und Einhaltung von Gesetzesvorschriften.

4.2.2 Stoff- und Energiebilanzen

Stoff- und Energiebilanzen stellen Inputfaktoren (z. B. Material) einerseits und Outputfaktoren (z. B. Emissionen) andererseits für einzelne Prozesse, Materialien, Produkte oder ganze Betriebe gegenüber und liefern einen Einblick in die betrieblichen Stoff- und Energieflüsse (*Stoffstromanalyse*). Gemäß dem 1. Hauptsatz der Thermodynamik wird davon ausgegangen, dass alle eingebrachten Ressourcen im Output, wenn auch in anderen Formen und Zuständen, nachzuweisen sind. Stoff- und Energiebilanzen bilden die Grundlage von Öko-Bilanzen, Öko-Audits und Umweltverträglichkeitsprüfungen (UVP). *Öko-Controlling* und Umweltmanagementsysteme (z. B. EMAS) greifen hierauf zu. Stoff- und Energiebilanzen liefern eine strukturierte Darstellung aller relevanten stofflichen und energetischen Austauschbeziehungen zwischen der zu bilanzierenden Einheit (z. B. Produkte) und der natürlichen Umwelt (vgl. auch Dyckhoff und Souren 2008, S. 165). Problematisch ist die Festlegung der Systemgrenze, d. h. die Abgrenzung aller mit der zu bilanzierenden

Einheit kausal verknüpften Prozesse. Stoff- und Energiebilanzen dienen der Aufdeckung ökologischer Schwachstellen. Die mit einem Produkt oder Prozess verbundenen Stoff- und Energieströme werden auch als *Life Cycle Inventory* (LCI) bezeichnet.

4.2.3 Life Cycle Assessement und sozial-ökologische Belastungsmatrizen

Öko-Bilanzen werden mit dem Ziel erstellt, durch eine systematische Erfassung und Bewertung potenzieller Umwelteinwirkungen von Stoffen, Produkten und Verfahren ökologische Schwachstellen im Unternehmen sowie Möglichkeiten ihrer Beseitigung zu erkennen. Zuerst werden dazu alle umweltrelevanten Stoff- und Energieströme (Stoff- und Energiebilanz) erfasst. Zur Analyse und Bewertung der mit diesen Strömen verbundenen Umwelteinwirkungen werden Methoden der Öko-Bilanzierung eingesetzt. Für das Sustainability Marketing Management ist die Produktbilanz von besonderer Bedeutung. Produktbilanzen analysieren die sozialen und ökologischen Konsequenzen (*Impacts*) über den vollständigen Lebenslauf bzw. die Wertschöpfungsphasen eines Produkts. Sie werden auch als Life Cycle Assessment (LCA) bezeichnet. Das LCA ist ein Instrument zur quantitativen Messung und Bewertung schädlicher Wirkungen von Produkten auf die menschliche Gesundheit und auf die natürliche Umwelt über die Lebenszyklusphasen hinweg (Belz und Peattie 2009, S. 61). Im Rahmen der LCA wird der vollständige Produktlebenszyklus „von der Wiege bis zur Bahre" (*Cradle to Grave*), von der Rohstoffgewinnung, über die Herstellung, Vertrieb und Nutzung beim Endverbraucher bis zur Entsorgung oder Wiederverwendung geprüft. LCA-Analysen unterscheiden sich hinsichtlich des Detaillierungsgrades der betrachteten Lebenszyklusphasen sowie der Art und Anzahl der Kriterien und Bereiche der geprüften Schadenswirkungen. Die ISO Normen 14040:2006 (*Environmental management – Life cycle assessment – Principles and framework*) und 14044:2006 (*Environmental management – Life cycle assessment – Requirements and guidelines*) in der Fassung von 2006 liefern für das Life Cycle Assessment ein grundlegendes Prüfschema sowie Prüfrichtlinien, Anforderungen und Methoden. In Deutschland laufen diese Normen unter den Bezeichnungen DIN EN ISO 14040 und DIN EN ISO 14044. Danach umfasst das *Life Cycle Assessment* die folgenden vier Phasen: Festlegung der Ziele und des Untersuchungsrahmens (*Goal and Scope Definition*, z. B. LCA einer Holztür mit bestimmten Merkmalen), Erstellung der Sachbilanz (*Life Cycle Inventory*, LCI), Wirkungsabschätzung (*Life Cycle Impact Assessment*, LCIA) und Interpretation (vgl. Abb. 4).

Zur Wirkungsanalyse müssen zugrundegelegte Wirkungskategorien (*Impact Categories*) genau festgelegt werden (z. B. Ressourcenverbauch, Treibhauseffekt, Eutrophierung, Humantoxizität), um dann eine Zuordnung zu den Stoff- und Energieströmen durchzuführen. Da in der Regel sehr viele Wirkungsfaktoren vorliegen, werden diese abschließend bestimmten Oberkategorien zugeordnet und aggregiert (vgl. Belz und Peattie 2009, S. 62 f.). Die LCA ist natürlich mit Beschränkungen verbunden. Insbesondere sind die Datenprobleme zu lösen. Darüber hinaus liegen in der Regel keine exakten Werte für die Schadenswirkung einzelner Stoffe vor. Die hohe Komplexität dieser Analyse macht es erforderlich, modellhaft mit Vereinfachungen zu arbeiten.

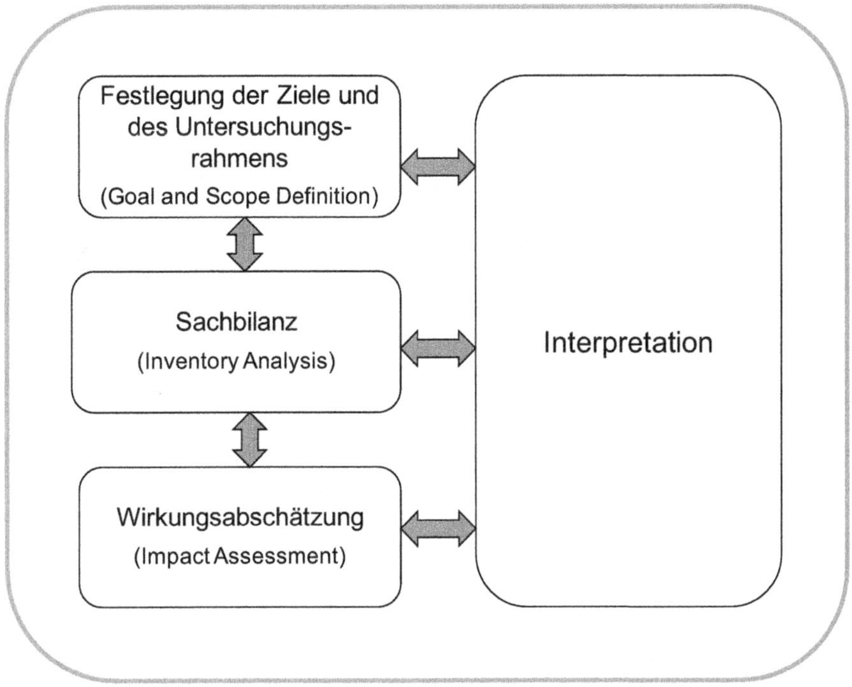

Abb. 4 Phasen des Life Cycle Assessement nach den ISO-Normen 14040, 14044

Sozial-ökologische Belastungsmatrizen liefern eine grobe erste Übersicht, in welchen Lebenszyklus- bzw. Wertschöpfungsphasen eines bestimmten Produkts schädliche ökologische (z. B. Treibhausgasemission) oder soziale (z. B. Gesundheit) Belastungen (*Impacts*) nach Art und Höhe entstehen (vgl. auch Belz und Peattie 2009, S. 58 ff.). Sie sind immer branchenspezifisch bezüglich der Umweltdimensionen festzulegen. Die Bewertung erfolgt in drei Belastungsstufen (hoch, mittel, gering).

5 Zusammenfassung

Die Entscheidungsorientierung im Sustainable Marketing Management betrifft die Auswahl derjenigen Handlungsalternative, die unter den jeweiligen Markt- und Umweltbedingungen zum besten Ergebnis, d. h. zu einer möglichst vollständigen Erreichung von gesetzten ökonomischen, ökologischen und sozialen Zielen (*Triple-Bottom Line-Konzept*), führt. Betrachtet wird die Gesamtheit derjenigen Entscheidungen verantwortlicher Akteure im Unternehmen, welche die auf die Nachhaltigkeit gerichtete Gestaltung und Abstimmung der Beziehungen des Unternehmens zu relevanten Anspruchsgruppen zum Gegenstand haben. Sustainable Marketing Management knüpft dabei am klassischen Marketing Management-Konzept an und erweitert die marktorientierte Ausrichtung der Unternehmensführung auf die Bereiche Gesellschaft und natürliche Umwelt. Die Umsetzung von Entscheidungen im Sustainability Marketing Management kann mit Hilfe bzw. mit Unterstützung von so genannten *Codes of Conduct* erfolgen. Hierbei handelt es sich um verbindliche, über gesetzliche Vorgaben und Normen hinausgehende Managementprinzipien und -richtlinien, die das Entscheidungsverhalten von Managern eines Unternehmens regeln. Die zu treffenden Entscheidungen umfassen alle mit dieser Aufgabe verbundenen Managementbereiche der Zielsetzung, Analyse, Planung, Strategieformulierung, Implementierung und Kontrolle. Diese Managementbereiche können nach dem *St. Galler Management-Ansatz* den drei Ebenen Sustainability Leitbilder und Ziele, Sustainability Analyse und Strategieentwicklung sowie dem Sustainability Maßnahmeneinsatz zugeordnet werden. Die Verfolgung ökologischer, ökonomischer und sozialer Ziele durch Sustainability Marketing Management steht im Einklang mit den Leitbildern *Sustainable Development* und *Corporate Social Responsibility* (CSR). Strategische Analyse- und Planungsmethoden und -instrumente im Sustainability Marketing Management sind darauf gerichtet, die ökonomischen, ökologischen und sozialen Informationen zu liefern, die für strategische Entscheidungen erforderlich sind. Die strategische Sustainability Analyse umfasst die *Sustainability Stärken-Schwächen-Analyse* (interne Sustainability Analyse) sowie die *Sustainability Chancen-Risiken-Analyse* (externe Sustainability Analyse). Grundlage der operativen Sustainability Analyse sind nachhaltigkeitsbezogene Indikatoren und Kennzahlen. Sie verdichten Informationen und machen die Leistungen im Sustainability Marketing Management messbar und vergleichbar. Entsprechend der Nachhaltigkeitskonzeption werden ökonomische, ökologische und soziale Sustainability Indikatoren unterschieden. Die Ergebnisse der Sustainability Analyse dienen nachfolgend der Strategieentwicklung und -festsetzung.

Literatur

Backhaus K, Schneider H (2009) Strategisches Marketing, 2. Aufl. Schäffer-Poeschel, Stuttgart

Balderjahn I (2001) Marktorientiertes Umweltmanagement. In: Diller H (Hrsg) Vahlens Großes Marketing Lexikon, 2. Aufl. Vahlen, München, S 1061–1063

Balderjahn I (2004) Nachhaltiges Marketing-Management. Lucius & Lucius, Stuttgart

Balderjahn I (2007) Umweltschutz und Unternehmung. In: Köhler R, Küpper H-U, Pfingsten A (Hrsg) Handwörterbuch der Betriebswirtschaft, 6. Aufl. Schäffer-Poeschel, Stuttgart, S 1761–1770

Balderjahn I (2011) Einführung in die Betriebswirtschaftslehre, 6. Aufl. Schäffer-Poeschel, Stuttgart

Balderjahn I (2013) Nachhaltiges Marketing Management und Konsumentenverhalten. UVK/Lucius, München

Balderjahn I, Scholderer J (2007) Konsumentenverhalten und Marketing. Schäffer-Poeschel, Stuttgart

Belz F-M (1999) Stand und Perspektiven des Öko-Marketing. Die Betr 59:809–829

Belz F-M (2001) Integratives Öko-Marketing. DUV, Wiesbaden

Belz F-M, Peattie K (2009) Sustainability marketing. A global perspective. Wiley, Chichester

Bleicher K (1994) Leitbilder, 2. Aufl. Schäffer-Poeschel, Stuttgart

Dyckhoff H (2000) Umweltmanagement. Springer, Berlin

Dyckhoff H, Souren R (2008) Nachhaltige Unternehmensführung, Springer, Berlin
Dyllick T (1992) Ökologisch bewußte Unternehmensführung. Die Unternehm 46:391–413
European Commission (2004) ABC of the main instruments of corporate social responsibility. Office for Official Publications of the European Communities, Luxembourg
Freble JF (2005) Toward a comprehensive model of stakeholder-management. Bus Soc Rev 110:407–431
Göbel E (1992) Das Management der sozialen Verantwortung. Duncker & Humblot, Berlin
Habisch A (2006) Die Corporate-Citizenship-Herausforderung: Gesellschaftliches Engagement als Managementaufgabe. In: Gazdar K, Habisch A, Kirchhoff KR, Vaseghi S (Hrsg) Erfolgsfaktor Verantwortung. Springer, Berlin, S 33–49
Heckhausen J, Heckhausen H (2006) Motivation und Handeln, 3. Aufl. Springer, Berlin
Hofstede G (2001) Lokales Denken, Globales Handeln, 2. Aufl. DTV, München
Kirchgeorg M (2002) Nachhaltigkeits-Marketing. UmweltWirtschaftsForum 10:4–11
Kreilkamp E (1987) Strategisches Management und Marketing. de Gruyter, Berlin
Liebe F (1994) Issue management. Z Betr 64:359–383
Loew T, Ankele K, Braun S, Clausen J (2004) Bedeutung der internationalen CSR-Diskussion für Nachhaltigkeit und die sich daraus ergebenden Anforderungen an Unternehmen mit Fokus Berichterstattung. IÖW, Berlin
Macharzina K, Wolf J (2010) Unternehmensführung, 7. Aufl. Gabler, Wiesbaden
Meffert H, Kirchgeorg M (1995) Ökologisches Marketing. UmweltWirtschaftsForum 3:18–27
Meffert H, Kirchgeorg M (1998) Marktorientiertes Umweltmanagement, 3. Aufl. Schäffer-Poeschel, Stuttgart
Müller-Christ G (2001) Umweltmanagement. Vahlen, München
Mutz G, Korfmacher S (2003) Sozialwissenschaftliche Dimensionen von Corporate Citizenship in Deutschland. In: Backhaus-Maul H, Brühl H (Hrsg) Bürgergesellschaft und Wirtschaft – zur neuen Rolle von Unternehmen. Deutsches Institut für Urbanistik, Berlin, S 45–62
Pfriem R, Fischer D (2001) Anspruchsgruppen. In: Schulz WF, Burschel CF, Weigert M (Hrsg) Lexikon Nachhaltiges Wirtschaften. Oldenbourg, München, S 13–20
Porter ME, Kramer MR (2002) The competitive advantage of corporate philanthropy. Harv Bus Rev 80:56–68
Regierungskommission Deutscher Corporate Governance Kodex (2003) Deutscher Corporate Governance Kodex in der Fassung vom 21. Mai 2003. www.corporate-governance-code.de
Steger U, Winter M (1996) Strategische Früherkennung zur Antizipation ökologisch motivierter Marktveränderungen. Die Betr 56:607–629
Steinmann H, Schreyögg G (2005) Management, 6. Aufl. Gabler, Wiesbaden
Wagner GR (1997) Betriebswirtschaftliche Umweltökonomie. Lucius & Lucius, Stuttgart
Weber J (Hrsg) (1997) Umweltmanagement. Schäffer-Poeschel, Stuttgart
Zu Knyphausen-Aufseß D, Picot A (2010) Unternehmensethik aus der Perspektive von Organisationsforschung und -lehre. Ein selektiver Überblick. Die Unternehm 64:391–421

Univ.-Prof. Dr. Ingo Balderjahn studierte Wirtschaftsingenieurwesen an der Technischen Universität Berlin und promovierte dort 1986. 1992 habilitierte er an der Universität Hannover und ist seit März 1993 Inhaber der Professur für Betriebswirtschaftslehre mit dem Schwerpunkt Marketing an der Universität Potsdam. Seine Forschungsschwerpunkte liegen in den Bereichen nachhaltiges Marketingmanagement und Konsumentenverhalten, Standortmarketing und Methoden der Datenanalyse und Marktforschung. Prof. Balderjahn ist Mitglied in nationalen und internationalen wissenschaftlichen Gesellschaften und Autor mehrerer Lehrbücher. Zudem gehört er dem Nachhaltigkeitsbeirat des Landes Brandenburg an.

Sustainable Branding – Konzept, Wirkungen und empirische Befunde

Heribert Meffert und Christian Rauch

Inhaltsverzeichnis

Zusammenfassung

Im Mittelpunkt aktueller wissenschaftlicher und unternehmerischer Diskussionen stehen Fragen, inwiefern Nachhaltigkeitsaspekte in der Marke verankert werden sollten und welche Wirkungen Sustainable Branding besitzt. Vor diesem Hintergrund wird im Folgenden eine begriffliche Abgrenzung und Interpretation von Sustainable Branding vorgenommen. Darauf aufbauend werden zentrale Gestaltungsfragen nachhaltiger Markensubstanz und Markenkommunikation erörtert. Anschließend werden ausgewählte Studienergebnisse zu den Wirkungen von Sustainable Branding überblicksartig dargestellt und diskutiert. (Hierzu verweisen die Autoren auf den Beitrag Meffert, H., Rauch, C., Lepp, H. L.: Sustainable Branding – mehr als ein neues Schlagwort!?. Marketing Review St. Gallen, 27. Jg., Nr. 5, S. 28–35 (2010).) Zuletzt werden Ergebnisse einer eigenen bevölkerungsrepräsentativen Untersuchung, bei der Unternehmensmarken öffentlich exponierter Dienstleistungsunternehmen im Fokus standen, aufgezeigt.

H. Meffert (✉)
Marketing Center Münster, Am Stadtgraben 13-15, 48143 Münster, Deutschland
E-Mail: meffert@uni-muenster.de

C. Rauch
DMG Mori Seiki AG, Gildemeisterstr. 60, 33689 Bielefeld, Deutschland

H. Meffert et al. (Hrsg.), *Sustainable Marketing Management*,
DOI 10.1007/978-3-658-02437-6_9

1 Relevanz und Konzept von Sustainable Branding

1.1 Sustainable Branding als Herausforderung an die Markenführung

In den letzten Jahren erfuhr das Thema Nachhaltigkeit einen erheblichen Bedeutungsanstieg, so dass nur wenige Themen die gegenwärtigen politischen, wirtschaftlichen und wissenschaftlichen Diskussionen gleichermaßen stark dominieren (Meffert 2008, S. 381). Die Managementlehre und -praxis beschäftigen sich in der Folge verstärkt mit Begriffen wie Corporate Sustainability sowie der grundsätzlichen Leistungsfähigkeit und Umsetzung dieses und ähnlicher Konzepte (Belz und Peattie 2009, S. 25 ff.). In Anlehnung an die weithin anerkannte Definition der Europäischen Kommission soll unter Corporate Sustainability vereinfacht ein Managementkonzept verstanden werden, das die Gesamtheit aller ökonomischen, ökologischen und sozialen Beiträge eines Unternehmens zur freiwilligen Übernahme gesellschaftlicher Verantwortung beinhaltet, die über die Einhaltung gesetzlicher Bestimmungen hinausgehen (Europäische Kommission 2002). Im angelsächsischen und deutschsprachigen Raum setzt sich die Vorstellung einer effektiven Corporate Sustainability als Business Case durch. Ausschlaggebend für den Bedeutungsanstieg sind im Rahmen der globalisierten Wirtschaft insbesondere die durch den Klimawandel verursachte Umweltbelastung und die mit dem spürbaren Wertewandel verbundenen Forderungen von Anspruchsgruppen nach größerer gesellschaftlicher Verantwortung von Unternehmungen.

Von diesen Entwicklungen sind Marken als Signale für Orientierung und Vertrauen sowie Träger von Reputation und Vermögenswerten besonders betroffen. Dies gilt umso mehr, als gut informierte Anspruchsgruppen über Medien und soziale Netzwerke das (gesellschaftliche) Verhalten von Unternehmungen sensibel verfolgen bzw. kritisch überwachen. Entsprechend hat die Praxis ein immer größeres Interesse an einer an Sustainability orientierten Markenführung. Ein Blick in die Praxis zeigt, dass Nachhaltigkeit bereits eine weit verbreitete Wertedimension von Marken darstellt. Für die marktorientierte Unternehmensführung bedeutet dies, dass das „Sustainable Branding" einen besonderen Stellenwert zur Sicherung der Zukunftsfähigkeit des Unternehmens sowie zur Erlangung und zum Ausbau von Wettbewerbsvorteilen erlangt.

1.2 Sustainable Branding im Rahmen identitätsorientierter Markenführung

Um die Frage der konzeptionellen Verortung von Sustainable Branding unter Berücksichtigung seiner Wirkungen zu beantworten, bedarf es eines umfassenden Verständnisses von Marke und ihrer Führung. Hierbei hat sich das Konzept der identitätsorientierten Markenführung durch seine ganzheitliche Perspektive auf Identitäts- und Imageprozesse bewährt (Burmann und Meffert 2005; Kapferer 1992). Eine Marke soll in diesem Zusammenhang als ein in den Köpfen unternehmensinterner und unternehmensexterner An-

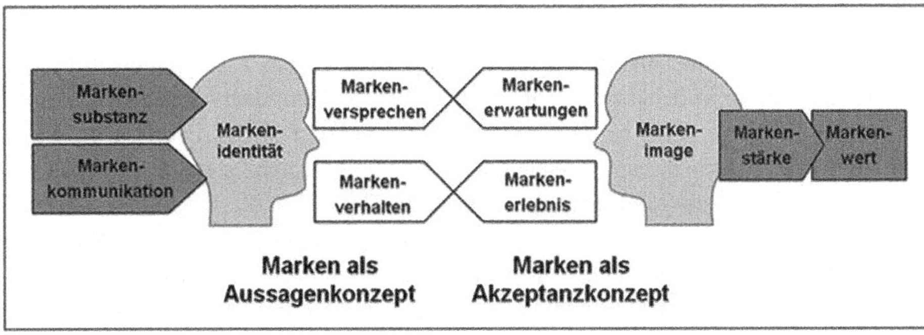

Abb. 1 Identitätsorientierte Interpretation von Sustainable Branding. (Quelle: Meffert et al. 2010)

spruchsgruppen fest verankertes, unverwechselbares Vorstellungsbild über eine Unternehmung, eine Dienstleistung oder ein Produkt verstanden werden (Meffert et al. 2002, S. 6). Dabei stellt die Marke ein Nutzenbündel mit spezifischen, differenzierenden Merkmalen dar. Die Marke als Vorstellungsbild ist als ein mehrdimensionales Einstellungskonstrukt zu interpretieren, welches das Ergebnis der individuellen, subjektiven Wahrnehmung und Dekodierung aller vom Nutzenbündel ausgehender Signale ist. Von der Marke ist der Begriff des Branding bzw. der Markenführung abzugrenzen. Im identitätsbasierten Verständnis wird unter Branding die Planung, Koordination und Kontrolle aller Maßnahmen zum Aufbau starker Marken subsumiert.

Eine Marke kann in Markenidentität und Markenimage differenziert werden (Abb. 1).

Ausgangspunkt des Sustainable Branding ist grundsätzlich die Verankerung von nachhaltigen Markenwerten in die Komponenten der Markenidentität. Kapferer beschreibt die Markenidentität als Aussagekonzept, das sich aus den Facetten und dem Konzept einer Marke zusammensetzt und deren Einzigartigkeit und Beständigkeit garantiert (Kapferer 1992, S. 39 ff.). Indem sie ihre wesensprägenden Merkmale umfasst, lässt die Identität die Marke glaubwürdig werden und differenziert sie im Wettbewerb. Eine ganzheitliche Ausrichtung der Markenführung an der Markenidentität wird als elementare Grundlage für den Aufbau einer starken, d. h. verhaltensrelevanten Marke angesehen. So können unterschiedliche konstitutive Identitätskomponenten (Herkunft, Kompetenz, Leistung, Vision, Werte, Persönlichkeit) eine umfassende Beschreibung der Markenidentität ermöglichen (vgl. hierzu v.a. Burmann, Halaszovich und Hemmann 2012). Die Integration von Nachhaltigkeitsaspekten in die Komponenten der Markenidentität kann sich dabei wie folgt widerspiegeln:

Die **Markenherkunft** verdichtet die Markenhistorie und fördert im Falle langjähriger nachhaltiger Werte und nachhaltigen Handelns die Glaubwürdigkeit und Authentizität von (markenbezogenen) Nachhaltigkeitsaktivitäten (sog. institutionelle Herkunft der Marke). So hat sich die Marke Frosch seit vielen Jahrzehnten als Ökopionier unter den Haushaltsreinigern positioniert und kann dieses traditionell gewachsene Vorstellungsbild nun mittels Brand Extension auf neue Produktmarken übertragen. Studien belegen zudem den Einfluss der geografischen und kulturellen Herkunft auf die wahrgenommene Kompetenz der Marke durch die Konsumenten (Agrawal und Kamakura 1999, S. 255 f.). Im Hinblick auf den Aufbau einer nachhaltigen Marke können sich hieraus u. a. Glaubwürdigkeitsvorteile ergeben. So ist denkbar, dass der Erfolg einer ökologischen Automarke zu einem nicht geringen Teil von ihrer geografischen Herkunft abhängt. Vermutlich wird deutschen Automarken in diesem Zusammenhang eine größere Kompetenz zugeschrieben als US-amerikanischen Marken (Loeffler 2001, S. 482 ff.).

Neben der Markenherkunft basiert die Glaubwürdigkeit des Markenkonzeptes ebenso auf der **Markenkompetenz**. Diese drückt die organisationalen Fähigkeiten eines Unternehmens zur marktgerechten Kombination von Ressourcen aus, d. h. eine sowohl ökologisch, ökonomisch als auch sozialgerechte Leistungserstellung entlang der Wertschöpfungskette. Praxisbeispiel einer Marke, bei der Nachhaltigkeit als Teil der Kernkompetenz aufgefasst werden kann, ist alverde Naturkosmetik. Sie wurde 2009 im Rahmen des Deutschen Nachhaltigkeitspreises zur Top 3 der nachhaltigsten Marken gewählt und gilt als führend in der Herstellung von Naturkosmetik aus natürlichen und pflanzlichen Rohstoffen (Stiftung Deutscher Nachhaltigkeitspreis e. V. 2009). Diese Kernkompetenz macht alverde zur meistverkauften, zertifizierten Naturkosmetikmarke Deutschlands (DM-DROGERIE MARKT GMBH & CO. KG 2009).

Basierend auf den Markenkompetenzen erfolgt die Festlegung der grundsätzlichen Form und Beschaffenheit der **Markenleistungen**, die eine Marke anbieten soll. Die Markenleistungen umfassen den funktionalen und symbolischen Nutzen der Marke und stellen das zentrale Element zwischen dem Markenversprechen und den Markenerwartungen der Anspruchsgruppen dar. Im Hinblick auf ein identitätsbasiertes Sustainable Branding muss festgelegt werden, in welcher Form Nachhaltigkeitsaspekte in die Markenleistungen integriert und somit für den Nachfrager nutzbar werden sollen. So verspricht Hipp seit vielen Jahrzehnten höchste Bio-Qualität zum Wohle des Kindes zu liefern. Ein weiteres Beispiel hierfür ist BMW, deren Markenpositionierung „Efficient Dynamics" betont und somit Freude am Fahren und ökologische Effizienz verbindet. BMW verspricht seinen Kunden einen ökologisch-funktionalen Nutzen durch kraftstoffsparende und dennoch sportliche Fahrzeuge (BMW AG 2010).

Fokussiert auf wenige Aussagen geben die **Markenwerte** wieder, woran die Marke und ihre Repräsentanten glauben. Derartige nachhaltige Aspekte erhöhen die Authentizität eines nachhaltigen Markenversprechens, wobei im Rahmen einer Neupositionierung darauf zu achten ist, dass diese Werte nicht im Widerspruch zu den bestehenden Kernwerten stehen. Derartige Glaubenssätze sind wichtige emotionale Komponenten der Markenidentität und sollen einen Bezug zu den Wünschen der relevanten Zielgruppen aufweisen. Erfahrungswerte zeigen, dass für ein authentisches Sustainable Branding Nachhaltigkeitsaspekte nicht nur in den Markenwerten formal verankert sein sollten, sondern von den Markenrepräsentanten tatsächlich „gelebt" werden müssen. Als gelungenes Beispiel ist die Unternehmensmarke Henkel zu nennen, die mit der Betonung von „Qualität und Verantwortung" innerhalb weniger Jahre den Wandel vom Chemieunternehmen zum Vorzeigeunternehmen in Sachen Nachhaltigkeit geschafft hat.

Die **Markenpersönlichkeit** kennzeichnet die Gesamtheit aller relevanten Persönlichkeitsmerkmale, die mit der Marke verbunden werden können. Sie ermöglicht das Ausschöpfen emotionaler Nutzenpotenziale beim Konsumenten und steht im engen Zusammenhang mit dem markenspezifischen Kommunikations- und Werbestil. So versucht die Getränkemarke Bionade die Kommunikation von Nachhaltigkeit in Form von unkonventionellen und humorvollen Kampagnen an seine junge, innovative Markenpersönlichkeit anzupassen.

Die **Markenvision** zeigt die generelle Leitorientierung einer Marke auf und übernimmt damit eine Koordinationsfunktion für deren langfristige Entwicklungsrichtung. Die Integration von Nachhaltigkeit in die Markenvision kann so der internen Motivation und Identifikation der Mitarbeiter dienen und ein entsprechendes Markenverhalten bei den Mitarbeitern fördern. Dass Nachhaltigkeit dabei integrativer Bestandteil der Markenvision sein kann, zeigt die Unternehmensmarkenvision von Unilever (Unilever PLC 2010).

An diesen Beispielen wird ersichtlich, dass Sustainable Branding viele Ausgestaltungsformen besitzen kann.

Das **Markenimage** entsteht hingegen als Akzeptanzkonzept bei den Anspruchsgruppen. Der funktionale und emotionale Nachfragernutzen einer nachhaltigen Marke kann sowohl in der Übereinstimmung persönlicher Werte mit der nachhaltig positionierten Markenidentität als auch in einer Gewissensentlastung (Kaufimpulse mit Wohlfühlfaktor) liegen. Vor diesem Hintergrund strebt die Markenführung über eine entsprechende Markenkommunikation eine Harmonisierung bzw. idealerweise Übereinstimmung der Identität (Selbstbild) mit dem Image (Fremdbild) einer Marke an, um eine starke Marke zu kreieren.

1.3 Umsetzung von Sustainable Branding

Die Umsetzung von Sustainable Branding sollte jedoch unter Berücksichtigung folgender ausgewählter, zentraler Aspekte erfolgen: Die Identität einer Marke entsteht über einen längeren Zeitraum hinweg, so dass eine effektive Beeinflussung der Wahrnehmung nur langfristig möglich ist. Die Markenführung muss daher die zukünftige Bedeutung von Nachhaltigkeit für die Marke bereits frühzeitig analysieren und antizipieren.

Ebenso muss entschieden werden, ob Nachhaltigkeit im Konstrukt der Markenidentität eine zentrale oder flankierende Rolle einnehmen soll. Für konsequente Nachhaltigkeitsmarken stellen ökologische und soziale Aspekte die essenziellen Merkmale ihrer Identität dar, die den Markenkern beschreiben und grundsätzlich nicht verändert werden sollten. Der Markenkern stellt das zentrale Nutzenversprechen an alle relevanten Zielgruppen dar. Als flankierendes Merkmal ist Nachhaltigkeit weniger wesensbestimmend und daher an Veränderungen des Marktes oder der Positionierung kurzfristiger anpassbar (Aaker und Joachimsthaler 2000, S. 45). Während die Marken Frosch, Bionade und Alverde ökologische Nachhaltigkeit als zeitlosen Kernwert (core identity) definieren, versuchte die Deutsche Telekom Nachhaltigkeit in ihrer letzten Imagekampagne in den peripheren Markenwerten (extended identity) auszudrücken. Sofern entsprechende nachhaltige Merkmale in der Markenidentität für die Anspruchsgruppen sowohl wahrnehmbar als auch relevant sind, tragen diese zur Differenzierung der Marke im Wettbewerb bei.

Darüber hinaus ist zu beachten, dass auf Nachhaltigkeit basierende Markenversprechen in der Regel neben Erfahrungs- vor allem Vertrauenseigenschaften besitzen, da eine objektive Verifizierung durch den Nachfrager meist nicht möglich ist. Die Glaubwürdigkeit von Sustainable Branding ist daher in hohem Maße von der Transparenz der Leistungsbeweise abhängig. Grundlage dazu bildet in der ressourcenorientierten Perspektive die Markensubstanz im Sinne nachhaltig orientierter Unternehmensaktivitäten. Um Vorwürfe des sog. Greenwashing zu vermeiden, muss das an Nachhaltigkeit orientierte Markenversprechen in den Unternehmensleistungen umgesetzt und belegt werden. Die Markensubstanz bezieht sich grundsätzlich auf alle nachhaltigkeitsorientierten Unternehmensaktivitäten, was den Koordinationsaufwand der Markenführung stark vergrößert und auf folgenden Stufen ansetzt.

Nachhaltigkeit in den Unternehmenszielen und in der Strategie Auf normativer Ebene ist durch das Management zu entscheiden, ob und wie Nachhaltigkeit in der Unternehmung berücksichtigt werden soll. Auf strategischer Ebene erfolgt die Festlegung, in welcher Hierarchie Nachhaltigkeit zu weiteren Zielen (bspw. Marktstellungs-, Rentabilitäts-, Finanz-, Prestigeziele) steht. Hier können unterschiedliche Beziehungen identifiziert werden (Meffert und Kirchgeorg 1992, S. 48):

- Nachhaltigkeit steht in konfliktärer Beziehung zu den ökonomischen Zielen und ist eine extern vorgegebene Restriktion des Gewinnziels.
- Nachhaltigkeit fungiert in Form einer komplementären Mittel-Zweck-Beziehung und fördert das Gewinn- bzw. Renditeziel.
- Nachhaltigkeit wird als gleichrangiges, autonomes Ziel eines Unternehmens definiert.

Nachhaltigkeit in der Wertschöpfungskette Auf operativer Ebene sollte Nachhaltigkeit entlang der gesamten Wertschöpfungskette Berücksichtigung finden, z. B.:

- **Forschung & Entwicklung**: Entwicklung umwelt- und sozialverträglicher Problemlösungen, die eine Erhöhung des Individualnutzens (z. B. geringerer Energiebedarf und niedrigere Betriebskosten eines Produktes) mit einer Erhöhung des gesellschaftlichen Nutzens (z. B. geringerer Ressourcenverbrauch durch Energieeffizienz) kombinieren.
- **Einkauf**: Definition und Audit von Umwelt-, Sozial- und Sicherheits-Standards (z. B. PFC, FSC und EMAS) für Zulieferbetriebe.
- **Produktion und Leistungserstellung**: Nutzung erneuerbarer Energien und Recycling-Maßnahmen vereinen Umweltschutz und Kostensparpotenziale.
- **Logistik**: Umstellung des Fuhrparks auf CO_2-arme Antriebstechniken und Einsatz regenerativer Treibstoffe.

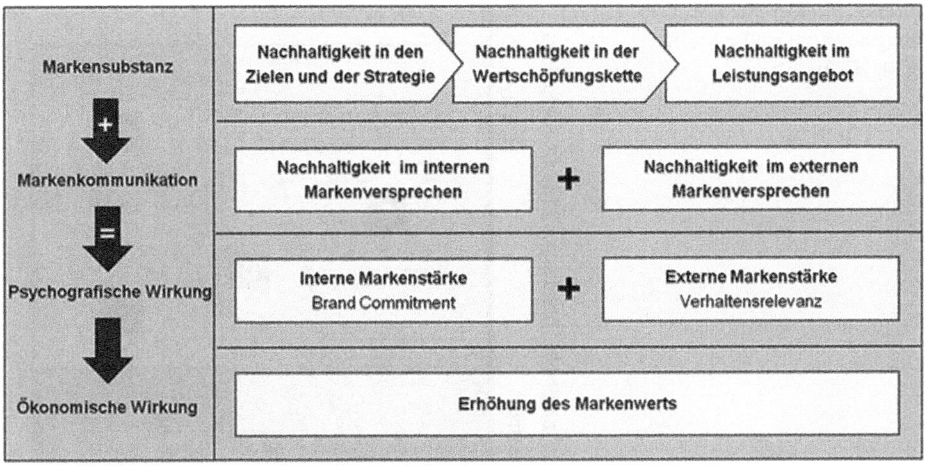

Abb. 2 Verankerung von Nachhaltigkeit im Unternehmen. (Quelle: Meffert et al. 2010)

Für das Sustainable Branding besteht die Aufgabe darin, Kenngrößen zu identifizieren, mit denen relevante Prozesse abgebildet werden können.

Nachhaltigkeit im Leistungsangebot Die Integration von Nachhaltigkeit bezieht sich ebenso auf die marktgerichteten Produkte und Dienstleistungen. Welche Bedeutung Nachhaltigkeit im Markenversprechen einnimmt, ist abhängig von der subjektiven Relevanz aus Sicht der Anspruchsgruppen. Vielfach betreffen soziale und ökologische Effekte die Anspruchsgruppen nur mittelbar (z. B. CO_2-Emmissionen eines Automobils). Bis auf wenige Fälle (z. B. Präferenz ökologischer Stoffe wegen Allergien; Babynahrung) stellen nachhaltige Komponenten daher weniger den Grundnutzen einer Leistung, als vielmehr einen Zusatznutzen dar. Dieser wird nur akzeptiert, wenn hierdurch der Grundnutzen nicht beeinträchtigt wird. Ist keinerlei Relevanz bei den Anspruchsgruppen zu verorten, besteht keine Notwendigkeit Nachhaltigkeit in der marktgerichteten Leistung zu verankern (Meffert und Kirchgeorg 1992, S. 52 f.). Sustainable Branding ist daher als Strategie der Markenpositionierung nur dann zu erwägen, wenn dies von den Anspruchsgruppen honoriert und der Business Case verwirklicht wird (Abb. 2).

Studien zeigen, dass ökologische und soziale Kriterien erst bei transparenter Kommunikation von Leistungsbeweisen einstellungsbeeinflussende Wirkungen besitzen und zur Kaufentscheidung herangezogen werden (Schrader 2008, S. 151). Der Gestaltungsspielraum der Markenkommunikation kann sich hierbei von der Berücksichtigung aktueller gesellschaftlicher Werte bis zur strategischen Verortung in der Markenarchitektur erstrecken:

1. **Nachhaltige Positionierung der Unternehmensmarke**: Diese Strategie wird von Unternehmen beschritten, welche primär Reputationseffekte auf Corporate Ebene und

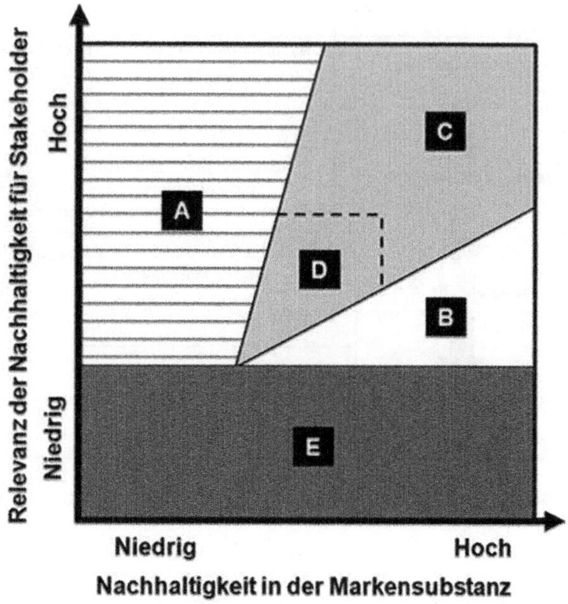

Abb. 3 Strategische Entscheidungsfelder. (Quelle: Meffert et al. 2010)

Abstrahlungseffekte erzielen wollen; Wirkungen auf den Absatzmarkt sind indirekter Natur (top-down Abstrahlungseffekte).

2. **Nachhaltige Positionierung der Produkt-/Dienstleistungsmarke**: Diese Strategie zielt auf eine direkte Differenzierung im Absatzmarkt; Wirkungseffekte für die Unternehmensmarke sind nachrangig (bottom-up Abstrahlungseffekte).
3. **Nachhaltige Positionierung des gesamten Markenportfolios**: Diese Strategie nutzt Nachhaltigkeit als zentrales Identitäts- und Differenzierungsmerkmal aller Marken; direkte Wirkungseffekte ergeben sich in der gesamten Markenarchitektur (bottom-up und top-down Abstrahlungseffekte).

Insgesamt können so in Abhängigkeit der Nachhaltigkeitsrelevanz bei den Anspruchsgruppen fünf Entscheidungssituationen in der Umsetzung von Sustainable Branding (A, B, C, D, E) aufgezeigt werden (Abb. 3).

- **Bereich A:** Relevanz für Anspruchsgruppen > Umsetzung im Unternehmen: Wird Nachhaltigkeit flankierend oder dominant kommuniziert, besteht die Gefahr des Greenwashing und Glaubwürdigkeitsverlusts. Der Fokus sollte auf der Implementierung von Nachhaltigkeit in der Markensubstanz liegen.
- **Bereich B:** Relevanz für Anspruchsgruppen < Umsetzung im Unternehmen: Eine dominante Nachhaltigkeitskommunikation erzielt nicht die gewünschten Wirkungen, da die Anspruchsgruppen nachhaltige Leistungen nicht nachfragen. Für eine optimale Ressourcenallokation sollte Nachhaltigkeit maximal flankierend in das Markenversprechen eingehen.

- **Bereich C:** Hohe Relevanz für die Anspruchsgruppen = hohe Priorität im Unternehmen: Nachhaltigkeit sollte dominant in das Markenversprechen integriert werden; Nachhaltigkeitskommunikation ist ein „Must-Have".
- **Bereich D:** Mittlere Relevanz für die Anspruchsgruppen = mittlere Berücksichtigung im Unternehmen: Nachhaltigkeit sollte das Markenversprechen flankierend unterstützen; Nachhaltigkeitskommunikation ist ein „Nice-to-Have".
- **Bereich E:** Geringe bis keine Relevanz für die Anspruchsgruppen: Nachhaltigkeit erreicht nicht den kritischen Schwellenwert der Verhaltensrelevanz, der für eine positive Wirkung von Sustainable Branding notwendig wäre.

Notwendigkeit und Maßstab eines langfristig erfolgreichen Sustainable Branding ist somit die Abstimmung der Markensubstanz (Leistungsprofil) mit der Markenkommunikation (Kommunikationsprofil) in Abhängigkeit der Relevanz von Nachhaltigkeit bei den Anspruchsgruppen.

Eine fehlende Abstimmung kann dazu führen, dass Erfolgspotenziale von Nachhaltigkeit für den Markenerfolg nicht ausgeschöpft werden (4. Quadrant) oder ein Reputationsverlust durch Greenwashing-Vorwürfe erlitten wird (2. Quadrant). Nur wenn das nachhaltige Leistungs- und Kommunikationsprofil entweder auf Dominanz (1. Quadrant) oder Ergänzung (3. Quadrant) abgestimmt sind, können langfristig verhaltensrelevante Wirkungen bei den Anspruchsgruppen effektiv und effizient erreicht werden (Abb. 4)

2 Wirkungen des Sustainable Branding

Im Rahmen eines strategischen Sustainable Branding sind die psychografischen Wirkungen (Bsp. Bekanntheit, Sympathie und Bindung) und die ökonomischen Wirkungen (Bsp. Preis- und Mengenprämium) zu untersuchen. Hinsichtlich psychografischer Markenziele wird der Wert einer Marke als Konstrukt aufgefasst, das nicht im Unternehmen geschaffen wird, sondern in den Köpfen der potenziellen Konsumenten entsteht (Kapferer 1992, S. 9). In der deutschsprachigen Literatur wird diese speziell auf die psychografischen Wirkungen von Marken abstellende Ziel- und Steuerungsgröße als Markenstärke bezeichnet. Markenstärke liegt demnach vor, wenn eine Marke über einzigartige und verhaltensrelevante Vorstellungen verfügt. Psychografische Zielgrößen fungieren so als sogenannte Leistungstreiber, aus denen ökonomische Erfolgsgrößen wie Absatzmengen, Marktanteile, Umsätze usw. resultieren (Esch 2008, S. 628). Für ein effektives und effizientes Sustainable Branding sind demnach insbesondere psychografische Größen als Steuerungs- und Zielgrößen von Bedeutung. Somit stehen diese im Folgenden im Fokus der Betrachtung. Die Sichtung von empirischen Untersuchungen zeigt, dass sich den Wirkungen von Sustainable Branding bisher überwiegend theoretisch-konzeptionell sowie über Fallbeispiele und Laborstudien genähert wurde (Rauch 2011; Duong Dinh 2011; Dabic und Mayerhofer 2009; Fan 2005; Argenti und Druckenmiller 2004; Keller und Aaker 1997). In der Folge sind die Erkenntnisse nur eingeschränkt generalisierbar. Es lässt sich jedoch fest-

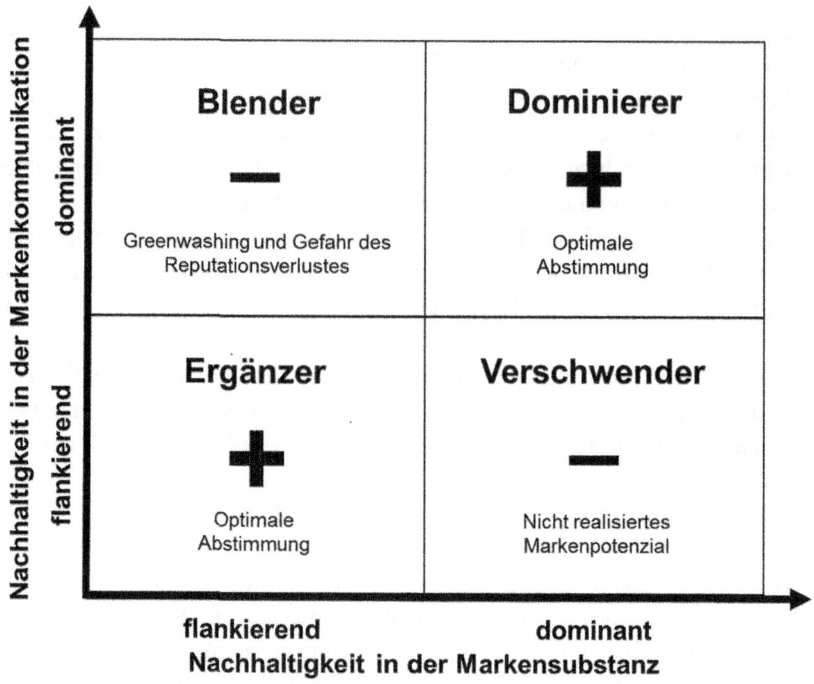

Abb. 4 Typisierung der Markenkommunikation. (Quelle: Meffert et al. 2010)

halten, dass bislang primär Wirkungen auf Produktmarkenebene bei Konsumenten untersucht worden sind. Dies lässt sich durch den vereinfachten Zugang und die Messung der Erfolgsgrößen erklären. Diese Limitationen führen dazu, dass die Kenntnisse über die ganzheitlichen Wirkungen von Sustainable Branding insbesondere bezüglich des ökonomischen Markenwerts begrenzt sind und eine Quantifizierung des monetären Effekts bislang aussteht. Mit den bestehenden Erkenntnissen verschiedener Studien lassen sich jedoch folgende Grundtendenzen über die Relevanz und Wirkungseffekte von Sustainable Branding bei zentralen Anspruchsgruppen treffen (Tab. 1):

Eine erhöhte Bedeutung einer nachhaltigen Marke kann bei den Medien, der Öffentlichkeit und den NGOs beobachtet werden, wo Sustainable Branding zur Sicherung der Licence-to-operate genutzt werden kann. Bzgl. der Konsumenten zeigen aktuelle Studien, dass nicht nur vorökonomische Wirkungen wie Reputationssteigerungen erzielt werden können, sondern auf Produktmarkenebene die persönliche Wertschätzung von Nachhaltigkeit auch die tatsächliche Kaufentscheidung beeinflussen kann (Rauch 2011; Roland Berger Strategy Consultants 2009). Bei Mitarbeitern zeigen Sustainability-Aktivitäten positive Wirkungen auf die Arbeitgeberattraktivität. Institutionelle Investoren hingegen legen ihren Entscheidungen zumeist ökonomische Kennzahlen zugrunde und messen einer Marke (bis auf den bilanzierten Markenwert) wenig Bedeutung bei. Erfahrungen zeigen jedoch, dass Privatanleger eher geneigt sind, starke Marken zwecks wahrgenommener

Tab. 1 Grundtendenzen empirischer Befunde. (Quellen: Rauch 2011; Duong und Dinh 2010; Dabic und Mayerhofer 2009; Ernst et al. 2009; Roland Berger Strategy Consultants 2009; Münstermann 2007; Zeplin 2006; Fan 2005; Fiedler 2007; Argenti und Druckenmiller 2004; Carrigan und Attalla 2001; Hank 1999; Keller und Aaker 1997)

Anspruchsgruppen	Relevanz von Sustainable Branding	Vorökonomische Wirkungen (Markenstärke)	Ökonomische Wirkungen (Markenwert)
Konsumenten	+(+)	Reputation/ Bekanntheit Kaufabsicht Bindung/Loyalität Weiterempfehlung	*Kaufverhalten:* Preis-Premium Mengeneffekt
Mitarbeiter	++	Arbeitgeberattraktivität Bindung/Loyalität Motivation/Qualität	Steigerung der Arbeitsproduktivität Senkung der Recruiting-Kosten
Financial Community	0(+)	Kaufabsicht Risikoreduktion	Erhöhte Nachfrage Zinsvorteile
Lieferanten/ Geschäftspartner	+	Image/Reputation Bindung/Loyalität	Preisvorteile Listungsvorteile
Medien/ Öffentlichkeit	+++	Good-will Image/Reputation Publicity	Kommunikationskosten
NGO/Politik	+++	Legitimation Good-will	Kostenvermeidung durch Regulierung

Risikoreduktion zu berücksichtigen. So kann eine als nachhaltig wahrgenommene Marke verstärkend risikoreduzierend wirken (Rauch 2011). Der Überblick über die Befunde in der Literatur zeigt auf, dass Sustainable Branding mehr Relevanz besitzt, als der bisherige Fokus auf Produktmarken und Konsumenten suggeriert.

Demnach werden folgend Ergebnisse einer eigenen Studie aufgezeigt, die die Wirkungen von Sustainable Branding auf Unternehmensmarkenebene bei sog. öffentlich exponierten Dienstleistungsunternehmen untersucht hat. Dazu wurde eine bevölkerungsrepräsentative Telefonbefragung (CATI) mit einer Stichprobengröße von n = 3005 durchgeführt. Die quantitative, empirische Hauptuntersuchung fand im Zeitraum vom 13. Juni 2011 bis zum 19. August 2011 statt. Die Ergebnisse der Studie geben einen differenzierten Einblick, für welche Markenziele eine Corporate Sustainable Brand bei Dienstleistungsunternehmen einen Beitrag leisten kann. Konkret sollte die Frage beantwortet werden, welche psychografischen Wirkungen eine Corporate Sustainable Brand von öffentlich exponierten Dienstleistungsunternehmen bei Kunden und Nicht-Kunden besitzt. Aufbauend auf theoretischen Vorüberlegungen erfolgten zur Beantwortung der Frage eine hypothesengeleitete Identifikation von Wirkungszusammenhängen und deren empirische Überprüfung. Daran anschließend wurde eine Segmentierung der Stichprobe auf Basis spezifischer Kontextfaktoren durchgeführt, die sich aus der öffentlichen Exponiertheit der betrachteten Unternehmen ergaben. Die Segmentierung hatte zum Ziel, innerhalb der identifizierten Cluster die Wirkungen einer Corporate Sustainable Brand zu analysieren.

Mittels kausalanalytischer Verfahren konnte gezeigt werden, dass eine Corporate Sustainable Brand zwar grundsätzlich signifikant positive Effekte auf die Einstellung und den wahrgenommenen Markennutzen besitzt. Entgegen der vielfach in Wissenschaft und Praxis geäußerten Erwartungen sind jedoch nur vergleichsweise geringe, unmittelbare ökonomische Verhaltenswirkungen (beispielsweise Kauf- und Preisbereitschaft) zu erwarten. Vielmehr leistet ein Corporate Sustainable Branding für Dienstleistungsunternehmen vor allem einen Beitrag für das Reputationsmanagement. Vieles spricht dafür, dass die mit dem Reputationsmanagement häufig assoziierten Wettbewerbsvorteile demnach eher dazu beitragen, das Risiko von Wettbewerbsnachteilen – zum Beispiel stärkere Regulierung bzw. Einschränkung der Licence-to-Operate – zu reduzieren. Es sollte somit (öffentlich exponierten) Dienstleistungsunternehmen weniger darauf ankommen, über Corporate Sustainable Branding Wettbewerbsvorteile zu schaffen. Primär kann eine Corporate Sustainable Brand Beiträge leisten, keine Wettbewerbsnachteile im Sinne des Entzugs der sogenannten Licence-to-Operate oder andere Sanktionen zu erfahren. Darüber hinaus zeigte die Wirkungsanalyse, dass eine Corporate Sustainable Brand einen umso größeren Einfluss auf die Einstellung, den wahrgenommenen Markennutzen und die Verhaltensabsichten besitzt, je positiver das Vertrauen in die Unternehmen ist, je höher die Erwartungen gegenüber den Unternehmen sind, je sozialer bzw. ökologischer motiviert das Nachhaltigkeitsengagement wahrgenommen wird (im Gegensatz zum Motiv „Gewinnerzielung durch Nachhaltigkeit"), je nachhaltiger der eigene Lebensstil des Kunden ist und je positiver die Nachhaltigkeitsmaßnahmen bewertet werden.[1]

3 Fazit

Die Darlegungen zeigen, dass Sustainable Branding kein grundlegend neues Konzept des Markenmanagement darstellt. Vielmehr kann es in den größeren Zusammenhang der identitätsorientierten Markenführung eingeordnet werden. Die grundsätzliche Diffusion von Marken in nahezu allen Branchen in den letzten Jahren hat aufgezeigt, dass der Großteil der Unternehmen von den Wirkungen von Marken profitieren möchte (Bauer et al. 2008, S. 18 f.). So konnte in den letzten Jahren jedoch warnend beobachtet werden, dass das Markenmanagement auch in Branchen vordringt, in denen die Marke bislang keine bzw. nur eine untergeordnete Relevanz besaß (Meffert et al. 2003, S. 28) und im Rückblick ein investitionsintensiver Markenaufbau nicht immer betriebswirtschaftlich gerechtfertigt

[1] Die Autoren verweisen für detaillierte Informationen auf die Studie Rauch C (2011) Corporate Sustainable Branding. Ein empirischer Beitrag zum Markenerfolg öffentlich exponierter Unternehmen. Deutscher Universitäts-Verlag GWV Fachverlage GmbH, Wiesbaden.

war.[2] Ein Grund dafür war, dass die erzielte hohe Bekanntheit und das positive Image nicht kapitalisiert und in einen ökomischen Markenwert transformiert werden konnten (Donnevert 2009, S. 281). In diesem Zusammenhang soll abschließend darauf hingewiesen werden, dass Investitionen in eine Sustainable Brand nur dann betriebswirtschaftlich gerechtfertigt sind, wenn diese einen Beitrag zum Aufbau bzw. zur Pflege einer positiven Reputation und/oder zur Verhaltensbeeinflussung leisten kann. Vor diesem Hintergrund dürfen Unternehmen nicht unreflektiert auf eine Sustainable Brand-Strategie setzen. Stattdessen sollte eine Entscheidung für oder gegen den Aufbau einer Sustainable Brand anhand erfolgsrelevanter Anforderungskriterien getroffen werden. Als Entscheidungskriterien können insb. die (Verhaltens-)Relevanz von Nachhaltigkeit, die Identifikation von Zielgruppen, die Wirtschaftlichkeit einer Sustainable Branding-Strategie, die zeitliche Stabilität und ein nachhaltiges Leistungsprofil hervorgehoben werden (Rauch 2011, S. 166 ff.; Freter 2008, S. 90 ff.).

Dennoch angesichts der globalen ökologischen und sozialen Herausforderungen und dem damit einhergehenden gesellschaftlichen Wertewandel stellt sich für viele Unternehmungen nicht die Frage ob, sondern in welcher Form Nachhaltigkeitsaspekte in die Markenführung einzubeziehen sind. Erfahrungswerte zeigen, dass vor allem die folgenden Aspekte für ein erfolgreiches Sustainable Branding relevant sind:

1. Markenführung ist eng mit den normativen und strategischen Aufgaben der Unternehmensführung verbunden. In diesem Sinne müsste Nachhaltigkeit „Chefsache" und im Leitbild sowie den strategischen Stoßrichtungen der Unternehmung verankert sein.
2. Die strategische Ausrichtung des Sustainable Branding betrifft das Markenleitbild und den Markenkern. Die Leistungssubstanz der Marke bildet in Verbindung mit den Nutzenerwartungen der Anspruchsgruppen die Basis für den Markenerfolg. Diese Erwartungen sind grundlegend für die Entscheidung, ob Nachhaltigkeitsaspekte dominant oder flankierend in die Markenpositionierung einzubeziehen sind, insbesondere wenn Individual- und Sozialnutzen nicht in Einklang stehen.
3. Mit der Einbeziehung der gesellschaftlichen Dimension in die Markenpositionierung wächst die Komplexität der Markenführung. Nutzenvorstellungen und deren Alimentierung sind bei den Anspruchsgruppen unterschiedlich. Im Mittelpunkt sollten die Wirkungen des Sustainable Branding auf das Mitarbeiter- und Käuferverhalten stehen (Business Case).
4. Die Markenkommunikation muss der Markensubstanz folgen. Hier entstehen schwierige Fragen der Einschätzung, ab wann, was, wie kommuniziert werden soll. Emotio-

[2] E.ON investierte ca. 22,5 Mio. € in eine markengetriebene Werbekampagne mit dem Ergebnis, dass der Bekanntheitsgrad zwar auf 90 % anstieg, aber lediglich 1100 Kunden zum Anbieterwechsel bewegt werden konnten. Damit ergaben sich ca. 20.500 € Akquisekosten pro Neukunde, die sich bei einem geschätzten Jahresumsatz von 600 € pro Kunde kaum amortisieren. Eine Kapitalisierung der hohen Bekanntheit und Transformation in einen ökonomischen Markenwert gelang demnach nicht (Bauer et al. 2008, S. 19).

nale Aktivierungen sind im Hinblick auf Timing, Inhalt und Zielgruppenorientierung mit Leistungsbeweisen zu verbinden.
5. Glaubwürdigkeit ist der Schlüsselfaktor für erfolgreiches Sustainable Branding. Die Verwirklichung und Überprüfung dieses Grundsatzes sind vor allem dann schwierig, wenn objektivierte Messkonzepte für nachhaltige Leistungen fehlen. Insbesondere hier fungiert die Marke als Vertrauensanker für „ethisches Handeln" des Managements.
6. Sustainable Branding weitet die Referenz der Marke auf die gesamten Unternehmensaktivitäten aus und führt zu Anpassungen in der Markenstrategie und der Markenarchitektur. Neueinführungen von Marken und Markenausdehnungen müssen sich konsistent in das Aussagensystem einfügen.

Wenn auch Sustainable Branding auf bewährte Prinzipien der Markenführung zurückgreifen kann, so ist mit der Einführung, Anpassung und Weiterentwicklung des Nachhaltigkeitsaspektes in der Markenführung ein besonderes Chancen- und Risikomanagement erforderlich. Die Marken müssen sich im Spannungsfeld von Wertsteigerung und Risikoreduktion bewähren. Dies erfordert vom Markenmanagement neben systematischer Planung, Durchführung und Kontrolle ein hohes Maß an Einfühlungsvermögen und Veränderungsbereitschaft. Somit bleibt festzustellen, dass Sustainable Branding einen zusätzlichen Beitrag zum Markenerfolg leisten kann, jedoch gleichermaßen Risiken unterworfen ist, die aus dem neuen ganzheitlichen Verständnis von Nachhaltigkeit resultieren.

Literatur

Aaker DA, Joachimsthaler E (2000) Brand leadership. Financial Times Prentice Hall, New York

Agrawal J, Kamakura W (1999) Country of origin: a competitive advantage? Int J Res Mark 16(4):255–267

Argenti PA, Druckenmiller B (2004) Reputation and the corporate brand. Corp Reput Rev 6:368–374

Bauer HH, Donnevert T, Hammerschmidt, M (2008) Markenrelevanz, ist sie wirklich relevant? In: Bauer HH, Huber F, Albrecht, CM (Hrsg) Erfolgsfaktoren der Markenführung. Know-how aus Forschung und Management. Vahlen, München, S 17–34

Belz FM, Peattie K (2009) Sustainability marketing: a global perspective. Wiley, Chichester

BMW AG (Hrsg) (2010) BMW und Nachhaltigkeit. Freude am Fahren zukunftssicher machen. Internes Dokument vom 4. Mai 2010, München

Burmann C, Meffert H (2005) Theoretisches Grundkonzept der identitätsorientierten Markenführung. In: Meffert H, Burmann C, Koers M (Hrsg) Markenmanagement. Identitätsorientierte Markenführung und praktische Umsetzung. Gabler, Wiesbaden, S 37–72

Burmann C, Halaszovich T, Hemmann F (2012) Identitätsbasierte Markenführung. Grundlagen-Strategie-Umsetzung-Controlling. Springer Gabler, Wiesbaden

Carrigan M, Attalla A (2001) The myth of the ethical consumer – do ethics matter in purchase behaviour? J Consum Mark 18:560–578

Dabic M, Mayerhofer W (2009) Corporate Social Responsibility als Instrument der Markenführung. In: Baumgarth C, Kelemci-Schneider G, Ceritoğlu B (Hrsg) Impulse für die Markenforschung und Markenführung. Gabler, Wiesbaden, S 107–127

DM-DROGERIE MARKT GMBH & CO. KG (2009) Fragebogen zum Deutschen Nachhaltigkeitspreis, Fragebogen II (E), Antworten auf Frage 1.2 u. 2.2, Münster

Donnevert T (2009) Markenrelevanz. Messung, Konsequenzen und Determinanten. Gabler, Wiesbaden

Duong Dinh HV (2011) Zur Wahrnehmung und Wirkung des Corporate Social Responsibility Engagements. Gabler, Wiesbaden

Ernst E, Gassen J, Pellens B (2009) Verhalten und Präferenzen deutscher Aktionäre, Studien des Deutschen Aktieninstituts, H. 42. Frankfurt a. M.

Esch FR (2008) Strategie und Technik der Markenführung. Vahlen, München

Europäische Kommission (2002) Europäische Rahmenbedingungen für die soziale Verantwortung von Unternehmen, Brüssel

Fan Y (2005) Ethical branding and corporate reputation. Corp Commun 10:341–350

Fiedler L (2007) Stakeholderspezifische Wirkung von Corporate Brands. Deutscher Universitätsverlag, Wiesbaden

Freter H (2008) Markt- und Kundensegmentierung Kundenorientierte Markterfassung und -bearbeitung. Kohlhammer, Stuttgart

Hank B (1999) Informationsbedürfnisse von Kleinaktionären: Zur Gestaltung von Investor Relations. Lang, Frankfurt a. M.

Kapferer JN (1992) Die Marke: Kapital des Unternehmens. Verlag Moderne Industrie, Landsberg am Lech

Keller KL, Aaker DA (1997) Managing the corporate brand: the effects of corporate marketing activity on consumer evaluation of brand extensions. MSI Working Paper Nr. 97–106

Loeffler MA (2001) Multinational examination of the "(non-) domestic product" effect. Int Mark Rev 19:482–498

Meffert H (2008) Corporate Social Responsibility – mehr als eine Modewelle. Z Führ Organ 77: 381–383

Meffert H, Kirchgeorg M (1992) Marktorientiertes Umweltmanagement. Schäffer-Poeschel, Stuttgart

Meffert H, Burmann C, Koers M (2002) Stellenwert und Gegenstand des Markenmanagements. In: Meffert H, Burmann C, Koers M (Hrsg) Markenmanagement. Grundfragen der identitätsorientierten Markenführung. Gabler, Wiesbaden

Meffert H, Schröder J, Perrey J (2003) B2C-Märkte: Lohnt sich Ihre Investition in die Marke? Absatzwirtschaft 45:28–35

Meffert H, Rauch C, Lepp HL (2010) Sustainable Branding - mehr als ein neues Schlagwort!?. Mark Rev St. Gallen 27:28–35

Meffert H, Burmann C, Kirchgeorg M (2012) Marketing. Grundlagen marktorientierter Unternehmensführung. Gabler, Wiesbaden

Münstermann M (2007) Corporate Social Responsibility. Ausgestaltung und Steuerung von CSR-Aktivitäten. Gabler, Wiesbaden

Rauch C (2011) Corporate Sustainable Branding. Ein empirischer Beitrag zum Markenerfolg öffentlich exponierter Unternehmen. Deutscher Universitäts-Verlag/GWV Fachverlage GmbH, Wiesbaden

Roland Berger Strategy Consultants (2009) Sozial verantwortliches Management und Nachhaltigkeit – Potenziale für Hersteller und Händler? München

Schrader U (2008) Transparenz über Corporate Social Responsibility (CSR) als Voraussetzung für einen Wandel nachhaltigerem Konsum. In: Lange H (Hrsg) Nachhaltigkeit als radikaler Wandel. VS Verlag für Sozialwissenschaften, Wiesbaden, S 149–166

Stiftung Deutscher Nachhaltigkeitspreis e. V. (Hrsg) (2009) Preisträger und Nominierte. http://www.deutscher-nachhaltigkeitspreis.de/61-0-2009.html. Zugegriffen: 31. Mai 2010

Em. Universitäts-Professor Dr. Dr. h.c. mult. Heribert Meffert Er war von 1969 bis 2002 Inhaber des Lehrstuhls für Betriebswirtschaftslehre an der Westfälischen Wilhelms Universität Münster und Gründer des ersten Instituts für Marketing an einer deutschen Universität. Im Brückenschlag zur Praxis war er Mitgründer der „Wissenschaftlichen Gesellschaft für Marketing und Unternehmensführung e.V.". Zu Beginn der 1990er Jahre engagierte er sich für die Wiedergründung der Handelshochschule Leipzig (HHL) und war von 1995 bis 1997 als Rektor verantwortlich für das wissenschaftliche Management der HHL Graduate School of Management. Zu den wissenschaftlichen Schwerpunkten von Prof. Meffert zählen neben General Management und Marktorientierter Unternehmensführung vor allem auch Fragen des Non Profit- und Nachhaltigkeitsmanagements. Als Forscher veröffentlichte er über 300 wissenschaftliche Schriften, davon mehr als 30 Monografien. Nach seiner Emeritierung war er von 2002 bis 2005 Vorsitzender der Bertelsmann Stiftung. Neben seinem Engagement in zahlreichen Aufsichtsgremien der Wirtschaft war er langjährig als Juror des Deutschen Nachhaltigkeitspreises tätig.

Dr. Christian Rauch Seit 2014 Manager bei einem international führenden Werkzeugmaschinenhersteller. Zuvor arbeitete Dr. Rauch als Assistent des Vorsitzender der Geschäftsführung bei einem weltweit führenden Anbieter von CAD/CAE-Software und Engineering-Dienstleistungen. Er studierte Betriebswirtschaftslehre an der Westfälischen Wilhelms-Universität Münster und an der San Diego State University und promovierte am Marketing Center Münster bei Prof. Dr. Dr. h. c. mult. Heribert Meffert. Seine Forschungs- und Beratungsschwerpunkte lagen in den Bereichen Corporate Branding und Corporate Sustainability.

Best Practices der CSR-Markenführung und -kommunikation

Carsten Baumgarth und Lars Binckebanck

Inhaltsverzeichnis

C. Baumgarth (✉)
Hochschule für Wirtschaft u. Recht Berlin, Badensche Str. 52, 10825 Berlin, Deutschland
E-Mail: carsten.baumgarth@hwr-berlin.de

L. Binckebanck
NORDAKADEMIE, Köllner Chaussee 11, 25337 Elmshorn, Deutschland
E-Mail: lars.binckebanck@nordakademie.de

H. Meffert et al. (Hrsg.), *Sustainable Marketing Management*,
DOI 10.1007/978-3-658-02437-6_10

Zusammenfassung

CSR als reines Kommunikationsthema ist zwar aktuell und wird von vielen Unternehmen verstärkt eingesetzt, aber diese Vorgehensweise ist wenig effektiv und führt zur Gefahr des „Greenwashing". Vielmehr kann eine solche Kommunikation nur langfristig Erfolg versprechend sein, wenn diese auf einer echten CSR-Marke aufbaut. Zur Modellierung einer solchen echten CSR-Marke schlägt der Beitrag ein identitätsbasiertes Markenmodell mit den Bausteinen Positionierung, Unternehmenskultur, Verhalten, Kommunikation und Gaps vor. Um die Fruchtbarkeit dieses Modells zu verdeutlichen und „Vorbilder" zu präsentieren, werden anschließend vier Best-Practices für eine CSR-Marke (BAUFRITZ, STILBRUCH, WERKHAUS und AURO) vorgestellt und miteinander verglichen. Die Fallstudien unterstützen zum einen das Modell in Bezug auf Robustheit und breite Anwendbarkeit. Zum anderen liefern die Fallstudien dem Praktiker eine Vielzahl von konkreten Maßnahmen zum Aufbau bzw. Pflege von echten CSR-Marken.

1 Motivation

BMW, HIPP, NIVEA oder sogar ALDI sind einige der Marken, die in aktuellen Studien (Icon Added Value 2012; Serviceplan 2012) als besonders nachhaltige Marken bewertet werden. Aber sind das wirklich Marken, die sich durch Corporate Social Responsibility (CSR) gegenüber anderen Anbietern aus Sicht der Kunden und anderer Stakeholder glaubwürdig abgrenzen und die Gesellschaft tatsächlich im Sinne der Nachhaltigkeit positiv beeinflussen? Was ist davon zu halten, wenn die Marke HIPP im Nachhaltigkeitsranking von Serviceplan den ersten Platz belegt und gleichzeitig den „goldenen Windbeutel" (Foodwatch 2012) für die dreisteste Werbelüge erhält? Werden die Marken NIVEA und BMW von den Konsumenten tatsächlich präferiert, weil diese soziale oder ökologische Werte symbolisieren? Ist ALDI wirklich ein gutes Vorbild für eine nachhaltige Storebrand, das in Zeiten der SCHLECKER-Insolvenz von anderen Händlern als „Modell" nachgeahmt werden sollte? Vermutlich würden ungestützte Kundenbefragungen zu diesen Marken den Aspekt CSR gar nicht oder nur nachrangig zurückspielen – als „Best Practices" für CSR-Marken, also Marken, die CSR als zentralen Markenwert in die Markenführung integriert haben, eignen sie sich nicht. Auf der anderen Seite gibt es eine Vielzahl von nachhaltig orientierten Unternehmen, die jedoch zumeist hoch spezialisiert und daher der breiten Öffentlichkeit unbekannt sind oder aber die sozialen und ökologischen Aspekte ihres Geschäftsmodells kaum kommunizieren. Diese Unternehmen verschenken sowohl für das eigene Unternehmen als auch für die Idee der Nachhaltigkeit einen Großteil des Potenzials.

Marken (und damit auch CSR-Marken) brauchen **Kommunikation** – nur so können differenzierende Images bei externen Anspruchsgruppen der Unternehmung („Stakeholder", z. B. Kunden, Investoren oder auch Politiker) aufgebaut werden, welche die Voraussetzung für Präferenzen im Vergleich zu Konkurrenzangeboten darstellen (Baumgarth

2014). Markenkommunikation ist aber langfristig nur glaubwürdig und damit erfolgreich, wenn sie auf einer **Markenidentität** (Meffert et al. 2005) als eindeutiger und stabiler interner Verankerung im Unternehmen basiert.

Eine solche identitätsbasierte Kommunikation als Erfolgsfaktor der Markenführung gilt im besonderen Maße für Marken, die CSR als Dimension der Markenpositionierung verfolgen und damit auf Glaubwürdigkeit setzen. Dabei ist CSR allgemein ein Konzept, welches auf freiwilliger Basis ökonomische Prozesse um soziale und ökologische Belange erweitert und dabei ein breites Spektrum an potenziellen Stakeholdergruppen berücksichtigt (Europäische Kommission 2002). Wichtig für die weitere Diskussion ist, dass CSR: 1) soziale und ökologische Ziele im Zusammenspiel mit ökonomischen Inhalten und Prozessen umfasst, 2) ein breites Spektrum an potenziellen Stakeholdern berücksichtigt, und 3) diese Aktivitäten einen freiwilligen, über gesetzliche Vorschriften hinausgehenden Charakter aufweisen.

Allerdings kann die Kommunikation sozialer oder ökologischer Aspekte, die sich bei einer kritischen Prüfung als Selbstverständlichkeiten oder Unwahrheiten herausstellen, zu ablehnenden Reaktionen von diversen Stakeholdergruppen und zum Vorwurf des „Greenwashing" führen. Problematisch ist, dass sich viele CSR-Marketingkonzepte durch Kurzfristigkeit, Umsatz- und Gewinnsteigerungsabsichten sowie durch Oberflächlichkeit auszeichnen und offenkundig reaktive Maßnahmen auf den Druck externer Stakeholder darstellen. Die Gefahr von Reaktanzen wird durch die zunehmende Sensibilisierung in Bevölkerung und Medien, durch virale Effekte in sozialen Netzwerken und durch einen wachsenden Stellenwert von NGOs (Non-Governmental Organizations) erhöht.

Vor diesem Hintergrund sind die Motivation für die Kommunikation von CSR-Aspekten und die Verbindung mit der Identität des Unternehmens unterschiedlich ausgeprägt. Es lassen sich vier **Muster der CSR-Kommunikation** erkennen (Baumgarth und Binckebanck 2012; ähnlich auch Vallaster et al. 2012):

1. Für viele Unternehmer und Unternehmen ist es ohnehin selbstverständlich, sich für den guten Zweck zu engagieren, jedoch fragen sie sich häufig: Gilt hier das Motto „Tue Gutes und rede darüber" oder konterkariert die Kommunikation die Intention? Daher verzichten diese Unternehmen entweder auf CSR-Themen in der Kommunikation, oder sie setzen diese nur in kurzfristigen Kampagnen ein. Einen Differenzierungseffekt auf den Absatzmärkten kann ein solches Kommunikationsverhalten jedoch nicht erzeugen.
2. Es gibt jedoch auch Unternehmen, die ein primär ökonomisches Kalkül verfolgen. Einige von ihnen sehen gesellschaftliche Verantwortung als Werbethema und stellen sich in ihrer Kommunikation „grüner" oder „sozialer" dar als es der Realität entspricht. Sie widmen einfach ihre Not, etwa Energie zu sparen und sozial gerecht zu agieren, in eine Tugend um. Immer häufiger jedoch werden solche Versuche durch Kunden, Medien oder Initiativen aufgedeckt und sanktioniert – mit entsprechendem Schaden für Marke und Unternehmen. Es kann riskant sein, Gutes zu tun, nur um darüber reden zu können.

3. Daher entschließt sich ein nicht unerheblicher Teil der Unternehmen, einfach weiterzumachen wie bisher und gesellschaftliche Verantwortung als „Modeerscheinung" abzutun. Diese Unternehmen übersehen jedoch, dass es mit der „richtigen" Markenkommunikation durchaus möglich sein kann, ökonomisch erfolgreich zu sein – nicht trotz, sondern wegen eines ökologischen und/oder sozialen Engagements.
4. Nur sehr wenige Unternehmen (sog. „CSR Entrepreneurs", Vallaster et al. 2012) besitzen eine innere Überzeugung, welche die drei Aspekte der Nachhaltigkeit, nämlich Ökonomie, Soziales und Ökologie, tatsächlich in Einklang bringt. Diese Überzeugung muss dann auch konsequent in Geschäftsprozesse und Produkte umgesetzt werden, damit es gelingt, durch Kommunikation diese CSR-basierte Markenidentität in eine echte CSR-Marke zu transformieren. Dabei handelt es sich entweder um Unternehmen, die aus einer CSR-Motivation heraus gegründet wurden (z. B. TOMS, MANOMAMA, GLS Bank, FOLLOWFISH) oder um Unternehmen, die das bestehende Geschäftsmodell entsprechend ausbauen oder verändern (z. B. Werner & Mertz mit der Marke FROSCH; BAUFRITZ im Fertighausbereich). In vielen Branchen finden sich mittlerweile einzelne Unternehmen, die CSR zur Differenzierung ihres Leistungsangebotes auf Absatzmärkten erfolgreich einsetzen und damit echte CSR-Marken aufbauen und führen.

Die Herausforderung lautet also, gesellschaftliche Verantwortung als Wettbewerbsvorteil zu definieren und die vielfältigen Stakeholder durch authentisches Handeln und Kommunikation von der Glaubwürdigkeit des Engagements zu überzeugen – ohne dabei Reaktanzen zu provozieren. Das funktioniert nur, wenn die Kommunikation des eigenen Anspruchs den Stresstest der Realität besteht.

Ziel dieses Beitrags ist es vor diesem Hintergrund, zunächst ein konzeptionelles Modell für die CSR-Markenführung und -kommunikation zu schaffen, um dieses sodann durch ausgewählte „Best-Practice"-Beispiele aus verschiedenen Branchen zu illustrieren. Im letzten Schritt sollen aus dem Vergleich der „Best Practices" Schlussfolgerungen zur Qualität des Modells, aber auch zur weiteren Professionalisierung der CSR-Markenführung abgeleitet werden.

2 Modell einer holistischen CSR-Markenführung

Glaubwürdige CSR-Marken zeichnen sich dadurch aus, dass das CSR-Konzept deutlich über die operative Instrumentalebene hinausgeht und zentraler Inhalt der strategischen Marken- und Unternehmensführung ist. CSR-Markenmanagement ist dabei ein systematischer Prozess zur Schaffung von differenzierenden und Präferenz auslösenden, ökologisch und sozial orientierten Assoziationen in den Köpfen der relevanten Stakeholder. CSR-Markenmanagement ist damit eine spezielle Ausprägung der Markenführung, die sich zum einen durch die Art der Markenwerte und zum anderen durch die breitere Abdeckung von Ziel- bzw. Stakeholdergruppen auszeichnet.

Zur Erarbeitung eines Modells für eine holistische CSR-Markenführung wurde in einem ersten Schritt eine umfassende Analyse der verfügbaren wissenschaftlichen Literatur durchgeführt (ausführlich: Baumgarth und Binckebanck 2011a).

Das Thema CSR erweist sich demnach aus Markensicht durchaus als ambivalent. Eine Vielzahl von Studien belegt auf der einen Seite eine Präferenz von Konsumenten für nachhaltige Produkte (z. B. Chen 2009; Choi und Ng 2011; Dabic und Mayerhofer 2009). Auf der anderen Seite zeigen empirische Ergebnisse auch, dass der Konsument in der tatsächlichen Kaufentscheidung solche Produkte und Marken nur bedingt präferiert und selten bereit ist, ein Preispremium zu bezahlen (z. B. Carrigan und Attalla 2001; de Pelsmacker et al. 2005; Devinney et al. 2010; Rauch 2012).

Zur Vermeidung wirkungsloser oder gar kontraproduktiver Markenkommunikation mit CSR-Bezug sind Ansätze einer authentischen CSR-Markenführung gefragt. Damit ist das Potenzial bezeichnet, durch die aktive Integration von CSR in die Markenführung starke Marken auf dem Absatzmarkt aufzubauen, die sich dadurch auszeichnen, dass CSR-Werte den Kern der Marke darstellen und diese zu einer Differenzierung und Präferenzschaffung auf dem Absatzmarkt positiv beitragen. Dabei geht es dann eben nicht um kurzfristige und kosmetische CSR-Marketing- und Kommunikationsmaßnahmen, sondern um Unternehmen und deren Marken, die im Kern eine glaubwürdige CSR-Identität aufweisen.

Die Analyse des Forschungsstands zeigte jedoch auch auf, dass bislang kein umfassendes Modell zur Beschreibung, Erklärung und Diagnose der CSR-Markenführung vorliegt. Um die ganzheitliche Gestaltung einer CSR-Marke, welche die in der Literatur genannten Erfolgsfaktoren berücksichtigt, modellorientiert zu unterstützen, bietet sich der Rückgriff insbesondere auf Überlegungen zur identitätsbasierten Markenführung an (z. B. Birkigt und Stadler 2002; de Chernatony 2010; Meffert et al. 2005). Speziell der Ansatz von Hatch und Schultz (2001, 2008) in Verbindung mit den CSR-orientierten Modellen von Kujala et al. (2011) und Nasruddin und Bustami (2007) erscheint hierbei ergiebig. Die Ansätze sind jedoch insofern auf den CSR-Kontext zu adaptieren, als dass das Modell die Marke holistisch zu betrachten hat und sie in einen Bezug zur gesamten Unternehmenstätigkeit stellen sollte, da nur so ein „Greenwashing" vermieden und eine glaubwürdige und reputationsstarke CSR-Marke aufgebaut werden kann.

Folgende Grundüberlegungen charakterisieren das CSR-Marken-Modell:

1. CSR-Markenidentität ist nicht direkt gestaltbar, sondern hängt von der lückenlosen Übereinstimmung der Positionierung bzw. Mission und Vision, der Unternehmenskultur und dem tatsächlichen Verhalten ab.
2. CSR-Marken entstehen nicht automatisch, sondern durch Kommunikation mit internen und externen Stakeholdern.
3. CSR-Markenkommunikation kann nur effektiv sein, wenn eine entsprechende CSR-Markenidentität vorliegt, d. h. die CSR-Markenkommunikation sollte erst implementiert werden, wenn eine entsprechende Markenidentität existiert.
4. Bausteine des CSR-Marken-Modells (Positionierung, Unternehmenskultur, Verhalten, Kommunikation) weisen jeweils spezifische Erfolgsfaktoren auf.

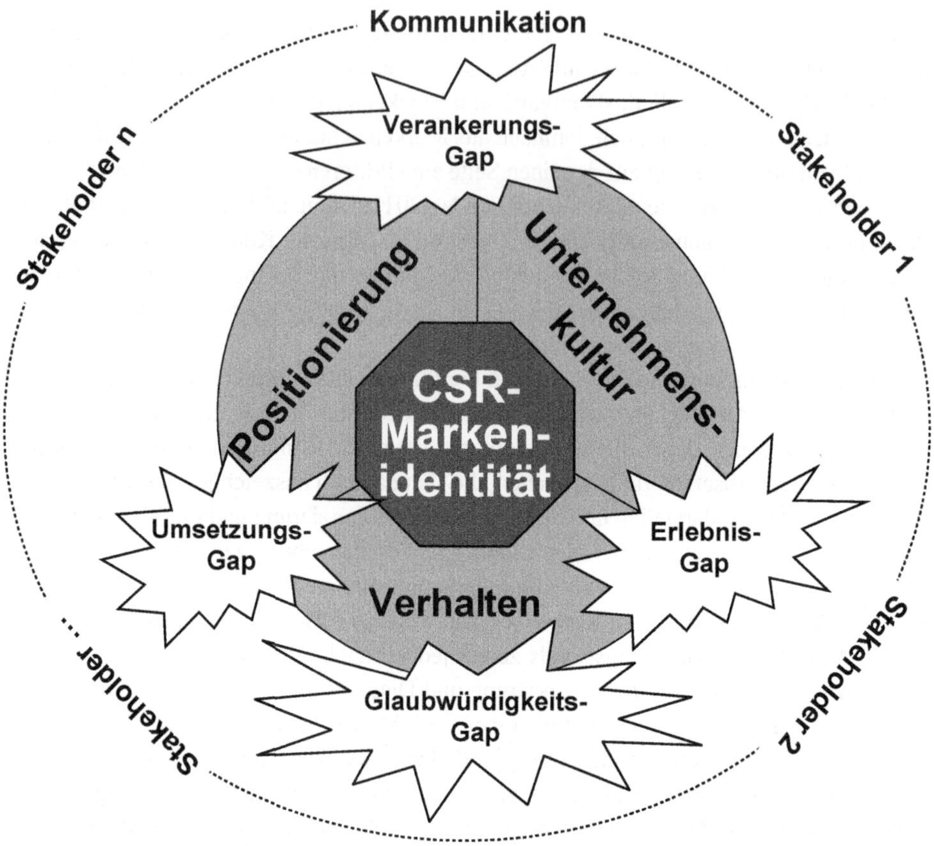

Abb. 1 CSR-Marken-Modell. (Quelle: Baumgarth und Binckebanck 2011a, S. 342)

Abbildung 1 zeigt das resultierende CSR-Marken-Modell im Überblick.

Das Modell interpretiert die CSR-Marke als ein von innen, aus der Markenidentität entstehendes Konzept, welches fünf Bausteine umfasst:

1. **Positionierung** (bzw. Vision/Mission oder Leitbild): Dieser Baustein beinhaltet die explizite Entscheidung des (Top-) Managements über die grundsätzliche Ausrichtung der Marke, wobei die Vision und Mission des Unternehmens integrale Bestandteile sind.
   Erfolgsfaktoren auf dieser Ebene sind:
   a. CSR-Markenpositionierung ist verbindlich schriftlich festgelegt
   b. CSR ist in der Markenpositionierung umfassend (soziale, ökologische und ökonomische Nachhaltigkeit) abgedeckt
   c. CSR-Werte werden vom Top-Management aus eigenem („altruistischem“) Antrieb gelebt
   d. CSR-Werte weisen einen hohen Bezug zum eigentlichen Geschäftsmodell auf

2. **Unternehmenskultur**: Diese umfasst Werte, die von allen Mitarbeitern geteilt werden. In Anlehnung an das Unternehmenskulturmodell von Schein (2004) können sich diese Werte in expliziten und impliziten Normen und Symbolen widerspiegeln. Erfolgsfaktoren auf dieser Ebene sind:
   a. Unternehmen setzt intern CSR-orientierte Symbole (z. B. Einsatz von Elektroautos, FairTrade-Kaffee) ein
   b. Unternehmen setzt intern CSR-orientierte Normen (z. B. Richtlinien zum Energiesparen, Nachhaltigkeitsbeauftragten) ein
   c. CSR-Werte sind für alle Mitarbeiter wichtig, werden von diesen gelebt, und sie setzen sich aktiv für diese ein
3. **Verhalten**: Darunter sind konkrete, nach innen und außen wirkende Maßnahmen des Unternehmens zu verstehen. Der CSR-Bezug lässt sich mit Hilfe des Wertschöpfungsprozesses von der Beschaffung und Produktion über den Vertrieb bis hin zum Recycling beschreiben und bewerten. Auch die angebotenen Leistungen sollten die propagierten CSR-Werte aufweisen. Weiterhin ist zu beurteilen, ob die CSR-relevanten Maßnahmen alle Funktionsbereiche und regionalen Standorte umfassen. Im Einzelnen lassen sich folgende Erfolgsfaktoren auf dieser Ebene identifizieren:
   a. CSR-Werte werden in der gesamten Wertschöpfungskette (von der Beschaffung bis zum Recycling) umgesetzt
   b. CSR-Werte sind auch in den sekundären Unternehmenstätigkeiten (z. B. Verwaltung) implementiert
   c. CSR-Werte werden an allen Standorten und auch jenseits der eigenen Unternehmensgrenzen (z. B. Zulieferer) berücksichtigt
   d. CSR-Werte werden explizit in den angebotenen Produkte und Leistungen realisiert
   e. Angebotene Leistungen weisen trotz der CSR-Orientierung eine hohe Qualität in der Kernleistung (z. B. Langlebigkeit, Design) auf
4. **Kommunikation**: Dieser Baustein berücksichtigt alle nach außen gerichteten persönlichen oder medialen Kontakte mit den verschiedenen Anspruchs- bzw. Stakeholdergruppen. Dabei ist aus CSR-Sicht insbesondere die Glaubwürdigkeit wichtig. Im Einzelnen lassen sich folgende Erfolgsfaktoren ableiten:
   a. Hohe Glaubwürdigkeit der Kommunikation durch Transparenz, Beleg durch nachprüfbare Fakten (z. B. CSR-Bericht, Zertifikate, Teilnahme an CSR-orientierten Preisen) und Offenheit
   b. Kommunikation fokussiert auf die CSR-Werte
   c. Branding (z. B. Name, Farben, Logo) weist einen CSR-Bezug auf
   d. Interaktion mit den verschiedenen Stakeholdern
   e. CSR-Werte werden für die Stakeholder erlebbar gemacht
5. **Gaps**: Zwischen den ersten vier Elementen sollte eine möglichst hohe Übereinstimmung vorliegen. Ein Verankerungs-Gap liegt vor, wenn die vom Top-Management propagierte und fixierte Ausrichtung der Marke nicht mit den von den Mitarbeitern gelebten Überzeugungen und Werten übereinstimmt. Das Erlebnis-Gap resultiert aus Abweichungen des tatsächlichen Verhaltens des Unternehmens (z. B. Produkte)

und den innerhalb der Belegschaft gelebten Werten. Ein Umsetzungs-Gap bedeutet, dass die festgelegten CSR-Werte nicht in konkrete Verhaltensweisen umgesetzt sind. Schließlich kann ein Glaubwürdigkeits-Gap entstehen, wenn die CSR-Markenidentität und die nach außen gerichtete Kommunikation nicht übereinstimmen. Diese Aufspaltung in vier Gaps dient der analytischen Vereinfachung. In der Realität entsteht eine starke CSR-Marke aus einer simultanen Übereinstimmung zwischen allen vier Modellelementen gleichzeitig. Als Erfolgsfaktoren gelten daher:

a. Positionierung und Unternehmenskultur weisen keine Lücke auf (Verankerungs-Gap)
b. Unternehmenskultur und Verhalten weisen keine Lücke auf (Erlebnis-Gap)
c. Positionierung und Verhalten weisen keine Lücke auf (Umsetzungs-Gap)
d. Markenidentität (Positionierung, Unternehmenskultur, Verhalten) und Kommunikation weisen keine Lücken auf (Glaubwürdigkeits-Gap)

3 Best Practices

Das vorgestellte Modell ist ein Vorschlag für einen Bezugsrahmen zur Beschreibung, Evaluation und Führung von CSR-Marken. Zur Exemplifizierung und zur Validierung des Modells erfolgt im Weiteren die Anwendung auf ausgewählte Praxisfälle. Diese können – trotz aller Markt- und Unternehmensspezifika – auch als „Blaupause" für die Entwicklung einer CSR-Marke in anderen Branchen dienen.

3.1 „Best Practices" als Methode

3.1.1 „Best Practices" als Lernarena und „Weltverbesserer"

Der Ansatz „Best Practices" findet sich immer wieder in der wissenschaftlichen und managementorientierten Literatur. Als methodischer Ausgangspunkt der „Best Practices"-Betrachtung kann die Managementmethode **Benchmarking** (Camp 1989; Spendolini 1992) angesehen werden, die darauf basiert, die Besten (auch jenseits der eigenen Branche) in Produkt, Prozess oder Funktion zu identifizieren und durch einen Vergleich mit dem eigenen Unternehmen von diesen zu lernen (Komus 2001).

Solche „Best Practices" sind weder einfache Erklärungsansätze von Beziehungen zwischen einzelnen Faktoren und Erfolg, wie sie beispielsweise in Experimenten untersucht werden, noch deskriptiv orientierte Kennzahlenvergleiche, sondern komplexe Erklärungen des „Wie" anhand von einzelnen Fällen (Komus 2001). Weiterhin zeichnet sich der Ansatz von „Best Practices" im Vergleich zu quantitativ orientierten Erfolgsfaktorenstudien durch eine Einzelfallbetrachtung oder zumindest die Berücksichtigung von wenigen Fällen aus. Im Kern kann der „Best Practices"-Ansatz im Forschungskontext als eine Empirische Mastertechnik (allgemein: Baumgarth et al. 2009) interpretiert werden, die mit Hilfe von Fallstudien Erfolgsfaktoren analysiert (**fallstudiengestützte Erfolgsfaktorenforschung**). Damit gelten für diesen Ansatz die gleichen Vor- und Nachteile, die seit geraumer Zeit in der Literatur zum Thema Erfolgsfaktorenforschung kontrovers diskutiert werden (zusammenfassend: Baumgarth und Evanschitzky 2009).

Für die Unternehmenspraxis bilden „Best Practices“ im Vergleich zu anderen Ausprägungen der Erfolgsfaktorenforschung den Vorteil, dass die untersuchten Fälle umfassender und konkreter sind, wodurch diese stärker als Vorbild für das eigene Verhalten dienen können (individuelle Lernfunktion).

Ein methodenimmanenter Vorwurf generell an die Erfolgsfaktorenforschung ist, dass das Offenlegen der Erfolgsfaktoren und die damit einhergehende Nachahmung zum Verlust der Wirksamkeit der Erfolgsfaktoren führt, da dann mehrere Unternehmen gleiche oder ähnliche Ausprägungen an Erfolgsfaktoren aufweisen und diese dann nicht mehr den Erfolg erklären können (Nicolai und Kieser 2002). Dieses Problem ist aber nur dann stichhaltig, wenn sich die Erfolgsfaktorenanalyse auf eine Branche und damit direkte Wettbewerber bezieht. Wie aber gerade auch im so genannten „generischen Benchmarking“ (Spendolini 1992), zielt der „Best Practices“-Ansatz im vorliegenden Beitrag darauf ab, nicht für eine einzelne Branche Erfolgsbeispiele zu identifizieren, sondern CSR-Marken aus völlig unterschiedlichen Branchen zu beschreiben und zu vergleichen. Weiterhin lässt sich auch auf einer übergeordneten gesellschaftlichen Ebene konstatieren, dass es wünschenswert wäre, wenn möglichst viele Unternehmen dem Gedanken der CSR-Marke folgen würden, da damit zum einen insgesamt das Nachhaltigkeitsniveau in der Wirtschaft und auf der Konsumseite erhöht werden könnte und zum anderen das ethisch problematische Verhalten des „Greenwashing“ und die daraus resultierende skeptische Haltung von Konsumenten, NGO's und anderen Stakeholdern gegenüber Unternehmen reduziert werden könnte. Nach Überzeugung der Autoren dieses Beitrags unterstützen herausragende Beispiele von „echten“ CSR-Marken eine solche „Weltverbesserung“.

3.1.2 Anwendung des „Best Practices“-Ansatzes auf CSR-Marken[1]

Die meisten in der Literatur bislang behandelten Fallbeispiele starker CSR-Marken stammen aus den Feldern Unternehmensgründung (z. B. TOMS SHOES, Gründung: 2006; COFFEE CIRCLE, Gründung: 2009; MANOMAMA, Gründung: 2010) und mittelständische Unternehmen (z. B. VAUDE, ca. 500 Mitarbeiter; BAUFRITZ, ca. 240 Mitarbeiter; WERKHAUS, ca. 120 Mitarbeiter). Daher ist zu erwarten, dass sich speziell der Bereich kleiner und mittelständischer Unternehmen (KMUs) als Analysefeld eignet (zum Forschungsstand: Rabbe und Schulz 2011). Weiterhin ist auch zu vermuten, dass besonders KMUs sich durch CSR-Marken gegenüber Großunternehmen und Konzernen abgrenzen können, da sie durch ihre spitzeren Positionierungen, die größere Flexibilität, den stärkeren Einfluss einzelner Führungspersonen (Inhaber etc.) auf die Unternehmensführung und die ausgeprägte Langfristperspektive (vor allem bei Familienunternehmen) (auch: Grothe und Marke 2012) eher in der Lage sind, authentische CSR-Marken aufzubauen.

Zur Definition geeigneter Suchfelder für die Auswahl von Praxisbeispielen wurden zwei Dimensionen festgelegt, nämlich einerseits die Nutzungsart der produzierten Wirtschaftsgüter (Verbrauchsgüter vs. Gebrauchsgüter) und andererseits die Marktausrichtung

[1] Wir danken Eva Danneberg (Gründerin & Geschäftsführerin WERKHAUS), Kirsten Handschuh (Madaus, Licht + Vernier Werbeagentur), Roman Hottgenroth (Betriebsleiter STILBRUCH), Nadine Schrader (Marketing und Shop AURO AG) und Dietmar Spitz (Marketingleiter BAUFRITZ) für die vielfältige Unterstützung bei der Erstellung der Fallstudien.

	Gebrauchsgüter	Verbrauchsgüter
Fokus B-to-C	Bau-Fritz GmbH & Co. KG Erkheim	STILBRUCH Betriebsgesellschaft mbH Hamburg
Fokus B-to-B	WERKHAUS Design + Produktion GmbH Bad Bodenteich	AURO Pflanzenchemie AG Braunschweig

Abb. 2 Suchfelder zur Auswahl von Best Practices zur CSR-Markenführung

der Unternehmung (Business-to-Business vs. Business-to-Consumer). Für jedes der resultierenden Suchfelder wurde jeweils ein Unternehmen identifiziert, welches sich durch ein überdurchschnittlich hohes Maß an CSR-Aktivitäten auszeichnet. Neben einer internetgestützten Sekundärrecherche wurden dabei auch die Preisträgerlisten diverser CSR-Preise und Rankings (u. a. Deutscher Nachhaltigkeitspreis, Ökomanager des Jahres von WWF und Capital) berücksichtigt. Weiterhin wurden nur Unternehmen ausgewählt, die schon eine längere Zeit am Markt (mindestens 10 Jahre) existieren und damit nachgewiesen haben, dass eine starke soziale und ökologische Ausrichtung nicht im Widerspruch zur langfristigen ökonomischen Existenz steht. Abbildung 2 liefert einen Überblick zu den Suchfeldern und den identifizierten Best Practices zur CSR-Markenführung.

Die Datensammlung für die Fallstudien folgte den Empfehlungen von Yin (2009) und Schögel und Tomzcak (2009) und kombiniert verschiedene Informationsquellen wie Internetauftritt, Publikationen, Marketingmaterialien, Besuch des Unternehmens sowie Interviews mit Unternehmensverantwortlichen (vgl. Anhang). Zur Erhöhung der Validität wurden alle vier Fallstudien durch Unternehmensverantwortliche nach Erstellung des Fallstudienberichts validiert (kommunikative Validierung).

Abbildung 3 fasst die Begründung für die Auswahl der vier Fallstudien als „Best Practices" zusammen.

3.2 „Best Practices" zur CSR-Markenführung

3.2.1 BAUFRITZ

Das 1986 gegründete Holzhaus-Unternehmen BAUFRITZ mit Sitz in Erkheim fertigt mit 240 Mitarbeitern jährlich rund 200 Ein-, Zwei- und Mehrfamilienhäuser als Holztafelbau in Großelemente-Bauweise. Das Produktangebot umfasst darüber hinaus aber auch Dorfanlagen, Sonderbauten und Zweckbauten nach ganzheitlichem Gesundheitskonzept.

	Erfolgsindikatoren	
	CSR-orientierte Preise und Zertifikate (Auswahl)	**Marktexistenz** (Gründung)
BAUFRITZ SEIT 1896	• natureplus – for better living • Ökomanager des Jahres 1995 • Deutscher Nachhaltigkeitspreis 2009	1896
stilbruch Das Kaufhaus für Modernes von gestern www.stilbruch.info	• HAMMA (Hamburger Marketingaward) 2011 in der Kategorie Nachhaltigkeitsmarketing	2001
WERKHAUS	• B.A.U.M.-Preis „Büro und Umwelt" • FaMi-Siegel	1992
AURO natürlich meine Welt	• Zertifikat „CO_2-neutrales Unternehmen" • Ökomanager des Jahres 1992 • B.A.U.M.-Umweltpreis 1994	1983

Abb. 3 Ausgewählte „Best Practices" der CSR-Markenführung

Markenpositionierung

Schon in den 1980er Jahren wurde mit dem Konzept des VOLL-WERT-HAUSES (ganzheitliches, ökologisches und nachhaltiges Holzbausystem) ökologisches Bauen in Deutschland, z. B. durch den Verzicht auf chemische Holzschutzmittel, umgesetzt. Der damalige Geschäftsführer, Hubert Fritz, hat die Ökobau-Szene in Deutschland maßgeblich geprägt und wurde 1995 zum Ökomanager des Jahres gewählt. Seit 2005 führt Dagmar Fritz-Kramer das Unternehmen. Die ökologische Grundorientierung stellt eine innere Überzeugung der Inhaberfamilie über Generationen hinweg dar und bildet seit rund 30 Jahren den Kern der Markenpositionierung. Diese findet sich auch in der schriftlich fixierten und öffentlich kommunizierten Markenpositionierung wieder. Danach definiert sich BAUFRITZ als Anbieter ökologisch wertvoller Häuser mit individuellem Design und höchster Qualität sowie über gesundes und naturnahes Wohnen und Leben. Gleichzeitig übernimmt die Unternehmerfamilie aber auch explizit eine gesellschaftliche Verantwortung und versucht, diese nach innen und außen umzusetzen. Die von BAUFRITZ gewählte Markenpositionierung weist einen hohen Fit zu der Geschäftstätigkeit „Fertighäuser aus Holz" des Unternehmens auf.

Unternehmenskultur

Das ökologische Bewusstsein im Markenkern manifestiert sich in gelebten Werten im Unternehmen. Die ethischen Grundsätze des Unternehmens gehen über die ökologische Dimension hinaus und umfassen auch eine soziale Verantwortung. Der Fokus der sozialen Verantwortung liegt intern auf den eigenen Mitarbeitern. Das Umweltmanagementsystem bei BAUFRITZ, welches nach EMAS III zertifiziert ist, umfasst alle Unternehmensbereiche und damit auch Aspekte wie Gesundheit, Arbeitsschutz und soziale Belange. Beispielhaft seien hier Projekte zur Vereinbarkeit von Beruf und Familie, wie die erste eigenfinanzierte betriebliche Kindertagesstätte in Bayern, oder die flexiblen Arbeitszeiten erwähnt. Schwerpunkt der sozialen Facette der Unternehmenskultur bildet aber die mitarbeiterorientierte Gestaltung des direkten Arbeitsumfeldes der einzelnen Mitarbeiter. Um seinen Mitarbeitern einen gesunden Arbeitsplatz zur Verfügung zu stellen, ergreift BAUFRITZ alle technisch möglichen und wirtschaftlich sinnvollen Maßnahmen. Die Mitarbeiter identifizieren sich im Gegenzug mit den Zielen, den Produkten und der Unternehmenskultur, fühlen sich als Teil von BAUFRITZ und denken somit auch mit, um zu Verbesserungen im Produkt und den Prozessen beizutragen. Viele zukunftsfähige Entwicklungen haben ihren Ursprung in Verbesserungsvorschlägen der eigenen Mitarbeiter. Mit dem Qualitäts- und Umweltbewusstsein soll sich bei BAUFRITZ die gesamte Belegschaft identifizieren, um die Mitarbeiter- und Kundenzufriedenheit langfristig zu sichern. Jeder einzelne Mitarbeiter ist aktiv am Umweltschutz beteiligt, dazu wurde das Thema Umweltschutz auch in das betriebliche Vorschlagswesen integriert. Die geringe Fluktuation im Unternehmen weist auf eine hohe Mitarbeiterzufriedenheit und ein Commitment mit der Positionierung und den Werten von BAUFRITZ hin. Neben den positiven Effekten motivierter Mitarbeiter auf die Kundenzufriedenheit bedeutet dies auch, dass das Mitarbeiter-Know-how im Unternehmen gehalten werden kann.

Verhalten

Markenpositionierung und Unternehmenskultur von BAUFRITZ konkretisieren sich in bestimmten Verhaltensweisen. Im Mittelpunkt steht dabei zunächst die angebotene Unternehmensleistung. Das VOLL-WERT-HAUS stellt einen Beitrag zur nachhaltigen Entwicklung dar, da diese Bau- und Wohnweise umweltfreundlich in den Materialien und im Ressourcenverbrauch ist. Auch werden die Produkte mit Schutzausrüstung gegen gesundheitsschädigende Einflüsse der Mobilfunknetze ausgestattet. Durch überdurchschnittliche Aufwendungen für Forschung und Entwicklung wird im Produktangebot eine besondere Kombination von ökologischer Verantwortung, Design und Hightech realisiert. Dazu gehören auch Innovationen, wie z. B. im Bereich Wärmeschutz, gegen Elektrosmog oder für allergikergerechtes Bauen. Neben der eigenen Fertigung der Produkte umfasst diese Umweltfreundlichkeit aber auch die gesamte Wertschöpfungskette. Beim Einkauf wird Holz aus nachhaltigem Anbau verwendet, welches in Bezug auf Schadstoffe kontrolliert wird. Ferner fertigt BAUFRITZ ausschließlich in Deutschland, wodurch Qualitäten sichergestellt und Logistikwege reduziert werden können. Auch bei der Auslieferung der Produkte wird durch den Einsatz von recyclingfähigen Verpackungsmaterialien und einem Schadstoffmonitoring auf den Baustellen der Ökologieaspekt weitergeführt. BAUFRITZ bietet ferner als einziges Unternehmen der Baubranche ein Rücknahmeangebot für gebaute Häuser, da diese auch nach vielen Generationen in den Kreislauf der Natur zurückgeführt werden können.

Kommunikation

Ökologie, Tradition und Nachhaltigkeit sind zentrale Botschaften der Unternehmenskommunikation. Das Unternehmen bietet Transparenz über direkte und indirekte Umweltauswirkungen anhand von Kennzahlen, ökologischen Zielen, Fortschritten, aber auch Schwachstellen, an denen noch gearbeitet wird. Die erfolgreiche Teilnahme an diversen Wettbewerben sowie die vielfältigen Zertifizierungen, die in diversen Kommunikationsinstrumenten wie Internet, Katalog, Unternehmensbroschüre, Briefpapier etc. unter dem Slogan „Brief und Siegel für höchste Qualität" deutlich kommuniziert werden, führen neben der erhöhten Glaubwürdigkeit der regulären Unternehmenskommunikation auch zu positiven Effekten bei vorökonomischen Zielgrößen wie Bekanntheit oder Image. Beispielsweise wurde BAUFRITZ bereits 1996 als erstes deutsches Hausbau-Unternehmen nach dem EGÖKO-Audit und nach dem Siegel „natureplus – for better living" zertifiziert. Das nach außen gerichtete soziale Engagement von BAUFRITZ, welches zurückhaltend kommuniziert wird, umfasst diverse Hilfsprojekte im In- und Ausland (z. B. L'Arche in Slowenien). Schließlich wird der Unternehmensauftritt durch einen starken regionalen Bezug zu Bayern und zum Unterallgäu geprägt. Neben klassischen Kommunikationsinstrumenten, wie Homepage, Newsletter, Musterhäuser und Kataloge, setzt BAUFRITZ auch stark dialogorientierte und innovative Kommunikationsinstrumente, wie die aktive Mitarbeit auf der Meinungsplattform UTOPIA, das eigene Erlebniszentrum HausSchneiderei oder die Baumpatenschaft, ein. Auf UTOPIA, einer unabhängigen Meinungsplattform für nachhaltigen Konsum, präsentiert sich BAUFRITZ, und die Geschäftsführerin Dagmar Kramer-Fitz beteiligt sich regelmäßig an einem Live-Chat. Die Erlebniswelt HausSchneiderei kommuniziert auf einer Fläche von rund 1.800 m^2 die Markenwerte in interaktiver Form. Im Rahmen der Baumpatenschaft bietet BAUFRITZ Kunden die Möglichkeit an, kostenlos die Patenschaft für einen neu gepflanzten Baum im eigenen Klimaschutzwald zu übernehmen. Insgesamt wirken die Transparenz und die über Generationen aufgebaute Glaubwürdigkeit von BAUFRITZ vertrauensstiftend in Richtung Markt und Kunden. Vertrauen ist gerade bei einer so hohen Investition wie bei einem Hausbau ein entscheidendes Auswahlkriterium für den Bauträger.

Fazit

Zusammenfassend zeigt sich, dass das Unternehmen BAUFRITZ die ökologische Grundausrichtung des Geschäftsmodells um soziale Aspekte ergänzt und diese umfassend und professionell in die Markenführung umgesetzt hat. Alle vier Bausteine der Marke BAUFRITZ weisen einen hohen Fit auf. Das macht BAUFRITZ in einem Wettbewerbsumfeld, in dem teilweise gesetzliche Standards als überragende Produktvorteile verkauft werden und Ökologie zur Werbebotschaft verkommt, zu einem Best-Practice-Beispiel einer „echten" CSR-Marke.

3.2.2 STILBRUCH

STILBRUCH ist ein Gebrauchtwarenkaufhaus in Hamburg. Gegründet wurde die STILBRUCH Betriebsgesellschaft mbH 2001 vom damaligen Leiter des Servicecenters Privatkunden bei der Stadtreinigung Hamburg, Jens Ohde, und Jörg Bernhard, damals verantwortlich für die Eingliederung von Langzeitarbeitslosen. Die ursprüngliche Idee war, gut erhaltene Möbelstücke aus der Sperrmüllentsorgung nicht zu zerstören, sondern unter Beschäftigung von Langzeitarbeitslosen einer alternativen Verwendung zuzuführen. Auf diese Art wurden in 2011 ca. 30.000 cbm Abfall eingespart, was neben den positiven ökologischen Effekten auch ganz konkret zur Stabilisierung der Müllgebühren in Hamburg beigetragen hat. Gleichzeitig sind bis 2012 60 Arbeitsplätze entstanden, durch die frühere Langzeitarbeitslose wieder in den ersten Arbeitsmarkt integriert werden konnten. STILBRUCH ist heute ein Unternehmen der Stadtreinigung Hamburg. Auf insgesamt 4.000 qm Verkaufsfläche in zwei Filialen in Hamburg-Altona und Hamburg-Wandsbek bietet es rund 1.000 Kunden täglich Gebrauchtes von Hausrat über Möbel, von Schallplatten über Bücher bis Textilien und Elektroartikel. Die erwirtschafteten Überschüsse der GmbH werden an die öffentliche Hand als Gesellschafter zurückgeführt.

Markenpositionierung

Die Marke STILBRUCH bietet als zentrale kommunikative Leitlinie Geringverdienern, Schnäppchenjägern und Individualisten „täglich neue Glücksgriffe". Damit positioniert sich die Marke gegenüber ihren Kunden und in Abgrenzung zu klassischen Second-Hand-Läden über die Größe des Sortiments, die Abwechslung im Angebot infolge eines hohen Warenumschlags und über den Schäppchencharakter der Preise. Gleichzeitig grenzt sich STILBRUCH von Sozialkaufhäusern durch die Gewinnerzielungsabsicht, die professionelle Führung und die Unabhängigkeit von politisch-kommunaler Einflussnahme ab. Die sozialen und ökologischen Dimensionen des Geschäftsmodells werden dabei gegenüber den Endkunden aufgrund der mangelnden Relevanz für manche Teile der Zielgruppe eher beiläufig kommuniziert. Informierte und treue Kunden wissen, dass sie mit ihrem Kauf bei STILBRUCH einen Beitrag zur Müllvermeidung leisten und dabei Arbeitsplätze für Langzeitarbeitslose sichern und schaffen. Das gute Gewissen beim Kauf stellt jedoch für große Teile der Kundschaft einen Mehrwert, jedoch kein zentrales Kaufargument dar.

Ihre eigentliche Wirkung entfalten die CSR-Elemente der Marke STILBRUCH gegenüber den weiteren Anspruchsgruppen des Unternehmens. So dient der innovative Charakter des Geschäftsmodells der Hamburger Stadtreinigung zur Eigenprofilierung. Gleichzeitig immunisiert der nachweisliche soziale und ökologische Erfolg des Unternehmens gegen Einflussnahmen aus der Politik und gegen existenzgefährdende Tarifforderungen aus dem Gewerkschaftslager. Vor allem aber eröffnet sich der Zugang zu anderen Initiativen in Hamburg und damit zu gemeinsamen Projekten, etwa mit der „Hamburger Tafel" oder „Hafen hilft". Über entsprechende Netzwerkeffekte ergeben sich sowohl in der Beschaffung als auch im Vertrieb der Gebrauchtwaren Opportunitäten, die über die statische Belieferung durch die Stadtreinigung und das reguläre Ladengeschäft weit hinausgehen. Insgesamt stellt STILBRUCH somit eine CSR-Marke dar, deren soziale und ökologische Dimensionen weniger auf die direkte Kundschaft ausgerichtet sind, sondern die vielmehr positive Netzwerkeffekte auf Stakeholderebene produzieren. Obgleich es bei STILBRUCH keine explizit in Leitbildern oder Markenhandbüchern fixierten Werte gibt, ist CSR über das Angebot und die Mitarbeiter unmittelbar und sichtbar (und damit authentisch) integraler Kernbestandteil des Geschäftsmodells.

Unternehmenskultur

Das Geschäftsmodell von STILBRUCH basiert auf ökologisch motivierten Überlegungen zur Wiederverwendung von verwertbaren Gegenständen. Insofern ist der nachhaltige Umgang mit Müll ein zentraler Wert der Marke. Noch stärker gewichtet werden jedoch soziale Werte, die sich insbesondere im Umgang mit den Mitarbeitern niederschlagen. STILBRUCH hat sich bewusst dafür entschieden, Menschen mit problematischen Berufsbiographien (insbesondere Langzeitarbeitslose) eine Chance zu geben. Auch nach dem Wegfall der anfänglichen staatlichen Förderung hat sich das Unternehmen dazu entschlossen, die bestehenden Mitarbeiter zu fördern und nicht durch höher Qualifizierte zu ersetzen. Bei STILBRUCH zählen Leidenschaft und Engagement der Mitarbeiter für ihr Unternehmen mehr als Bildungsabschlüsse. So werden auch die internen Führungspositionen ausschließlich aus den eigenen Reihen besetzt. Die Führungskräfte kennen daher die Situation ihrer Mitarbeiter genau und können mit den teilweise schwierigen Lebenssituationen, die sich gelegentlich auch am Arbeitsplatz manifestieren, adäquat umgehen. Das familiäre Arbeitsumfeld beinhaltet dabei durchaus auch die Unterstützung bei Amtsgängen oder persönlichen Problemlagen. Diese Philosophie stärkt das Wir-Gefühl im Team und hilft bei der internen Durchsetzung grundsätzlich eher konservativer Werte, wie z. B. Pünktlichkeit, Zuverlässigkeit oder Teamfähigkeit. Die Wertschätzung als Mensch erzeugt in aller Regel Enthusiasmus und Motivation, was wiederum im Sinne der Gegenseitigkeit die Grundvoraussetzung für den fairen Umgang mit den Mitarbeitern von STILBRUCH darstellt. So arbeiten die Mitarbeiter in Arbeitsgruppen in klaren Hierarchien und planen im Rahmen selbstregelnder Kreisläufe selbstständig ihren Arbeitstag, Zigarettenpausen, Überstunden und Vertretungen.

Die Grundeinstellung der Hilfsbereitschaft sorgt auch regelmäßig dafür, dass bedürftige Personen und Institutionen unkompliziert, schnell und meist kostenfrei mit benötigten Gegenständen ausgestattet werden. Allerdings musste man bei STILBRUCH auch die Erfahrung machen, dass die Mitarbeiter in der Regel kein primäres Interesse an den ökologischen Aspekten ihrer Tätigkeit haben. Fortbildungen konzentrieren sich daher eher auf die Professionalisierung des Tagesgeschäfts, z. B. hinsichtlich des Umgangs mit Kunden oder mit Blick auf ein neu eingeführtes Warensicherungssystem.

Die ökonomische Dimension der Nachhaltigkeit im Geschäftsmodell von STILBRUCH manifestiert sich in der Tatsache, dass bereits seit einigen Jahren ein Gewinn erwirtschaftet wird, der zum Ergebnis der Gesellschafterin, der Stadtreinigung Hamburg, beiträgt und dort wiederum die Investitionskraft für ökologische Projekte stärkt.

Insgesamt zeigt sich, dass die ökologische Grundidee zwar Teil des ökonomisch erfolgreichen Geschäftsmodells ist, jedoch die Unternehmenskultur im Tagesgeschäft nicht spürbar prägt. Vielmehr ist es die soziale Dimension der Nachhaltigkeit, welche die Unternehmenskultur durch die Schaffung von Arbeitsplätzen und den Umgang mit (früheren) Langzeitarbeitslosen ausmacht.

Verhalten

Die primär ökologisch motivierten Aktivitäten von STILBRUCH sparen rund 100 € pro Tonne für die Müllverbrennung in Hamburg. In der Marketingkommunikation betont

STILBRUCH die Notwendigkeit zur Vermeidung von Abfall und fordert die Hamburger Bürger auf, Gebrauchsfähiges bei STILBRUCH abzugeben. Täglich werden vom Hauptlieferanten, der Stadtreinigung, durchschnittlich sechs LKW-Ladungen an verwertbaren Gegenständen angeliefert, sachgerecht aufbereitet, nach marktwirtschaftlichen Kriterien (z. B. Zustand, Alter und Wertigkeit des Objekts) bepreist und dann in den beiden Filialen ausgestellt.

Gleichzeitig finden neben Individualisten und Schnäppchenjägern vor allem auch sozial Schwache, Rentner, Arbeitslose und Studierende bei STILBRUCH preisgünstig alles für Haushalt, Küche und Freizeit. Die soziale Komponente der Marke wird durch freiwilliges Engagement in verschiedenen Initiativen flankiert. So unterstützt STILBRUCH beispielsweise über den FIGA Wohnverbund e. V. behinderte und psychisch kranke Menschen, die von Obdachlosigkeit bedroht sind. Auch für andere soziale Projekte (z. B. „Hafen hilft", „Kunst ohne Grenzen", „Hamburger Tafel" oder auch „Tag der Legenden") stellt STILBRUCH benötigte Gegenstände zur Verfügung. Insgesamt ist zu konstatieren, dass die ökologische und soziale Dimension der Marke STILBRUCH konsequent in das Tagesgeschäft übertragen werden.

Kommunikation

Das Kommunikationskonzept basiert auf einer konsequent eingeführten Wort-Bild-Marke, dem Claim „Das Kaufhaus für Modernes von gestern" sowie einer visuellen Identität. Bereits in der Gründungsphase wurde erkannt, dass eine professionelle Markenkommunikation für das Geschäftsmodell und die Abgrenzung zu Sozialkaufhäusern und Second-Hand-Läden notwendig ist. Von Beginn an wurde daher mit der Werbeagentur Madaus, Licht + Vernier in Hamburg in der Kommunikation zusammengearbeitet. Die Agentur begleitet seitdem die kontinuierliche Kommunikation des Markenkerns von STILBRUCH in Print, Online und Out-of-Home-Medien. Dabei werden über Anzeigen, Plakate, die Internetseite und PR Zielgruppen aus sozial benachteiligten Schichten, Flohmarkt- und Schnäppchen-Interessierte, Individualisten, Ökos und Studenten angesprochen. Jährlich wird der Plan überprüft, verfeinert und, wenn budgettechnisch möglich, erweitert.

Auch bei der Wahl der Medien spielt der soziale Gedanke eine Rolle. STILBRUCH schaltet gern Anzeigen in Medien, deren Einnahmen einem gemeinnützigen Zweck dienen, wie z. B. Hinz&Kunzt, oder Magazinen, die kulturelle Ereignisse begleiten und unterstützen, wie z. B. die Altonale. Die aktuellen Anzeigen betonen die verschiedenen Produktwelten und stehen meist in redaktionellen Umfeldern.

Die Öffentlichkeitsarbeit, die primär über die Muttergesellschaft betrieben wird, leistet einen weiteren Beitrag, die ökologischen und sozialen Aspekte von STILBRUCH hervorzuheben. Darüber hinaus verwendet das Unternehmen auch nicht-klassische Kommunikationsformen, wie z. B. Ambient Media, Social Media und Rabattaktionen. Besondere Aufmerksamkeit hat STILBRUCH jedoch mit dem mehrfach ausgezeichneten Konzept des STILBUS erregt. In 100 Linienbussen der Pinneberger Verkehrsgesellschaft (PVG) im Hamburger Verkehrsverbund (HVV) wurde die STILBRUCH-PVG Leihbücherei als Bücherregal mit drei Ebenen eingerichtet. Damit wurden den Passagieren Dutzende von

Büchern aus dem Bestand von STILBRUCH (mit entsprechendem Branding) unentgeltlich zur Verfügung gestellt, die während der Fahrt gelesen werden können und danach auch mit nach Hause genommen, wiedergebracht, behalten oder ausgetauscht werden dürfen. Die Bestückung der Regale erfolgt durch PVG-Mitarbeiter, die Anlieferung der Bücher erfolgt durch STILBRUCH. Als Flagships wurden zwei Gelenkbusse zu STILBRUCH-Bussen umgestaltet. Eine komplette Außengestaltung transportiert an der türlosen Seite, an Front und Heck das Branding und Angebotsbeispiele von STILBRUCH. Die Türseite weist schon außen auf die Innengestaltung hin: vorne für „Normalos", hinten für „Stilbrecher". Im Gegensatz zum vorderen, herkömmlichen Teil vermittelt dann der hintere Busteil auch Wohnzimmeratmosphäre à la STILBRUCH: Teppiche im Gang, bunte Sitzbezüge, schnörkelige Wandlämpchen, Bilderrahmen mit STILBRUCH-Kommunikation. Die Bewerbung dieser Aktion mit rund 32 Mio. möglichen Blickkontakten in der Metropolregion Hamburg erfolgte über Pressearbeit sowie Einbindungen im Web und Social Media. So konnten die Bücher von STILBRUCH in den Buchhaltestellen der Busse der PVG einen weiteren Verwendungszweck finden, eine mögliche Abfallquelle bei STILBRUCH wurde maßgeblich reduziert und die Nutzung der Bücher wurde deutlich verlängert. Bis Ende 2011 wurden in den 100 Bussen über 250.000 Bücher verteilt. Allein durch diese Aktion konnte STILBRUCH zwei Langzeitarbeitslosen einen festen Arbeitsplatz bieten. Der Bücherumsatz in den beiden Filialen stieg um 15 %. Außerdem konnte das Bewusstsein gesteigert werden, dass Bücher kein Abfall sind, und so stieg auch die Anlieferung von Büchern von Privatpersonen in den Filialen signifikant an. Diese erfolgreiche Kampagne wurde mit der PlakaDiva 2011 in Gold sowie mit dem HAMMA (Hamburger Marketingaward) 2011 ausgezeichnet. Insgesamt ist die für die Branche und das relativ beschränkte Werbebudget hohe Professionalität und Kreativität der Markenkommunikation hervorzuheben. Zielgruppengemäß stehen dabei allerdings weder die ökologischen noch die sozialen Dimensionen des Geschäftsmodells im Mittelpunkt, sondern die potenziellen Kunden werden über ganz konkrete Benefits, wie etwa Schnäppchenpreise, angesprochen.

Fazit

STILBRUCH ist per Geschäftsmodell eine originäre und hochgradig glaubwürdige CSR-Marke, die jedoch bei modellhafter Betrachtung eine Reihe von Gaps aufweist. So weist die Marke ein Verankerungs-Gap auf, weil insbesondere die ökologische Grundidee in der stark von sozialen Belangen dominierten internen Unternehmenskultur eine untergeordnete Rolle spielt. Sie weist weiterhin ein Erlebnis-Gap auf, weil die soziale Unternehmenskultur für viele Kunden weder eine große Rolle spielt noch sichtbar gemacht wird. Schließlich wird auch ein Glaubwürdigkeits-Gap deutlich, da die Schnäppchenjäger-Kommunikation wesentliche Aspekte des Geschäftsmodells entweder gar nicht oder nur beiläufig anspricht.

STILBRUCH ist mit einer Markenstrategie ökonomisch erfolgreich, die je nach Stakeholderebene unterschiedlich funktioniert. Gegenüber den Kunden werden primär ökonomische Vorteile, gegenüber den Mitarbeitern und Hamburger Initiativen in erster Linie soziale Belange und gegenüber Anspruchsgruppen aus der Öffentlichkeit und der Politik insbesondere ökologische Aspekte des Geschäftsmodells betont. Die Marke weist damit einen prismenartigen Charakter auf.

3.2.3 WERKHAUS

Das 1992 von Holger und Eva Danneberg gegründete Unternehmen mit Sitz in Bad Bodenteich produziert überwiegend aus mitteldichten Faserplatten (MDF) in E1-Qualität diverse Produkte für den Büro- und Wohnbereich, Spielzeuge und Displays für den Handel sowie Messebau. Die ersten Produkte bildeten 1992 Kaleidoskope. Dieses Produkt wird auch heute noch produziert und verkauft. Allerdings bildet heute der B-to-B-Bereich (Displays für den Handel, Messebau) mit einem Umsatzanteil von rund 70 % das Haupttätigkeitsfeld des Unternehmens. Das Unternehmen startete 1992 mit 15 Mitarbeitern. 2012 beschäftigt das Unternehmen rund 150 Mitarbeiter.

Markenpositionierung

Seit Gründung des Unternehmens verfolgt das Unternehmen als Markenpositionierung vier Werte:

- Soziale Verantwortung
- Innovative Produkte
- Ökologischer Anspruch
- Produktion in Deutschland

Diese Werte wurden zwar nicht gesondert als Markenpositionierung oder als Leitbild formuliert, allerdings finden sich diese explizit in allen Druckwerken (z. B. Katalog, Anzeigen) und sonstigen Kommunikationsinstrumenten (z. B. Homepage).

Unternehmenskultur

Diese Werte basieren zum großen Teil auf dem frühen politischen Wirken und den Einstellungen der beiden Gründer, die beide in der Anti-Atomkraft-Bewegung tätig waren. Die sozialen, ökologischen und ökonomischen Werte werden tagtäglich gelebt und lassen sich auch in entsprechenden Symbolen erkennen.

Die ökologischen Werte zeigen sich neben den Rohstoffen der Produkte auch in diversen Symbolen wie einem eigenen Holzkraftwerk, einer Bio-Kantine und Bio-Getränken, Bezug von Strom aus regenerativen Quellen (Greenpeace Energy), der Verwendung von Recyclingpapier im Büro oder bei der Erstellung von Kommunikationsmedien (z. B. Katalog nach „FSC" und „Print kompensiert").

Die sozialen Werte spiegeln sich insbesondere in der Einstellung der Gründerin und Geschäftsführerin Eva Danneberg wider, die davon überzeugt ist, behinderten Menschen eine gleiche Chance auf dem Arbeitsmarkt zu geben. Seit Gründung des Unternehmens besitzt das Unternehmen daher eine überdurchschnittlich hohe Quote von Menschen mit körperlichem oder geistigem Handicap. Aktuell beschäftigt WERKHAUS 15 % behinderte Menschen. Im Durchschnitt beträgt die Quote in der deutschen Privatwirtschaft ca.

3–4 % (Bundesagentur für Arbeit, 2011). Darüber hinaus besitzt WERKHAUS mit einer Ausbildungsquote von rund 15 % einen überdurchschnittlich hohen Wert. Auch die vollständige Produktion in Deutschland in einer strukturschwachen Region wie der Lüneburger Heide lässt sich als das tatsächliche Leben von sozialen Werten interpretieren. Ergänzt werden diese beiden Schwerpunkte im sozialen Bereich durch flexible Arbeitszeiten und Maßnahmen zur Vereinbarung von Beruf und Familie.

Die ökonomische Nachhaltigkeit zeigt sich darin, dass zwar soziale und ökologische Werte häufig die kurzfristigen ökonomischen Ziele dominieren und beeinträchtigen, aber langfristig das Unternehmen typische Verhaltensmuster wie klassische, nachhaltig orientierte Familienunternehmen (organisches Wachstum, frühe Integration der Nachfolgegeneration in das Unternehmen) aufweist.

Insgesamt besitzt WERKHAUS eine durch die beiden Gründer entwickelte, immer wieder nach innen kommunizierte und täglich vorgelebte CSR-orientierte Unternehmenskultur. Die beiden Gründer akzeptieren durchaus geringere Rentabilität und Gewinne, wenn sie dadurch Spaß, Zufriedenheit und Sinn bei der Arbeit für alle Beteiligten erzeugen können.

Verhalten

Im Kern wird der ökologische Aspekt der Marke in die Herstellung der Produkte übersetzt. Neben der ökologischen Qualität der Rohstoffe (Holz aus Recycling und Durchforstung, unbedenkliche Farben) wird auch auf die Vermeidung von Abfällen bzw. die Weiterverwertung von Produktionsabfällen im eigenen Holzkraftwerk geachtet. Zur Vermeidung von Produktionsabfällen werden regelmäßig Mitarbeiterschulungen durchgeführt. Zusätzlich trägt die Konstruktionsweise der Produkte (flache Pakete) zur Reduktion der Transportemissionen bei. Aber auch in der Verwaltung wird versucht, durch Verwendung von Umweltschutzpapier möglichst ökologisch verantwortlich zu agieren. Dieses Engagement wurde im Jahre 2010 auch durch den ersten Preis im vom B.A.U.M. ausgelobten Preis „Büro und Umwelt" bestätigt.

Die soziale Komponente wird vor allem in personalpolitischen Maßnahmen, wie einer entsprechend behindertengerechten Gestaltung der Arbeitsplätze, einem gleich hohen Lohn für behinderte und nicht behinderte Mitarbeiter, werteorientierter Personalauswahl (falls es die Bewerberlage und der Zeitdruck erlauben) sowie Schulungen und Events (Sommerfest, Weihnachtsfeier) umgesetzt. Weiterhin bietet WERKHAUS zur Vereinbarkeit von Beruf und Familie verschiedene flexible Arbeitszeitmodelle an. Kinder der Mitarbeiter können am Nachmittag oder schulfreien Tagen mit zur Arbeit kommen und werden dort in der Kleinwerkstatt beschäftigt. Für dieses Engagement zur Vereinbarkeit von Beruf und Familie wurde WERKHAUS mit dem FaMi-Siegel (www.fami-siegel.de) ausgezeichnet.

Als Unterstützung für den ökonomischen Erfolg sind insbesondere die kontinuierlichen Innovationen (Produktsortiment, Formen und Materialien) und das Design zu nennen. Eine Vielzahl der WERKHAUS-Produkte zeichnet sich durch das innovative und markenspezifische Steckdesign aus, wobei die Produkte durch Zusammenstecken beim Kunden entstehen (flache Verpackungen) und die Fixierung über einfache Gummiringe erfolgt. Trotz des Verzichts auf zusätzliche Schrauben oder Klebestoffe bieten die Produkte eine hohe Stabilität bei gleichzeitig einfacher Montage und Demontage. Dieses System ist über eine dreidimensionale Marke rechtlich geschützt.

Darüber hinaus werden immer wieder überwiegend inhouse kreative Produkte und Produktdesigns entwickelt. Dieser Design- und Innovationsprozess wird auch heute noch maßgeblich durch den Gründer Holger Danneberg gesteuert und getragen. Die hohe Designqualität wurde auch mehrfach durch Preise (z. B. Design Zentrum NRW, IF-Preis, Rat für Formgebung) und Ausstellungen in Museen (z. B. Museum für Kunst und Gewerbe, Hamburg; Cooper-Hewitt Museum, New York) bestätigt.

Sowohl bei den B-to-B- als auch den B-to-C-Produkten bietet WERKHAUS sowohl Standardprogramme als auch kundenindividuelle Lösungen (B-to-B: z. B. kundenspezifische Displays; B-to-C: z. B. Photowände oder Photohocker mit eigenen Fotos) an.

Kommunikation

Die Kommunikation basiert zunächst auf dem Branding (Name und Logo) von WERKHAUS, welches mehr oder weniger seit Gründung des Unternehmens unverändert geblieben ist.

In Bezug auf die externe Kommunikation ist zwischen B-to-B und B-to-C zu unterscheiden. In der B-to-B-Kommunikation besitzt neben der Homepage und den Onlineshops die Kommunikation auf nationalen und internationalen Messen (z. B. Maison & Objet Paris, Spielwarenmesse Nürnberg, BIOFach Nürnberg, Frankfurter Buchmesse, Ambiente Frankfurt) eine hohe Bedeutung.

Im B-to-C-Segment spielt neben der Homepage und dem Onlineshop insbesondere der jährliche Katalog eine zentrale Rolle. Dieser Katalog, der mit einer Auflage von 75.000 Exemplaren seit 2009 die bis dahin verwendeten Beileger in Zeitschriften ersetzt hat, wird zum einen per Post an Interessierte (eigene Adressdatenbank, Anfrage) und zum anderen persönlich verteilt. Darüber hinaus werden regelmäßig in Öko- und Designzeitschriften entsprechende Anzeigen geschaltet.

Seit 2009 hat WEKHAUS begonnen eigene Markenshops aufzubauen. Bislang existieren in Hamburg und Berlin insgesamt sechs Geschäfte. Diese Geschäfte präsentieren in einer designorientierten Gestaltung und an „guten" Standorten das vollständige B-to-C-Sortiment (Standard) von WERKHAUS.

Externe Gütesiegel oder Auszeichnungen werden kaum oder wenn vorhanden (z. B. Designauszeichnungen) nur dezent in der Kommunikation eingesetzt. Hingegen werden eigene „Siegel" wie „WERKHAUS Stecksystem" oder „100 % Made in Germany" häufig in der Kommunikation verwendet.

Fazit

Insgesamt handelt es sich bei WERKHAUS um eine „echte" CSR-Marke, die bei allen vier Facetten einen deutlichen CSR-Bezug aufweist. Lediglich die Unternehmenskultur erfüllt nur bedingt die Erfolgsfaktoren, da die CSR-Werte nur bedingt intern explizit verankert und von den Mitarbeitern gelebt werden. Auch weisen die Facetten der CSR-Markenidentität und die Kommunikation keine erkennbaren Gaps auf.

3.2.4 AURO

Das Unternehmen AURO mit Hauptsitz in Braunschweig wurde 1983 gegründet und setzt mit rund 30 Mitarbeitern jährlich rund 6 Mio. € um. AURO stellt Anstrichstoffe sowie Pflege- und Reinigungsprodukte für Neubau, Renovierung und Haushalt her, und zwar ohne petrochemische oder synthetische Inhaltsstoffe. Produziert wird an den Standorten Deutschland und Österreich. Die Produkte sind im Inland in über 700 Fachgeschäften erhältlich.

Markenpositionierung

Dr. Hermann Fischer, Gründer und heutiger Vorstand der AURO AG, ist schon während seines Chemiestudiums mit der Umweltbewegung in Kontakt gekommen und hat seitdem versucht, durch die Beschäftigung mit der Chemie- und Kulturhistorie eine andere Art der Chemie zu entwickeln, die von ihm auch als „Sanfte Chemie" bezeichnet wird. Diese Überzeugung war auch die Motivation zur Gründung von AURO. AURO hat sich explizit auf technisch hochwertige Produkte in den Bereichen Naturfarben, Anstrichmittel, Imprägnierungen und Klebstoffe aus konsequent ökologisch-natürlichen Stoffen spezialisiert und gehört damit zu den Pionieren in Sachen Ökologie und Nachhaltigkeit in der chemischen Industrie. Alle Produkte des Unternehmens entstehen auf der Basis nachwachsender und mineralischer Rohstoffe. Nur ungefähr 1,5 % der in Deutschland hergestellten Farben und Lacke gelten als Naturfarben, zwei Drittel davon deckt AURO ab. Anders als in vielen Unternehmen ähnlicher Art sind die Produkte auf der Basis rein pflanzlicher oder mineralischer Grundstoffe kein Nebensortiment neben konventionell ausgerichteten Standardsortimenten, sondern der Verzicht auf petrochemisch-synthetische Inhaltsstoffe ist zentrales Element des Firmenkonzeptes. Daher besteht zwischen der CSR-Positionierung und der tatsächlichen Geschäftstätigkeit ein hoher Fit.

Unternehmenskultur

Gesundes Bauen, Wohnen und Leben sind das prägende Leitbild der Naturfarbenmarke AURO, die sich auch bei der Lösung von Zukunftsfragen engagiert. Seit Gründung ist AURO bei Forschungsgrundsätzen, Rohstoffauswahl, Herstellungsverfahren, Produktgestaltung und -dokumentation sowie Verbrauchsminimierung und Abfallentsorgung einer strikten Orientierung an Nachhaltigkeitskriterien verpflichtet. Die ungewöhnlich hohe personelle Kontinuität bei AURO spricht für die bindende Kraft der gemeinsamen Idee nach innen. Darüber hinaus haben sich die Führung und die Belegschaft von AURO auch immer wieder in Verbänden und Organisationen wie z. B. NABU, natureplus oder der Interessengemeinschaft der Holzschutzmittelgeschädigten (IHG) ehrenamtlich engagiert. Auch Symbole wie eine Photovoltaik-Anlage auf dem Dach der Produktion, die Ausstattung der Büros mit Naturholzmöbeln, die Verwendung von biologischem Kaffee und Keksen sowie die eigene Bücherei mit Werken über die Kultur- und Chemiegeschichte im Sitzungsraum transportieren die Philosophie des Unternehmens.

Verhalten

Neben der Auswahl der Rohstoffe gehört bei AURO eine ständige Qualitätskontrolle und Optimierung der Produktionsprozesse (z. B. Reduzierung von Rohstoffen in der Produktion und Verpackungsrecycling) zum Geschäftsmodell. Höchstmögliche Transparenz dem Kunden gegenüber erreicht das Unternehmen unter anderem durch die lückenlose Deklaration aller Inhaltsstoffe. Im Rahmen eines Zertifizierungsprozesses in Kooperation mit der Climate Neutral Group wurden 2007 alle CO_2-relevanten Aspekte der Unternehmenstätigkeit erfasst und vollständig kompensiert. Damit ist AURO der erste und bislang einzige CO_2-neutrale Farbenhersteller weltweit. Der Fachhandel als Vertriebskanal ist von zentraler Wichtigkeit für AURO, da die Produkte selbst für Fachleute beratungsintensiv sind. Mit ausgewählten Händlern des primär baubiologischen Fachhandels geht AURO eine nach außen sichtbare Partnerschaft ein: AURO-Partnerhändler erhalten neben einem Umsatzbonus umfangreiche Marketing-Unterstützung, subventionierte Endkundenseminare, Anzeigenunterstützung und Etiketten mit ihrem Logo. Im Gegenzug verlangt AURO Exklusivität am PoS bei den Naturfarben und darüber hinaus auch einen Mindestumsatz. Die Anteile an der AURO AG befinden sich in Familienbesitz und durch Schenkung in den Händen von Organisationen, die sich dem Naturschutz oder sozialen Zwecken verschrieben haben. Seit 2007 fließt darüber hinaus ein Teil des Verkaufserlöses in Naturschutzprojekte des NABU.

Kommunikation

Durch seine Vorreiterrolle trägt AURO seit Jahrzehnten einen hohen Anteil der Aufklärungs- und Öffentlichkeitsarbeit für chemisch-technische Alltagsprodukte auf der Basis natürlicher und nachwachsender Rohstoffe gegenüber vielfältigen Stakeholdergruppen. Der Unternehmensgründer ist mit seiner Erfahrung und seinem Sachverstand auf einer Vielzahl von Seminaren, Podien und Vortragsveranstaltungen präsent. Dieses Engagement ist wohl auch einer der Gründe für die zahlreichen Ehrungen, Auszeichnungen und Zertifikate, die AURO in den letzten Jahren empfangen hat und welche die Markenbotschaft glaubwürdig absichern. Neben der bereits genannten Zertifizierung als „CO_2-neutrales Unternehmen" erhält AURO jedes Jahr vom Dualen System Deutschland ein Klima-Zertifikat, aus dem die genaue Menge der CO_2-Äquivalente hervorgeht, die durch das Unternehmen im Rahmen des Recyclings mit dem „Grünen Punkt" eingespart wurden. Weitere Auszeichnungen umfassen die Wahl von Dr. Herrmann Fischer zum „Ökomanager des Jahres" 1992, den B.A.U.M.-Umweltpreis 1994, den Umweltpreis der Niedersächsischen Landesregierung 1996 und den Umweltpreis „Friends of the Earth" 1999. Schließlich werden Produkte von AURO regelmäßig durch die „Stiftung Warentest" und „Ökotest" mit „sehr gut" bewertet. Das bewusste Wohnen im Einklang mit der Natur transportiert auch der Claim „Natürlich meine Welt". Zum Leben mit AURO gehört auch das Gefühl, sich mit Farben kreativ selbst ausdrücken zu können. Dies wird durch eine Vielzahl von Ideen und Anleitungen sowie durch den Showroom unterstützt. Austauschbare Farbmodule an der Fassade des Gebäudes zeigen die aktuellen Farbtrends und machen Lust auf kreative Farbgestaltungen. Experten-Tipps zur Schimmelvorbeugung, Fußbodenbehandlung und zum Einsatz von umweltbewussten Reinigungsmitteln runden dort das Beratungsangebot für Jedermann ab. Schließlich führt AURO regelmäßig Cause-Related-Marketing-Aktionen durch, bei denen ein bestimmter Betrag pro verkauftem Produkt an NABU abgeführt wird.

Fazit

Insgesamt zeigt sich, dass das Unternehmen AURO die ökologische Dimension des CSR-Ansatzes stark betont und professionell zu einem ökonomisch erfolgreichen Geschäftsmodell ausgebaut hat. Zwar bedeutet die konsequente Nischenstrategie eine Begrenzung des Marktpotenzials, allerdings handelt es sich dabei um ein Wachstumssegment mit Vorreitercharakter für den Gesamtmarkt. Vor diesem Hintergrund sind die zukünftigen Erfolgsaussichten des Unternehmens eindeutig positiv zu bewerten. Damit beweist AURO, dass eine konsequente ökologische CSR-Marke positive ökonomische Effekte haben kann. Kritisch anzumerken ist allerdings, dass die Marke AURO sich zwar durch die ökologische Dimension des CSR-Ansatzes auszeichnet, ein soziales Engagement jedoch weniger stark ausgebaut ist. Im Vergleich zu einer umfassenden CSR-Marke erscheint daher der Begriff der „Öko-Marke" im Fall AURO treffender.

3.3 Vergleich der Best Practices

Tabelle 1 vergleicht die vier „Best Practices" miteinander. Der Vergleich zeigt, dass insbesondere BAUFRITZ alle identifizierten Erfolgsfaktoren vollständig erfüllt und damit als ein überzeugendes „Best Practice"-Beispiel für eine **holistische CSR-Marke** dienen kann. Die Marken STILBRUCH, WERKHAUS und AURO hingegen erfüllen einzelne Erfolgsfaktoren nicht vollständig. Der prismenartige Charakter der Marke STILBRUCH impliziert eine sehr selektive Kommunikation der im Markenkern vorhandenen CSR-Werte nach innen und außen. Insbesondere mit Blick auf den Absatzmarkt lässt sich STILBRUCH als **Hidden CSR Brand** bezeichnen, eine Marke also, die „Anti-Greenwashing" betreibt und ihr CSR-Licht eher unter den Scheffel stellt. Ähnlich die Marke WERKHAUS: Auch hier steht im Zentrum der Marke eine originäre CSR-Motivation, die jedoch sowohl von wesentlichen Kundengruppen (insbesondere im B-to-B-Segment) als auch von Teilen der Belegschaft nicht als kauf- bzw. motivationsentscheidend wahrgenommen wird. Da die Eigentümer aufgrund persönlicher Überzeugungen dennoch nicht müde werden, die CSR-Elemente des Geschäftsmodells zu betonen, kann WERKHAUS als **idealistische CSR-Marke** charakterisiert werden. AURO hingegen ist nur eingeschränkt eine „echte" CSR-Marke, da die Markenidentität stark durch den Ökologieaspekt geprägt wird und soziale Elemente im Geschäftsmodell nicht betont werden. Diese Marke lässt sich daher treffender als eine **Öko-Marke** bezeichnen.

Unabhängig von der konzeptionellen Einschätzung ist aber auch festzuhalten, dass alle vier Marken nachhaltig erfolgreich sind. Insofern ist der im Modell postulierte holistische Anspruch der CSR-Markenführung offenkundig keine „conditio sine qua non". Vielmehr ist CSR-Markenführung kontextabhängig und situativ zu beurteilen. Das Modell bietet

Tab. 1 Vergleich der „Best Practices" zur CSR-Marke

	BAUFRITZ	STILBRUCH	WERKHAUS	AURO
Positionierung				
schriftliche CSR-Markenpositionierung	+++	+	++	+
Umfassende Abdeckung von CSR in der Markenpositionierung	+++	+++	+++	+
Vorleben der CSR-Werte vom Top-Management aus eigenem Antrieb	+++	+++	+++	+++
CSR-Werte weisen einen hohen Bezug zum eigentlichen Geschäftsmodell auf	+++	+++	+++	+++
Unternehmenskultur				
CSR-orientierte Symbole	+++	+	++	+++
CSR-orientierte Normen	+++	+	++	+++
CSR-Werte werden von Mitarbeitern gelebt	+++	+	+	++
Verhalten				
CSR-Umsetzung in der gesamten Wertschöpfungskette	+++	+++	+++	+++
CSR-Umsetzung in den sekundären Unternehmenstätigkeiten	+++	++	+++	+++
CSR-Umsetzung an allen Standorte und jenseits der eigenen Unternehmensgrenzen	+++	+++	++	+++
CSR-Umsetzung in Produkte und Leistungen	+++	++	+++	+++
hohe Produktqualität	+++	+	+++	+++
Kommunikation				
hohe Glaubwürdigkeit	+++	++	++	+++
Fokussierung auf CSR	+++	+	++	+++
CSR-orientiertes Branding	+++	+	++	+++
Interaktion mit verschiedenen Stakeholdern	+++	+++	+++	+++
Erlebnisorientierte CSR-Kommunikation	+++	++	++	++
Gaps				
Kein Verankerungs-Gap	+++	+	++	++
Kein Erlebnis-Gap	+++	+	++	+++
Kein Umsetzungs-Gap	+++	++	+++	+++
Kein Glaubwürdigkeits-Gap	+++	+++	+++	+++

+++ : vollständig erfüllt, ++ : überwiegend erfüllt, + : nur zum Teil erfüllt hierzu gleichwohl einen nützlichen Bezugsrahmen für die Analyse, sollte jedoch systematisch weiterentwickelt werden.

4 Fazit

Insgesamt zeigt sich, dass das entwickelte Modell **robust** und für verschiedene Kontexte **flexibel anwendbar** ist. Neben den vier in diesem Beitrag skizzierten CSR-Marken aus dem B-to-B- und B-to-C-Bereich wurden mit Hilfe des Modells weitere Marken in der Bau- und Immobilienbranche (Baumgarth und Binckebanck 2011b) sowie aus dem Premium- und Luxusbereich (Baumgarth et al. 2012) analysiert. Weiterhin bildet das vorgestellte CSR-Marken-Modell seit 2012 die konzeptionelle Basis für den Markenpreis im Rahmen des Deutschen Nachhaltigkeitspreises.

Nach dem CSR-Marken-Modell entsteht aus einer Markenführungsperspektive eine starke CSR-Marke aus einer **expliziten CSR-orientierten Markenkommunikation**, die wiederum auf einer **CSR-basierten Markenidentität** aufbaut. Eine solche CSR-basierte Markenidentität resultiert aus einem Zusammenspiel von **Positionierung, Unternehmenskultur** und **tatsächlichem Verhalten**. Für alle diese vier Dimensionen sowie die einzelnen Gaps lassen sich jeweils zentrale und konkrete Erfolgsfaktoren ableiten, die in diesem Beitrag mit Hilfe von vier „Best Practices“ überprüft und illustriert wurden. Das Modell, die einzelnen Erfolgsfaktoren sowie die vier „Best Practices“ können anderen Unternehmen Orientierung bei dem Aufbau von CSR-Marken liefern und als „Vorbild“ dienen.

Dies wäre wünschenswert, da sich so gerade für KMUs Erfolgspotenziale im Wettbewerb mit herkömmlichen Marken von Großunternehmen, die häufig das Bild von CSR und Nachhaltigkeit in der öffentlichen Wahrnehmung prägen, ergeben. „Echte“ CSR-Marken können sich besser von „Möchtegern“-CSR-Marken differenzieren. Ihr ökonomischer Erfolg dürfte dazu beitragen, den Nachhaltigkeitsgedanken in Wirtschaft und Gesellschaft zu stärken und das derzeit grassierende „Greenwashing-Fieber“ in der Markenkommunikation zu beenden.

Gleichwohl sind für das weitere Verständnis von CSR-Marken zukünftig weitere Forschungen notwendig. Zunächst wurde das CSR-Marken-Modell bislang mit Hilfe von Fallstudien überprüft und verfeinert. Im Rahmen zukünftiger Forschungsprojekte bietet es sich an, dieses Modell im Rahmen einer **quantitativ orientierten Erfolgsfaktorenforschung** (allgemein: Baumgarth und Evanschitzky 2009) zu überprüfen. Neben der Operationalisierung der Erfolgsfaktoren stellt insbesondere die Konzeptualisierung und Messung des Erfolgs eine wichtige Erweiterung des Modells dar.

Weiterhin sollte zukünftig der **Effekt** von „echten“ CSR-Marken auf die verschiedenen Stakeholder, insbesondere die **Kunden**, analysiert werden. U. a. bieten sich dafür experimentelle Studien (allgemein: Eschweiler et al. 2009) und Eventstudien (allgemein: Gerpott 2009) an.

Aus einer Managementsicht wäre es ferner interessant, die **Transformation** einer **konventionellen** hin zu einer **„echten“ CSR-Marke** zu untersuchen. Methodisch würden sich dafür Längsschnittstudien mit einer engen Zusammenarbeit von Forschern und einzelnen Unternehmen (Action Research, allgemein: McNiff und Whitehead 2011) anbieten.

Schließlich wurde das Modell bislang im Rahmen der Fallstudien immer nur anhand von Dachmarken analysiert. Zukünftig wäre es zu überlegen, ob und wie das Modell für den Fall von **Familien-** oder **Einzelmarken** und umfangreichen **Markenportfolios** adaptiert werden müsste.

Auf der Basis solcher weiterführender Forschungsergebnisse könnte die Marketingwissenschaft einen Beitrag dazu leisten, dem CSR-Ansatz zu einem durchschlagenden Erfolg zu verhelfen. Viele Entscheidungsträger sind angesichts widersprüchlicher Studien und fehlender Erfolgsnachweise verunsichert. Kleine Marken führen in diesem Klima ein Nischendasein, und große Marken flüchten in das tröstliche, aber fatale, Missverständnis, CSR sei ein Marketing-Gimmick. Eine modellbasierte, systematische und ganzheitliche CSR-Markenführung könnte nicht nur negative Markeneffekte durch Greenwashing verhindern, sondern einen aktiven Beitrag dazu leisten, das Markenmanagement, die Markenkommunikation und vielleicht sogar die Welt zu verbessern.

Anhang: Informationsverzeichnis Fallstudien

BAUFRITZ

- Homepage: baufritz.com
- Preise: www.deutscher-nachhaltigkeitspreis.de/
- Best-Practice-Portal: www.csr-mittelstand.de
- Meinungsplattform: www.utopia.de
- Verband: www.nabu.de
- Marketingmaterialien: Produktkataloge, Unternehmensbroschüre, Geschäftsausstattung
- TV-Reportagen (Archiv von BAUFRITZ)
- Interview: Persönliches Gespräch mit Herrn Dietmar Spitz (Leitung Marketing der Bau-Fritz GmbH & Co. KG) am 27.7.2011 in Erkheim
- Besichtigung der HausSchneiderei und einiger Musterhäuser am 27.7.2011 in Erkheim

STILBRUCH

- Internetseite www.stilbruch.de
- Besuch der STILBRUCH-Filiale in Hamburg-Altona (31.5.2012)
- Gespräch mit Herrn Roman Hottgenroth, Betriebsleiter der Filiale Hamburg Altona, am 31.5.2012 in Hamburg-Altona
- Werbematerialien, zur Verfügung gestellt durch Frau Kirsten Handschuh, Madaus, Licht + Vernier Werbeagentur
- Bewerbungsunterlagen für den HAMMA – Hamburger Marketing Award 2011

WERKHAUS

- Video „Made in Germany: WERKHAUS: Behinderte Menschen gesucht" (http://video.google.com/videoplay?docid=7252350674829949215)
- YouTube-Video/People for the Future-Video (http://www.youtube.com/watch?v=8fs3B88Gpeg; http://www.peopleforfuture.de/inspiration/projects_details.php)?id=14
- Internetseite: www.werkhaus.de
- Onlineshops: https://www.werkhaus.de/shop/
- Besuch des WERKHUAS-Shops in der Prinzenstraße, Berlin-Kreuzberg (26.5.2012)
- WERKHAUS-Katalog 10/2012
- Firmenportrait Eco Design (http://www.ecoworld.de/mr/2012/Firmenportraits_einzeln/FP_Werkhaus.pdf)
- Besuch der Werkhaus-Zentrale in Bad Bodenteich (31.5.2012)
- Gespräch mit Frau Eva Danneberg (Gründerin & Geschäftsführerin WERKHAUS Design am 31.5.2012 in Bad Bodenteich)
- Internetseite zum Fami-Siegel: www.fami-siegel.de
- Internetseite zum Preis „Büro und Umwelt", B.A.U.M.: http://www.buero-und-umwelt.de

AURO

- Homepage: www.auro.de
- Best-Practice-Portal: www.csr-mittelstand.de
- Marketing-Materialien & Pressetexte
- Interview von Sonja Schlabach mit Herrn Dr. Fischer (Gründer und Vorstand der AURO AG) http://www.seilnacht.com/Lexikon/Auro3.htm;
- Persönliches Gespräch mit Frau Nadine Schrader (Marketing und Shop AURO AG) am 23.2.2011 in Braunschweig.
- Fischer, H. (1993): Plädoyer für eine sanfte Chemie, Karlsruhe, Braunschweig.
- Verband: www.nabu.de

Literatur

Baumgarth C (2014) Markenpolitik – Markentheorien, Markenwirkungen, Markenführung, Markencontrolling, Markenkontexte. SpringerGabler, Wiesbaden

Baumgarth C, Binckebanck L (2011a) CSR-Markenmanagement in der mittelständischen Bau- und Immobilienwirtschaft. In: Meyer JA (Hrsg) Nachhaltigkeit in kleinen und mittleren Unternehmen. Eul, Lohmar, S 337–366

Baumgarth C, Binckebanck L (2011b) CSR-Markenmanagement: Markenmodell und Best-Pratice-Fälle am Beispiel der Bau- und Immobilienwirtschaft. Working Paper No. 62 des IMB der HWR Berlin, Berlin

Baumgarth C, Binckebanck L (2012) Glaubwürdige CSR-Kommunikation durch eine identitätsbasierte CSR-Markenführung: Forschungsstand und konzeptionelles Modell. uwf – UmweltWirtschaftsForum 19:199–205
Baumgarth C, Binckebanck L, Behrendt C, Bostelmann C (2012) Nachhaltig luxuriös. Markenartikel 74:40–43
Baumgarth C, Evanschitzky H (2009) Erfolgsfaktorenforschung. In: Baumgarth C, Evanschitzky H, Eisend M (Hrsg) Empirische Mastertechniken. Gabler, Wiesbaden, S 235–261
Baumgarth C, Eisend M, Evanschitzky H (2009) Empirische Mastertechniken. In: Baumgarth C, Evanschitzky H, Eisend M (Hrsg) Empirische Mastertechniken. Gabler, Wiesbaden, S 3–26
Birkigt K, Stadler MM (2002) Corporate identity. In: Birkigt K, Stadler MM, Funck HJ (Hrsg) Corporate identity. Verlag Moderne Industrie, München, S 13–23
Bundesagentur für Arbeit (2011) Bericht der Bundesagentur für Arbeit zur Arbeitsmarktsituation schwerbehinderter Menschen. Nürnberg
Camp RC (1989) Benchmarking. ASQC Quality, New York
Carrigan M, Attalla A (2001) The myth of the ethical consumer. J Consum Mark 18:560–577
Chen Y (2009) The drivers of green brand equity. J Bus Ethics 93:307–319
Choi S, Ng A (2011) Environmental and economic dimensions of sustainability and price effects on consumer responses. J Bus Ethics 104:269–282
Dabic M, Mayerhofer W (2009) Corporate Social Responsibility als Instrument der Markenführung. In: Baumgarth C, Kelemci SG, Ceritoglu B (Hrsg) Impulse für die Markenforschung und Markenführung. Gabler, Wiesbaden, S 107–127
de Chernatony L (2010) From brand vision to brand evaluation. Elsevier, Oxford
de Pelsmacker P, Driesen L, Rayp G (2005) Do consumers care about ethics? J Consum Ethics 39:363–385
Devinney TM, Auger P, Eckhardt GM (2010) The myth of the ethical consumer. Cambridge University Press, Cambridge
Eschweiler M, Evanschitzky H, Woisetschläger D (2009) Laborexperiment. In: Baumgarth C, Evanschitzky H, Eisend M (Hrsg) Empirische Mastertechniken. Gabler, Wiesbaden, S 361–388
Europäische Kommission (2002) Europäische Rahmenbedingungen für die soziale Verantwortung der Unternehmen. Brüssel
Foodwatch (2012) Abgespeist: Denn Etiketten lügen wie gedruckt. www.abgespeist.de Zugegriffen: 26. Juni 2012
Gerpott TJ (2009) Ereignisstudie. In: Baumgarth C, Evanschitzky H, Eisend M (Hrsg) Empirische Mastertechniken. Gabler, Wiesbaden, S 203–234
Grothe A, Marke N (2012) Nachhaltiges Wirtschaften – eine besondere Herausforderung für KMU. In: Grothe A (Hrsg) Nachhaltiges Wirtschaften für KMU. Oekom Verlag, München, S 26–35
Hatch MJ, Schultz M (2001) Are the strategic stars aligned for your corporate brand? Harv Bus Rev 79:128–134
Hatch MJ, Schulz M (2008) Taking brand initiative. Jossey-Bass, San Francisco
Icon Added Value (2012) CSR auf dem Prüfstand. Nürnberg
Komus A (2001) Benchmarking als Instrument der Intelligenten Organisation. Deutscher Universitäts-Verlag, Wiesbaden
Kujala J, Penttilä K, Tuominen P (2011) Creating a conceptual model for building responsible brands. Electron J Bus Ethics Organ Stud 16:6–12
McNiff J, Whitehead J (2011) All you need to know about action research. Sage, Thousand Oaks
Meffert H, Burmann C, Koers M (2005) Markenmanagement. Gabler, Wiesbaden
Nasruddin E, Bustami R (2007) The Yin and Yang of CSR ethical branding. Asian Acad Manage J 12:83–100
Nicolai A, Kieser A (2002) Trotz eklatanter Erfolglosigkeit – Die Erfolgsfaktorenforschung weiter auf Erfolgskurs. Die Betriebswirtschaft 62:579–596

Rabbe S, Schulz A (2011) Nachhaltigkeit in kleinen und mittleren Unternehmen – State of the Art. In: Meyer JA (Hrsg) Nachhaltigkeit in kleinen und mittleren Unternehmen. Eul, Lohmar, S 405–425
Rauch C (2012) Corporate sustainable branding. Springer Gabler, Wiesbaden
Schein EH (2004) Organizational culture and leadership. Jossey-Bass, San Francisco
Schögel M, Tomczak T (2009) Fallstudie. In: Baumgarth C, Evanschitzky H, Eisend M (Hrsg) Empirische Mastertechniken. Gabler, Wiesbaden, S 77–105
Serviceplan (2012) Lasst Taten Worte folgen. München
Spendolini MJ (1992) The benchmarking book. Amacom, New York
Vallaster C, Lindgreen A, Maon F (2012) Strategically leveraging social responsibility. Cali Manage Rev 54:1–27
Yin RK (2009) Case study research. Sage, Thousand Oaks

Prof. Dr. Carsten Baumgarth ist seit 2010 als Marketingprofessor an der HWR – School of Economics and Law in Berlin tätig. Darüber hinaus ist er Gründer und Vorsitzender des Beirats von BAUMGARTH & BAUMGARTH - BRANDCONSULTING. Er wurde 1968 in Darmstadt geboren und studierte, promovierte und habilitierte an der Universität Siegen. Von 2006 bis 2010 lehrte und forschte er als Associate-Professor an der Marmara Universität Istanbul (Türkei). Er hat bislang über 200 nationale und internationale Publikationen mit den Schwerpunkten Markenpolitik und Empirische Forschung publiziert. U.a. sind seine Forschungsergebnisse in den Zeitschriften Journal of Business Research, Industrial Marketing Management, European Journal of Marketing, Journal of Marketing Communications, Journal of Business Market Management, Journal of Product and Brand Management, International Journal of Arts Management, Marketing ZFP, Marketing Review St. Gallen und Medienwirtschaft erschienen. Seine Forschungen sind mehrfach international und national mit Best Paper Awards ausgezeichnet worden. Weiterhin ist er Methodenpartner des „Deutschen Nachhaltigkeitspreises“, Jury-Mitglied von „Green Brands“ und des „Ökostrom-Awards“ sowie Gründungsmitglied des „Instituts für Nachhaltigkeit der HWR Berlin“.
Kontakt: cb@cbaumgarth.net

Prof. Dr. Lars Binckebanck ist seit 2009 Professor für Marketing & International Management an der privaten Fachhochschule NORDAKADEMIE in Hamburg/Elmshorn. Zuvor studierte er in Lüneburg, Kiel und Preston Betriebswirtschaftslehre und promovierte an der Universität St. Gallen. Ab 1997 war Prof. Binckebanck als Unternehmensberater sowie Vertriebstrainer aktiv und arbeitete zuletzt als Geschäftsführer Verkauf & Marketing bei einem führenden Bauträger in München. Seine wissenschaftlichen Schwerpunkte liegen in der B-to-B-Markenführung, im Vertriebsmanagement und im Immobilienmarketing.
Kontakt: lars.binckebanck@nordakademie.de

Unternehmenskommunikation zur Förderung des nachhaltigen Konsums

Vera Fricke und Ulf Schrader

Inhaltsverzeichnis

V. Fricke (✉)
Arbeitslehre/Ökonomie und Nachhaltiger Konsum, TU Berlin, IBBA,
Sekr. MAR 1-1, Marchstr. 23, 10587 Berlin, Deutschland
E-Mail: vera.fricke@tu-berlin.de

U. Schrader
Arbeitslehre/Ökonomie und Nachhaltiger Konsum, TU Berlin, IBBA,
Sekr. MAR 1-1, Marchstr. 23, 10587 Berlin, Deutschland
E-Mail: schrader@tu-berlin.de

H. Meffert et al. (Hrsg.), *Sustainable Marketing Management*,
DOI 10.1007/978-3-658-02437-6_11

Zusammenfassung

Unternehmenskommunikation zur Förderung des nachhaltigen Konsums ist ein innovativer Ansatz im Rahmen eines Sustainable Marketing Management. Dabei kommunizieren Unternehmen neben dem sozial-ökologischen Mehrwert von Produkten und Prozessen sowie dem gesellschaftlichen Unternehmensengagement auch die Verantwortung von Konsumenten (Consumer's Social Responsibility – CnSR) für einen nachhaltigen Konsum. Die sogenannte CnSR-Kommunikation gibt nachhaltige Handlungstipps und fördert eine Bedarfsreflexion der Konsumenten hinsichtlich ökologischer und sozialer Aspekte. Im Marketing ist CnSR-Kommunikation an der Schnittstelle zwischen Social Marketing und Nachhaltigkeitsmarketing verankert. Noch befindet sich CnSR-Kommunikation in der Anfangsphase. Eine erste empirische und konzeptionelle Analyse dieses neuen Instruments zeigt die Chancen und Risiken, die mit ihm sowohl für Unternehmen als auch für einen nachhaltigen Konsum verbunden sind.

1 Einleitung

Unternehmenskommunikation trägt dazu bei, dass das Nachhaltigkeitsengagement von Unternehmen nach außen sichtbar wird (Du et al. 2010). Konsumenten erhalten so die Möglichkeit, die eigenen Konsumentscheidungen anhand der gegebenen Nachhaltigkeitsinformationen in Richtung eines nachhaltigeren Konsums auszurichten. Dabei wird im Rahmen von gesellschaftlicher Unternehmensverantwortung (**Corporate Social Responsibility** – CSR), neben dem ökologischen und sozialen Mehrwert von Produkten und Prozessen auch das weitere unternehmerische gesellschaftliche Engagement kommuniziert. In jüngerer Zeit finden sich zudem Beispiele für CSR-Kommunikation, die ergänzend auch die Verantwortung der Konsumenten (**Consumer's Social Responsibility** – CnSR) für einen nachhaltigeren Konsum thematisiert. Diese sogenannte CnSR-Kommunikation (Fricke und Schrader 2011), die explizit Konsumenten mit ihrer individuellen gesellschaftlichen Verantwortung anspricht, steht im Mittelpunkt des vorliegenden Beitrags.

Es wird zunächst beleuchtet, welche unterschiedlichen Kommunikationswege bestehen, um Konsumenten für einen nachhaltigen Konsum zu sensibilisieren. Daran anschließend steht die Kommunikation durch Unternehmen im Mittelpunkt. Der besondere Fokus liegt auf CnSR-Kommunikation, in der die individuelle Verantwortung von Konsumenten für einen nachhaltigen Konsum adressiert wird. Es wird aufgezeigt, wie CnSR-Kommunikation innerhalb des Marketing konzeptionell verortet werden kann und wie dieses Kommunikationsinstrument in der Marketingpraxis in Deutschland verbreitet ist. Abschließend werden mögliche Chancen und Risiken der CnSR-Kommunikation für Unternehmen und für den nachhaltigen Konsum analysiert und Handlungsempfehlungen abgeleitet.

2 Kommunikation für nachhaltigen Konsum

In Anlehnung an das Leitbild der nachhaltigen Entwicklung, das maßgeblich durch die Brundtland-Kommission (WCED 1987) definiert wurde, kann man dann von **nachhaltigem Konsum** sprechen, „wenn er zur Bedürfnisbefriedigung der heute lebenden Menschen beiträgt, ohne die Bedürfnisbefriedigungsmöglichkeiten zukünftiger Generationen zu gefährden" (Hansen und Schrader 2001). Ziel ist es, dass Konsumenten ihre Entscheidungen am Dreiklang der ökologischen, ökonomischen und sozialen Dimension von Nachhaltigkeit ausrichten.

Dabei stellt Nachhaltigkeit in der Regel eine Vertrauenseigenschaft dar (Schrader und Diehl 2010), die als solche für Konsumenten weder durch Inspektion vor dem Kauf noch durch eigene Konsumerfahrung direkt zu beurteilen ist. Der soziale und ökologische Mehrwert von Produkten, Dienstleistungen und Unternehmensprozessen wird erst durch Kommunikation darüber für Konsumenten erkennbar. Die Kommunikation über mögliche ökologische und soziale Aspekte des Konsums und unternehmerischer Aktivitäten ist also entscheidend dafür, wie Konsumenten für einen nachhaltigen Konsum sensibilisiert werden und welche Handlungsoptionen sie sehen.Verschiedene Akteure nutzen dabei unterschiedliche Kommunikationswege (siehe Abb 1). Diese werden im Folgenden erläutert, um daraus die spezifische Bedeutung der Unternehmenskommunikation für den nachhaltigen Konsum abzuleiten.

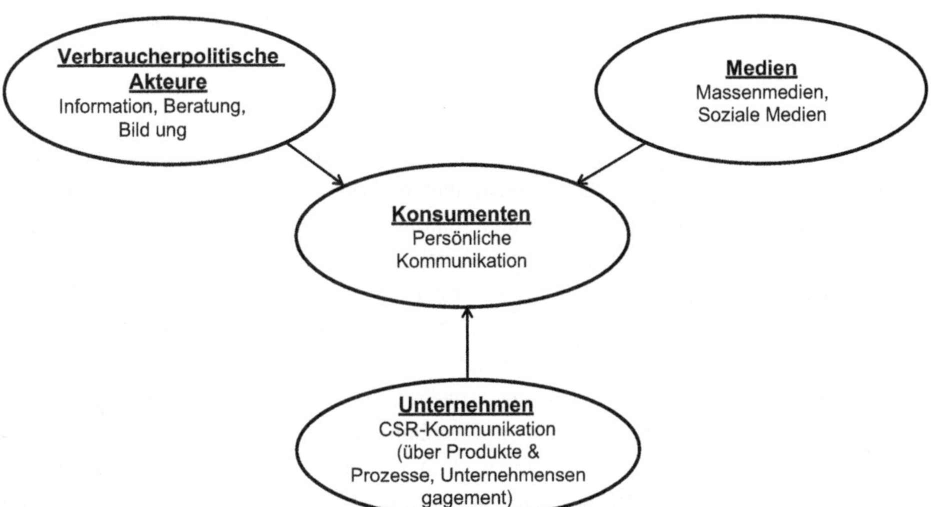

Abb. 1 Akteure und deren Kommunikationswege für nachhaltigen Konsum

2.1 Kommunikation für nachhaltigen Konsum durch Konsumenten und Medien

Konsumenten untereinander können im Rahmen der persönlichen Kommunikation mit hoher Glaubwürdigkeit über Fragen des nachhaltigen Konsums sprechen, eigene Erfahrungen weitergeben und sich für das Thema sensibilisieren. Soziale und ökologische Leistungen von Unternehmen können sie jedoch selbst in der Regel nicht beurteilen. Sie sind hier auf Informationen von anderen Akteuren angewiesen. Allerdings besteht die Möglichkeit, dass besonders aktive Konsumenten die erhaltenen Informationen weitergeben und diese auch bewerten.

Diese Kommunikation durch Word-of-Mouth hat in den letzten Jahren mit der Verbreitung des Internet massiv an Bedeutung gewonnen (Rezabakhsh et al. 2006; Yubo und Jinhong 2008). Inzwischen nutzen Konsumenten zur Weitergabe von Informationen und Meinungen verstärkt **Soziale Medien** (Kaplan und Haenlein 2010), mit Hilfe derer sie eigene Inhalte (User Generated Content) gemeinschaftlich entwickeln und verbreiten können. Dadurch können ihre Äußerungen – anders als bei der persönlichen Kommunikation – von einer Vielzahl von Konsumenten empfangen werden.

Möglichkeiten zur Kommunikation über nachhaltigen Konsum und Konsumangebote von Unternehmen bieten grundsätzlich alle Sozialen Medien, die beispielsweise soziale Netzwerke, Blogs und Online-Bewertungsplattformen einschließen. Diese Medien ermöglichen es, dass Alltagskommunikation im virtuellen, öffentlichen Raum stattfindet. Bei den Blogs, die zum Teil auch Elemente sozialer Netzwerke beinhalten, gibt es mit Utopia.de oder KarmaKonsum.de inzwischen solche, die sich auf das Thema nachhaltiger Konsum spezialisiert haben und in denen Gleichgesinnte Meinungen und Erfahrungen untereinander austauschen können. Blogs für nachhaltigen Konsum stellen eine mediale Ergänzung zur diesbezüglich lückenhaften Berichterstattung der Massenmedien dar (Schulz 2009). Zudem kann eine hohe Akzeptanz von Blogs dazu führen, dass Massenmedien auf diese aufmerksam werden und ihrerseits deren Inhalte aufgreifen. Auf Online-Bewertungsplattformen können Konsumenten Produkte und Unternehmen weiterempfehlen oder entsprechen Warnungen aussprechen. Online-Bewertungen bieten eine hohe Authentizität und Akzeptanz, da betroffene Konsumenten persönlich mit anderen kommunizieren (Hennig-Thurau et al. 2004; Yubo und Jinhong 2008). Allerdings spielen bisher auf klassischen Online-Bewertungsplattformen Nachhaltigkeitsaspekte im Allgemeinen und nachhaltiger Konsum im Speziellen nur eine relativ geringe Rolle.

Soziale Medien ergänzen die klassischen **Massenmedien**, denen grundsätzlich ein relevanter Einfluss auf die Verhaltensweisen ihrer Rezipienten zugeschrieben wird (Lukesch 2008). Medien haben die Möglichkeit, auch (nachhaltiges) Konsumverhalten mitzuprägen (Schulz 2003), allerdings stellt das Thema Nachhaltigkeit für sie eine besondere Herausforderung dar (Bonfadelli 2007). Als Querschnittsthema lässt es sich nur schwer in den klassischen journalistischen Ressorts verankern und auch nachhaltiger Konsum ist noch ein sehr breites Thema. Mediale Aufhänger können hier verbraucherpolitische Belange sein oder der Bezug auf Bedarfsfelder wie Energie, Ernährung oder Mobilität, in denen Konsumhandlungen stattfinden.

Problematisch für die Platzierung von Nachhaltigkeitsthemen in Massenmedien ist der Mangel an Aufmerksamkeit fördernden Nachrichtenfaktoren (Kepplinger und Bastian 2000). Kriterien wie Aktualität, räumliche Nähe zum Thema, Status der kommunizierten Person oder Organisation und der Überraschungseffekt eines Themas sind vielfach wenig ausgeprägt. So sind beispielsweise die Folgen des Konsumentenverhaltens für den Klimawandel oft erst langfristig und an anderen Orten sichtbar. Wenn aber die Auswirkungen nicht direkt greifbar sind und daher kaum Aktualität enthalten, sinkt der Nachrichtenwert und die Attraktivität für Massenmedien darüber zu berichten, insbesondere wenn die Thematik nicht von Prominenten kommuniziert wird und sich bereits seit längerem in der öffentlichen Diskussion befindet.

Im Zuge der Ökonomisierung der Medien kommt hinzu, dass oft ein möglichst breites Publikum angesprochen werden soll, was eine Emotionalisierung und Skandalisierung von Themen begünstigt, eine informative Auseinandersetzung hingegen hemmt (Bonfadelli 2007). Folglich wird oft eher über Probleme gesprochen, im Bereich nachhaltiger Konsum etwa über Lebensmittelskandale bei Bio-Produkten (Thøgersen 2006). Eine differenzierte Auseinandersetzung mit den Handlungsmöglichkeiten und der Verantwortung der Konsumenten findet hingegen selten statt.

2.2 Kommunikation für nachhaltigen Konsum durch verbraucherpolitische Akteure

Verbraucherpolitische Akteure umfassen staatliche und nicht-staatliche Institutionen, die primär (ausschließlich) oder sekundär (nebenbei) Verbraucherpolitik betreiben. Dazu gehören z. B. das Bundesministerium für Ernährung, Landwirtschaft und Verbraucherschutz (BMELV), staatlich geförderte Verbraucherorganisationen (z. B. Verbraucherzentrale Bundesverband (vzbv), Verbraucherzentralen der Länder, Stiftung Warentest), Selbstorganisationen der Verbraucher (z. B. Food Watch, Verbraucher Initiative) aber auch das Umweltbundesamt und Umweltverbände, die sich mit Verbraucherthemen auseinandersetzen. Zur Kommunikation mit den Konsumenten setzen diese Institutionen die Instrumente Verbraucherinformation (zur Massenkommunikation), Verbraucherberatung (zur Individualkommunikation) und Verbraucherbildung (als langfristig wirksames Instrument) ein (z. B. Hansen 2007).

Die verbraucherpolitischen Akteure nehmen derzeit eine Schlüsselstellung in der Kommunikation für nachhaltigen Konsum ein (Schoeneborn 2009). Dabei bekleiden sie eine Doppelrolle: Einerseits fördern sie als Interessenvertretung der Konsumenten deren Möglichkeiten zur adäquaten Bedarfsbefriedigung am Markt, andererseits unterstützen und fordern sie teilweise auch eine Reflexion der Konsumentenrolle.

Als Interessenvertretung beteiligen sie sich an der Verbesserung der Transparenz über soziale und ökologische Aspekte angebotener Leistungen, damit eine vorhandene Nachfrage nach nachhaltigeren Leistungen besser befriedigt werden kann. Beispiele sind hier etwa die Etablierung von Öko-Labeln (z. B. Bio-Siegel des BMELV) und CSR-Tests (durch die Stiftung Warentest) oder diverse Untersuchungen und Verbraucherbroschüren, in denen beispielsweise besonders umweltfreundliche Produkte und Verhaltensweisen beschrieben werden. In diesem Zusammenhang analysieren die verbraucherpolitischen Akteure auch, inwiefern die CSR-Kommunikation von Unternehmen der Realität entspricht und nehmen damit eine Art Watch-Dog-Funktion wahr.

Auch gegenüber einem nicht-nachhaltigen Konsumentenverhalten nehmen manche verbraucherpolitische Organisationen eine kritische Haltung ein und regen zur Bedarfsreflexion an, indem sie Konsumenten motivieren, sich als verantwortliche Konsumentenbürger (Consumer Citizen) zu verhalten (Hansen 2007). Das Konzept des **Konsumentenbürgers** (CCN 2005) basiert auf der Überlegung, dass Konsumenten mit bewussten Kaufentscheidungen stärker zum Leitbild der Nachhaltigkeit beziehungsweise zu Umweltschutz und sozialer Gerechtigkeit beitragen könnten, die sie als Bürger ganz überwiegend befürworten (z. B. Eurobarometer 2011). Zu diesen Entscheidungen gehört auch der bewusste Nicht-Kauf von Leistungen oder die verringerte Nutzung umweltschädigender Produkte (Schrader 2007).

Eine solche Bedarfsreflexion, die in einem Kaufverzicht oder einer Nutzungsreduktion mündet, folgt der sogenannten **Suffizienzstrategie**. Die Berücksichtigung dieser auf Genügsamkeit ausgerichteten Strategie basiert auf der Überzeugung, dass allein mit der **Effizienzstrategie** (z. B. Anschaffung von energieeffizienten Elektrogeräte oder Fahrzeugen mit relativ geringem Kraftstoffverbrauch) und der **Konsistenzstrategie** (z. B. Einsatz regenerativer Energiequellen statt Verbrennung von Kohle und Öl) ein wirklich nachhaltiger Konsum nicht zu realisieren ist (z. B. Wuppertal Institut 2009). Dabei ist zu beachten, dass ein verringertes materielles Konsumniveau keinesfalls mit verringerter Bedürfnisbefriedigung oder geringerem individuellen Glücksempfinden einhergehen muss (z. B. Jackson 2009).

Bei ihrer Kommunikation für einen nachhaltigen Konsum profitieren verbraucherpolitische Akteure von einer vielfach hohen **Glaubwürdigkeit**. So fand in einer repräsentativen Umfrage für den vzbv die Aussage „die Verbraucherzentrale ist glaubwürdig" bei 65 % „deutliche Zustimmung" (imug 2008) und eine Forsa-Umfrage ermittelte, dass 74 % der Deutschen hohes oder sehr hohes Vertrauen in die Stiftung Warentest haben, während der gleiche Wert in Bezug auf „Wirtschaftsunternehmen" nur bei 13 % liegt (Forsa 2007). Dieses Vertrauen gilt auch für staatliche verbraucherpolitische Akteure. So wurde dem staatlichen Bio-Siegel in einer Untersuchung von Langer et al. (2008) bei Studierenden der Wirtschaftswissenschaften (als Beispiel für Mainstream-Konsumenten) ein größeres Vertrauen entgegengebracht als den privaten aber eigentlich anspruchsvolleren Siegeln der ökologischen Anbauverbände Bioland und Demeter.

Ein großes Problem für verbraucherpolitische Akteure ist jedoch die **mangelnde Verfügbarkeit** relevanter Informationen (Schoeneborn 2009). So ist es für sie extrem aufwendig, die sozialen und ökologischen Aspekte des Verhaltens von Unternehmen valide zu erfassen und zu bewerten. Entsprechend finden beispielsweise die CSR-Tests der Stiftung Warentest, die ausgewählte Produkttests ergänzen, nur ungefähr drei Mal im Jahr statt, obwohl jeden Monat ein neues Test-Heft mit etwa zehn neuen Produkttests erscheint. Bei größeren **finanziellen Ressourcen** könnte die Kommunikation von verbraucherpolitischen

Akteuren über CSR und nachhaltigen Konsum quantitativ und qualitativ noch deutlich besser werden. Derzeit verfügen die wichtigsten Verbraucherorganisationen (Stiftung Warentest, die Verbraucherzentralen der Länder und der vzbv) zusammen über ein Gesamtbudget von ungefähr 125 Mio. € (Becker 2009). Das BMELV, auf dessen Budget knapp 2 % des Bundeshaushalts entfallen, verwendet davon knapp 3 %, also 149 Mio. €, für die Verbraucherpolitik (einschließlich der Ausgaben für die Bundesämter für Verbraucherschutz und Risikobewertung) (BMELV 2011). Damit ist das Kommunikationsbudget verbraucherpolitischer Akteure um ein vielfaches kleiner als das der Unternehmen, die in Deutschland jährlich ungefähr 30 Mrd. € allein für Werbung ausgeben (ohne Sponsoring, PR etc.) (ZAW 2012). Die Konsequenz ist unter anderem eine Informationsasymmetrie zwischen Angebots- und Nachfrageseite, bei der viele Nachhaltigkeitsinformationen nur auf der Unternehmensseite verfügbar sind und nur von diesen kommuniziert werden können.

2.3 Kommunikation für nachhaltigen Konsum durch Unternehmen

Um Konsumenten für unternehmerische Nachhaltigkeits- beziehungsweise CSR-Aktivitäten zu sensibilisieren, kommunizieren Unternehmen über ihr jeweiliges Engagement im Rahmen der sogenannten **CSR-Kommunikation**. Der sozial-ökologische Mehrwert der Unternehmensleistungen wird – wie oben dargestellt – erst durch Kommunikation nach außen sichtbar. CSR-Kommunikation wird somit zum Schlüsselfaktor, um die unternehmerischen Nachhaltigkeitsaktivitäten erkennbar und wirksam werden zu lassen.

Da CSR mittlerweile verstärkt auch als Möglichkeit zur Gewinnerzielung betrachtet wird (Du et al. 2010), erfährt auch die CSR-Kommunikation eine wachsende Bedeutung. Seit Beginn der 1990er Jahre hat sich der Anteil von „grüner" Werbung an der Gesamtwerbung von etwa 10 % auf 20 % verdoppelt (Schmidt und Donsbach 2012). Ebenso ermitteln Schmidt und Donsbach (2012), dass trotz Zeiten der wirtschaftlichen Rezession, ein Zuwachs an „grünen" Anzeigen zu verzeichnen ist. Sie begründen dies damit, dass Werbetreibende in Zeiten der wirtschaftlichen Krise Konsumenten auf andere Aspekte als die wirtschaftlichen Vorzüge hinweisen würden.

Thematisch stellen Unternehmen den sozial-ökologischen Mehrwert von Prozessen, Produkten oder Dienstleistungen aber auch allgemeines gesellschaftliches Unternehmensengagement in den Vordergrund (Schrader et al. 2008). Konsumenten können auf Basis dieser Informationen ihre Konsumhandlungen ausrichten und somit einen nachhaltigeren Konsum praktizieren. Vorrangig beziehen sich die gegebenen CSR-Informationen auf die Kaufphase und die Entscheidung von Konsumenten für ein nachhaltigeres Produkt oder eine nachhaltigere Dienstleistung.

Da die Kaufentscheidung von Konsumenten über CSR-Kommunikation stimuliert wird, findet ein CSR-Push von Seiten des Unternehmens in Richtung der Konsumenten statt. Dieser ermöglicht es in Verbindung mit einem breiteren Angebot an nachhaltigeren Leistungen, dass nachhaltigerer Konsum attraktiver werden kann. Gleichzeitig entwickelt sich durch eine verstärkte Nachfrage möglichst nachhaltig konsumierender Verbraucher ein Nachhaltigkeits-Pull, der wiederum die CSR-Aktivitäten und diesbezügliche Kommunikation der Unternehmen stärken kann. Eine positive Rückkopplung zwischen nachhaltigerem Angebot und Nachfrage kann somit ermöglicht werden (Fricke und Schrader 2009).

CSR-Kommunikation ist jedoch mit der Herausforderung konfrontiert, dass Konsumenten die Kommunikation von Unternehmen nicht für so glaubwürdig halten wie die von anderen Konsumenten, von unabhängigen Medien oder von verbraucherpolitischen Akteuren. Die wahrgenommene Glaubwürdigkeit ist allerdings für Unternehmen eine der wichtigsten Determinanten, ob Konsumenten sie durch ihre Konsumhandlung honorieren oder nicht (Du et al. 2010). Dabei steht zum einen die Glaubwürdigkeit des Unternehmens als Sender der Kommunikation im Vordergrund. Zum anderen ist die Glaubwürdigkeit der kommunizierten Inhalte zu berücksichtigen, in Bezug auf die gewählten Themen, die darin behandelten Fakten und deren Richtigkeit (Kohring und Mattes 2004; Meier und Reimer 2011). Ist die CSR-Kommunikation unglaubwürdig, wird sie auch als „Greenwashing" bezeichnet (z. B. Fricke und Schrader 2009). Sie wird dann als „reine Kosmetik" oder „bloße PR" des Unternehmens wahrgenommen, die Skepsis bei Konsumenten auslöst und Vertrauensverlust hervorrufen kann (Vogel 2005). Dies ist insbesondere dann der Fall, wenn CSR-Kommunikation vorrangig geringfügige oder nur vermeintliche sozial-ökologische Vorzüge der eigenen Leistung hervorhebt, um zusätzliche Konsumnachfrage zu stimulieren.

Eine neue Perspektive auf CSR, die Unternehmensverantwortung im Rahmen einer geteilten gesellschaftlichen Verantwortung betrachtet und ebenso die Verantwortung von Konsumenten anspricht, thematisiert ein erweitertes Verständnis für nachhaltigen Konsum und eröffnet so neue Handlungsspielräume. Das folgende Kapitel stellt diese Art der CSR-Kommunikation für Konsumentenverantwortung in den Mittelpunkt.

3 CnSR-Kommunikation als Unternehmenskommunikation für Konsumentenverantwortung

Innerhalb der allgemeinen CSR-Kommunikation lässt sich ein neuer Bereich identifizieren, der ergänzend zu Nachhaltigkeitsaspekten von Produkten, Prozessen und Unternehmensengagement die Verantwortung von Verbrauchern als Konsumentenbürger thematisiert, die sogenannte Consumer's Social Repsonsibility (CnSR) (Fricke und Schrader 2011). **CnSR-Kommunikation** ist eine spezifische Form von CSR-Kommunikation, die gesellschaftliche Verantwortung von Konsumenten im Rahmen unternehmerischer Verbraucherinformation und -beratung adressiert und eine Reflexion des Kauf-, Nutzungs- und Entsorgungsverhalten stimuliert unter Berücksichtigung ökologischer und sozialer Aspekte (siehe Abb. 2). Dadurch werden neue Handlungsspielräume für nachhaltigen Konsum kreiert, die es Konsumenten ermöglichen, auch jenseits der Kaufentscheidung für nachhaltigere Produkte und Dienstleistungen gesellschaftliche Verantwortung zu übernehmen.

Beispiele für CnSR-Kommunikation liefern Energieversorgungsunternehmen, die Energiespartipps geben, wie man im Haushalt den eigenen Stromverbrauch senken kann. Im Bereich Mobilität beraten Automobilkonzerne im Rahmen von Spritspar-Fahrkursen, wie Konsumenten weniger Benzin verbrauchen können. Im Lebensmittelbereich weist Alnatura

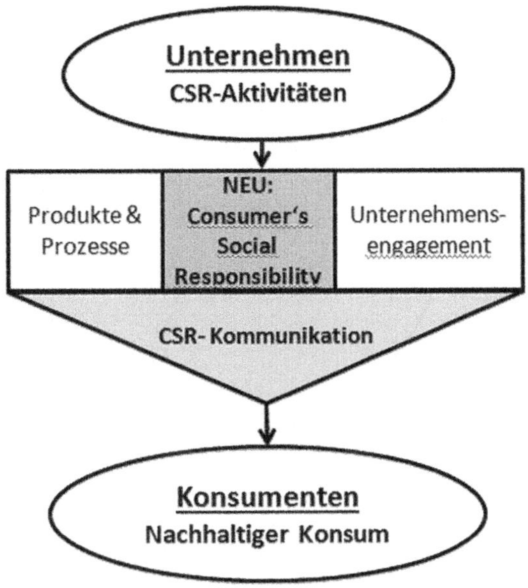

Abb. 2 Neuer Fokus innerhalb von CSR-Kommunikation

als Betreiber von Bio-Supermärkten auf gesellschaftliche Folgeschäden durch intensiven Fleischkonsum hin (Alnatura 2012). Und im Bekleidungsbereich regt das Outdoor-Unternehmen Patagonia seine Kunden mit dem Slogan „Don't buy this jacket" zur Bedarfsreflexion an und dadurch gegebenenfalls zum Verzicht auf die eigenen Produkte (Böcking 2012).

Um Unternehmenskommunikation als CnSR-Kommunikation zu klassifizieren ist es zunächst unerheblich, ob Unternehmen Konsumentenverantwortung primär aus Gewinnerzielungsinteresse oder im Rahmen darüber hinausgehender Unternehmensverantwortung adressieren. In der Vergangenheit hat sich allerdings gezeigt, dass die Qualität, die Glaubwürdigkeit und damit auch die ökonomische Wirksamkeit von CSR vielfach davon abhängen, dass die Maßnahmen auch ethisch und nicht allein ökonomisch motiviert sind (z. B. Wieland 2004; Hansen und Schrader 2005). Damit CnSR-Kommunikation von Konsumenten als glaubwürdig und legitim wahrgenommen wird, sollte es nicht um Verantwortungsverschiebung von Unternehmen zu Konsumenten gehen, sondern um komplementäre und geteilte Verantwortung, die durch das Zusammenspiel aller gesellschaftlichen Akteure entsteht (z. B. Bilharz et al. 2011; Heidbrink und Schmidt 2011; Belz und Reisch 2007).

4 CnSR-Kommunikation als Marketinginstrument

Für das Marketing stellt CnSR-Kommunikation ein neues Kommunikationsinstrument dar. Es wird ein Themenfeld angesprochen wird, das jenseits des direkten Handlungsradius von Unternehmen liegt. Mit CnSR-Kommunikation werden gesellschaftliche Belange thematisiert, die auf den ersten Blick nicht unbedingt mit den Primärinteressen der Unternehmung vereinbar sind.

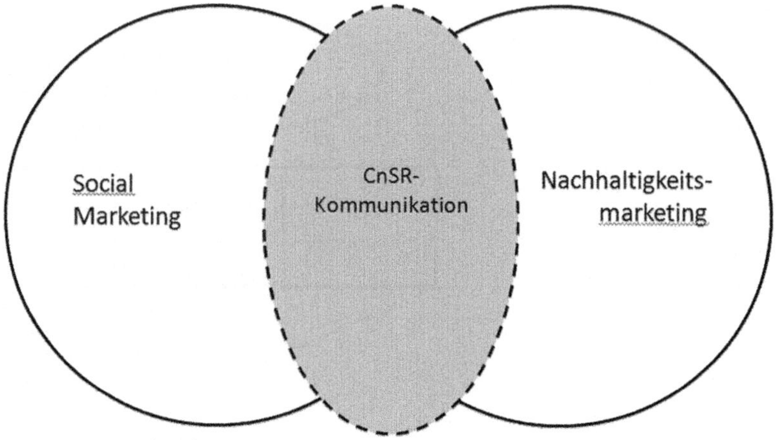

Abb. 3 CnSR-Kommunikation im Marketing

Konzeptionell lässt sich CnSR-Kommunikation zum einen im Kontext von **Social Marketing** verankern, zum anderen im Bereich des **Nachhaltigkeitsmarketing** (siehe Abb. 3) (Fricke und Schrader 2011).

CnSR-Kommunikation regt Konsumenten an, den eigenen Bedarf und das Konsumverhalten zu reflektieren, diese im Hinblick auf ökologische und soziale Belange zu überprüfen und eventuell zu ändern. Es handelt sich also um den Einsatz eines Marketinginstruments für gesellschaftliche Ziele. Damit ähnelt CnSR-Kommunikation Social Marketing Aktivitäten von verbraucherpolitischen Akteuren, die wie beschrieben, Konsumenten für die möglichen negativen Auswirkungen von Konsumhandlungen sensibilisieren. Während es das Ziel von Social Marketing ist, einen gesellschaftlichen Mehrwert zu schaffen (Kotler et al. 2002), muss CnSR-Kommunikation nicht zwangsläufig dieses normativ-ethische Motiv haben, sondern kann auch ökonomisch begründet sein. CnSR-Kommunikation kann daher erst dann als Social Marketing von Unternehmen verstanden werden, wenn die Intention zu Grunde liegt, nachhaltigen Konsum explizit zu fördern. Dennoch kann CnSR-Kommunikation gegebenenfalls auch mit rein ökonomischen Motiven Konsumenten zur Reflexion der eigenen Konsumhandlungen in Richtung eines nachhaltigen Konsums bewegen.

Damit ähnelt CnSR-Kommunikation auch Ansätzen des Nachhaltigkeitsmarketing (z. B. Belz und Peattie 2009). Nachhaltigkeitsmarketing versucht, Unternehmensziele mit einer verträglichen sozialen und ökologischen Leistung zu verknüpfen. Dabei wird ebenfalls die Nutzungsphase von Konsumenten in die Betrachtung eingeschlossen. Allerdings werden bislang im Nachhaltigkeitsmarketing kaum Kommunikationsaktivitäten thematisiert, die auch eine Bedarfsreflexion einschließen und über das Kaufverhalten hinausgehen. CnSR-Kommunikation erweitert damit das Nachhaltigkeitsmarketing um einen umfassenden Blick auf das Konsumentenverhalten.

CnSR-Kommunikation verknüpft also Aspekte des Social Marketing sowie des Nachhaltigkeitsmarketing und geht teilweise darüber hinaus. Durch CnSR-Kommunikation erhalten Konsumenten Informationen und Beratung, um das eigene Kauf-, Nutzungs- und Entsorgungsverhalten nachhaltiger zu gestalten.

CnSR-Kommunikation kann konzeptionell als **zweiseitige Werbebotschaft** verstanden werden, die neben positiven auch negative Informationen vermittelt. Zweiseitige Webebotschaften können dabei auf Konsumenten besonders glaubwürdig wirken (z. B. Eisend 2008; Allen 1991). Eisend (2008, S. 314) stellt fest, dass „die Glaubwürdigkeit steigt, wenn die negativen Attribute Erfahrungs- oder Vertrauenseigenschaften besitzen und wenn die negative Information freiwillig genannt wird." Versteht man Inhalte von CnSR-Kommunikation wie beispielsweise die Folgen von übermäßigem Fleischverzehr oder CO_2-Ausstoß als negative Information, ist davon auszugehen, dass die Nutzung von CnSR-Kommunikation glaubwürdigkeitssteigernd für das Unternehmen wirkt. Gleiches kann auch für die Behandlung von Suffizienzthemen angenommen werden: Anders als bei Effizienz- und Konsistenzaspekten geht es bei der Suffizienz nicht um die Kommunikation von Konsumoptionen, die für Konsumenten ausschließlich positiv sondern, sondern – im Sinne einer zweiseitigen Botschaft – um Genügsamkeit im Hinblick auf problematische Konsumoptionen zur Erreichung positiver Ziele.

5 CnSR-Kommunikation in der Praxis

5.1 Untersuchungsansatz

Um einen Eindruck davon zu erhalten, wie in der Marketingpraxis in Deutschland derzeit CnSR-Kommunikation betrieben wird, wurde im Frühjahr 2012 eine erste Bestandsaufnahme für die im nachhaltigen Konsum relevanten Bedarfsfelder Energie, Mobilität und Ernährung durchgeführt.[1]

Auf Basis einer strukturierenden qualitativen Inhaltsanalyse (Mayring 2010) und deduktiv gebildeter Kategorien wurde untersucht, in welchem Ausmaß und in welcher Form CnSR-Kommunikation bei Unternehmen in den drei Bedarfsfeldern vorhanden ist. Untersuchungsgegenstand war der jeweilige **Internetauftritt** des Unternehmens und die darin kommunizierten CnSR-Inhalte. Auf folgenden Kategorien basiert die Analyse:

- Verwendetes **verbraucherpolitisches Instrument**: Gemäß der oben genannten Definition von CnSR-Kommunikation unterscheiden wir hier zwischen Verbraucherinformation als Massenkommunikation und individueller Verbraucherberatung.
- **Themenbereich** der Hinweise: Hier ist insbesondere interessant, ob nur Inhalte kommuniziert werden, die in direktem Zusammenhang mit dem Kerngeschäft der analysierten Unternehmen stehen oder aus Konsumthemen aus anderen Bedarfsfeldern.

[1] Die empirische Untersuchung wurde im Rahmen des vom Bundesministerium für Ernährung, Landwirtschaft und Verbraucherschutz (BMELV) geförderten Projektes „CSR-Kommunikation als Verbraucherinformation für Konsumentenverantwortung" durchgeführt (Laufzeit 2011–2012).

- **Relevanz** für nachhaltigen Konsum: Wir unterscheiden dabei mit Bilharz (2008) zwischen ökologisch wenig relevanten „Peanuts“ und „Key Points“, die für nachhaltiges Konsumverhalten von besonderer Bedeutung sind.
- **Nachhaltigkeitsstrategien**: An dieser Stelle wird die oben genannte Unterscheidung zwischen Effizienz-, Konsistenz- und Suffizienzstrategie wieder aufgegriffen.
- **Kooperationspartner**: Dabei wird betrachtet, ob Unternehmen CnSR-Kommunikation allein oder in Kooperation mit verbraucherpolitischen Akteuren betreiben.

5.2 Untersuchte Unternehmen

Für die Bestandsaufnahme wurden einerseits marktführende Unternehmen im Massenmarkt berücksichtigt sowie andererseits „grüne Vorreiter“ innerhalb der genannten Bedarfsfelder.

Die Analyse in der Energiebranche bezog sich auf die Unternehmen RWE, EON, Vattenfall und EnBW, die einen Anteil von ungefähr 80 % am Energiemarkt haben (Statista 2012; Bundeskartellamt 2011). Als „grüner Vorreiter“ wurde der Nischenmarkt für erneuerbare Energien betrachtet. Hier wurden die dominierenden Unternehmen Elektrizitätswerke Schönau, Naturstrom, Lichtblick und Greenpeace Energy (NaturFreunde Deutschlands e. V. 2012) berücksichtigt.

Innerhalb des Bereichs Mobilität haben wir die Automobilbranche in Deutschland betrachtet, da hier große Einsparpotenziale durch nachhaltigeres Mobilitätsverhalten möglich sind. Die Internetseiten von BMW, Mercedes, Opel und Volkswagen wurden untersucht, da auf diese Automarken ca. 47 % der gesamten Neuzulassungen von Personenwagen in Deutschland entfällt (VDA 2012). Darüber hinaus wurde als „grüner Vorreiter“ das Unternehmen Toyota ausgewählt, da es auf Basis der VCD Auto-Umweltliste im Bereich der „umweltfreundlicheren“ Autos seit einigen Jahren auf Platz eins liegt. Ergänzend zu Toyota wurde die Deutsche Bahn als Anbieter kollektiver Mobilität gewählt, die ebenfalls Individualmobilität durch ihr Car-Sharing-Angebot anbietet.

Im Bereich Ernährung lag der Fokus auf dem Lebensmitteleinzelhandel. Für den Massenmarkt wurden die Internetauftritte der Unternehmen Edeka-Gruppe, Rewe-Gruppe, Metro-Gruppe, Schwarz-Gruppe, Aldi-Gruppe betrachtet, da sie für über 72 % des Gesamtumsatzes der Branche verantwortlich sind (TradeDimensions 2011). Für den Bereich der „grünen Vorreiter“ wurden die führenden Unternehmen Denree, Alnatura und Tegut betrachtet (TradeDimensions 2011).

5.3 Ergebnisse in den verschiedenen Bedarfsfelder

Die Untersuchung zeigt, dass im Bereich **Energie** CnSR-Kommunikation bei allen berücksichtigten Unternehmen sowohl im Massenmarkt als auch von „grünen Vorreitern“ auf den Internetseiten vorhanden ist (siehe Tab. 1). Dabei geben Unternehmen im Massen-

Tab. 1 CnSR-Kommunikation in den Bedarfsfeldern Energie, Mobilität, Ernährung

		Energie	Mobilität	Ernährung
Massenmarkt	Instrument	Verbraucher-information und -beratung	Verbraucher-information und -beratung	Verbraucher-information
	Vorrangige Themenbereiche	Energiesparen	Spritsparendes Autofahren	Energiesparen, Einkaufen
	Relevanz für nachhaltigen Konsum	Vorrangig „Peanuts" (z. B. Stand-By ausstellen) Vereinzelt „Key Points" (z. B. erneuerbare Energien – private Photovoltaik-anlagen)	Vorrangig „Peanuts" (z. B. Reifendruck prüfen, unnötigen Ballast vermei-den, Klimaanlage reduzieren)	Vorrangig „Peanuts" (z. B. Energiespartipps, Aspekte umwelt-freundlichen Einkaufens)
	Nachhaltigkeits-strategie	Vorrangig Effizienz	Vorrangig Effizienz	Vorrangig Effizienz
	Kooperation	Vereinzelt: dena	Vereinzelt: NABU	Vereinzelt: UBA
„Grüne Vorreiter"	Instrument	Verbraucher-information und -beratung	Verbraucher-information und -beratung	Verbraucher-information
	Vorrangige Themenbereiche	Energiesparen; reflektierte Nutzung von „grü-nem" Strom	Alternative Mobili-tätskonzepte: Car Sharing, Call a bike	Nachhaltiger Ernährungsstil, Reduzierung des Fleischkonsums, Vermeidung Müll Wegzuschmeißen
	Relevanz für nachhaltigen Konsum	„Peanuts" und „Key Points"	„Peanuts" und „Key Points"	„Peanuts" und „Key Points"
	Nachhaltigkeits-strategie	Konsistenz, Effi-zienz, Suffizienz	Vorrangig Effizienz	Effizienz, Konsis-tenz, Suffizienz
	Kooperation	BUND, Bund der Energieverbrau-cher, dena, Green-peace, NABU	Vereinzelt: ADAC, Foundation for Environmental Education	Vereinzelt: Filmemacher von „Taste the Waste"

markt Informationen aber auch Beratungsangebote für Energiesparmöglichkeiten sowie Energieeffizienzpotenziale (z. B. durch Anschaffung energieeffizienter Geräte) im privaten Haushalt. Die Relevanz der nachhaltigen Konsumtipps ist begrenzt, da vorrangig „Peanuts" kommuniziert werden. Ausnahmen sind Beratungsangebote für erneuerbare Energiekonzepte wie die Installation von Photovoltaikanlagen. Der Fokus der Informationen liegt auf Effizienzaspekten. Vereinzelt werden Konsistenzaspekte (Photovoltaik) oder

Suffizienzmaßnahmen mit begrenzter Reichweite thematisiert (z. B. Stand-By-Ausschaltung im Rahmen der Stromsparhinweise). Anregungen für eine grundlegende Reflexion über den gesamten Stromverbrauch sowie die Art des zu beziehenden Stroms sind hingegen nicht zu finden. Beispiele für Kooperationen mit unabhängigen Akteuren gibt es kaum, bis auf eine Informationsbroschüre zu Energiesparmaßnahmen, die in Kooperation mit der dena entwickelt wurde.

Die CnSR-Kommunikation der „grünen Vorreiter" ist demgegenüber breiter aufgestellt. Auch hier wird mittels Information und Beratungsangeboten das Thema Energieeffizienz angesprochen, gerade auch mit kleineren Energiesparmaßnahmen im privaten Haushalt. Darüber hinaus liegt ein weiterer Schwerpunkt auf alternativer Energiegewinnung durch erneuerbare Energien und damit auf der für Konsumenten möglichen Nutzung von „grünem" Strom, also einem „Key Point" im Bedarfsfeld Energie. Darüber hinaus wird Suffizienz von den Anbietern der erneuerbaren Energien explizit thematisiert, indem eine direkte Aufforderung zur Verringerung des Verbrauchs erfolgt. Konsumenten werden also zu einer Reflexion des eigenen Stromnutzungsverhaltens aufgefordert. Kooperationspartner gibt es hier mit BUND, Bund der Energieverbraucher, dena, Greenpeace oder dem NABU vergleichsweise viele.

Für den Bereich **Mobilität** wurde für den Massenmarkt die CnSR-Kommunikation führender deutscher Automobilunternehmen untersucht. Alle Automobilunternehmen geben Informationen für umweltfreundliches Mobilitätsverhalten. Dabei dominiert das Thema, wie Verbraucher spritsparend Auto fahren können. Automobilhersteller bieten unter anderem eigene Spritspar-Trainings an, in denen Verbraucher mit einem Experten lernen, wie durch einen entsprechenden Fahrstil Treibstoff gespart werden kann. In Informationsbroschüren werden kleinere Hinweise genannt, wie im höchst möglichen Gang zu fahren, die Klimaanlage sparsam zu nutzen oder unnötigen Ballast aus dem Auto zu entfernen. Die Hinweise beziehen sich primär auf die Effizienzthematik. Kooperationen sind kaum vorhanden.

Für den Bereich „grüne Vorreiter" steht ebenfalls thematisch das energiesparende Fahren im Vordergrund mit dem Fokus auf Energieeffizienz aber zusätzlich auch Konsistenz beispielsweise durch Hybrid-Antriebssysteme. Von der Deutschen Bahn werden auch Alternativen zum eigenen Auto angesprochen, sowohl in Form kollektiver Transportmittel als auch der Nutzung von Car-Sharing-Angeboten. Argumente dafür folgen sowohl der Effizienz- als auch der Konsistenzstrategie. Eine grundlegende Reflexion von Mobilitätsbedürfnissen wird jedoch nicht angeregt und auch Möglichkeiten der Mobilitätsreduzierung, etwa durch möglichst nahe Zusammenlegung von Arbeits- und Wohnort, bleiben ungenannt. Kooperationen mit verbraucherpolitischen Akteuren sind kaum vorhanden.

Unternehmen im Massenmarkt aus dem Bedarfsfeld **Ernährung** thematisieren Konsumenten-verantwortung noch nicht flächendeckend. Nur zwei der fünf Unternehmen im Massenmarkt integrieren Konsumentenverantwortung in CSR-Kommunikation. Thematisch vorrangig sind dabei kleinere Handlungstipps, die das Kerngeschäft nur indirekt berühren. Ein Unternehmen bietet beispielsweise Energiespartipps an, die vom Umweltbundesamt entwickelt wurden. Eine Reflexion des eigenen Umgangs mit Lebensmitteln findet kaum statt.

Dagegen ist ein verantwortlicher Umgang mit Lebensmitteln für die „grünen" Marktführer der Ernährungsbranche bereits Bestandteil der CSR-Kommunikation. Kritisch reflektiert wird neben dem steigenden Fleischkonsum auch das Wegschmeißen nicht verwendeter Lebensmitteln und damit „Key Points" der Nachhaltigkeit. Von den „grünen Vorreitern" werden alle drei Nachhaltigkeitsstrategien angesprochen. Kooperationen sind hingegen auch hier nur vereinzelt zu finden.

6 Chancen und Risiken durch CnSR-Kommunikation

CnSR-Kommunikation ist mit verschiedenen Chancen und Risiken sowohl für Unternehmen als auch für einen nachhaltigen Konsum verbunden. Tabelle 2 liefert hierzu eine Übersicht, die im Folgenden näher erläutert wird.

Tab. 2 Chancen und Risiken durch CnSR-Kommunikation

	Unternehmen	Nachhaltiger Konsum
Chancen	Erhöhte Aufmerksamkeit durch innovative Kommunikation	Hohe Aufmerksamkeit durch Kommunikationsmacht
	Erhöhte Glaubwürdigkeit durch ganzheitliche CSR	Stärkung nachhaltiger Zielgruppen
	Erhöhte Kundenloyalität	Erreichung neuer Zielgruppen
	Erreichung neuer Zielgruppen	
	Erhöhte Marktanteile	
Risiken	(Nicht gerechtfertigte) Kosten	Verwässerung des Konzepts durch geringe Relevanz der Inhalte
	Verlust von Glaubwürdigkeit durch „Greenwashing"	Konsumentenverwirrung
	Reaktanz der Kunden	Rebound Effekte
	Kritik verbraucherpolitischer Akteure	
	Umsatzeinbußen	

6.1 Chancen durch CnSR-Kommunikation

6.1.1 Chancen für Unternehmen

CnSR-Kommunikation hat sich in jüngerer Zeit verbreitet, ist aber nach wie vor ein **innovatives Marketing-Instrument** im Rahmen umfassenderer CSR-Kommunikation. Insbesondere wenn Unternehmen mutig auch „Key Points" des nachhaltigen Konsums und relevante Suffizienzfragen ansprechen, können sie mit öffentlicher Aufmerksamkeit rechnen, wie etwa das Beispiel der „Don't buy this jacket"-Kampagne von Patagonia zeigt (Böcking 2012).

Durch die Berücksichtigung des Themenfelds Konsumentenverantwortung zeigen Unternehmen, dass sie **CSR umfassend und ganzheitlich** betrachten und ihre Verantwortung für einen nachhaltigen Konsum nicht auf die Nachhaltigkeit der eigenen Produkte und Produktionsprozesse reduzieren. Gelingt es Unternehmen, diese Botschaft zu vermitteln, so lässt sich dadurch die eigene **Glaubwürdigkeit** steigern. Ein möglicher Weg dazu ist es, die Relevanz von Konsumentenverantwortung aus der eingestandenen begrenzten Wirksamkeit eigener Nachhaltigkeitsaktivitäten abzuleiten. Wenn Unternehmen beispielsweise deutlich machen, dass die Nutzung der von ihnen hergestellten relativ energieeffizienten Produkte noch keinen nachhaltigen Konsum garantiert, sondern dass dafür auch eine entsprechende Produktnutzung erforderlich ist, wäre das ein Beispiel für eine zweiseitige Botschaft, die bei Konsumenten oft besonders glaubwürdigkeitssteigernd wirkt (Eisend 2010).

In der Konsequenz kann diese erhöhte Glaubwürdigkeit zu größerer **Loyalität** vorhandener Kunden und entsprechenden positiven Effekten für Kundenbindung und Mundwerbung führen. Ferner besteht die Möglichkeit, dass Unternehmen durch CnSR-Kommunikation **neue Zielgruppen** für sich gewinnen können. Eine Ansprache von besonders nachhaltigkeitsrelevanten „Key Points" und Suffizienzaspekten kann das Unternehmen auch für besonders umweltbewusste Konsumenten interessant machen.

Auch wenn Unternehmen durch CnSR-Kommunikation ggf. mit dazu beitragen, dass die Nachfrage nach bestimmten Produkten im Sinne der Nachhaltigkeit sinkt und Märkte dadurch schrumpfen, können die positiven Folgeeffekte der erhöhten Glaubwürdigkeit zu Wettbewerbsvorteilen gegenüber Mitbewerbern und damit zu **steigenden Marktanteilen** führen.

6.1.2 Chancen für nachhaltigen Konsum

Wenn durch CnSR-Kommunikation ernsthaft und umfassend Konsumentenverantwortung gefordert und gefördert wird, dann kann dies aufgrund der Kommunikationsmacht von Unternehmen zu einem besonderen Push für nachhaltigen Konsum führen. Wie oben erwähnt, beträgt allein das Werbebudget deutscher Unternehmen knapp das 250fache des gesamten Jahresbudgets der größten deutschen Verbraucherorganisationen. Hinzu kommt, dass Unternehmenskommunikation auch qualitativ oft eher in der Lage ist, eine breite Aufmerksamkeit zu erzeugen, als traditionelle verbraucherpolitische Kommunikation. Wenn nur ein kleiner Teil des unternehmerischen Kommunikationsbudgets für CnSR-Kommunikation verwendet würde, könnte dies zu erhöhter **Aufmerksamkeit** für nachhaltigen Konsum führen und relevante komplementäre Wirkungen zu Verbraucherinformation und -beratung durch verbraucherpolitische Akteure sowie Massenmedien und Sozialen Medien entfalten (Schrader et al. 2003).

Umweltbewusste Zielgruppen würden so in ihren Einstellungen und Verhaltensweisen gefördert und gestärkt. Zusätzlich besteht die Chance, **neue Zielgruppen** insbesondere im Massenmarkt für nachhaltige Konsummuster zu sensibilisieren. Gerade Konsumenten, die wenig Kontakt mit Informationen von verbraucherpolitischen Akteuren haben und möglicherweise Skepsis gegenüber diesen hegen, könnten die Handlungshinweise durch Unternehmen als glaubwürdiger empfinden. Während von dieser Zielgruppe klassische verbraucherpolitische Kommunikation für mehr nachhaltigen Konsum eventuell als übertrieben und als unangemessener Eingriff in die eigene Wahlfreiheit wahrgenommen wird, könnte die Ansprache durch Unternehmen eher den Eindruck erwecken, dass Konsumentenverantwortung tatsächlich ein wichtiges Thema ist, das nicht nur für überzeugte „Ökos" Relevanz besitzt. Die Reichweite von verbraucherpolitischen Inhalten würde so erhöht.

6.2 Risiken durch CnSR-Kommunikation

6.2.1 Risiken für Unternehmen

Aufgrund der bisher geringen Erfahrungen mit CnSR-Kommunikation ist eine Realisierung der oben genannten Chancen unsicher. Damit bleibt unklar, ob sich die **Kosten** für das neue Kommunikationsinstrument für die Unternehmen amortisieren werden.

Hinzu kommt, dass CnSR-Kommunikation auch negative Wirkungen haben kann, wenn Konsumenten sie als **unglaubwürdig** wahrnehmen. Voraussetzung für glaubwürdige Kommunikation ist neben der Glaubwürdigkeit des Senders die Auswahl relevanter Themen, darin enthaltener Fakten und deren Richtigkeit (z. B. Meier und Reimer 2011; Kohring und Mattes 2004). Hinsichtlich der **Themenselektivität** sind insbesondere Themenbereiche risikoreich, die einen geringen Fit mit dem Kerngeschäft der Unternehmen aufweisen (Menon und Kahn 2003). In Bezug auf **Faktenselektivität** besteht die Gefahr, dass gerade Zielgruppen mit hohem Umweltbewusstsein CnSR-Kommunikation als „**Greenwashing**" und nicht als gesellschaftlich verantwortliches Marketinginstrument bewerten, wenn vorrangig „Peanuts" nachhaltigen Konsums durch Unternehmen kommuniziert werden. Auch die **faktische Richtigkeit** der gegebenen Handlungshinweise ist notwendige Voraussetzung dafür, dass CnSR-Kommunikation als glaubwürdig wahrgenommen wird.

Einige Konsumenten werden Unternehmen eventuell auch grundsätzlich die **Legitimität** absprechen, Konsumentenverantwortung zu adressieren. CnSR-Kommunikation könnte als Versuch gesehen werden, Verantwortung vom Unternehmen weg hin zu den Konsumenten zu verlagern. In dieser Sichtweise werden die gegebenen Handlungsempfehlungen eventuell als ungerechtfertigte Manipulation und Versuch der Freiheitseinschränkung bewertet, was **Reaktanz** (Brehm 1966) zur Folge hätte. Konsequenzen wären dann ggf. eine verringerte Zielgruppenbindung und negative Mundwerbung (Wendlandt und Schrader 2007).

Sollten zudem unabhängige verbraucherpolitische Akteure den Eindruck bekommen, dass Unternehmen mit der Verbraucherinformation und -beratung durch CnSR-Kommunikation originär verbraucherpolitische Instrumente anwenden ohne dazu ausreichend legitimiert und qualifiziert zu sein, besteht zudem das Risiko, dass diese Akteure **Negativkampagnen** gegen die Unternehmen initiieren.

Insgesamt besteht also dass Risiko, dass eine schlecht gemachte und öffentlich negativ wahrgenommene CnSR-Kommunikation nicht nur die angestrebte Wirkung verfehlt, sondern letztlich sogar zu **Umsatzeinbußen** führen kann.

6.2.2 Risiken für nachhaltigen Konsum

Auch für die Verbreitung eines nachhaltigen Konsums ist CnSR-Kommunikation nicht frei von Risiken. So besteht die Gefahr, dass eine Adressierung des nachhaltigen Konsums durch Unternehmen zu einer **Verwässerung** des Konzepts beiträgt. Dies wäre dann der Fall, wenn es beim nachhaltigen Konsum nicht mehr um einen global und intertemporal verallgemeinerbaren Konsumstil ginge, sondern um jede ökologische oder soziale Verbesserung des Konsums, unabhängig von deren Relevanz. Die Inhaltsanalyse der Firmenwebsites hat gezeigt, dass Unternehmen in Deutschland hauptsächlich „Peanuts“ des nachhaltigen Konsums kommunizieren (z. B. den Reifendruck des Autos zu prüfen) und weniger „Key Points“ (z. B. Alternativen zur Autonutzung). Zumindest wenn Konsumenten diese Handlungstipps der Unternehmen als ausreichend für einen nachhaltigen Konsum wahrnehmen, würden sie damit nur unzureichend zu einer nachhaltigen Entwicklung beitragen.

Stellen Verbraucher die Relevanz und Glaubwürdigkeit der gegebenen Hinweise für nachhaltigen Konsum jedoch in Frage, da verbraucherpolitische Akteure andere Handlungshinweise im gleichen Bedarfsfeld geben, kann dies zu **Konsumentenverwirrung** führen (Langer et al. 2008). Diese könnte zur Folge haben, dass Konsumenten ganz auf die Übernahme von Verantwortung für nachhaltigen Konsum verzichten und alte, nicht-nachhaltige Verhaltensweisen gestärkt werden.

Eine andere Gefahr besteht darin, dass Konsumenten sich auf die Umsetzung der „Peanuts“ beschränken und aus deren Beachtung die moralische Legitimation sowie die finanziellen Mittel für Mehrkonsum ableiten. In der Folge würden sich sogenannte **Rebound-Effekte** (Hertwich 2005) ergeben. So kann die Umsetzung der Handlungstipps für energieeffizientes Autofahren dazu führen, dass noch längere Strecken gefahren und letztlich mehr Treibstoff verbraucht wird.

7 Fazit

CnSR-Kommunikation zur Förderung eines nachhaltigen Konsums ist ein **innovatives Instrument** im Rahmen der CSR-Kommunikation. Neben der Kommunikation über soziale und ökologische Vorteile von Produkte und Prozessen sowie über gesellschaftliches Unternehmensengagement können Unternehmen auch die soziale und ökologische Verantwortung der Konsumenten adressieren. Unternehmen betreiben damit Verbraucherinformation und -beratung für nachhaltigen Konsum. Sie übernehmen eine Rolle, die bisher traditionell eher verbraucherpolitischen Organisationen zukam. Allerdings gibt es mit Social Marketing und Nachhaltigkeitsmarketing bereits etablierte Konzepte in denen sich CnSR-Kommunikation verorten lässt.

Empirisch konnte durch eine Inhaltsanalyse von Corporate Websites in den zentralen Bedarfsfeldern Energie, Mobilität und Ernährung gezeigt werden, dass CnSR-Kommunikation **in der Praxis von Unternehmen bereits angekommen** ist. Dies gilt sowohl für den Massenmarkt als auch für „grüne Vorreiter“ – wenn auch mit deutlichen Unterschieden. So konzentrieren sich die Marktführer im Massenmarkt häufig auf die Kommunikation ökologisch wenig relevanter „Peanuts“, oft in Form von kleineren Effizienzgewinnen durch energiesparendes Verhalten. „Grüne Vorreiter“ berücksichtigen hingegen auch „Key Points“, die sich durch grundlegende Verhaltensänderungen und die Verfolgung einer auf Genügsamkeit ausgerichteten Suffizienzstrategie ergeben können.

Ob CnSR-Kommunikation für Unternehmen und für den nachhaltigen Konsum eher zu **Chancen oder** eher zu **Risiken** führt, hängt von ihrer Ausgestaltung ab. Die Analyse in diesem Beitrag legt nahe, dass Chancen gestärkt und Risiken reduziert werden können, wenn Unternehmen glaubwürdig relevante „Key Points" des nachhaltigen Konsums mit hohem Fit zum eigenen Kerngeschäft kommunizieren. Ihre **Glaubwürdigkeit** können Unternehmen dabei durch die Kooperation mit unabhängigen Partnern (etwa aus dem Bereich der verbraucherpolitischen Akteure) deutlich erhöhen (Freeman 2004; Morsing und Schultz 2006; Bhattacharya und Korschun 2008).

Glaubwürdige CnSR-Kommunikation setzt auch voraus, dass Konsumenten nicht den Eindruck bekommen, Unternehmen ginge es hier um eine Verlagerung ihrer eigenen Verantwortung. Vielmehr ist diese neue Kommunikationsform so zu gestalten, dass sie als Ausdruck einer erweiterten, ganzheitlichen CSR gesehen wird, die auch die Verantwortung der Konsumenten einschließt, da die Handlungsspielräume der Unternehmen systematisch begrenzt sind. Gelingt dies, könnten sich Unternehmen als komplementäre Akteure zu staatlichen und unabhängigen Organisationen profilieren (z. B. Mahoney et al. 2009; Scherer und Palazzo 2011; Du et al. 2011). CnSR-Kommunikation wäre dann Ausdruck der vielfach geforderten **geteilten Verantwortung für nachhaltigen Konsum** (z. B. Bilharz et al. 2011; Heidbrink und Schmidt 2011; Belz und Reisch 2007).

Die Entwicklung der CnSR-Kommunikation befindet sich allerdings noch am Anfang. Handlungsempfehlungen an Unternehmen stehen deshalb derzeit noch unter dem **Vorbehalt unzureichender empirischer Fundierung**. Entsprechend besteht die Aufgabe für die Wissenschaft darin, die in diesem Beitrag aufgestellten Vermutungen hinsichtlich der Chancen und Risiken empirisch zu validieren. In welcher Form also CnSR-Kommunikation zukünftig Teil eines erfolgreichen Sustainable Marketing Management sein kann, ist eine weiterhin offene Frage. Dass es sich hier allerdings um ein relevantes, innovatives Instrument handelt, dessen weitere Betrachtung im Themenfeld sehr lohnend ist, sollte der Beitrag gezeigt haben.

Literatur

Allen M (1991) Meta-analysis comparing the persuasiveness of one-sided and two-sided messages. West J Speech Commun 55:390–404

Alnatura (2012) Weitermachen – Gedanken zur UN-Konferenz Rio + 20. http://www.alnatura.de/de/gedanken-zur-un-konferenz-rio-20. Zugegriffen: 1. Aug. 2012

Becker T (2009) Finanzierungsmodelle für die Verbraucherarbeit in Deutschland. Abschlussbericht des Forschungsvorhabens. Universität Hohenheim, Stuttgart

Belz F-M, Peattie K (2009) Sustainability marketing: a global perspective. Wiley, Glasgow

Belz F-M, Reisch LA (2007) Geteilte Verantwortung für nachhaltigen Konsum: Grundzüge einer modernen polyzentrischen Verbraucherpolitik. In: Belz F-M, Karg G, Witt D (Hrsg) Geteilte Verantwortung für Nachhaltigen Konsum: Zentrale Herausforderung für Verbraucherpolitik im 21. Jahrhundert. Metropolis, Marburg, S 281–315

Bhattacharya CB, Korschun D (2008) Stakeholder marketing: beyond the four Ps and the customer. J Public Policy Mark 27(1):113–116

Bilharz M (2008) „Key Points" nachhaltigen Konsums. Ein strukturpolitisch fundierter Strategieansatz für die Nachhaltigkeitskommunikation im Kontext aktivierender Verbraucherpolitik. Metropolis, Marburg

Bilharz M, Fricke V, Schrader U (2011) Wider die Bagatellisierung der Konsumentenverantwortung. GAIA 20(1):9–13

BMELV (2011) Haushalt 2012 des Bundesministeriums für Ernährung, Landwirtschaft und Verbraucherschutz. http://www.bmelv.de/SharedDocs/Downloads/Presse/BMELV-Haushalt2012.pdf. Zugegriffen: 1. Aug. 2012

Böcking D (2012) Wachstumskritische Unternehmen. Vielen Dank, dass Sie nicht bei uns kaufen. Erschienen: 14.5.2012. http://www.spiegel.de/wirtschaft/unternehmen/wie-unternehmen-ohne-wachstum-ueberleben-wollen-a-832260.html. Zugegriffen: 1. Aug. 2012

Bonfadelli H (2007) Nachhaltigkeit als Herausforderung für Medien und Journalismus. In: Schweizerische Akademie der Geistes- und Sozialwissenschaften (Hrsg) Nachhaltigkeitsforschung – Perspektiven der Sozial- und Geisteswissenschaften. Akademien der Wissenschaften Schweiz, Bern, S 255–281

Brehm JW (1966) A theory of psycological reactance. Academic Press, New York

Bundeskartellamt (2011) Sektoruntersuchung Stromerzeugung/ Stromgroßhandel (B10-9/09). Bericht gemäß § 32e Abs. 3 GWB. Bundeskartellamt. http://www.bundeskartellamt.de/wDeutsch/download/pdf/Stellungnahmen/110113_Bericht_SU_Strom__2_.pdf

CCN, Consumer Citizenship Network (Hrsg) (2005) Consumer citizenship education – guidelines, Bd 1: Higher Education. CCN, Hamar

Du S, Bhattacharya CB, Sen S (2010) Maximising business returns to corporate social resonsibility (CSR): the role of CSR communication. Int J Manage Rev 12(1):8–19

Du S, Bhattacharya CB, Sen S (2011) Corporate social responsibility and competitive advantage: overcoming the trust barrier. Manage Sci 57(9):1528–1545

Eisend M (2008) Zweiseitige Botschaften in der Marketingkommunikation – Ein Überblick und Ausblick zu Theorie und Forschung. Zeitschrift für Betriebswirtschaft 78(3):307–329

Eisend M (2010) Explaining the joint effect of source credibility and negativity of information in two-sided messages. Psychol Market 27(11):1032–1049

Eurobarometer (2011) Attitudes of European citizens towards the environment. Eurobarometer Special 365. European Commission, Brüssel

Forsa (2007) Vertrauen in gesellschaftliche Institutionen, repräsentative Umfrage für die Stiftung Warentest. Stiftung Warentest, Berlin

Freeman RE (2004) The stakeholder approach revisited. Zeitschrift für Wirtschafts- und Unternehmensethik (zfwu) 5(3):228–241

Fricke V, Schrader U (2009) CSR-Mainstreaming: Wirkungen und Nebenwirkungen für den nachhaltigen Konsum. GAIA – Ökologische Perspektiven für Wissenschaft und Gesellschaft 18(2):115–118

Fricke V, Schrader U (2011) Corporate communication to promote consumers' social responsibility? Ökologisches Wirtschaften 4:25–27

Hansen U (2007) Verbraucherpolitk, Stichwort. In: Köhler R, Küpper H-U, Pfingsten A (Hrsg) Handwörterbuch der Betriebswirtschaft (HWB), 6. Aufl. Schäffer-Poeschel, Stuttgart, S 1871–1879

Hansen U, Schrader U (2001) Nachhaltiger Konsum – Leerformel oder Leitprinzip. In: Schrader U, Hansen U (Hrsg) Nachhaltiger Konsum. Forschung und Praxis im Dialog. Campus, Frankfurt a. M., S 17–48

Hansen U, Schrader U (2005) Corporate social responsibility als aktuelles Thema der Betriebswirtschaftslehre. Die Betriebswirtschaft (DBW) 65(4):373–395

Heidbrink L, Schmidt I (2011) Das Prinzip der Konsumentenverantwortung – Grundlagen, Bedingungen und Umsetzungen verantwortlichen Konsums. In: Heidbrink L, Schmidt I, Ahaus B (Hrsg) Die Verantwortung des Konsumenten. Campus, Frankfurt a. M., S 25–56

Hennig-Thurau T, Gwinner KP, Walsh G, Gremler DD (2004) Electronic word-of-mouth via consumer-opinon platforms: what motivates consumers to articulate zhemselves on the internet? J Interact Mark 18(1):38–52
Hertwich EG (2005) Consumption and the rebound effect. An industrial ecology perspective. J Ind Ecol 9(1–2):85–98
imug (2008) Verbraucherschutz in Deutschland – was meinen die Verbraucher? Ergebnisse einer repräsentativen Verbraucherbefragung im Auftrag des Verbraucherzentrale Bundesverbandes, vzbv. imug Beratungsgesellschaft, Berlin
Jackson T (2009) Prosperity without growth. Economics for a finite planet. Earthscan, London
Kaplan AM, Haenlein M (2010) Users of the world, unite! The challenges and opportunities of social media. Bus Horizons 53(1):59–68
Kepplinger H, Bastian R (2000) Der prognostische Gehalt der Nachrichtenwert-Theorie. Publizistik 45(4):462–475
Kohring M, Mattes J (2004) Revision und Validierung einer Skala zur Erfassung von Vertrauen in Journalismus. Medien & Kommunikationswissenschaft 52(4):377–385
Kotler P, Roberto N, Lee N (2002) Social marketing: improving the quality of life, 2. Aufl. Sage Publications, Thousand Oaks
Langer A, Eisend M, Kuß A (2008) Zu viel des Guten? Zum Einfluss der Anzahl von Ökolabels auf die Konsumentenverwirrtheit. Marketing – Zeitschrift für Forschung und Praxis 30(1):19–28
Lukesch H (2008) Sozialisation durch Massenmedien. In: Hurrelmann K, Grundmann M, Walper S (Hrsg) Handbuch Sozialisationsforschung. Beltz, Weinheim, S 384–397
Mahoney JT, McGahan AM, Pitelis CN (2009) The Interdependence of private and public interests. Organ Sci 20(6):1034–1052
Mayring P (2010) Qualitative Inhaltsanalyse: Grundlagen und Techniken, 11. Aufl. Beltz, Weinheim
Meier K, Reimer J (2011) Transparenz im Journalismus. Instrumente, Konfliktpotentiale, Wirkungen. Publizistik 56:133–155
Menon S, Kahn BE (2003) Corporate sponsorships of philantropic activitites: when do they impact perception of sponsor brand? J Consum Psychol 41:847–855
Morsing M, Schultz M (2006) Corporate social responsibility communication: stakeholder information, response and involvement strategies. Bus Ethics Eur Rev 15(4):323–338
NaturFreunde Deutschlands e. V. (2012) Empfehlenswerte Stromanbieter. http://www.atomausstieg-selber-machen.de/stromwechsel/oekostrom-anbieter.html. Zugegriffen: 29. Juli 2012
Rezabakhsh B, Bornemann D, Hansen U, Ulf S (2006) Consumer power: A comparison of the old economy and the internet economy. J Consum Pol 29(1):3–36
Scherer AG, Palazzo G (2011) The new political role of business in a globalized world: A review of a new perspective on CSR and its implications for the firm, governance, and democracy. J Manage Stud 48 (4):899–931
Schmidt A, Donsbach W (2012) „Grüne“ Werbung als Instrument für „schwarze“ Zahlen. Publizistik 57(1):75–93
Schoeneborn S (2009) Die Rolle verbraucherpolitischer Akteure bei konsumentenorientierter Kommunikation über corporate social responsibility. Metropolis, Marburg
Schrader U (2007) The moral responsibility of consumers as citizens. Int J Innov Sustain Dev 2(2):79–96
Schrader U, Diehl B (2010) Nachhaltigkeitsmarketing durch Interaktion. Marketing Review St. Gallen 27(5):16–20
Schrader U, Schoenheit I, Hansen U (2003) Der Bock als guter Gärtner. Ökologisches Wirtschaften 3–4:15–17
Schrader U, Hansen U, Schoeneborn S (2008) Why do companies communicate with consumers about CSR? Conceptualization and empirical insights from Germany. Stud Commun Sci 8(2 & 3):303–330
Schulz W (2003) Mediennutzung und Umweltbewusstsein: Dependenz- und Priming-Effekte. Publizistik 48(4):387–413

Schulz D (2009) Bloggen für eine Nachhaltige Entwicklung?! uwf – UmweltWirtschaftsForum 17(1):149–154

Statista (2012) Anteil der vier größten Stromerzeuger an der Netto-Stromerzeugung in Deutschland. http://de.statista.com/statistik/daten/studie/186645/umfrage/anteil-der-groessten-stromerzeuger-an-der-stromerzeugung-in-deutschland/. Zugegriffen: 18. Juli 2012

Thøgersen J (2006) Media attention and the market for ‚green' consumer products. Bus Strategy Environ 15(1):145–156

TradeDimensions (2011) Die TOP 30 des Lebensmittelhandels 2010 nach Gesamt-Umsätzen. http://www.tradedimensions.de/Presse/2011_PR_TOP-Firmen.pdf. Zugegriffen: 1. Aug. 2012

VDA, Verband der Automobilindustrie (2012) Neuzulassungen. http://vda.de/de/zahlen/jahreszahlen/neuzulassungen/. Zugegriffen: 18. Juli 2012

Vogel D (2005) Markets for virtue: the potential and limits of corporate social responsibility. The Brookings Institution, Washington, DC

WCED, World Commission on Environment and Development (1987) Our common future. Oxford University Press, Oxford

Wendlandt M, Schrader U (2007) Consumer reactance against loyalty programs. J Consum Market 24(5):293–304

Wieland J (2004) Die Ethik der Governance, 3. Aufl. Metropolis, Marburg

Wuppertal Institut (2009) Zukunftsfähiges Deutschland in einer globalisierten Welt. Ein Anstoß zur gesellschaftlichen Debatte, 3. Aufl. Fischer, Frankfurt a. M

Yubo C, Jinhong X (2008) Online consumer review: word-of-mouth as a new element of marketing communication mix. Manage Sci 54(3):477–491

ZAW (2012) ZAW-Branchen-Analyse: Werbemarkt im volatilen Modus. http://www.zaw.de/index.php?menuid=33. Zugegriffen: 31. Juli 2012

Vera Fricke Seit 2008 wissenschaftliche Mitarbeiterin am Fachgebiet Arbeitslehre/Ökonomie und Nachhaltiger Konsum an der Technischen Universität Berlin. Sie studierte Geographie, Volkswirtschaftslehre und Publizistik- & Kommunikationswissenschaften in Berlin und Valencia. Ihre Forschungsschwerpunkte liegen in den Bereichen nachhaltiger Konsum, Konsumentenverantwortung und CSR-Kommunikation. Frau Fricke promoviert über die Auswirkungen von CSR-Kommunikation für Konsumentenverantwortung auf den nachhaltigen Konsum sowie auf die wahrgenommene Unternehmensglaubwürdigkeit.

Prof. Dr. Ulf Schrader Seit 2008 Leiter des Fachgebiets Arbeitslehre/Ökonomie und Nachhaltiger Konsum an der Technischen Universität Berlin. Er promovierte und habilitierte an der Leibniz Universität Hannover. Die Schwerpunkte seiner wissenschaftlichen Arbeit liegen in den Bereichen Nachhaltiger Konsum und Verbraucherpolitik sowie CSR und Nachhaltiges Marketing. Seit 2011 ist er Mitglied im Wissenschaftlichen Beirat Verbraucher- und Ernährungspolitik beim Bundesministerium für Ernährung, Landwirtschaft und Verbraucherschutz sowie im Innovationsbeirat des Bundesministeriums für wirtschaftliche Zusammenarbeit und Entwicklung.

Nachhaltigkeit in der Kommunikationspolitik: „Deutsche Telekom"

Ina Andree und Dr. Christian Hahn

Inhaltsverzeichnis

I. Andree (✉)
Deutsche Telekom AG, GBM MCS-7, Friedrich-Ebert-Allee 140,
53113 Bonn, Deutschland
E-Mail: Ina.Andree@telekom.de

Dr. C. Hahn
Deutsche Telekom AG, GBM MCM, Friedrich-Ebert-Allee 140,
53113 Bonn, Deutschland
E-Mail: CHahn@telekom.de

H. Meffert et al. (Hrsg.), *Sustainable Marketing Management*,
DOI 10.1007/978-3-658-02437-6_12

Zusammenfassung

Die Integration des Themas „Nachhaltigkeit“ in die Kommunikationspolitik eines Unternehmens ist entscheidend dafür, dass sich das unternehmerische Engagement für Umwelt und Gesellschaft positiv auf die Reputation des Unternehmens und die Akzeptanz bei seinen Stakeholdern auswirkt. Eine erfolgreiche Kommunikationspolitik kann nicht nur die Marke um den Aspekt der Nachhaltigkeit aufwerten, sie kann auch zu einer Aktivierung von Kunden und Partnern führen und damit zusätzliche positive Effekte für Umwelt und Gesellschaft bewirken.

Unter dem Motto „Große Veränderungen fangen klein an“ stellte die Deutsche Telekom das Thema Nachhaltigkeit in den Fokus einer Unternehmenskampagne. Mit dieser Kampagne ging die Deutsche Telekom neue Wege in der Nachhaltigkeitskommunikation. Denn im Gegensatz zu klassischen CR-Kampagnen war es keine Kampagne, die vorrangig das unternehmerische Engagement darstellte. Vielmehr ging es darum deutlich zu machen, dass jeder Einzelne mit einem überschaubaren Aufwand viel für eine nachhaltige Entwicklung tun kann.

1 Einleitung

Unternehmen sind mehr als Produktionsstätten für Produkte und Dienstleistungen mit Gewinnerzielungsabsicht. Sie sind Akteure unserer Gesellschaft, die über wesentliche Ressourcen bestimmen und durch ihr Handeln großen Einfluss auf Umwelt und Gesellschaft und die darin lebenden Menschen haben (Moss Kanter 2012, S. 27 ff.). Viele Unternehmen bekennen sich in diesem Sinne zu bestimmten gesellschaftlichen und ökologischen Zielen (wie z. B. dem Klimaschutz) und richten ihre unternehmerische Tätigkeit daran aus. Dies betrifft in der Regel die gesamte Wertschöpfungskette für die erstellten Produkte und Dienstleistungen, einschließlich der Supportprozesse, wie bspw. Gebäudemanagement, Geschäftsreisepolicy, Fuhrparkmanagement etc. Die übergreifende Strategie und die Festlegung der Handlungsfelder, in denen Unternehmen sich für die Umwelt und

Gesellschaft engagieren, wird meist in einer Corporate Responsibility Strategie festgelegt. Der Begriff Corporate Responsibility wird in der Literatur häufig auch als Corporate Social Responsibility bezeichnet und umfasst die Aktivitäten eines Unternehmens, die dem Ziel der ökonomischen, ökologischen und sozialen Verantwortung zuzuordnen sind (Bassen et al. 2005, S. 231 ff.).

Eine Schlüsselrolle für den Erfolg der Corporate Responsibility Strategie kommt der Kommunikationspolitik des Unternehmens gegenüber seinen verschiedenen Stakeholdern zu. Sie schafft Transparenz über das unternehmerische Engagement im Bereich Nachhaltigkeit und ist die Voraussetzung dafür, dass sich das Engagement positiv auf die Reputation des Unternehmens und die Akzeptanz bei den Stakeholdern auswirkt. Eine erfolgreiche Kommunikationspolitik kann nicht nur die Marke um den Aspekt der Nachhaltigkeit aufwerten, sie kann auch zu einer Aktivierung von Kunden und Partnern führen und damit zusätzliche positive Effekte für Umwelt und Gesellschaft bewirken (Bhattacharya et al. 2011, S. 46).

Die Kommunikation von Themen aus dem Bereich „Nachhaltigkeit“, „Sustainability“ oder auch umfassender ausgedrückt aus dem Bereich „Corporate Responsibility“ richtet sich an verschiedene Stakeholdergruppen des Unternehmens. Diese sind im Folgenden mit ihren jeweiligen Interessen und den daraus folgenden Ansatzpunkten für die Kommunikation von Nachhaltigkeitsthemen dargestellt.

2 Stakeholder der Nachhaltigkeitskommunikation

2.1 Kunden

Kunden sind aus Sicht des Unternehmens die wichtigste Adressatengruppe der Nachhaltigkeitskommunikation. Der Kunde trifft seine Kaufentscheidungen nach verschiedenen Kriterien. Dabei spielen neben dem Preis, den Produkteigenschaften und der Produktqualität auch Faktoren aus dem Bereich Nachhaltigkeit eine zunehmend wichtige Rolle. In diesem Zusammenhang wurde häufig auf das sogenannte LoHaS-Segment verwiesen. LoHaS steht dabei für „Lifestyle of Health and Sustainability“ und kennzeichnet eine Lebensweise, die auf Gesundheit und Nachhaltigkeit ausgerichtet ist (Oberhofer 2011). Inzwischen wird Nachhaltigkeit jedoch nicht mehr nur als Nischenthema für eine bestimmte Kundengruppe, sondern als Querschnittsthema über verschiedene soziodemographische und psychographische Kundensegmente gesehen (Schaltegger 2004, S. 2680 f.).

Verschiedene Nachhaltigkeitsfaktoren sind aus Kundensicht relevant. Zum einen Faktoren, die das Produkt unmittelbar beeinflussen und zum anderen Faktoren mit einem mittelbaren, eher auf das Wertesystem des Kunden zielenden, Einfluss auf das Produkt.

Zu den Nachhaltigkeitsfaktoren mit einem unmittelbaren Einfluss auf das Produkt zählen z. B. der Verzicht auf bestimmte Stoffe, die in der Nutzung oder im Betrieb des Produktes eine Gesundheitsbelastung für den Kunden darstellen können. Ein weiterer Faktor, der im Zuge steigender Energiepreise eine zunehmende Bedeutung erhält, ist die Gestaltung von

Produkten mit einem geringen Energie- oder Materialverbrauch im Betrieb des Produktes. Solche Nachhaltigkeitsfaktoren haben für den Kunden eine wichtige Bedeutung, da sie sich unmittelbar auf sein Wohlbefinden und seine finanzielle Situation auswirken. Es handelt sich daher um Nachhaltigkeitsfaktoren mit einem Individualnutzen für den Kunden.

Ein noch größeres Spektrum als diese Nachhaltigkeitsfaktoren weisen die Faktoren mit einem mittelbaren Einfluss auf das Produkt auf. Diese Faktoren beziehen sich zum einen auf alle Facetten einer ökologisch und gesellschaftlich korrekten Produktionsweise und adressieren damit die übergeordneten Wertvorstellungen des Kunden. Dazu gehört eine kontrollierte Produktionskette, in der auf die Ausbeutung natürlicher Ressourcen (z. B. Tropenholz) und auf ethisch bedenkliche Produktionsweisen (z. B. Kinderarbeit) verzichtet wird. Darüber hinaus sind auch übergeordnete Verhaltensweisen eines Unternehmens, wie z. B. ein freiwilliges Engagement für bestimmte ökologische oder gesellschaftliche Themen, in diesem Bereich relevant. Diese Nachhaltigkeitsfaktoren haben somit keinen unmittelbaren Individualnutzen, sondern einen mittelbaren Sozialnutzen. Kunden von Markenprodukten haben häufig nicht nur hohe Erwartungen im Hinblick auf die Qualität des Produktes bzw. der Dienstleistung, sondern auch in Bezug auf eine ökologisch und gesellschaftlich verantwortungsvolle Produktionsweise. Negativschlagzeilen durch Umweltskandale oder die Nichteinhaltung von Sozialstandards können für das Image eines Unternehmens sehr schädlich sein. Umgekehrt kann das ökologische und gesellschaftliche Engagement eines Unternehmens genutzt werden, um die Marke aufzuwerten und damit auch die wahrgenommene Qualität der Produkte und Leistungen des Unternehmens zu verbessern (Schaltegger 2004, S. 2699 f.).

2.2 Investoren

Seit vielen Jahren ist das Thema Nachhaltigkeit auch für den Bereich Investor Relations in Unternehmen relevant, da Anleger ihre Investitionsentscheidungen auch unter Berücksichtigung bestimmter Wertvorstellungen treffen. Dabei spielen neben umweltfreundlichen Verhaltensweisen auch die Einhaltung von Arbeitsstandards und ein übergeordnetes gesellschaftliches Engagement eine wichtige Rolle. Eine Studie der Fondsgesellschaft Union Investment (Union Investment 2012a) zeigt, dass Anfang 2012 ca. fünfzig Prozent der institutionellen Anleger Nachhaltigkeitskriterien in ihren Anlageentscheidungen berücksichtigten. Dabei war der Anteil im Vergleich zum Vorjahr etwas gesunken, da sich die Prioritäten aufgrund der Schuldenkrise teilweise verschoben haben und die Informationslage hinsichtlich nachhaltiger Investitionen als nicht so gut beurteilt wurde. Privatanleger investieren einer Studie des Instituts Forsa im Auftrag von Union Investment entsprechend noch relativ wenig in nachhaltig orientierte Kapitalanlagen. Doch das Interesse an dieser Anlageform wächst. Als Hemmnis werden allerdings auch hier mangelnde Informationen und Transparenz genannt (Union Investment 2012b). Dies bestätigt, dass Investoren eine wichtige Zielgruppe der Nachhaltigkeitskommunikation eines Unternehmens darstellen, insbesondere für börsennotierte Unternehmen wie die Deutsche Telekom AG.

2.3 Interessenverbände und Multiplikatoren

Eine sehr wichtige Stakeholdergruppe der Nachhaltigkeitskommunikation ist die Fachcommunity, die in verschiedensten öffentlich-rechtlichen und privatwirtschaftlichen Organisationen Themen aus dem Spektrum der Nachhaltigkeit vertritt. Dies sind z. B. internationale Organisationen, Ministerien und nachgeordnete Behörden, Parteien, Verbände bzw. NGOs/Nichtregierungsorganisationen und wissenschaftliche Institute.

Wichtige Stakeholder sind darüber hinaus Journalisten, die mit ihrer unabhängigen externen Berichterstattung eine wichtige Rolle für die Wahrnehmung eines Unternehmens bei den Stakeholdern einnehmen. Im Zuge der Verbreitung neuer Medien spielen auch soziale Netzwerke und Communities, z. B. Utopia (www.utopia.de) oder KarmaKonsum (www.karmakonsum.de), die sich auf Themen aus dem Bereich der Nachhaltigkeit spezialisiert haben, eine zunehmende Rolle.

2.4 Mitarbeiter

Auch die Mitarbeiter sind wichtige Adressaten der Nachhaltigkeitskommunikation. Gerade bei Dienstleistungsunternehmen spielen die Mitarbeiter eine wichtige Rolle in der interaktiven Kommunikation des Unternehmens mit seinen Kunden und übrigen Stakeholdern. Die Mitarbeiter prägen über ihr Auftreten und ihre Kommunikation und Interaktion mit dem Kunden das Markenbild des Unternehmens entscheidend mit (Meyer und Brudler 2009, S. 1126 ff.). Die Mitarbeiter sollten die Nachhaltigkeitsstrategie des Unternehmens und die entsprechenden Implikationen für die Produkt- und Sortimentspolitik daher kennen und motiviert sein, diese in ihrem eigenen Verhalten, z. B. in der Produktentwicklung zu berücksichtigen. Mitarbeiter im Vertrieb können nachhaltige Produkteigenschaften oder Themen aus dem gesellschaftlichen Engagement des Unternehmens auch in Kundengesprächen gut nutzen (Bhattacharya et al. 2011, S. 27 ff.).

3 Themen der Nachhaltigkeitskommunikation am Beispiel „Deutsche Telekom"

Die Deutsche Telekom hat sich das Ziel gesetzt, internationaler Marktführer für „Vernetztes Leben und Arbeiten" zu werden. Die zunehmende Vernetzung unserer Gesellschaft ist allgegenwärtig und vor diesem Hintergrund wird deutlich, dass dieses Ziel nicht nur aus wirtschaftlicher, sondern auch aus einer gesellschaftlichen und ökologischen Perspektive relevant ist. Das heißt für die Deutsche Telekom, unternehmerisches Handeln und innovative Technologien so einzusetzen, dass auch ein mehr an Nachhaltigkeit und ein mehr an Lebens- und Arbeitsqualität für heutige und zukünftige Generationen erreicht wird.

Klimawandel, demographische Veränderungen und mangelnde Chancengleichheit stellen die moderne Gesellschaft vor große Herausforderungen. Neue Informations- und

Kommunikationstechniken können dabei helfen, die kommenden Aufgaben und Probleme zu lösen.

Ein wichtiges Thema ist beispielsweise das intelligente Stromnetz, das neue Möglichkeiten zum Ausgleich von Angebot und Nachfrage auf dem Strommarkt bietet und das einen wesentlichen Beitrag zur Umsetzung der Energiewende leisten wird (The Climate Group 2008, S. 45 ff.).

Das Thema e-Health ist insbesondere vor dem Hintergrund des demographischen Wandels von hoher gesellschaftlicher Relevanz. Durch eine zunehmende Vernetzung von Ärzten, Kliniken, Patienten und Krankenkassen kann eine bessere medizinische Versorgung erreicht werden. Insbesondere älteren und chronisch kranken Menschen kann mit Hilfe moderner netzbasierter Services eine wertvolle Unterstützung und ein längeres selbstbestimmtes Leben im gewohnten Umfeld ermöglicht werden (Heinze 2009, S. 3 ff.).

Im digitalen Zeitalter eröffnen sich vollkommen neue Möglichkeiten der Information und Kommunikation. Damit möglichst viele Menschen diese nutzen können, schafft die Deutsche Telekom die nötigen Voraussetzungen in Sachen Technik und Medienkompetenz. Angefangen beim Ausbau der Breitband-Netze bis hin zu speziellen Produkten für Menschen mit körperlicher Behinderung.

„Wir leben Verantwortung." Unter diesem Selbstverständnis bekennt sich die Deutsche Telekom zu einer verantwortungsvollen und nachhaltigen Unternehmensführung und hat dies in einer konzernweiten CR-Strategie verankert. Diese ist aus der Konzernstrategie abgeleitet und gibt auch den internationalen Landesgesellschaften einen Handlungsrahmen für die Umsetzung von Corporate Responsibility in ihren Einflussbereichen. Die Deutsche Telekom konzentriert sich in ihrem Engagement für Umwelt und Gesellschaft auf drei große Handlungsfelder.

Vernetztes Leben und Arbeiten
Wir gestalten den Wandel in der zunehmend digitalisierten Lebens- und Arbeitswelt positiv mit. Die Deutsche Telekom setzt sich mit innovativen Produkten und Lösungen für einen Kulturwandel ein, hin zu mehr Selbstbestimmung und Lebensqualität in Freizeit und Beruf. Unser Ziel ist es, treibende Kraft für nachhaltiges Leben und Arbeiten zu sein.

Chancengleiche Teilhabe an der Informationsgesellschaft
Unabhängig von ihren sozialen und wirtschaftlichen Chancen sichern wir möglichst vielen Menschen den Anschluss an die gesellschaftliche Entwicklung. Mit diesem Ziel fördern wir zahlreiche soziale Initiativen und unterstützen Projekte zur Entwicklung von Medienkompetenz.

Klimafreundliche Gesellschaft
Eine der größten Herausforderungen für die Menschheit ist die globale Erwärmung und ihre Folgen. Mit umfassenden Initiativen reduzieren wir unsere eigenen Emissionen nachhaltig. Gleichzeitig befähigen wir mit unseren Lösungen auch unsere Kunden und Partner dazu, ihren Beitrag zum Klimaschutz zu leisten (Deutsche Telekom AG 2012b, S. 113 ff.).

Innerhalb dieser Handlungsfelder gibt es eine Vielzahl an Einzelmaßnahmen, die im Unternehmen umgesetzt und an die verschiedenen Stakeholder kommuniziert werden. Wesentliche Bestandteile dieser Nachhaltigkeitskommunikation werden im Folgenden vorgestellt.

4 Klassische Formen der Nachhaltigkeitskommunikation

4.1 Der Corporate Responsibility-Bericht (CR-Bericht)

Das Kernstück einer umfassenden Kommunikation von Nachhaltigkeitsthemen an die verschiedenen Stakeholdergruppen ist bei der Deutschen Telekom, wie bei vielen anderen Unternehmen auch, der jährliche CR-Bericht. Dieser stellt die Themen und Aktivitäten des Unternehmens aus dem Bereich der unternehmerischen Verantwortung mit den entsprechenden Zielen und Kennzahlen dar. Die CR-Berichterstattung der Deutschen Telekom orientiert sich an den Vorgaben der Global Reporting Initiative (GRI), die bestimmte Anforderungen für die Nachhaltigkeitsberichterstattung von Unternehmen definiert (www.globalreporting.org).

Im Zuge der Verbreitung von elektronischen Medien wird der CR-Bericht zunehmend als Online-Bericht zur Verfügung gestellt. Dies passt zum einen zum Thema Nachhaltigkeit, da durch vollständigen oder teilweisen Verzicht auf eine gedruckte Version Material und Energie für die Produktion und Distribution eines entsprechenden Berichtes eingespart wird. Gleichzeitig bietet ein Online-Bericht vielfältige Möglichkeiten zur Einbindung ergänzender Informationen, z. B. Filmmaterial mit Experteninterviews, Hinterlegung weiterführender Studien und Verlinkungen zu weiteren Webinhalten des Unternehmens, wenn es z. B. um nachhaltige Produkte des Unternehmens geht.

Die Deutsche Telekom hat ihre CR-Berichterstattung in den letzten Jahren sukzessive ins Netz verlagert. Nach Jahren der Koexistenz von Papier- und Onlinebericht, wurde im Jahr 2011 ein umfassender Online-Bericht ins Netz gestellt und lediglich eine Broschüre mit einer kurzen Darstellung der Top-Themen gedruckt. Seit 2012 findet die Berichterstattung komplett im Netz statt (www.cr-bericht.telekom.com). Neben dem CR-Onlinebericht gibt es insbesondere für Nutzer des mobilen Internet die innovative Corporate Responsibility-Applikation „We care" (Download über iTunes oder Google Play, s. auch www.telekom.com/verantwortung). Diese erklärt auf einfache und spielerische Weise, wie und wo sich die Deutsche Telekom engagiert und macht deutlich, dass jeder Einzelne einen Beitrag leisten kann.

4.2 Stakeholder-Dialoge und Stakeholder-Foren

Ein weiteres wichtiges Instrument der Nachhaltigkeitskommunikation sind Stakeholder-Dialoge und Stakeholder-Foren. Dabei handelt es sich um bi- oder multilaterale Gespräche mit Stakeholdern, in denen das Unternehmen sein Engagement in Themen darstellen und direkt an den Anforderungen und Sichtweisen der Stakeholder spiegeln kann. Über Stakeholder-Dialoge und Stakeholder-Foren kann das Unternehmen sich in politische Diskussionen und Entscheidungsprozesse einbringen und diese mit praxisbezogenen Erfahrungen bereichern (Schaltegger 2004, S. 2687).

Ein tiefes Verständnis der Bedürfnisse und Interessen seitens der verschiedenen Stakeholder ist eine wichtige Voraussetzung für die strategische Entwicklung von unternehmerischen CR-Programmen und daran anknüpfenden Kommunikationsmaßnahmen. Erfolgreiche CR-Programme zeichnen sich dadurch aus, dass neben positiven Effekten für Umwelt und Gesellschaft auch Vorteile für die Stakeholder und für das Unternehmen selbst entstehen (Bhattacharya et al. 2011, S. 31 ff.).

Beispiele für Stakeholder-Dialoge der Deutschen Telekom sind die Mitgliedschaft im Lenkungsausschuss der UN-Initiative für gesellschaftlich verantwortungsvolles unternehmerisches Handeln „UN Global Compact" (Deutsche Telekom AG 2012a, S. 7). Im Rahmen von Kooperationen engagiert sich die Deutsche Telekom auch gemeinsam mit Stakeholdern für wichtige ökologische und gesellschaftliche Themen. So arbeitet die Deutsche Telekom seit vielen Jahren,u. a. beim Thema Rücknahme von Althandys, mit dem Verband Deutsche Umwelthilfe (DUH) zusammen.

4.3 Rankings, Ratings und Auszeichnungen

Die Erlangung unabhängiger externer Auszeichnungen, Ratings und Rankings in Bezug auf das unternehmerische Engagement für Umwelt und Gesellschaft sind wichtige Anknüpfungspunkte für die Nachhaltigkeitskommunikation und haben hohe Relevanz in den verschiedenen Stakeholdergruppen. Ein erlangtes Rating, Ranking oder eine Auszeichnung wird durch die evaluierende Institution veröffentlicht und kann außerdem durch das Unternehmen selbst für eigene Pressemitteilungen, Hinweise in der Produktkommunikation und als Bestandteil der CR-Berichterstattung genutzt werden. Wichtige Anbieter entsprechender Ratings und Rankings sind:

- SAM: Sustainability Asset Management – Auswertungen bilden die Basis für die Erstellung der Dow Jones Sustainability Indizes (www.sustainability-index.com)
- Oekom Research – „Prime" Index (www.oekom-research.com)
- CDP: Carbon Disclosure Leadership (www.cdp.net)
- Newsweek Green Rankings Global 500 (www.sustainalytics.com)

Die Aktie der Deutschen Telekom ist in wichtigen Nachhaltigkeitsindizes gelistet und hat bereits zahlreiche Auszeichnungen für ihr Engagement für Umwelt und Gesellschaft erhalten (Deutsche Telekom AG 2012a S. 11 ff. und 2012b, S. 119).

Über die klassische CR-Kommunikation hinaus kann Nachhaltigkeit auch ein wichtiges Thema der Marktkommunikation sein und sich darüber positiv auf das Image des Unternehmens auswirken.

5 Nachhaltigkeit in der Marktkommunikation

5.1 Die Bedeutung der Marke

Insbesondere für Dienstleistungsunternehmen ist die Marke ein wesentlicher Vertrauensanker. Aufgrund der Immaterialität von Dienstleistungen ist die Beurteilung der Leistungen für Kunden teilweise schwierig und wird stattdessen wesentlich durch seine Wahrnehmung und Einstellung gegenüber der Unternehmensmarke bestimmt (Meffert und Bruhn 2009, S. 289).

In der Deutschen Telekom ist das Bewusstsein für die Bedeutung der Marke sehr hoch. Wesentliche Strategien und Maßnahmen zur Weiterentwicklung und Führung ihrer Marke hat die Deutsche Telekom in einem Buch zusammengetragen und unter dem Titel „Brand Driven Change" herausgegeben. Darin wird die Bedeutung der Marke wie folgt beschrieben:

„Marken sind mächtig. Sie beeinflussen individuelle Entscheidungen. Sie begründen soziale Gemeinschaften. Und sie entscheiden mit über den Erfolg von Unternehmen. Als solche sind sie ein elementarer Bestandteil unserer modernen Gesellschaft." (Deutsche Telekom AG 2011, S. 7) Auch Nachhaltigkeit ist ein großes Thema unserer modernen Gesellschaft. Unternehmen, die ökonomisch, ökologisch und sozial verantwortlich handeln, können ihre Marke damit aufwerten und zeigen, dass ihre Marke Verantwortung für Umwelt und Gesellschaft übernimmt. Verschiedene Aspekte sind zu beachten, damit die Aufwertung der Marke um den Aspekt der Nachhaltigkeit gelingt.

5.2 Leitlinien für „Nachhaltigkeit" in der Marktkommunikation

5.2.1 Logische Verknüpfung zwischen Markenpositionierung und Nachhaltigkeit

Um sicherzustellen, dass das Nachhaltigkeitsengagement auf die Marke einzahlt und diese nicht verwässert, ist es wichtig, eine logische Verknüpfung zwischen der Positionierung der Marke und dem Aspekt der Nachhaltigkeit zu finden. Eine wichtige Voraussetzung dafür ist, dass die Nachhaltigkeitsstrategie eng mit der Unternehmensstrategie verknüpft ist und somit eine natürliche Verbindung zwischen Nachhaltigkeitspositionierung und Markenidentität geschaffen werden kann (Meffert et al. 2010, S. 34).

Auch empirische Studien belegen, dass das unternehmerische Engagement für Umwelt und Gesellschaft zum Unternehmen passen muss, um einen positiven Imagetransfer zu ermöglichen (Woisetschläger und Backhaus 2010, S. 42 ff.).

5.2.2 Relevanz der fokussierten Themen für Kunden

Damit eine Nachhaltigkeitskommunikation als Marktkommunikation erfolgreich ist, muss sie Themen adressieren, die für den Kunden eine Relevanz haben. D.h. durch die Nachhaltigkeitskommunikation kann dem Kunden ein unmittelbarer zusätzlicher Produktnutzen vermittelt werden (z. B. geringer Energieverbrauch im Betrieb des Produktes) oder die Kommunikation spricht seine Wertvorstellungen an und vermittelt ihm damit einen impliziten Mehrwert und ein gutes Gefühl beim Kauf von Produkten des Unternehmens.

Ideal für die Nachhaltigkeitskommunikation sind die Themen, die für Kunden eine hohe Relevanz haben und die im Unternehmen eine hohe Priorität und ein hohes Leistungsniveau erreicht haben. Aber auch Themen, die für Kunden nur eine mittlere Relevanz haben, in denen sich das Unternehmen aber in ungewöhnlichem Maße engagiert und damit z. B. die Interessen der Fachcommunity adressiert, können Gegenstand der Marktkommunikation sein. Sie können als Differenzierungsfaktor herausgearbeitet werden (Meffert et al. 2010, S. 32 f.).

5.2.3 Glaubwürdigkeit des Nachhaltigkeitsengagements

Unternehmen, die das Thema „Nachhaltigkeit" in den Fokus ihrer Markt- und/oder Unternehmenskommunikation stellen, laufen Gefahr, dass sie diesbezüglich mit dem Vorwurf des „Greenwashing" konfrontiert werden. Dies ist insbesondere dann der Fall, wenn die Nachhaltigkeitskommunikation lediglich aktuelle gesellschaftliche und politische Themen aufgreift und diese nicht auf einem mittel- und langfristigen Engagement des Unternehmens basieren. Ein Problem in diesem Zusammenhang ist, dass häufig Informationsasymmetrien zwischen dem Unternehmen und seinen Stakeholdern bestehen. Dies resultiert u. a. daraus, dass die Messung und Darstellung von Nachhaltigkeitsfaktoren teilweise komplex ist und einigen technischen oder naturwissenschaftlichen Sachverstand erfordert (Schaltegger 2004, S. 2683 f.).

Wichtig ist daher, dass es sich bei den Themen der Nachhaltigkeitskommunikation um echte Themen aus dem Bereich der unternehmerischen Verantwortung handelt und das Unternehmen hier längerfristig einen über das übliche und gesetzlich geforderte Maß hinaus reichenden Beitrag leistet. Vorteilhaft ist darüber hinaus, wenn eine unabhängige und nicht-gewinnorientierte Organisation die Glaubwürdigkeit des Nachhaltigkeitsengagements durch Prüfung, Zertifizierung oder fachliche Begleitung von Projekten und Maßnahmen des Unternehmens bestätigt.

5.2.4 Aktivierung des Kunden zu nachhaltigen Verhaltensweisen

Gleichzeitig ist es im Rahmen der Marktkommunikation wichtig, Themen aus dem Nachhaltigkeitsengagement herauszugreifen, die Kunden zu eigenen nachhaltigen Verhaltensweisen aktivieren; d. h. Produkte oder Services anzubieten, die einerseits ein bestimmtes Kundenbedürfnis befriedigen und darüber hinaus Vorteile aus ökologischer und/oder sozialer Perspektive bieten. Wenn der Kunde selbst aktiv wird, ist er stärker involviert und wird sich stärker mit den Themen identifizieren, als wenn er diese nur kognitiv wahrnimmt. Im Ergebnis ist der Gewinn für Umwelt und Gesellschaft deutlich größer, wenn das Unternehmen seine Kunden durch die Nachhaltigkeitskommunikation zur Inanspruchnahme nachhaltiger Produkte und Services animieren kann, als wenn das Unternehmen auf eine Aktivierung seiner Kundenbasis verzichtet (Peattie und Belz 2010, S. 11 ff.). Das Unternehmen kann sich gegenüber seinen Stakeholdern dann glaubhaft als Institution präsentieren, die nicht nur das eigene Handeln an bestimmten ökologischen und gesellschaftlichen Kriterien ausrichtet, sondern gleichzeitig entsprechenden Einfluss auf seine

Partner, Beschäftigten und schließlich auch auf seine Kunden ausübt. Im Ergebnis werden durch gemeinsames Handeln des Unternehmens mit seinen Kunden größere Effekte erzielt als durch alleiniges Handeln des Unternehmens (Moss Kanter 2012, S. 27 ff.).

5.2.5 Kommunikative Strahlkraft

Gerade große Unternehmen haben oft ein umfangreiches und weit gefächertes Engagement für Umwelt und Gesellschaft. Dabei sind viele Maßnahmen eher technisch und zu kompliziert für eine plakative Marktkommunikation. Um positive Effekte für die Marke und eine Aktivierung der Konsumenten zu bewirken, müssen daher Themen ausgewählt werden, die eine gewisse kommunikative Strahlkraft haben. Dafür muss sich ein Thema so aufbereiten lassen, dass es aus Kundensicht einfach erscheint und der positive Nutzen des unternehmerischen oder ggf. auch des eigenen Handelns sofort verständlich ist. Gleichzeitig sollte das Thema ausreichend inhaltliches Potenzial bieten, um auf eine entsprechende Akzeptanz seitens der Fachcommunity zu stoßen.

6 Die Nachhaltigkeitsoffensive der Deutschen Telekom: „Große Veränderungen fangen klein an.“

6.1 Die Strategie

Die Deutsche Telekom hat sich entschieden, ihre Marke als nachhaltig zu positionieren. Auf kommunikativer Ebene hat sie dafür eine Unternehmenskampagne zum Thema Nachhaltigkeit entwickelt.

Die Kommunikationsziele der Kampagne waren, was die psychologische Wirkungsweise betrifft, breit angelegt und sowohl kognitiv als auch affektiv und konativ orientiert (Meffert und Bruhn 2009, S. 286 f.).

Kognitiv ging es zum einen darum, das langjährige Engagement der Deutschen Telekom für Umwelt und Gesellschaft bekannt zu machen. Gleichzeitig sollte die Aufmerksamkeit aber auch auf innovative Produkte und Services gelenkt werden, mit denen der Nutzer selbst einen Beitrag zur Nachhaltigkeit leisten kann.

Auf der emotionalen Ebene sollte die Wahrnehmung zentraler Markenattribute der Deutschen Telekom gestärkt werden. Durch eine positive emotionale, aber gleichzeitig natürliche und seriöse Inszenierung zielte die Kampagne insbesondere auf eine Verbesserung der Imagewerte für „Sympathie“, „Vertrauen“ und „Engagement für die Umwelt“. Darüber hinaus sollte die Kampagne auch auf die Markenwerte Kompetenz, Innovation und Einfachheit einzahlen.

Was die konativ orientierten Ziele betrifft, sollten die Verbraucher zu einer verstärkten Nutzung nachhaltiger Produkte und Services sowie zur Teilnahme an Aktionen im Rahmen der Kampagne motiviert werden. So sollten auch positive Effekte für Umwelt und Gesellschaft erreicht werden, bspw. die Rückgewinnung wertvoller Rohstoffe durch Sammlung und Recycling von Althandys.

Letztlich wollte sich die Deutsche Telekom mit der Kampagne glaubwürdig im Wettbewerb differenzieren und sowohl Kunden als auch Mitarbeiter zur Mitwirkung animieren.

Inhaltlich ging es entsprechend den dargestellten Leitlinien darum, Themen zu finden, die aus Kundensicht relevant und glaubwürdig sind. Dafür wurden Verantwortliche aus den Unternehmensbereichen Strategie, Unternehmenskommunikation, Marketing und Corporate Responsibility zu einem Brainstorming eingeladen. Ergebnis war eine umfangreiche Themensammlung, die gemeinsam mit externen Experten und Stakeholdern diskutiert, priorisiert und zu einem Kreativbriefing ausgearbeitet wurde.

Auf dieser Basis entstand die Nachhaltigkeitsoffensive der Deutschen Telekom „Große Veränderungen fangen klein an." Über einen Zeitraum von fast drei Jahren stellte die Kampagne Produkte und Dienste der Deutschen Telekom vor, die Kunden im täglichen Leben helfen, verantwortlich im Sinne der Nachhaltigkeit zu handeln, ohne Einschränkung des individuellen Konsums. Die Kampagne ludt Menschen ein mitzumachen, sich zu einer Bewegung zusammenzuschließen und gemeinsam mit vielen kleinen Beiträgen eine große Verbesserung für Umwelt und Gesellschaft zu bewirken. Mit dieser Kampagne ging die Deutsche Telekom neue Wege in der Nachhaltigkeitskommunikation. Denn im Gegensatz zu klassischen CR-Kampagnen war es keine Kampagne, die vorrangig das unternehmerische Engagement darstellte. Vielmehr ging es darum deutlich zu machen, dass jeder Einzelne mit einem überschaubaren Aufwand viel für eine nachhaltige Entwicklung tun kann.

Kreativ wurde dieser Perspektivwechsel über eine eigene Bildsprache in der „Tilt-Shift"-Technik inszeniert. Passend zum übergeordneten Markenleitbild „Erleben, was verbindet." erlebte der Betrachter, wie sich viele kleine Taten des Alltags zu einem großen Gesamtbild verbinden.

Inhaltlich manifestierte sich die „Vielfalt der kleinen Schritte" in 16 für den Kunden höchstrelevanten Themen. Dazu gehörten z. B. die Bereiche

- Rücknahme alter Handys
- klimaneutrale Downloads von Musik
- papierlose Rechnung
- energieeffiziente Telefone
- regenerative Energie
- Kinderschutzsoftware

6.2 Die Umsetzung

Die Nachhaltigkeitsoffensive wurde in einem integrierten Kommunikationsansatz an Kunden, Mitarbeiter sowie an die Fachcommunity und die interessierte Öffentlichkeit kommuniziert. Dabei wurden die Bedürfnisse der verschiedenen Stakeholder über die Auswahl geeigneter Kommunikationskanäle adressiert. Wichtig war, die Leitidee „Große Veränderungen fangen klein an" nicht starr über einen zentralen Spot oder ein zentrales Motiv, sondern zielgruppengerecht und medienadäquat umzusetzen.

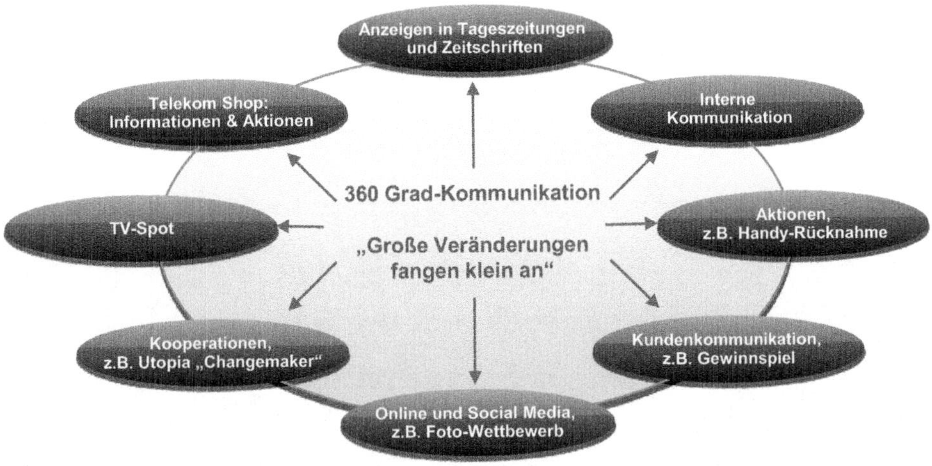

Abb. 1 360 Grad-Kommunikation „Große Veränderungen fangen klein an"

Um zu erreichen, dass über den integrierten Kommunikationsansatz ein breites und zugleich inhaltlich, formal und zeitlich abgestimmtes Bild des Nachhaltigkeitsengagements der Deutschen Telekom vermittelt wird, wurde die Kampagne in einem Top-Down-Ansatz durch den Zentralbereich „Markenstrategie und Marketing Kommunikation" gesteuert. Die Implementierung der Kampagne in die verschiedenen Medien der Kunden-, Mitarbeiter- und Fachkommunikation erfolgte Bottom-up durch die verantwortlichen Bereiche. Dabei fand stets ein enger Austausch zwischen den verschiedenen Bereichen statt.

Im Ergebnis wurden in der Kampagne neben klassischen Werbeträgern wie TV, Tages- und Publikumszeitschriften auch verschiedene Medien der Kundenkommunikation, wie bspw. Kundenmagazine, Newsletter und Mailings genutzt. Den besonderen Informationsbedürfnissen der Fachcommunity wurde über umfangreichere Darstellungen und Berichte in entsprechenden Fachpublikationen sowie online über Berichte auf Fachportalen und Communities entsprochen.

Einen Überblick über die integrierte 360-Grad-Kommunikation der Kampagne „Große Veränderungen fangen klein an" zeigt die Abb. 1.

Zeitlich gesehen, erfolgte die Kommunikation über eine zweistufige Media-Mechanik. Eröffnet wurde die Kampagne im Sommer 2009 mit einem mehrseitigen Manifest (s. Abb. 2) in überregionalen Tageszeitungen.

Der Text des Manifests verdeutlichte den Verbrauchern an einfachen Beispielen den Nachhaltigkeitsgedanken der Kampagne:

„Große Veränderungen fangen klein an".

Wir alle haben das Gefühl, etwas tun zu müssen, um unsere Welt besser und unsere Zukunft sicherer zu machen. Aber müssen wir unser Leben dafür komplett umkrempeln? Sollten wir uns alle ein Öko-Haus bauen, uns nur noch von Bio-Produkten ernähren? Dürfen wir uns alle nur noch umweltverträglich kleiden und fortbewegen? Wie viel Geld sollten wir für soziale Zwecke spenden? Sicher, wir alle wollen die Welt verbessern. Aber was kann man sofort und ohne großen Aufwand tun?

Abb. 2 Manifest zur Eröffnung der Kampagne „Große Veränderungen fangen klein an“

Abb. 2 (Fortsetzung)

Große Veränderungen fangen klein an.

Wir alle haben das Gefühl, etwas tun zu müssen, um unsere Welt besser und unsere Zukunft sicherer zu machen. Aber müssen wir unser Leben dafür komplett umkrempeln? Sollten wir uns alle ein Öko-Haus bauen, uns nur noch von Bio-Produkten ernähren? Dürfen wir uns alle nur noch umweltverträglich kleiden und fortbewegen? Wie viel Geld sollten wir für soziale Zwecke spenden?

Sicher, wir alle wollen die Welt verbessern. Aber was kann man sofort und ohne großen Aufwand tun?

Die Antwort ist: Viele können viel erreichen. In Deutschland leben Millionen Menschen, von denen jeder seinen Beitrag leisten kann. Jeden Tag. Und meistens, ohne eine große Sache daraus zu machen. Man muss einfach nur anfangen.

Wir können uns zum Beispiel unsere Rechnungen online schicken lassen und nicht auf Papier. Das spart zwar nur ein paar Blätter. Aber wenn Millionen mitmachen, kommt eine ganze Menge Papier zusammen, das nicht zu Lasten der Umwelt produziert werden muss.

Wir können Programme auf unseren Computern installieren, die unsere Kinder zuverlässig gegen gefährliche Inhalte im Internet schützen. Und so für einen unbeschwerteren Umgang mit diesem Medium sorgen.

Oder wir lassen unser altes Handy wiederverwerten. Das spart nicht nur Platz zu Hause. Sondern auch wertvolle Rohstoffe.

Oder es hilft in weniger entwickelten Regionen der Erde dabei, ein verlässliches Kommunikationsnetz aufzubauen.

Wir können Musik aus dem Internet runterladen, statt uns CDs zu kaufen. Das spart kostbare Energie und Ressourcen und reduziert die CO_2-Emissionen, die bei der Herstellung und beim Transport von CDs anfallen.

Wenn wir Produkte aus Entwicklungsländern kaufen, können wir darauf achten, dass sie unter fairen Arbeitsbedingungen hergestellt wurden. Wir können energiesparende Telefone benutzen und so die Umwelt schonen. Wir können durch neue Kommunikationstechnologien Menschen in die Gesellschaft integrieren, die bisher durch eine Behinderung ausgeschlossen waren. Wir können Handy-Navigation nutzen, um Staus zu umfahren und somit den Schadstoffausstoß zu verringern.

Vielleicht sind es nur kleine Schritte. Aber es sind die Schritte von Millionen Menschen, die einen großen Unterschied machen.

Die Deutsche Telekom unterstützt alle, die heute mit einer besseren Zukunft anfangen wollen. Mit Produkten und Serviceleistungen, die wir konsequent an den Bedürfnissen unserer Kunden ausrichten. Und an den Bedürfnissen unserer Umwelt und unserer Gesellschaft.

Fangen Sie mit uns an, den ersten Schritt zu tun.

www.millionen-fangen-an.de

Erleben, was verbindet.

Abb. 2 (Fortsetzung)

Die Antwort ist: Viele können viel erreichen. In Deutschland leben Millionen Menschen, von denen jeder seinen Beitrag leisten kann. Jeden Tag. Und meistens, ohne eine große Sache daraus zu machen. Man muss einfach nur anfangen.

Wir können uns zum Beispiel unsere Rechnungen online schicken lassen und nicht auf Papier. Das spart zwar nur ein paar Blätter. Aber wenn Millionen mitmachen, kommt eine ganze Menge Papier zusammen, das nicht zu Lasten der Umwelt produziert werden muss.

Wir können Programme auf unseren Computern installieren, die unsere Kinder zuverlässig gegen gefährliche Inhalte im Internet schützen. Und so für einen unbeschwerteren Umgang mit diesem Medium sorgen.

Oder wir lassen unser altes Handy wiederverwerten. Das spart nicht nur Platz zu Hause. Sondern auch wertvolle Rohstoffe. Oder es hilft in weniger entwickelten Regionen der Erde dabei, ein verlässliches Kommunikationsnetz aufzubauen.

Wir können Musik aus dem Internet runterladen, statt uns CDs zu kaufen. Das spart kostbare Energie und Ressourcen und reduziert die CO2-Emissionen, die bei der Herstellung und beim Transport von CDs anfallen.

Wenn wir Produkte aus Entwicklungsländern kaufen, können wir darauf achten, dass sie unter fairen Arbeitsbedingungen hergestellt wurden. Wir können energiesparende Telefone benutzen und so die Umwelt schonen. Wir können durch neue Kommunikationstechnologien Menschen in die Gesellschaft integrieren, die bisher durch eine Behinderung ausgeschlossen waren. Wir können Handy-Navigation nutzen, um Staus zu umfahren und somit den Schadstoffausstoß zu verringern.

Vielleicht sind es nur kleine Schritte. Aber es sind die Schritte von Millionen Menschen, die einen großen Unterschied machen.

Die Deutsche Telekom unterstützt alle, die heute mit einer besseren Zukunft anfangen wollen. Mit Produkten und Serviceleistungen, die wir konsequent an den Bedürfnissen unserer Kunden ausrichten. Und an den Bedürfnissen unserer Umwelt und unserer Gesellschaft.

Fangen Sie mit uns an, den ersten Schritt zu tun.“ (Deutsche Telekom AG 2009)

Über Bewegtbild im TV und Kino wurde das Thema im Anschluss an das Manifest emotional für den Massenmarkt aufbereitet. Ziel dieser ersten Stufe war es, das Publikum für das Thema Nachhaltigkeit zu begeistern und die vielfältigen und einfachen Möglichkeiten einer Partizipation zu präsentieren.

In einer zweiten Stufe wurden verschiedene doppelseitige Anzeigen (s. Abb. 3 und 4) in ausgewählten Publikumsmagazinen und reichweitenstarken Nachrichtentiteln geschaltet, die jeweils detailliert aufzeigten, wie jeder Einzelne seinen individuellen Beitrag zu Klimaschutz und gesellschaftlicher Verantwortung leisten kann.

Zum Jahresende 2010 informierte die Deutsche Telekom in einer doppelseitigen Printanzeige über die bis dahin erreichten Ergebnisse der Nachhaltigkeitsoffensive.

Eine zentrale Anlaufstelle für verschiedene Stakeholder war die Web-Plattform www.millionen-fangen-an.de bzw. www.telekom.com/nachhaltig-handeln, die neben vertiefenden Informationen auch spielerische Elemente und Dialogmöglichkeiten beinhaltete. Über Social Media Anwendungen wurden weitere unterhaltungs- und interaktionsorientierte Kampagnenelemente geschaffen.

Abb. 3 Anzeige „Musikdownloads“

Abb. 4 Anzeige „Kinderschutzsoftware“

Für die Ansprache von Meinungsführern und Multiplikatoren hat sich die Deutsche Telekom dem kritischen Dialog auf Utopia, der größten Online-Plattform für ökologisch und sozial verantwortungsvollen Konsum, gestellt. Um die besonderen Anforderungen der Fachcommunity zu adressieren, wurde die Nachhaltigkeitskampagne außerdem in einschlägigen Fachpublikationen wie z. B. im Jahrbuch „Global Compact Deutschland 2009“ vorgestellt.

6.3 Die Aktionen

Am stärksten involviert ist der Einzelne, wenn er wirklich einen eigenen Beitrag leistet. Mit ergänzenden Aktionen für ausgewählte Themen sollte daher ein besonders starkes Involvement erzielt werden. Ein großes Aktionsthema in den Jahren 2010 und 2011 war die Handyrücknahme. Die Deutsche Telekom rief all ihre Kunden und auch Nichtkunden auf, ihre alten Handys abzugeben. Ziel war es, die alten Handys umweltgerecht zu recyceln und damit wertvolle Rohstoffe zurückzugewinnen.

Besonders erfolgreich war die Handyrücknahme-Aktion im Jahr 2011. Für diese Aktion wurde das ambitionierte Ziel definiert, 500.000 Althandys einzusammeln. Gleichzeitig wollte sich das Unternehmen, wie bereits in den Jahren zuvor, mit einer größeren Spende für Kinder in Not engagieren. Um 500.000 Handys innerhalb von knapp drei Monaten zu sammeln, musste eine große Masse an Menschen mobilisiert werden, ihre alten Handys aus der Schublade zu holen und bei der Deutschen Telekom abzugeben. Dafür musste kurz und prägnant deutlich gemacht werden, wofür eine Rückgabe von Althandys gut sein sollte.

Da der Aspekt des Ressourcenschutzes erklärungsbedürftig ist, wurde entschieden, die Handy-Rückgabe direkt mit einer Spende an die Organisation Bild hilft e. V. „Ein Herz für Kinder“ zu verbinden und dies in den Fokus der Kommunikation zu stellen. Für jedes gesammelte Althandy sollte eine Spende in Höhe von 2 € an „Ein Herz für Kinder“ gehen. Das Herz bot die Möglichkeit, das Thema bildlich in Form eines riesigen Herzens, das von Passanten mit Althandys gefüllt wird, zu inszenieren.

Die Botschaft „Machen Sie das Herz voll! Für Ihr altes Handy spenden wir 2 € für Kinder in Not!“ bildete eine gute Verbindung zu diesem Key-Visual. Im Laufe der Aktion wurde das Visual um ein weiter gefülltes Herz aktualisiert. Zum Abschluss der Aktion wurde das komplett gefüllte Herz gezeigt (s. Abb. 5).

Die Aktion war eine konsequente Umsetzung des Kampagnenmottos „Große Veränderungen fangen klein an“. Von ein paar kleinen mit Althandys zugedeckten Stellen bis zu dem prall gefüllten Herz zeigte sich bildlich, wie viele kleine Beiträge zu einer großen Veränderung führen können.

Im Rahmen dieser Aktion wurden ebenso wie bei vorhergehenden Aktionen zur Handyrücknahme auch Maßnahmen im Bereich Social Media eingebunden. Neben Posts auf den eigenen Facebook Plattformen wurden auch Facebook Anzeigen geschaltet. Diese leiteten die User auf eine eigens gestaltete Facebook-App, mit der sie virtuelle Herzen an Freunde und Verwandte schicken und ein Etikett für den portofreien Versand von Althandys an die Deutsche Telekom herunterladen konnten.

Abb. 5 Anzeige „Aktion Handyrücknahme"

Das Ergebnis der Aktion zeigte, dass sich über eine geeignete Kommunikation von CR-Maßnahmen nicht nur Aufmerksamkeit, sondern auch eine echte Aktivierung der Zielgruppe erreichen lässt. Bereits nach 8 Wochen war das Ziel von 500.000 Althandys erreicht und im gesamten Aktionszeitraum wurden 585.758 Handys gesammelt. Auch nach der Aktion gingen noch zahlreiche Handys bei der Deutschen Telekom ein, so dass insgesamt in 2011 ein Sammelvolumen von 762.641 Handys erreicht wurde. Dies war mit Abstand die größte Sammelmenge aller Zeiten in der Geschichte der Deutschen Telekom.

Für die Aktion erhielt die Deutsche Telekom AG den internationalen „Ethical Corporation Award" in der Kategorie „Best Consumer Engagement" (www.ethicalcorp.com/awards). Die Größe und die kreative Umsetzung des Projektes sowie der große Erfolg der Aktion, gemessen an der Anzahl der gesammelten Handys, überzeugten die Jury.

6.4 Die Ergebnisse

6.4.1 Verbesserung der Reputation und der Nachhaltigkeitstreiber aus Kundensicht

Die Effekte der Nachhaltigkeitsoffensive im Hinblick auf das Ansehen in der Fachcommunity und relevante Image- und Reputationsfaktoren sind eindeutig.

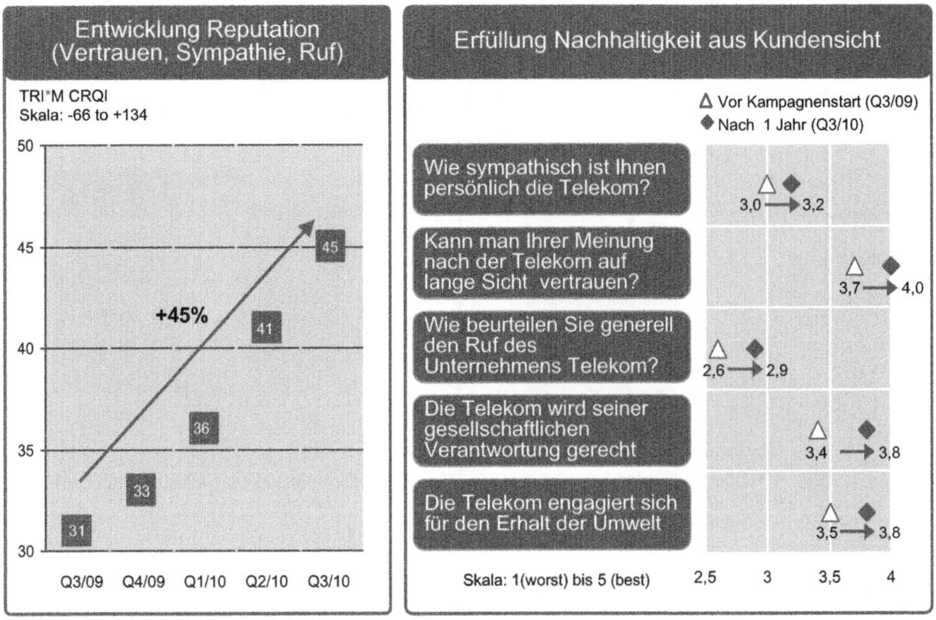

Abb. 6 Entwicklung Reputation und Nachhaltigkeitstreiber aus Kundensicht. (Quelle: Studie TNS Infratest für Deutsche Telekom AG)

Bereits ein Jahr nach Start der Kampagne ist die Reputation (genereller Ruf, Vertrauen, Sympathie) der Deutschen Telekom signifikant gestiegen und liegt über dem Branchendurchschnitt. Darüber hinaus werden alle Treiber für Nachhaltigkeit deutlich besser bewertet als vor Kampagnenstart (Abb. 6).

6.4.2 Faktischer Beitrag der Nachhaltigkeitsoffensive zur Schonung natürlicher Ressourcen

Über die Nachhaltigkeitsoffensive konnte eine Aktivierung der Kunden und damit weitere Erfolge zur Schonung von Klima und Ressourcen erzielt werden. Dazu haben insbesondere steigende Zahlen bei den klimafreundlichen virtuellen Diensten, z. B. über die Downloadportale der Deutschen Telekom für Musik, Spiele und Software aber auch durch den Service „Rechnung Online" beigetragen. Beachtlich war außerdem der Beitrag, den die über zwei Jahre konsequent umgesetzten Maßnahmen zur Handyrücknahme geleistet haben. Insgesamt wurden so innerhalb des Kampagnenzeitraums über eine Millionen Althandys gesammelt und umweltschonend recycelt oder weiter verwendet (Abb. 7).

6.4.3 Positive Effekte für die Stakeholder-Kommunikation

Die breite Kommunikation und die Erfolge der Nachhaltigkeitsoffensive führten dazu, dass auch im Rahmen der klassischen CR-Kommunikation über die Nachhaltigkeitsoffensive berichtet wurde. Neben einer Berichterstattung im CR-Bericht, wurden wesentliche Ergebnisse der Offensive auch im Geschäftsbericht dargestellt und im Rahmen des Stakeholder-Dialogs diskutiert. Insbesondere der große Erfolg der Handyrücknahme-Aktionen

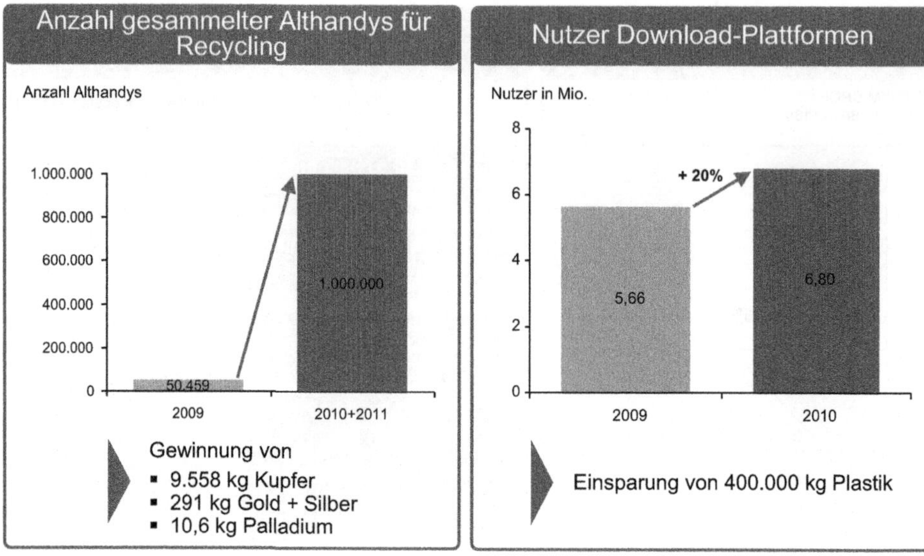

Abb. 7 Nachhaltigkeitseffekte durch Aktivierung und Verhaltensänderung beim Kunden. (Quelle: Deutsche Telekom AG in Zusammenarbeit mit Electrocycling GmbH. #X:126 Y:72)

war Anlass für Fachgespräche mit Umweltinstituten und öffentlichen Behörden, die an einer Erhöhung der Recyclingquote für Mobiltelefone arbeiten und teilweise eigene Maßnahmen durchführen. Auch für die Darstellung des Unternehmens bei der Nachhaltigkeitscommunity im Netz bot die Nachhaltigkeitsoffensive gute Ansatzpunkte. So lobte die Nachhaltigkeitscommunity Utopia die Ergebnisse der Handyrücknahme-Aktion als großen Erfolg für den Umweltschutz.

7 Zusammenfassende Bewertung der Nachhaltigkeitsoffensive entlang der definierten Leitlinien

Zusammenfassend lässt sich sagen, dass die Nachhaltigkeitsoffensive „Große Veränderungen fangen klein an“ der Deutschen Telekom ein Beispiel für eine gelungene Marktkommunikation zum Thema „Nachhaltigkeit“ ist. Auch in der Werbebranche wurde der Erfolg der Kampagne anerkannt und im Jahr 2011 mit einem bronzenen Effie ausgezeichnet. Der Effie ist eine der wichtigsten Auszeichnungen der deutschen Werbebranche. Er wird durch den Gesamtverband der Kommunikationsagenturen (GWA) für Kampagnen verliehen, die in ihrer Kreation, Wirksamkeit und Effizienz herausragend sind. (GWA 2011, S. 266 ff.)

Unter dem Kampagnenmotto „Große Veränderungen fangen klein an“ wurden viele Einzelthemen, Angebote und Services zu einem starken Programm verbunden, dass im Einklang mit der Positionierung der Deutschen Telekom als führender Anbieter für vernetztes Leben und Arbeiten stand. So wurden insbesondere die positiven Nachhaltigkeitseffekte aus virtuellen Diensten sowie Verantwortung für die dafür notwendige Hardware in den Fokus gestellt.

Bei der Auswahl der einzelnen Themen wurde auf eine größtmögliche Relevanz für Kunden und die allgemeine Öffentlichkeit Wert gelegt. Der Klima- und Ressourcenschutz ist allgegenwärtig in der politischen und gesellschaftlichen Diskussion. Mit den Themen der Nachhaltigkeitsoffensive wurde gezeigt, wie jeder Einzelne mit kleinen Verhaltensänderungen im täglichen Leben einen Beitrag für den Schutz des Klimas und der natürlichen Ressourcen leisten kann. Die Kampagne wurde im Einklang mit dem Markenleitbild „Erleben, was verbindet." inszeniert und hat dadurch auch die Markenwerte Innovation, Kompetenz und Einfachheit gestärkt.

Das Gesamtpaket aus attraktiver und zugleich ungewöhnlicher Inszenierung relevanter Nachhaltigkeitsthemen, kombiniert mit fokussierten Aktionen zur Erzielung einer hohen Aktivierung, hat dazu geführt, dass die Nachhaltigkeitsoffensive eine hohe kommunikative Strahlkraft entwickelt hat. So wurden nicht nur Kunden und Öffentlichkeit, sondern auch die Fachcommunity auf diese „neue" Kommunikation von Nachhaltigkeit aufmerksam.

Literatur

Bassen A, Jastram S, Meyer K (2005) Corporate Social Responsibility. Eine Begriffserläuterung. Zeitschrift für Wirtschafts- und Unternehmensethik 6(2):231–236

Bhattacharya C, Sankar S, Korschun D (2011) Leveraging corporate respnsibility: the stakeholder route to maximizing business and social value. Cambridge University Press, Cambridge

Deutsche Telekom AG (2009) Manifest zur Eröffnung der Kampagne „Große Veränderungen fangen klein an" Anzeige am 07.09.2009 in Frankfurter Allgemeine Zeitung, Welt, Süddeutsche Zeitung, Bildnachweis für Manifest und alle Print-Anzeigen der Kampagne „Große Veränderungen fangen klein an": Fotograf: Christian Schmidt c/o Claudia Bitzer

Deutsche Telekom AG (Hrsg) (2011) Brand driven change. Marken treiben Wandel. Hoffmann und Campe, Hamburg

Deutsche Telekom AG (2012a) Corporate responsibility Bericht 2011. http://www.cr-bericht.telekom.com/site12/. Zugegriffen: 19.Juni 2012

Deutsche Telekom AG (2012b) Geschäftsbericht 2011. Bonn

Gesamtverband Kommunikationsagenturen GWA e. V. (2011) GWA EFFIE 2011. Die effizientesten und effektivsten Kampagnen des Jahres. Gesamtverband Kommunikationsagenturen GWA e. V., Frankfurt a. M.

Heinze R, Ley C (2009) Vernetztes Wohnen: Ausbreitung, Akzeptanz und nachhaltige Geschäftsmodelle. InWIS F&B GmbH, Bochum

Meffert H, Bruhn M (2009) Dienstleistungsmarketing. Grundlagen – Konzepte – Methoden. 6. vollst. neubearb. Auflage. Gabler, Wiesbaden

Meffert H, Rauch C, Lepp H (2010) Sustainable Branding – mehr als ein neues Schlagwort?! Marketing Review St. Gallen 27(5):28–35

Meyer A, Brudler B (2009) Kommunikation für Dienstleistungen. In Bruhn M, Esch F-R, Langner T (Hrsg) Handbuch Kommunikation. Gabler, Wiesbaden, S 1117–1131

Moss Kanter R (2012) Anders wirtschaften. Harvard Bus Manag 2(2012):27–39

Oberhofer P (2011) Business-wissen.de; Werkzeuge für Organisation und Management. http://www.business-wissen.de/artikel/lohas-eine-zielgruppe-mit-hohen-anspruechen. Zugegriffen: 15. Juni 2012

Peattie K, Belz F-M (2010) Sustainability marketing – an innovative conception of marketing. Market Review St. Gallen 5(2010):8–15

Schaltegger S (2004) Nachhaltigkeitsaspekte in der Markenführung. In: Bruhn M (Hrsg) Handbuch Markenführung. Kompendium zum erfolgreichen Markenmanagement. Strategien, Instrumente, Erfahrungen, 2. Aufl. Gabler, Wiesbaden, S 2678–2703

Union Investment (2012a): Großanleger setzen weiter auf Nachhaltigkeit. https://unternehmen.union-investment.de/startseite/newsroom/nachrichten/2012/studie--gro-anleger-setzen-weiter-auf-nachhaltigkeit.html. Zugegriffen: 15. Juni 2012

Union Investment (2012b) Nachhaltige Geldanlagen: Privatanleger halten sich zurück. https://unternehmen.union-investment.de/startseite/newsroom/nachrichten/2012/nachhaltige-geldanlagen--privatanleger-halten-sich-zurueck.html. Zugegriffen: 19. Juni 2012

The Climate Group (2008) Smart 2020. http://www.smart2020.org/publications. Zugegriffen: 15. Juni 2012

Woisetschläger D, Backhaus C (2010) CSR-Engagements – was davon beim Kunden ankommt. Market Review St. Gallen 5(2010):42–47

Ina Andree Expertin im Bereich Marketing Communications Strategy bei der Deutschen Telekom AG, ist in der Entwicklung und Umsetzung von Corporate Kampagnen für den Konzern tätig. Die thematische Konzeption und werbliche Umsetzung von partizipativen Aktionen war einer ihrer Arbeitsschwerpunkte im Rahmen der Nachhaltigkeitsoffensive „Große Veränderungen fangen klein an". Nach ihrem Studium der Volkswirtschaftslehre arbeitete Sie in einer internationalen Unternehmensberatung, bevor sie 2001 zur Deutschen Telekom kam.

Dr. Christian Hahn Vice President Marketing Communications Strategy & Media, ist bei der Deutschen Telekom AG für das konzernweite Mediageschäft sowie für die Strategie der Marketing Kommunikation verantwortlich. Er verantwortet zudem die Kommunikationsmarktforschung des Konzerns. Nach der Promotion an der Westfälischen Wilhelms-Universität Münster mit den Schwerpunkten Marketing und Statistik arbeitete er ab 1997 bei einer internationalen Unternehmensberatung, ehe er 2001 als Leiter Strategie ins Inhouse Consulting zur Deutschen Telekom wechselte.

Nachhaltigkeit in der Preis- und Konditionenpolitik

Hermann Simon und Andreas von der Gathen

Inhaltsverzeichnis

H. Simon (✉)
Willy-Brandt-Allee 13, 53113 Bonn, Deutschland
E-Mail: hermann.simon@simon-kucher.com

A. von der Gathen
Willy-Brandt-Allee 13, 53113 Bonn, Deutschland
E-Mail: andreas.gathen@simon-kucher.com

H. Meffert et al. (Hrsg.), *Sustainable Marketing Management*,
DOI 10.1007/978-3-658-02437-6_13

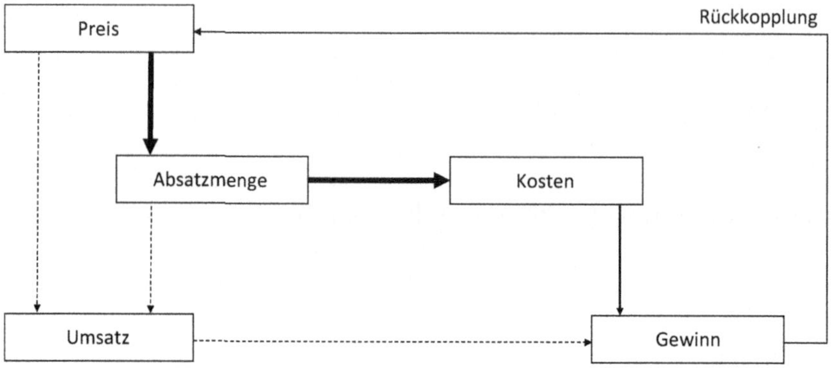

Abb. 1 Wirkungszusammenhänge im Preismanagement

Zusammenfassung

Die Optimierung des Preises als eines der vier Marketinginstrumente ist für den Erfolg eines Unternehmens, welches Nachhaltigkeit als eine Zielsetzung verfolgt, von enormer Bedeutung: Der Preis hat einen starken Einfluss auf Absatz und Marktanteil, denn durch den Absatzpreis wird der Anteil festgelegt, den ein nachhaltig produziertes Produkt von der gesamten Nachfrage auf sich vereinen kann. Die Optimierung der Preispolitik für nachhaltige Produkte ist jedoch nicht trivial: Aufgrund der Mehrdimensionalität der Preiswirkungen sind die Zusammenhänge zwischen Preis, Absatzmenge, Umsatz, Kosten und Gewinn durch interdependente und teilweise gegenläufige Wirkungsketten gekennzeichnet.

1 Einleitung

Die Optimierung des Preises als eines der vier Marketinginstrumente ist für den Erfolg eines Unternehmens, welches Nachhaltigkeit als eine Zielsetzung verfolgt, von enormer Bedeutung: Der Preis hat einen starken Einfluss auf Absatz und Marktanteil, denn durch den Absatzpreis wird der Anteil festgelegt, den ein nachhaltig produziertes Produkt von der gesamten Nachfrage auf sich vereinen kann. Die Optimierung der Preispolitik für nachhaltige Produkte ist jedoch nicht trivial: Aufgrund der Mehrdimensionalität der Preiswirkungen sind die Zusammenhänge zwischen Preis, Absatzmenge, Umsatz, Kosten und Gewinn durch interdependente und teilweise gegenläufige Wirkungsketten gekennzeichnet (vgl. Simon und Fassnacht 2009, S. 13 ff.) (Abb. 1).

Insbesondere zwei Ziele werden durch die Preispolitik direkt mitbestimmt: Das Mengen- und das Gewinnziel. Da hinter dem Angebot eines nachhaltigen Produkts die Überzeugung steht, eine gegenüber der nicht-nachhaltigen überlegene Weise des Wirtschaftens zu verfolgen, stellt auf der einen Seite das Mengenziel nicht nur eine ökonomische, sondern auch eine ethische Zielsetzung dar: Die Steigerung der Menge stärkt die Nachhaltigkeit, da mehr nachhaltig und weniger konventionell hergestellte Produkte nachgefragt, gekauft und verbraucht werden. Die Steigerung der Menge kann aber auch eine höhere

Umweltbelastung bedeuten. Auf der anderen Seite ist das Gewinnziel auch für nachhaltig wirtschaftende Unternehmen überlebenswichtig, denn ohne Gewinn bzw. Deckung der Kosten ist eine ökonomische Nachhaltigkeit nicht gegeben.

Nachhaltigkeit kann sich in verschiedenen Dimensionen ausdrücken. „Die Gemeinsamkeit aller Nachhaltigkeitsdefinitionen ist der Erhalt eines Systems bzw. bestimmter Charakteristika eines Systems, sei es die Produktionskapazität des sozialen Systems oder des lebenserhaltenden ökologischen Systems. Es soll also immer etwas bewahrt werden zum Wohl der zukünftigen Generationen“ (Klauer 1999, S. 1). Aus der Perspektive der Preispolitik sind im Hinblick auf Nachhaltigkeit insbesondere zwei Fälle zu unterscheiden.

1.1 Nachhaltige Produktion bzw. Produkte

Bei nachhaltiger Produktion bzw. beim Vertrieb nachhaltiger Produkte steht Nachhaltigkeit in einem engen Bezug zum Unternehmen bzw. seinen Produkten. Nachhaltiges Wirtschaften führt in der Regel zu höheren Kosten für die Hersteller. Diese werden dadurch verursacht, dass im Zuge der Produktion nachhaltige Produktionsverfahren (z. B. Bioanbau), Betriebsmittel (z. B. regenerative Energien) oder Einsatzstoffe (z. B. Fair-Trade Ingredients) eingesetzt werden, die mit höheren Kosten verbunden sind als konventionelle Verfahren, Betriebsmittel oder Einsatzstoffe. Es gibt allerdings auch Fälle, in denen Nachhaltigkeit mit geringerem Ressourcenverbrauch und demgemäß niedrigeren Kosten einhergeht.

Da die Kostenposition eines nachhaltig wirtschaftenden Unternehmens somit strukturell gegenüber nicht-nachhaltig wirtschaftenden Unternehmen oftmals ungünstiger ist, kommt es in der Preispolitik darauf an, dass die höheren Kosten sich in einem höheren Kundennutzen und in einem höheren Preis niederschlagen. Nur dann wird die Profitabilität gewährleistet. Dieser höhere Preis muss am Markt tatsächlich realisiert werden, d. h. die Zahlungsbereitschaft der Kunden muss den höheren Preis zulassen. Ansonsten würden nachhaltig wirtschaftende Unternehmen geringere Gewinne erzielen als ihre konventionell arbeitenden Konkurrenten. Auch wenn in einigen Fällen zu beobachten ist, dass Unternehmen auf Gewinne verzichten, da das Angebot nachhaltiger Produkte neben der ökonomischen auch eine ethische Zielsetzung umfasst, so müssen immer mittel- bis langfristig die Kosten gedeckt werden, um ein Unternehmen ökonomisch nachhaltig am Markt zu halten.

1.2 Cause related Marketing (CrM)

Im Zuge einer Cause related Marketing (CrM)-Kampagne bieten Unternehmen an, einen bestimmten Geldbetrag für einen genau definierten Zweck zu spenden, wenn Kunden dafür im Gegenzug z. B. die Produkte des Unternehmens kaufen (vgl. Varadarajan und

Menon 1988, S. 58 ff.). Eine derartige Verkaufsförderungs- bzw. Sponsoring-Aktivität soll den Absatz der eigenen Produkte steigern. Bekanntestes Beispiel für eine derartige Nachhaltigkeits-Kampagne im deutschsprachigen Raum ist die Regenwald-Kampagne von Krombacher: Das Unternehmen verpflichtete sich, pro verkauftem Kasten Bier eine Spende an den WWF in der Höhe zu überweisen, die ausreichte, einen Quadratmeter Regenwald zu erhalten.

Die Nachhaltigkeit der eigenen Produktionsverfahren oder der hergestellten Produkte wird in diesem Falle nicht direkt tangiert, allerdings ist dies für die Glaubwürdigkeit einer Cause related Marketing-Kampagne von Vorteil. Das Unternehmen engagiert sich für einen bestimmten Nachhaltigkeitsaspekt und setzt dieses Engagement in der Werbung ein, um so ein Alleinstellungsmerkmal zu schaffen, die Akzeptanz der Marke zu fördern oder den Absatz zu erhöhen. Mit dieser Kampagne gelang es Krombacher, den Umsatz und den Absatz signifikant zu steigern. Seitdem durch die Novellierung des UWG Rechtssicherheit geschaffen wurde und der BGH in einem Urteil aus dem Jahre 2005 Werbung mit sozialen Motiven explizit erlaubt hat, erfreuen sich CrM-Kampagnen insbesondere im Lebensmittelsektor, der Textilindustrie und im Handel in Deutschland einer stark zunehmenden Beliebtheit.

Die Preispolitik muss die Frage beantworten, in welchem Verhältnis die Spende zum Produktpreis bzw. zum Umsatz stehen sollte und ob die Preise für die eigenen Produkte verändert werden sollen.

2 Nachhaltigkeit in der Preispolitik

2.1 In sich nachhaltige Preispolitik

Eine der ersten und grundlegenden Fragen, die man sich bei Überlegungen zur Preispolitik und Nachhaltigkeit stellen sollte, betrifft die Nachhaltigkeit der Preispolitik als solche. Ist die Preispolitik, die man betreibt, auf Dauer durchhaltbar, führt sie zu einem nachhaltigen und stabilen Gewinn? Oder betreibe ich eine Preispolitik, die zwar kurzfristig erwünschte Wirkungen zeigt, jedoch langfristig zu einem desaströsen Ergebnis führt.

Das vielleicht bekannteste Fallbeispiel zu letztgenanntem Ausgang betrifft die Baumarktkettte Praktiker. Mitte 2007 war die Praktiker-Aktie mehr als 30 € wert. Mit dem Slogan „20 % auf alles – außer Tiernahrung“ war Praktiker nach OBI zur zweitgrößten deutschen Baumarktkette aufgestiegen. Ein weiterer Praktiker-Slogan lautete „Hier spricht der Preis“. Praktiker positionierte sich als der harte Discounter unter den Baumarktketten, definierte sich letztlich über den Preis – eine riskante Strategie, vor allem wenn man keine markanten Kostenvorteile hat.

Die aggressive Preisstrategie von Praktiker erwies sich jedoch gerade nicht als nachhaltig, sondern führte immer weiter ins Desaster. Der Aktienkurs stürzte zwischen Mitte 2007 und Mitte 2008 auf unter 10 € ab. Die Discountpolitik war offensichtlich nicht nachhaltig und musste aufgegeben werden. Doch als man diesen gewagten Schritt im Laufe des Jahres 2010 ging (Ende 2010 lief der „20 % auf alles Slogan“ zum letzten Mal) folgte

Abb. 2 Kursverlauf der Praktikeraktie 2007–2013

ein weiterer, starker Einbruch des Aktienkurses. Im August 2011 wurden zeitweise Kurse unter 2 € erreicht.

Dem Praktiker-Management wird vorgehalten, „die Komplexität des Abschieds von der Rabattkultur heruntergespielt zu haben. Als klar wurde, dass die Neupositionierung lange dauern und viel Geld kosten würde, schwand das Vertrauen der Märkte" (Seidel 2011, S. 37). An anderer Stelle heißt es: „Wer das Heilsversprechen auf ‚20 % auf alles – außer Tiernahrung' reduziert, zeigt, dass er nicht verstanden hat, worum es geht. Praktiker ist ein entseeltes Unternehmen" (Freytag 2011, S. 11). Die Abb. 2 zeigt den Kursverlauf der Praktiker-Aktie von 2007 bis 2013.

Interessant ist, dass konkurrierende Baumarktketten florieren und ihre Umsätze von 2008 bis 2010 um mehr als eine Milliarde Euro auf insgesamt 18,5 Mrd. € steigern konnten.

Das Desaster von Praktiker verfehlte seinen Eindruck auf andere Unternehmen nicht. So sprach Dieter Schindel, der Vorstandsvorsitzende des Einzelhändlers Woolworth vom „Praktiker-Syndrom", unter dem auch Woolworth gelitten habe. Denn auch Woolworth praktizierte eine nicht nachhaltige Preispolitik mit ständigen Rabattaktionen. Woolworth ging im April 2009 in die Insolvenz und wagte danach einen völligen Neustart. In dem neuen Konzept soll auf ständige Rabattaktionen („Praktiker-Syndrom") völlig verzichtet werden. Stattdessen wurden die Preise für rund 400 Artikel dauerhaft gesenkt. Das Konzept scheint aufzugehen (vgl. o.V. 2012b, S. 12).

In Frage zu stellen ist auch die folgende Preistaktik. An einem Tag im Juli 2012 offerierte BMW seinen amerikanischen Händlern einen Rabatt von bis zu $ 7.000 für jedes

Auto, das an diesem Tag als verkauft gemeldet wurde. Die Verkäufe beziehen Fahrzeuge ein, die von den Händlern für Probefahrten gekauft werden, sie heißen in Amerika ‚Demos'. Die Vermutung liegt nahe, dass unter den Verkäufen aufgrund des extrem attraktiven Angebotes nicht wenige ‚Demos' waren. Die Aktion beflügelte die Verkäufe im Juli. So wurden 1.696 Siebener verkauft, gegenüber 539 im Juni. Bei der Dreier-Serie, die zu einem Rabatt von $ 3.200 angeboten wurde, stieg der Absatz von 1.222 im Juni auf 2.555 im Juli. Insgesamt verkaufte BMW im Juli 21.297 Fahrzeuge und lag damit vor Mercedes mit 19.312 Autos. Solche Aktionen können den Absatz also enorm hochtreiben, aber sie sind auch problematisch. Viele Fahrzeuge dürften bei den Händlern stehen bleiben und die Lager füllen. Ein nicht geringer Teil des Mehrabsatzes dürfte auch zu Lasten zukünftiger Verkäufe gehen, also von „der Zukunft geborgt" sein. Vielleicht müssen einzelne Händler zuviel gekaufte Autos zurückgeben. Zudem stellt sich die Frage, wie glaubwürdig die von den Firmen berichteten Verkaufszahlen wirklich sind (vgl. Boudette 2012, S. 19).

Diese Fallbeispiele zeigen, dass viele in der Praxis angewandte Preisstrategien und -taktiken unter dem Aspekt der Nachhaltigkeit kritisch zu beurteilen sind. Diese Vorgehensweisen mögen kurzfristig für Furore sorgen, aber die langfristigen Wirkungen können sehr wohl negativ ausfallen.

2.2 Bedürfnisbefriedigung durch Nachhaltigkeit

Eine Präferenz für Nachhaltigkeit und nachhaltige Produkte ist auf Kundenseite vielfach zu beobachten und zu messen. So wächst der Absatz von Fair-Trade-Produkten in den letzten Jahren rasant (vgl. von Hauff und Claus 2012). Dabei handelt es sich um Produkte, für die Erzeugern mindestens ein von Fair-Trade-Organisationen festgelegter Mindestpreis bezahlt wird, damit den Erzeugern ein höheres und verlässlicheres Einkommen als bei herkömmlichem Handel ermöglicht wird, wobei in der Produktion vorgeschriebene Umwelt- und Sozialstandards eingehalten werden (vgl. Fairtrade 2012a, b). Die Produzenten sollen damit ihre Existenzbasis verbessern und aus der Armut herausfinden können. Auch die Nachfrage nach biologisch erzeugten Produkten in Deutschland ist in den zurückliegenden beiden Jahrzehnten kontinuierlich gestiegen. Waren Bio-Produkte zunächst nur in traditionellen Bioläden erhältlich, so haben die Lebensmittel-Vollsortimenter und dann auch die Discounter früh Bio-Produkte in ihre Sortimente aufgenommen. Es ist zu beobachten, dass eine große Zahl von Kunden bereit ist, für biologisch erzeugte Produkte prinzipiell einen höheren Preis zu zahlen. Auch die Wirtschaftskrise in vielen westlichen Ländern hat daran grundsätzlich nichts verändert.

Verschiedene Bedürfnisse der Kunden werden beim Angebot nachhaltig produzierter Produkte oder bei der Umsetzung einer auf Nachhaltigkeit zielenden CrM-Kampagne befriedigt.

Im Segment der ökologisch bewussten Konsumenten reduzieren die Kunden entweder ihren Verbrauch einer bestimmten Ressource (Mengenanpassung), um die Nachhaltigkeit zu stärken, oder sind bereit, einen höheren Preis für ein nachhaltig produziertes Produkt zu bezahlen (Preisanpassung). Die Zufriedenheit über den geringeren Ressourcenverbrauch kann ein starkes Bedürfnis sein. Kotchen und Moore (2007) zeigen am Beispiel nachhaltig produzierten Stroms, dass ein bestimmtes Konsumentensegment seinen Verbrauch auf jeden Fall einschränkt, wenn es das Angebot als nicht nachhaltig einschätzt. Ein anderes Segment dagegen schränkt seinen Verbrauch ein, sobald es einen höheren Preis für den nachhaltig produzierten Strom bezahlen muss (vgl. Kotchen und Moore 2007, S. 2).

Neben der Vermeidung von schädlichen Umwelteinflüssen ziehen viele Kunden einen moralischen Zusatznutzen aus Beiträgen, die sie zu einem öffentlichen Gut wie Nachhaltigkeit liefern (vgl. Kahneman und Knetsch 1992). Dies geschieht durch die Vermittlung des Gefühls etwas Gutes zu tun. Dieses Gefühl liefert positive Emotionen, da Kunden sich selbst gerne als nicht eigennutz-orientiert sehen. Das gute Gefühl kann auch aus dem Wunsch der Vermeidung eines Schuldgefühls resultieren, z. B. gegenüber zukünftigen Generationen.

2.3 Faktoren der Zahlungsbereitschaft für Nachhaltigkeit

Wenn Nachhaltigkeit ein Bedürfnis ist, welches Kunden befriedigen möchten, stellt sich die Frage, wie groß die Zahlungsbereitschaft für dieses Bedürfnis ist. Wenn die Unterstützung von Nachhaltigkeit ein gutes Gefühl auslöst, dann sollte der Wert, den die im Rahmen einer CrM-Kampagne versprochene Spende an eine gemeinnützige Organisation für den Kunden hat, sich in einer zusätzlichen Zahlungsbereitschaft für die Produkte, einem Mehrabsatz oder einer Erhöhung des Markenwertes ausdrücken. Die Zahlungsbereitschaft resultiert wie bei jedem Kaufakt einerseits aus der grundsätzlichen Einstellung zum Produkt und der Preiskenntnis, andererseits aus Informationen, die die Kunden vor dem bzw. während des Kaufaktes erhalten.

In einer breit angelegten Untersuchung mit 642 Befragten haben Hamm und Plaßmann die Preiskenntnis von Öko-Konsumenten untersucht (vgl. Hamm und Plaßmann 2009, und Plaßmannet, Hamm und Sahm 2009, S. 328–331) und festgestellt, dass das Preiswissen sehr gering war. Die Konsumenten verschätzten sich bei den Preisen für Öko-Lebensmittel im Durchschnitt um ca. 20 %. Dieses Ergebnis überrascht vor dem Hintergrund der insgesamt geringen Preiskenntnis der Verbraucher nicht (vgl. dazu Schneider et al. 2009, S. 219 ff.). Die tatsächliche Zahlungsbereitschaft lag im Schnitt knapp 45 % über dem Preisniveau, das die Befragten für Öko-Produkte vermuteten. Da es sich bei den Befragten ausschließlich um Käufer von Öko-Lebensmitteln handelte, unterschätzten diese somit ihre eigene Zahlungsbereitschaft. Die Kauf- und Zahlungsbereitschaft wurde stark durch zusätzliche Informationen (wie z. B. Öko-Labels) beeinflusst. Auch *Salzmann et al.* stellen heraus, wie stark die Zahlungsbereitschaft durch Informationen über die Nachhaltigkeit von Produkten geprägt wird (vgl. Salzmann et al. 2006).

Die große Bedeutung zusätzlicher Informationen ist darauf zurückzuführen, dass es sich bei vielen Aspekten der Nachhaltigkeit um eine Produkt- bzw. Leistungseigenschaft handelt, die nicht direkt zu beobachten und oftmals auch nicht erfahrbar ist. Biologisch

Tab. 1 Zahlungsbereitschaft für Fair-Trade-Produkte

Studie	Produktkategorie	Ergebnis
Bauer et al. (2012)	Kaffee (außer Haus)	Kunden empfinden eine Preiserhöhung um 20 bzw. 40 Cent aufgrund von Fair Trade als fair
Henseleit (2011)	Schokolade	Mehrpreisbereitschaft in Höhe von 50 % gegenüber dem Preis konventioneller Schokolade
Didier und Sirieix (2008)	Schokolade	Zahlungsbereitschaft etwa 10 % höher
Arnot et al. (2006)	Kaffee (außer Haus)	Preiselastizität von Fair-Trade-Kaffee zwar negativ, aber nahe Null
De Pelsmacker et al. (2005)	Kaffee	Durchschnittliches Preispremium von Fair Trade in Höhe von 10 %, in Höhe von 36 % bei Fair-Trade-Lovers

hergestellten Lebensmitteln kann man die Nachhaltigkeit der zu ihrer Entstehung verwendeten Produktionsprozesse nicht ansehen. Es handelt sich um Vertrauensgüter, da die versprochene Nachhaltigkeit nicht überprüft werden kann, sondern auf einem Versprechen des Anbieters beruht. Bei Vertrauensgütern sind relevante Informationen und das Vertrauen der Konsumenten in diese Informationen für das Nachfrageverhalten und die Zahlungsbereitschaft entscheidend.

Aufgrund der Tatsache, dass viele nachhaltige Produkte bzw. CrM-Kampagnen den Charakter eines Vertrauensgutes haben, spielen Zertifikate, Labels oder andere standardisierte und geprüfte Informationsvehikel für die Bewertung durch Kunden eine überragende Rolle. So steigert in allen den Verfassern bekannten Studien ein Labelling die Kaufwahrscheinlichkeit und die Zahlungsbereitschaft für ein zertifiziertes Produkt (vgl. beispielsweise Kiesel und Villas-Boas 2007). Dabei wird in einer Vielzahl von Studien die Wirkung des Fair-Trade-Labels untersucht (vgl. Bauer et al. 2012, S. 54; Henseleit 2011; Tagbata und Sirieix 2008, S. 479; Arnot et al. 2006, S. 555; De Pelsmacker et al. 2005, S. 363). Alle Studien zeigen, dass Kunden eine erhöhte Zahlungsbereitschaft für Produkte mir Fair-Trade-Label haben (vgl. Tab. 1).

Darüber hinaus heben *MacKerron et al.* im Rahmen einer Studie zum CO_2-neutralen Fliegen den Einfluss der Verbindung unterschiedlicher Kommunikationskanäle (z. B. ein Labelling plus eine CrM-Kampagne) auf die erhöhte Zahlungsbereitschaft der Kunden hervor (vgl. MacKerron et al. 2009, S. 1372). Allerdings hat *Henseleit* festgestellt, dass die gleichzeitige Verwendung zweier Labels (Bio- und Fair-Trade-Label) die Zahlungsbereitschaft gegenüber nur einem Label nicht unbedingt erhöht (vgl. Henseleit 2011, S. 14).

Während eine positive Wirkung der Verwendung von Labels und Zertifikaten gemessen werden kann, ist die Wirkung jedoch nicht immer gleich: In einer Studie in den USA und Norwegen haben *Johnston et al.* die Wirkung von Bio-Zertifikaten für Seefisch verglichen (vgl. Johnston et al. 2001, S. 20 ff.). Mit Hilfe der Contingent-Choice-Methode wurden Kunden in den USA und Norwegen im Hinblick auf die Faktoren befragt, die einen Einfluss auf die Kaufwahrscheinlichkeit von zertifiziertem Seefisch haben. Ziel der Studie war die Beantwortung der Frage, welchen zusätzlichen Umsatz ein Zertifikat auslöst, um so den Preis für die Zertifizierung zu bestimmen, den Unternehmen zahlen würden. Dabei ergaben sich große Unterschiede zwischen den USA und Norwegen: Hinsichtlich der Produktkategorie wurde in den USA ein Zertifikat im Wesentlichen nur für Frischfisch akzeptiert und erhöhte die Zahlungsbereitschaft entsprechend, während dies in Norwegen sowohl für frischen Fisch als auch tiefgekühlten Fisch galt. Insgesamt war die Zahlungsbereitschaft in den USA höher als in Norwegen, was mit einem generell höheren Fischverbrauch in Norwegen und der Gewöhnung an Zertifikate erklärt wurde. Eine einheitliche zusätzliche Zahlungsbereitschaft konnte nicht ermittelt werden; zu groß waren die durch Produktkategorie und Land verursachten Unterschiede. Die Autoren gehen davon aus, dass ein Vergleich zwischen entwickelten und sich entwickelnden Ländern noch größere Unterschiede zeigen würde.

2.4 Messung der Zahlungsbereitschaft für nachhaltige Produkte

Für ein nachhaltig wirtschaftendes Unternehmen stellt sich die Frage, wie hoch die zusätzliche Zahlungsbereitschaft ist bzw. wie viel aufgrund der Nachhaltigkeit mehr verkauft werden kann.

Grundsätzlich kommen zur Messung der Zahlungsbereitschaft für nachhaltige Produkte die gleichen Verfahren in Betracht, die zur empirischen Ermittlung der Preisabsatzfunktion eingesetzt werden können (vgl. Simon und Fassnacht 2009, S. 110). Im Folgenden konzentrieren wir uns auf die Verfahren Kundenbefragung und Experiment, die sich in der Praxis als besonders relevant herausgestellt haben.

2.4.1 Direkte Kundenbefragungen

Preisabsatzbeziehungen und Preiselastizitäten lassen sich durch das direkte Erfragen von maximalen Zahlungsbereitschaften und von Reaktionen auf Preisänderungen ermitteln. Auch „strukturelle Merkmale des Preisverhaltens" kann man mit dieser Methode erheben (vgl. Diller 2008, S. 183). Die Vorteile der direkten Befragung sind (vgl. Simon und Fassnacht 2009, S. 115), dass

- einzelne Sachverhalte zielgerichtet abgefragt werden können und
- die Kundensicht erfasst wird.

Problematisch bei direkten Befragungen sind die Valididäts- und Reliabilitätsmängel, mit denen sie verbunden sind. Bei Fragen zum Preisverhalten ist wegen der Prestigewirkung die Gefahr einer Diskrepanz zwischen verbaler Aussage und tatsächlichem Kaufverhalten gegeben. Diese Gefahr ist bei nachhaltigen Produkten besonders groß. So wurde in solchen Umfragen immer wieder eine Einstellungs-Verhaltens-Lücke festgestellt (vgl. dazu De Pelsmacker et al. 2005, S. 364 f.). Konsumenten äußern sich „politisch korrekt" und haben oft eine sehr positive Einstellung zu einem nachhaltigen Produkt. Diese verbalen

Bekundungen zeigen sich jedoch nicht im anschließenden Kaufverhalten. Diese Diskrepanz ist darauf zurückzuführen, dass Befragte oftmals politisch korrekte bzw. sozial erwünschte Antworten geben, diese jedoch – insbesondere wenn sie sich unbeobachtet fühlen – nicht in Verhalten umsetzen.

Daher bieten direkte Kundenbefragungen zur Messung der Zahlungsbereitschaft gerade für nachhaltige Produkte nur sehr grobe Annäherungen an die tatsächlich vorhandene Zahlungsbereitschaft. Ein drastisches Beispiel liefern Elektroautos, die in Presse und Verbraucherbekundungen sehr positiv beurteilt, aber faktisch nicht gekauft werden.

2.4.2 Indirekte Kundenbefragungen

Indirekte Kundenbefragungen vermeiden die Fokussierung auf den Preis, die direkten Befragungen innewohnt. In der realen Kaufsituation beeinflussen nicht nur der Preis, sondern auch der Nutzen, den ein Kunde aus einem Produkt zur Befriedigung seiner Bedürfnisse zieht, die Kaufentscheidung. Immer wägt der Kunde den Preis und den wahrgenommenen Nutzen gegeneinander ab.

Diese Abwägung wird beim Conjoint Measurement nachvollzogen. Das zentrale Anliegen des Conjoint Measurement besteht in der Beantwortung der Frage, welchen Nutzen und welche daraus resultierenden Zahlungsbereitschaften ein Kunde mit einem bestimmten Produkt verbindet. Die Teilnehmer einer Conjoint-Studie werden dabei nicht direkt zum Preis befragt. Stattdessen werden sie mit alternativen Produkt-Preis-Profilen konfrontiert, zwischen denen sie wählen sollen. Aus diesen Angaben errechnet man die Wirkungen des Preises und der einbezogenen Leistungsmerkmale. Conjoint Measurement eignet sich daher auch zur Bestimmung der Nutzenbeiträge einzelner Merkmale einer Leistung. Somit gestattet dieses Verfahren die Beantwortung folgender Fragen:

- Was ist der zusätzliche Nutzen, der aus der Nachhaltigkeit eines Produkts resultiert (z. B. mit einem Öko-Label als Repräsentant dieses Nutzens), dem Kunden in Preiseinheiten wert?
- Was ist in Preiseinheiten der Wert der Nachhaltigkeit im Verhältnis zum Wert der Marke?
- Wieviel ist der Kunde bereit, für den Zusatznutzen der Nachhaltigkeit zu zahlen?

Aufgrund der großen Relevanz und der immer besseren Computerunterstützung gab es in den letzten Jahren permanent Weiterentwicklungen des Conjoint Measurement, die zu einer großen Verfahrensvielfalt geführt haben (vgl. Hillig 2006). Die am weitesten verbreitete Variante des Conjoint Measurement ist die ACA (Adaptive Conjoint Analysis)-Methode. Im Rahmen einer Studie sind die folgenden Schritte zu vollziehen.

Festlegung der Produktmerkmale

Das Produkt ist in seine wichtigsten Produktmerkmale zu zerlegen. Für die Messung der zusätzlichen Zahlungsbereitschaft muss das oder müssen die Nachhaltigkeitsmerkmale neben weiteren kaufrelevanten Produktmerkmalen einbezogen werden. Bei der Untersuchung eines Fair-Trade-Labels können dies sein (vgl. De Pelsmacker et al. 2005, S. 381, die die Wichtigkeit dieser drei Produktmerkmale in der Reihenfolge ihrer Nennung gemessen haben):

- Marke
- Sorte
- Nachhaltigkeit

Neben diese drei Produktmerkmale tritt der Preis als viertes Merkmal hinzu. Der Preis ist in jedem Fall einzubeziehen, da nur so eine Messung der Teilnutzen in Geldeinheiten möglich ist.

Festlegung der Merkmalsausprägung

Für alle Merkmale müssen die Ausprägungen, die ein Merkmal annehmen kann, definiert werden. Wird der Nachhaltigkeitsaspekt z. B. durch ein Label kommuniziert, so kann das Merkmal Nachhaltigkeit die zwei Ausprägungen „Label vorhanden" und „Label nicht vorhanden" annehmen. Hinsichtlich der anderen Merkmale sollten möglichst alle relevanten Alternativen (Marken, Sorten, Preispunkte) mit aufgenommen werden. Da sich im FMCG-Bereich die Kaufentscheidung oftmals in kurzer Zeit vor einem Regal abspielt, empfiehlt es sich, eine derartige Entscheidungssituation auch im Design des Conjoint-Measurement-Experiments zu simulieren.

Befragung

In einem ersten Schritt können die Befragten die für sie nicht akzeptablen Merkmalsausprägungen nennen. Damit wird vermieden, dass der Befragte eine Einschätzung z. B. zu einer Marke abgeben muss, die er niemals kaufen würde. Der zweite Schritt besteht darin, die Merkmalsausprägungen durch die Befragten hinsichtlich ihrer individuellen Präferenz sortieren zu lassen, bevor im dritten Schritt die Wichtigkeit der einzelnen Merkmale bewertet wird. Aufbauend auf diesen Informationen werden den Befragten im Rahmen von Paarvergleichen alternative Produkte, d. h. Kombinationen der Merkmale, präsentiert (vgl. Abb. 3). Der Befragte wird gebeten, seine Präferenz für die gezeigten Alternativen auf einer Skala von eins bis neun anzugeben.

Es werden bei diesem Vorgehen stets Vergleiche präsentiert, bei denen der Befragte tendenziell indifferent ist. Durch weitere Paarvergleiche werden zusätzliche Entscheidungen verlangt. Der Befragte legt so seine Präferenzen für die einzelnen Merkmalskombinationen offen.

Auswertung

Aus den Befragungsergebnissen können die Teilnutzenwerte, d. h. die Beiträge der einzelnen Merkmalsausprägungen zum Gesamtnutzen berechnet werden. Diese können benutzt werden, um den Wert des untersuchten Labels oder Produktmerkmals und damit die

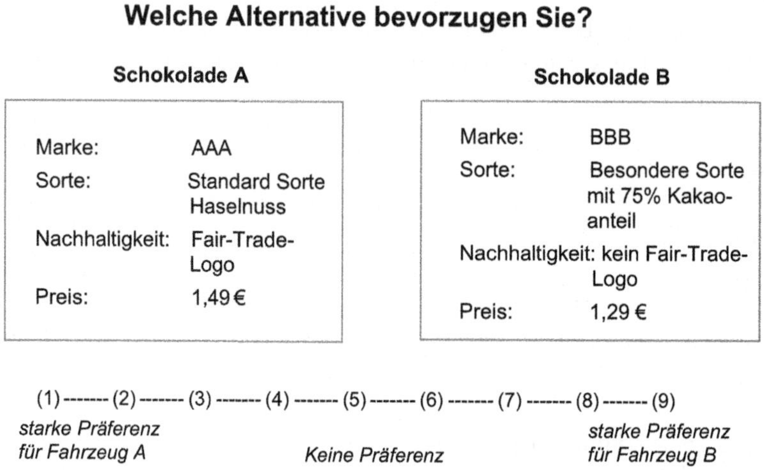

Abb. 3 Paarvergleich zweier Schokoladentafeln

Zahlungsbereitschaft für diese Ausprägungen in Geldeinheiten auszudrücken. Im Falle des unten dargestellten Ergebnisses gilt: Der Wert des Labels entspricht ca. 30 Cent (vgl. Abb. 4).

Aufbauend auf den Teilnutzenwerten können Absatzmengen und gewinnoptimale Produktpreise bestimmt werden (vgl. Simon und Fassnacht 2009, S. 120–124).

Insgesamt stellen Verfahren der indirekten Kundenbefragung mit Hilfe von Conjoint Measurement eine valide Methode zur Messung der Zahlungsbereitschaft für Nachhaltigkeitsmerkmale dar. Die Ergebnisse prognostizieren das beobachtete Kaufverhalten deutlich valider als direkte Befragungen (vgl. De Pelsmacker et al. 2005, S. 371 f.). Die Abwägung, die der Kunde beim Kauf tatsächlich zu treffen hat, wird in der Testsituation zutreffend widergespiegelt, ohne dass der Preis – wie bei der direkten Befragung – künstlich in den Vordergrund tritt. Der Kauf eines Elektroautos illustriert diese Situation. Ein solches Auto ist wesentlich teurer als ein vergleichbares Benzinfahrzeug. Gleichzeitig liefert es einen wesentlichen Beitrag zur Nachhaltigkeit (vgl. o.V. 2012a, S. 16). Aber die Reichweite ist geringer als bei Fahrzeugen mit klassischem Antrieb. Wie werden diese Merkmalsausprägungen gegeneinander abgewogen. In dem angeführten Interview (vgl. o.V. 2012a, S. 16) sagt Entwicklungschef Ulrich Kranz: „Wir haben über den Preis noch nichts gesagt und wollen daran im Moment auch nichts ändern". Diese Äußerung lässt vermuten, dass nach wie vor eine große Unsicherheit zum wahrgenommenen Nutzen und der daraus resultierenden Zahlungsbereitschaft besteht. Zudem darf man erwarten, dass es große Unterschiede zwischen stärker und weniger umweltbewussten Zielgruppen gibt. Diese Ungewissheiten, die ja nicht nur Fehlerrisiken, sondern auch Chancen beinhalten, machen es notwendig, sorgfältige Untersuchungen vorzunehmen. Conjoint Measurement kann hierbei eine Schlüsselrolle spielen.

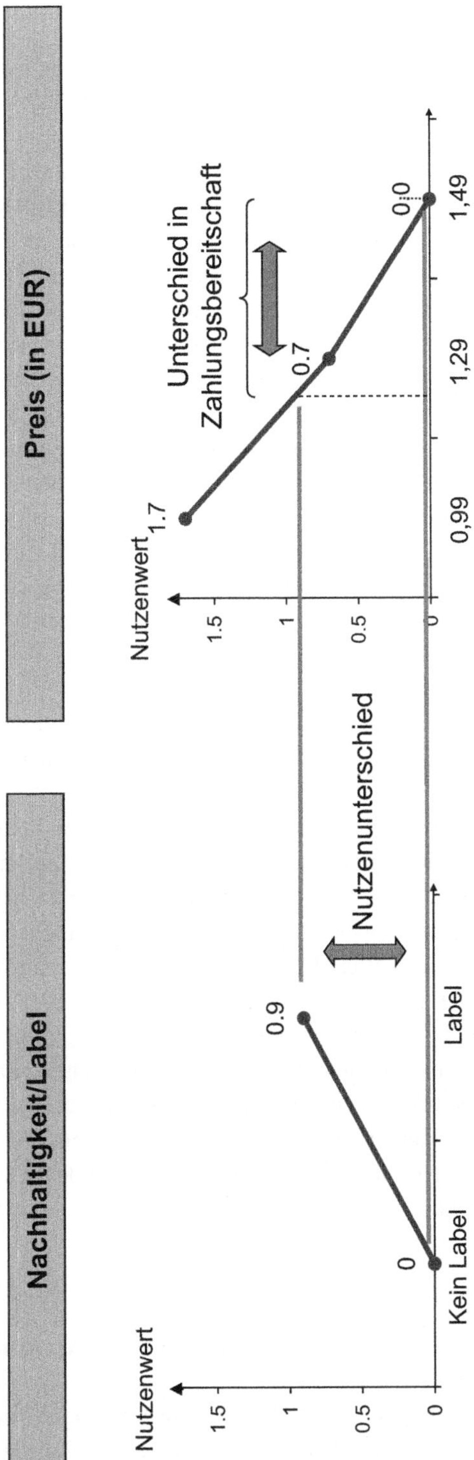

Abb. 4 Ermittlung der Zahlungsbereitschaft aus Teilnutzenwerten

2.4.3 Experimente

Eine dritte Form der Messung von Zahlungsbereitschaften ist das Experiment, bei dem in realen Kaufsituationen alternative Preise vorgegeben und die Wirkung auf den Absatz gemessen wird. Ein Feldexperiment in Form eines Storetests eignet sich besonders gut, da das Produkt nicht aus seiner üblichen Kaufumgebung herausgelöst wird. Den Teilnehmern eines derartigen Experiments ist häufig gar nicht bewusst, dass ihr Verhalten beobachtet wird. Die Preise für nachhaltige und konventionelle Produkte können dabei im Zeitablauf verändert werden, um die resultierenden Mengenänderungen zu beobachten (vgl. z. B. für den Verkauf von konventionellem und Fair Trade Kaffee im Außer-Haus-Vertrieb Arnot et al. 2006, S. 557). Anstatt sich über die unbefriedigende Akzeptanz des Super E 10-Benzins zu beschweren, hätten die Mineralölanbieter solche Tests durchführen sollen. Denn es ist sicher, dass sich mit entsprechenden Preisdifferenzen die Aufteilung zwischen Super E10 und dem normalen Superbenzin weitaus effektiver steuern lassen als mit jeder Art von Appellen. Dabei hätte man unterschiedliche Szenarien testen können:

- Absenkung des Preises von E10 unter Beibehaltung des Preises von normalem Super,
- Erhöhung des Preises von normalem Super unter Beibehaltung des Preises von E10 oder
- eine Kombination von beidem.

Auf dieser Basis hätte sich dann die gewinnmaximale Kombination der Preise von normalem und E10 Super unter Berücksichtigung der erwünschten Mengenkonstellation ermitteln lassen.

Die Autoren sind sicher, dass die Mächtigkeit („Power") des Preises bisher viel zu wenig genutzt wird, um die Akzeptanz und die Marktanteile von nachhaltigen Produkten zu steuern. Natürlich müssen dabei die meist höheren Kosten berücksichtigt werden. Und oft wird es so sein, dass die Zahlungsbereitschaft einfach zu gering ist, um diese höheren Kosten abzudecken und das nachhaltige Produkt zu einem Erfolg zu machen.

Auch Kombinationen der beschriebenen Verfahren sind möglich. So kombinierten Bauer et al. (2012) eine Online-Befragung mit einem Storetest, um die Einstellungs-Verhaltens-Lücke umfassend zu untersuchen. Dabei wurden die Preisdifferenzen im Storetest exakt den abgefragten Preisdifferenzen der Befragung angepasst. Die zuvor ermittelten Mehrpreisbereitschaften für Fair-Trade haben sich anschließend auch im tatsächlichen Verhalten gezeigt (vgl. Bauer et al. 2012, S. 59). Es kann jedoch nicht ausgeschlossen werden, dass die vorausgegangene Befragung einen Recall im Store ausgelöst und das Verhalten beeinflusst hat.

2.5 Messung der Zahlungsbereitschaft für CrM-Kampagnen

Ein Unternehmen, welches eine Cause related Marketing-Kampagne starten möchte, muss vor Beantwortung der Fragen zur Preispolitik zunächst die Entscheidung treffen, welches Projekt – welcher Cause – unterstützt werden soll. Bei dieser strategischen Entscheidung sind folgende Fragen zu beantworten (vgl. dazu Kienzle und Rennhak 2009, S. 15; Pracejus und Olsen 2004, S. 639 f.; Cone et al. 2003, S. 96 f.):

- Welcher Cause passt zum Produkt?
- Welcher Cause genießt hohe Aufmerksamkeit?
- Bei welchem Cause haben die Kunden schon vor dem Beginn einer Kampagne eine gewisse Zahlungsbereitschaft?

Im Rahmen der Preispolitik muss festgelegt werden, wie (1) der „Spendenmechanismus" ausgestaltet werden soll und (2) wie hoch die Spende sein soll.

2.5.1 Spendenmechanismus

Grundsätzlich sind drei Spendenmechanismen zu unterscheiden:

1. Das Unternehmen kann einen bestimmten Geldbetrag proportional zum Absatz oder Umsatz der verkauften Produkte spenden (vgl. Andreasen und Drumwright 2001, S. 111 sowie Kienzle und Rennhak 2009, S. 7 f.). Dies kann nach dem Schema *1 Produkt = 1 Geldeinheit* erfolgen. Dies ist die einfachste Form der Spende, die vom Kunden zudem am besten verstanden wird (vgl. Olsen et al. 2003, S. 170 f.). Häufig wird dabei der Gesamtbetrag mit einer Obergrenze versehen. So hat Coca-Cola Deutschland zusammen mit dem Deutschen Kinderhilfswerk und dem TÜV Rheinland im Frühjahr und Sommer 2012 die Fanta Spielplatz-Initiative durchgeführt, bei der Coca-Cola für jeden im Internet eingegebenen Fanta-Flaschencode 25 Cent bis zu einer Gesamtsumme von 100.000 € für die Sanierung von 20 Spielplätzen spendete.
2. Eine zweite Form der Spende, die in den USA relativ weit verbreitet ist, sind Geldbeträge als Prozent vom Gewinn einer CrM-Kampagne. Es hat sich allerdings gezeigt, dass diese Spendenform für die Kunden nicht nachvollziehbar und der Spendenbetrag nicht ausrechenbar ist (vgl. Olsen et al. 2003, S. 179). Diese Form führt zu einer strukturellen Überschätzung des tatsächlichen Spendenbetrags, da der Gewinnbegriff nicht definiert wird (Brutto oder Netto), die Kunden den Gewinn überschätzen oder teilweise den Gewinn mit dem Preis gleichsetzen.
3. Die dritte Form der Spende lässt sich ausdrücken als *1 Produkt = 1 gute Tat*. Viele CrM-Kampagnen folgen diesem Mechanismus. Während Krombacher in Kooperation mit dem WWF Deutschland für jeden verkauften Kasten Bier die Bewahrung von 1 qm Regenwald finanzierte, stellte Danone in Zusammenarbeit mit UNICEF durch den Bau von Brunnen in Äthiopien sicher, dass pro verkaufter Flasche Volvic 10 Liter sauberes Trinkwasser zur Verfügung gestellt wurden. Für den Kunden wird die Höhe der Spende nicht in Geldeinheiten, sondern in realen Einheiten (qm, Liter) ausgedrückt. Da nicht klar ist, wie teuer die Bewahrung von 1 qm Regenwald oder der Brunnenbau in Afrika sind, kann sich der Kunde den monetären Wert auch nicht herleiten. Umgekehrt kann es durchaus sein, dass solche Dimensionen eine starke Wertwahrnehmung schaffen, insbesondere, wenn sie mit großen Zahlen einhergehen (z. B. 10 L vs. 1 L). Dieser

Effekt der großen Zahlen lässt sich noch verstärken. So kann ein Unternehmen die Gesamtdimension seiner guten Taten berichten, etwa wie viele Quadratmeter Regenwald gerettet oder wie viele Brunnen gebaut wurden und wie viel sauberes Trinkwasser damit zugänglich wurde. Auf diese Weise lassen sich hohe Zahlen mit entsprechend hoher Wertwahrnehmung generieren.

Die konkrete Nennung der Spende ist für die Konsumenten allerdings in dem Sinne, dass sie die Spende zum Preis des Produkts in Beziehung setzt, am transparentesten. Die beiden anderen Varianten dagegen überlassen die Abschätzung des Wertes des Engagements dem Konsumenten. Dies kann die Wirkung einer CrM-Kampagne im Verhältnis zur Spende erhöhen, wenn der Wert von der Mehrheit der Konsumenten überschätzt wird. Allerdings kann dieser Effekt auch in die umgekehrte Richtung wirken. Wie Konsumenten den monetären Wert eines Engagements einschätzen, lässt sich mit Hilfe der oben beschriebenen Befragungstechniken ermitteln.

In Deutschland hat sich der Gesetzgeber bei der Novellierung des UWG gegen ein Transparenzgebot entschieden und fordert von den Unternehmen lediglich aufklärende Angaben, wenn die Gefahr einer unlauteren Beeinflussung des Kunden durch eine Täuschung über den tatsächlichen Wert der Spende besteht (vgl. Glöckner 2006).

2.5.2 Spendenhöhe

In der Regel bleibt der Produktpreis bei einer Nachhaltigkeits-Kampagne unverändert, d. h. die Frage nach der Spendenhöhe wird nicht direkt auf das Preispremium eines nachhaltigen Produktes bezogen. Lediglich im ersten Fall – der Spende eines bestimmten Geldbetrags pro verkauftem Produkt – kann der Konsument eine direkte Beziehung zwischen Produktpreis und Spende herstellen. Daher eignen sich zur Bestimmung der Spendenhöhe für diesen Fall die oben vorgestellten Verfahren (Abschn. 2.4). In einer Studie von *Strahilevitz* hat sich gezeigt, dass in diesem Fall eine Spende weniger zusätzlichen Absatz generiert als ein entsprechender Preisnachlass (vgl. Strahilevitz 1999, S. 219 f.). Allerdings gilt dies nicht für alle Produktkategorien in gleichem Maße. Während bei Gütern des täglichen Bedarfs aus dem FMCG-Bereich die Preisersparnis die Spende dominiert, ist dies bei Luxus- oder Genussgütern nicht unbedingt der Fall. Neben der Produktkategorie hat auch die absolute Spendenhöhe einen Einfluss auf die Wahrnehmung und die Zahlungsbereitschaft. Mit steigender Spendenhöhe steigt die Zahlungsbereitschaft für das Produkt.

3 Nachhaltigkeit in der Konditionenpolitik

Die Optimierung des Preismanagements im Hinblick auf Nachhaltigkeit unterscheidet sich für gewerbliche Kunden stark von derjenigen für Konsumenten. Schon der Ausgangspunkt, die Bedürfnislage, ist für gewerbliche Kunden ein anderer, d. h. die für Konsumenten dargestellten Bedürfnisse (Abschn. 2.2) gelten im B2B-Bereich nur eingeschränkt. Grundsätzlich sind Geschäftskunden von höheren Preisen aufgrund von Nachhaltigkeit schwerer zu überzeugen (vgl. Reischauer 2011, S. 75 f.). Die Aufnahme eines Unternehmens in einen entsprechenden Index (z. B. Dow-Jones Sustainability-Index – DJSI) wird von der Börse sogar manchmal mit einem Kursverlust quittiert. Aufgrund des hohen Preisdrucks in vielen B2B-Märkten treten Nachhaltigkeitsaspekte oftmals zurück. Eine Ausnahme bilden solche Faktoren der Nachhaltigkeit, deren Verfolgung zugleich zu Kosteneinsparungen führen. Im Baugewerbe und bei gewerblichen Immobilien wird verstärkt auf Nachhaltigkeit gesetzt, da diese beim Energie- und Kostensparen hilft, indem die Kosten für Energie gesenkt werden. Hier steht aber nicht der Nachhaltigkeitsaspekt als solcher im Vordergrund, sondern die wirtschaftlichen Vorteile erzeugen die höhere Zahlungsbereitschaft.

Auch die Realisierung der Preise gestaltet sich im B2B-Bereich auf andere Weise: Ausgehend von einem Listenpreis werden Konditionen vereinbart, die zu einem Netto-Preis führen. Konditionen sind zwischen Lieferanten und Kunden vereinbarte spezifische Modifikationen der üblichen Bemessung von Lieferanten-Leistungen und/oder Kunden-Gegenleistungen. Sie stellen ein Instrument der differenzierten Kunden- bzw. Lieferantenbearbeitung dar (vgl. Steffenhagen 2003, S. 577).

Konditionen haben somit eine Anreizfunktion: Die Kunden sollen incentiviert werden, sich in einer Weise zu verhalten, die für den Anbieter vorteilhaft ist. Dies kann das Bestellverhalten, die bestellte Menge, den Bestellzeitpunkt etc. betreffen. Auch die Verfolgung des Nachhaltigkeitsziels kann durch einen Anreiz in Form von Konditionen gefördert werden. Allerdings spielen Fragen der Nachhaltigkeit z. B. in den Gesprächen zwischen Lieferanten und Händlern der Lebensmittelindustrie bisher eine eher untergeordnete Rolle (vgl. Holst 2012a, S. 29). Auch im Einkauf finden nachhaltige Kriterien bei der Beurteilung von Lieferanten eher geringe Beachtung. Hier gilt oft noch die Devise: „Bessere Margen erzielt nicht, wer Frauenförderung oder Regenwald-Projekte betreibt, sondern Qualität und Service bietet“ (Reischauer 2011, S. 76). Zwar finden sich in den Einkaufsrichtlinien vieler Händler ökologische Kriterien (z. B. als Vorgaben für die Hersteller von Eigenmarken des Handels), aber bei der Auswahl von Lieferanten findet sich Nachhaltigkeit bisher bei keinem größeren Händler in Deutschland. Mögliche Lösungen wären die Integration von Nachhaltigkeitskennziffern in die Lieferanten-Scorecards der Händler oder in das Incentivesystem der Einkäufer.

Zu beachten ist, dass die Berücksichtigung von Nachhaltigkeitsaspekten in der Preis- und Konditionenpolitik nicht zu Konflikten mit dem geltenden Kartell- und Wettbewerbsrecht führt. Eine Preisdiskriminierung ist nicht erlaubt, selbst wenn sie dem Ziel der Nachhaltigkeit dient. So dauerte es zwei Jahre, bis der deutsche Lebensmitteldiscounter Lidl ein kartellrechtlich unbedenkliches Verfahren gefunden hat, den höheren Abgabepreis für die Milch einer Regionalmarke an der Molkerei vorbei direkt an die betroffenen Bauern zu zahlen (vgl. Holst 2012b, S. 38).

Es ist zu erwarten, dass Nachhaltigkeit auch bei der Preispolitik im B2B-Bereich einen höheren Stellenwert einnehmen wird. Der Anstoß dazu muss jedoch in den meisten Fällen vom Endkunden kommen. Die Unternehmen, deren Käufer die Einhaltung nachhaltiger Kriterien fordern, achten auch selbst auf Nachhaltigkeit.

4 Zusammenfassung

Ohne eine nachhaltige Preispolitik können Unternehmen nicht bestehen. Ausreichende und stabile Gewinne aufgrund von Preisen, die sowohl die Kosten decken als auch eine ausreichende Gewinnmarge ermöglichen, sind die Voraussetzung für die Existenz von Unternehmen. Dies gilt für Anbieter, die einen ökologischen oder sozialen Nachhaltigkeitsaspekt vertreten, in gleichem Maße wie für Anbieter, die kein spezielles Nachhaltigkeitsziel verfolgen.

Zur Bestimmung des optimalen Preises für ein nachhaltig hergestelltes Produkt oder für die Bestimmung des Wertes einer nachhaltigen CrM-Kampagne bieten sich eine Reihe von Messverfahren an: Experimente wie Storetests kommen dabei in FMCG-Märkten der tatsächlichen Kaufsituation am nächsten und schließen ein inkonsistentes Verhalten der Kunden im Sinne sozial oder ethisch korrekter Normen mit einiger Wahrscheinlichkeit aus. Während direkte Befragungen die Bedeutung des Preises tendenziell überschätzen und bei Fragestellungen zur Nachhaltigkeit auch noch durch eine mögliche Einstellungs-Verhaltens-Lücke beeinflusst werden, bieten sich indirekte Kundenbefragungen per Conjoint Measurement zur validen Bestimmung der Zahlungsbereitschaft für Nachhaltigkeit und des optimalen Gesamtpreises sowie zur Abschätzung der Absatzmenge an.

Im Rahmen von CrM-Kampagnen ist der Spendenmechanismus von überragender Bedeutung. Unternehmen sollten hier ein Vorgehen wählen, welches einen hohen wahrgenommen Wert der Spende aus Kundensicht gewährleistet, ohne dabei die Kunden zu täuschen oder in die Irre zu führen. Dies wird in den Fällen, in denen der Geldbetrag der Spende nicht genannt wird, immer eine Gratwanderung sein.

Während im B2C-Bereich Nachhaltigkeit in verschiedenen Ausprägungen von der Unternehmenspraxis umgesetzt wird, da direkt Bedürfnisse von Konsumenten angesprochen und befriedigt werden, hapert es in der Konditionenpolitik in B2B-Märkten noch an der Berücksichtigung von Nachhaltigkeitsaspekten. Die Preis- und Konditionenpolitik wird sich hier erst dann grundlegend Nachhaltigkeitsaspekten öffnen, wenn die Konsumenten Druck aufbauen, den Unternehmen an ihre Lieferanten weiterreichen. Erste Anzeichen im Lebensmittel- und Bekleidungsbereich signalisieren dies bereits.

Literatur

Andreasen AR, Drumwright M (2001) Alliances and ethics in social marketing. In: Andreasen AR (Hrsg) Ethics in social marketing. Georgetown University Press, S 95–124

Arnot C, Boxall PC, Cash SB (2006) Do ethical consumers care about price? A revealed preference analysis of fair trade coffee purchases. Can J Agric Econ 54:555–565

Bauer HH, Heinrich D, Schönmüller V (2012) Fair Trade und Preisfairness unter der Lupe. Mark Rev St. Gallen 29:54–60

Boudette NE (2012) BMW's ‚demo' sales boost U.S. results. Wall Str J Eur 08:19

Cone CL, Feldman MA, DaSilva AT (2003) Causes and effects. Harv Bus Rev 81:95–101

De Pelsmacker P, Driesen L, Rayp G (2005) Do consumer care about ethics? Willingness to pay for fair-trade coffee. J Consum Aff 39:363–385

Didier T, Sirieix L (2008) Measuring consumer's willingness to pay for organic and fair trade. Int J Consum Stud 32:479–490
Diller H (2008) Preispolitik. Kohlhammer, Stuttgart
Fairtrade (2012a) Absatz-Fairtrade-Produkte. www.fairtrade-deutschland.de/produkte/absatz-fairtrade-produkte. Zugegriffen: 25. Juli 2012
Fairtrade (2012b) Außer-Haus-Markt. www.fairtrade-deutschland.de/fuer-unternehmen/ausser-haus-markt/erfolgsgeschichten. Zugegriffen: 25.Juli 2012
Freytag B (2011, 29. Dez.) Magische orte. Frankfurter Allgemeine Zeitung, 11
Glöckner A (2006) Cause related marketing. Online-Werberecht.de
Hamm U, Plaßmann S (2009) Kaufbarriere Preis – Analyse von Zahlungsbereitschaft und Kaufverhalten bei Öko-Lebensmitteln, Bundesprogramm ökologischer Landbau
Von Hauff M, Claus K (2012) Fair Trade – Ein Konzept nachhaltigen Handelns. UTB, Stuttgart
Henseleit M (2011) Die Nachfrage nach Fair-Trade-Produkten in Deutschland. Eine empirische Untersuchung unter Berücksichtigung von Präferenzen für Bio-Produkte. Halle
Hillig T (2006) Verfahrensvarianten der Conjoint-Analyse zur Prognose von Kaufentscheidungen, Eine Monte-Carlo-Simulation. Springer VS, Wiesbaden
Holst J (2012a) Steigender Einsatz. Lebensmittelzeitung 64:29
Holst J (2012b) Elastischer Einkauf. Lebensmittelzeitung 64:37–39
Johnston RJ, Wessells CR, Donath H, Asche F (2001) Measuring consumer preferences for ecolabeled seafood: an international comparison. J Agric Resour Econ 26:20–39
Kahneman D, Knetsch J (1992) Valuing public goods: the purchase of moral satisfaction. J Environ Econ Manag 22(1):57–70.
Kiesel K, Villas-Boas S (2007) Got organic milk? Consumer valuations of milk labels after the Implementation of the USDA organic seal. Working paper, Department of Agricultural and Resource Economics, UCB, UC Berkeley
Kienzle S, Rennhak C (2009) Cause-related marketing. Reutlinger Diskussionsbeiträge zu Marketing & Management, Reutlingen 2009
Klauer B (2000) Was ist Nachhaltigkeit und wie kann man eine nachhaltige Entwicklung erreichen? Zeitschrift für angewandte Umweltforschung 12:1–12
Kotchen M, Moore M (2007) Conservation: from voluntary restraint to a voluntary price premium. NBER working paper 13678
MacKerron GJ, Egerton C, Gaskell C, Parpia A, Mourato S (2009) Willingness to pay for carbon offset certification and co-benefits among (high-) flying young adults in the UK. Energy Policy 37:1372–1381
Olsen G, Brown N, Pracejus J (2003) When profit equals price: consumer confusion about donation amounts in cause-related marketing. J Public Policy Mark 22:70–180
Plaßmann S, Hamm U, Sahm H (2009) Preiskenntnis und Zahlungsbereitschaft bei Verbrauchern von Öko-Lebensmitteln. In: Mayer J et al (Hrsg) Werte – Wege – Wirkungen: Biolandbau im Spannungsfeld zwischen Ernährungssicherung, Markt und Klimawandel, Zürich.
Pracejus J, Olsen G (2004) The role of brand/cause fit in the effectiveness of cause-related marketing campaigns. J Bus Res 57:635–640
Reischauer C (2011) Stresstest für die gute Sache. Absatzwirtschaf Sonderheft 2011, S 74–77
Salzmann O, Leitschuh Fecht H, Steger U, Ionescu-Somers A (2006) The challenge of sustainable consumption and the role of business as a solution. Lausanne
Schneider H, Kenning P, Hartleb V, Eberhardt T (2009) Implizites Preiswissen von Konsumenten – wirklich genauer als ihr explizites Preiswissen? Mark ZFP 31:219–233
Seidel H (2011) Es geht um 100 Prozent. Welt am Sonntag 7:37
Simon H, Fassnacht M (2009) Preismanagement. Springer-Verlag
Steffenhagen H (2003) Konditionensysteme. In: Diller H, Herrmann A (Hrsg) Handbuch Preispolitik: Strategien – Planung – Organisation – Umsetzung. Gabler, Wiesbaden, S 575–596

Strahilevitz M (1999) The effects of product type and donation magnitude on willingness to pay more for a charity-linked brand. J Consum Psychol 8:215–241
Tagbata D, Sirieix L (2008) Measuring consumer's willingness to pay for organic and fair trade products. Int J Consum Stud 32:479–490
o.V. (2012a, 16 Aug.) Interview zum BMW-Karbonfaser-Elektroauto i3 mit Entwicklungschef Ulrich Kranz. Frankfurter Allgemeine Zeitung, 16
o.V. (2012b, 2 Sept.) Woolworth will zurück zu seinen Wurzeln. Frankfurter Allgemeine Zeitung, 12
Varadarajan R, Menon A (1988) Cause related marketing: a co-alignment of marketing strategy and corporate philanthropy. J Mark 52:58–74

Prof. Dr. Dr. h.c. mult. Hermann Simon Hermann Simon ist Gründer und Chairman der weltweit operierenden Beratungsfirma *Simon-Kucher & Partners Strategy & Marketing Consultants,* die er bis 2009 als Vorsitzender der Geschäftsführung (CEO) leitete. Sein Buch Preismanagement wurde 2011 als bestes Marketinglehrbuch mit dem Georg-Bergler-Preis ausgezeichnet. Seine mehr als 30 Bücher („Hidden Champions – Aufbruch nach Globalia") sind in 25 Sprachen übersetzt worden. Simon gilt laut managementdenker.de als einflussreichster, lebender Managementdenker im deutschsprachigen Raum. Er ist Träger dreier Ehrendoktortitel.

Dr. Andreas von der Gathen Leitet als verantwortlicher Partner und Executive Committee Member bei der weltweit operierenden Beratungsfirma *Simon-Kucher & Partners Strategy & Marketing Consultants* das Konsumgüter- und Handelsgeschäft. Dr. von der Gathen berät Hersteller und Händler in strategischen und operativen Fragen der Preis-, Konditionen-, Sortiments- und Vertriebspolitik. Zudem tritt er regelmäßig auf Kongressen und Veranstaltungen als Referent auf.

Marktorientiertes Nachhaltigkeitscontrolling

Stefan Schaltegger

Inhaltsverzeichnis

Zusammenfassung

Nachhaltigkeitsthemen sind immer häufiger erfolgsrelevant und öffnen Unternehmen sowohl neue Chancen als auch Risiken. Während sich das Marketing vorwiegend mit den sich aus der Nachhaltigkeitsthematik erwachsenden Chancen befasst, tendiert das Controlling dazu, die Thematik aus der Risikosicht und meist am Rande zu behandeln. Unabhängig der Stärke ihres Einflusses können Nachhaltigkeitsaspekte über Märkte oder über außermarktliche Prozesse auf den Unternehmenserfolg einwirken.

S. Schaltegger (✉)
CSM, Leuphana Universität Lüneburg, Scharnhorststr. 1, 21335 Lüneburg, Deutschland
E-Mail: schaltegger@uni.leuphana.de

H. Meffert et al. (Hrsg.), *Sustainable Marketing Management*,
DOI 10.1007/978-3-658-02437-6_14

Dieser Beitrag legt ein Strukturierungskonzept für Nachhaltigkeitscontrolling dar, das auf dem Ansatz der Sustainability Balanced Scorecard aufbaut und neben marktlichen auch außermarktliche Faktoren berücksichtigt, die den Unternehmenserfolg beeinflussen können. Am Beispiel von Entwicklungen im Nachhaltigkeitsmarketing der letzten beiden Dekaden wird aufgezeigt, welchen Herausforderungen ein marktorientiertes Nachhaltigkeitscontrolling gegenübersteht und in welche Richtung es weiterentwickelt werden kann.

1 Einleitung

Was hat das Thema Nachhaltigkeitscontrolling im Kontext von Nachhaltigkeitsmarketing und marktorientierter Unternehmensführung zu suchen? Stehen nicht die extrovertierten, Unternehmensentwicklung aus Kundenanforderungen ableitenden Marketingleute und die innengerichteten, aus Eigentümervorgaben interne Finanzziele ableitenden Controllingleute im Machtkampf um die strategische Steuerung der Organisationsentwicklung?

Wird Marketing als marktorientierte Unternehmensentwicklung gesehen, so leitet sich die Organisationsentwicklung aus externen Marktbedingungen, nachhaltigkeitsorientierten Kundenanforderungen und Innovationen ab (Bruhn 2003; Meffert et al. 2008). Wird Controlling als kennzahlenbasierte Unternehmenssteuerung aufgefasst, so befasst es sich mit der Binnenentwicklung der Organisation durch aus Eigentümerinteressen und Managementzielvorgaben abgeleiteten Indikatoren- und Kennzahlensystemen (z. B. Horvàth und Partner 2001) und der Rationalitätssicherung des Managements (z. B. Weber und Schäffer 2000). Wie passt dies zusammen?

Nachhaltigkeit hat das Potenzial beide Philosophien der Unternehmensführung zu öffnen und damit auch ihre gegenseitige Annäherung zu unterstützen. Die Nachhaltigkeitsthematik vermag sowohl die Marketingphilosophie zu erweitern, gesellschaftliche Ziele über die marktrelevanten Kontexte hinaus explizit zu adressieren und zu verfolgen (vgl. z. B. schon sehr früh Bruhn et al. 1986; Meffert und Kirchgeorg 1998) als auch die Controllingphilosophie zu öffnen, die Wirkung außermarktlicher Themen auf den Unternehmenserfolg zu erfassen und nachhaltige(re) Managementhandlungen im Kontext von Gesellschaft, Absatzmarkt und Eigentümerverantwortung zu unterstützen.

Dieser Beitrag diskutiert Grundzüge eines marktorientierten Nachhaltigkeitscontrollings. Nach einer Übersicht der Literatur zu Öko- und Nachhaltigkeitscontrolling (Kapitel 2 „Entwicklungsstufen des Nachhaltigkeitsmanagements -Von der Betriebs- über die Markt- zur Gesellschaftsorientierung“) wird die auf der Sustainability Balanced Scorecard aufgebaute Konzeption eines Nachhaltigkeitscontollings insgesamt dargestellt (Kapitel 3 „Sustainable Marketing bei zunehmenden ökologischen Diskontinuitäten“). Kapitel 4 „Der Konsum der Verbraucher“ diskutiert darauf aufbauend Fragestellungen, Ziele, Kenngrößen und Prozesse eines marktorientierten Nachhaltigkeitscontrollings.

2 Art des Managements beeinflusst Erfolgsrelevanz von Nachhaltigkeit

Um erfolgsrelevante Nachhaltigkeitsaspekte systematisch berücksichtigen zu können, sind die unterschiedlichen Charakteristika und Wirkungsweisen marktlicher und außermarktlicher Einflussfaktoren zu beachten. Kosten für CO_2-Emissionszertifikate, Umsatzrückgang sozial bedenklich bewerteter Produkte oder eingesparte Energiekosten durch effizientere Produktionsverfahren sind offensichtliche, über Marktprozesse wirkende Beispiele. Viele Umwelt- und Sozialthemen wirken jedoch über indirekte Wege. Gesetzesänderungen, gesellschaftliche Trends und politische Prozesse wandeln sich manchmal rasch und manchmal erst über Jahre zu höherer Zahlungsbereitschaft oder Kostensteigerungen.

Das Controlling steht deshalb vor der Herausforderung, neben marktlichen auch außermarktliche Nachhaltigkeitsthemen zu identifizieren, ihre Erfolgsrelevanz zu bewerten und die Unternehmensleitung in der Entscheidungsfindung und Maßnahmengestaltung entsprechend zu unterstützen.

Ausgangslage für eine wirksame Steuerung erfolgsrelevanter Nachhaltigkeitsaspekte ist ein Verständnis der Zusammenhänge. Dabei können sich **freiwillige Umwelt- und Sozialmaßnahmen** sowohl über Risiken und Kosten als auch über Chancen und Erträge **auf den ökonomischen Erfolg des Unternehmens auswirken.** So wirken typischerweise das Eingehen technischer Risiken (z. B. der Tiefwasserölförderung) und das späte Reagieren auf gesellschaftlichen und rechtliche Erwartungen (z. B. durch nachgeschaltete Kläranlagen) kostentreibend. Demgegenüber können betriebliche Umwelt- und Sozialmaßnahmen den Unternehmenserfolg stärken, wenn sie z. B. eine Kostenreduktion durch verbesserte Energieeffizienz (vgl. z. B. von Weizsäcker et al. 2009) oder neu erschlossene Kundenkreise durch Bioprodukte zur Folge haben (z. B. Meffert et al. 1986, 2008; Meffert und Bruhn 1996).

Dementsprechend gibt es im Nachhaltigkeitsmanagement Maßnahmen, die den Unternehmenserfolg stärken und solche, die ihn schwächen. Zentrale Herausforderung für das Nachhaltigkeitsmanagement eines gewinnorientierten Unternehmens ist es demnach einen „Business Case" unternehmerischer Nachhaltigkeit aktiv zu schaffen (z. B. Schaltegger et al. 2012). Dabei kommt es weniger auf die Anzahl Nachhaltigkeitsaktivitäten an, als auf die **Art und Weise, wie das Nachhaltigkeitsmanagement ausgestaltet wird**. Je nach Ausgestaltung wird der Zusammenhang zwischen freiwilligen Umwelt- und Sozialmaßnahmen positiv oder negativ auf den Unternehmenserfolg wirken (vgl. Schaltegger und Synnestvedt 2002). Die Herausforderung für das Management besteht demnach darin, diejenigen ökologischen und sozialen Aktivitäten zu identifizieren, die den ökonomischen Erfolg am meisten stärken und entsprechende Maßnahmen wirksam zu gestalten und umzusetzen. Damit stellt sich die Frage nach den **Ansatzpunkten**, um den Business Case unternehmerischer Nachhaltigkeit zu entwickeln und mithilfe von Controlling zu unterstützen. Im Hinblick auf das Verhältnis von Marketing und Controlling ist für das marktorientierte Nachhaltigkeitscontrolling spezifisch, dass es Marktchancen und -risken aus der Beachtung von Nachhaltigkeitsthemen mit einer kennzahlenorientierten Steuerung und einem rationalitätssichernden Informationsystem unterstützt und dabei vorwiegend einen chancenorientierten Blick einnimmt.

Die Beurteilung der Wirkung von Umwelt- und Sozialaktivitäten auf den Unternehmenserfolg muss anhand der Variablen erfolgen, aus denen sich der wirtschaftliche Erfolgsbeitrag des Unternehmens zusammensetzt (vgl. Schaltegger und Wagner 2006, S. 9 ff.; Schaltegger 2011). Die ökonomischen Wirkungen von Nachhaltigkeitsmaßnahmen können zu einer Verbesserung oder Verschlechterung folgender ökonomischer **Erfolgstreiber** führen: Kosten und Risiko, Umsatz, Preis und Gewinnmarge, Innovationen (inkl. Geschäftsmodellinnovationen), Arbeitszufriedenheit, Reputation, intangible Werte und Markenwert.

Zwar können Nachhaltigkeitsmaßnahmen relativ einfach checklistenartig auf diese Treiber übergeprüft werden. Mit der zunehmenden Bedeutung der Nachhaltigkeitsthematik für den Markt- und Unternehmenserfolg sollte Nachhaltigkeit jedoch systematischer auf Basis eines institutionalisierten Controllingkonzepts und nicht nur mit Checklisten gemanaged werden. Die strukturierte Identifikation der erfolgsrelevanzmarktlicher und außermarktlicher Nachhaltigkeitsaspekte und die Abbildung der Wirkungspfade auf den Unternehmenserfolg, erfordert eine strategisch fundierte Konzeption eines Nachhaltigkeitscontrollings.

3 Grundzüge eines strategisch fundierten Nachhaltigkeitscontrollings

3.1 Nachhaltigkeitscontrolling noch in den Kinderschuhen

Der Begriff des Nachhaltigkeitscontrollings wird erst seit jüngerer Zeit diskutiert (vgl. z. B. Reichwald und Kißler 2010; Schaltegger 2004b, 2010, 2011; Schaltegger und Zvezdov 2011). Eine vertiefte konzeptionelle Ausgestaltung steht noch bevor. Ähnliches lässt sich mit Ausnahme von Dubielzig (2009) für ein Sozio-Controlling sagen. Beim Öko-Controlling fokussiert sowohl die Fachliteratur als auch die Unternehmenspraxis seit knapp 20 Jahren auf ein an den Fertigungsprozessen orientiertes Controlling von Energie- und Stoffströmen (vgl. z. B. Hallay und Pfriem 1992; Günther 1996; Schaltegger und Sturm 1994). Um die Erfolgsrelevanz der vielfältigen, teilweise sehr unterschiedlichen, über marktliche wie auch außermarktliche Prozesse wirkenden Nachhaltigkeitsthemen besser erkennen und managen zu können, ist jedoch ein **erweitertes Controllingverständnis sowie eine breite, aber konzeptionell klare Strukturierung des Nachhaltigkeitscontrollings erforderlich.** Da die Balanced Scorecard (Kaplan und Norton 1992, 2001) systematisch nicht-finanzielle Einflussgrößen im Management berücksichtigt (vgl. Horváth und Partner 2001), bietet sie ein großes Potential für die Strukturierung eines breiten, auch außermarktliche Aspekte umfassenden Controllings.

3.2 Sustainability Balanced Scorecard zur Strukturierung des Nachhaltigkeitscontrollings

Eine zentrale Aufgabe des Nachhaltigkeitscontrollings ist die Umsetzung strategisch relevanter, oft jedoch diffus auf das Unternehmen einwirkender Einflüsse in strategisches Management, Marketing und Controlling. Dabei kann die Balanced Scorecard sowohl der systematischen Umsetzung der Strategie als auch der Strukturierung verschiedener Controllingperspektiven dienen (Weber und Schäffer 2000, S. 111). Die Balanced Scorecard dient der kausalen Berücksichtigung von nicht-monetären und finanziellen Faktoren zur Unterstützung einer strategiefokussierten Unternehmensführung (Horváth und Partner 2001; Kaplan und Norton 1992).

Hierauf aufbauend stellt die Sustainability Balanced Scorecard (SBSC) sowohl ein strategisches Management- als auch ein Messkonzept dar, wobei eine an der Unternehmensstrategie ausgerichtete Managementlogik und Leistungsmessung in den fünf Perspektiven Finanzen, Kunden, interne Geschäftsprozesse, Lernen und Entwicklung (vgl. Kaplan und Norton 1992, 2001) sowie der außermarktlichen Nachhaltigkeitsaspekte (vgl. Schaltegger 2004b; Schaltegger und Dyllick 2002, S. 38 f.) unterstützt wird. Die SBSC offeriert als Managementsystem eine systematische Vorgehensweise für das strategische Nachhaltigkeitsmanagement, die in einem Kennzahlensystem mündet. Damit bietet sich die SBSC als Strukturierungsrahmen für ein Nachhaltigkeitscontrolling an (vgl. Abb. 1).

Dabei dient die Sustainability Balanced Scorecard als Strukturrahmen für das Nachhaltigkeitscontrolling, das entsprechend der Perspektiven der SBSC fünf Bereiche unterscheidet:

- Finanzorientiertes Nachhaltigkeitscontrolling
- Marktorientiertes Nachhaltigkeitscontrolling
- Prozessorientiertes Nachhaltigkeitscontrolling
- Wissens- und lernorientiertes Nachhaltigkeitscontrolling
- Außermarktlich orientiertes Nachhaltigkeitscontrolling (dargestellt als Rahmen, innerhalb dessen die vier marktlichen Controllingperspektiven stehen)

Die Systematik der SBSC dient dem Management die Unternehmensstrategie herunter zu brechen und unterstützt die Organisation des Nachhaltigkeitscontrollings für eine wirkungsvolle und effiziente Strategieumsetzung. Ausgangslage ist die Geschäftsfeldstrategie und die Identifikation der Umwelt- und Sozialexponiertheit der strategischen Geschäftseinheit. Gemäß des Top-Down-Ansatzes der BSC wird die Relevanz der identifizierten Umwelt- und Sozialaspekte für die Finanz-, die Kunden-, die Prozess- die Lern- und Entwicklungs- sowie die außermarktliche Perspektive schrittweise analysiert. Ergebnis der Analyse ist die Identifikation von Schlüsselindikatoren (key performance indicators) als strategisch relevante Ergebnisgrößen (lagging indicators) und Leistungstreiber (leading indicators) für jede Perspektive. Hieraus abgeleitet wird das jeweilige perspektivenorien-

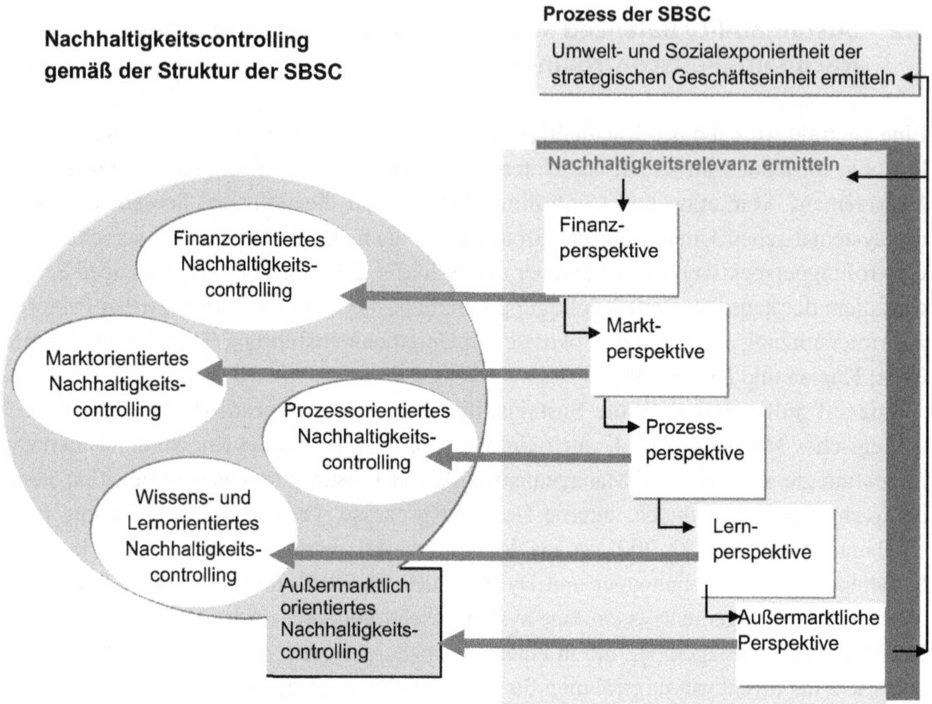

Abb. 1 Nachhaltigkeitscontrolling strukturiert nach der Sustainability Balanced Scorecard. (Schaltegger 2010, S. 239)

tierte Nachhaltigkeitscontrolling, wie zum Beispiel das marktorientierte Nachhaltigkeitscontrolling, ausgestaltet.

Die mit der Entwicklung einer Strategy Map aus dem top down-Prozess (rechte Seite in Abb. 1) identifizierten Erfolgsfaktoren und die festgelegten Schlüsselindikatoren (key performance indicators, KPIs) stellen die Ausgangslage des jeweiligen teilsystemorientierten Nachhaltigkeitscontrollings (links in Abb. 1) dar. Ein solches Nachhaltigkeitscontrolling bereitet marktliche und außermarktliche Informationen zur Unterstützung der strategisch abgeleiteten Nachhaltigkeitszielsetzungen und Schlüsselindikatoren auf. Controller arbeiten als beratende Sparringpartner des Managements, versorgen es mit Informationen und unterstützen es bei der Analyse der Ist-Situation und der Entwicklung von Vorschlägen. Nachhaltigkeitscontrolling hat die zentrale Aufgabe, die Unternehmensleitung so zu unterstützen, dass der Unternehmenserfolg **durch** besondere Berücksichtigung von Umwelt- und Sozialaspekten gestärkt wird. Diese Verfolgung eines sogenannten „Business Case for Sustainability" (Schaltegger und Wagner 2006; Schaltegger et al. 2012) bedingt, dass ökologische und soziale Ziele angestrebt und dabei gezielt so verfolgt werden, dass die Maßnahmen zum Unternehmenserfolg beitragen. Dies erfordert, dass die Relevanz von Nachhaltigkeitsaspekten hinsichtlich der Treiber von Business Cases erkannt und analysiert, wirksame Maßnahmen entwickelt und bewertet, und die Umsetzung im Hinblick auf die Stärkung des Unternehmenserfolgs sichergestellt werden.

Nachhaltigkeitscontrolling bezweckt dementsprechend in einem iterativen Prozess mit dem Management eine kontinuierliche Verbesserung der Umwelt- und Sozialperformance im Hinblick auf den Unternehmenserfolg anhand eines Informations-, Entscheidungs-, Planungs-, Kommunikations- und Kontrollsystems, mit dem der Unternehmensführung eine Entscheidungsunterstützung geliefert wird.

3.2.1 Finanzorientiertes Nachhaltigkeitscontrolling

Ein auf die Schlüsselindikatoren der Finanzperspektive des SBSC ausgerichtetes Nachhaltigkeitscontrolling orientiert sich an den aktuellen finanziellen Zielen des strategischen Managements und den Konzepten des Finanzmanagements der Unternehmung. Es berücksichtigt Umwelt- und Sozialaspekte im Rechnungswesen und in der Unternehmensfinanzierung auf eine proaktive und optimierende Weise und nicht nur in vordefinierten Kostenkategorien. Die Aufgabe des finanzorientierten Nachhaltigkeitscontrollings kann in der Informationsbereitstellung, Steuerung und konzeptionellen Anpassung des Rechnungswesens und der Methoden der Unternehmensfinanzierung (vgl. z. B. Schaltegger und Burritt 2010) gesehen werden. Während für einzelne Themenbereiche wie ein Shareholder Value-steigerndes Umweltmanagement (sog. Environmental Shareholder Value) oder der Einfluss von Altlasten auf (potenzielle) Verbindlichkeiten und das Sustainability Accounting schon Konzepte und teilweise umfangreiche Praxiserfahrungen vorliegen, besteht für andere Bereiche (z. B. soziale Aspekte und Shareholder Value, Nachhaltigkeit und Economic Value Added) eines finanzorientierten Nachhaltigkeitscontrollings noch erheblicher Entwicklungsbedarf.

3.2.2 Marktorientiertes Nachhaltigkeitscontrolling

Eine wirksame Steuerung des Unternehmensgeschehens kann nicht ohne ausreichenden Bezug zum Markterfolg sichergestellt werden. So können insbesondere ökologisch begründete Umstellungen von Produktionsverfahren oder Änderungen des Produktdesigns (vgl. Rubik und Teichert 1997; Tischner 2001) einen merklichen (potenziellen, positiven oder negativen) Einfluss auf Absatz und Marktakzeptanz haben, wodurch Kommunikation und Marketing überdacht werden müssen (z. B. Belz und Peattie 2009).

Dieser Beitrag geht in (Kapitel 4 „Der Konsum der Verbraucher") vertieft auf das marktorientierte Nachhaltigkeitscontrolling ein, das darauf abzielt, spezifische Bezüge zwischen Nachhaltigkeitsaktivitäten des Unternehmens und dem Marketingerfolg aufzustellen. Dies erfordert eine gute Zusammenarbeit mit der Marketingabteilung und umfasst Fragestellungen von der Produktentwicklung und Preisgestaltung (z. B. Casadesus-Masanell et al. 2009; Seidenschwarz und Horváth 2000) bis zur Marketingkommunikation und Distribution. Es kann auch Fragen der Produktinnovation (vgl. z. B. Hansen et al. 2009) und des Supply Chain Costings (vgl. z. B. Seuring 2001) umfassen. Damit dehnen sich die Steuerungsgrößen über die Unternehmensgrenzen hinaus aus, wobei sie jedoch klar auf die ökologische und soziale Verbesserung der marktrelevanten Gesamtleistung abzielen. Dementsprechend bestehen auch enge Verbindungen zum prozessorientierten Nachhaltigkeitscontrolling.

3.2.3 Prozessorientiertes Nachhaltigkeitscontrolling

Die Ursprünge des Öko-Controllings können auf die neunziger Jahre zurückverfolgt werden, wo bis heute eine deutliche Orientierung an Produktionsprozessen festgestellt werden kann (vgl. z. B. Hallay und Pfriem 1992; BMU und UBA 1995; Günther 1996 oder Schaltegger und Sturm 1994 auch zu publizierten Unternehmensbeispielen). Dabei steht der Zusammenhang zwischen nicht-finanziellen Kennzahlen der Produktion mit Finanzergebnissen im Zentrum der Betrachtungen, was sich auch in der hier häufig diskutierten Konzeption des Öko-Effizienz äussert (vgl. z. B. von Weizsäcker et al. 2009). Auch spezifische Rechnungswesenmethoden, wie z. B. die Materialflusskostenrechnung (vgl. z. B. Jasch 2009), wurden in den letzten Jahren entwickelt, die eine Optimierung von Produktionsprozessen unterstützen. Prozessorientiertes Nachhaltigkeitscontrolling geht allerdings über Umweltfragen der (technischen) Produktionsprozesse hinaus. Neben Produktionsprozessen können Geschäftsprozesse wie Innovations-, Management-, Logistik-, Liefer- oder Kundendienstprozesse zur Prozessperspektive des SBSC gezählt werden. Viele Managementkonzepte wie das Lean Management, das Systems Reengineering oder das Total Quality Management betonen eine Prozessbetrachtung, wobei einige dieser Ansätze im Umwelt- und Qualitätsmanagement aufgenommen wurden (z. B. Total Quality Environmental Management).

Ausgangslage für die Ausgestaltung des prozessorientierten Nachhaltigkeitscontrollings ist die Analyse und die Beschreibung von Prozessabläufen. Dabei lassen sich die Schritte der Zerlegung in Kernprozesse und Prozessketten, das Definieren von Kunden-, Sozial- und Umweltanforderungen für die Kernprozesse, die Umsetzung in Kausalbeziehungen und messbare Kenngrößen sowie die interne Berichterstattung unterscheiden. Die Verbesserung der Prozessabläufe erfordert Flexibiltät, Lernfähigkeit und Innovationskraft der Organisation, was wiederum nur durch motivierte und fähige Mitarbeiter erreicht werden kann. Da ein effektives und effizientes Nachhaltigkeitsmanagement teilweise tief greifende Veränderungen und kontinuierliches Lernenerfordert, sollte das Nachhaltigkeitscontrolling nachhaltigkeitsorientierte Lernprozesse und die Mitarbeitermotivation gezielt berücksichtigen.

3.2.4 Wissens- und lernorientiertes Nachhaltigkeitscontrolling

Mit der Zunahme des Dienstleistungssektors und des Dienstleistungsanteils in der Industrie steigt auch die Bedeutung von Know-how, Informationen und Mitarbeitermotivation für eine erfolgreiche nachhaltige Unternehmensführung. Wissensmanagement beinhaltet dabei nicht nur die Einführung von IT-Lösungen im Umwelt- und Sozialmanagement und Weiterbildungsangebote. Vielmehr müssen Mitarbeitende motiviert und befähigt werden, Innovationen zu schaffen, zu identifizieren und erfolgreich umzusetzen. Die unterstützende Rolle des Nachhaltigkeitscontrollings kann darin bestehen, Daten bereit zu stellen,

Know-how zu entwickeln und die Erkenntniss wirksam umzusetzen. Durch den Aufbau und die Vernetzungvon Informationsangeboten zu unternehmensrelevantem Nachhaltigkeitswissen kann das Nachhaltigkeitscontrolling eine lern- und innovationsfreudige Unternehmenskultur, sowie einen effektiven und effizienten Austausch von Wissen zwischen Mitarbeitenden und externen Wissensträgern unterstützt werden.

Dem wissens- und lernorientierten Nachhaltigkeitscontrolling ist auch die Positionierung des Unternehmens auf dem Arbeitsmarkt, die nachhaltige Ausgestaltung der „Human Resources“ Prozesse (vgl. Ehnert 2009) und die attraktive Gestaltung der Arbeitsplätze zuzuordnen. Dabei kann Nachhaltigkeit als Markeneigenschaft im „Employer Branding“ (vgl. Aggerholm et al. 2011) zu einem bedeutenden Attraktionsfaktor entwickelt werden, um ein Wunscharbeitgeber (employer of choice) zu werden. Aufgrund der häufig schlecht quantifizierbaren Zusammenhänge im Knowledge-Management besteht latent die Gefahr, auch weniger wirksame Projekte und Maßnahmen im Wissensmanagement zu verfolgen. Das Nachhaltigkeitscontrolling hat hier die Rolle, eine Fokussierung auf die Bereiche zu unterstützen, die bei der Entwicklung der SBSC als relevant erkannt wurden. Dabei sind auch außermarktliche Themen und Prozesse im gesellschaftlichen, rechtlichen und politischen Umfeld des Unternehmens zu beachten.

3.2.5 Controlling außermarktlicher Nachhaltigkeitsaspekte

Der Markt ist ganz wesentlich durch Marktrahmenbedingungen geschaffen und damit ein gesellschaftlich, politisch und rechtlich geschaffenes Konstrukt. Es ist deshalb nicht erstaunlich, dass außermarktliche Faktoren in gewissen Fällen eine viel fundamentalere Bedeutung erlangen können als marktliche, da sie die „Spielregeln“ auf dem Markt sehr grundsätzlich verändern können (vgl. z. B. Schaltegger 2004b). Außermarktliche Einflüsse können sozio-kulturellen, rechtlichen und politischen Charakter haben.

Sozio-kulturelle Aspekte umfassen die Legitimität oder gesellschaftliche Akzeptanz des Unternehmens und seiner Leistungen, Werthaltungen, Medienreaktionen usw. die über engere Marktbearbeitungsmaßnahmen hinausgehenden Marketingaufgaben sind hier angsprochen (van de Van 2008). So ist das außermarktliche Nachhaltigkeitscontroling gefordert, dass Issue Management in der Gestaltung der Beziehungen zu Schlüsselorganisationen, Meinungsmachern und Trendsettern zu unterstützen. Das außermarktliche Nachhaltigkeitscontrolling berücksichtigt auch die unternehmensrelevanten Entwicklungen des Rechts und freiwilliger Standards des Nachhaltigkeitsmanagements (wie z. B. EMAS, ISO 14000, ISO 26000). Dabei darf auch nicht übersehen werden, dass Rechtssicherheit nicht von selbst entsteht, sondern z. B. mit einem Nachhaltigkeitscontrollinggezielt sichergestellt werden muss (vgl. z. B. Hahn 2001). Dabei geht es häufig um das Management von Hygienefaktoren von geringer strategischer Wettbewerbsrelevanz, weshalb eine möglichst kostengünstige Gewährleistung von Rechtssicherheit im Vordergrund stehen kann.

Interessen politisches Agieren stellt für viele Nichtregierungsorganisationen oft die wirkungsvollste Herangehensweise zur Verfolgung ihrer Ziele dar und kann den Handlungsspielraum des Managements sehr direkt einschränken. Dennoch ist vielfach ein intuitives Vorgehen des Managements zu erkennen. Die Ausgestaltung eines interessenpolitisch orientierten Nachhaltigkeitscontrollingsstellt stellt noch eine Forschungsaufgabe dar, die jedoch auf eine Reihe von Managementkonzepten aufbauen kann (vgl. z. B. Pfeffer 1992; Schaltegger 1999). Während das außermarktliche Nachhaltigkeitscontrollings vor allem für den Bereich der Rechtssicherheit der effizienten Informationsversorgung dient, erhält es für die strategisch bedeutenden außermarktlichen Themen einen Managementberatungscharakter.

Im Folgenden wird die Perspektive des marktorientierten Nachhaltigkeitscontrollings vertieft diskutiert.

4 Controllingunterstützung des Nachhaltigkeitsmarketings

Die Rolle, die das marktorientierte Nachhaltigkeitscontrolling zur Unterstützung des Marketings und insbesondere des Nachhaltigkeitsmarketings leisten kann, lässt sich an einigen Entwicklungen der letzten Jahre verdeutlichen. Ohne abschließend zu sein, werden die Konsequenzen, die sich für das Controlling ergeben, anhand des in den letzten beiden Jahrzehnten zu beobachtenden Wandels der Vorstellung eines professionellen Nachhaltigkeitsmarketings in den Bereichen Marktforschung, Produktdesign und Kommunikationspolitik im Folgenden skizziert.

Während die ökologieorientierte **Marktforschung** in den achtziger Jahren noch von klar identifizierbaren Gruppen an ökologisch oder entwicklungspolitisch motivierten Konsumenten ausging und eine dementsprechende Marktsegmentierung vornahm (z. B. Raffée und Wimmer 1979; Hansen und Bode 1999; Kroeber-Riel und Weinberg 2003), ist seit einigen Jahren deutlich geworden, dass mit den traditionellen Segmentierungsvariablen kaum Aufschluss über das Umweltbewusstsein und -verhalten einzelner Zielgruppen zu gewinnen ist. Neuere Ergebnisse der Konsum- und Marktforschung verdeutlichen, dass nachhaltiges Handeln heutzutage eher mit bestimmten Lebensstilen und sozialen Milieus in Verbindung gebracht wird und die Marktsegmente dementsprechend nicht trennscharf voneinander abgegrenzt werden können (z. B. Reusswig 1993; Sinus Sociovision 2007; Wippermann 2005). Gleiches gilt für die Positionierung des Angebots (vgl. z. B. Du et al. 2007; Esty und Porter 1998; Porter 1987, 1999), wo immer mehr deutlich wird, dass Umwelt- und Sozialbewusstsein quer zu anderen Werten, Einstellungen und Verhaltensmustern steht, was sich in nachhaltigkeitsbezogenem „Patchwork-Handeln" widerspiegelt (z. B. Ecolog-Institut 1999; Sinus Sociovision 2007; Stäsche 2007). Nachhaltigkeitsaspekte spielen zwar bei den meisten Lebensstilen eine Rolle, je nach Lebensstilgruppe jedoch in unterschiedlicher Ausprägung. Das Marketing ist damit herausgefordert, über ein additives Angebot von Alternativprodukten hinaus, die Nachhaltigkeitsqualität der Kernangebote auszugestalten. Dies sollte sich auch in der Abkehr einzelner, isoliert berücksichtigter Nachhaltigkeitsthemen zur Gestaltung marginal oder äußerlich differenzierter Produkte zum Ausdruck kommen (z. B. „umweltfreundlich, weil rezyklierte Verpackung") und vermehrt in die Integration von Nachhaltigkeitsqualitäten in das Kernangebot münden. Auch ist eine Abkehr von der konventionellen Befragung oder von Experimenten der Marktforschung hin zu Conjoint Analysen und „Open Innovation"-Prozessen zu beobachten, wo Kunden, aber auch weitere Stakeholder-Gruppen in die Gestaltung des Angebots (Hansen et al. 2009) und der Marke (z. B. Gregory 2007) einbezogen werden. Nachhaltigkeit kann in solchen Innovationsprozessen auch als integratives Element der Produkt- und Dienstleistungsgestaltung zum Ausdruck kommen (z. B. Meffert 1987; Meffert und Bruhn 1996; Meffert und Kirchgeorg 1998) und auch in die Markengestaltung einfließen (vgl. z. B. Gregory 2007; Bruhn 2004; Burgold et al. 2009; Schaltegger 2004a).

Wenn aber Nachhaltigkeitsaspekte nur in Einzelfällen als dominantes Positionierungskriterium sinnvoll sind, oder mit wesentlichen anderen Gestaltungsvariablen kombiniert werden müssen, um Attraktivität zu generieren, ansonsten aber eher gleichberechtigte oder flankierende Kaufargumente unterschiedlicher Art darstellen (vgl. z. B. Schaltegger 2004a), so ist dies für die Formulierung der zu steuernden Schlüsselindikatoren zu berücksichtigen. Des Weiteren steht das Nachhaltigkeitsmarketing vermehrt vor der Herausforderung den Wandel von einer Nischenmarktbearbeitung hin zum Massenmarkt zu unterstützen (vgl. z. B. Villiger et al. 2000; Wüstenhagen et al. 2001; Schaltegger und Petersen 2001; Petersen 2003; Schaltegger und Wagner 2011) oder vollkommen neue, bisher unerschlossene Märkte auszuloten (z. B. zu Bottom of the Pyramid Märkte vgl. Kirchgeorg und Winn 2006).

So ist das **marktorientierte Nachhaltigkeitscontrolling** herausgefordert, den Wandel von der Vorstellung einer a priori festgelegten Gruppe an „Öko- und Sozialmotivierten" zur Differenzierung nach Lebensstilen und Sinus Milieus (vgl. z. B. Wippermann 2005) in der Abbildung durch Steuerungsindikatoren nachzuvollziehen. Dies bedeutet, dass einfache Kennzahlen wie der Umsatz oder die Rentabilität von Bioprodukten immer weniger aussagekräftig sind und durch relevantere, manchmal vielleicht auch komplexere Steuerungsgrößen ersetzt werden müssen, die z. B. Kundenrückmeldungen auf (un)nachhaltige Produkteigenschaften, Diskussionen in den sozialen Medien oder die Wirkung eines nachhaltigen Produktsortiments auf den Umsatz oder die Bekanntheit der Unternehmensmarke abbilden.

Auch die Vorstellung eines **nachhaltigen Produktdesigns** hat sich in den letzten beiden Dekaden erheblich verändert. Wurde ursprünglich Verpackungsfragen besondere Aufmerksamkeit gewidmet, so hat sich der Fokus hin zur nachhaltigen Ausgestaltung des Kernprodukts entwickelt (z. B. Rubik und Teichert 1997). Ausgehend von einer Produktfixierung und -optimierung (z. B. ökologische Gestaltung eines Autos; z. B. durch Einliter-Auto), wird immer häufiger eine Funktionsorientierung (z. B. ökologische Erfüllung einer Transportfunktion; z. B. durch Fly-and-rent-a-car-Kombinationen) eingenommen und es ist seit einigen Jahren auch vermehrt eine Bedürfnisorientierung (z. B. ökologische Erfüllung eines Mobilitätsbedürfnisses; z. B. durch Car Sharing und Video Conferencing) in der Gestaltung des Angebots zu erkennen. Dies geht häufig mit einem Wandel der Sichtweise vom physischen Produkt zu Product Service-Kombinationen einher.

Für das marktorientierte **Nachhaltigkeitscontrolling** bedeutet dies zum Beispiel, dass die Ausgestaltung von Stakeholder-involvierenden offenen Innovationsprozessen durch für die Kunden und Stakeholder wichtigen Nachhaltigkeitsinformationen unterstützt (vgl.

auch Meffert und Bruhn 1996; Bruhn 2001) sowie unternehmensintern Kosten, Umsätze und Rentabilität nicht mehr für einzelne Produkte, sondern für Pakete an Produkt-Dienstleistungskombinationen bestimmt und gesteuert werden sollten und ein Benchmarking der im Vergleich zu konventionellen Produktangeboten erbrachten Nachhaltigkeitsleistung erfolgt.

Auch die **Nachhaltigkeitskommunikation** von Unternehmen hat sich über die Jahre entwickelt (vgl. auch Bruhn 2003), auch wenn in der Unternehmenspraxis noch heute erstaunlich viele veraltete Vorstellungen zum Ausdruck kommen. So ist die Vorstellung, dass sich ein Produkt von selbst verkauft, wenn es als „öko", „bio" oder „fair trade" bezeichnet werden darf, trotz der Erkenntnisse der Lebensstilforschung und dass Nachhaltigkeit überwiegend in Patchwork-Konsummuster zum Ausdruck kommt, nach wie vor nicht ausgerottet. Der grundsätzlichen Schwierigkeit, Informationsasymmetrien zwischen Anbietern und Nachfragern zu überwinden (vgl. z. B. Nelson 1970; Kaas 1990; Schaltegger 2004a; Tolle 1994), wird weiterhin vor allem mit übergroßen Bio-Aufschriften und Nachhaltigkeitslabels begegnet. Labels und klare Produktinformationen spielen selbstverständlich nach wie vor eine zentrale Rolle, um Konsumenten nachzuweisen, dass ein Angebot tatsächlich nachhaltig ist und dies wird auch in Zukunft so bleiben, da viele Nachhaltigkeitseigenschaften eines Produktes nicht direkt ersichtlich erkannt werden können. Hier kann auch ein Social Sponsoring der Signalisierung einer entsprechenden Unternehmenspositionierung dienen (vgl. Bruhn 1995). Garantien für Erfahrungsgüter und Nachhaltigkeitslabels für Vertrauensgüter sind immer noch bedeutend, sollten jedoch nicht produktverpackungsisoliert kommuniziert, sondern zusätzlich auch in den Kontext des gesamten Produktkonzeptdesigns und der grundsätzlichen Unternehmenskommunikation gestellt werden. Häufig wird unterschätzt, dass die grundsätzliche Glaubwürdigkeit eines Anbieters und seiner Unternehmensstrategie (vgl. z. B. Meffert et al. 1990; Meffert und Kirchgeorg 1998), ernsthaft nachhaltig zu wirtschaften, durch die Unternehmensreputation und damit durch eine nachhaltigkeitsorientierte Corporate Identity (vgl. z. B. Powell 2011; Rolland et al. 2009) und gute Stakeholer-Beziehungen (vgl. z. B. Sen 2006) sowie durch die Nachhaltigkeitseigenschaften der Marke wesentlich mitbeeinflusst wird (vgl. z. B. Burgold et al. 2009; Lauring und Thomsen 2009; Schaltegger 2004a; Meffert et al. 2010; Melo und Galan 2011). In diesem Kontext ist auch die Rolle der aktuellen und ehemaligen Mitarbeitenden des Unternehmens als informelle externe Kommunikatoren zu beachten (vgl. z. B. Ehnert 2009; Morsing 2006). Eine Corporate Identity lässt sich meist nur kurzfristig, wenn überhaupt, als Fassade nach außen aufbauen; sie erfordert interne Identifikation der Mitarbeitenden. Dies wiederum kann sich auch positiv auf das Employer Branding und die Arbeitgeberattraktivität auswirken (vgl. Aggerholm et al. 2011). Konsequenz und Kohärenz zwischen Wort Tat nach innen und nach außen und eine in den sozialen Medien zum Ausdruck kommende Vertrauensbasis im Umgang mit Stakeholdern ergänzen und ersetzen immer häufiger die konventionellen Werbemittel.

Für das marktorientierte **Nachhaltigkeitscontrolling** ergeben sich hieraus erhebliche Konsequenzen. Konventionelle Steuerungsgrößen der Massenmarktkommunikation wie

Umsatzsteigerung und Einschaltquoten bei einer getätigten Fernsehwerbung oder die Markenwirkung eines Biolabels sind zu hinterfragen. Vielmehr sind die Social Media Präsenz und die Nachhaltigkeitsbewertung des Angebots in Internetforen (vgl. z. B. Brady et al. 2003; Burgold et al. 2009) oder Rückwirkungen von Öko-Test-Ratings auf das Kaufverhalten vermehrt als Erfolgsindikatoren zu berücksichtigen.

Das marktorientierte Nachhaltigkeitscontrolling steht noch am Anfang seiner Entwicklung und muss je nach Unternehmenssituation spezifisch ausgestaltet werden. Auch spielt die Wettbewerbsstrategie eine wesentliche Rolle für die Formulierung der Steuerungsgröße zur Unterstützung der Marktforschung, des Produktdesigns, der Marketingkommunikation, der Distribution oder der Preispolitik.

5 Ausblick

Das dargelegte Konzept eines auf der SBSC aufbauenden, unternehmerischen Nachhaltigkeitscontrollings stellt eine strukturierte Konzeption und Vorgehenssystematik dar, mit der die strategisch relevanten Nachhaltigkeitsaspekte identifiziert und die Umsetzung der Unternehmensstrategie mit einem Set an Schlüsselindikatoren unterstützt werden kann. Als Schnittstellenrolle kann das Nachhaltigkeitscontrolling eine Koordinations- und Integrationsfunktion übernehmen, die dem Querschnittcharakter des Nachhaltigkeitsmanagements gerecht wird. Allerdings stellt sich die Herausforderung, sich qualifiziert in unterschiedliche Bereiche des Unternehmens einzubringen. In seiner Moderations- und Managementberatungsrolle kann es eine interne Kundenorientierung zum Ausdruck bringen. Dementsprechend lässt sich ein marktorientiertes Nachhaltigkeitscontrolling in unterstützender Funktion für das Marketing und Nachhaltigkeitsmarketing ausgestalten. Erste explorative empirische Untersuchungen zeigen, dass das prozess-, finanz- und außermarktlich orientierte Nachhaltigkeitscontrolling in der deutschen Unternehmenspraxis derzeit intensiver verfolgt werden kann, als das marktorientierte und das wissensorientierte Nachhaltigkeitscontrolling (Schaltegger und Zvezdov 2011). Die Entwicklung eines chancen- und marktorientierten Nachhaltigkeitscontrollings steht sowohl in der Forschung als auch in der Praxis am Anfang.

Anhand einiger exemplarischer Entwicklungen im Nachhaltigkeitsmarketing der letzten beiden Dekaden, hat dieser Beitrag versucht aufzuzeigen, dass eine Orientierung an konventionellen Steuergrößen nicht ausreicht und vielmehr in Zusammenarbeit mit dem Marketing eine spezifische, den modernen Anforderungen der Marktentwicklungen angepasste Nachhaltigkeitsindikatorik entwickelt werden muss. Steuerungsgrößen, die das Marketing unterstützen durch Nachhaltigkeitsmanagement den Unternehmenserfolg zu stärken, können, müssen aber nicht, komplexer werden. Damit ein controllinginformiertes und -unterstütztes Nachhaltigkeitsmarketing erfolgreich gelingt, ist ein intensiver Austausch zwischen Marketing- und Controllingabteilung erforderlich.

Literatur

Aggerholm H, Esmann Andersen S, Thomsen, C (2011) Conceptualising employer branding in sustainable organisations. Corp Commun Int J 16:105–123

Belz F, Peattie K (2009) Sustainable marketing. A global perspective. Wiley, Chichester

BMU, UBA (Hrsg) (1995) Handbuch Umweltcontrolling. Vahlen, München

Brady A (2003) How to generate sustainable brand value from responsibility. J Brand Manag 1:279–289

Bruhn M (1995) Social Sponsoring und soziale Kompetenz von Unternehmen. Bedingungen für den Einsatz in der Unternehmenskommunikation. Werbeforsch Praxis 40:123–131.

Bruhn M (2001) Relationship-marketing. Vahlen, München

Bruhn M (2003) Kommunikationspolitik, 2. Aufl. Vahlen, München

Bruhn M (2004) Handbuch Markenartikel. Anforderungen an die Markenpolitik aus Sicht von Wissenschaft und Praxis. Vahlen, Stuttgart

Bruhn M, Meffert H, Schubert F, Walter T (1986) Marketing und Ökologie. Chancen und Risiken umweltorientierter Absatzstrategien der Unternehmungen. Die Betriebswirtschaft. 46:140–159.

Burgold F, Sonnenburg S, Voß M (2009) Masse macht Marke. Die Bedeutung von Web 2.0 für die Markenführung. In: Sonnenburg S (Hrsg) Swarm Branding. VS Verlag für Sozialwissenschaften, Wiesbaden, S 9–18

Casadesus-Masanell R, Crooke M, Reinhardt F, Vasishth V (2009) Households' willingness to pay for „Green" goods: Evidence from patagonia's introduction of organic cotton sportswear. J Econ Manag Strategy 18:203–233

Du S, Bhattacharya C, Sen S (2007) Reaping relational rewards from corporate social responsibility: the role of competitive positioning. Int J Res Mark 24:224–241

Dubielzig F (2009) Sozio-Controlling in Unternehmen. Das Management erfolgsrelevanter sozialgesellschaftlicher Themen in der Praxis. Gabler, Wiesbaden

Ecolog-Institut (1999) Wegweiser durch soziale Milieus und Lebensstile für Umweltbildung und Umweltberatung. Ecolog-Institut, Hannover

Ehnert I (2009) Sustainable human resource management. Physica, Heidelberg

Esty D, Porter M (1998) Industrial ecology and competitiveness. strategic implications for the firm. J Ind Ecology 2:35–43

Gregory A (2007) Involving stakeholders in developing corporate brands: the communication dimension. J Mark Manag 23:59–74

Günther E (1996) Ökologieorientiertes Controlling. Konzeption eines Systems zur ökologieorientierten Steuerung und empirischen Validierung. Vahlen, München

Hahn T (2001) Umweltrechtssicherheit für Unternehmen. Management produktbezogener umweltrechtlicher Informationen für die Produktentwicklung. Peter Lang, Frankfurt a. M.

Hallay H, Pfriem R (1992) Öko-Controlling: Umweltschutz in mittelständischen Unternehmen. Peter Lang, Franfurt a. M.

Hansen U, Bode M (1999) Marketing & Konsum: Theorie & Praxis von der Industrialisierung bis ins 21. Jahrhundert. Vahlen, München

Hansen E, Große-Dunker F, Reichwald R (2009) Sustainability innovation cube. A Framework to Evaluate Sustainability-Oriented Innovations. Int J Innov Manag 13:683–713

Horváth & Partner (Hrsg) (2001) Balanced scorecard umsetzen. Vahlen, Stuttgart

Jasch C (2009) Environmental and material flow cost accounting. Springer, Dordrecht

Kaas K (1990) Marketing als Bewältigung von Informations- und Unsicherheitsproblemen im Markt. Die Betriebswirtschaft 50:539–548

Kaplan R, Norton D (1992) The balanced scorecard. Measures that drive performance. Harv Bus Rev 70(1):71–79

Kaplan R, Norton D (2001) The strategy-focused organization. How balanced scorecard companies thrive in the new business environment. Havard University Press, Boston

Kirchgeorg M, Winn M (2006) Sustainability marketing for the poorest of the poor, Business Strategy and the Environment 15:171–184

Kroeber-Riel W, Weinberg P (2003) Konsumentenverhalten. Vahlen, München

Lauring J, Thomsen C (2009) Collective ideals and practices in sustainable development: managing corporate identity. Corp Soc Responsib Environ Manag 16:38–47

Meffert H (1987) Planung und Durchsetzung ökologiegerechter Marketingkonzeptionen. Ein entscheidungsorientierter Ansatz. In: Belz C (Hrsg) Realisierung des Marketing, Bd. 1, St. Gallen, S 39–60

Meffert H, Bruhn M (1996) Das Umweltbewusstsein von Konsumenten. Die Betriebswirtschaft 56:631–648

Meffert H, Kirchgeorg M (1998) Marktorientiertes Umweltmanagement: Konzeption, Strategie, Implementierung mit Praxisfällen, 3. Aufl. Schäffer-Poeschel, Stuttgart

Meffert H, Bruhn M, Schubert F, Walther T (1986) Marketing und Ökologie. Chancen und Risiken umweltorientierter Absatzstrategien der Unternehmungen. Die Betriebswirtschaft 46:140–159

Meffert H, Kirchgeorg M, Ostmeier H (1990) Der Einfluss von Ökologie und Marketing auf die Strategien. Absatzwirtschaft 33:42–56

Meffert H, Burmann C, Kirchgeorg M (2008) Marketing, 10. Aufl. Gabler, Wiesbaden

Meffert H, Rauch C, Lepp H (2010) Sustainable branding. Mehr als ein neues Schlagwort!? Mark Rev St. Gallen 27(5):28–35

Melo T, Galan J (2011) Effects of corporate social responsibility on brand value. J Brand Manag 18:423–437

Morsing M (2006) Corporate moral branding: limits to aligning employees. Corp Commun Int J 11:97–108

Nelson P (1970) Information and consumer behaviour. J Political Econ 78:311–329

Petersen H (2003) Ecopreneurship & Wettbewerbsstrategie: Verbreitung ökologischer Innovationen auf Grundlage von Wettbewerbsvorteilen. Metropolis, Marburg

Pfeffer J (1992) Managing with power. Harvard Business Press, Boston

Porter M (1987) From competitive advantage to corporate strategy. Harv Bus Rev 65(3):43–59

Porter M (1999) Wettbewerbsvorteile: Spitzenleistungen erreichen und behaupten, 5. Aufl. Campus, Frankfurt a. M.

Powell S (2011) The nexus between ethical corporate marketing, ethical corporate identity and corporate social responsibility: an internal organisational perspective. Eur J Mark 45:1365–1379

Raffée H, Wimmer F (1979) Marketing und Umwelt. Poeschel, Stuttgart

Reichwald T, Kißler M (2010) Sustainability-controlling, controlling. Zeitschrift für erfolgsorientierte Unternehmenssteuerung 22:104–106

Reusswig F (1993) Die Gesellschaft der Lebensstile. Zur modernen Lebensstilforschung und ihrer ökologischen Bedeutung. Politische Ökologie 33:6–9

Rolland D, O'Keefe O, Bazzoni J (2009) Greening corporate identity: CSR online corporate identity reporting. Corp Commun Int J 14:249–263

Rubik F, Teichert V (1997) Ökologische Produktpolitik. Schäffer-Poeschel, Stuttgart

Schaltegger S (1999) Bildung und Durchsetzung von Interessen zwischen Stakeholder der Unternehmung. Eine politisch-ökonomische Perspektive. Die Unternehmung 53:3–20.

Schaltegger S (2004a) Nachhaltigkeitsaspekte der Markenführung. In: Bruhn, M. (Ed) Handbuch Markenführung. Gabler, Wiesbaden, S 2677–2703

Schaltegger S (2004b) Sustainability balanced scorecard. Unternehmerische Steuerung von Nachhaltigkeitsaspekten. Controlling. Zeitschrift für erfolgsorientierte Unternehmenssteuerung 16:511–516

Schaltegger S (2010) Nachhaltigkeit als Treiber des Unternehmenserfolgs. Folgerungen für die Entwicklung eines Nachhaltigkeitscontrollings. Controlling. Zeitschrift für erfolgsorientierte Unternehmenssteuerung 22:238–243
Schaltegger S (2011) Sustainability as a driver for corporate economic success. Consequences for the development of sustainability management control. Soc Econ 33:15–28
Schaltegger S, Burritt R (2010) Sustainability accounting for companies. Catchphrase or decision support for business leaders? J World Bus 45:375–384
Schaltegger S, Dyllick T (Hrsg) (2002) Nachhaltig managen mit der Balanced Scorecard. Gabler, Wiesbaden
Schaltegger S, Petersen H (2001) Ecopreneurship. Konzept und Typologie. Rio Managementforum, Lüneburg
Schaltegger S, Sturm A (1994) Öko-Effizienz durch Öko-Controlling. VDF, Zürich
Schaltegger S, Synnestvedt T (2002) The link between „Green" and economic performance. J Environ Manag 65:339–346
Schaltegger S, Wagner M (2006) Managing the business case of sustainability. Sustainability performance, competitiveness and business success. Greenleaf, Sheffield
Schaltegger S, Wagner M (2011) Sustainable entrepreneurship and sustainability innovation. Categories and interactions. Business Strategy and the Environment 20:222–237.
Schaltegger S, Zvezdov D (2011) Konzeption und Praxis des Nachhaltigkeitscontrollings. Ansatzpunkte in großen deutschen Unternehmen, Controlling. Zeitschrift für erfolgsorientierte Unternehmensführung 23:430–435
Schaltegger S, Lüdeke-Freund F, Hansen E (2012) Business cases for sustainability. The role of business model innovation for corporate sustainability. Int J Innov Sustainable Dev 6:95–119
Seidenschwarz W, Horváth P (2000) Produktgestaltung im Spannungsfeld zwischen Zielpreisen und Zielkosten. In: Herrmann A, Hertel G, Virt W, Huber F (Hrsg) Kundenorientierte Produktgestaltung. Vahlen, München
Sen S, Bhattacharya C, Korschun D (2006) The role of corporate social responsibility in strengthening multiple stakeholder relationships: A field experiment. J Acad Mark Sci 34:158–166.
Seuring S (2001) Supply chain costing. Vahlen, München
Sinus Sociovision (2007) Sinus studie. http://www.sinus-sociovision.de
Stäsche P (2007) Bio. gestern und heute: Die Erfolgskarriere von „Bio" in den letzten 20 Jahren und seine zukünftigen Potenziale in der Kommunikation zum Endverbraucher. Markt & Medien März 2007. http://www.sinus-sociovision.de
Tischner U (2001) Win-win-Situationen durch EcoDesign. In: Lutz U, Nehls-Sahabandu M (Hrsg) Praxishandbuch Integriertes Produktmanagement. Symposium, Düsseldorf
Tolle E (1994) Informationsökonomische Erkenntnisse für das Marketing bei Qualitätsunsicherheit der Konsumenten. Zeitschrift für betriebswirschaftliche Forschung 11:926–938
van de Ven B (2008) An ethical framework for the marketing of corporate social responsibility. J Bus Eth 82:339–352.
Villiger A, Wüstenhagen R, Meyer A (Hrsg) (2000) Jenseits der Öko-Nische. Birkhäuser, Basel
Weber J, Schäffer U (2000) Balanced Scorecard & Controlling: Implementierung, Nutzen für Manager und Controller; Erfahrungen in deutschen Unternehmen. Gabler, Wiesbaden
von Weizsäcker E, Hargroves K, Smith M, Dsha C, Stasinopoulos P (2009) Factor five. Earthscan, London
Wippermann C (2005) Die soziokulturelle Karriere des Themas „Ökologie": Eine kurze Historie vor dem Hintergrund der Sinus-Lebensweltforschung. http://www.sinus-sociovision.de
Wüstenhagen R, Villiger A, Meyer A (2001) Bio-Lebensmittel jenseits der Öko-Nische. In: Schrader U, Hansen U (Hrsg) Nachhaltiger Konsum: Forschung und Praxis im Dialog. Campus, Frankfurt a. M., S 177–188

Prof. Dr. Stefan Schaltegger Stefan Schaltegger ist Ordinarius für Betriebswirtschaftslehre, insbes. Nachhaltigkeitsmanagement sowie Leiter des Centre for Sustainability Management (CSM; www.leuphana.de/csm) und des weltweit ersten MBA Studiengangs zu Nachhaltigkeitsmanagement (MBA Sustainability Management). Stefan Schaltegger ist Mitglied der Herausgeberbeiräte von elf internationalen wissenschaftlichen Fachzeitschriften. Seine Forschungsschwerpunkte umfassen Gebiete des Nachhaltigkeitsmanagements, bes. Umweltinformationsmanagement, Sustainable Entrepreneurship und Management von Stakeholder-Beziehungen sowie integratives Nachhaltigkeitsmanagement (z.B. Biodiversitätsmanagement).

Nachhaltigkeit in der Unternehmens- und Mitarbeiterführung

Ruth Maria Stock-Homburg, Anette von Ahsen
und Marina Melanie Wagner

Inhaltsverzeichnis

R. M. Stock-Homburg (✉)
FB1, Fachgebiet Marketing & Personalmanagement, Technische Universität Darmstadt,
Hochschulstr. 1, 64289 Darmstadt, Deutschland
E-Mail: rsh@stock-homburg.de

A. von Ahsen
FB1, Fachgebiet Rechnungswesen, Controlling und Wirtschaftsprüfung,
Technische Universität Darmstadt, Hochschulstr. 1, 64289 Darmstadt, Deutschland
E-Mail: vonahsen@bwl.tu-darmstadt.de

M. M. Wagner
FB 1, Fachbereich Marketing & Personalmanagement, Technische Universität Darmstadt,
Hochschulstr. 1, 64289 Darmstadt, Deutschland
E-Mail: marinamelanie.wagner@stock-homburg.de

H. Meffert et al. (Hrsg.), *Sustainable Marketing Management*,
DOI 10.1007/978-3-658-02437-6_15

Zusammenfassung

Der vorliegende Beitrag widmet sich der Nachhaltigkeit der Führung auf zwei Ebenen: der Unternehmensführung und der Führung auf Mitarbeiterebene. Auf der Unternehmensebene kann eine nachhaltige Führung durch die Implementierung (integrierter) Managementsysteme erreicht werden. Qualitäts-, Umwelt- und sozial orientierte Managementsysteme ermöglichen es, die gesamten betrieblichen Abläufe nachhaltigkeitsorientiert zu planen und zu steuern. Eine zentrale Herausforderung besteht darin, dass häufig Interdependenzen zwischen den qualitäts-, umwelt- und sozialorientierten Entscheidungen bestehen.

Für die Umsetzung der Nachhaltigkeit im Rahmen der Mitarbeiterführung ist es notwendig, das Verhalten und die Einstellungen der Mitarbeiter auf die nachhaltigkeitsorientierten Unternehmensziele auszurichten. Dies kann durch eine Kombination der transaktionalen und transformationalen Führung erreicht werden, wenn sich die Ziele, Visionen und Werte an den nachhaltigkeitsorientierten Unternehmenszielen orientieren. Darüber hinaus werden Führungstypen hinsichtlich ihres Beitrags zur Nachhaltigkeit von Unternehmen beleuchtet. Durch eine solche Ausgestaltung der Führung kann ein unternehmerischer Beitrag zur Nachhaltigkeit gleistet werden.

1 Einleitung

Das Leitbild der Nachhaltigkeit ist in den vergangenen Jahrzehnten zu einem zentralen Thema in der Diskussion um die zukünftige Entwicklung der Menschheit geworden. Gemäß der Brundtland-Kommission für Umwelt und Entwicklung versteht man unter Nachhaltigkeit die Befriedigung der Bedürfnisse heutiger Generationen, ohne dabei zu riskieren, dass künftige Generationen ihre Bedürfnisse nicht befriedigen können (vgl. Hauff 1987). Neben dieser intergenerativen Gerechtigkeitsdimension umfasst die Nachhaltigkeit auch eine intragenerative Dimension, die einen Wohlstandsausgleich zwischen armen und reichen Regionen, Ländern und Menschen fordert. Nachhaltigkeit impliziert damit die Berücksichtigung ökonomischer, ökologischer und sozialer Aspekte („Drei-Säulen-Konzept").

Entsprechend ist auch die **nachhaltigkeitsorientierte Unternehmensführung** auf diese drei Nachhaltigkeitsdimensionen sowie auf die Interdependenzen zwischen ihnen ausgerichtet. Dabei wird häufig darauf hingewiesen, dass es sich nicht um ein separates Programm handeln sollte, das „neben" der herkömmlichen Unternehmensführung oder als „Ad-on" realisiert wird: „Eigentliches Ziel der nachhaltigen Entwicklung muss [...] die Integration, d. h. die koordinierte Begegnung aller Herausforderungen und die Zusammenführung des konventionellen Managements mit dem Management von Nachhaltigkeitsaspekten zu einem integrativen Nachhaltigkeitsmanagement sein." (Schaltegger et al. 2007, S. 22). Vor dem Hintergrund einer immer geringeren Wertschöpfungstiefe vieler Unternehmen und der zunehmenden Relevanz des Outsourcing stellt sich die Nachhaltigkeitsherausforderung dabei nicht nur auf Unternehmensebene, sondern sie ist auf die gesamte Supply Chain zu beziehen (vgl. Kudla und Stölzle 2011; Jørgensen 2008, S. 1079).

In der Unternehmenspraxis kommt in diesem Zusammenhang **Managementsystemen** eine besondere Bedeutung zu. Neben Qualitätsmanagementsystemen, die insbesondere das Erreichen einer hohen Kundenzufriedenheit und damit ökonomische Ziele adressieren, implementieren Unternehmen zunehmend auch Umweltmanagementsysteme, mit denen der Umweltschutz in Unternehmen verbessert werden soll. Darüber hinaus wächst die Bedeutung sozialer Managementsysteme; sie fokussieren insbesondere die physische und psychische Gesundheit der Belegschaft und die Arbeitssicherheit, verfolgen teilweise aber auch weitergehende soziale Ansätze, z. B. im Hinblick auf die Förderung von Diversity im Unternehmen. Solche Managementsysteme ermöglichen die Berücksichtigung des Nachhaltigkeitskonzeptes in sämtlichen unternehmensinternen und -übergreifenden Geschäftsprozessen und schaffen somit auch einen Rahmen für das nachhaltigkeitsorientierte Marketing.

Eine zentrale Voraussetzung dafür, Managementsysteme erfolgreich zu implementieren und zu „leben", besteht darin, die **Mitarbeiterführung** nachhaltigkeitsorientiert auszugestalten. Dies impliziert mehrere Aspekte: Erstens muss die Führung erreichen, dass die Mitarbeiter ihr Handeln an den nachhaltigkeitsorientierten Zielen ausrichten und deren Erreichen damit unterstützen. Zweitens muss sich der Prozess der Mitarbeiterführung aber auch selbst an nachhaltigkeitsorientierten Normen messen lassen. Insofern ist eine Diskussion unterschiedlicher Führungsstile im Unternehmen und ihrer Eignung im Sinne der Nachhaltigkeit erforderlich. Dabei ist davon auszugehen, dass nicht jede Führungskraft im Unternehmen für eine nachhaltigkeitsorientierte Mitarbeiterführung geeignet ist. In der wissenschaftlichen Literatur werden verschiedene Typen von Führungspersonen unterschieden; es stellt sich somit die Frage, in welchem Ausmaß diese geeignet sind, ein nachhaltigkeitsorientiertes Führungskonzept umzusetzen.

Die folgenden Ausführungen gliedern sich wie folgt: In Kap. 2 gehen wir auf nachhaltigkeitsorientierte Managementsysteme ein. Nach einem kurzen Überblick werden die Elemente solcher Managementsysteme dargestellt und anhand von Beispielen Möglichkeiten einer Implementierung aufgezeigt. Schließlich wird kurz diskutiert, ob und inwiefern eine Integration von Qualitäts- und Umwelt- sowie sozial ausgerichteten Managementsystemen zu einer nachhaltigkeitsorientierten Unternehmensführung beitragen kann. In Kap. 3 wird darauf aufbauend die nachhaltigkeitsorientierte Mitarbeiterführung fokussiert. Dabei wird nach einer kurzen Begriffsklärung zunächst auf die Relevanz der Mitarbeitermotivation und im Anschluss auf die transaktionale und transformationale Führung mit dem Ziel der Nachhaltigkeitsorientierung eingegangen. Aufgrund der Relevanz der Führungspersonen für das Erreichen der nachhaltigkeitsorientierten Unternehmensziele beschreiben und diskutieren wir anschließend eine „nachhaltige Führungstypologie". Der Beitrag endet mit einer Zusammenfassung der wichtigsten Ergebnisse.

2 Nachhaltigkeitsorientierte Unternehmensführung mit Managementsystemen

2.1 Überblick

Die unternehmensindividuelle Ausgestaltung der nachhaltigkeitsorientierten Führung kann sehr unterschiedlich sein. Schaltegger et al. (2007, S. 18 f.) unterscheiden in einer empirischen Untersuchung vierzig Ansätze und Instrumente, die in diesem Zusammenhang in der Unternehmenspraxis häufig als relevant eingeschätzt werden. Einen zentralen Beitrag zur nachhaltigkeitsorientierten Unternehmensführung leisten Managementsysteme, mit denen die gesamten nachhaltigkeitsorientierten betrieblichen Abläufe zielorientiert geplant und kontrolliert werden. Die Verbreitung sowohl von Qualitäts- und Umwelt- als auch zunehmend von sozial orientierten Managementsystemen zeigt, dass Unternehmen versuchen, die drei Dimensionen der Nachhaltigkeit nicht nur in Form einzelner Projekte, sondern mittels umfassender Ansätze zu realisieren. Für die Implementierung solcher Managementsysteme gibt es inzwischen auch zahlreiche Standards (vgl. z. B. Neumann 2008, S. 6–30).

Qualitätsmanagementsysteme fokussieren die Kundenanforderungen und das Erreichen einer hohen Kundenzufriedenheit. Mit **Umweltmanagementsystemen** werden ökologische Ziele formuliert und in Entscheidungen in den Geschäftsprozessen umgesetzt; analog stellen **soziale Managementsysteme** soziale Ziele in den Mittelpunkt. Zwischen diesen Managementsystemen können zahlreiche Interdependenzen bestehen.

Orientiert an der Struktur von Umweltmanagementsystemen gemäß ISO 14001 gibt Abb. 1[1] einen Überblick über die Anforderungen an nachhaltigkeitsorientierte Managementsysteme; diese werden im Anschluss erläutert.

2.2 Unternehmenspolitik

Eine nachhaltige Unternehmensführung setzt voraus, dass sich die Unternehmensleitung zum Konzept der Nachhaltigkeit bekennt und eine entsprechende nachhaltigkeitsorientierte Unternehmenspolitik als Leitbild für das Handeln in Unternehmen vorgibt (vgl. Balderjahn 2004). Die Nachhaltigkeitspolitik kann sich auf alle drei Dimensionen zugleich beziehen; in vielen Unternehmen bestehen aber auch separate qualitäts- und umweltbezogene sowie soziale Handlungsgrundsätze.

Die **Qualitätspolitik** von Unternehmen stellt meist darauf ab, die Kundenanforderungen durch eine hohe Produkt- und Prozessqualität möglichst optimal zu befriedigen. So lautet ein typischer qualitätsorientierter Handlungsgrundsatz eines Herstellers von Tierfutter: „Durch

[1] Wiedergegeben mit Erlaubnis des DIN Deutsches Institut für Normung e. V. Maßgebend für das Anwenden der DIN-Norm ist deren Fassung mit dem neuesten Ausgabedatum, die bei der Beuth Verlag GmbH, Burggrafenstraße 6, 10787 Berlin, erhältlich ist.

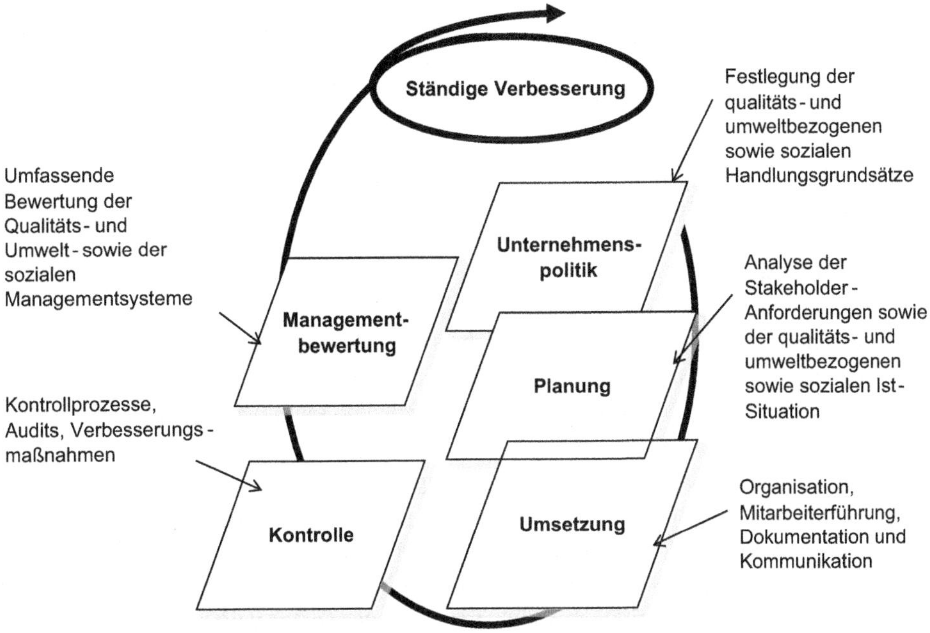

Abb. 1 Anforderungen an nachhaltigkeitsorientierte Managementsysteme. (Nach: DIN EN ISO 14001 2009). DIN Deutsches Institut für Normung e. V)

sorgfältigste Rohstoffauswahl, effektive Eingangskontrollen und modernste Herstellungstechnologie begleitet von einem aktiven Qualitätsmanagement erzielen wir eine beständig hochwertige Futterqualität und sichern somit einen überdurchschnittlich guten Betriebserfolg unserer Kunden. Wir streben eine dauerhafte Kundenbindung an und sind als Abnehmer und Verarbeiter von landwirtschaftlichen Produkten aus heimischer Produktion für Landwirte und Kunden ein verlässlicher Partner." (Michael Hofer GmbH & Co KG (o. J.)).

Zunehmend veröffentlichen Unternehmen auch eine **Umweltpolitik** und legen damit den Rahmen für das ökologisch orientierte Handeln fest. Die Umweltpolitik enthält in der Regel den Handlungsgrundsatz, sämtliche umweltbezogenen rechtlichen Vorschriften einzuhalten und darüber hinaus den Umweltschutz im Unternehmen kontinuierlich zu verbessern. In Abhängigkeit von den jeweiligen Anforderungen der Stakeholder sowie der Umweltrelevanz der Geschäftsprozesse werden meist noch weitere Richtlinien formuliert, die vor allem auf die Verminderung bestimmter Umweltwirkungen, z. B. der CO_2-Ausstöße, sowie auf einen konstruktiven Dialog mit den Stakeholdern abzielen.

Grundsätze, an denen sich das sozial orientierte Handeln in Unternehmen orientieren soll, beziehen sich häufig auf die Arbeitssicherheit, Gesundheit sowie die Aus- und Weiterbildung der Mitarbeiter. Darüber hinaus werden von vielen Unternehmen **soziale Leitsätze** z. B. mit Bezug auf die Förderung der Diversity im Unternehmen, aber auch mit Fokus auf das gesellschaftliche Engagement von Unternehmen, beispielsweise mit Richtung auf interkulturelles Engagement, formuliert.

Mit solchen Handlungsgrundsätzen wird die qualitäts- und umweltbezogene sowie die soziale Ausrichtung der Unternehmensführung festgelegt. Die Gewährleistung eines tatsächlich nachhaltigkeitsorientierten Handelns wird aber erst durch eine entsprechende Ausgestaltung der Geschäftsprozesse möglich. Eine Voraussetzung hierfür ist die nachhaltigkeitsorientierte Planung.

2.3 Planung

Im Rahmen der Planung sind als erster Schritt die Anforderungen der Stakeholder des Unternehmens und die nachhaltigkeitsbezogene Ist-Situation des Unternehmens zu analysieren. Auf dieser Basis werden dann jeweils Ziele und Optimierungsmaßnahmen festgelegt.

Für eine umfassende Analyse der Anforderungen von Stakeholdern ist es erforderlich, zunächst einmal zu erkennen, welche Stakeholder für das Erreichen der Unternehmensziele relevant sind. Stakeholder werden dabei definiert als „any group or individual who can affect or is affected by the achievement of the firm's objectives" (Freeman 1984, S. 25). Neben den Kunden und Kapitalgebern können z. B. auch (potenzielle) Mitarbeiter, Zulieferer und die allgemeine Öffentlichkeit Anforderungen an ein Unternehmen stellen. Aus Sicht eines Unternehmens stellt sich die Frage, welche Interessen welcher Stakeholder in welchem Umfang zu berücksichtigen sind.

Bei einer solchen Analyse geht es nicht nur um die grundsätzlichen Ansprüche, sondern auch um die Herausforderungen, die sich aus situationsspezifischen Reaktionen von Stakeholdern auf die (nach ihrer Einschätzung ggf. fehlende) Nachhaltigkeitsorientierung des Unternehmens ergeben können. Dies wird auch an folgendem Beispiel deutlich: Im April 2010 sendete der NDR den Beitrag „Die KiK-Story – die miesen Methoden des Textildiscounters", in dem das Unternehmen für die Arbeitsbedingungen sowohl in seinen Zulieferbetrieben in Bangladesch als auch in den eigenen Filialen in Deutschland kritisiert wurde. Der Beitrag erreichte hohe Einschaltquoten und erhielt breite Resonanz in den Medien, z. B. bei Spiegel Online und Welt Online. KiK ging zunächst gegen den Beitrag vor. Nachdem dies misslang, änderte das Unternehmen seine Haltung: Es wurden für die in Deutschland beschäftigten Mitarbeiter Mindestlöhne eingeführt und ein neuer Geschäftsführer für den Bereich Nachhaltigkeitsmanagement und Unternehmenskommunikation eingestellt (vgl. Teevs 2010).

Gegenstand der Analyse der Ist-Situation im Unternehmen ist zunächst die **ökonomische Lage** des Unternehmens. Diese umfasst einerseits die Erfassung und Auswertung finanzwirtschaftlicher Kennzahlen und andererseits auch nicht-monetärer Aspekte, wie insb. der Kundenzufriedenheit (vgl. zu Letzterem Homburg und Krohmer 2009, S. 43–46). Aus ökologischer Perspektive geht es vor allem um die Erfassung und Bewertung der Umweltwirkungen von Produkten, Prozessen und Standorten. Am Beispiel der Klimawirkung von Unternehmen soll kurz skizziert werden, wie dies konkret ausgestaltet werden kann und welche Aspekte hierbei zu berücksichtigen sind:

Viele Unternehmen beurteilen Treibhausgase als besonders bedeutsame Umweltaspekte. Aber welche Treibhausgase sollen konkret berücksichtigt werden? Eitelwein und Goretzki (2010, S. 28) sprechen in diesem Zusammenhang von der Festlegung des Emissionsumfangs. Es liegt nahe, neben dem Kohlendioxid auch die weiteren in Anlage A des Kyoto-Protokolls aufgeführten Treibhausgase zu erfassen (vgl. United Nations 1994). Um die Übersichtlichkeit zu erhöhen und Listen mit Emissionsmengen für einzelne Treibhausgase zu vermeiden, werden sie i. d. R. in CO_2-Äquivalente umgerechnet (vgl. auch zu Folgendem Ramanan 2010, S. 22).

Die Berechnung des Treibhausgasniveaus erfolgt dann in mehreren Schritten: Zunächst werden die Emissionsquellen der Treibhausgase ermittelt, wobei zwischen stationären Verbrennungsprozessen (Verbrennung von Kraftstoff in stationären Anlagen), mobilen Verbrennungsprozessen (Verbrennung von Kraftstoff in Transportmitteln), Prozessemissionen und flüchtigen Emissionen (z. B. durch Leckagen) unterschieden werden kann. Zudem muss ein Berechnungsansatz ausgewählt werden: Hier kommen insbesondere die Verwendung von Emissionsfaktoren, aber auch die Ermittlung von Massebilanzen oder direkte Messungen zum Einsatz. Anschließend werden die Treibhausgasemissionen auf dieser Basis ermittelt und zusammengefasst.

Das Beispiel der Treibhausgasemissionen zeigt die Komplexität der Erfassung von Umweltwirkungen, die mit zahlreichen unternehmensindividuellen Entscheidungen verbunden ist. Häufig reicht eine unternehmensinterne Analyse dabei nicht aus; so sind z. B. für Entscheidungen im Rahmen der Produktentwicklung Informationen über den „Product Carbon Footprint" erforderlich. Hierbei handelt es sich um die Summe der CO_2-Emissionen, die, direkt und indirekt, im gesamten Lebenszyklus eines Produkts, also z. B. auch während der Entwicklungsphasen und bei der Herstellung von einzelnen Modulen, entsteht. Um den Product Carbon Footprint zu ermitteln und zu optimieren, ist es daher erforderlich, auch die Treibhausgasemissionen sämtlicher Zulieferer zu erfassen und diese in die Verbesserungsprojekte einzubeziehen (vgl. Günther und Stechenmesser 2010, S. 63). An diesem Beispiel wird deutlich, dass sich das Umweltmanagement und auch die entsprechenden Planungsprozesse nicht auf die Unternehmensgrenzen beschränken können, sondern dass häufig entsprechende Kooperationen in der Supply Chain erforderlich sind, um eine ökologische Ist-Analyse zu realisieren. Auf Basis solcher unternehmensinternen und -übergreifenden Analysen können konkrete Umweltziele und -programme mit den entsprechenden Verantwortlichkeiten, (finanziellen) Mitteln und Zeitrahmen für das Erreichen der Ziele bestimmt werden. Abbildung 2 zeigt einen Auszug aus dem aktuellen Umweltprogramm der Fraport AG.

Neben der ökonomischen und der ökologischen ist die **soziale Ist-Situation** des Unternehmens zu beurteilen. Auch hier muss entschiedenen werden, welche Kriterien herangezogen werden. Soziale Ziele können sich auf die Mitarbeiter sowie auf ein darüber hinausgehendes gesellschaftliches Engagement beziehen. Auch für diese Aspekte können im nächsten Schritt konkrete Ziele und -programme festgelegt werden. Lange Zeit standen für viele Unternehmen Aspekte des Arbeits- und Gesundheitsschutzes, die primär auf physische Beeinträchtigungen am Arbeitsplatz fokussieren, im Vordergrund ihres Sozial-

Handlungsfeld	Ziel	Maßnahmen	Termin
Lärmschutz	Fraport leistet einen aktiven Beitrag zur Entlastung von Fluglärm.	Gezielte Bahn- und Routennutzung (Dedicated Runway Operations, DROps)	2011 ff.
		Anhebung des Anfluggleitwinkels auf 3,2 Grad mit dem Instrumentenlandesystem (ILS) auf der neuen Landebahn Nordwest	2011 ff.
		Fraport unterstützt die Maßnahmen des aktiven Schallschutzes mit seinem Engagement im Forum Flughafen und Region	Fortlaufend
	Aktuelle nachfragegerechte Informationen zu Lärmthemen verständlich bereitstellen.	Verbesserung der Nutzerfreundlichkeit und Ergänzung des Informationsangebots im Internet unter „Infoservice Fluglärm"	2012
Klimaschutz	Reduzierung CO_2-Emissionen je Verkehrseinheit (ein Passagier bzw. 100 kg Fracht) um 30 Prozent von 3,7 kg/VE in 2005 auf 2,6 kg/VE in 2020 (Fraport AG, Scopes 1 und 2 GHG Protocol)	Energetisches Optimieren von Bestandsgebäuden • Erneuerung der Lüftungszentralen im Terminal 1 • Ermittlung von Energieeinsparpotenzialen in Büro- und Servicegebäuden der Fraport AG • Ausstattung eines Abschnitts einer Frachthalle mit LED-Beleuchtung (FCS)	2020 2013
		Energieoptimierte Planung von Neubauten: • Flugsteig C • Terminal 3 • Bürogebäude 201 (Kernsanierung)	2012
…	…	…	…

Abb. 2 Umweltprogramm 2011 bis 2014 der Fraport AG (Auszug). (Nach: Fraport AG 2012, S. VII)

managements. Als eine Kennzahl zur Messung des Ist-Zustandes kann etwa die Anzahl der Arbeitsunfälle oder die Anzahl der Fehltage aufgrund von Arbeitsunfällen oder Krankheit herangezogen werden. Inzwischen haben sich die arbeitsbezogenen Anforderungen an Führungskräfte und Mitarbeiter jedoch so verändert, dass zunehmend die Verringerung bzw. Vermeidung psychischer und daraus häufig entstehender physischer Probleme an Bedeutung gewinnen. In diesem Zusammenhang findet der Begriff „Health Care Management" Anwendung (vgl. ausführlich Stock-Homburg 2010, S. 819–873). Abbildung 3 zeigt zentrale psychische Problemfelder von Führungskräften bzw. Mitarbeitern.

Im Rahmen der sozialen Nachhaltigkeit spielt in vielen Unternehmen auch das Diversity Management eine zentrale Rolle (vgl. Becker und Seidel 2006; Sepehri und Wagner 2002): Vor dem Hintergrund einer wachsenden Vielfalt der Mitarbeiter in Bezug z. B. auf den kulturellen und religiösen Hintergrund, aber etwa auch das Alter der Belegschaften, gewinnt die Schaffung von Chancengleichheit als wichtiges soziales Ziel an Bedeutung. Zu den Herausforderungen des Personalmanagements im Hinblick auf ältere sowie weibliche Führungskräfte und Mitarbeiter vgl. ausführlich Stock-Homburg (2010, S. 716–817). Ähnlich wie für die ökologische Analyse sind auch in diesem Zusammenhang die Zulieferer und deren soziale Nachhaltigkeitsorientierung zu berücksichtigen: Mit dem Nachhaltigkeitskonzept ist es z. B. nicht vereinbar, wenn zugelieferte Teile mittels Kinderarbeit erstellt wurden. Auch für diese Aspekte ist im Rahmen der Planungsprozesse zunächst eine umfassende Ist-Analyse vorzunehmen, um darauf aufbauend zukünftig zu erreichende Ziele und entsprechende Maßnahmen und Verbesserungsprogramme zu erarbeiten.

Eine nachhaltigkeitsorientierte Unternehmensführung ist dabei immer wieder mit der Herausforderung konfrontiert, dass zwischen den qualitäts-, ökologisch- und sozialorien-

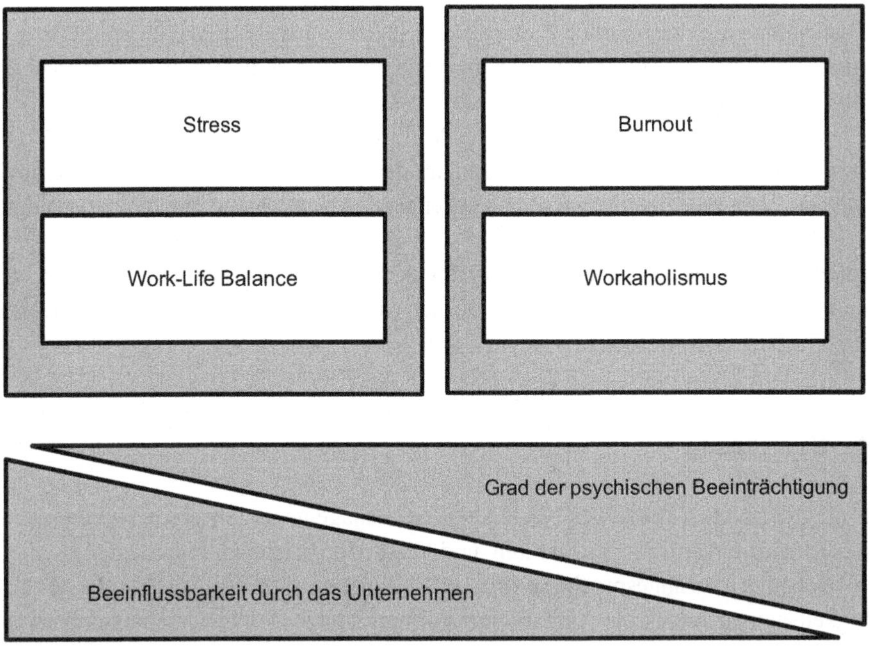

Abb. 3 Zentrale psychische Problemfelder von Führungskräften bzw. Mitarbeitern. (Nach: Stock-Homburg 2010, S. 825)

tierten Zielen und Maßnahmen – sowohl im Rahmen von Verbesserungsprogrammen als auch z. B. bei der Entwicklung neuer Produkte oder Prozesse – **Interdependenzen** bestehen können: So kann der aus ökologischer Perspektive zweckmäßige Einsatz umweltfreundlicher Verfahren oder Materialien in neuen Produkten zur Erfüllung von Kundenanforderungen im Widerspruch stehen. Ein Beispiel sind lösemittelfreie Lackierungen von Knöpfen und Accessoires, wenn diese aufgrund einer ungenügenden Wasch- und Reinigungsmittelbeständigkeit zu Kundenunzufriedenheit führen. Ein aus sozialer Perspektive vorzuziehender Produktionsprozess, der etwa mit einer geringeren Unfallgefahr oder besseren Arbeitsbedingungen verbunden ist, kann zugleich aus ökonomischer Perspektive weniger effizient oder auch mit gravierenderen Umweltwirkungen verbunden sein als ein alternativer Produktionsprozess.

Wall (2009, S. 357) unterscheidet drei Lösungsansätze, um in solchen Situationen Entscheidungen treffen zu können:

- Zielunterdrückung: Der Entscheidungsträger kann bestimmte Ziele ignorieren. In diese Kategorie ist auch ein Vorgehen einzuordnen, bei dem anhand einer Rangordnung der Ziele vorgegangen wird: Die Alternativen werden im Hinblick zunächst nur auf das wichtigste Ziel bewertet; sind zwei Alternativen hier gleich vorteilhaft, „greift" das nächste Zielkriterium.

- Festlegung eines bestimmten Zielniveaus: Ein Ziel wird als zu maximierend (bzw. minimierend) festgelegt, während für die weiteren Ziele lediglich zu erreichende Zielniveaus bestimmt werden.
- Zielkompromiss: Mittels Verfahren des Multiple Criteria Decision Making (MCDM), wie etwa Nutzwertanalysen oder Scoringmodelle, können Zielkompromisse hergestellt werden. Voraussetzung ist ggf. eine konsensfähige Gewichtung der Zieldimensionen.

Deutlich wird, dass die auf unterschiedliche Aspekte der Nachhaltigkeit ausgerichteten Planungsprozesse abgestimmt werden müssen, damit insgesamt die Unternehmensziele bestmöglich erreicht werden können.

2.4 Umsetzung

Um die geplanten Ansätze des Nachhaltigkeitsmanagements umsetzen zu können, sind entsprechende Organisationsstrukturen und Verantwortlichkeiten festzulegen.

Wie oben bereits angesprochen, wird i. d. R. die grundsätzliche Ausrichtung des Nachhaltigkeitsmanagements als Aufgabe der Führungsspitze des Unternehmens betrachtet. So wird bei BMW (siehe Abb. 4) die langfristige Ausgestaltung der Nachhaltigkeitsstrategie im „Nachhaltigkeitsboard" festgelegt, dem sämtliche Mitglieder des Konzernvorstands angehören (vgl. auch zu Folgendem BMW 2011, S. 7 f.). Zweimal jährlich tagt das Nachhaltigkeitsboard und überprüft auch die nachhaltigkeitsbezogenen Fortschritte des Unternehmens. Die Steuerung der operativen Umsetzung in den verschiedenen Unternehmensressorts ist Aufgabe des „Nachhaltigkeitskreises", der auch für die Identifikation und Bewertung nachhaltigkeitsrelevanter Chancen und Risiken sowie für den Informationsaustausch und die Koordination der entsprechenden Aktivitäten über die Ressortgrenzen hinweg verantwortlich ist und die Nachhaltigkeitsstrategie weiterentwickelt.

Die Umsetzung einer nachhaltigkeitsorientierten Unternehmensführung erfordert es darüber hinaus, dass nachhaltigkeitsbezogene Aufgaben in die Leistungsprozesse integriert werden, anstatt ausschließlich in den Aufgabenbereich entsprechender spezieller Abteilungen zu fallen. Dies impliziert allerdings eine hohe **Motivation** und entsprechendes **Wissen** der Mitarbeiter: „Company action to implement sustainable management solutions implicitly assumes that managers and employees are aware of and implement corporate sustainability policies and procedures. However this assumption can be a leap of faith – many employees may be unaware of sustainability issues beyond their immediate work responsibilities" (Haugh und Talwar 2010, S. 384).

Von großer Relevanz ist es daher, zielführende Konzepte für die Schulung der Mitarbeiter sowie für die interne und externe Kommunikation zu entwickeln und umzusetzen. Darüber hinaus kommt der Mitarbeiterführung im Unternehmen für das Erreichen nachhaltigkeitsorientierter Unternehmensziele ein zentraler Stellenwert zu. Auf diese Aspekte gehen wir ausführlich in Kap. 3 dieses Beitrags ein.

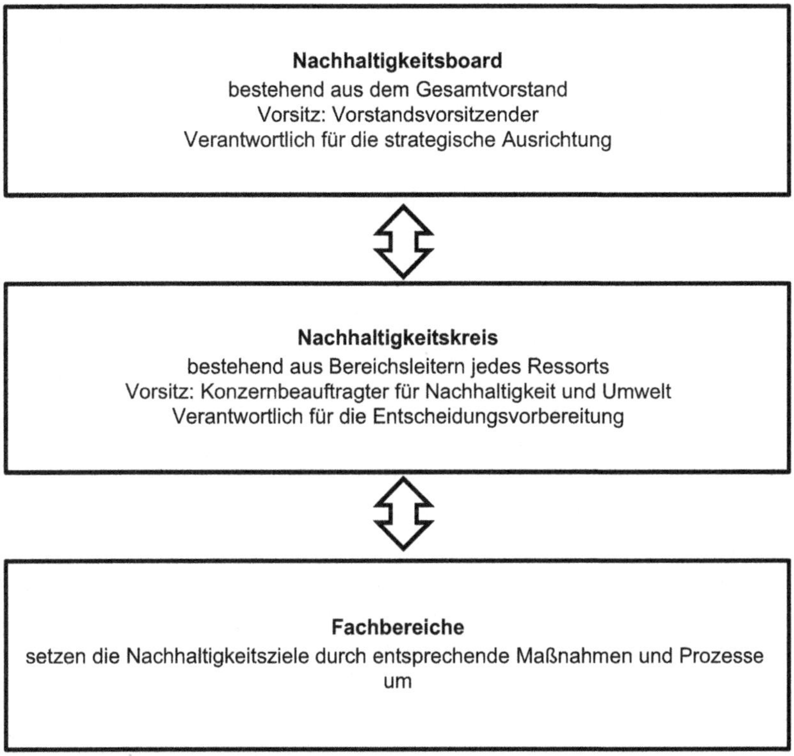

Abb. 4 Organisation von Nachhaltigkeit in der BMW Group. (Quelle: BMW Group 2011), S. 8)

2.5 Kontrolle und Managementbewertung

Mit unterschiedlichen Kontrollprozessen kann ermittelt werden, in welchem Ausmaß die Ziele tatsächlich erreicht werden. Hierfür sind einerseits umfassende prozessbegleitende Messungen erforderlich, mit denen möglichst frühzeitig Abweichungen von Sollwerten erkannt werden, um entsprechend gegensteuern zu können. Andererseits sind regelmäßige interne und externe Audits hilfreich und zudem verpflichtende Bestandteile zertifizierfähiger Managementsysteme (vgl. Wellge 2009). Ein Audit wird systematisch und unabhängig von den laufenden Prozessen durchgeführt und dokumentiert. Im Ergebnis wird festgestellt, inwieweit Auditkriterien (Politiken, Verfahren oder Anforderungen, die als Referenzen dienen) erfüllt werden. Bei einer Auditierung von Umweltmanagementsystemen gemäß ISO 14001 wird z. B. geprüft, ob das Umweltmanagementsystem den Anforderungen der Norm entspricht, ob die umweltrelevanten Prozesse mit den Vorgaben übereinstimmen und die umweltrechtlichen Vorschriften eingehalten werden. Zudem wird das Erreichen der Ziele im Umweltprogramm kontrolliert. Der Ablauf und die Ergebnisse des Audits werden dokumentiert und ggf. vorliegende Handlungsbedarfe festgelegt.

Der Zyklus endet mit einer Managementbewertung des gesamten nachhaltigkeitsorientierten Managementsystems durch die oberste Leitung der Organisation. Diese Bewertung ist dann zugleich der Ausgangspunkt für das erneute Durchlaufen des gesamten Zyklus.

2.6 Nachhaltigkeitsorientierung durch Integrierte Managementsysteme

In der Regel bestehen in Unternehmen weite Teile der Qualitäts-, Umwelt- und sozialen Managementsysteme nebeneinander. Wie oben bereits deutlich wurde, besteht eine zentrale Herausforderung jedoch gerade auch in der Berücksichtigung von **Interdependenzen** zwischen den drei Nachhaltigkeitsdimensionen und ihrer **Integration** in die Unternehmensstrategie. Inzwischen wird in der Literatur wie in der Unternehmenspraxis diskutiert, ob integrierte Managementsysteme hier einen zielführenden Lösungsansatz darstellen können: „However, the lack of a framework to integrate sustainable development into mainstream business processes is one of the biggest gaps preventing its implementation at the organizational level. One approach that provides the needed framework is the concept of an integrated management system (IMS)“ (Rocha et al. 2007, S. 84; vgl. auch Khan und Amyotte 2003; Oskarsson und Malmborg 2005, S. 127; Das et al. 2008).

In der betriebswirtschaftlichen Literatur bestehen unterschiedliche Definitionen des Begriffs „Integration“ (vgl. ausführlich z. B. Meffert 1997; im Hinblick auf Managementsysteme López-Fresno 2010). Im Zusammenhang mit der Integration des Qualitäts-, Umwelt- und Sozialmanagements wird eine solche Verknüpfung dieser interdependenten Entscheidungsbereiche verstanden, die es ermöglicht, dass Entscheidungen unter Berücksichtigung der unterschiedlichen Zieldimensionen, und zwar entsprechend deren Gewichtung im unternehmerischen Zielsystem, getroffen werden. Dabei können drei Integrationsdimensionen unterschieden werden (vgl. allgemein Steven 2002; im Hinblick auf das Qualitäts- und Umweltmanagement Ahsen 2006, S. 34 f.):

- Eine zeitliche Integration qualitäts- und umweltbezogener sowie sozialer Prozesse liegt vor, wenn diese so koordiniert werden, dass zu bestimmten, zuvor definierten Zeitpunkten sämtliche Ergebnisse vorliegen. Beispiele sind parallele Beurteilungen von Produktkonzeptionen oder Zulieferern. Zeigt sich, dass die Bewertungen aus den verschiedenen Perspektiven zu konfliktären Ergebnissen führen, muss nach Alternativen gesucht oder eine Auswahlentscheidung getroffen werden.
- Eine sachliche Integration geht über die zeitliche Integration hinaus und zielt auf die inhaltliche Verknüpfung interdependenter qualitäts-, umwelt- und/oder sozialbezogener Entscheidungen sowie der entsprechenden Planungs- und Kontrollprozesse ab. Dies erfordert es z. B., den Einsatz der Planungs- und Kontrollinstrumente so zu verknüpfen, dass die mehrdimensionalen Zielkriterien sämtlich berücksichtigt werden.
- Eine organisatorische Integration ist dann gegeben, wenn die mehrdimensionalen Entscheidungen in einer – dauerhaft oder temporär bestehenden – Organisationseinheit getroffen werden. Im Zusammenhang mit dem Nachhaltigkeitsmanagement stellt sich

entsprechend die Frage, inwieweit die Qualitäts- und Umwelt- sowie ggf. z. B. Arbeitssicherheitsabteilungen zusammengelegt werden und welche Rolle Einheiten der Sekundärorganisation spielen.

Die Integration von Managementsystemen muss nicht alle Systemelemente und alle Prozesse betreffen; vielmehr werden in der Unternehmenspraxis häufig **Integrationsschwerpunkte** gesetzt. In einer empirischen Studie unter 432 Unternehmen in Spanien, die mindestens über zertifizierte Qualitäts- und Umweltmanagementsysteme, häufig auch Arbeitssicherheitsmanagementsysteme verfügen, gaben 362 der Unternehmen an, ihre Managementsysteme zumindest teilweise integriert zu haben (vgl. Bernardo et al. 2009).

In verschiedenen empirischen Studien wird darüber hinaus untersucht, welche **Vor- und Nachteile** mit integrierten Managementsystemen in der Unternehmenspraxis verbunden sind. Die Ergebnisse weisen dabei große Ähnlichkeiten auf: Sehr häufig werden durch die Integration mehrerer Managementsysteme Effizienzvorteile erzielt, indem Redundanzen in der Dokumentation vermieden und durch die Zusammenfassung von Audits, Schulungen etc. Personalressourcen eingespart und die entsprechenden Kosten gesenkt werden können (vgl. auch zu Folgendem z. B. Bernado et al. 2009; Zeng et al. 2011, S. 183 f.). In vielen Fällen wird durch die Integration darüber hinaus eine bessere Koordination der qualitäts- und umweltbezogenen sowie der sozial ausgerichteten Prozesse ermöglicht und damit ein besseres Erreichen des gesamten nachhaltigkeitsorientierten Zielsystems unterstützt. Dies hängt auch damit zusammen, dass Zielkonflikte früher erkannt und ökologische sowie soziale Kriterien von Beginn an z. B. in der Produktentwicklung oder Lieferantenauswahl berücksichtigt werden können. Durch einen entsprechenden Stakeholderdialog besteht darüber hinaus häufig die Möglichkeit, einen Kompromiss zu finden, wenn Zieldivergenzen vorliegen.

Allerdings sind mit der Integration auch Probleme verbunden (vgl. z. B. Wilson 2000; Zutshi und Sohal 2005): Da die verschiedenen Managementsysteme auf die Erfüllung ggf. widersprüchlicher Anforderungen unterschiedlicher Stakeholder ausgerichtet sind, kann eine Zusammenführung mit einer größeren Komplexität verbunden sein, wodurch die Abstimmungsprobleme steigen. Sind in Unternehmen zunächst separate Managementsysteme implementiert worden, entstehen im Rahmen eines Integrationsprojektes hohe Kosten. Weiter wird betont, dass nur bei einem vollständigen Commitment des Managements ein Integrationsprojekt erfolgreich sein kann.

3 Nachhaltigkeitsorientierte Mitarbeiterführung

3.1 Überblick

Wie in Kap. 2 dieses Beitrags deutlich wurde, führt das Konzept der Nachhaltigkeit auch zu entsprechenden Anforderungen an das Personalmanagement, insbesondere an die Mitarbeiterführung (vgl. Zaugg 2009, S. 121 f.).

Personalmanagement kann als nachhaltig bezeichnet werden, wenn die Personalmanagementsysteme und die Personalführung gleichermaßen auf ökologische, soziale und ökonomische Ziele („Drei-Säulen-Konzept") ausgerichtet sind, sodass Humanressourcen entwickelt werden können und langfristig erhalten bleiben. Dadurch kann die Wettbewerbsfähigkeit des Unternehmens langfristig gesichert werden.

Sämtliche personalwirtschaftlichen Handlungsfelder sind folglich unter Nachhaltigkeitsaspekten zu analysieren (vgl. Zaugg 2009; vgl. zur Gestaltung personalwirtschaftlicher Handlungsfelder auch Thom und Zaugg 2004; Weißenrieder und Kosel 2010). Die in der Literatur häufig thematisierten Schwerpunkte sind dabei insbesondere die nachhaltige Mitarbeiterführung, Personalentwicklung (z. B. das nachhaltigkeitsorientierte organisationale Lernen (vgl. z. B. Müller und Siebenhüner 2007) sowie nachhaltigkeitsorientierte Personalfreisetzung (vgl. bspw. Thom und Zaugg 2004, S. 242; Zaugg 2009, S. 339 ff.). Im Rahmen dieses Beitrags fokussieren wir die Führung von Mitarbeitern.

3.2 Nachhaltigkeitsorientierte transaktionale und transformationale Mitarbeiterführung

Nachhaltige Mitarbeiterführung bezeichnet den Prozess der Beeinflussung von Einstellungen und Verhaltensweisen von Mitarbeitern durch eine Führungsperson mit dem Zweck, die nachhaltigkeitsorientierten Ziele des Unternehmens zu erreichen (in Anlehnung an Stock-Homburg 2010, S. 478). Eine nachhaltige Mitarbeiterführung muss dabei zum einen durch einen verantwortungsbewussten Umgang mit den Mitarbeitern gekennzeichnet sein. Zum anderen soll das Verhalten der Mitarbeiter im Sinne der Nachhaltigkeit beeinflusst werden und außerdem sollen ihre Einstellungen auf die nachhaltigkeitsorientierten Unternehmensziele und Leitlinien ausgerichtet werden.

Die Mitarbeiterführung entspricht nach heutigem Verständnis dann Nachhaltigkeitsansprüchen, wenn sie weniger auf klassischen Kontrollmechanismen beruht, sondern gezielt in Motivation und Zufriedenheit der Mitarbeiter durch Partizipation und Selbstorganisation investiert (vgl. Walton 1985; Zaugg 2009). Um die Einstellungen und Verhaltensweisen der Mitarbeiter im Sinne der Unternehmung zu beeinflussen, sollten Mitarbeiter aller Hierarchieebenen in für sie relevante Entscheidungen einbezogen werden (vgl. White und Ruh 1973; Hrbiniak 1974). Zudem spielen für die Entwicklung eines (nachhaltigkeitsorientierten) Problembewusstseins der Mitarbeiter und ihr Verständnis bzw. ihre Akzeptanz unternehmerischer Belange die Eigenschaften und Verhaltensweisen von Führungskräften eine wesentliche Rolle. Daher stellen die Persönlichkeitsmerkmale einer Führungskraft einen wichtigen Faktor sowohl für die Umsetzung grundlegender Veränderungen im Unternehmen als auch für die Aufrechterhaltung einmal etablierter Konzepte dar (Stock-Homburg 2010, S. 483; Oreg und Berson 2011, S. 653). Welche Eigenschaften und Verhaltensmuster von Führungskräften unterstützen nun aber die Etablierung des Nachhaltigkeitsgedankens und wie können den Mitarbeitern nachhaltigkeitsbezogene Visionen und Strategien vermittelt werden?

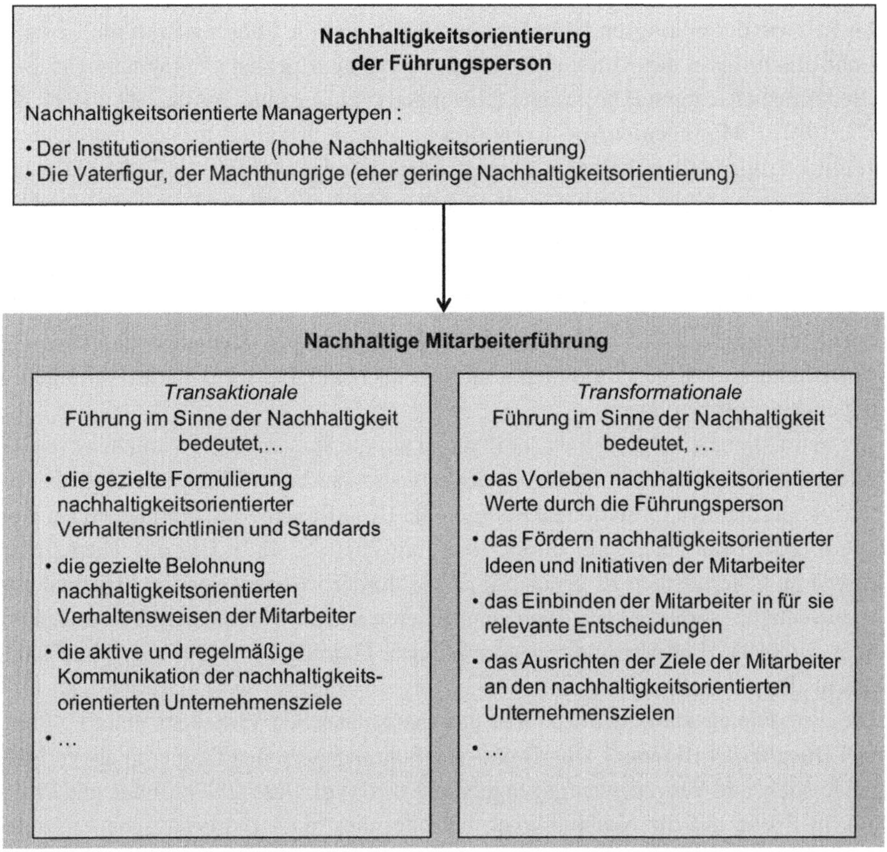

Abb. 5 Konzeption der nachhaltigkeitsorientierten Mitarbeiterführung

Grundlegend für eine nachhaltige Mitarbeiterführung ist die Theorie der **transaktionalen** und **transformationalen** Führung, die sich mit dem Einfluss der Persönlichkeitsmerkmale einer Führungsperson auf den Führungserfolg beschäftigt. Neben dem Führungsstil spielen der Charakter und die Motive der Führungskraft, der sog. **Manager-Typ** (vgl. Abschn. 3.3), für die Umsetzung der nachhaltig orientierten Unternehmensziele eine wesentliche Rolle (vgl. Abb. 5). Im Folgenden wird zunächst die Theorie der transaktionalen und transformationalen Führung vorgestellt und in ihrer Bedeutung für die nachhaltige Mitarbeiterführung bewertet. In Abschn. 3.3 werden anschließend unterschiedliche Managertypen vorgestellt und hinsichtlich ihrer Nachhaltigkeitsorientierung beurteilt.

Die Basis einer nachhaltigen Mitarbeiterführung bildet die Theorie der **transaktionalen** und **transformationalen** Führung. Die transaktionale Führung basiert auf der Annahme, dass sowohl Führungskraft als auch Mitarbeiter im Rahmen ihrer Führungsinteraktion nach der Maximierung des eigenen Nutzens streben (vgl. Stock-Homburg 2010, S. 487). Vor diesem Hintergrund spielen einerseits die „bedingte Verstärkung" (contingent reward) und andererseits das Management-by-Exception eine zentrale Rolle.

Im Rahmen der **bedingten Verstärkung** identifiziert die Führungskraft die Erwartungen und Bedürfnisse der Mitarbeiter und bewirkt durch gezielte Belohnung (im Sinne der Bedürfnisbefriedigung) bestimmte Leistungen (vgl. Bass und Avilio 1990, 1994; Bass 1997a, 1997b). **Management-by-Exception** beschreibt den Grad, zu dem die Führungskraft mit korrigierenden Maßnahmen eingreift (vgl. Judge und Piccolo 2004). Die transaktionale Führung bildet somit einen strukturellen Handlungsrahmen, der dem Mitarbeiter durch die Formulierung von Erwartungen und Toleranzgrenzen sowie durch bedingte Belohnung erwartungskonformes Verhalten vermittelt. Die Motivation der Mitarbeiter ergibt sich durch die positiven und negativen Folgen, die sich aus dem entsprechenden Verhalten ergeben. In Bezug auf die Nachhaltigkeit sollten Führungspersonen nachhaltigkeitsorientierte Verhaltensrichtlinien formulieren und ein nachhaltigkeitsorientiertes Verhalten der Mitarbeiter gezielt belohnen.

Die transaktionale Führung zielt somit direkt auf die Steuerung des Verhaltens von Mitarbeitern ab. Sie stellt damit die Basis nachhaltiger Mitarbeiterführung dar. Darüber hinaus fokussiert die transformationale Führung die Beeinflussung der grundlegenden Überzeugungen der Mitarbeiter (vgl. Stock-Homburg 2010, S. 487). Um das Thema Nachhaltigkeit im Unternehmen zu verankern ist es erforderlich, dass sich die Mitarbeiter mit den nachhaltigkeitsorientierten Zielen identifizieren und der Führungskraft vertrauen (vgl. Bass et al. 2003). Hier setzt die transformationale Führung an, wobei vier Dimensionen unterschieden werden:

Die erste Dimension bildet den Grad des charismatischen Verhaltens einer Führungsperson (**Idealized Influence**). Charismatische Führungspersonen fungieren als Vorbilder, denen Respekt und Vertrauen entgegengebracht wird (vgl. Bass 1997a; Judge und Piccolo 2004). In Bezug auf die Nachhaltigkeit bedeutet dies, dass charismatische nachhaltigkeitsorientierte Führungspersonen ihren Mitarbeitern Werte wie z. B. einen schonender Umgang mit Ressourcen oder einen verantwortungsvollen Umgang miteinander vorleben.

Die Fähigkeiten, Mitarbeiter zu inspirieren (**Inspirational motivation**) und neue Denkweisen und Perspektiven zu betrachten (**Intellectual Stimulation**), stellen zwei weitere Dimensionen der transformationalen Führung dar. Im Sinne der Nachhaltigkeit können Mitarbeiter dadurch inspiriert werden, dass Führungskräfte nachhaltigkeitsorientierte Werte vermitteln. So kann z. B. der Wert Familie gefördert werden, indem Mitarbeiter in der Vereinbarkeit von Familien und Beruf unterstützt werden. Durch das Auflösen alter Strukturen und das Entwickeln neuer Denkweisen kann sich dadurch z. B. eine familienfreundliche Unternehmenskultur im Unternehmen entwickeln. Vorgesetzte, die Familienfreundlichkeit vorleben und diese Denkweise ihren Mitarbeitern vermitteln, tragen dazu bei, dass diese vom Unternehmen angebotene familienfreundliche Maßnahmen (Betriebskindergärten, Teilzeitarbeit, Telearbeit usw.) nutzen können, ohne dabei Karriereeinbußen befürchten zu müssen (vgl. zu verschiedenen familienfreundlichen Maßnahmen Thomas und Ganster 1995).

Das letzte Merkmal bildet die individuelle Wertschätzung der Leistungen und Verhaltensweisen des Mitarbeiters (Individualized Consideration). Die Führungsperson agiert als Coach bzw. Mentor und definiert auf Basis der individuellen Leistungen Entwick-

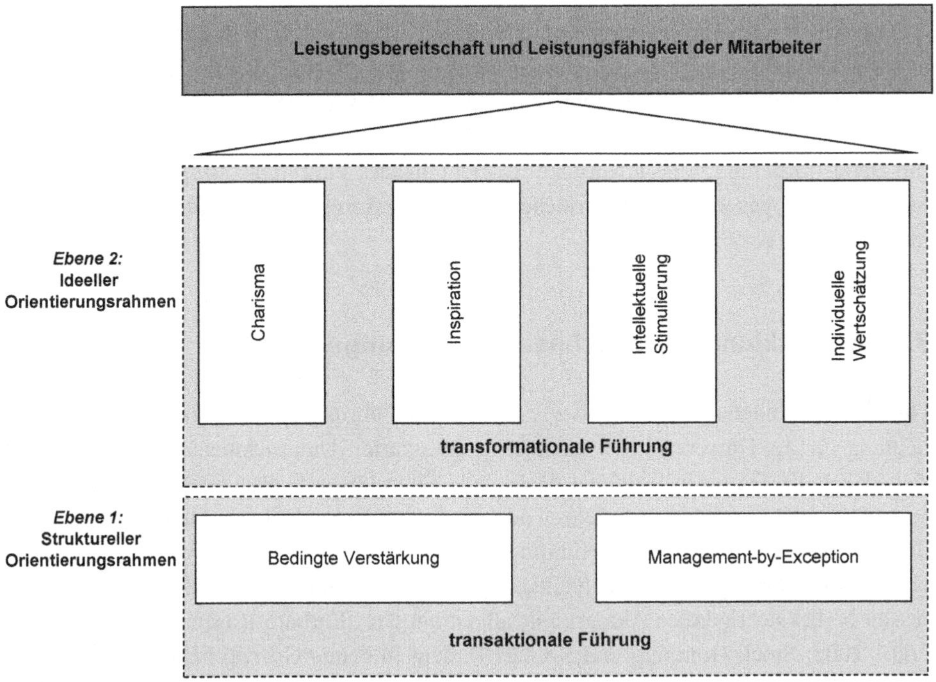

Abb. 6 Zusammenhang transaktionaler und transformationaler Führung. (Nach: Stock-Homburg 2010, S. 489)

lungsmöglichkeiten für den Mitarbeiter (vgl. Bass und Avolio 1994; Bass 1997a). Dies kann beispielsweise durch das Aufnehmen von Nachhaltigkeitszielen in die individuellen Mitarbeiterziele erfolgen. Darüber hinaus gehen immer mehr Unternehmen bzw. Führungskräfte dazu über, ressourceneffizientes Arbeiten gezielt zu honorieren. So konnte das Unternehmen Google seine Reisekosten und die damit einhergehenden Co_2-Emmissionen reduzieren, indem es das reisen-minimierende Verhalten seiner Mitarbeiter belohnte und sie an den Einsparungen finanziell beteiligte.

Insgesamt kann durch die transformationale Führung erreicht werden, dass die Mitarbeiter der Führungskraft Vertrauen und Respekt entgegenbringen. Dieses wiederum stellt eine zentrale Voraussetzung dafür dar, dass sie sich mit den von der Führungsperson vorgelebten Werten, Zielen und Einstellungen identifizieren (vgl. Conger und Kanungo 1998; Bass et al. 2003, S. 208). Abbildung 6 verdeutlicht die skizzierten Zusammenhänge.

Der Führungserfolg hängt vom Zusammenwirken beider Führungsstile ab: Die transaktionale Führung setzt den strukturellen Orientierungsrahmen und bildet somit die Ausgangsbasis (Ebene 1) der Führung (vgl. Abb. 6), während die transformationale Führung darauf aufbauend einen ideellen Orientierungsrahmen (Ebene 2) für die Mitarbeiter schafft, der klare Ziele, Visionen und Werte definiert (vgl. Stock-Homburg 2010, S. 488). Im Ergebnis kann somit die Mitarbeitermotivation und -zufriedenheit und letztlich die Führungseffektivität langfristig gewährleistet werden (vgl. Bass 1997a, 1997b).

Die transaktionale/transformationale Führung ist als ein grundlegendes Konzept der Mitarbeiterführung zu verstehen, das zunächst einmal unabhängig von der Ausgestaltung des unternehmerischen Zielsystems einsetzbar ist. Bei Vorliegen einer nachhaltigkeitsorientierten Unternehmensführung, wie wir sie in Kap. 2 dargestellt haben, besteht nun die Herausforderung, eine inhaltliche Ausrichtung des Führungskonzeptes an den nachhaltigkeitsbezogenen Zielen zu erreichen. Abbildung 5 zeigt beispielhafte Ausgestaltungsmöglichkeiten der Führungsarten.

3.3 Entwicklung einer nachhaltigen Führungstypologie

Die vorangehenden Ausführungen zeigen, dass die Führungsperson von wesentlicher Bedeutung für die Umsetzung der nachhaltig orientierten Unternehmensziele ist. Es stellt sich daher die Frage, in welchem Maße jede Führungskraft grundsätzlich geeignet ist, seine Mitarbeiter nachhaltig zu führen oder ob es Unterschiede in den Führungstypen gibt, die eine nachhaltige Mitarbeiterführung erleichtern bzw. auch erschweren. Als „Ideal" eines verantwortungsvollen, nachhaltig wirtschaftenden und die gesellschaftlichen Interessen berücksichtigenden Akteurs gilt allgemein der „Ehrbare Kaufmann" (vgl. Klinkt 2007, 2008; Stock-Homburg und Six 2010), dem folgende Grundprinzipien zugeschrieben werden: Er vereint wirtschaftliches Erfolgsstreben mit verantwortungsvollem Handeln gegenüber Unternehmen, Mitarbeitern, Kunden und Gesellschaft (vgl. Fandel und Schwalbach 2007; Klink 2007, 2008). Dabei „lebt" er Werte wie Wahrheit, Ehrlichkeit und Integrität (vgl. Stock-Homburg und Six 2010). Führungskräfte, die nach dem Ideal des ehrbaren Kaufmann handeln, stellen die Basis einer nachhaltigen Mitarbeiterführung dar, sofern sie ein entsprechendes Verständnis für das Thema Nachhaltigkeit haben. Allerdings stellt sich die Frage, ob bzw. in welchem Umfang in der Praxis die Führungskräfte diesem Ideal entsprechen.

Stock-Homburg und Six (2010) haben auf die Typologie von Top-Managern von McClelland und Burnham (1976) zurückgegriffen und diese Typen mit dem Ideal des ehrbaren Kaufmanns verglichen. Grundsätzlich werden der Institutionsorientierte, die Vaterfigur und der Machthungrige unterschieden, die sich anhand verschiedener Motive (Macht-, Leistungs- und Beziehungsmotiv) differenzieren lassen (vgl. McClelland und Burnham 1976; Stock-Homburg und Six 2010; siehe zu den Motivarten z. B. McClelland 1970, 1971). Durch unterschiedliche Motivstrukturen differenzieren sich die Managertypen in ihrem Umgang mit dem Thema Nachhaltigkeit bzw. gesellschaftlicher Verantwortung (vgl. Stock-Homburg und Six 2010).

Die **Vaterfigur** ist durch ein ausgeprägtes Bedürfnis nach Harmonie und Anerkennung gekennzeichnet. Vaterfiguren übertragen grundsätzlich wenig Verantwortung an ihre Mitarbeiter. Ihnen fällt es schwer, organisatorische Abläufe zu definieren und ihre Mitarbeiter an Entscheidungen partizipieren zu lassen. Dadurch, dass sie Entscheidungen auf emotionaler Basis treffen, ist es den Mitarbeitern unmöglich, einheitliche und nachvollziehbare Regeln einzuhalten. In der Folge besteht häufig Unklarheit darüber, was von ihnen erwartet wird. Ein produktives Arbeitsklima und ein positiver Teamgeist können durch diese Führungsperson somit nicht geschaffen werden (vgl. Stock-Homburg und Six 2010). Die Motivation der Mitarbeiter ist durch diesen Führungstyp also kaum zu gewährleisten. Aus dem Drei-Säulen-Konzept werden hier alleine zwei Prinzipien verletzt: das der Ökonomie, d. h. Prozesse werden hier weder effizient noch effektiv gestaltet, und die Komponente Soziales. Dieser Managertyp kann weder Vertrauen noch Respekt aufbauen. Es wird deutlich, dass bereits die grundlegende Komponente der transaktionalen/transformationalen Führung nicht umgesetzt werden kann. Nachhaltige Mitarbeiterführung ist durch diesen Managertyp somit schwierig zu implementieren.

Der **Machthungrige** strebt stets danach die persönliche Macht zu vergrößern. Bedürfnisse der Mitarbeiter, wie Anerkennung oder Harmonie, spielen für ihn nur eine untergeordnete Rolle. Dennoch vermag er es, klare Regeln zu schaffen und konsequent deren Einhaltung durchzusetzen. Durch seine starke Persönlichkeit und sein Charisma ist es dem Machthungrigen möglich, einen guten Teamgeist zu schaffen, der sich jedoch mehr auf seine Person als auf die Loyalität zum Unternehmen bezieht. Auch bei diesem Managertyp ist eine nachhaltigkeitsorientierte Mitarbeiterführung daher nur bedingt möglich (vgl. Stock-Homburg und Six 2010).

Manager des Typs **Institutionsorientierte** schaffen klar definierte Regeln. Sie schätzen es, wenn Aufgaben effizient erledigt werden und sind somit sehr leistungsorientiert. Gleichzeitig sind sie bereit, ihre eigenen Interessen zum Wohle der Gemeinschaft zurückzustellen. Zentrale Eigenschaften dieser Manager sind großes Verantwortungsgefühl, ausgeprägtes Gerechtigkeitsempfinden und Ehrlichkeit. Sie weisen erhebliche Ähnlichkeiten mit dem Ideal des ehrbaren Kaufmanns auf, handeln langfristig und sind loyal gegenüber ihren Mitarbeitern sowie dem Unternehmen (vgl. Stock-Homburg und Six 2010). Institutionsorientierte Manager handeln somit nach den Prinzipien der Nachhaltigkeit, indem sie ihre Mitarbeiter so führen, dass Aufgaben effizient, leistungsorientiert und mit Rücksicht auf begrenzte Ressourcen erledigt werden (Ökonomie und Ökologie). Weiterhin gelingt es diesen Managern durch einen verantwortungsvollen Umgang mit den Mitarbeitern Vertrauen und Respekt aufzubauen (Soziales). Insgesamt können sie daher als prädestiniert zur Umsetzung einer nachhaltigkeitsorientierten Mitarbeiterführung eingeschätzt werden. Abbildung 7 fasst die Merkmale der Führungstypen und deren Eignung zur nachhaltigen Mitarbeiterführung noch einmal zusammen.

Aus diesen Überlegungen wird die Bedeutung des Führungstyps für eine nachhaltige Mitarbeiterführung offensichtlich. Es wäre jedoch unrealistisch anzunehmen, dass sämtliche Führungskräfte in nachhaltigkeitsorientiert geführten Unternehmen institutionsorientierte Managertypen verkörpern. Insofern kommt dem Personalmanagement hier eine wesentliche Aufgabe zu: Führungspersonen, die dem Typ des Institutionenorientierten zu wenig entsprechen, können im Rahmen der Personalentwicklung durch speziellen Führungskräftetrainings geschult werden, um ihnen somit den Nachhaltigkeitsgedanken in der Mitarbeiterführung zu vermitteln.

	Die Vaterfigur	Der Machthungrige	Der Institutionsorientierte
Transaktionale Führung	-	+	+
Transformationale Führung	-	+	+
Intensität und Präzision der vorgegebenen Regelungen	Niedrig	Hoch	Hoch
Moralische Intention	Ethisch	Unethisch	Ethisch
Zielfokus	Übergeordnete Harmonieziele	Persönliche Machtziele	Organisatorische Ziele
Zentrale Erfolgsgröße	Persönliche Anerkennung durch Mitarbeiter	Loyalität der Mitarbeiter zur eigenen Person	Loyalität der Mitarbeiter zum Unternehmen
Eignung zur nachhaltigen Mitarbeiterführung	-	-	+

Abb. 7 Eignung von Führungstypen zur nachhaltigen Mitarbeiterführung. (Nach Stock-Homburg und Six 2010, S. 9)

4 Fazit

Der vorliegende Beitrag zeigt, wie eine nachhaltige Unternehmensführung durch die Implementierung (integrierter) Managementsysteme erreicht werden kann und welche Rolle insbesondere die Mitarbeiterführung für das Erreichen der Unternehmensziele spielt.

Qualitäts-, **Umwelt-** und **sozial orientierte Managementsysteme** ermöglichen es, die gesamten betrieblichen Abläufe nachhaltigkeitsorientiert zu planen und zu steuern. Dabei kann die unternehmensindividuelle Ausgestaltung sehr unterschiedlich sein und erfordert zahlreiche Entscheidungen. Insbesondere stellt sich auf Basis einerseits der Stakeholderanalysen und andererseits der Analyse der ökonomischen, ökologischen und sozialen Ist-Situation die Frage, welche inhaltlichen Schwerpunkte gesetzt und welche nachhaltigkeitsbezogenen Ziele mit welcher Gewichtung verfolgt werden sollen. Daraus folgen dann auch die Entscheidungen darüber, in welche Verbesserungsmaßnahmen in welchem Umfang investiert wird, da bei Vorliegen von Ressourcenrestriktionen in der Regel nicht alle denkbaren Maßnahmen zugleich umgesetzt werden können. Inwieweit die nachhaltigkeitsorientierten Ziele tatsächlich erreicht werden, wird durch prozessbegleitende Kontrollen ermittelt. Um eine Informationsgrundlage für die kontinuierliche Verbesserung der Managementsysteme insgesamt zu erreichen, sind entsprechende Audits geeignete Instrumente.

Eine zentrale Herausforderung des Nachhaltigkeitsmanagements besteht darin, dass häufig Interdependenzen zwischen den qualitäts-, umwelt- und sozialorientierten Entscheidungen bestehen. Beispielsweise kann eine Steigerung der Umweltfreundlichkeit von Produkten bzw. Prozessen auch mit erhöhten Kosten verbunden sein; ebenso können soziale Maßnahmen zu gravierenden Umweltwirkungen führen. Insofern müssen die unterschiedlichen nachhaltigkeitsorientierten Entscheidungen abgestimmt werden. Dies kann durch eine Zusammenführung der Qualitäts-, Umwelt- und Sozialmanagementsysteme zu einem **integrierten Managementsystem** ermöglicht werden.

Insgesamt ist die Umsetzung einer Nachhaltigkeitskonzeption im Unternehmen ein sehr komplexes Konzept, für dessen Erfolg zentrale Voraussetzungen die effiziente Organisation, aber auch eine entsprechende **Mitarbeiterführung** sind. Eine nachhaltigkeitsorientierte Mitarbeiterführung erfordert einerseits den verantwortungsbewussten Umgang mit den Mitarbeitern. Andererseits besteht das Ziel darin, das Verhalten und die Einstellungen der Mitarbeiter auf die nachhaltigkeitsorientierten Unternehmensziele auszurichten. Voraussetzung hierfür ist es, die Mitarbeiter für das Thema Nachhaltigkeit zu sensibilisieren und in ihre Motivation und Zufriedenheit zu investieren. Dabei kommt den Konzepten der Partizipation und Selbstorganisation eine bedeutende Rolle zu.

Um eine Ausrichtung der Einstellungen und des Verhaltens der Mitarbeiter an den nachhaltigkeitsbezogenen Unternehmenszielen zu erreichen, können die Konzepte der **transaktionalen und transformationalen Führung** kombiniert werden. Die transaktionale Führung bildet die Basis, indem ein erwartungskonformes Verhalten definiert wird. Die transformationale Führung ergänzt die transaktionale Führung, indem sie den Mitarbeitern Ziele, Visionen und Werte vermittelt. Eine nachhaltige Mitarbeiterführung entsteht, wenn sich diese Ziele, Visionen und Werte an den nachhaltigkeitsorientierten Unternehmenszielen orientieren.

Eine zentrale Voraussetzung dafür, ein solches Konzept der Mitarbeiterführung zu realisieren, sind entsprechend geeignete Führungskräfte. Hier zeigt unsere Analyse, dass drei **Führungstypen** differenziert werden können, die in sehr unterschiedlichem Maße die Umsetzung einer nachhaltigkeitsorientierten Mitarbeiterführung ermöglichen. Dabei ist der institutionsorientierte Manager, der erhebliche Ähnlichkeiten mit dem Ideal des ehrbaren Kaufmanns aufweist, am besten geeignet. Allerdings entsprechen nicht alle Führungskräfte in nachhaltigkeitsorientiert geführten Unternehmen dem institutionsorientierten Manager. Insofern kann eine wichtige Aufgabe der **Personalentwicklung** darin gesehen werden, Führungskräfte in Trainings so zu schulen, dass die den Nachhaltigkeitsgedanken in der Mitarbeiterführung vermitteln können.

Literatur

von Ahsen A (2006) Integriertes Qualitäts- und Umweltmanagement. Mehrdimensionale Modellierung und Umsetzung in der deutschen Automobilindustrie. Deutscher Universitäts-Verlag, Wiesbaden

Balderjahn I (2004) Nachhaltiges Marketing-Management. Möglichkeiten einer umwelt- und sozialverträglichen Unternehmenspolitik. Lucius & Lucius, Stuttgart

Bass BM (1997a) Personel selling and transactional/transformational leadership. J Pers Sell Sales Manag 17:19–28

Bass BM (1997b) Does the transactional-transformational leadership paradigm transcend organizational and national boundaries? Am Psychol 52:130–139

Bass BM, Avolio BJ (1990) Transformational leadership development: manual for the multifactor leadership questionnaire, 1. Aufl. Consulting Psychologists, Palo Alto

Bass BM, Avolio BJ (1994) Improving organizational effectiveness through transformational leadership, 1. Aufl. Sage, Thousand Oaks

Bass BM, Jung DI, Avolio BJ, Berson Y (2003) Predicting unit performance by assessing transformational and transactional leadership. J Appl Psychol 88:207–218. doi:10.1037/0021-9010.88.2.207

Becker M, Seidel A (Hrsg) (2006) Diversity management. Unternehmens- und Personalpolitik der Vielfalt. Schäffer-Poeschel, Stuttgart

Bernardo M, Casadesús M, Karapetrovic S, Heras I (2009) How integrated are environmental, quality and other standardized management systems? An empirical study. J Clean Prod 17:742–750. doi:10.1016/j.jclepro.2008.11.003

BMW Group (2011) BMW group sustainable value report 2010. München

Conger JA, Kanungo RN (1998) Charismatic leadership in organizations, 2. Aufl. Sage, Thousand Oaks

Das A, Pagell M, Behm M, Veltri A (2008) Towards a theory of the linkages between safety and quality. J Operations Manag 26:521–535. doi:10.1016/j.jom.2007.06.005

DIN EN ISO 14001 (2009) Deutsches Institut für Normung e. V.: Umweltmanagementsysteme – Anforderungen mit Anleitung zur Anwendung. Berlin

Eitelwein O, Goretzki L (2010) Carbon Controlling und Accounting erfolgreich implementieren – Status Quo und Ausblick. Zeitschrift für Controlling und Management 54:23–31. doi:10.1007/s12176–010-0010–6

Fandel G, Schwalbach J (2007) Der ehrbare Kaufmann – Modernes Leitbild für Unternehmer? Zeitschrift für Betriebswirtschaft 77(Sonderausgabe 1):VI–XIII

Fraport AG (2012) Nachhaltigkeitsbericht 2011. Frankfurt a. M.

Freeman RE (1984) The politics of stakeholder theory: some future directions. Bus Ethic Q 4:409–421. doi:10.2307/3857340

Günther E, Stechenmesser K (2010) Carbon controlling. Zeitschrift für Controlling und Management 54:62–64. doi:10.2307/3857340

Hauff V (1987) Unsere gemeinsame Zukunft. Der Brundtland-Bericht der Weltkommission für Umwelt und Entwicklung, Eggenkamp, Greven

Haugh HM, Talwar A (2010) How do corporations embed sustainability across the lorganization? Acad Manag Learn Educ 9:384–396. doi:10.5465/AMLE.2010.53791822

Homburg C, Krohmer H (2009) Marketingmanagement. Strategie – Instrumente – Umsetzung – Unternehmensführung. Gabler, Wiesbaden (Unveränderter Nachdruck der 2. Aufl)

Hrbiniak LG (1974) Effects of job level and participation on employee attitudes and perceptions of influence. Acad Manag J 17:649–662. doi:10.2307/255644

Jørgensen TH (2008) Towards more sustainable management systems: through life cycle management and integration. J Clean Prod 16:1071–1080. doi:10.1016/j.jclepro.2007.06.006

Judge TA, Piccolo RF (2004) Transformational and transactional leadership: a meta-analytic test of their relative validity. J Appl Psychol 89:755–768. doi:10.1037/0021–9010.89.5.755

Khan FI, Amyotte PR (2003) How to make inherent safety practice a reality. The Can J Chem Eng 81:2–16. doi:10.1002/cjce.5450810101

Klinkt D (2007) Gesellschaftliche Verantwortung: Die Renaissance des ehrbaren Kaufmanns. Handelsblatt, 26. Nov. 2007

Klinkt D (2008) Der ehrbare Kaufmann – Das ursprüngliche Leitbild der Betriebswirtschaftslehre und individuelle Grundlage für die CSR-Forschung. Zeitschrift für Betriebswirtschaft 78(Sonderausgabe 3):57–59

Kudla N, Stölzle W (2011) Sustainability supply chain management research. A structured literature review. Die Unternehmung 65:263–301

López-Fresno P (2010) Implementation of an integrated management system in an airline: a case study. TQM J 22:629–647. doi:10.1108/17542731011085311
McClelland DC (1970) The two faces of power. J Int Aff 24:31–50
McClelland DC (1971) Assessing human motivation. General Learning, New York
McClelland DC, Burnham DH (1976) Power is the great motivator. Harv Bus Rev 54:100–110
Meffert H (1997) Der Integrationsgedanke in der Betriebswirtschaftslehre – Leitbild für die Handelshochschule Leipzig (HHL). In: Meffert H, Gisholt O (Hrsg) Managementperspektiven und Managementausbildung, Tagung Leipzig, 15.01.1997. Leipzig 1997, S 4–21
Michael Hofer GmbH & Co KG (o. J.) Qualitätspolitik. http://www.hoferfutter.at/www.hofer.at/html/seite.asp?id=1&grp=0. Zugegriffen: 12. April 2012
Müller M, Siebenhüner B (2007) Policy instruments for sustainability-oriented organizational learning. Bus Strategy Environ 16:232–245. doi:10.1002/bse.481
Neumann A (2008) Integrative Managementsysteme. Physica-Verlag, Heidelberg
Oreg S, Berson Y (2011), Leadership and employees' reactions to change: the role of leaders' personal attributes and transformational leadership style. Pers Psychol 64:627–659. doi:10.1111/j.1744-6570.2011.01221.x
Oskarsson K, Malmborg F (2005) Integrated management systems as a corporate response to sustainable development. Corp Soc Responsib Environ Manag 12:121–128. doi:10.1002/csr.078
Ramanan R (2010) Corporate carbon risk management. A strategic framework. EM Magazine, 20–23
Rocha M, Searcy C, Karapetrovic S (2007) Integrating sustainable development into existing management systems. Total Qual Manag 18:83–92. doi:10.1080/14783360601051594
Schaltegger S, Herzig C, Kleiber O, Klinke T, Müller J (2007) Nachhaltigkeitsmanagement in Unternehmen. Von der Idee zur Praxis: Managementansätze zur Umsetzung von Corporate Social Responsibility und Corporate Sustainability. Herausgegeben vom Bundesministerium für Umwelt, Naturschutz und Reaktorsicherheit (BMU), econsense – Forum Nachhaltige Entwicklung der Deutschen Wirtschaft e. V., Centre for Sustainable Management (CSM). Lübeck.
Sepehri P, Wagner D (2002) Diversity und Managing Diversity. Verständnisfragen, Zusammenhänge und theoretische Erkenntnisse. In: Peters S, Bensel N (Hrsg) Frauen und Männer im Management. Diversity in Diskurs und Praxis, 2. Aufl. Gabler, Wiesbaden, S 121–143
Steven M (2002) Integration der Planung. In: Küpper HU, Wagenhofer A (Hrsg) Handwörterbuch Unternehmensrechnung und Controlling, 4. Aufl. Schäffer-Poeschel, Stuttgart, S 750–758
Stock-Homburg R (2010) Personalmanagement. Theorien – Konzepte – Instrumente, 2. Aufl. Gabler, Wiesbaden
Stock-Homburg R, Six B (2010) Motive von Topmanagern im 21. Jahrhundert: Zur Renaissance der Vereinbarkeit von Ethik und Ökonomie im Topmanagement. In: Meier U, Sill B (Hrsg) Führung. Macht. Sinn. Streitpunkt Führungsverantwortung im 21. Jahrhundert. Ethos und Ethik für Entscheider in Wirtschaft, Gesellschaft und Kirche. Verlag Friedrich Pustet, Regensburg
Teevs C (2010) Das schäbige Geschäft der Preisdrücker. Spiegel Online, 4. Aug. 2010. http://www.spiegel.de/kultur/tv/0,1518,709922,00.html. Zugegriffen: 3. Nov. 2011
Thomas LT, Ganster DC (1995) Impact of family-supportive work variables on work-family conflict and strain: a control perspective. J Appl Psychol 80(1):6–15
Thom N, Zaugg RJ (2004) Nachhaltiges und innovatives Personalmanagement, Spitzengruppenbefragung in europäischen Unternehmungen und Institutionen. Nachhaltiges Innovationsmanagement. Gabler, Wiesbaden
United Nations (1994) Protokoll von Kyoto zum Rahmenübereinkommen der Vereinten Nationen über Klimaänderungen. Kyoto 1994. http://unfccc.int/resource/docs/convkp/kpger.pdf. Zugegriffen: 24. Jan. 2011
Wall F (2009) Stakeholder-orientiertes Controlling als Koordination bei mehrfacher Zielsetzung. In: Wall F, Schröder RW (Hrsg) Controlling zwischen Shareholder Value und Stakeholder Value. Oldenbourg Wissenschaftsverlag, München, S 345–363

Walton RE (1985) From control to commitment in the workplace. Harv Bus Rev 19:77–84
Weißenrieder J, Kosel M (2010) Nachhaltiges Personalmanagement in der Praxis. Mit Erfolgsbeispielen mittelständischer Unternehmen. Gabler, Wiesbaden
Wellge S (2009) Evaluation von betrieblichen Umweltmanagementsystemen. Dissertation, Technische Universität Darmstadt
White JK, Ruh RA (1973) Effects of personal values on the relationship between participation and job attitudes. Adm Sci Q 18:506–514
Wilson RC (2000) An integrated ISO effort may boost efficiency? Pollut Eng 32:41
Zaugg RJ (2009) Nachhaltiges Personalmanagement. Eine neue Perspektive und empirische Exploration des Human Resource Managements. Gabler, Wiesbaden
Zeng S, Xie XM, Tam CM, Shen LY (2011) An empirical examination of benefits from implementing integrated management systems (IMS). Total Qual Manag 22:173–186. doi:10.1080/14783363.2010.530797
Zutshi AS, Sohal AS (2005) Integrated management systems: the experiences of three Australian organisations. J Manuf Technol Manag 16:211–232. doi:10.1108/17410380510576840

Dr. Ruth Maria Stock-Homburg Seit 2004 Inhaberin des Lehrstuhls für Marketing & Personalmanagement an der Technischen Universität Darmstadt. Zuvor promovierte sie an der Universität Mannheim und habilitierte sich an der Helmut-Schmidt-Universität in Hamburg. Die wissenschaftlichen Schwerpunkte von Prof. Stock-Homburg liegen in den Bereichen Innovationsmanagement, Kundenbeziehungsmanagement und Personalmanagement.

Dr. Anette von Ahsen Seit 2011 apl. Professorin am Fachgebiet Rechnungswesen, Controlling und Wirtschaftsprüfung. Zuvor promovierte sie an der Universität Bremen und habilitierte sich an der Universität Duisburg-Essen. Die wissenschaftlichen Schwerpunkte von apl. Professorin Anette von Ahsen liegen in den Bereichen Nachhaltigkeitscontrolling und -reporting.

Dipl.-Kffr. Marina Melanie Wagner Seit 2011 wissenschaftliche Mitarbeiterin am Fachgebiet Marketing & Personalmanagement der Technischen Universität Darmstadt. Sie promoviert zum Thema Work-Life Balance von Topmanagern. Zuvor studierte sie Betriebswirtschaftslehre mit Schwerpunkt Marketing an der Universität Bayreuth.

Wettbewerbsvorteile durch Nachhaltigkeit in Dienstleistungsangeboten

Manfred Bruhn

Inhaltsverzeichnis

Zusammenfassung

Dienstleistungsunternehmen sehen sich in den letzten Jahren einem verstärkten Wettbewerb ausgesetzt, wodurch eine kundenorientierte Unternehmensausrichtung immer bedeutender wird. Auf Seiten der Konsumenten zeigt sich, dass ökologische, soziale und ökonomische Nachhaltigkeitsaspekte bei der Kaufentscheidung zunehmend an Relevanz gewinnen. Der vorliegende Beitrag zeigt anhand der Besonderheiten von Dienstleistungen, wie Nachhaltigkeitsaspekte durch das Qualitäts-, Marken- und Kom-

M. Bruhn (✉)
Universität Basel, Peter-Merian-Weg 6, 4002 Basel, Schweiz
E-Mail: Manfred.bruhn@unibas.ch

H. Meffert et al. (Hrsg.), *Sustainable Marketing Management*,
DOI 10.1007/978-3-658-02437-6_16

munikationsmanagement erfolgreich als Wettbewerbsvorteil und Alleinstellungsmerkmal gegenüber der Konkurrenz für den langfristigen Unternehmenserfolg speziell für Dienstleistungsunternehmen einzusetzen sind.

1 Das Konzept der Wettbewerbsvorteile

Für Dienstleistungsunternehmen haben sich in den letzten Jahren infolge der zunehmenden Globalisierung, Technisierung und Polarisierung der Märkte die Bedingungen und Spielregeln des Wettbewerbs erheblich verändert (Meffert und Bruhn 2009; Lovelock und Wirtz 2010). So führt beispielsweise die Internationalisierung von geschäftlichen und privaten Kontakten zum Angebot zahlreicher Dienstleistungen aus dem Reisebereich und der elektronischen Datenübermittlung. Die **Veränderungen der Dienstleistungsmärkte** stellen hohe Anforderungen an das Management von Dienstleistungsangeboten. In Abhängigkeit der charakteristischen Besonderheiten von Dienstleistungen ist u. a. über die Gewinnung relevanter Marktinformationen, die Marktbearbeitungsstrategie, das Qualitätsmanagement, den Einsatz von Marketinginstrumenten und die Überwindung von Implementierungsbarrieren zu entscheiden.

Ein erfolgreiches Dienstleistungsmanagement erfordert hierbei ein hohes Maß an **Kundenorientierung** und impliziert eine am Markt ausgerichtete Analyse, Planung, Durchführung und Kontrolle sämtlicher Marktaktivitäten. Dies beinhaltet den offenen Kontakt zu sämtlichen Stakeholdern, die gezielte Erforschung von Kundenwünschen und die sich daraus ergebenden Anpassungen im Dienstleistungserstellungsprozess. Erfahrungen von verschiedenen Dienstleistungsmärkten haben gezeigt, dass letztlich nur durch eine konsequente Kundenorientierung Chancen zur Erlangung von Wettbewerbsvorteilen bestehen (Meffert und Bruhn 2009, S. 3 ff.).

Vor diesem Hintergrund bietet sich für das Dienstleistungsmanagement der **Markt- und Wettbewerbsorientierte Ansatz** an, dem eine Outside-In-Perspektive zugrunde liegt. Es handelt sich um einen umfeldorientierten Strategieansatz, der im Wesentlichen auf den Arbeiten von Porter beruht (Porter 1999; Haller 2002, S. 52 f.). Grundlage des Markt- und Wettbewerbsorientierten Ansatzes ist die von der Industrieökonomie vertretene Structure-Conduct-Performance-Hypothese. Diese geht davon aus, dass die Markt- und Branchenveränderungen (Structure) das strategische Verhalten eines Unternehmens (Conduct) und damit seinen Erfolg (Performance) beeinflussen.

Dementsprechend gibt es vielfältige strategische Verhaltensweisen bzw. **strategische Wettbewerbsvorteile**, die in einer spezifischen Branchenstruktur zum Erfolg führen. Sei es durch eine herausragende Qualität, günstige Preise, modernes Design, exklusives Image, kundenorientierte Beratung, flächendeckendes Filialnetz u. a. m.

In den letzten Jahrzehnten hat sich seit der Diskussion über die „Grenzen des Wachstums“ (Meadows et al. 1972) das **Thema Nachhaltigkeit** als ein bedeutender Faktor für das Unternehmensverhalten herausgestellt (Bridges und Wilhelm 2008; Belz 2009; Hult und Tomas 2011). In diesem Zusammenhang stellt sich die Frage, ob Unternehmen bzw.

Leistungen des Unternehmens durch Nachhaltigkeit Wettbewerbsvorteile generieren können. Dies bedingt beispielsweise die Prüfung, ob die Nachhaltigkeit

- ein relevantes Kaufentscheidungskriterium beim Kunden darstellt,
- als Geschäftsmodell für Unternehmen geeignet ist,
- von der Öffentlichkeit als Erwartung an Unternehmen formuliert und überprüft wird.

Bereits heute zeigen empirische Untersuchungen, dass die Nachhaltigkeit ein bedeutender Einflussfaktor für Kaufentscheidungen darstellt (Promberger und Spiess 2006; Institut für Handelsforschung GmbH 2011; TheConsumerView 2011, S. 21; Otto Group 2011). Auch ist aus verschiedenen erfolgreichen Beispielen erkennbar, dass Nachhaltigkeit als Geschäftsmodell geeignet ist (z. B. Handelsbetriebe und Banken mit Bezügen zu nachhaltigen Leistungen). Weiterhin stellen die Öffentlichkeit in Vertretung der Medien und des Gesetzgebers zunehmend Forderungen nach einer nachhaltigen Unternehmensführung (z. B. durch Nachhaltigkeitsberichte in den Geschäftsberichten). So zeigen auch die Ergebnisse einer Unternehmensbefragung über die Treiber einer nachhaltigen Unternehmensausrichtung die hohe Bedeutung der Kunden, der Unternehmen sowie der Öffentlichkeit (Belz 2005, S. 30).

Es ist offenkundig, dass das Thema der Nachhaltigkeit für Sachgüterunternehmen eine besondere Relevanz aufweist, da hier die Verwendung von Ressourcen unmittelbar bei der Leistungserstellung anfällt. Allerdings sind auch Dienstleistungsunternehmen gefordert, sei es durch das allgemeine Unternehmensverhalten oder auch speziell durch das Dienstleistungsangebot. Im vorliegenden Beitrag wird analysiert, inwieweit sich Wettbewerbsvorteile durch nachhaltige Dienstleistungsangebote realisieren lassen.

2 Besonderheiten der Nachhaltigkeit von Dienstleistungsangeboten

2.1 Dimensionen der Nachhaltigkeit und Besonderheiten von Dienstleistungen

Die **Begriffsbestimmung** der Nachhaltigkeit erfolgt größtenteils übereinstimmend in Anlehnung an die folgende Definition der Brundtland-Kommission: „Sustainable Development is development that meets the needs of the present without compromising the ability of future generations to meet their own needs“ (World Commission on Environment and Development 1987, S. 43). Dementsprechend wird für Unternehmen die Nachhaltigkeit als ein Verhalten definiert, das der Bedürfniserfüllung der heutigen Generation entspricht, ohne die Möglichkeiten zukünftiger Generationen zu begrenzen (Balderjahn 2004, S. 1).

Gemäß dem **Drei-Säulen-Modell** (Deutscher Bundestag 1998; Crane und Matten 2004) haben nachhaltige Leistungsangebote eines Unternehmens mit den ökologischen, sozialen und ökonomischen Bedürfnissen gegenwärtiger und zukünftiger Kunden drei Zieldimensionen zu berücksichtigen. Demnach sollte eine nachhaltige Dienstleistung positive Wirkungen auf diese drei Dimensionen ausüben: Für eine inhaltliche Präzisierung der Bezeichnung nachhaltige Dienstleistungen werden im Folgenden die drei **Nachhaltigkeitsdimensionen** genauer betrachtet:

- Die **ökologische Dimension** der Nachhaltigkeit umfasst eine systematische Verminderung sämtlicher ökologischer Belastungen, die im Dienstleistungserstellungsprozess entstehen. Demnach steht zur Realisierung nachhaltiger Dienstleistungsangebote die Minimierung des Ressourceneinsatzes, der Umweltbelastung durch Schadstoffe und der ökologischen Gefahrenpotenziale im Vordergrund.
- Der **sozialen Dimension** liegt das Ziel zugrunde, die angebotenen Dienstleistungen mit einem bestimmten Maß an Sozialverträglichkeit herzustellen. Hierbei gilt es, soziale Standards in der Gesellschaft und im eigenen Unternehmen sowie bei sämtlichen Partnerunternehmen, wie z. B. Kooperationspartnern und Lieferanten, durchzusetzen. Neben der Sicherung von Gleichheitsgrundsätzen und Gesundheit haben Dienstleister globale Verantwortung zu übernehmen und sind bei der Erstellung nachhaltiger Dienstleistungsangebote zur sozialen Rücksichtnahme verpflichtet.
- Die **ökonomische Dimension** betrifft das wirtschaftliche Wachstum eines Dienstleisters und umfasst die Zielsetzung von Unternehmen, Wertschöpfungspotenziale zu nutzen, um eine langfristige Unternehmenssicherung zu gewährleisten sowie Arbeitsplätze zu schaffen und zu erhalten. Darüber hinaus sind durch das unternehmerische Handeln länderübergreifend ein hinreichender Wohlstand, dessen gerechte Verteilung und global angemessene Lebensverhältnisse zu unterstützen.

Nachhaltige Dienstleistungsangebote stellen somit Dienstleistungen dar, die eine **integrierte ökologische, soziale und ökonomische Nachhaltigkeit** aufweisen. Die Erstellung nachhaltiger Dienstleistungen erfordert ein marktorientiertes Nachhaltigkeitsmanagement. In Abb. 1 werden schematisch die Kernelemente eines **marktorientierten Nachhaltigkeitsmanagements** von Dienstleistungsangeboten aufgezeigt.

Ausgangspunkt bilden die zunehmenden nachhaltigkeitsbezogenen Bedürfnisse und Anforderungen der Kunden eines Unternehmens. Für die Erstellung von nachhaltigen Dienstleistungsangeboten gilt es für Unternehmen, die ökologische, soziale und ökonomische Nachhaltigkeit soweit wie möglich integriert zu berücksichtigen (Meffert 2008, S. 381 ff.; Abell 2007). Mit Hilfe der Umsetzung der ökologischen Nachhaltigkeit lässt sich eine Unique Environmental Proposition (UEP) bzw. ein Umweltvorteil in Form von umweltgerechten Dienstleistungsangeboten erreichen. Durch die soziale Nachhaltigkeit wird eine von den Kunden wahrgenommene Unique Social Proposition (USP) erzielt. Letztlich führt die konsequente Ausrichtung eines Unternehmens an der ökonomischen Nachhaltigkeit zur Generierung komparativer Konkurrenzvorteile bzw. einer Unique Marketing Proposition (UMP). Die systematische Ausrichtung eines Unternehmens auf diese drei Dimensionen der Nachhaltigkeit im Dienstleistungserstellungsprozess ermöglicht über das Angebot nachhaltiger Dienstleistungen die Entwicklung wettbewerbsstrategi-

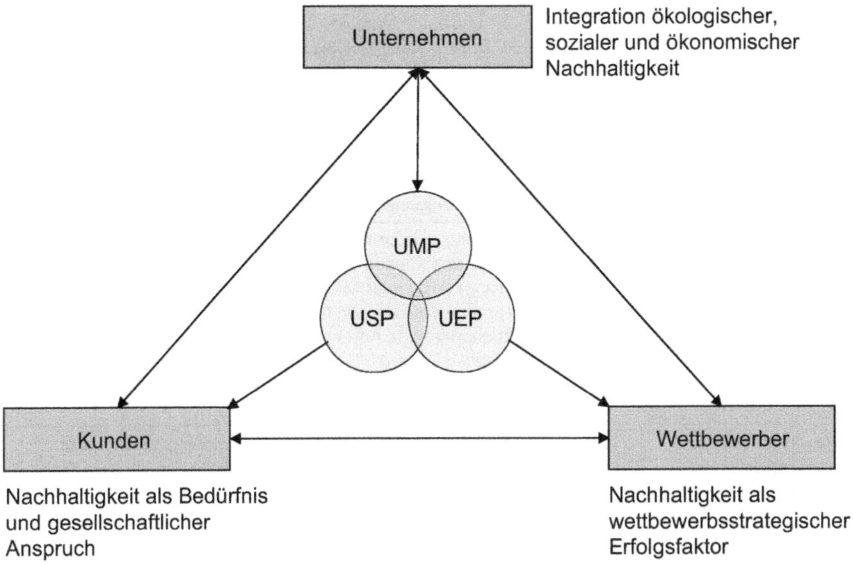

Abb. 1 Marktorientiertes Nachhaltigkeitsmanagement von Dienstleistungsangeboten. (Quelle: In Anlehnung an Meffert und Hensmann 2011, S. 7)

scher Erfolgsfaktoren gegenüber konkurrierenden Dienstleistern (Meffert und Hensmann 2011, S. 6 ff.).

Bei einer Konkretisierung des Nachhaltigkeitsmanagements von Dienstleistungsangeboten ist den Besonderheiten von Dienstleistungen Rechnung zu tragen. Hier hat es sich bewährt, dies an den so genannten **konstitutiven Merkmalen einer Dienstleistung** – Leistungsfähigkeit des Anbieters, Integration des externen Faktors und Immaterialität des Leistungsergebnisses – festzumachen. In Abb. 2 sind beispielhaft Maßnahmen aufgeführt, die zur Unterstützung nachhaltiger Dienstleistungsangebote geeignet sind. Sie werden im Folgenden näher erläutert.

2.2 Nachhaltigkeit bei der Leistungsfähigkeit des Dienstleistungsanbieters

Die Potenzialdimension beschreibt die **Leistungsfähigkeit und Bereitschaft** eines Anbieters zur Erbringung eines nachhaltigen Dienstleistungsangebots (Meyer 1996; Bruhn und Hadwich 2011, S. 7). Die Leistungspotenziale zur Erbringung nachhaltiger Dienstleistungsangebote sind nicht gegenständlich, sondern stellen zum Zeitpunkt von Angebot und Nachfrage einer Dienstleistung lediglich ein Leistungsversprechen dar. Das Leistungspotenzial ist somit Ausgangspunkt einer jeden Leistungserstellung, da es diese überhaupt erst ermöglicht. Für den Dienstleister resultiert aus dem Leistungsversprechen die Aufgabe, eine an den Kundenbedürfnissen angepasste zeitliche, räumliche, qualitati-

Besonderheiten von Dienstleistungen	Maßnahmen zur Unterstützung nachhaltiger Dienstleistungsangebote
Leistungsfähigkeit des Dienstleistungsanbieters	▪ Dokumentation und offene Kommunikation von Kompetenzen zur Erstellung nachhaltiger Dienstleistungsangebote ▪ Abstimmung sämtlicher Leistungspotenziale zu einem nachhaltigkeitsorientierten Gesamtpotenzial ▪ Materialisierung der Fähigkeitspotenziale zur Erstellung nachhaltiger Dienstleistungsangebote
Integration des externen Faktors	▪ Gegenseitiger Informationsaustausch zwischen Dienstleistungsanbieter und Kunden ▪ Nutzung von Standardisierungspotenzialen bei gleichzeitiger Integration des externen Faktors ▪ Kundenorientierte Ausrichtung des nachhaltigen Dienstleistungsangebots ▪ Reduzierung des wahrgenommenen Kaufrisikos für nachhaltige Dienstleistungsangebote
Immaterialität des Leistungsergebnisses	▪ Materialisierung von nachhaltigen Dienstleistungsangeboten ▪ Flexible Anpassung der Kapazitätsauslastung sowie enge Koordination von Produktkapazität und Nachfrage ▪ Gewährleistung einer hohen Erreichbarkeit der nachhaltigen Dienstleistungsangebote

Abb. 2 Maßnahmen zur Unterstützung nachhaltiger Dienstleistungsangebote. (Quelle: in Anlehnung an Meffert und Bruhn 2009, S. 40)

ve und quantitative Verfügbarkeit einer nachhaltigen Dienstleistung zu garantieren, die für den Nachfrager ein zentrales Kaufargument darstellt (Corsten und Gössinger 2007). Die folgenden unternehmerischen Maßnahmen sind sowohl für die tatsächliche Erstellung einer nachhaltigen Dienstleistung als auch für die Kommunikation dieser Leistungsfähigkeit gegenüber dem Kunden notwendig.

In erster Linie ist die **Dokumentation von Kompetenzen** zur Erstellung ökologisch, sozial oder ökonomisch nachhaltiger Dienstleistungsangebote von Bedeutung. Ohne die offene Kommunikation bzw. die Wahrnehmung der Nachhaltigkeitsleistung eines Unternehmens aus Kundensicht sind Wirkungen auf das Konsumentenverhalten nicht zu erwarten. Die *Deutsche Bank* verfügt beispielsweise im Rahmen ihres Qualitätsmanagements seit 1999 über ein unternehmensweites Nachhaltigkeits-Managementsystem gemäß der internationalen Norm ISO 14001 (Deutsche Bank 2012b). Mit Hilfe des Nachhaltigkeits-Managementsystems definiert die *Deutsche Bank* Strukturen, Prozesse und Verantwortlichkeiten, die zur Umsetzung der Nachhaltigkeitsstrategie sowohl in deren Kerngeschäft als Finanzdienstleister als auch im betrieblichen Umweltschutz, der Personalführung und der Unternehmenssteuerung dienen. Hierbei informiert sie konsequent über sämtliche nachhaltige Dienstleistungsangebote und Nachhaltigkeitsaktivitäten auf deren Homepage, in Werbespots, Anzeigen und Newslettern sowie in dem jährlich erscheinenden CSR-Bericht (Deutsche Bank 2012b).

Die Erstellung nachhaltiger Dienstleistungsangebote bedingt die **Abstimmung sämtlicher Leistungspotenziale** zu einem nachhaltigkeitsorientierten sowie branchen- und kundensegmentspezifischen Gesamtpotenzial. Der Versicherungsdienstleister *ERGO* richtet seine Geschäftsstrategie an den Leitsätzen eines effizienten Umweltmanagements, wirtschaftlichem Erfolg und sozialem Engagement aus. Während sich Mitarbeiter an freiwilligen sozialen Projekten engagieren, beziehen sämtliche deutschen Standorte der *ERGO*-Gruppe seit Ende 2011 CO_2-neutralen Strom und mindestens 80 % der konzernweiten Investitionen in Aktien und Anleihen entsprechen nachhaltigen Kriterien. Zudem wird das Produktportfolio, angefangen von Öko-Tarifen in der Kfz-Versicherung bis hin zu fondsgebundenen Rentenversicherungen, die ökologische Aspekte einbeziehen, erweitert (ERGO 2012).

Letztlich ist insbesondere bei nachhaltigen Dienstleistungen über die **Materialisierung der Fähigkeitspotenziale** eine Wettbewerbsprofilierung anzustreben. Dementsprechend ist vor allem der Bereich der Kommunikationspolitik gefordert, Leistungsnachweise, wie z. B. nachhaltigkeitsbewusste Mitarbeiter, nach außen wahrnehmbar zu machen. In diesem Zusammenhang spielen das Auftreten und das Erscheinungsbild des Personals, die Räumlichkeiten sowie die Ausstattung des Dienstleisters eine wichtige Rolle. Als Beispiel für eine nachhaltigkeitsorientierte Materialisierung in Form von Räumlichkeiten sind die so genannten „Greentowers“ der *Deutschen Bank* in Frankfurt aufzuführen. Eine umfassende Gebäudesanierung reduzierte in der Zentrale den Energieverbrauch sowie den CO_2-Ausstoß um mehr als 50 % und die beiden Gebäude werden dadurch zu den umweltfreundlichsten Hochhäusern der Welt. Mit der Materialisierung erreicht die *Deutsche Bank* einen wahrnehmbaren nachhaltigkeitsorientierten Dienstleistungserstellungsprozess (Deutsche Bank 2012a).

2.3 Nachhaltigkeit bei der Integration des externen Faktors

Die Prozessdimension stellt den **Tätigkeitscharakter** von Dienstleistungsangeboten in den Vordergrund und fokussiert alle Aktivitäten während des Leistungserstellungsprozesses, der sich in einer Phasenbetrachtung direkt an das Leistungspotenzial anschließt. Dienstleistungen sind Prozesse zwischen Dienstleister und Nachfrager, die eine materielle oder immaterielle Wirkung haben und deren Erbringung die Integration eines externen Faktors erfordert. Der Dienstleistungserstellungsprozess wird erst ausgelöst, wenn der externe Faktor, z. B. der Nachfrager, hinzukommt. Bei der Erstellung einer Dienstleistung entsteht ein Beziehungsgefüge zwischen Unternehmen und Kunden. Demnach hängt die Dienstleistungsproduktivität vom Zusammenwirken von Komponenten ab, die sich dem alleinigen Einflussbereich des Dienstleistungsanbieters entziehen.

Innerhalb der Prozessdimension ist zur Erbringung nachhaltiger Dienstleistungsangebote vor allem der intensive **gegenseitige Informationsaustausch zwischen Dienstleister und Kunden** durch eine verstärkte Nutzung von Informationssystemen so zu gestalten, dass die Prozess- und Interaktionsqualität verbessert werden. Insbesondere der intensive Austausch über Bedürfnisse der Anspruchsgruppen und Leistungspotenziale der Anbieter bildet die Grundlage für einen zielgerichteten Dienstleistungserstellungsprozess. Das

Handelsunternehmen *tegut* erbringt nachhaltige Dienstleistungen, indem ausschließlich faire Lebensmittel aus regionalen Kooperationen angeboten werden, die auf Gentechnik verzichten und aus ökologischem sowie konventionellem Landbau stammen. Durch die Einrichtung so genannter Kundenräte fördert *tegut* seit dem Jahre 2009 den Informationsaustausch zwischen Unternehmen und Kunden. In dem gesamten Wirtschaftsgebiet von *tegut* sind mittlerweile mehr als 230 Kunden in Kundenräten aktiv, die in regelmäßigen Kundenratstreffen mit Mitarbeitenden die aktuellen nachhaltigkeitsbezogenen Entwicklungen bei dem Handelsunternehmen diskutieren und gemeinsam Verbesserungsvorschläge für das Dienstleistungsangebot sowie für Nachhaltigkeitsprojekte erarbeiten (Tegut 2012).

Mit der Integration des externen Faktors in den Dienstleistungserstellungsprozess resultiert ein individueller, personalintensiver und schwer standardisierbarer Charakter von Dienstleistungen. Insbesondere Dienstleistungen, die im Zusammenhang mit neuen Technologien stehen, bieten große **Standardisierungspotenziale bei gleichzeitiger Individualisierung**. Die *Deutsche Bahn* bietet ihren Privat- und Firmenkunden unter der Bezeichnung UmweltPlus und EcoPlus nachhaltige Dienstleistungsangebote in Form von CO_2-freien Transporten an, deren Energie ausschließlich aus regenerativen Quellen bezogen wird. Hierbei bezieht die *Deutsche Bahn* vorab die benötigten Mengen an regenerativem Strom anhand konkreter Buchungen und Prognosen und speist diese in das Bahnstromnetz ein. Als erster Firmenkunde der *Deutschen Bahn* lässt beispielsweise *Audi* seit August 2010 den Transport von Fertigfahrzeugen zwischen Ingolstadt und Emden gegen einen Aufpreis CO_2-frei durchführen und erhält jährlich eine Bescheinigung über die Einsparungen mit dem Prüfsiegel des TÜV. Zudem besteht für große Unternehmen die Möglichkeit, über das Firmenkundenprogramm der *Deutschen Bahn* sämtliche Geschäftsreisen von Mitarbeitenden CO_2-frei durchzuführen (Deutsche Bahn 2012).

Die Präsenz des Dienstleistungsnachfragers während des Erstellungsprozesses impliziert eine **kundenorientierte Ausrichtung des Dienstleistungsangebots**. Zum einen sind die nachhaltigkeitsbezogenen Bedürfnisse des Dienstleistungsnachfragers während der Erbringung der Dienstleistung zu berücksichtigen. Zum anderen ist die sorgfältige Ausführung einer nachhaltigen Dienstleistungserstellung bei direktem Kontakt mit dem Nachfrager von Bedeutung. Die *Barmenia*-Versicherungsgruppe erzielt z. B. über 90 % des Umsatzes durch nachhaltige Produkte. Bei der Entwicklung aller nachhaltigen Dienstleistungsangebote werden die jeweiligen Kundenbedürfnisse in den Mittelpunkt der Produktausgestaltung gerückt. In diesem Zusammenhang wird jeweils überprüft, inwieweit sich Nachhaltigkeitsaspekte in die Dienstleistungsangebote integrieren lassen, die kalkulatorisch für den Kunden sinnvoll sind (Barmenia 2012).

Aufgrund der Tatsache, dass dem Kunden nicht sämtliche nachhaltigkeitsrelevanten Eigenschaften der Dienstleistung bekannt oder durch ihn beobachtbar bzw. beurteilbar sind, liegt der Dienstleistungserstellung in der Regel eine asymmetrische Informationsverteilung zwischen den Interaktionspartnern zugrunde. Daraus resultieren für Kunden eine gewisse Unsicherheit und ein **wahrgenommenes Kaufrisiko für nachhaltige Dienst-**

leistungsangebote. Vor diesem Hintergrund ergibt sich für Dienstleistungsanbieter die Herausforderung, durch den Einsatz von Marketinginstrumenten sowie durch Maßnahmen im Rahmen der Vertragsgestaltung die wahrgenommene Informationsdiskrepanz zu reduzieren. Das Geschäftsmodell der *GLS Bank*, die im Jahr 1974 als weltweit erste nachhaltige Bank gegründet wurde, ist an sozialen, ökologischen und ökonomischen Kriterien ausgerichtet. Um Kunden intensiv über das nachhaltige Dienstleistungsangebot und das Geschäftsmodell der Bank zu informieren, werden auf einer eigens eingerichteten Internetseite Kundenberichte, die eine Mikrofinanzierung in Anspruch genommen haben, veröffentlicht. Darüber hinaus nutzt die *GLS Bank* sämtliche Kommunikationsinstrumente, um über deren Nachhaltigkeitsausrichtung zu informieren und steht Kunden über die Social Media- Kommunikation, wie z. B. den *GLS Bank*-Blog, für sämtliche nachhaltigkeitsbezogenen Diskussionen zur Verfügung (GLS Bank 2012).

2.4 Nachhaltigkeit bei der Erstellung des Leistungsergebnisses

Das Dienstleistungsergebnis umfasst den immateriellen Nutzen der erbrachten Dienstleistung bzw. den nachhaltigen Leistungsoutput (Hilke 1989, S. 15; Klostermann 2007). Das Leistungsergebnis, in dem sich der Dienstleistungserstellungsprozess konkretisiert, stellt als prozessuales Endergebnis mit immateriellem Charakter oder als Wirkung einer Leistung letztlich den Nutzen für den Nachfrager dar (Hilke 1989, S. 15; Lasshof 2006). Aus dem konstitutiven Merkmal Immaterialität bzw. Intangibilität resultieren Probleme hinsichtlich der nachhaltigkeitsbezogenen Qualitätsmessung, -bewertung und -kontrolle der Leistungsergebnisse. Der hohe Anteil an immateriellen Bestandteilen eines nachhaltigen Dienstleistungsangebots bedingt zum einen, dass das Ergebnis nicht greifbar und damit nur bedingt quantifizierbar ist. Zum anderen sind häufig keine objektiven Messgrößen für die Ergebnisbeurteilung zu identifizieren (Meyer 1996, S. 200; Corsten 1994, S. 85). Darüber hinaus resultiert aus der Immaterialität eine fehlende Lagerfähigkeit und mangelnde Transportfähigkeit nachhaltiger Dienstleistungsangebote.

Das zentrale Ziel für Dienstleister besteht aufgrund der Immaterialität darin, den Kunden bereits während des Dienstleistungserstellungsprozesses von einer guten Ergebnisqualität der nachhaltigen Dienstleistung zu überzeugen. Mit Hilfe der **Materialisierung von nachhaltigen Dienstleistungsangeboten** wird die Aufmerksamkeit des Kunden auf die Nachhaltigkeitsqualität der Dienstleistung gelenkt. Die Supermarktkette *Alnatura*, der im Jahr 2011 der Deutsche Nachhaltigkeitspreis verliehen wurde, richtet ihre Unternehmensstrategie ganzheitlich an den neun eigens definierten Dimensionen der Nachhaltigkeit – Kultur, Soziales, Wirtschaft, Boden, Pflanze, Tier, Wasser, Luft und Energie – aus. *Alnatura* bietet als Handelsunternehmen nachhaltige Dienstleistungen, indem neben rund 1.000 nachhaltigen Artikeln der Marke *Alnatura* mehr als 5.000 Produkte nachhaltigkeitsorientierter Bio-Hersteller gehandelt werden (Alnatura 2012). Die Materialisierung des nachhaltigen Dienstleistungsangebots von *Alnatura* basiert jedoch nicht auf dem Angebot nachhaltiger Produkte, sondern auf der nachhaltigen Gestaltung der Vertriebsstätten des Unternehmens. Die Energie für die Filialen stammt zu 100 % aus den regenerativen Energien Wasser- und Windkraft. Die Filialeinrichtung ist vorwiegend aus dem nachwachsenden Rohstoff Holz, aus Natursteinfliesen sowie recycelten Materialien und die Wände sind mit Naturfarben gestrichen. Durch Glastüren vor den Kühlregalen wird zudem Energie gespart. Somit nehmen Kunden bereits bei dem Betreten einer Filiale die Nachhaltigkeitsorientierung von *Alnatura* durch eine entsprechende Materialisierung wahr (Alnatura 2012).

Darüber hinaus erfordert ein nachhaltiges Dienstleistungsangebot eine **flexible Anpassung der Kapazitätsauslastung** sowie eine enge Koordination von Produktionskapazität und Nachfrage, um die Probleme der fehlenden Lagerfähigkeit des Dienstleistungsergebnisses zu bewältigen. Die *LichtBlick AG* ist ein konzernunabhängiger Energieanbieter, der sich seit der Gründung im Jahr 1998 auf regenerative Energien und damit verbunden auf die ökonomische und ökologische Nachhaltigkeit fokussiert (LichtBlick 2012). Der Energieanbieter hat als innovatives Dienstleistungskonzept das *LichtBlick*-Zuhause-Kraftwerk entwickelt, mit dem insbesondere in der stark nachfrageschwankenden Energiebranche eine durchgängig Versorgung mit regenerativem Strom gesichert wird. Durch die Installation und Vernetzung einer Vielzahl von Zuhause-Kraftwerken wird eine intelligente Einheit gebildet, die SchwarmStrom produziert, d. h. *LichtBlick* eine Anpassung der Produktionskapazität an die unterschiedlichen Nachfragemengen erlaubt (LichtBlick 2012).

Nachhaltige Dienstleistungen bedürfen aufgrund der fehlenden Lagerfähigkeit und mangelnden Transportfähigkeit zur Aufrechterhaltung der Konkurrenzfähigkeit einer hohen Distributionsdichte, da die **Erreichbarkeit des Dienstleistungsanbieters** ein zentrales Auswahlkriterium der Nachfrager darstellt. Der Logistikkonzern Deutsche *Post DHL* bietet seinen Kunden in Form des GoGreen Service eine CO_2-neutrale Versandoption an. Mit dieser werden die anfallenden transportbezogenen Emissionen einer Sendung kalkuliert und durch entsprechende Klimaschutzprojekte ausgeglichen. Sämtliche GoGreen-Prozesse von *DHL* sowie die Methode der Emissionsberechnung werden von einem externen Prüfer verifiziert. Um die nachhaltige Dienstleistung flächendeckend einzuführen und eine hohe Erreichbarkeit des Dienstleistungsanbieters zu gewährleisten, wird der GoGreen Service in sämtlichen Filialen von *DHL* in mehr als 35 Ländern angeboten (Deutsche Post DHL 2012).

Aus den konstitutiven Merkmalen von Dienstleistungen – der Leistungsfähigkeit, der Integration des externen Faktors sowie der Immaterialität – ergeben sich zahlreiche Implikationen für das Management nachhaltiger Dienstleistungsangebote. Mit den aufgezeigten Maßnahmen lassen sich nachhaltige Dienstleistungsangebote unterstützen und Wettbewerbsvorteile generieren. Dabei stellt sich natürlich auch die Frage, welche strategischen Stoßrichtungen bei den einzelnen Maßnahmen zu verfolgen sind. Betrachtet man die Nachhaltigkeit als strategischen Wettbewerbsvorteil für Dienstleistungen, dann werden im Folgenden insbesondere die Qualitäts-, Marken- und Kommunikationsstrategie hervorgehoben.

3 Nachhaltigkeit als Wettbewerbsvorteil für Dienstleistungsangebote

3.1 Nachhaltigkeit als Qualitätsvorteil

Die Sicherung einer hohen Dienstleistungsqualität hat sich in den vergangenen Jahrzehnten zu einem zentralen Wettbewerbsfaktor entwickelt. **Dienstleistungsqualität** wird definiert als die Fähigkeit eines Anbieters, die Beschaffenheit einer primär intangiblen und der Kundenbeteiligung bedürfenden Leistung gemäß den Kundenerwartungen auf einem bestimmten Anforderungsniveau zu erstellen. Sie bestimmt sich aus der Summe der Eigenschaften bzw. Merkmale der Dienstleistung, bestimmten Anforderungen gerecht zu werden (Bruhn 2011, S. 40). Für Dienstleistungsunternehmen stehen vor allem die Erfordernisse bzw. **Anforderungen aus Marktteilnehmersicht** im Vordergrund, denn sie entscheiden letztendlich über den Erfolg des Unternehmens im Markt (Bruhn und Meffert 2012).

Aufgrund der steigenden Bedeutung von Nachhaltigkeitsaspekten ist es die Aufgabe der Unternehmen, ein Bewusstsein zu schaffen, welche Nachhaltigkeitsaspekte die Qualitätsbeurteilung durch die Marktteilnehmer beeinflussen. Hier lassen sich die drei Dimensionen **Potenzial-, Prozess-, sowie Ergebnisqualität** unterscheiden und für die einzelnen Dimensionen nachhaltigkeitsbezogene Qualitätsindikatoren identifizieren und entsprechend umsetzen.

In der **Potenzialdimension** spielen beispielsweise Kriterien wie Umweltschutz (umweltverträgliche Geschäftsräume) und Mitarbeiterzufriedenheit eine wichtige Rolle für die Konsumenten. Der Lebensmitteldiscounter *Lidl* hatte z. B. nach dem Bekanntwerden des Überwachungsskandals im Jahr 2009 mit erheblichen Imageverlusten zu kämpfen. Laut einer repräsentativen Umfrage verzichteten vier von zehn Verbrauchern aufgrund des schlechten Betriebsklimas auf einen Einkauf in *Lidl*-Filialen (Handelsblatt 2009).

Auch in Bezug auf den **Leistungserstellungprozess** lassen sich ökologische und soziale Qualitätskriterien identifizieren, die für viele Konsumenten die Kaufentscheidung beeinflussen. Die weltweit führende Kaffeehauskette *Starbucks* stand aufgrund der „Wegwerfmentalität" lange Zeit stark in der Kritik, da die „Coffee-to-Go"-Produkte ausschließlich über Einweg-Pappbecher verkauft wurden. Das Unternehmen hat darauf reagiert, dass den Kunden die Möglichkeit gegeben wird, die Getränke nun auch in selbst mitgebrachten bzw. bei *Starbucks* gekauften Mehrwegbehältern zu beziehen. In den USA und Kanada wurde das Konzept dahingehend erweitert, dass Konsumenten, die ihren Kaffee aus selbst mitgebrachten Mehrwegbehältern beziehen, einen Preisnachlass von 10 Cent auf alle „To-Go-Produkte" erhalten (Starbucks 2012). Neben dem ökologischen Effekt der Abfallreduktion hat *Starbucks* darüber hinaus ein neues Geschäftsmodell entwickelt, denn diese Kaffeebehälter sind zu einem beliebten Sammelobjekt bei den Konsumenten geworden, und haben dem Unternehmen eine weitere lukrative Einnahmequelle eröffnet, bei gleichzeitigem Kostensenkungspotenzial aufgrund des geringeren Verbrauchs an Einwegbechern.

Nachhaltigkeitsaspekte in der **Ergebnisqualität** lassen sich berücksichtigen, indem das Ergebnis der Leistungserstellung soziale bzw. ökologisch verträgliche Kriterien aufweist. Ein Beispiel sind Handelsunternehmen, die Produkte aus nachhaltigem, bzw. fairem Anbau anbieten, wie etwa die Produkte von *Fairtrade* oder der *Rainforest Alliance*. Derartige Produkte garantieren, dass der Anbau und Handel von Produkten wie Tee oder Kaffee sowohl unter **ökologischen** als auch unter **sozialen Gesichtspunkten** gerecht durchgeführt werden. Die *Rainforest Alliance* unterstützt beispielsweise die Besitzer von Teeplantagen, indem faire – das heißt angemessene – Preise für die Teepflanzen bezahlt werden. Darüber hinaus werden die Teebauern unterstützt, möglichst ressourcen- und umweltschonend die Teeplantagen zu bewirtschaften, um die Beeinträchtigung der Umwelt so gering wie möglich zu halten (Rainforest Alliance 2012).

Entscheidend bei der Implementierung dieser nachhaltigen Qualitätsindikatoren ist die Generierung eines **dominanten Qualitätsvorteils** gegenüber den Wettbewerbern. Dieser Wettbewerbsvorteil wird nur dann generiert, wenn der Qualitätsvorteil aus Kundensicht als relevant angesehen wird und von den Wettbewerbern nicht ohne weiteres imitiert werden kann. Darüber hinaus ist entscheidend, dass der Qualitätsvorteil von den Konsumenten wahrgenommen wird, damit er einen Einfluss auf die Kaufentscheidung hat. Die Markenpolitik und die Kommunikationspolitik stellen geeignete Instrumente zur Steuerung und Beeinflussung der Konsumentenwahrnehmung dar.

3.2 Nachhaltigkeit als Markenvorteil

Neben dem Wettbewerbsvorteil in der Qualitätspolitik ist die Nachhaltigkeit von Dienstleistungsangeboten als Profilierungsstrategie insbesondere im Rahmen der Markenpolitik in den Mittelpunkt zu stellen, um die besondere ökologische, soziale und/oder ökonomische Leistung eines Unternehmens bei nachhaltigkeitsbewussten Kunden darzustellen.

Als **Marke** werden Leistungen bezeichnet, die neben einer unterscheidungsfähigen Markierung durch ein systematisches Absatzkonzept im Markt ein Qualitätsversprechen geben, das eine dauerhaft werthaltige, nutzenstiftende Wirkung erzielt und bei der relevanten Zielgruppe in der Erfüllung der Kundenerwartungen einen nachhaltigen Erfolg im Markt realisiert bzw. realisieren kann (Bruhn 2004, S. 21).

Aufgrund der Besonderheiten von Dienstleistungen, insbesondere der Immaterialität, hat die Markenpolitik eine besondere Bedeutung, da die Marke häufig die einzig „greifbare" Hilfestellung bei der Kauf- und Auswahlentscheidung darstellt, indem eine bekannte Marke den Konsumenten eine gewisse Sicherheit vermittelt (Meffert et al. 2012, S. 359 ff.). Dafür ist insbesondere der Aufbau einer starken Markenidentität erforderlich. In diesem Zusammenhang wird auch von einer **identitätsbasierten Markenführung** gesprochen. Die bisher einseitige Outside-in-Perspektive der Markenwahrnehmung wird um eine unternehmensinterne (Inside-out-) Perspektive erweitert. Diese betrachtet das Selbstbild der Marke aus Sicht der internen Zielgruppen des Unternehmens. Aufgrund des engen Kundenkontakts der Mitarbeitenden bei Dienstleistungen ist das **Selbstbild** für die externe Markenwahrnehmung (Fremdbild) durch die Konsumenten von besonderer Bedeutung. Das **Fremdbild** der Markenidentität wird häufig mit dem Markenimage gleichgesetzt. Ziel des identitätsbasierten Markenmanagements ist demnach die Formulierung eines kaufverhaltensrelevanten Nachfragenutzens, den die Marke zu erfüllen hat und im täglichen Verhalten der Mitarbeiter tatsächlich gelebt wird. So ist die Auswahl und Schulungen der Mitarbeiter sowie die Kommunikation mit den Mitarbeitern über diverse interne Kommunikationsinstrumente (z. B. Intranet, Mitarbeiterzeitschriften, Aushänge, Firmenevents usw.) ein wichtiger Bestandteil zum Aufbau eines nachhaltigkeitsorientierten Markenimages.

Seit der Finanzkrise haben viele Banken mit negativen Imagemerkmalen zu kämpfen, wie beispielsweise „Geldgier" der Führungskräfte, mangelhaftes nachhaltiges Unternehmertum u. a. Wollen sich Banken als ökonomisch nachhaltiges Institut etablieren, ist bereits bei der Auswahl geeigneter Mitarbeiter darauf zu achten, eine gewisse „Gier-Mentalität" einzudämmen. Dies gilt vor allem für Mitarbeiter auf höchster Führungsebene und auf Vorstandsebene. Sind dort Führungspersonen vertreten, die eine spezifische Mentalität mitbringen, wird sich diese auf die Verhaltensweisen und das Denken aller Mitarbeiter im Unternehmen auswirken und darüber hinaus der Stärkung des Markenimages dienen.

Eine weitere Herausforderung, die aus der Immaterialität von Dienstleistungen resultiert, ist die mangelnde Greifbarkeit der Dienstleistung bzw. des Leistungsversprechens. Um eine erfolgreiche Visualisierung von Dienstleistungen und Dienstleistungsmarken zu erzielen, kommt häufig der so genannte **markenpolitische Dreiklang** zur Anwendung. Dieser dient der Visualisierung der Marke durch den Einsatz eines prägnanten Markennamens, eines Markenlogos und eines Markenslogans mit dem Ziel der Gestaltung und Integration verbaler (Name und Slogan) und visueller (Logo) Informationen (Esch und Langner 2004, S. 1135). Ein Beispiel für den Einsatz des markenpolitischen Dreiklangs zur Kommunikation einer nachhaltigen Marke stellt der ECO_2-Fant des Logistikdienstleisters *DB Schenker* dar. Das Logo besteht aus einem Elefanten mit einem grünen Blatt als Ohr zur Symbolisierung der Umweltverträglichkeit. In dem Markennamen ist deutlich der Begriff CO_2 erkennbar. Das Ziel ist es, mit dem ECO_2-Fanten das Potenzial einer tonnenschweren CO_2-Reduktion durch die Nutzung einer nachhaltigen Logistikkette aufzuzeigen. Dabei wurde bewusst der Elefant als Symbol gewählt, um die Masse bzw. das Gewicht des Reduktionspotenzials bildlich darzustellen. Der Slogan „Tonnenweise CO_2 sparen" unterstreicht und verstärkt die Aussage des Logos und des Markennamens.

Im Rahmen der Implementierung einer Markenpolitik stehen den Dienstleistungsunternehmen verschiedene **Strategieoptionen** zur Verfügung:

- Dachmarkenstrategie,
- Markenfamilienstrategie,
- Einzelmarkenstrategie,
- Mehrmarkenstrategie,
- Markentransferstrategie und
- Tandemstrategie.

Im Rahmen der **Dachmarkenstrategie** werden sämtliche Leistungen eines Unternehmens unter einer Marke zusammengefasst. Hierbei wird meist der Name des Anbieters als Markenname oder Teil des Markennamens verwendet. Im Dienstleistungssektor ist diese Markenstrategie am weitesten verbreitet (z. B. *Mövenpick, Hilton, McKinsey, Deutsche Bank*). Wenn alle Leistungen „unter einem Dach" angeboten werden, dann wirken sich einzelne Maßnahmen (z. B. Umwelt-Plus der *Deutschen Bahn*, Produktangebote von *Alnatura*) positiv auf das Gesamtimage aus. Der Vorteil dieser Goodwill-Strategie ist vor allem darin zu sehen, dass neue Produkte und Leistungen „im Schutz" der bereits etablierten Dachmarke heranwachsen können und somit größere Erfolgschancen erhalten, da die positiven Attribute der starken Dachmarke auf die neuen Leistungen übertragen werden und vice versa.

Die **Markenfamilienstrategie** ist dadurch gekennzeichnet, dass mehrere Leistungen unter einer Marke geführt werden, wobei innerhalb des Unternehmens mehrere Markenfamilien nebeneinander existieren. Dabei sind für die Leistungen innerhalb der Markenfamilie ähnliche bzw. konsistente Marketingmixstrategien anzustreben. Ein Beispiel hierfür sind Handelsunternehmen. Eine Möglichkeit zur Realisierung einer Nachhaltigkeitsstrategie bestünde darin, eine separate Markenfamilie zu gründen (z. B. *Naturaplan* von *Coop* in der Schweiz, *Naturland*-Produkte von *Rewe* in Deutschland), die speziell auf die Ziele und Anforderungen der Nachhaltigkeit ausgerichtet ist. Der Vorteil ist darin zu sehen, dass im Vergleich zu der Dachmarkenstrategie keine Gefahr der Verwässerung der Kernleistungen der Dachmarke entsteht. Als Beispiel einer solchen Verwässerung ist *McDonald's* anzuführen. *McDonald's* hat die Strategie verfolgt, sich verstärkt als „gesunde" Fastfood-Kette zu vermarkten, indem vermehrt kalorienarme Wraps und andere „leichte" Produkte in die Produktpalette aufgenommen wurden. Darüber hinaus ist das „Happy Meal" nun auch mit einem Beilagensalat und einem Orangensaft – im Gegensatz zu früher mit Pommes und Cola – erhältlich. Diese Strategie hat sich jedoch bisher kaum durchgesetzt, da die Kernmarke nach wie vor für die klassischen Produkte wie Hamburger, BigMac usw. stehen und diese das Markenbild weiterhin stark prägen.

Bei der **Einzelmarkenstrategie** wird jede Dienstleistung im Programm unter einer eigenen Markenbezeichnung geführt. Die wesentlichen Vorteile liegen in der individuellen Gestaltung der Marke und der gezielten Ansprache einzelner Kundensegmente ohne die Gefahr negativer Ausstrahlungseffekte auf andere Marken des Unternehmens. Diese Form der Markenstrategie ist bei Dienstleistungen sehr selten, da durch den starken Anbieterbezug bei Dienstleistungen eine Loslösung der einzelnen Marken vom Unternehmen sehr schwer zu realisieren ist. Dies ist allenfalls vorstellbar bei Handelsunternehmen, die im Rahmen ihrer Sortimentsstrategie neben klassischen Hersteller- und Handelsmarken spezielle Öko-Angebote führen.

Den **Mehrmarkenstrategie** zielt auf die Marktbearbeitung mit mehreren, parallel auf den Absatzmarkt ausgerichteten Marken ab. Wesentliches Charakteristikum ist die Ausrichtung der unterschiedlichen Marken auf den gleichen Gesamtmarkt. Dabei unterscheiden sich die Marken durch ihre heterogene Positionierung, die aus einer Differenzierung der unter den Marken angebotenen Dienstleistungen und der Ausgestaltung der Marketinginstrumente resultiert. Hier sind Handelsunternehmen zu nennen, die bereits heute mit verschiedenen Markenpositionierungen unterschiedliche Kundensegmente ansprechen. *Edeka* zum Beispiel führt verschiedene Markenlinien in unterschiedlichen Preis- und Qualitätsklassen. Viele Handelsunternehmen haben ihr Markensortiment dahingehend ausgeweitet, indem eine Produktlinie eingeführt wurde, die Nachhaltigkeitsaspekte in besonderem Maße hervorhebt. Konsumenten, die großen Wert auf fairen Handel, den verantwortungsvollen Einsatz von Produktionsfaktoren sowie umweltschonende Produktion legen, werden vermehrt diese Marken in den Handelsunternehmen nachfragen.

Als weitere markenstrategische Option sind Strategien des **Markentransfers** denkbar, d. h., Markenimage und Bekanntheitsgrad bereits eingeführter Marken werden von den bestehenden Angeboten auf andere Angebotskategorien ausgedehnt. Ausgangspunkt ist die Überlegung, bereits für eine Marke bestehende Präferenzen auch für weitere Dienstleistungen nutzbar zu machen. Ein möglicher Markentransfer ließe sich von einer Umweltschutzorganisation auf ein Handelsunternehmen und dessen Leistungen übertragen. Wird beispielsweise die Organisation *WWF* als eine spezielle Form der ökologischen Dienstleistung (Arten- und Umweltschutz) interpretiert, so wird ein Markentransfer ermöglicht, indem durch die Abbildung des *WWF*-Logos auf verschiedenen Produkten das Image und der Bekanntheitsgrad der Umweltschutzorganisation für die Vermarktung der Handelsprodukte genutzt wird. Genau diese Markentransferstrategie verfolgt die Handelskette *Edeka* bereits seit mehreren Jahren. *Edeka* und *WWF* bezeichnen sich als „Partner für Nachhaltigkeit" mit dem gemeinsamen Ziel, das Angebot umweltverträglicher Produkte im *Edeka*-Sortiment auszubauen sowie einen schonenden Umgang mit Ressourcen wie Energie und Wasser zu erreichen. Im Jahr 2009 startete die Zusammenarbeit zunächst mit Konzentration auf das Fischsortiment von *Edeka*. Die Handelskette verfolgt das Ziel, bis 2015 das Sortiment komplett aus nachhaltigen Quellen zu beziehen. In den letzten Jahren wurde die Zusammenarbeit auf weitere Produktkategorien wie Palmöl, Holz- und Papierprodukte ausgeweitet. Darüber hinaus verfolgt *Edeka* das Ziel, mit Hilfe des Know-hows der *WWF*-Organisation die Treibhaus-Emissionen sowie den Wasserverbrauch zu senken. Seit Beginn der Partnerschaft wirbt die Handelskette *Edeka* aktiv, u. a. auf der Homepage, für diese Partnerschaft und stellt das Thema Nachhaltigkeit in das Zentrum der Kommunikation.

Der Markentransferstrategie vergleichbar ist die **Tandemmarkenstrategie**. Sie liegt vor, wenn Dienstleister, häufig mittels Lizenzvergabe oder Zertifizierungen, Sachgüter unter Zuhilfenahme ihrer erfolgreichen Dachmarke anbieten. Handelsunternehmen nutzen häufig diese Strategie, indem für bestimmte Produkte „Nachhaltigkeits-Labels" verwendet werden, um deren positives Image auf die Produkte zu übertragen. Häufig ist die Tandemmarkenstrategie darüber hinaus in der Gastronomie anzutreffen. So verkaufen Kaffeehausketten wie z. B. *Tchibo* gewisse Teile ihres Kaffeesortiments unter dem *Rainforest-Alliance*-Logo, um zu kommunizieren, dass diese Produkte unter Nachhaltigkeitsaspekten angebaut und produziert werden.

Vor der Wahl der geeigneten Markenstrategie ist jedoch zu prüfen, ob Nachhaltigkeit ein geeignetes Element des Markenversprechens im Rahmen der Markenführung darstellt.

Dies ist für jedes Unternehmen je nach Branche, Zielsetzung und internen Voraussetzungen individuell zu entscheiden. Kommt man zu dem Ergebnis, dass Nachhaltigkeitsaspekte elementar für den zukünftigen Unternehmenserfolg sind, dann ist darauf zu achten, diese zentral in die Markengestaltung einfließen zu lassen. Dies kann z. B. geschehen durch eine Neugestaltung des Logos oder die Anpassung des Markennamens und des Markenslogans. Die Fastfoodkette *McDonald's* beispielsweise hat durch den Relaunch des Markenlogos von der Farbe rot auf grün den Nachhaltigkeitsaspekt deutlich in den Mittelpunkt der Markenkommunikation gerückt.

Wird dem Thema Nachhaltigkeit hingegen kein zentraler Stellenwert beigemessen, so ist darauf zu achten, dass dieser zumindest in den Markenleitbildern Erwähnung findet. In diesem Zusammenhang finden sich häufig konkrete Bezüge in Formulierungen bei Unternehmenswerten, -leitlinien, -grundsätzen o. Ä. jedes Unternehmens.

3.3 Nachhaltigkeit als Kommunikationsvorteil

Vor dem Hintergrund einer steigenden Wettbewerbsintensität ist es für Dienstleistungsunternehmen von zentraler Bedeutung, die Nachhaltigkeitsvorteile über eine effektive und effiziente Kommunikationsarbeit im Markt zu realisieren und bei den Anspruchsgruppen dauerhaft zu platzieren.

In diesem Zusammenhang wird **Kommunikation** definiert als „die Übermittlung von Informationen und Bedeutungsinhalten zum Zweck der Steuerung von Meinungen, Einstellungen, Erwartungen und Verhaltensweisen bestimmter Adressaten gemäß spezifischer Zielsetzungen“ (Meffert und Bruhn 2009, S. 283).

Aufgrund der vielfältigen Kommunikationsmöglichkeiten ist darauf zu achten, dass eine **Integrierte Kommunikation** umgesetzt wird. Ziel der Integrierten Kommunikation ist es, den Zielgruppen über die verschiedenen Kommunikationskanäle hinweg ein konsistentes Erscheinungsbild des Unternehmens bzw. dessen Leistungen zu vermitteln. Es lassen sich vier Formen der Integration unterscheiden:

- Inhaltliche Integration,
- Instrumentelle Integration,
- Formale Integration und
- Zeitliche Integration.

Bei der **inhaltlichen Integration** ist festzulegen, welche Aussagen getroffen werden sollen und durch welche Belege sich diese dokumentieren lassen. Die Aussagen lassen sich z. B. als **Leitidee** (z. B. Slogans) formulieren, indem eine Grundaussage über das Unternehmen getroffen wird, in der die wesentlichen Merkmale der Positionierung enthalten sind. Der Slogan „Kompetenz und Verantwortung“ des Chemieunternehmens *Bayer* soll vermutlich zum Ausdruck bringen, dass sich das Unternehmen seiner gesellschaftlichen und ökologischen Verantwortung bewusst ist und entsprechend handelt. Dieser Slogan lässt sich mit Hilfe so genannter **Kernaussagen** weiter konkretisieren. Diese Kernaussagen beinhalten die zentralen Botschaften des Unternehmens an die verschiedenen Zielgruppen (Bruhn 2010, S. 243 f.). Häufig werden solche Kernbotschaften in den Unternehmensgrundsätzen festgehalten, die meist über die Unternehmenshomepage oder Informationsbroschüren publiziert werden. Das Thema Nachhaltigkeit ist mittlerweile in den Grundsätzen der überwiegenden Mehrheit von Unternehmen vertreten. Ein Beispiel ist der Energieversorger *RWE*, der seine Grundsätze u. a. wie folgt formuliert:

> „Wir sind uns unserer Rolle in der Gesellschaft und unserer Verantwortung gegenüber Kunden und Geschäftspartnern sowie Aktionären und Mitarbeitern bewusst (RWE 2012)."

Häufig sind diese Slogans und Kernaussagen sehr allgemein und unverbindlich formuliert, so dass den Anspruchsgruppen nicht klar ist, welche Maßnahmen im Einzelnen dahinter stehen bzw. auf welchem Weg das Ziel von dem Unternehmen erreicht werden soll. Diese Aussagen werden daher von den Konsumenten häufig als „Lippenbekenntnisse" aufgefasst und beeinflussen die Glaubwürdigkeit des Unternehmens negativ. Daher sind die Unternehmen aufgefordert, möglichst konkrete **Einzelaussagen** zu formulieren, die eindeutig belegen, welche Maßnahmen und (Teil-)Ziele durch das Unternehmen ergriffen bzw. erzielt werden. Beispiele solcher Einzelaussagen sind u. a.:

- „Wir haben als Erster ein Recyclingsystem für unsere Produkte aufgebaut".
- „Uns ist es gelungen, den Papierverbrauch in unserer Firmenzentrale um 20 % zu senken".
- „Durch den Einsatz neuer Technologien konnte der CO_2-Ausstoß halbiert werden."

Hierbei ist entscheidend, dass die Leitsätze, Kern- und Einzelaussagen dieselbe Botschaft übermitteln bzw. die Botschaften der Leitsätze und Kernaussagen durch die konkreten Einzelaussagen eindeutig belegt werden, um die Glaubwürdigkeit des Unternehmens und dessen Bestreben nach einer nachhaltigen Geschäftstätigkeit zu bestärken.

Darüber hinaus ist darauf zu achten, dass die inhaltlichen Botschaften einheitlich über möglichst sämtliche Instrumente im Rahmen einer **instrumentellen Integration** transportiert werden. In Bezug auf die Nachhaltigkeit bietet es sich an, konkrete Kernaussagen einheitlich über alle Kommunikationsinstrumente der Mediawerbung (Radio, TV, Print usw.) zu streuen und diese darüber hinaus auf der Homepage des Unternehmens zu platzieren, um sie bei möglichst allen Kontaktpunkten mit den Kunden zu festigen. Darüber hinaus spielen die Mitarbeiter bei Dienstleistungsunternehmen aufgrund der engen Interaktivität eine besondere Rolle als Kommunikationskanal. Mitarbeiter sind entsprechend zu schulen, bei Beratungs- und Verkaufsgesprächen Nachhaltigkeitsaspekte zur Sprache zu bringen und diese sinnvoll als Verkaufsargument einzusetzen. Darüber hinaus besteht bei der Durchführung von Events ein großes Potenzial, den Nachhaltigkeitsgedanken nach außen zu transportieren. Die Fastfood-Kette *McDonald's* bietet regelmäßig einen Tag der offenen Tür für die Öffentlichkeit an. Konsumenten haben dabei die Gelegenheit, hinter die Kulissen der Restaurants zu schauen und sich auf diesem Weg ein Bild über die Arbeitsbedingungen, die Umsetzung von Umweltschutzmaßnahmen oder auch dem umweltfreundlichen Bezug der Zutaten zu machen (McDonald's 2012).

Ein wichtiges Instrument der Kommunikation von Nachhaltigkeitsaspekten stellt der **Nachhaltigkeitsbericht** dar. Dieser ist Teil des Geschäftsberichts vieler Aktiengesellschaften und stellt die Tätigkeiten und Leistungen des Unternehmens im Hinblick auf die nachhaltige Entwicklung dar. Der Bericht greift die wichtigsten ökologischen, sozialen und ökonomischen Themengebiete der Nachhaltigkeit auf und dokumentiert die Zielsetzungen und die erzielten Fortschritte des Unternehmens in den einzelnen Teilbereichen. Abbildung 3 zeigt eine Übersicht über die wichtigsten Inhalte der Nachhaltigkeitsberichte ausgewählter Dienstleistungsunternehmen des Deutschen Aktienindex (DAX).

Unter der **formalen Integration** ist die formale Vereinheitlichung der unterschiedlichen Kommunikationsmittel zu verstehen. Auf Grundlage festgelegter Gestaltungsprinzipien ist zu gewährleisten, dass ein formal einheitliches und dadurch leicht wiedererkennbares Erscheinungsbild sichergestellt wird. Zu diesen Gestaltungsprinzipien zählen Elemente wie ein einheitliches Unternehmens- oder Markenzeichen und Logos und Bilder, die festgelegten Richtlinien in Bezug auf Typographie, Layout und Farben entsprechen. Dies hat den Vorteil, dass dadurch bei den Kommunikationsempfängern höhere Lernerfolge erzielt werden, d. h. die zu transportierende Botschaft bzw. Kernaussage wird beim Empfänger besser in Erinnerung behalten. Im Rahmen der Nachhaltigkeit kommen häufig so genannte „Key-Visuals" zum Einsatz. Dies sind immer wiederkehrende Symbole oder Zeichen, die bei jedem Kundenkontakt auftreten. Ein solcher Key-Visual in Bezug auf die Kommunikation ökologischer Nachhaltigkeit eines Energieunternehmens könnte z. B. ein Baum, ein Blatt oder eine grüne Landschaft sein, um die Kernbotschaft „Grüne Energie" an die Anspruchsgruppen zu transportieren.

Ein Instrument, das vor allem bei Handelsunternehmen häufig zum Einsatz kommt, ist die **Zertifizierung** mit so genannten „Nachhaltigkeits-Siegeln" wie z. B. von Fairtrade der *Max Havelaar*-Stiftung, *Rainforest Alliance* oder der *Blaue Engel*. Die Tatsache, dass das Logo einer solchen Stiftung bzw. Initiative auf den Produkten abgebildet ist, soll den Konsumenten vermitteln, dass die Produkte unter nachhaltigen Aspekten produziert und gehandelt werden. Ein Beispiel hierfür ist die Kernbotschaft der *Rainforest Alliance*: „Der kleine grüne Frosch versichert Ihnen, dass Produkte und Dienstleistungen in umweltfreundlicher, sozial und wirtschaftlich nachhaltiger Weise erzeugt wurden" (Rainforest Alliance 2012). Viele Unternehmen nutzen diese Logos dann für die Kommunikation über sämtliche Kanäle und Instrumente. So sind die Logos häufig nicht nur auf den Produktverpackungen abgebildet, sondern sind fester Bestandteil des Briefkopfs aller geschäftlichen Korrespondenzen, sind in den Signaturen der E-Mails abgebildet, auf der Kleidung des Verkaufspersonals und in die Architektur der Verkaufsräume integriert.

Schließlich sind die Kommunikationsinstrumente auch im Rahmen einer **zeitlichen Integration** aufeinander abzustimmen. Darunter ist eine kurz- und mittelfristige zeitliche Abstimmung unterschiedlicher Kommunikationsmaßnahmen zu verstehen, um im Hinblick auf die zentralen Kommunikationsziele die Wahrnehmung eines einheitlichen Er-

Branche	Unternehmen	Ökologische Zielgrößen	Soziale Zielgrößen	Ökonomische Zielgrößen
Versicherungen	Allianz	▪ Einsatz für CO_2-arme Wirtschaft ▪ Investition in erneuerbare Energien	▪ Förderung von Diverity sity ▪ Anpassung an den demografischen Wandel ▪ Stärkung des sozialen Engagements	▪ Profitables und nachhaltiges Wachstum ▪ Ausgeglichenes Geschäftsportfolio ▪ Zukunftsweisender Risikorahmen
	Munich RE	▪ Konzernweite Klimaneutralitätsstrategie ▪ Rezertifizierung von Standorten gemäß ISO 14001	▪ Reputation u. Ansehen bei allen Stakeholdern stärken ▪ Entwicklung eines konzernweiten Corporate Citizenship Konzepts ▪ Offener Dialog mit Mitarbeitern	▪ Geschäftsrisiken und -chancen früh erkennen ▪ Entwicklung innovativer Lösungsansätze im Kerngeschäft ▪ Integration von CSR ins Geschäft gemäß PSI (Principles for Sustainable Insurance)
Banken	Commerzbank	▪ Klimaschutz durch CO_2-Minderung ▪ Energieeffizienz bei IT-Technologie, Beleuchtung usw. ▪ Nachhaltige Beschaffung	▪ Regelmäßige Erhebung der Mitarbeiterzufriedenheit ▪ Compliance Standards ▪ Talent Management ▪ Vereinbarkeit von Beruf und Familie	▪ Verstärkte Ausrichtung an Kundenbedürfnissen ▪ Verstärkter Stakeholder-Dialog
	Deutsche Bank	▪ Finanzierung von Infrastrukturlösungen für erneuerbare Energien ▪ Ökoeffizienzmanager: CO2-neutraler Geschäftsbetrieb ab 2012	▪ Flexible Arbeitszeitmodelle ▪ Vielfalt der Belegschaft ▪ DB-Commitment-Index: Messung der Verbundenheit der Mitarbeiter ▪ Training und Entwicklung der Mitarbeiter	▪ Compliance und Verhinderung von Geldwäsche ▪ Nachhaltigkeit in Kerngeschäften ▪ Risikomanagement ▪ Know-your-Customer-standards
Fluggesellschaften	Lufthansa	▪ Reduktion der CO_2-Emissionen ▪ Einsatz von Erdgas ▪ Verantwortungsvolle Beschaffung	▪ Fluglärm verhindern ▪ Ausgleich zwischen Beruf und Privat ▪ Förderung von Innovationen	▪ Vorsprung durch Systempartnerschaft ▪ Langfristige Profitabilität ▪ Gesellschaftliche Verantwortung
Logistik	Deutsche Post	▪ Transparenz bei CO_2-ausstoß ▪ Umwelteinflüsse so weit wie möglich redzieren ▪ Anbieten „grüner" Lösungen	▪ Dialog zwischen Mitarbeiter und Vorgesetzten ▪ Vielfalt leben ▪ Globale Gesundheitsrichtlinien ▪ Talent Manageent	▪ Kostenflexibilität ▪ Neue Onlinemärkte erschließen ▪ Profitables Wachstum
Telekommunikation	Deutsche Telekom	▪ Energieverbrauch senken ▪ Reduktion CO_2-Emissionen ▪ Abfallmanagement für Handys und Kabel	▪ Gesellschaftliches Engagement ▪ Ausbau von Breitbandnetzen ▪ Unterstützung für Menschen in Not	▪ Nachhaltiges Investment ▪ Wachstum auf allen Märkten ▪ Rentabilitätssteigerung
Energie	E.ON	▪ Reduktion der CO_2-Emissionen ▪ Einsatz von Erdgas ▪ Verantwortungsvolle Beschaffung	▪ Langfristige Kooperationen mit regionalen Partnern ▪ Mitarbeiterengement: Corporate Volunteering ▪ Gesundheitsförderung	▪ Kundenbindung statt Abhängigkeit ▪ Maßgeschneiderte Produkte ▪ Energieeffizienz
	RWE	▪ Klimaschutz (CO_2-Ausstoß) ▪ Energieeffizienz (Modernisierung) ▪ Umweltschutz (gesetzl. Auflagen)	▪ Arbeitssicherheit und Gesundheitsmanagement ▪ Gesellschaftliche Verantwortung ▪ Sozialstandards in gesamter Lieferkette	▪ Faire Preisgestaltung am Markt ▪ Versorgungssicherheit ▪ Innovationen (sichere und preisgünstige Energieversorgung)

Abb. 3 Zielgrößen für die Nachhaltigkeit ausgewählter Dienstleistungsunternehmen des Deutschen Aktienindex (*DAX*). (Quelle: Geschäftsberichte der *DAX*-Unternehmen, Stand: April 2012)

scheinungsbildes zu gewährleisten. Häufig ist zu beobachten, dass neue Werbekampagnen simultan in TV-Spots, Radiowerbung und Werbeplakaten lanciert werden. Diese werden dann durch POS-Materialien, den Online-Auftritt und sonstigen weiteren Kommunikationsmaßnahmen unterstützt, indem diese zeitgleich dieselbe Kommunikationsbotschaft übermitteln.

Darüber hinaus ist darauf zu achten, dass eine **zeitliche Kontinuität** sichergestellt wird, um wiederum entsprechende Lerneffekte bei den Konsumenten zu erzielen. Ein häufiger Wechsel der Kommunikationsbotschaft bzw. des Kommunikationsstils kann zu einer Verwässerung des Unternehmensimages führen und dies wirkt sich häufig negativ auf die Glaubwürdigkeit des Unternehmens aus. Insbesondere beim Thema Nachhaltigkeit spielt die Glaubwürdigkeit und die Kontinuität der Aussagen und Maßnahmen der Unternehmen eine entscheidende Rolle. Es empfiehlt sich für Unternehmen, sich ganz bewusst auf einzelne Nachhaltigkeitsaspekte und -ziele zu beschränken und diese kontinuierlich zu verfolgen. Werden die Nachhaltigkeitsziele (z. B. im Nachhaltigkeitsbericht des Geschäftsberichts einer Aktiengesellschaft) jährlich neu definiert und kommuniziert, lässt das an der Glaubwürdigkeit und der Ernsthaftigkeit des Unternehmens zweifeln, wie stark diese Ziele verfolgt werden und welchen Stellenwert die Nachhaltigkeitsziele tatsächlich im Zielsystem des Unternehmens einnehmen.

Häufig wird den Unternehmen bzgl. der Kommunikation von Umweltschutzmaßnahmen eine gewisse „Scheinheiligkeit" vorgeworfen. In der Literatur wird hier von **(Corporate) Hypocrisy** gesprochen (Barden et al. 2005; Brunson 1993; Wagner et al. 2009). Diese entsteht bei einer Abweichung zwischen einer Aussage und dem beobachteten Verhalten (Janney und Gove 2011, S. 1569). Besteht speziell der Verdacht einer mangelnden Kongruenz zwischen Kommunikation und dem tatsächlichen Verhalten des Unternehmens in Bezug auf Aussagen zu Umweltschutzzielen, wird dies häufig mit dem Begriff **„greenwashing"** verbunden. Darunter wird die bewusste Verbreitung von Fehlinformationen durch ein Unternehmen verstanden mit dem Ziel, sich ein soziales und umweltfreundliches Image zu verschaffen oder ein bereits angeschlagenes Image in dieser Hinsicht wieder aufzuwerten (Beder 1997; Bruno 1997). In der Regel stellen Unternehmen im Rahmen des „greenwashing" einzelne umweltfreundliche Aktivitäten oder Leistungen mittels Pressemitteilungen oder Werbebotschaften in den Fokus der Kommunikation. Diese sind zwar häufig korrekt, verblenden jedoch das Gesamtbild des Unternehmens, da sie nur einen kleinen Teilbereich der Aktivitäten betreffen und in keinem Zusammenhang mit dem Kerngeschäft des Unternehmens stehen. Die Umweltschutzorganisation *Greenpeace* unterhält unter www.stopgreenwash.com eine Internetplattform, mit deren Hilfe Unternehmen identifiziert werden sollen, die im Rahmen der Kommunikation – vor allem über die Werbung und Public Relations – entsprechende Unwahrheiten an die Öffentlichkeit kommunizieren (Greenpeace 2012). Bisher bezieht sich die Kritik der „Scheinheiligkeit" mittels „greenwashing" hauptsächlich auf die irreführende Kommunikation von Unternehmen bzgl. des Umweltschutzes. Aufgrund der stark aufkommenden Unternehmenskommunikation bzgl. Nachhaltigkeit, sozialer Verträglichkeit usw. ist es denkbar, dass Umweltschutz- und Menschenrechtsorganisationen auch bald in dieser Hinsicht Kritik üben und ein Schlagwort wie **„sustainable washing"** entwickeln, um die betroffenen Unternehmen auch bzgl. ihrer vermeintlichen Nachhaltigkeitsbemühungen zu rügen.

Der Tatbestand einer „Corporate Hypocrisy" bzw. einer **„Scheinheiligkeit"** ist bereits für viele Konsumenten gegeben, wenn nachhaltige Maßnahmen nur unter der Bedingung erfolgen, dass der Konsument einen höheren Preis zahlt (z. B. GoGreen bei *DHL*, UmweltPlus und EcoPlus bei der *Deutschen Bahn*). Für Konsumenten ist es vielfach nicht nachvollziehbar, dass die Leistung selbst zwar nicht nachhaltig erbracht wird, aber indirekt über den höheren Preis eine Investition in Nachhaltigkeit erfolgen soll. Hier besteht noch erheblicher Erklärungsbedarf für die betroffenen Unternehmen, damit nicht der Verdacht einer „Feigenblatt-Argumentation" entsteht.

Abschließend ist festzuhalten, dass die Kommunikationspolitik ein entscheidender Faktor für die Umsetzung einer nachhaltigen Unternehmensstrategie darstellt. Da Nachhaltigkeit für die Konsumenten immer wichtiger wird, ist es die Aufgabe der Unternehmen, die unternehmenseigenen Anstrengungen für eine nachhaltige Leistungserstellung positiv nach außen zu transportieren. Das Zitat „Tue Gutes und rede darüber" gilt somit nicht nur für Nonprofit-Organisationen, Ehrenämter oder einzelne Personen zum Selbstmarketing, sondern ist auch ein wichtiger Ansatz für Unternehmen, bei denen das Thema Nachhaltigkeit eine große Rolle spielt. Allerdings darf die Kommunikation über die Nachhaltigkeit nicht als „Feigenblatt" für ein Unternehmen herhalten, d. h., hier gilt die Anforderung der Kongruenz zwischen Verhalten und Kommunikation bei Nachhaltigkeitsaspekten.

4 Zusammenfassung: Nachhaltigkeit als Wettbewerbsvorteil und Erfolgsfaktor für Dienstleistungsunternehmen

Bei einer nachhaltigen Unternehmensführung kann die Nachhaltigkeit nicht nur ein Wettbewerbsvorteil sein, sondern auch ein Erfolgsfaktor. Beide Aspekte spielen im Rahmen einer nachhaltigen Unternehmensführung eine wichtige Rolle.

Nachhaltigkeit als Wettbewerbsvorteil bedeutet, dass die Nachhaltigkeit aus Kundensicht ein Differenzierungsmerkmal darstellt. Mit anderen Worten: Es muss vom Kunden deutlich wahrgenommen werden, kaufentscheidungsrelevant sein und von den Konkurrenten schlecht imitierbar sein. Dies gilt besonders für Unternehmen, die sich in der Qualität, der Marke und der Kommunikation deutlich dem Thema Nachhaltigkeit verschrieben haben.

Nachhaltigkeit als Erfolgsfaktor bedeutet, dass die Nachhaltigkeitsbemühungen innerhalb des Unternehmens vorhanden sind und einen Beitrag zum Unternehmenserfolg leisten, diese vom Kunden aber nicht immer direkt wahrgenommen werden (Bruhn 2010, S. 16 f.). So zählen beispielsweise Ressourceneinsparungen durch die Verwendung umweltfreundlicher Technologien zu typischen Erfolgsfaktoren ökologischer Nachhaltigkeit. Zu Erfolgsfaktoren sozialer Nachhaltigkeit zählen z. B. die Vorteile der Mitarbeiterbindung, die im Zuge der Bereitstellung eines mitarbeitergerechten Arbeitsplatzes sowie einer hohen Mitarbeiterzufriedenheit erreicht werden. Eine Mitarbeiterbindung senkt nicht nur die Kosten der Mitarbeiterakquisition. Durch die steigende Erfahrung und Kompetenz langjährig tätiger Mitarbeiter wird auch die Produktivität innerhalb des Unternehmens gesteigert. Ökonomische Nachhaltigkeit dient als Erfolgsfaktor im Sinne einer nachhaltigen Geschäftstätigkeit, dass die Kundenzufriedenheit und darüber hinaus die Kundenbindung erhöht wird.

Als Triebkräfte für eine dauerhafte Entwicklung hin zu nachhaltigen Dienstleistungsangeboten sind die veränderten umwelt- und sozialpolitischen Rahmenbedingungen anzuführen. Zusammenfassend ist festzuhalten, dass vor dem Hintergrund der zunehmenden Bedeutung des Themas Nachhaltigkeit in der Gesellschaft, der Wirtschaft und der Wissenschaft, nachhaltige Dienstleistungsangebote zukünftig in allen Branchen eine steigende Verbreitung erfahren werden. Nachhaltige Wettbewerbsstrategien erfordern eine systematische Ausrichtung der kompletten Wertschöpfungskette an Nachhaltigkeitsaspekten. Nachhaltige Dienstleistungen stellen für Anbieter einen erheblichen Wettbewerbsvorteil dar, die vor allem auf einer Differenzierungsstrategie basieren. Hierfür sind jedoch die Prinzipien der Nachhaltigkeit in den Werten und Normen des Dienstleisters zu verankern. Ein leitbildorientiertes Dienstleistungsmanagement trägt durch ein entsprechendes Führungsverhalten, Mitarbeiterinformationen und ein nachhaltigkeitsbezogenes Anreizsystem für eine erfolgreiche Umsetzung der Nachhaltigkeit in Dienstleistungsunternehmen bei.

Literatur

Abell D (2007) Responsible leadership and governance: new perspectives on business responsibility beyond the bottom line. In: Backhaus K, Kirchgeorg M, Meffert H (Hrsg) Marktorientierte Unternehmensführung in gesellschaftlicher Verantwortung. Dokumentation des 6. Münsteraner Marketing-Symposiums vom 12. Mai 2007. Leipzig, S 1–18

Alnatura (2012) Nachhaltigkeit bei Alnatura. http://www.alnatura.de/de/nachhaltigkeit. Zugegriffen: 18. Feb. 2012

Balderjahn I (2004) Nachhaltiges Marketing-Management. Möglichkeiten einer umwelt- und sozialverträglichen Unternehmenspolitik. Lucius & Lucius, Stuttgart

Barden J, Rucker DD, Petty RE (2005) Saying one thing and doing another: examining the impact of event order on hypocrisy judgements of others. Personal Soc Psychol Bull 31(11):1463–1474

Barmenia (2012) Nachhaltigkeit bei der Barmenia. http://www.barmenia.de/subs/nachhaltigkeit/20501.asp. Zugegriffen: 07. März 2012

Beder S (1997) Global spin: the corporate assault on environmentalism. Green Books, White River Junction.

Belz FM (2005) Nachhaltigkeits-Management: Konzeptionelle Grundlagen und empirische Ergebnisse. In: Belz FM, Bilharz M (Hrsg) Nachhaltigkeits-Marketing in Theorie und Praxis. Deutscher Universitätsverlag, Wiesbaden, S 19–39

Belz FM (2009) Sustainability marketing – a global perspective. Wiley, Chichester

Bridges CM, Wilhelm WB (2008) Going beyond green: the "Why and How" of integrating sustainability into the marketing curriculum. J Mark Educ 30(1):33–46

Bruhn M (Hrsg) (2004) Handbuch Markenführung. Kompendium zum erfolgreichen Markenmanagement: Strategien – Instrumente – Erfahrungen, 2. Aufl. Gabler, Wiesbaden

Bruhn M (2010) Marketing. Grundlagen für Studium und Praxis, 10. Aufl. Gabler, Wiesbaden

Bruhn M (2011) Qualitätsmanagement für Dienstleistungen – Grundlagen, Konzepte, Methoden, 8. Aufl. Springer, Berlin

Bruhn M, Hadwich K (2011) Dienstleistungsproduktivität – Einführung in die theoretischen und praktischen Problemstellungen. In: Bruhn M, Hadwich K (Hrsg) Dienstleistungsproduktivität. Management, Prozessgestaltung, Kundenperspektive, Bd. 1. Gabler, Wiesbaden, S 3–31

Bruhn M, Meffert H (2012) Handbuch Dienstleistungsmarketing – Planung, Umsetzung, Kontrolle. Gabler, Wiesbaden

Bruno K (1997) The world of Greenwash. http://www.corpwatch.org/article.php?id=244. Zugegriffen: 25. April 2012

Brunson N (1993) Ideas and actions: justification and hypocrisy as alternatives to control. Account Organ Soc 18(6):489–506

Corsten H (1994) Integratives Dienstleistungsmanagement. Grundlagen, Beschaffung, Produktion, Marketing, Qualität. Gabler, Wiesbaden

Corsten H, Gössinger R (2007) Dienstleistungsmanagement, 5. Aufl. Oldenbourg Wissenschaftsverlag, München

Crane A, Matten D (2004) Business ethics. A European perspective. Managing corporate citizienship and sustainability in the age of globalization. Oxford University Press, Oxford

Deutsche Bahn (2012) DB-Ecoprogramm. http://www.dbecoprogram.com/. Zugegriffen: 25. April 2012

Deutsche Bank (2012a) "Greentowers" – Deutsche Bank-Türme setzen ein Zeichen. http://www.banking-on-green.de/docs/2_DE_Forum_Nachhaltig_Wirtschaften.pdf. Zugegriffen: 05. März 2012

Deutsche Bank (2012b) Nachhaltigkeits-Management-System. http://www.banking-on-green.com/de/content/unser_ansatz_zur_nachhaltigkeit/Nachhaltigkeit_management_system.html. Zugegriffen: 05. März 2012

Deutsche Post DHL (2012) GoGreen service. http://www.dhl.de/de/ueber-uns/nachhaltigkeit/gogreen-service.html. Zugegriffen: 09. März 2012

Deutscher Bundestag (1998) Abschlussbericht der Enquete-Kommission „Schutz des Menschen und der Umwelt – Ziele und Rahmenbedingungen einer nachhaltig zukunftsverträglichen Entwicklung". Bonn

ERGO (2012) Wir sind ERGO. Wir können über Nachhaltigkeit reden, weil wir nicht nur darüber reden. http://www.ergo.de/de/ERGO/ERGO-Gruppe/Verstehen/Wir_sind_ERGO/Nachhaltigkeit/Produkte. Zugegriffen: 05. März 2012

Esch F-R, Langner T (2004) Integrierte Branding – Bausteine zur Gestaltung neuer Marken. In: Bruhn M (Hrsg) Handbuch Markenführung. Kompendium zum erfolgreichen Markenmanagement: Strategien – Instrumente – Erfahrungen, 2. Aufl. Gabler, Wiesbaden, S 1131–1156

GLS Bank (2012) www.gls.de. Zugegriffen: 25. April 2012

Greenpeace (2012) Stop Greenwash. http://stopgreenwash.org/. Zugegriffen: 25. April 2012

Haller S (2002) Dienstleistungsmanagement. Grundlagen – Konzepte – Instrumente. 2. Aufl. Gabler, Wiesbaden

Handelsblatt (2009) Verbraucher verpassen Lidl einen Denkzettel. http://www.handelsblatt.com/unternehmen/handel-dienstleister/discounter-verbraucher-verpassen-lidl-einen-denkzettel/3107390.html. Zugegriffen: 25. April 2012

Hilke W (1989) Dienstleistungsmarketing. Gabler, Wiesbaden

Hult G, Tomas M (2011) Market-focused sustainability: market orientation plus!. J Acad Mark Science 39(1):1–6

Institut für Handelsforschung GmbH (2011) Bedeutung des Themas Nachhaltigkeit für die Kaufentscheidung von Konsumenten. http://www.markenartikel-magazin.de/fileadmin/user_upload/medien/Grafiken_Tabellen/Handelskix_Mai2011_4.pdf. Zugegriffen: 22. März 2012

Janney JJ, Gove S (2011) Reputation and corporate social responsibility aberrations, trends, and hypocrisy: reactions to firm choices in the stock option backdating scandal. J Manag Stud 48(7):1562–1585

Klostermann T (2007) Optimierung kooperativer Dienstleistungen im Technischen Kundendienst des Maschinenbaus. Gabler, Wiesbaden

Lasshof B (2006) Produktivität von Dienstleistungen. Mitwirkung und Einfluss des Kunden. Gabler, Wiesbaden

LichtBlick (2012) Intelligente Energie von LichtBlick – behagliche Wärme für Sie, SchwarmStrom für alle. http://www.lichtblick.de/h/Ueberblick_286.php. Zugegriffen: 09. März 2012

Lovelock CH, Wirtz J (2010) Services marketing. People, technology, strategy, 7. Aufl. Prentice Hall, Upper Saddle River

McDonald's (2012) http://www.mcdonalds.ch/de/unternehmen/good-food-fast/open-doors. Zugegriffen: 26. März 2012

Meadows D, Meadows, DL, Randers, J, Behrens III WW (1972) Die Grenzen des Wachstums, Deutsche Verlags-Anstalt, Stuttgart

Meffert H (2008) Corporate social responsibility – mehr als eine Modewelle. Zeitschrift für Führung und Organisation (zfo) 77(6):381–383

Meffert H, Bruhn M (2009) Dienstleistungsmarketing. Grundlagen, Konzepte, Methoden, 6. Aufl. Gabler, Wiesbaden

Meffert H, Hensmann J (2011) Umweltorientierte Unternehmensführung im Wandel – Beiträge des Umweltmanagements zur nachhaltigen Entwicklung. Arbeitspapier Nr. 210, Wissenschaftliche Gesellschaft für Marketing und Unternehmensführung. Leipzig

Meffert H, Burmann C, Kirchgeorg M (2012) Marketing – Grundlagen marktorientierter Unternehmensführung, 11. Aufl. Gabler, Wiesbaden

Meyer A (1996) Dienstleistungsmarketing. Erkenntnisse und praktische Beispiele, 6. Aufl. Fördergesellschaft Marketing, Augsburg

Otto Group (2011) Otto Group Trendstudie - Verbrauchervertrauen. Auf dem Weg zu einer neuen Wertekultur. http://www.ottogroup.com/media/docs/de/studien/Otto-Group-Trendstudie-2011-Verbauchervertrauen.pdf. Zugegriffen: 28. Feb. 2012

Porter ME (1999) Wettbewerbsstrategie, 10. Aufl. Campus, Frankfurt a. M.

Promberger K, Spiess H (2006) Der Einfluss von Corporate Social (and Ecological) Responsibility auf den Unternehmenserfolg. Working Paper 26/2006 des Institut für Strategisches Management, Marketing und Tourismus, Universität Innsbruck

Rainforest Alliance (2012) http://www.rainforest-alliance.org/de. Zugegriffen: 25. April 2012

RWE (2012) Verhaltenskodex. http://www.rwe.com/web/cms/de/11068/rwe/verantwortung/nachhaltige-unternehmensfuehrung/leitlinien/verhaltenskodex/. Zugegriffen: 25. April 2012

Starbucks (2012) http://starbucks.de/responsibility/environment/recycling. Zugegriffen: 25. April 2012

Tegut (2012) Nachhaltigkeit bedeutet für tegut …. http://www.tegut.com/ueber-uns/ueberuns.html. Zugegriffen: 08. März 2012

TheConsumerView (2011) Nachhaltigkeit im Kaufentscheid – Zwischen Egoismus und Altruismus. http://theconsumerview.com/de/downloads.html. Zugegriffen: 05. März 2012

Wagner T, Lutz RJ, Weitz BA (2009) Corporate hypocrisy: overcoming the threat of inconsistent corporate social responsibility perceptions. J Mark 73(6):77–91

World Commission on Environment and Development (1987) Our common future. Oxford University Press, Oxford, S 43

Prof. Dr. Manfred Bruhn Ordinarius für Betriebswirtschaftlehre, insbesondere Marketing und Unternehmensführung am Wirtschaftswissenschaftlichen Zentrum (WWZ) der Universität Basel und Honorarprofessor an der Technischen Universität München.

Zahlreiche Publikationen zu den Schwerpunkten Strategische Unternehmensführung, Dienstleistungsmanagement, Relationship Marketing, Kommunikationspolitik, Markenpolitik, Qualitätsmanagement, Nonprofit-Marketing.

Nachhaltigkeitsmanagement am Beispiel der Otto Group – Herausforderungen, Strategie und Umsetzung

Christian Brock und Andreas Streubig

Inhaltsverzeichnis

C. Brock (✉)
Wirtschafts- & Sozialwiss, Universität Rostock, Ulmenstr. 69,
18057 Rostock, Deutschland
E-Mail: Christian.brock@uni-rostock.de

A. Streubig
Otto Group, Wandsbeker Str. 3-7,
22172 Hamburg, Deutschland

H. Meffert et al. (Hrsg.), *Sustainable Marketing Management*,
DOI 10.1007/978-3-658-02437-6_17

Zusammenfassung

Der vorliegende Beitrag beinhaltet die Umsetzung des Sustainable Marketing am Beispiel der Otto Group. Dazu werden zunächst die zentralen Herausforderungen des Nachhaltigkeitsmanagement innerhalb und außerhalb der Otto Group erarbeitet. Eine zentrale Herausforderung besteht darin, das Konzept des Sustainable Marketing innerhalb einer dezentralen Organisationsstruktur umzusetzen. Darüber hinaus stellt die Umsetzung außerhalb der Otto Group, und zwar in einer globalisierten textilen Wertschöpfungskette, eine weitere zentrale Herausforderung dar. Die operative Überwindung dieser Herausforderungen und damit die Umsetzung des Konzepts innerhalb und außerhalb des Konzerns wird anhand der innen gerichteten Mission „Kraft der Verantwortung" und der nach außen gerichteten Initiativen „Cotton made in Africa" sowie „Carbon Performance Improvement" dargestellt. Daran anschließend werden mögliche Maßnahmen zur Messung und Bewertung von Nachhaltigkeit erläutert. Der Beitrag endet mit der Zusammenfassung der Ergebnisse sowie einem Ausblick zukünftiger Aktivitäten des Nachhaltigkeitsmanagements der Otto Group.

1 Einleitung

Zunehmende Internationalisierung auf Absatz- und Beschaffungsmärkten, wachsender Wettbewerb und Kostendruck führten zu einer Globalisierung der gesamten Wertschöpfungskette. Damit verbundene Herausforderungen wie Ressourcenverknappung, Klimawandel, Artensterben, Armut und Menschenrechtsverletzungen hatten eine Veränderung der globalen Märkte zur Folge. Diese Veränderung brachte in den letzten Jahren einen Wertewandel innerhalb verschiedener Anspruchsgruppen mit sich. So wurde durch die World Commission on Environment and Development (1987) der Begriff des „Sustainable Development" maßgeblich geprägt. Ziel und Vorgabe für Unternehmen muss es demnach sein, Bedürfnisse zu befriedigen – allerdings nicht zu Lasten künftiger Generationen. Der nächsten Generation darf folglich nicht die Chance genommen werden, ihre Bedürfnisse ebenfalls befriedigen zu können (vgl. bspw. Meffert und Kirchgeorg 1999). Sustainability resp. nachhaltiges Wirtschaften bedeutet für Unternehmen somit nicht nur die Verfolgung ökonomischer Ziele, sondern die Vereinbarkeit sozialer und ökologischer Ziele mit dem Streben nach ökonomischen Erfolg (vgl. bspw. Doung Dinh; Rauch 2012).

Nachhaltigkeit umfasst demnach soziale, ökologische und ökonomische Handlungsfelder (vgl. hier und im Folgenden Deutscher Bundestag 1998). Soziale Handlungsfelder der Nachhaltigkeit betreffen vornehmlich gesellschaftspolitische Aspekte. So sollen bspw. soziale Spannungen innerhalb einer Gesellschaft möglichst vermieden werden. Die ökologische Dimension bezieht sich insbesondere auf den Umweltschutz durch das unternehmerische Handeln. Dabei stehen sowohl die Minimierung des Ressourceneinsatzes als auch die Minimierung der Umweltbelastung durch Emissionen und Abfälle im Mittelpunkt (vgl. Balderjahn 2004). Innerhalb der ökonomischen Perspektive der Nachhaltigkeit steht das effiziente Wirtschaften im Mittelpunkt. Diese drei Dimensionen der Nachhaltigkeit

(Drei-Säulen-Modell) bedingen einander und sind somit nicht unabhängig voneinander zu betrachten. Die Übertragung dieses Nachhaltigkeitsverständnisses auf das klassische Marketing-Management-Konzept (Nachhaltigkeitsmarketing oder Sustainable Marketing Management) beinhaltet die Erweiterung der marktorientierten Unternehmensführung um gesellschafts- und umweltpolitische Aspekte (vgl. bspw. Hult und Tomas 2011; Kirchgeorg 2004; Meffert et al. 2012).

Im vorliegenden Beitrag wird dargelegt, wie das Konzept des Nachhaltigkeitsmarketing innerhalb der Otto Group umgesetzt wird. Nachhaltiges Wirtschaften erfreut sich in der Otto Group einer langen Tradition. Bereits 1986 wurde Umweltschutz zum Unternehmensziel erklärt. Wie nachfolgend dargestellt, sind umwelt- und sozialpolitische Aspekte heute integraler Bestandteil der Unternehmensstrategie. Diese tiefe Verankerung der Nachhaltigkeit in der Otto Group wurde federführend vom langjährigen Vorstandsvorsitzenden Dr. Michael Otto initiiert und forciert, was Besonderheiten für die Umsetzung bedeutet. Hinzukommen das Marktumfeld des (Distanz-)Handels, die Organisationsstruktur sowie das Selbstverständnis des Otto Konzerns. Daher ist es unverzichtbar, zunächst die Besonderheiten und Herausforderungen des Nachhaltigkeitsmanagements innerhalb der Otto Group zu erarbeiten. Vor diesem Hintergrund sind mit dem vorliegenden Beitrag insbesondere drei Ziele verbunden:

1. Die Identifikation zentraler Herausforderungen des Nachhaltigkeitsmanagements in der Otto Group,
2. das Aufzeigen der strategischen Handlungsfelder im Nachhaltigkeitsmanagement sowie
3. die operative Umsetzung einschließlich der Evaluation des Themas Nachhaltigkeit sowohl innerhalb als auch außerhalb der Gruppe.

Der Schwerpunkt dieses Beitrags liegt auf der Umsetzung von Sustainable Marketing Maßnahmen. So ist es zum Gesamtverständnis wichtig, zuvor auf die Vision, Mission und Strategie des Otto Konzerns einzugehen. Darauf aufbauend werden sowohl innen- als auch außengerichtete Maßnahmen am Beispiel der Mission „Kraft der Verantwortung“ sowie den Initiativen „Cotton made in Africa“ und „Carbon Performance Improvement Initiative CPI2“ dargelegt. Abschließend wird auf die Evaluation der Nachhaltigkeit, also der Messung und Bewertung der umgesetzten Nachhaltigkeitsmaßnahmen, eingegangen.

2 Herausforderungen des Nachhaltigkeitsmanagement in der Otto Group

2.1 Distanzhandel – Marktumfeld und Entwicklungen

Nach rückläufigen Tendenzen in den 1980er und 1990er Jahren erfreut sich der Distanzhandel spätestens seit Etablierung des Internets als Vertriebskanal zunehmenden Wachstums. Im Distanzhandel wird die physische „Distanz“ zwischen Kunden und Anbietern durch verschiedene Medien überbrückt (vgl. bspw. Schröder 2005). War bis Anfang 2000 hierfür noch der Katalog das klassische Mittel, holte das Internet als Medium schnell auf. Neben dem Katalog und dem Internet kommt auch dem Fernsehen mit zunehmender Beliebtheit eine Bedeutung als Vertriebskanal zu. Hinsichtlich der prozentualen Umsatzverteilung auf die verschiedenen Vertriebskanäle überholte das Internet im Jahre 2009 erstmals die klassischen Medien. So wurden 46,7 % des Umsatzes über die klassischen Vertriebswege generiert. Die restlichen 53,3 % entsprachen den reinen über das Internet erzielten Umsatzanteilen (vgl. TNS Infratest 2009). Aktuell ist dieser Abstand zwischen den Kanälen noch deutlich angestiegen und liegt nahezu bei einem Verhältnis von einem Drittel zu zwei Dritteln (vgl. TNS Infratest 2011). Neben dieser Verschiebung ist zusätzlich ein stetig wachsender Umsatzanteil des Distanzhandels am gesamten Einzelhandel in Deutschland zu erkennen. Mittlerweile erzielt der Distanzhandel in all seinen verschiedenen Ausprägungen nahezu 10 % des Umsatzes des deutschen Einzelhandels. Insbesondere vor dem Hintergrund stagnierender Einzelhandelsumsätze ist diese Entwicklung bemerkenswert.

Wie eingangs bereits angesprochen wurde diese positive Entwicklung des Distanzhandels maßgeblich durch das Aufkommen des Internets und neuer Technologien forciert. Niedrige Transaktionskosten sowohl auf Kunden- als auch auf Anbieterseite eröffneten jedoch nicht nur Chancen für den klassischen Distanzhändler resp. Versandhändler. Auf Anbieterseite drangen neue Wettbewerber auf den Markt, wie bspw. sogenannte Internetpureplayer, die ausschließlich auf das E-Commerce als Absatzkanal setzen (vgl. hier und im Folgenden Heinemann 2009). Als prominentestes Beispiel an dieser Stelle ist insbesondere Amazon anzuführen. Neben den Internetpureplayern entdeckten aber auch bereits etablierte Händler und Hersteller dieses Medium als zusätzlichen Verkaufskanal. Händler erweiterten durch ihre E-Commerce Aktivitäten ihre Möglichkeiten zur Kundenansprache und nutzen die spezifischen Vorteile des Internets (wie die Unabhängigkeit von Ladenöffnungszeiten, die breitere Angebotsfläche, z. T. geringere Kosten etc.). Hersteller treten mit dem eigenen Internetauftritt direkt mit den Kunden in Kontakt und umgehen somit bspw. den Handel als Absatzmittler. Diese Entwicklung hatte zur Folge, dass nicht mehr nur ein Vertriebskanal implementiert wurde. Viele etablierte (Distanz-)Händler entwickelten sich zum Multikanalanbieter (Multichannelhandel), d. h. es wurde nicht mehr nur auf den klassischen Katalog und/oder die stationäre Filiale gesetzt, sondern die Basis wurde durch Online-Shops erweitert. Auch heutzutage ist eine fortschreitende technologische Entwicklung zu beobachten: Neben Erweiterung der Vertriebsbasis sowie Erhöhung der Kundenkontaktpunkte durch Geräte wie Smartphones und Tablet-PC ist eine zunehmende Bedeutung des Social Commerce zu beobachten. Dabei werden Socialmedia-Plattformen durch Shopfunktionen erweitert, sodass Kunden bspw. in Interaktionen mit Freunden Käufe tätigen können (vgl. Brock et al. 2011). Auf Kundenseite dagegen konnte durch das Aufkommen des Internets eine zunehmende (Markt-)Transparenz verzeichnet werden. Hier sind bspw. eine hohe Preistransparenz und die damit verbundene Vergleichbarkeit der Angebote zu nennen.

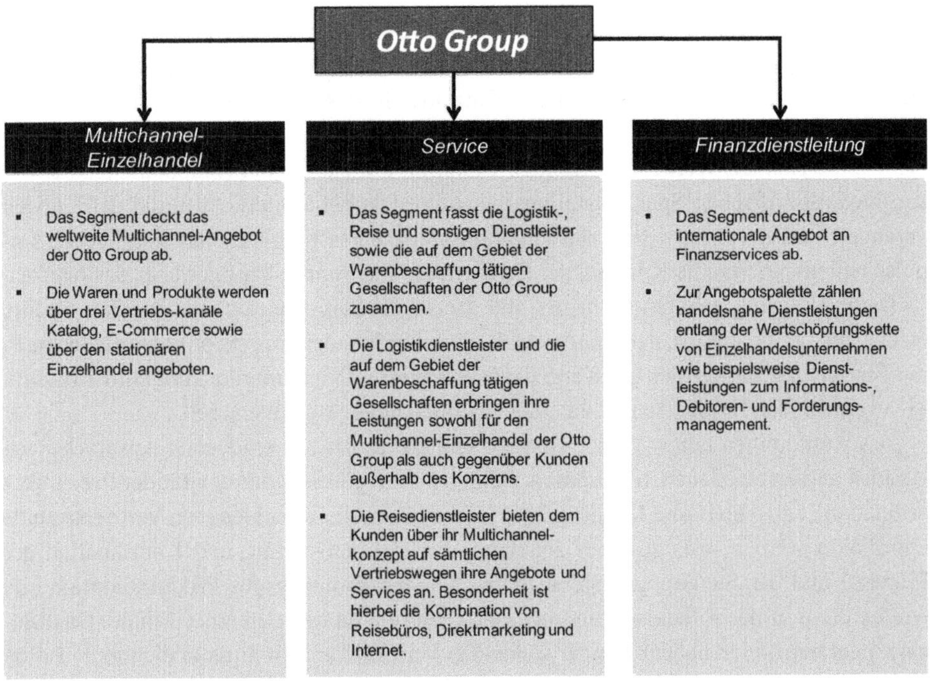

Abb. 1 Die drei Säulen der Otto Group. (Quelle: Otto Group Geschäftsbericht 2010/2011)

2.2 Die Otto Group – Entwicklung und Charakteristika

Die Entwicklung der Otto Group ist eng mit der dargestellten Marktentwicklung verknüpft. Im Jahre 1949 legte Prof. Dr. h.c. Werner Otto mit der Gründung des Versandhauses den Grundstein für den heute weltweit agierenden Handels- und Dienstleistungskonzern. Nicht einmal 10 Jahre nach Gründung des Unternehmens wurden mehr als 100 Mio. DM umgesetzt und bereits im Jahre 1970 erzielte Otto einen Umsatz größer als eine Milliarde DM. Diese rasante Entwicklung wurde durch die internationale Expansion des Unternehmens, sowohl durch Zukäufe als auch durch eigene Engagements, stetig vorangetrieben. Dabei wurde die Internationalisierungsstrategie des Konzerns maßgeblich durch Dr. Michael Otto, Vorstandsvorsitzender von 1981 bis 2007, forciert. Bis heute ist damit ein Konzern mit knapp 53.000 Mitarbeitern, fast 12 Mrd. Euro Umsatz und 123 Gesellschaften, vertreten in 20 Ländern, entstanden (vgl. Otto Group 2011a).

Die Geschäftstätigkeit der Otto Group kann in drei Segmente unterteilt werden: Multichannel-Einzelhandel, Finanzdienstleistungen und handelsnahe Services (bspw. Logistik-Dienstleistungen (vgl. Abb. 1)):

Insgesamt 88 % des Gesamtumsatzes der Otto Group kann dem Multichannel-Einzelhandel zugerechnet werden, die restlichen Prozente verteilen sich auf die (Logistik-)Dienstleistungen (8 %) und auf Finanzdienstleistungen (4 %). Diese Verteilung lässt die hohe Bedeutung des Multichannel-Einzelhandels für die gesamte Gruppe erkennen.

Mittlerweile werden mehr als 50 % des Umsatzes im Bereich Multichannel-Einzelhandel über die Online-Plattformen erzielt, sodass sich das Internet zum wichtigsten Vertriebskanal in der Otto Group entwickelt hat. Einzelne Gesellschaften, wie OTTO oder Baur, erwirtschaften bereits zwei Drittel ihres Umsatzes über das Internet. Auch im Zeitalter des Online-Handels werden die Kunden weiterhin mit etablierten Hauptkatalogen sowie sortimentsspezifischen Spezialkatalogen versorgt. Die hohe Internetaffinität der Kunden verändert und erweitert jedoch die Funktionsweise eines Katalogs. Kataloge geben Impulse und inspirieren die Kunden, der Kauf erfolgt aber immer häufiger über das Internet.

Darüber hinaus gehören mehr als 400 Stores im Stationärgeschäft zur Otto Group. Neben den OTTO-Shops, den Sportscheck-, Frankonia- oder bonprix-Filialen zählen auch die Einrichtungshäuser der US-Kette Crate & Barrel in Nordamerika zum Otto Konzern. Sie ergänzen den Distanzhandel zu einem Multichannelgeschäftsmodell.

Das Aufkommen neuer Vertriebskanäle und die damit einhergehende Ansprache von Kunden an verschiedenen Touchpoints steigerte generell die Komplexität der Prozesskoordination (vgl. Ahlert und Kenning 2007). So müssen die verschiedenen Vertriebskanäle koordiniert werden, was zu einer zunehmenden Harmonisierung und Koordination der Prozesse und der Steuerungssysteme führt. Kunden kaufen bspw. Produkte online und wollen diese in der Filiale abholen oder sie retournieren diese in einer Filiale. Das Management von vielen nebeneinander stehenden Vertriebskanälen muss in die Organisation integriert werden, sodass alle Prozesse ineinandergreifen. Das Schnittstellenmanagement muss folglich auf den Kundenprozess ausgerichtet werden. Neben der Weiterentwicklung der IT-Infrastruktur sowie der Planungs- und Steuerungssysteme musste ein ganzheitliches, kanalübergreifendes Denken und Handeln etabliert werden. Das damit einhergehende Change Management ist in jeder Organisation ein langwieriger Prozess und mit hohen Aufwänden verbunden.

Zusammenfassend lässt sich festhalten, dass sowohl die veränderten Marktbedingungen, wie bspw. zunehmender Wettbewerbs- und Kostendruck, als auch die spezifischen Charakteristika und Strukturen der Otto Group einen nicht unbedeutenden Einfluss auf die Umsetzung des Nachhaltigkeitsmanagement haben. Welche Herausforderungen dies im Einzelnen sind, wird nachfolgend erarbeitet.

2.3 Besonderheiten und Herausforderungen des Nachhaltigkeitsmanagement der Otto Group

Viele Unternehmen stehen heutzutage nicht mehr vor der Frage *ob*, sondern *wie* Aktivitäten im Bereich Corporate Responsibility (CR) resp. Nachhaltigkeit aussehen und insbesondere umgesetzt werden können. Das „ob" wurde in der Otto Group nicht in Frage gestellt. Noch bevor Nachhaltigkeit eines der zentralen Themen dieses Jahrhunderts wurde, nahm sich der damalige Vorstandsvorsitzende der Otto Group, Dr. Michael Otto, dieses Themas an. So ist Dr. Otto davon überzeugt, dass „[…] das Bewusstsein um die Konsequenzen des eigenen Handelns eine unverzichtbare Voraussetzungen dafür ist, einen Beitrag für eine dauerhaft zukunftsfähige Gesellschaft zu leisten" (vgl. Otto Group

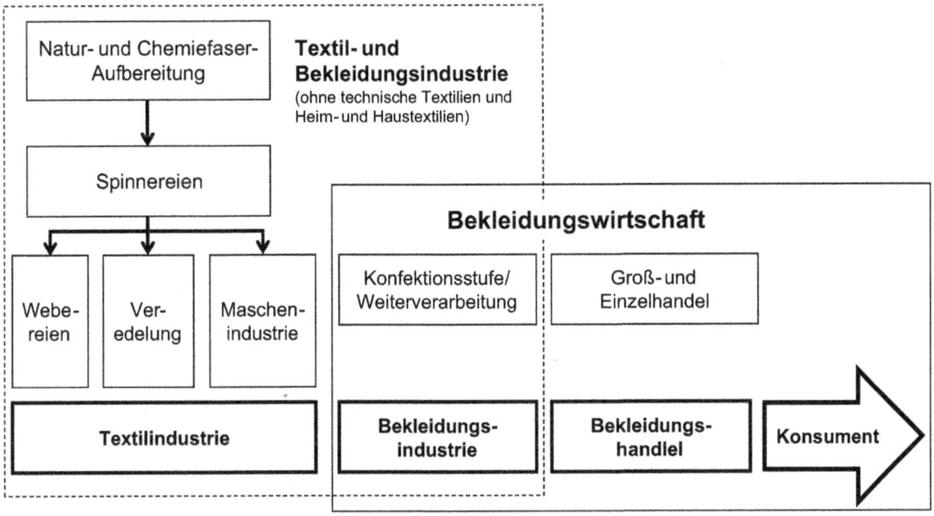

Abb. 2 Die textile Wertschöpfungskette. (Quelle: Ahlert et al. 2006)

2011b, S. 1). Darüber hinaus sind seines Erachtens „nur jene Unternehmen solide für die Zukunft aufgestellt, die ökonomisch erfolgreich agieren und zugleich gesellschaftspolitisch verantwortungsbewusst handeln" (vgl. Otto Group 2011b, S. 1). Bereits 1986 wurde daher der Schutz der Umwelt in den Unternehmenszielen der Otto Group verankert. In den Jahren danach wurde das Thema maßgeblich vom Vorstandsvorsitzenden getrieben und weiterentwickelt, sodass heute Umwelt- und Sozialpolitik integrale Bestandteile der Unternehmensstrategie der Otto Group sind (vgl. auch Kap. 3). Mit seinem Wechsel vom Vorsitzenden des Vorstands zum Vorsitzenden des Aufsichtsrats der Otto Group hinterlässt Dr. Michael Otto damit eine große Aufgabe. Das Thema Nachhaltigkeit musste folglich von einer „personenbezogenen" Organisation in eine Konzernstruktur übertragen und integriert werden. Diese Besonderheit geht mit organisationalen Barrieren einher. Die dezentrale Struktur der Otto Group stellt das Nachhaltigkeitsmanagement ebenfalls vor die Herausforderung, das Thema konzernweit umzusetzen. Folglich stellt das „wie" auch im Otto Konzern eine Herausforderung dar:

> Wie kann es das Management eines Konzerns schaffen mehr als 53.000 Mitarbeitern in 123 Gesellschaften und 20 Ländern der Welt für das Thema Nachhaltigkeit zu begeistern, zu bewegen und zum Mitmachen zu motivieren?

Als führender Anbieter im Bereich Fashion und Lifestyle bietet die Otto Group neben etablierten Marken auch Eigenmarken – insbesondere im Sortiment des textilen Bekleidungshandels – an. Damit fungiert die Otto Group als Auftraggeber zur Herstellung eigener Waren. Zur Erarbeitung möglicher Herausforderungen und Besonderheiten des Nachhaltigkeitsmanagement in der Otto Group ist daher die Betrachtung der textilen Wertschöpfungskette erforderlich (vgl. Abb. 2). Die Wertschöpfungskette der Textilbranche umfasst neben der Ver- und Bearbeitung sämtliche Beschaffungs- und Distributionsleistungen und zwar von der Fasererzeugung bis hin zum Verkauf des textilen Endproduktes (vgl. Steffen 2001, S. 9).

Die textile Wertschöpfungskette lässt sich in drei Bereiche unterteilen: Textilindustrie (bspw. zur Herstellung von Fasern), Bekleidungsindustrie (bspw. zur Veredelung und Weiterverarbeitung) sowie den (Einzel-)Handel (vgl. Eickhoff 1997, S. 9). Der fortschreitende Wettbewerbsdruck in globalisierten Märkten geht mit steigendem Kostendruck einher. Dies zwingt Handelsunternehmen häufig dazu, ihre Waren in Niedriglohnländern fertigen zu lassen und einzukaufen. Insbesondere im Textileinzelhandel sind die Bereiche Textil- und Bekleidungsindustrie häufig in Ländern wie China, Indien und/oder Bangladesch anzutreffen. Diese Internationalisierung in der textilen Wertschöpfungskette fordert die westlichen Auftraggeber. Die Otto Group bezieht bspw. Waren aus insgesamt 70 Produktionsländern und von mehr als 5.000 Lieferanten, was eine große Verantwortung gegenüber den Menschen und der Umwelt mit sich bringt (vgl. Otto Group 2011c). So stellen weltweit zunehmende Umwelt- und Sozialprobleme eine der großen Herausforderungen dieses Jahrhunderts dar (vgl. Kirchgeorg 2004). Hier sind bspw. Ressourcenverknappung, Klimawandel, Artensterben, Armut und Menschenrechtsverletzungen zu nennen. Es wird deutlich, dass das Nachhaltigkeitsmanagement in der textilen Wertschöpfungskette nicht nur national begrenzt sein kann, sondern globale Aspekte umfassen muss.

Neben der Liefer- und Produktionskette muss ein Handelsunternehmen zusätzlich die Nachfrage, im vorliegenden Beispiel somit die Endkundennachfrage, beachten. In den letzten Jahren kann eine zunehmende Entwicklung in Richtung eines ethischen Konsums beobachtet werden (vgl. hier und im Folgenden Doung Dinh 2010). Konsumenten sind sich immer stärker der ökologischen und sozialen Folgen des eigenen Konsums bewusst. Dieses Bewusstsein hat das Umdenken hinsichtlich des eigenen Einflusses verstärkt und die Aufmerksamkeit in Richtung sozial verantwortliche Produktion von Konsumgütern und Dienstleistungen sowie generell verantwortliches Handeln von Unternehmen gelenkt. Zunehmende Transparenz, maßgeblich durch die fortschreitende Entwicklung des Internets getrieben, hat diese Entwicklung verstärkt. Folglich müssen (Handels-)Unternehmen die steigende Nachfrage nach ökologisch sowie sozial verantwortlichen Produkten befriedigen. Mit dem Einfluss auf die Sales Chains eines Unternehmens geht darüber hinaus auch die Verantwortung einher, die eigenen Kunden aufzuklären und in gewissem Maße auch zu erziehen. So sollten nicht nur Kriterien wie bspw. der Preis die Kaufentscheidung determinieren, sondern auch die Nachhaltigkeit in Produktion und möglicher (Wieder-) Verwertbarkeit als Kriterium herangezogen werden. Zusammenfassend ist festzuhalten, dass ein Handelsunternehmen im Hinblick auf das Nachhaltigkeitsmanagement sowohl die Wertschöpfungskette als auch die Kundenperspektive beachten muss. Vor diesem Hintergrund lässt sich eine zentrale Herausforderung wie folgt formulieren:

> Inwieweit kann die Otto Group einen Beitrag dazu leisten das Konzept des nachhaltigen Wirtschaftens in einer globalisierten textilen Wertschöpfungskette weltweit umzusetzen und damit die steigende Nachfrage nach ökologisch sowie sozial verantwortlichen Produkten befriedigen?

Nachfolgend wird dargestellt, wie es der Otto Group gelingt, die aufgezeigten Herausforderungen – sowohl strategisch als auch operativ – im Unternehmen zu überwinden. Kapitel 3 umfasst dabei knapp die strategischen Handlungsfelder und Kap. 4 beinhaltet konkrete Fallstudien, die die Umsetzung der Nachhaltigkeit sowohl innerhalb als auch außerhalb des Konzerns exemplarisch verdeutlichen sollen.

3 Strategische Handlungsfelder im Nachhaltigkeitsmanagement der Otto Group

Schwerpunkt des Beitrags ist die operative Umsetzung des Nachhaltigkeitsmanagement sowohl innerhalb als auch außerhalb der Otto Group. Dafür ist es zunächst unabdingbar, knapp die strategische Verankerung der Nachhaltigkeit innerhalb des Konzerns aufzuzeigen. Zum einen sind die strategischen Handlungsfelder eng mit der Umsetzung verzahnt, zum anderen bilden die Werte des Unternehmens aber auch die Grundvoraussetzung der Vertrauensbildung (vgl. Otto Group 2011d).

Im Jahr 2010 fand durch Implementierung einer neuen Vision die Schärfung des bisherigen Profils der Otto Group statt (vgl. Otto Group 2011c). So versteht sich die Otto Group „[…] als weltweit tätige Unternehmensgruppe von Einzelhändlern und handelsnahen Dienstleistern, die mit erfolgreichen Unternehmenskonzepten Verantwortung gegenüber Mensch und Natur übernimmt“ (Otto Group 2011c, S. 24). Diese Verantwortung gegenüber Mensch und Natur spiegelt sich zudem in der Mission des Konzerns wider, die „Die Kraft der Verantwortung“ lautet. Diese Mission fungiert dabei als einendes Element aller Unternehmensgesellschaften und basiert auf der „Überzeugung, dass Nachhaltigkeit im Kerngeschäft, also der Dreiklang aus wirtschaftlichem, sozialem und ökologischem Handeln, entscheidend für den langfristigen wirtschaftlichen Erfolg von Geschäftsmodellen ist“ (Otto Group 2011c, S. 29). Darüber hinaus dient die Mission als Wertebasis, die den Zusammenhalt der gesamten Otto Group langfristig garantieren soll. Die Aspekte „Wirtschaftlichkeit, Innovation, Vielfalt und Nachhaltigkeit“ stellen die zentralen Werte der Mission dar. Nachhaltigkeit wird dabei durch eine eigens für den Bereich Corporate Responsibility (CR) abgeleitete Strategie untermauert (vgl. Abb. 3):

Exemplarisch lässt sich hier das Handlungsfeld „Sortiment und Kunde“ anführen. Ziel ist es, das Angebot nachhaltiger Produkte stetig zu steigern. Durch die Zunahme des ethischen Konsums ist einerseits die Nachfrage nach diesen Produkten in den letzten Jahren zunehmend gestiegen, sodass das Angebot erweitert werden muss. Andererseits möchte die Otto Group auch auf Konsumentenseite als nachhaltiges Handelsunternehmen mit einem großen Angebot ökologisch sowie sozial verantwortlichen Artikeln wahrgenommen werden (Otto Group 2011c). Folglich ist eine Verbreiterung des Sortiments um genau diese Produkte unabdingbar.

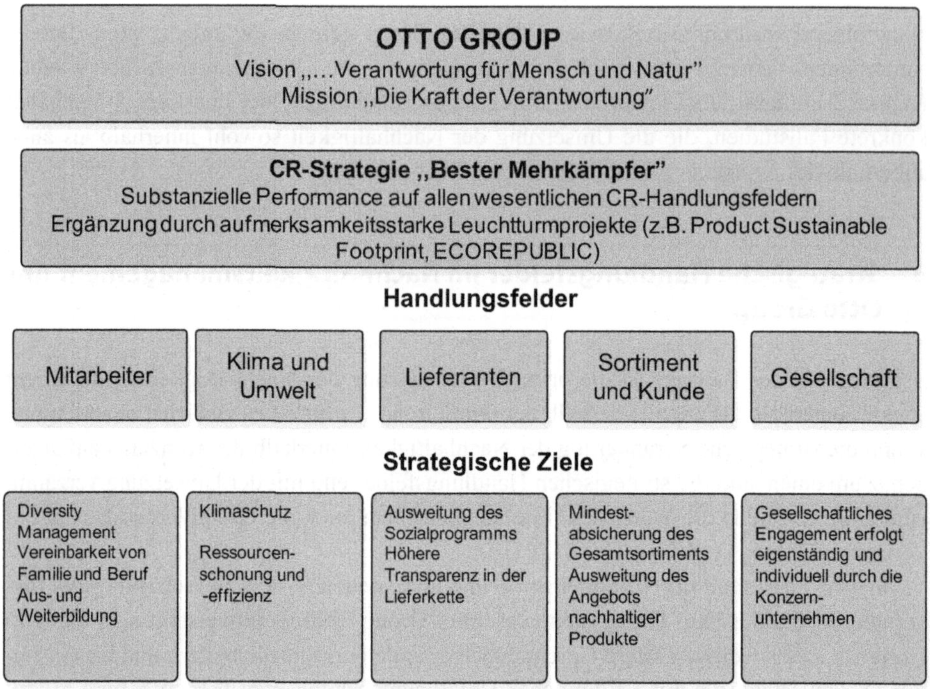

Abb. 3 Strategische Handlungsfelder im Nachhaltigkeitsmanagement. (Quelle: Otto Group CR-Report 2011c, S. 37)

4 Operative Umsetzung und Evaluation der Nachhaltigkeit

4.1 Innengerichtete Umsetzung: Kraft der Verantwortung

Wie bereits aufgezeigt, ist die Umsetzung der Nachhaltigkeit innerhalb der Otto Group mit gewissen Herausforderungen verbunden. So stellt sich die Frage, wie mehr als 53.000 Mitarbeiter in 123 Gesellschaften und 20 Ländern der Welt für das Thema Nachhaltigkeit begeistert, bewegt und zum Mitmachen motiviert werden können (vgl. Kap. 2.3).

Basierend auf der Mission die „Kraft der Verantwortung" steht die gelebte Verantwortung jedes einzelnen Mitarbeiters im Mittelpunkt des Selbstverständnisses der Otto Group: „Verantwortung für das, was er tut. Für das, wie er es tut. Und für das, was sich im Kleinen oder im Großen verbessern lässt" (Otto Group 2011c, S. 33). Damit wird versucht, das Engagement von mehr als 53.000 Mitarbeitern in 20 Ländern zu einer gemeinsamen Kraft zu bündeln und somit die mit der dezentralen Organisationsstruktur verbundene Herausforderung zu überwinden. So wurde im Rahmen einer internationalen Roadshow von Mitgliedern des Otto Group Vorstands die neue Mission in fast 30 Konzernunternehmen persönlich vorgestellt. Der Vorstand besuchte neben Konzerntöchtern in Deutschland und Österreich auch Tochtergesellschaften in Russland, Frankreich und den USA, in Großbritannien, Japan und Hongkong. Diese Roadshow zeigte den Mitarbeitern

Abb. 4 Internetauftritt „Die Kraft der Verantwortung". (Quelle: Screenshot www.die-kraft-der-verantwortung.de/german/)

einerseits die hohe Bedeutung, die der Mission in der Otto Group beigemessen wird, auf. Andererseits wurden mögliche Akzeptanzbarrieren unter den Mitarbeitern frühzeitig abgebaut. Flankiert wird die Mission durch einen eigenen Internetauftritt sowie regelmäßige Newsletter und Berichte über mitarbeiterinitiierte Projekte (vgl. Abb. 4). Mit diesen Maßnahmen werden bewusst möglichen Herausforderungen der dezentralen Organisationsstruktur begegnet. Zusätzlich werden die jeweiligen Geschäftsführer der Konzernunternehmen mit weitreichender Verantwortung ausgestattet. Dadurch wird die operative Umsetzung der strategischen Nachhaltigkeitsziele jeweils von den Geschäftsführen der Konzernunternehmen verantwortet. Unterstützt werden die Konzernunternehmen durch den zentralen Stabsbereich Corporate Responsibility innerhalb der Konzernzentrale und durch ein konzernweites Netzwerk von Corporate Responsibility-Koordinatoren, die als eine Art Gatekeeper für ihr Konzernunternehmen agieren.

Im Rahmen der Mission wurden die Mitarbeiter der Otto Group auch aufgerufen, 4000 persönliche Commitments in den vier Wertewelten Wirtschaftlichkeit, Innovation, Vielfalt und Nachhaltigkeit zu verwirklichen. Das Ziel ist es aufzuzeigen, dass alle Mitarbeiter der Otto Group in ihrem Unternehmen sowie in ihrem sozialen Umfeld Verantwortung übernehmen können. So rief ein OTTO-Mitarbeiter nach der Atomkatastrophe in Fukushima die T-Shirt-Hilfsaktion „Help for Japan" ins Leben. Für jedes auf otto.de verkaufte T-Shirt gehen seither 5 € an die Hilfsorganisation „Save the Children". Inzwischen haben die Mitarbeiter der Otto Group mehr als 4500 individuelle Engagements realisiert.[1]

[1] Es muss betont werden, dass nicht alle eingereichten Projekte das Thema Nachhaltigkeit zum Inhalt haben. Gefördert werden auch Projekte zu den Werten Wirtschaftlichkeit, Innovation und Vielfalt.

4.2 Umsetzung innerhalb der textilen Wertschöpfungskette

4.2.1 Cotton made in Africa – Optimierung ausgewählter Wertschöpfungsaktivitäten

Eine weitere Herausforderung im Nachhaltigkeitsmanagement der Otto Group stellt die Umsetzung des nachhaltigen Wirtschaftens in einer globalisierten textilen Wertschöpfungskette dar (vgl. Kap. 2.3). Vor diesem Hintergrund wurde im Jahr 2005 von Dr. Michael Otto die Initiative „Cotton made in Africa“ (CmiA) ins Leben gerufen (vgl. hier und im Folgenden CmiA 2012), die heute unter dem Dach der „Aid by Trade Foundation“ betrieben wird. Die Initiative unterstützt Kleinbauern in der afrikanischen Sub-Sahara-Zone bei der Produktion von Baumwolle, Nachhaltigkeitskriterien umzusetzen und effiziente sowie umweltschonende Anbaumethoden anzuwenden. Ziel ist es, die afrikanischen Baumwollbauern zu befähigen, eine langfristige Verbesserung ihrer Lebensumstände und der ihrer Familien aus eigener Kraft herbeizuführen. Darüber hinaus soll eine stabile Nachfrage nach dieser nachhaltig angebauten Baumwolle auf dem Weltmarkt etabliert werden. Hierzu können Baumwollbauern Partner von „Cotton made in Africa“ werden und ihre Baumwolle über lokale Baumwollgesellschaften an eine Nachfrageallianz aus Unternehmen wie der Otto Group vertreiben, die für die Nutzung des Gütesiegels „Cotton made in Africa“ eine Lizenzgebühr entrichten. Neben der langfristigen Stabilisierung und Entwicklung der mit dem Baumwollverkauf erzielten Erlöse, die unmittelbar die Lebenssituation der Bauern verbessern, fließen die Überschüsse aus dieser Gebühr schließlich in die Bildung und Weiterbildung der Baumwollbauern.

Die Initiative „Cotton made in Africa“ agiert nach marktwirtschaftlichen Grundsätzen, die auf Subventionen und Preiseingriffe verzichten. Durch die Etablierung und Überprüfung von Nachhaltigkeitskriterien beim Anbau einerseits und durch Abnahmeerklärungen von Textilunternehmen andererseits wird Qualität und Nachfrage abgesichert. Entscheidend ist, dass die Initiative unterschiedliche Aufgaben in der Wertschöpfungskette der Angebotsseite übernimmt und so versucht, eigentliche Probleme derselben zu überwinden und vertrauensvolle Partnerschaften aufzubauen.

Wesentlich ist hierbei einer der ersten Schritte in der Etablierung des Partnernetzwerks. Um zu gewährleisten, dass sich die Baumwollbauern und Baumwollgesellschaften dem nachhaltigen Anbau verpflichten, müssen sie sich im Rahmen einer Verifizierung regelmäßigen Überprüfungen unterziehen. Der Kriterienkatalog ist zweistufig aufgebaut. Er enthält zunächst Ausschlusskriterien, die darüber entscheiden, ob Baumwollbauern und Baumwollgesellschaften grundsätzlich die Richtlinien von „Cotton made in Africa“ einhalten. Unmittelbare Ausschlusskriterien sind bspw. ausbeuterische Kinderarbeit und der Einsatz für Mensch und Natur gefährlicher Pestizide (gem. Stockholm und Rotterdam Abkommen). In einem zweiten Schritt wird die Beachtung von Nachhaltigkeitsindikatoren durch den Kleinbauern und Baumwollgesellschaften überprüft. Hierbei wird vor allem nachvollzogen, ob die Kleinbauern landwirtschaftliche Maßnahmen nutzen, um Böden und Grundwasser zu schützen, Pestizide moderat verwenden und sachgerecht lagern. Die Einhaltung dieser Kriterien muss nicht von Beginn an zu 100 % erfüllt sein. Vielmehr müssen Bauern und Baumwollgesellschaften nachweisen, dass sie diese Richtlinien zunehmend besser erfüllen. Dabei zeigt ein Ampelsystem mit rot-orange-grün den Grad der Zielerreichung an, wobei grün für eine nachhaltige Bewirtschaftung steht. Schließlich werden die Baumwollgesellschaften und Kleinbauern, die Partner des „Cotton made in Africa" sind, alle zwei Jahre von unabhängigen Verifizierungsunternehmen überprüft. Hierbei wird auch erarbeitet, welche Weiterbildungs- und Unterstützungsmaßnahmen für die Partner sinnvoll oder notwendig sind. Damit wird die Aktivität der Qualitätssicherung, zumeist ein hoher Kostenanteil im Wertschöpfungsprozess, von der Stiftung „Aid by Trade" gesteuert und von neutralen Prüfungsinstanzen übernommen.

Weiterbildungen und Trainings sind für die vorgestellte Initiative eine unmittelbare Umsetzung des Nachhaltigkeitsgedanken. Unterstützt werden die Partnerbauern daher auch mit Schulungen in nachhaltigen und effizienten Anbautechniken, landwirtschaftlichen Praktiken, die der Erhaltung von fruchtbaren Böden und optimalen Nutzung von Regenwasser dienen, sowie zur Tierhaltung und deren Einsatz in der landwirtschaftlichen Praxis. So verpflichten sich die Partnerbauern u. a. dazu, Monokulturen zu vermeiden und einen adäquaten Fruchtwechsel sicherzustellen. Im Rahmen der Weiterbildung lernen sie aber auch, wie durch ein integriertes Pest Management der Schadstoffeinsatz bei der Baumwollproduktion deutlich reduziert werden kann. Damit zielt die Stiftung auf die Weiterentwicklung der Kenntnisse und technischen Fähigkeiten der Partnerbauern beim Anbau von Baumwolle ab und versucht, Anbaumaßnahmen im Sinne der Nachhaltigkeit zu beeinflussen. Finanziert werden diese Maßnahmen neben den eingeworbenen Fördermitteln auch aus den Überschüssen der Lizenzgebühr, die das Allianznetzwerk aus Unternehmen und Konzernen, wie bspw. die Otto Group, für die Nutzung des Labels „Cotton made in Africa" abgibt. Auch einzelne soziale Projekte, z. B. zur Förderung der schulischen Infrastruktur in den ländlichen Gemeinden, werden in Kooperation mit lokalen Partnern durchgeführt.

Die Stiftung übernimmt darüber hinaus auch eine direkte Aktivität in der Wertschöpfungskette der Angebotsseite, die das Zusammenbringen von Angebot und Nachfrage auf einem Markt erleichtert. Insbesondere die Vermarktung der Initiative und damit der Angebote der Baumwollbauern werden durch die Stiftung selbst gesteuert. Sie zeigt sich im Wesentlichen verantwortlich für den Aufbau einer Nachfrageallianz von Unternehmen und Konzernen, die bereit sind, eine Lizenzgebühr für das Label „Cotton made in Africa" zu zahlen. Hiermit arbeitet die Initiative an einem weiteren Problem der bisherigen Wertschöpfungskette: Fehlende Vermarktungskenntnisse und fehlender Zugang zu entsprechenden Möglichkeiten auf der Angebotsseite.

Partner des Nachfrageallianznetzwerkes fragen die nachhaltig hergestellte Baumwolle schließlich für Kollektionen nach. So können sie ihren Kunden Produkte aus einem nachhaltig hergestellten Material anbieten und diese gegen die gezahlte Lizenzgebühr entsprechend kennzeichnen. Seit 2009 werden diese nachhaltigen Produkte bspw. bei der Otto Group für Kunden sichtbar platziert, um eine nachhaltige Wiedererkennung des „CmiA" Labels beim Kunden aufzubauen und einen bestimmten Produktnutzen zu kommunizieren. Der Konzept „Ecorepublic" bündelt bei der Otto Group alle Artikel, die aus nachhaltiger Baumwolle und nachhaltiger Forstwirtschaft stammen oder selbst, bspw. im Falle von Elektrogeräten, energiesparend sind.

Die Initiative „Cotton made in Africa“ und ihre Partner verfolgen die Umsetzung des Nachhaltigkeitsgedankens vor allem durch die aktive Mitgestaltung des Wertschöpfungsprozesses. Hier greift die Stiftung insbesondere an Stellen ein, an denen Wissen fehlt und Zugangsmöglichkeiten auf der Angebotsseite eingeschränkt sind.

4.2.2 Carbon Performance Improvement Initiative (CPI2) – Verantwortung für zusammenhängende Wertschöpfungsprozesse

Klimaschutz wird immer stärker mit den Nachhaltigkeitsaktivitäten von Unternehmen verknüpft. Vor diesem Hintergrund rief die Otto Group, gemeinsam mit anderen Gründungsmitgliedern, die „Carbon Performance Improvement Initiative (CPI2)“ ins Leben, der sich mittlerweile zahlreiche andere Unternehmen angeschlossen haben. Mit der Initiative wird das Ziel verfolgt, den klimaschädlichen Ausstoß von CO2 durch optimierte Energienutzung in der textilen Wertschöpfungskette zu verringern.

Hierbei bringen die Förderer ihr eigenes Wissen und Engagement zur Bewusstseinsbildung bei Lieferanten und Produktionsbetrieben in Schwellen- und Entwicklungsländern ein. Die Initiative repräsentiert damit einen Ansatz, der über die energieeffiziente Gestaltung der eigenen Wertschöpfungskette hinaus geht und die Verknüpfung unterschiedlicher Wertschöpfungsprozesse, bspw. von Handel und Produzenten, sichtbar macht.

Die Initiative „CPI2“ konzentriert sich auf Maßnahmen, die dazu beitragen, Energie in Produktionsstätten effizienter zu nutzen. Hand in Hand geht damit der Anspruch einher, durch Wissenstransfer auch zu dem notwendigen Bewusstsein für die Thematik beizutragen. In ersten Workshops werden Produzenten mit der Problematik und möglichen Lösungsansätzen konfrontiert. In einem mehrstufigen System lernen die Produzenten schließlich, Potentiale der Energieeinsparung in ihrem Betrieb zu erkennen und zu realisieren. Letzteres beginnt bei kostengünstig und schnell umsetzbaren Maßnahmen und kann sich bis hin zur Umstellung auf erneuerbare Energien und die Anschaffung energieeffizienter Technologien entwickeln. Während des gesamten Lern- und Umstellungsprozesses wird neben den Kontrollen vor allem der Erfahrungsaustausch zwischen den Handelsunternehmen und den Produzenten vorangetrieben und so die Motivation gefördert.

Aus dem Beispiel dieser Initiative lassen sich zwei wesentliche Elemente für die Förderung von Nachhaltigkeit festhalten. Zum einen endet die unternehmerische Verantwortung nicht mit der nachhaltigen Gestaltung des eigenen Geschäftsmodells. Produzenten und Zulieferer sind untrennbar mit dem Wertschöpfungsprozess des Handels verknüpft. Zum anderen verdeutlicht die Initiative, dass unterschiedliche Phasen existieren, die der Einzug nachhaltiger Maßnahmen in ein Unternehmen mit sich bringt. Besonders entscheidend ist hierbei nicht zuletzt die Bewusstseinsschaffung für die Thematik selbst und damit die Öffnung innerbetrieblicher Prozesse für Lösungsansätze und Maßnahmen. Der Austausch der Unternehmen zu dem Thema gewinnt weiterhin an Bedeutung. Damit ist die Nachhaltigkeit längst zu einem Gegenstand des interorganisationalen Wissensmanagements geworden.

Zwei unterschiedliche Initiativen, unterstützt von der Otto Group zum Thema Nachhaltigkeit, sind in diesem Kapitel vorgestellt worden. „Cotton made in Africa" ist hierbei als Einzelprojektinitiative zu verstehen, die gezielt an Schwachstellen in der Wertschöpfungskette des Baumwollangebotes ansetzt und durch die Unterstützung des Qualitätsmanagements, der Personalentwicklung im Bereich der indirekten Tätigkeiten und dem Vertrieb und Marketing im Bereich der direkten Tätigkeiten versucht, diese zu schließen. Die „Carbon Performance Improvement Initiative" unterscheidet sich hiervon, indem sie vor allem auf interorganisationalem Wissensmanagement und damit dem Erfahrungsaustausch aufbaut. Auch das Potential einzelner Wertschöpfungsaktivitäten kann hierbei analysiert und diskutiert werden. Die grundsätzliche Idee besteht jedoch viel mehr in dem branchenübergreifenden Austausch von Wissen und hierauf aufbauend auf der Einführung von Maßnahmen zur Gestaltung energieeffizienter Prozesse.

4.3 Evaluation der Nachhaltigkeit – Messung und Bewertung der Maßnahmen

Neben der Analyse und Umsetzung ist die Messung sowie Bewertung möglicher Maßnahmen auch und insbesondere im Bereich des Nachhaltigkeitsmanagement unabdingbar. Nur durch Evaluation der jeweiligen Maßnahmen kann der Erfolg beurteilt werden. Für viele Unternehmen, so auch für die Otto Group, gehört diese Evaluation zu einer nachhaltig ausgerichteten Unternehmensstrategie. Nicht nur die Nachhaltigkeit einzelner Produkte und ihrer Komponenten, sondern vielmehr die nachhaltige Ausrichtung des gesamten Wertschöpfungsprozesses sind daher für die Messung und Bewertung der Nachhaltigkeit relevant. Vor diesem Hintergrund stellt dieses Kapitel einen Evaluationsansatz und den Bezug zur Nachhaltigkeitsevaluation inner- und außerhalb der Otto Group vor. Die Ursprünge nachfolgend dargestellter Indizes und Konzepte – „Eco Index beta.org" (vgl. Eco Index 2012) und „Sustainable Apparel Coalition" (vgl. Sustainable Apparel Coalition 2012) – gehen auf den Wunsch nach Transparenz sowie die Identifikation von Aktionsfeldern im Nachhaltigkeitsmanagement zurück. Dabei werden unterschiedliche Komponenten des Wertschöpfungsprozesses betrachtet. So werden bestimmte abhängige Faktoren identifiziert, anhand derer der nachhaltige Ressourceneinsatz sowie die Ausrichtung der Wertschöpfungskette eines Unternehmens definiert werden kann. Diese Faktoren sind häufig branchenabhängig, es lassen sich jedoch einige allgemeine Faktoren aufzeigen. Zu diesen Faktoren zählen u. a. der Ressourcenumgang eines Unternehmens mit Wasser und Energie: Beurteilt werden hierbei z. B. die Faktoren des Wasserverbrauchs resp. der Abwasserbelastung sowie die Höhe des Emissionsausstoßes. Im Fokus der Untersuchung stehen Ressourcen sowie einzelne Wertschöpfungsprozesse. Positiver Nebeneffekt der Status Quo-Analyse sowie der Identifikation möglicher Handlungsfelder ist es, dass diese Konzepte ebenfalls zur Evaluation durchgeführter Maßnahmen genutzt werden können. Durch regelmäßige Anwendung lassen sich somit Rückschlüsse auf die Wirksamkeit möglicher Maßnahmen ziehen. Vor diesem Hintergrund werden nachfolgend zwei Konzepte zur Evaluation, der „Eco Index beta.org“ und die „Initiative Sustainable Apparel Coalition,“ dargestellt:

Der „Eco Index beta.org“ wurde entwickelt, um Unternehmen eine Möglichkeit zu geben, die Erfüllung wesentlicher Nachhaltigkeitskriterien beurteilen zu können. Bisher wurde der Index vor allem für den unternehmensinternen Gebrauch und weniger für einen brancheninternen oder sogar übergreifenden Vergleich etabliert. Der „Eco Index“ unterscheidet bei der Evaluation der Unternehmensnachhaltigkeit zwischen den Regeln, die für einzelne Stufen des Wertschöpfungsprozesses gelten und solchen, die die Ausrichtung der gesamten Wertschöpfungskette betreffen. Dabei wird der Wertschöpfungsprozess in sechs Schritte unterteilt – von der Materialgewinnung über die Distribution bis hin zur Wiederverwertung der eingesetzten Materialen. Jedem Schritt des Wertschöpfungsprozesses ist ein für die Nachhaltigkeit besonders kritischer Faktor zugeteilt. So werden im Rahmen der Materialgewinnung bspw. die Faktoren Ressourcenumgang mit Wasser und die Bodennutzungsintensität als kritisch bewertet. Darüber hinaus ist die explizit betonte Nutzung von natürlichen Materialien, deren Wiederverwertbarkeit garantiert ist, zu bewerten.

Die Evaluation der Nachhaltigkeit einer gesamten Wertschöpfungskette geht über die unternehmensinternen Prozesse hinaus. Auch die Auswahl der Zulieferer und deren Ausrichtung des Wertschöpfungsprozesses oder die Wiederverwertbarkeit von Materialien nach dem Gebrauch durch Konsumenten beeinflussen die Erfüllung der Bewertungskriterien und verdeutlichen die Relevanz, den Nachhaltigkeitsindex als Messung eines ganzheitlichen Prozesses zu verstehen.

Mit der Initiative „Sustainable Apparel Coalition“ unterstützt die Otto Group seit 2010 im Verbund mit anderen internationalen Bekleidungsunternehmen, NGOs sowie der US-Umweltschutzbehörde die Entwicklung eines Nachhaltigkeitsindexes für Textilien und Schuhe. Ziel der Initiative ist es darüber hinaus jedoch auch, Handlungsfelder aufzudecken und Maßnahmen für nachhaltige Wertschöpfungsprozesse zu entwickeln. Im Vordergrund stehen hierbei der verbesserte Ressourcenumgang mit Wasser und Energie und der verantwortungsvolle Einsatz von Chemikalien. Der entwickelte Index bewertet daher Daten entlang des gesamten Wertschöpfungsprozesses – von der Rohstoffgewinnung über die Weiterverarbeitung und Produktion bis hin zur Distribution an den (End-)Kunden.

Die dargestellten Konzepte verdeutlichen, dass die Evaluation der Nachhaltigkeit sowohl einzelne Wertschöpfungsschritte und die jeweiligen Materialeinsätze als auch den gesamten Wertschöpfungsprozess umfassen muss. Vor dem Hintergrund der textilen Wertschöpfungskette mit hunderten von Akteuren in verschiedenen Ländern der Welt ist dieses Thema mit äußerst hoher Komplexität behaftet. Folglich befindet sich die Entwicklung und Umsetzung möglicher Indizes noch im Erstellungs- und Erprobungsprozess. Die Notwendigkeit der Bewertung und Messung wurde aber erkannt, denn „You can’t manage what you don’t measure“ (Kaplan und Norton 1996).

5 Zusammenfassung und Ausblick

Ausgangspunkt des vorliegenden Beitrags ist die Realisierung einer nachhaltigen Unternehmenstätigkeit in der Otto Group. Dabei stehen insbesondere die eingangs aufgeworfenen Ziele im Fokus des Beitrags: Die Identifikation zentraler Herausforderungen und das Aufzeigen strategischer Handlungsfelder im Nachhaltigkeitsmanagement der Otto Group. Darüber hinaus wird aufgezeigt, wie die Otto Group diese Herausforderungen überwindet und Maßnahmen der Nachhaltigkeit innerhalb und außerhalb des Konzerns umsetzt. Die Umsetzung und anschließende Evaluation der Maßnahmen bildet zugleich den Schwerpunkt des vorliegenden Beitrags.

Der Otto Group ist es gelungen, sowohl innerhalb als auch außerhalb des Konzerns Standards im Bereich Nachhaltigkeit zu setzen (vgl. Otto Group 2011c). Innerhalb des Konzerns konnten Herausforderungen, wie das Ausscheiden des Vorstandsvorsitzenden Dr. Michael Otto und die dezentrale Organisationsstruktur,u. a. mittels eines übergreifenden Programms „Kraft der Verantwortung" überwunden werden. Dabei wurde die Idee des Programms vom Vorstand persönlich in den einzelnen Konzerngesellschaften propagiert und vorgestellt. Damit werden die „Kräfte" der mehr als 53.000 Mitarbeiter mobilisiert, sodass mittlerweile schon mehr als 2700 Projekte von Mitarbeitern im Bereich Nachhaltigkeit initiiert werden konnten. Außerhalb des Konzerns hat es die Otto Group geschafft, Initiativen (mit)zu(be)gründen, die das Thema Nachhaltigkeit in der globalisierten Wertschöpfungskette umsetzen. Hier sind insbesondere „Cotton made in Africa" und „CPI2" zu nennen. Für beide Initiativen konnten auch Partner außerhalb der Otto Group akquiriert und begeistert werden.

Auch zukünftig wird sich das Nachhaltigkeitsmanagement der Otto Group sowohl intern als auch extern manifestieren. Intern wird es weiterhin darum gehen, das eigene Agieren, die eigene Wertschöpfung noch nachhaltiger auszurichten als ohnehin schon. Extern wird die Otto Group ihre Rolle als geschätzter Akteur des gesellschaftlichen Dialogs rund um Nachhaltigkeit auch zukünftig sehr ernst nehmen und über geeignete Iniativen und Dialogangebote an alle Stakeholder einen messbaren Beitrag zu einer nachhaltigen Entwicklung unserer Gesellschaft leisten.

Abschließend lässt sich festhalten, dass es der Otto Group trotz veränderter Rahmenbedingen, wie bspw. zunehmender (Preis-)Wettbewerb, Globalisierung der textilen Wertschöpfungskette und grundlegender Veränderung des Geschäftsmodells, gelungen ist, das Thema Nachhaltigkeit weiterhin im Einklang mit den ökonomischen Zielen auszubauen. Letztendlich muss aber betont werden, dass Nachhaltigkeit innerhalb der Otto Group erst durch die Mitarbeiter erfolgreich und „nachhaltig" umgesetzt wird. So lautet nicht nur der Titel des CR-Reports 2011, sondern auch die Devise, nach der täglich bis zu 53.000 Mitarbeiter des Otto Konzerns leben und arbeiten:

„Unsere Verantwortung: Nachhaltigkeit im Handel(n)."

Literatur

Ahlert D, Kenning P (2007) Handelsmarketing – Grundlagen der marktorientierten Führung von Handelsbetrieben. Springer, Berlin

Ahlert D, Große-Bölting K, Heinemann G, Rohlfing M (2006) Internationalsierung im Bekleidungseinzelhandel. Münster

Balderjahn I (2004) Nachhaltiges Marketing-Management – Möglichkeiten einer Umwelt- und sozialverträglichen Unternehmenspolitik. Lucius & Lucius, Stuttgart

Brock C, Blut M, Linzmajer M, Zimmer B (2011) F-Commerce and the crucial role of trust. Proceedings of the International Conference of Information Systems (ICIS)

CmiA - Cotton made in Africa (2012) http://www.cotton-made-in-africa.com. Zugegriffen: 11. Juni 2012

Deutscher Bundestag (1998) Konzept Nachhaltigkeit. Vom Leitbild zur Umsetzung. Deutscher Bundestag, Referat Öffentlichkeitsarbeit. Bonn

Doung Dinh HV (2011) Corporate Social Responsibility: Determinanten der Wahrnehmung, Wirkungsprozesse und Konsequenzen. Gabler Verlag, Wiesbaden

Eco Index (2012) http://www.ecoindexbeta.org/content/eco-framework. Zugegriffen: 18. Juni 2012

Eickhoff M (1997) Erfolgsforschung im Bekleidungseinzelhandel: eine empirische Analyse erfolgreicher Unternehmen im deutschen und US-amerikanischen Facheinzelhandel mit Oberbekleidung. In: Ahlert D (Hrsg.) Schriften zu Distribution und Handel, Bd. 23. Peter Lang, Frankfurt a. M

Heinemann G (2009) Der neue Online-Handel – Erfolgsfaktoren und Best Practices. Springer Gabler, Wiesbaden

Hult G, Tomas M (2011) Market-focused sustainability: market orientation plus!. J Acad Mark Sci 39(1):1–6

Kaplan RS, Norton DP (1996) The balanced scorecard-translating strategy into action. Harvard Business Review Press, Boston.

Kirchgeorg M (2004) Vom Öko-Controlling zum Nachhaltigkeits-Controlling mit Hilfe der Balanced Scorecard. In: Bensberg F, vom Broke J, Schultz MB (Hrsg) Trendberichte zum Controlling. Festschrift zum 60. Geburtstag von Prof. Dr. Heinz Lothar Grob. Physica, Heidelberg, S 371–391

Meffert H, Kirchgeorg M (1999) Ziele und Strategien des betrieblichen Umweltmanagements im Wandel. In: Meffert H (Hrsg) Marktorientierte Unternehmensführung im Wandel – Retrospektive und Perspektiven des Marketing. Dr. Th. Gabler Verlag, Wiesbaden

Meffert H, Burmann C, Kirchgeorg M (2012) Marketing – Grundlagen marktorientierter Unternehmensführung, 11. Aufl. Gabler Verlag, Wiesbaden

Otto Group (2011a) Die Kraft der Verantwortung, Geschäftsbericht 2010/2011. Hamburg.

Otto Group (2011b) White Paper Portrait Dr. Michael Otto. http://www.ottogroup.com/media/docs/de/Infomaterial/Whitepaper_Dr-Michael-Otto.pdf. Zugegriffen: 11. Juni 2012

Otto Group (2011c) Unsere Verantwortung: Nachhaltigkeit im Handel(n). Corporate Social Responsibility Report der Otto Group. Hamburg

Otto Group (2011d) Otto Group Trendstudie - Verbrauchervertrauen. Auf dem Weg zu einer neuen Wertekultur. http://www.ottogroup.com/media/docs/de/studien/Otto-Group-Trendstudie-2011-Verbrauchervertrauen.pdf. Zugegriffen: 30. Mai 2012

Rauch C (2012) Corporate Sustainable Branding: Ein empirischer Beitrag zum Markenerfolg öffentlich exponierter Unternehmen. Gabler Verlag, Wiesbaden

Schröder H (2005) Multichannel-Retailing: Marketing in Mehrkanalsystemen des Einzelhandels. Springer, Berlin

Steffen M (2001) Strategische Netzwerke für komplexe Konsumgüter am Beispiel der Industriellen Maßkonfektion. In: Ahlert D (Hrsg) Schriften zu Distribution und Handel, Bd. 34. Peter Lang, Frankfurt a. M

Sustainable Apparel Coalition (2012) http://www.apparelcoalition.org. Zugegriffen: 11. Juni 2012
TNS Infratest Studie (2009) Distanzhandel in Deutschland 2009 Berlin
TNS Infratest Studie (2011) Distanzhandel in Deutschland 2011. Berlin
World Commission on Environment and Development (1987) Our common future. Oxford, S 43

Prof. Dr. Christian Brock Seit Juni 2014 Inhaber des Lehrstuhls für ABWL: Marketing an der Universität Rostock. Davor war er Juniorprofessor an der privaten Zeppelin Universität in Friedrichshafen und Inhaber des Otto Group-Stiftungslehrstuhl für Service Marketing und Distanzhandel. Nach einer Ausbildung zum Industriekaufmann und anschließender Tätigkeit im Vertrieb der 3M-Loewe GmbH & Co. KG absolvierte Prof. Dr. Christian Brock das Studium der Betriebswirtschaftslehre mit den Schwerpunktfächern Distribution & Handel und Controlling an der Westfälischen Wilhelms-Universität Münster. Im Anschluss an das Studium promovierte er zum Thema Kundenzufriedenheit und Beschwerdemanagement. Die wissenschaftlichen Schwerpunkte liegen in den Bereichen Kundenzufriedenheit, Multikanalmanagement und Dienstleistungsmarketing.

Andreas Streubig, Otto (GmbH & Co KG) Hamburg Andreas Streubig wurde am 14. Mai 1968 geboren und ist seit 1993 für das weltweit größte Versandhandelsunternehmen, die Otto Group (Hamburg), tätig. Vier ganz unterschiedliche Stationen prägten die Laufbahn des studierten Mathematikers: Nach der Leitung diverser Vertriebsprojekte reorganisierte er ab 2001 in der 'Internen Unternehmensberatung' u. a. die Prozesse und Strukturen verschiedener Konzernunternehmen und war als Senior Manager Consulting auch für die operative Projektsteuerung der Geschäftsprozessoptimierung in der Hamburger Konzernzentrale zuständig.
Als Bereichsleiter 'Importsteuerung' verantwortete er ab Anfang 2005 die Steuerung der weltweiten Importorganisation der Otto Group in den wichtigsten Beschaffungsmärkten, bevor er im Juni 2007 die Position des Bereichsleiters "Umwelt- und Gesellschaftspolitik" übernahm. In dieser Funktion verantwortet er die Aktivitäten des Konzerns im Themenfeld 'Corporate Responsibility' (Unternehmensverantwortung). Andreas Streubig ist regelmäßig Gastredner auf Veranstaltungen im Textil- bzw. CR-Umfeld, er leitet den Arbeitskreis „Nachhaltigkeit in der Logistik" der Hamburger Logistikinitiative (LIHH) und das „Netzwerk Nachhaltigkeit" beim Bundesverband für Versandhandel (BVH). Darüber hinaus ist er Mitglied im Advisory Board von Social Accountability International (SAI) und im Board of Directors von Textile Exchange (TE).

Nachhaltigkeit in der Automobilindustrie

Innovationen als Schlüssel nachhaltiger Mobilität

Martin Koers

Inhaltsverzeichnis

Zusammenfassung

Der vorliegende Beitrag befasst sich mit dem Nachhaltigkeitskonzept der deutschen Automobilindustrie. Aufbauend auf den zentralen Herausforderungen wird das Verständnis der Nachhaltigkeit als Dreiklang aus ökologischer Verantwortung, ökonomischer Tragfähigkeit und sozialer Ausgewogenheit im Spannungsfeld unterschiedlicher Interessengruppen dargestellt. Es zeigt sich, dass Innovationen maßgeblich sind für die Sicherstellung von Nachhaltigkeit, da sie sowohl ökonomische als auch ökologische und soziale Ziele gleichermaßen erfüllen.

M. Koers (✉)
Verband der Automobilindustrie e.V., Behrenstr. 35, 10117 Berlin, Deutschland
E-Mail: koers@vda.de

H. Meffert et al. (Hrsg.), *Sustainable Marketing Management*,
DOI 10.1007/978-3-658-02437-6_18

1 Nachhaltigkeit als Voraussetzung profitablen Wachstums

1.1 Herausforderungen zukünftiger Mobilität

Mobilität ist ein Grundbedürfnis des Menschen und Voraussetzung unseres wirtschaftlichen Lebens. Sie lässt uns zur Arbeitsstätte kommen und Besorgungen machen, gewährleistet die Belieferung unserer Produktionsstätten und die Ausfuhr unserer Produkte, schafft Wachstum und Wohlstand. Durch Mobilität können sich Wirtschaftsstandorte vernetzen und den Austausch von Waren und Gütern in Gang bringen – auf dem Wasser, auf der Straße und Schiene sowie in der Luft.

Globale Entwicklungen wie Urbanisierung und die Mobilisierung großer, bevölkerungsreicher Staaten wie Brasilien, Indien und China zeigen jedoch neue Herausforderungen:

- Derzeit leben mehr als 7 Mrd. Menschen auf der Erde – und es werden täglich mehr. Dabei nimmt die Einwohnerzahl in ländlichen Regionen konstant ab, während die Einwohnerdichte in **Ballungsräumen** ansteigt. Allein im Großraum Mexico City leben mehr Menschen als in Norwegen, Schweden und Dänemark zusammen. In solchen Mega-Ballungsräumen sieht Mobilität ganz anders aus.
- Immer stärkere wirtschaftliche Verflechtungen in der Welt, steigender Wohlstand in **Schwellen- und Entwicklungsländern** und wachsender Welthandel werden mit größerem Verkehrsaufkommen einhergehen, andere Annahmen wären unrealistisch. Vor allem in den großen Schwellenländern, wie Indien und China mit ihrem enormen ökonomischen Wachstum, sind hohe Zuwächse im Güterverkehr und noch höhere im individuellen Personenverkehr zu erwarten.
- Der Pkw-Weltmarkt lag in 2013 bei 73 Mio. Neuwagen.[1] Bis 2020 wird er auf mehr als 90 Mio. Neuwagen zulegen. Das ist ein Zuwachs von gut einem Drittel. Während heute jeder zweite Deutsche ein Auto besitzt, ist der **Motorisierungsgrad** in vielen anderen Ländern noch sehr gering. China hat heute 52 Pkw je 1000 Einwohner, Indien 20 – verglichen mit 542 Autos je 1000 Einwohner in Deutschland. Allein in Peking werden täglich über 1000 Autos zugelassen. Selbst wenn die Motorisierung der Schwellenländer nicht auf das Niveau der Industrieländer wachsen sollte, wird es insgesamt mehr Autos geben, nicht weniger.
- Die Automobilindustrie ist somit nach wie vor eine **Wachstumsindustrie**, die globale Bedeutung des Automobils wird weiter zunehmen. Der Wunsch nach individueller Mobilität ist gewissermaßen ein Grundbedürfnis des Menschen und tritt vor allem immer dort deutlich zu Tage, wo marktwirtschaftliche Strukturen sich durchsetzen. 100 Jahre dauerte es, um den heutigen Bestand von weltweit 800 Mio. Fahrzeugen zu erreichen. Diese Zahl könnte sich in den nächsten 30 Jahren verdoppeln.

[1] Vgl. zu den im Artikel genannten Statistiken die regelmäßigen Publikationen des VDA, hier vor allem „Analysen zur Automobilkonjunktur 2012“ sowie „Tatsachen und Zahlen 2012“.

Kriterium	Wichtigkeit
Zuverlässigkeit	1,2
Aussehen	1,5
Anschaffungspreis	1,5
Kraftstoffverbrauch	1,5
Serienausstattung	1,6
Reparatur- und Wartungskosten	1,8
Ersatzteilversorgung	1,8
Nähe des Händlers	1,8
Lieferzeit	1,9
Umweltverträglichkeit	2,0

Abb. 1 Die 10 wichtigsten Kriterien beim Fahrzeugkauf im Jahr 2011; (1: sehr wichtig; 4: unwichtig). (Quelle: DAT)

- Mit dem Verkehr und der Wirtschaftskraft wächst jedoch die **Nachfrage nach Rohstoffen und Energieträgern**. Der steigende Energieverbrauch beschleunigt die Erschöpfung der weltweiten Erdölreserven. Auch besteht die Gefahr, dass der Klimawandel durch eine höhere CO_2-Konzentration in unserer Atmosphäre immens beschleunigt wird. Der europäische Straßenverkehr verursachte in 2012 laut UNFCC[2] ca. 18,6 % der europäischen Treibhausgasemissionen. Der Klimawandel und begrenzte Rohölreserven bedingen somit unabwendbar eine Strategie „weg vom Öl".
- Immer mehr kristallisiert sich die **Effizienz eines Fahrzeugs** auch zu einem zentralen Kaufkriterium heraus (vgl. DAT-Report 2012, S. 28). Dies vor allem durch weiter steigende Kraftstoffkosten und das damit knapper werdende Mobilitätsbudget des Bürgers. Die individuelle Rechnung an der Tankstelle führt zu einem Umdenken. Kunden achten darauf, dass ihr Auto effizient ist und auch ökologisch höchsten Anforderungen genügt. Die Menschen wollen weiterhin Auto fahren, aber bezahlbar und mit einem guten Gewissen (Abb. 1).

Eine Welt im Wandel stellt neue Anforderungen an die Mobilität von morgen. Mehr Verkehr und mehr Klimaschutz müssen gleichzeitig bewältigt werden. Die Mobilität als Motor für wirtschaftliches Wachstum zu erhalten und gleichzeitig Ressourcen und Klima zu schützen – das ist die Herausforderung.

[2] United Nations Framework Convention on Climate Change, UNFCC.

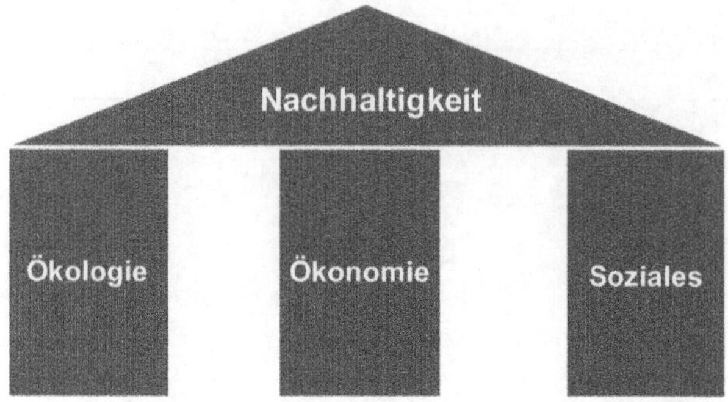

Abb. 2 Die drei Säulen der Nachhaltigkeit

1.2 Nachhaltigkeit als Dreiklang aus Ökologie, Ökonomie und sozialer Ausgewogenheit

Die deutsche Automobilindustrie hat es sich zur Aufgabe gemacht, Mobilität nachhaltig und zukunftsfähig zu gestalten. Der steigenden automobilen Nachfrage stehen die Interessen der nachfolgenden Generationen gegenüber. Auch sie haben ein Recht auf eine positive wirtschaftliche Entwicklung, sozialen Wohlstand und eine intakte Umwelt.

Dies hat bereits die Umweltorganisation der Vereinten Nationen im Jahre 1987 mit ihrer mittlerweile klassischen **Definition der Nachhaltigkeit** in ihrem Zukunftsbericht „Our Common Future" klargestellt: *„Nachhaltige Entwicklung ist eine Entwicklung, die den Bedürfnissen der heutigen Generation Rechnung trägt, ohne die Möglichkeiten zukünftiger Generationen zu gefährden, ihren eigenen Bedürfnissen nachzukommen."* [3]

Nachhaltigkeit berücksichtigt somit keinesfalls nur ökologische Aspekte, sondern beinhaltet immer eine ausgewogene Betrachtung von Ökologie, Ökonomie und Sozialaspekten. Ökonomische, ökologische und soziale Entwicklungen dürfen nicht voneinander getrennt oder gegeneinander ausgespielt werden: kein dauerhafter wirtschaftlicher und gesellschaftlicher Fortschritt ohne intakte Umwelt – keine intakte Umwelt ohne wirtschaftliche und gesellschaftliche Prosperität (vgl. auch Möbius 2012) (Abb. 2).

Die Automobilindustrie ist eine der wichtigsten **Stützen der deutschen Wirtschaft.** Mit einem Umsatz von über 360 Mrd. Euro ist heute mehr als jeder fünfte in Deutschland umgesetzte Euro in der Industrie auf die Automobilbranche zurückzuführen. Direkt und indirekt hängen rund fünf Millionen Arbeitsplätze am Automobil. Nahezu jeder Wirtschaftszweig ist an der Herstellung von Automobilen beteiligt wie beispielsweise die chemische Industrie beim Autolack oder die Elektroindustrie bei den elektrischen Fahrzeugkomponenten etc.

Plastischer als im Kontext der Eurokrise konnte man den Zusammenhang zwischen den Bereichen kaum aufzeigen: Wenn die Wirtschaft nicht wächst, sind finanzpolitische und soziale Probleme nur schwer in den Griff zu bekommen. Nur heute ökonomisch erfolgreiche Unternehmen haben die Mittel, um in Forschung und Entwicklung zu inves-

[3] United Nations Environment Programme (UNEP)

tieren und damit ökologische Produkte in den Markt zu bringen. Andererseits werden nur die Unternehmen künftig erfolgreich sein, welche zeitgemäße und ökologische Produkte zu angemessenen Preisen anbieten. Besteht hier kein Einklang, ist weder der Ökonomie noch der Ökologie gedient. Erfolgreicher Klimaschutz bedarf somit einer gesunden Wirtschaft!

2 Nachhaltigkeit im Spannungsfeld unterschiedlicher Anspruchsgruppen

Die Bekämpfung des Klimawandels und die Verringerung der Erdölabhängigkeit sind gesamtgesellschaftliche Aufgaben, zu denen die Automobilindustrie ihren Beitrag leistet. Die damit verbundenen Herausforderungen können aber nur durch ein sinnvolles und gemeinsames Vorgehen bewältigt werden. Hierzu sind inhaltlich fundierte Abstimmungen zwischen allen **Anspruchsgruppen** notwendig, um sozial und ökonomisch nachhaltig erreichbare Ziele zu definieren.

Erfolgreiches nachhaltiges Handeln als Gesamtkonzept von Ökologie, Ökonomie und Sozialaspekten bedingt somit, alle relevanten Anspruchsgruppen in eine ausgewogene Betrachtung einzubeziehen. Genau hier treten in der Realität jedoch häufig **Spannungen** auf (vgl. auch Abb. 3):

- Wir wollen alle Wirtschaftswachstum, aber wir wollen auch eine möglichst freie Autobahn.
- Wir schätzen die Einkaufsmöglichkeiten in der City, aber bitte ohne innerstädtischen Verkehr.
- Wir wollen bezahlbare Mobilität, aber keine Verlagerung von Arbeitsplätzen in Niedriglohnländer.
- Viele Menschen befürworten Ökostrom, aber kaum jemand will in seiner Umgebung Windräder oder Strommasten.
- Und der Wunsch der Deutschen nach einer Welt ohne Kernenergie ist sicher ebenso ausgeprägt wie der Wunsch nach geringeren Stromkosten.

Solche gegensätzlichen Erwartungen sind aus vielen Branchen und Bereichen bekannt. Kern solcher Diskrepanzen ist eine unterschiedliche Einschätzung ökonomischer, ökologischer und sozialer Notwendigkeiten. Widersprüche dieser Art können nur durch **Aufklärung und Diskussion** mit allen Anspruchsgruppen gelöst werden (siehe hierzu beispielhaft FAZ-Artikel „Tanz mit dem Teufel" vom 5.2.2013).

Im Kontext der Mobilität gilt es, die **Akzeptanz und Wertschätzung** der Automobilindustrie im Allgemeinen bzw. von Automobilen und Nutzfahrzeugen im Besonderen gegenüber allen Anspruchsgruppen zu verbessern. Denn das Image von Pkw und Lkw in der breiten Öffentlichkeit beeinflusst nicht zuletzt ihre Akzeptanz beispielsweise im all-

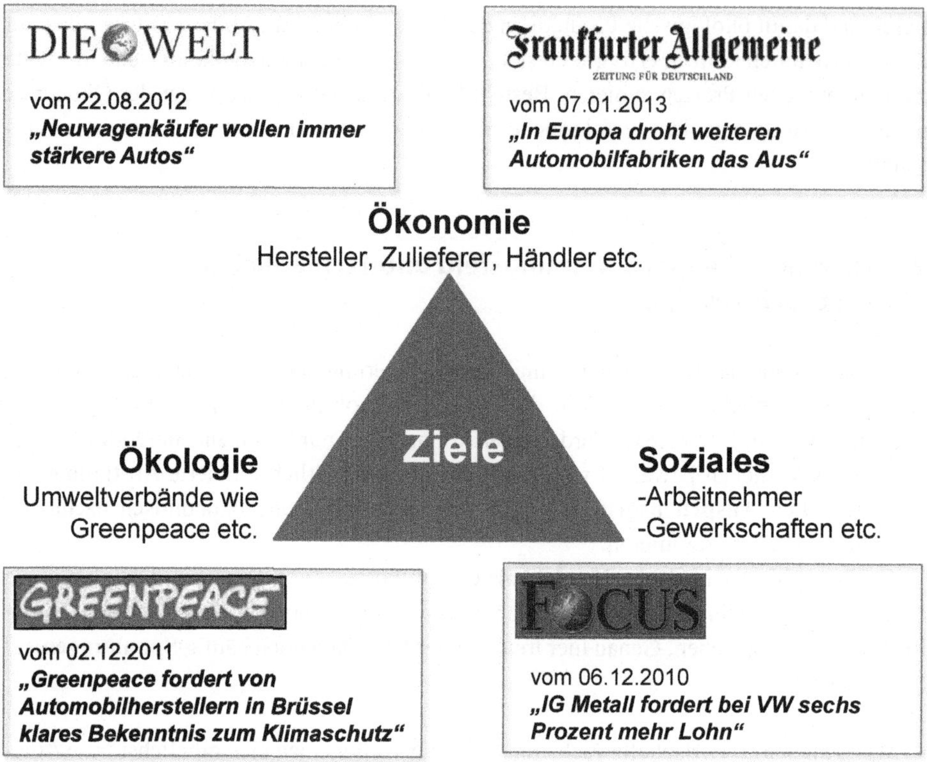

Abb. 3 Anspruchsgruppen der Nachhaltigkeit

täglichen Verhalten im Straßenverkehr, bei den noch immer bestehenden Vorurteilen bei den Umweltverbänden oder auch in der Politik. Die gesamte Branche verbindet daher das gemeinsame Interesse, das gesellschaftliche Verständnis für den Pkw und Lkw zu stärken (Abb. 4).

Wodurch aber lassen sich die unterschiedlichen Ziele der verschiedenen Anspruchsgruppen lösen? Können ökologische, ökonomische und soziale Ziele zugleich erfüllt werden? Oder konkreter: Ist es möglich, das Klima bei wachsender Mobilitätsnachfrage zu schonen? Ist es möglich, Wirtschaftswachstum und Klimaschutz gleichzeitig zu betreiben? Ist bezahlbare Mobilität unter Sicherung der Arbeitsplätze in Deutschland möglich?

Die Antwort auf all diese Fragen lautet „Innovation": Sie sichert ökonomischen Erfolg, schafft ökologische Lösungen und ist Voraussetzung für die Sicherung von Arbeitsplätzen am Standort Deutschland.

Frankfurter Allgemeine
ZEITUNG FÜR DEUTSCHLAND

Konferenz Auto 3.0

Tanz mit dem Teufel

Deutschland bewegt sich. Auch die Grünen. Das Auto ist schon lange nicht mehr das Feindbild Nummer 1 in den Köpfen der Öko-Partei. Das zeigte sich wieder einmal Ende vergangener Woche auf der Konferenz "Auto 3.0. Die Zukunft der Automobilindustrie". Eingeladen hatten die den Grünen nahestehende Heinrich-Böll-Stiftung und der Verband der Automobilindustrie (VDA). Das ist schon eine unerwartete Kooperation, und während der zweitägigen Veranstaltung in Berlin machte auch das Schlagwort vom "Tanz mit dem Teufel" die Runde; die Grünen, die mit zahlreichen Rednern und Diskutanten vertreten waren, mussten sich vorwerfen lassen, sie gingen auf Schmusekurs mit der Automobilindustrie.

Dem sei natürlich nicht so, sagte die Bundestagsabgeordnete Kerstin Andreae, Fraktionssprecherin der Grünen für Wirtschaftspolitik und Obfrau im Ausschuss für Wirtschaft und Technologie. Andreae, die als Realo gilt, bestätigte aber schon einen Mentalitätswechsel in ihrer Partei. Auch in Zukunft werde das Auto ein wichtiger Faktor für Deutschland bleiben, aber selbstverständlich müsse es grüner werden. Sie erneuerte die Forderung nach noch strengeren Grenzwerten für den CO2-Ausstoß, die 95 g/km, die für 2020 von der EU vorgesehen sind, seien zu wenig. Man müsse den Grenzwert noch auf 80 g/km drücken. Andere sprachen sogar von 70 g/km.

In einem gemeinsamen Statement hatten sich Matthias Wissmann, Präsident des VDA, und Ralf Fücks, Vorstand der Stiftung, durchaus auf gemeinsame Ziele geeinigt: Ein hohes Maß an individueller Mobilität und der Schutz der ökologischen Lebensgrundlagen, das seien die wichtigsten Aufgaben der Mobilität von morgen. Es müsse eine Brücke gebaut werden zwischen den ambitionierten umweltpolitischen Ziele und der Sicherung der internationalen Wettbewerbsfähigkeit der deutschen Automobilindustrie. Fücks sagte bei der Eröffnung des Kongresses, wer sich mit der Zukunft Deutschlands beschäftige, müsse auch über die Zukunft der Automobilindustrie nachdenken. Wissmann erwiderte, dass man voneinander lernen könne. Wenn auch in vielen Einzelfragen eben nicht Friede-Freude-Eierkuchen herrschte, einig war man sich, dass die Autoindustrie weg vom Öl müsse. Als Alternativen wurden neben den Zwischenschritten Hybridtechnik (am besten mit Plug-in) oder Erdgas natürlich auch die Brennstoffzelle genannt, die, ein Wasserstoff-Tankstellennetz vorausgesetzt, ein Autofahren so wie heute möglich machen würde (siehe Meldung auf dieser Seite). Und das ganz ohne Reichweitenproblem und lange Ladezeiten. Ob die Infrastruktur für Erdgas- oder Wasserstoff-Stationen staatlich gefördert werden sollte, blieb umstritten.

BORIS SCHMIDT

Abb. 4 Artikel aus FAZ, 05.02.2013

3 Innovationen als conditio sine qua non nachhaltiger Mobilität

3.1 Innovationen zur Schaffung ökonomischer Nachhaltigkeit

Die deutsche Automobilindustrie arbeitet mit Hochdruck daran, die Mobilitätskonzepte für Morgen zu entwickeln. In Deutschland wurde das Automobil vor über 100 Jahren erfunden und hier soll es auch immer wieder neu erfunden werden. Kritiker wenden ein, dass die Glühbirne auch nicht von Kerzenherstellern erfunden wurde und das Auto auch nicht von den Postkutschenbetreibern. Doch die Industrie am Standort Deutschland stellt sich mit größter Kraft eben diesem Anspruch, Mobilität immer wieder neu zu gestalten (vgl. auch Wissmann 2013).

Dass sich die deutsche Automobilindustrie diesem Ziel verpflichtet sieht, verdeutlicht ihr **Investitionsverhalten**. Keine andere Industrie in Deutschland investiert mehr Geld in Forschung und Entwicklung als die Automobilindustrie. Die FuE-Ausgaben der Branche betrugen in Deutschland in 2012 über 23 Mrd. Euro. Damit entfallen nahezu ein Drittel aller Forschungs- und Entwicklungsausgaben in Deutschland auf die Automobilindustrie.

Der Kern der Forschungs- und Entwicklungsaktivitäten liegt dabei derzeit in der Optimierung der Verbrennungsmotoren und der Entwicklung alternativer Antriebe.

In Folge dieser Forschungsintensität ist der deutsche Automobilsektor Weltmeister in der **Patentstatistik**, womit seine Rolle als Innovationsführer und Schlüsselbranche der deutschen Industrie und zugleich seine Zugehörigkeit zu den innovationskräftigsten Sektoren der Welt unterstrichen wird.

Ein wesentlicher Innovationstreiber ist das **Premiumsegment**. Denn gerade teure und komplexe (Umwelt-)Technologien werden meist zuerst in den oberen Fahrzeugklassen eingebaut, bevor sie – über Skaleneffekte – auch wirtschaftlich in Volumenmodellen eingesetzt werden. Dies zum einen, weil der technologische Anspruch der Kunden an Premiumprodukte deutlich über dem Durchschnitt liegt. Zum anderen, weil die äußerst kostenintensive Forschungs- und Entwicklungsarbeit entscheidend aus dem wirtschaftlichen Erfolg der Premiumfahrzeuge finanziert wird.

Premium ist dabei nicht mehr eine Frage von „Länge mal Höhe mal Breite", sondern vielmehr über Innovation und Qualität zu definieren. Folglich finden Kunden Premiumprodukte in allen Größenklassen. 80 % aller Premiumfahrzeuge weltweit tragen ein deutsches Markenzeichen. Warum haben deutsche Unternehmen einen so hohen Anteil von Premiumfahrzeugen in ihrem Sortiment? Erstens, weil sie technologisch und qualitativ diese hohe Leistung erbringen können, zweitens, weil diese Fahrzeuge gefragt sind – und zwar weltweit.

Dass die deutsche Automobilindustrie mit ihrem Innovationsverhalten und ihrer Premiumstrategie **ökonomisch nachhaltig erfolgreich** ist, lässt sich eindrucksvoll belegen.

So haben sich die deutschen Pkw-Exporte in den vergangenen 18 Jahren mehr als verdoppelt. Gleichzeitig hat sich die Auslandsproduktion verdreieinhalbfacht. Von den insgesamt 5,6 Mio. Premium-Pkw, die deutsche Hersteller 2013 weltweit produzierten, wurden nahezu 60% in Deutschland gefertigt.

Auch ein Vergleich innerhalb der europäischen Automobilnationen verdeutlicht anschaulich den Erfolg der deutschen Hersteller. Beim Vergleich der Pkw-Inlandsproduktion zwischen den Ländern Italien, Frankreich und Deutschland fällt auf, dass nur die Produktion in Deutschland im vergangenen Jahrzehnt zugenommen hat, während sie in Italien und Frankreich stark gesunken ist. Nicht zuletzt aufgrund der erfolgreichen deutschen Produkte weltweit und ihrer hohen Exportquote (3 von 4 in Deutschland produzierten Fahrzeugen werden exportiert) konnte der Produktionsstandort Deutschland gestärkt werden (Abb. 5).

3.2 Innovationen zur Sicherstellung ökologischer Nachhaltigkeit

Die Innovationskraft der deutschen Automobilindustrie kommt in hohem Maße dem Umweltschutz zugute. „Innovation" wird heute vielfach symbolhaft gleichgesetzt mit „Greenovation".

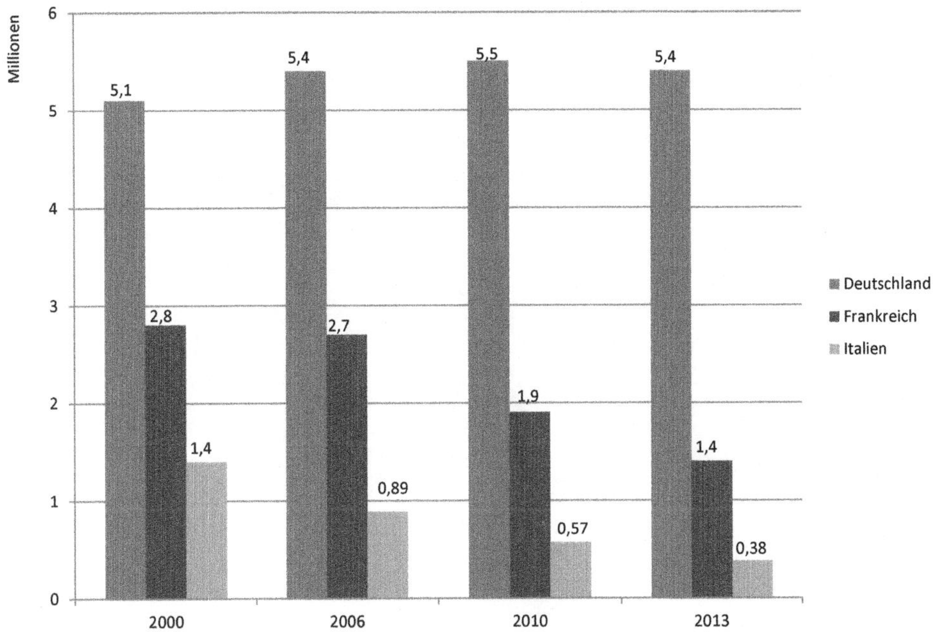

Abb. 5 Inlandsproduktion Pkw Deutschland im Vergleich zu Frankreich und Italien. (Quelle: VDA)

Das **Umwelt- und Klimaschutz-Konzept** der deutschen Hersteller und Zulieferer stützt sich auf eine Bandbreite unterschiedlicher Antriebsformen (vgl. auch VDA, Elektromobilität 2011). Denn niemand kann heute mit Sicherheit sagen, welche Antriebstechnologien sich letztlich durchsetzen werden. Die Innovationspolitik der Automobilhersteller folgt der sogenannten Fächerstrategie, die sich nicht nur auf eine Option konzentriert, sondern das gesamte Spektrum der technologischen Möglichkeiten nutzt: „Einsparen – Ergänzen – Ersetzen."

- **Einsparen:** Das Rückgrat der Mobilität wird noch sehr lange der Verbrennungsmotor sein. Ziel ist es, die konventionellen Antriebe noch einmal deutlich zu verbessern – bis Alternativen zu realistischen Preisen serienreif sind. Neue Motorengenerationen, forcierter Leichtbau, optimierte Getriebe und Antriebsstränge bis hin zum Einsatz von Leichtlaufreifen und verbesserter Aerodynamik werden den Kraftstoffverbrauch weiter mindern. Auch der Hybridantrieb – eine Kombination aus Elektro- und Verbrennungsmotor – wird ständig weiterentwickelt, um Kraftstoff zu sparen.
- **Ergänzen:** Die zweite Säule der Fächerstrategie ist die Ergänzung der herkömmlichen fossilen Kraftstoffarten durch alternative Kraftstoffe. Bedenkt man die globalen Erdgasreserven und sieht man die derzeitige Erdgasrevolution in den USA so ist davon auszugehen, dass Erdgas und Biomethan in Zukunft eine größere Rolle spielen werden.

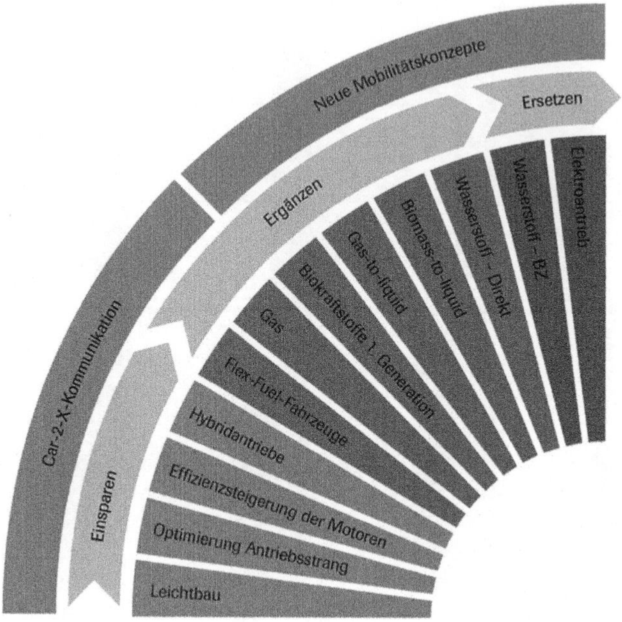

Abb. 6 Die Fächerstrategie der deutschen Automobilindustrie. (Quelle: VDA)

Darüber hinaus leisten Biokraftstoffe einen wichtigen Beitrag zum Klimaschutz und für die Versorgungssicherheit, weil sie helfen, die Abhängigkeit vom Öl zu reduzieren (Abb. 6).

- **Ersetzen:** Langfristig will die deutsche Automobilindustrie fossile Kraftstoffe ersetzen. Die Autos der Zukunft könnten mit Wasserstoff und Strom aus regenerativen Quellen fahren. Eine wesentliche Zukunftsoption ist das Elektrofahrzeug. Das elektrisch betriebene Fahrzeug wird mittelfristig vor allem auf kürzeren Strecken eine immer wichtigere Rolle spielen.

Um das gesamte Einsparpotenzial zu nutzen, muss nicht nur das Auto, sondern das gesamte Verkehrssystem effizienter werden. Deshalb arbeiten die Ingenieure der deutschen Zulieferer und Hersteller nicht nur an den Fahrzeugen, sondern entwickeln auch **neue Mobilitätskonzepte** wie Carsharing-Modelle und Vernetzungsmöglichkeiten mit anderen Verkehrsträgern (vgl. auch VDA, Vernetzung 2012). Digitale Vernetzung macht das Auto nicht nur intelligenter, sondern verändert zudem das gesamte Verkehrssystem. Der Informationsaustausch aller Verkehrsteilnehmer untereinander und die Vernetzung mit dem Internet und der Umwelt (Telematiklösungen mit **Car-2-X-Kommunikation**) sind ein gewaltiger Schritt hin zu einem ressourcen- und zeitsparenden Verkehr der Zukunft.

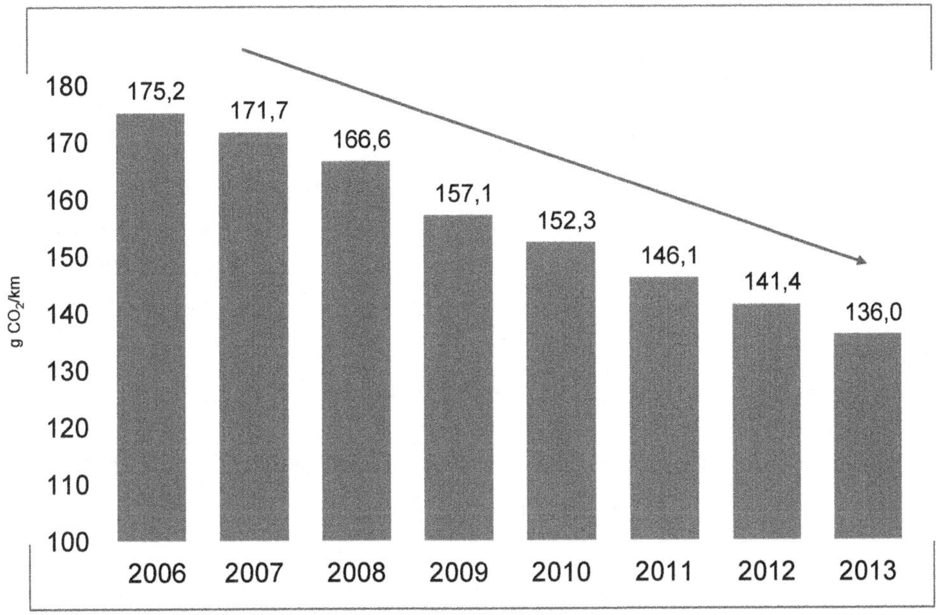

Abb. 7 Mittlerer CO_2-Ausstoß von Pkw deutscher Konzernmarken in Deutschland. (Quelle: VDA)

In diesem Zusammenhang wird auch vielfach von einer „digitalen Revolution im Automobil“ gesprochen.

Die bisherigen Innovationen haben substanzielle Verbesserungen bei der Fahrzeugherstellung, dem Kraftstoffverbrauch, den Fahrzeugemissionen und der umweltgerechten Verwertung von Fahrzeugen durch Recycling erzielt. Die Erfolge beim Kraftstoffverbrauch und damit beim CO_2-Ausstoß sind der Abb.7 zu entnehmen.

Die deutsche Automobilindustrie verfolgt konsequent ihren Kurs der nachhaltigen Mobilität und der CO_2-Minderung in allen Segmenten. Die deutschen Zulieferer und Hersteller produzieren keine einzelnen „Öko-Autos“, um damit kurzfristige Marketingerfolge zu feiern. Sie entwickeln vielmehr verbrauchsgünstige und klimafreundliche Fahrzeuge über die gesamte Modellpalette hinweg, ohne dabei Design, Komfort und markenspezifische Emotionen aus den Augen zu verlieren.

Dass „CO_2-Reduktion“ und „Fahrfreude“ kein Widerspruch sein muss, zeigt Abb. 8. Die Leistung von Pkw mit deutschem Konzernlogo ist auf dem deutschen Markt in den letzten elf Jahren um 19 % gestiegen; gleichzeitig ist aber auch der Durchschnittsverbrauch um 23 % gesunken. Pro Leistungseinheit wäre der Rückgang somit höher.

Weitere Einsparungen werden nochmals mit zunehmend höheren Investitionen und noch weitergehenden Innovationen verbunden sein, da für die Annäherung an die physikalischen Grenzen ein immer höherer Technologieeinsatz erforderlich ist. Diese Innovationen für den Klimaschutz müssen finanziert werden aus den heute erzielten ökomischen Erfolgen der Unternehmen.

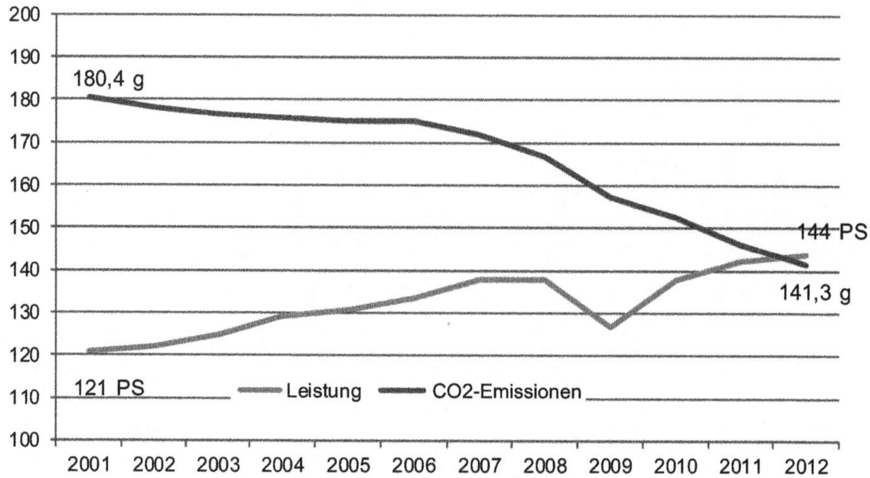

Abb. 8 Leistung und Verbrauch deutscher Hersteller. (Quelle: VDA)

3.3 Innovationen zur Gewährleistung sozialer Nachhaltigkeit

Auch für die soziale Nachhaltigkeit sind Innovationen unverzichtbar. Die deutsche Automobilindustrie – Hersteller und Zulieferer – beschäftigte Mitte 2014 nahezu 770.000 Menschen direkt in der Automobilindustrie (Stammbelegschaften). Hierbei spielen **Premiumfahrzeuge** mit ihren frühen Innovationen abermals eine wichtige Rolle, da sie Wertschöpfung und Beschäftigung am Standort Deutschland sichern:

- Über 50 % des gesamten Umsatzes der deutschen Pkw-Hersteller entfällt auf Premiumfahrzeuge. Ohne diese Produkte wäre ihr Umsatz in den letzten 10 Jahren nur halb so stark gestiegen und die Beschäftigung in der deutschen Automobilindustrie wäre zurückgegangen.
- In Deutschland sind in 2013 59 % aller gefertigten Fahrzeuge Premiumfahrzeuge. Zu Beginn des Jahrtausends lag der Premiumanteil der deutschen Inlandsfertigung noch bei nur 48 %. Premium schafft somit Arbeitsplätze in Deutschland.
- In Deutschland gebaute Premiumfahrzeuge sind weltweit gefragt. Zudem produziert die Automobilindustrie zunehmend auch im Ausland, besonders in den Wachstumsregionen wie China, Russland oder Indien. Somit beeinflusst die Nachfrage dieser Regionen auch die Produktentwicklung und Beschäftigung im Inland. Hier gilt noch immer die Faustregel: drei Arbeitsplätze im Ausland sichern einen Arbeitsplatz im Inland.

Premiumfahrzeuge können mittel- und langfristig auch in Ländern mit vergleichsweise **hohen Arbeitskosten** produziert werden. Insofern sichern Premiumfahrzeuge die soziale Nachhaltigkeit in Deutschland. Jede Diskriminierung dieser Modelle schadet somit dem Standort Deutschland und seinen Arbeitsplätzen.

Mit dem ökologischen Wandel im Automobilbau gehen aber auch neue Ansprüche an die **Qualifikationen** der Beschäftigten einher. Dies betrifft beispielsweise die Herstellung, aber auch die Wartung und Reparatur von Elektrofahrzeugen. Auch die zukünftigen Ingenieure müssen in den neuen und innovativen Technologien zu den internationalen Spitzenkräften zählen. Das geht nur, wenn die Hochschulen parallel zur Verbrennungsmotortechnik Studiengänge zu elektrischen Antriebstechnologien und Energiemanagement anbieten. Da Elektromobilität ein interdisziplinäres Modell darstellt, sind auch die Aus- und Weiterbildungsangebote in den Bereichen Material- und Werkstoffforschung (z. B. Karbon) oder der Informations- und Kommunikationstechnologien zu verbessern. Nur dann kann gewährleistet werden, dass sich die innovativen Verkehrskonzepte umsetzen lassen.

Die deutsche Automobilindustrie zählt zu den **beliebtesten Arbeitgebern** in Deutschland. Das zeigen regelmäßige Umfragen unter jungen Arbeitnehmern. Hersteller und Zulieferer liegen in der Gunst junger Wirtschaftswissenschaftler und Ingenieure weit vorn. Ob weltbekannter Konzern oder aufstrebender Mittelständler, die deutschen Hersteller und Zulieferer sind zuverlässige Arbeitgeber. Denn sie sind innovativ und global ausgerichtet. Die Job- und Karrieremöglichkeiten in der Automobilindustrie sind so vielfältig wie die auf dem Markt angebotenen Fahrzeuge.

4 Verlässliche Rahmenbedingungen durch die Politik

Aus unternehmerischer Sicht heißt Nachhaltigkeit, ökologische und soziale Aspekte in die ökonomische Aktivität uneingeschränkt miteinzubeziehen. Entsprechend muss sich aber auch die Politik anhand dieser drei Kriterien bewerten lassen, denn Nachhaltigkeit darf keine Einbahnstraße sein.

Natürlich sind Regulierungen notwendig. Sie schaffen – richtig gemacht – verlässliche Rahmenbedingungen und sind ein wichtiges Gestaltungselement der Politik. Dabei müssen aber politische Wünsche und ökonomische, ökologische sowie soziale Notwendigkeiten in Balance gehalten werden. Die Politik darf **keine populistische „Ad-Hoc-Agenda"** verfolgen, sondern muss ein vorhersehbares, tragfähiges Fundament politischer Rahmenbedingungen schaffen, welche den Erfolg der Automobilindustrie nachhaltig unterstützt. Einige Beispiele mögen diesen Sachverhalt veranschaulichen:

- Wenn es gelingt, unser Land zur Speerspitze der **Elektromobilität** als innovativer Technologie zu machen, dann profitieren alle: die beteiligten Unternehmen, der Wirtschaftsstandort Deutschland mit seinen Arbeitsplätzen sowie die Umwelt. Das Ziel der Bundesregierung lautet: eine Million Elektrofahrzeuge im Jahr 2020. Doch im Jahr 2013 waren es gerade einmal 6000 Fahrzeuge. Das zeigt: Gerade in der Startphase sind intelligente Rahmenbedingungen notwendig, um den Markthochlauf der Fahrzeuge zu unterstützen (z. B. öffentliche Beschaffungsprogramme oder Sonderprivilegien beim Fahren der Fahrzeuge wie etwa Erlaubnis zur Nutzung der Busspuren im Stadtverkehr etc.)

- Eine wesentliche Rahmenbedingung für den Verkehrssektor ist der Zustand der **Infrastruktur**. Ein gut ausgebautes und modernes Straßennetz ist Voraussetzung für fließenden, staufreien und damit CO_2-sparenden Verkehr. Leider haben die Investitionen in die Bundesfernstraßen nicht mit den gestiegenen Fahrleistungen Schritt gehalten. Diese Diskrepanz hat zu einer massiven Verschlechterung der Verkehrsverhältnisse – besonders auf den Autobahnen – geführt. Die Folge sind Staus, Mehrverbrauch an Kraftstoff und zusätzliche CO_2-Emissionen, die bei einem angepassten Infrastrukturausbau vermeidbar wären.
- Je älter der **Fahrzeugbestand** in Deutschland wird und je langsamer die Bestandserneuerung vorangeht, desto höher sind Kraftstoffverbrauch und CO_2-Ausstoß und desto geringer die positiven Effekte von effizienten, klimafreundlichen Neufahrzeugen auf die Umwelt. Die Politik ist somit gehalten, die Kaufkraft beim Kunden verlässlich zu erhalten bzw. zu stärken, um so die Möglichkeit der konsequenten Bestanderneuerung sicherzustellen.

Bei einer exportorientierten Industrie wie der deutschen Automobilindustrie muss zudem bei allen Regulierungen darauf hingewiesen werden, dass die Welt nicht nur aus Deutschland und Europa besteht. Die Energiepreise in Europa und den USA unterscheiden sich schon heute erheblich. Das trifft die Wettbewerbsfähigkeit der Industrie. Gleiches gilt für die europäische Klimaschutzpolitik. Auch diese zeichnet sich oft durch Alleingänge aus. Der Kampf gegen den Klimawandel funktioniert aber nur **international**, isolierte europäische Ziele machen wenig Sinn und sind zum Teil sogar kontraproduktiv.

Letztlich muss die Politik alle Legislativvorschläge stets auf deren Auswirkungen auf die **Wettbewerbsfähigkeit** des Standortes Deutschland und der Unternehmen prüfen. Es muss alles getan werden, um die Automobilindustrie als Motor für Innovation und damit Wachstum und Beschäftigung zu stärken. Nur wenn die europäische Industrie im internationalen Wettbewerb stark bleibt, kann sie die enormen Investitionen in neue umweltfreundliche Technologien stemmen. Eine Industrie, die drei von vier Autos, die sie in Deutschland produziert, in andere Länder exportiert, braucht offene Handelsgrenzen, braucht beherrschbare Energiekosten, eine kluge Steuerpolitik und eine Klimaschutzpolitik, die die Innovationskraft der Branche nicht stranguliert, sondern stimuliert.

5 Fazit

Eckpfeiler des Erfolges der deutschen Automobilindustrie ist ihre Innovationsfähigkeit, ihre immer wieder bewiesene Kraft, mit weltweiten Innovationen zu marktfähigen Preisen in den Markt zu kommen. Diese Innovationen stehen für ökologische Lösungen, schaffen ökonomische Prosperität und sichern Arbeitsplätze der Zukunft. Innovationen sind damit der Schlüssel für eine nachhaltige Mobilität. Die Herausforderung besteht darin, über die ökonomische Investitionskraft zu verfügen, um Innovationen sichern zu können. Hier hilft der deutschen Automobilindustrie ihre weltweite Positionierung – die sie von Nachfrageschwächen in einzelnen Regionen unabhängiger macht – sowie die konsequente Ausrichtung auf Premium. Die Politik ist aufgefordert, mit klug gesetzten Rahmenbedingungen den Dreiklang aus ökologischer Verantwortung, ökonomischer Tragfähigkeit und sozialer Ausgewogenheit für diese Entwicklungen sicherzustellen.

Literatur

Brundtland-Report (1987) Report of the world commission on environment and development: our common future

DAT-Report (2012) Sonderausgabe mit Autohaus 8/2012 (auch unter www.autohaus.de/dat-report)

Möbius B (2012) Herausforderung nachhaltiger Mobilität. Int Verk 64:18–19

o.V. (2012) Bedingt nachhaltig. Informationen aus dem Institut der deutschen Wirtschaft Köln 39:1–2

Schmidt B (2013) Tanz mit dem Teufel. FAZ-Artikel vom 5.2.2013

Verband der Automobilindustrie e. V. (VDA) (2011) Elektromobilität – Eine Alternative zum Öl

Verband der Automobilindustrie e. V. (VDA) (2012a) Analysen zur Automobilkonjunktur

Verband der Automobilindustrie e. V. (VDA) (2012b) Tatsachen und Zahlen

Verband der Automobilindustrie e. V. (VDA) (2012c) Vernetzung – Die digitale Revolution im Automobil

Wissmann M (2013) Innovationen - Kraftstoff der Automobilindustrie. In: Jahrbuch Innovation. Innovationstreiber für Wirtschaft, Wissenschaft, Politik und Gesellschaft

Dr. Martin Koers arbeitete nach dem Studium der Betriebswirtschaftslehre in Münster und Edinburgh zunächst am Institut für Marketing von Prof. Meffert. Nach seiner Promotion hatte er einen Lehrauftrag als Visiting Assistant Professor an der University of Illinois (USA) im Bereich „Branding and Communication“ inne, bevor er 2002 zur Marke Ford wechselte. Hier war er unter anderem als Vorstandsassistent, als Leiter einer Vertriebsregion sowie im Produktmarketing der Europa-Zentrale tätig. Seit November 2007 zeichnet er verantwortlich als Leiter Wirtschafts- und Klimaschutzpolitik im Verband der Automobilindustrie (VDA). Parallel dazu nimmt er einen Lehrauftrag an der Zeppelin University in Friedrichshafen wahr.

Transition Enabling auf nationaler und Unternehmensebene – ein Überblick unter besonderer Berücksichtigung der Bedeutung des Deutschen Nachhaltigkeitspreises

Jade Buddenberg, Johannes Buhl und Christa Liedtke

Inhaltsverzeichnis

unter Mitarbeit von Klaus Wiesen.

C. Liedtke (✉) · J. Buhl
Wuppertal Institut Klima, Umwelt, Energie GmbH, Döppersberg 19, 42103 Wuppertal, Deutschland
E-Mail: Christa.liedtke@wupperinst.org

J. Buddenberg
Collective Leadership Institute e.V., Eisenhartstraße 2, 14469 Potsdam, Deutschland
E-Mail: jade.buddenberg@collectiveleadership.com

H. Meffert et al. (Hrsg.), *Sustainable Marketing Management*,
DOI 10.1007/978-3-658-02437-6_19

Zusammenfassung

Wie können Nachhaltigkeitsstrategien von Ländern und Unternehmen in das Leben übersetzt werden? Der Transition Enabling-Ansatz beschreibt Prinzipien, um exploratives Lernen von nachhaltigen Lösungen für gesellschaftliche Veränderung zu ermöglichen. Mit Fokus auf die Akteursgruppe Unternehmen beleuchtet dieser Beitrag die dafür nötigen Rahmenbedingungen und Grundlagen. Dazu bedarf es Transition Enabling-Initiativen wie den Deutschen Nachhaltigkeitspreis (DNP), der die Kommunikation von Best-Practice-Beispielen unterstützt und durch Sichtbarkeit von Nachhaltigkeitserfolgen einen Anreiz für Transformationsprozesse stiftet. Das Potenzial von Transition Enabling ist weder auf nationaler, noch auf Unternehmensebene ausgeschöpft. Bezeichnend dafür zeigt diese Evaluation, dass der DNP durch eine kontinuierliche Weiterentwicklung seine eigene Transition leben und Lernprozesse im Sinne von Nachhaltigkeit vorantreiben kann.

1 Am Anfang stehen globale Herausforderungen

Die vielfältigen aktuellen wirtschaftlichen und ökosystemaren Krisen, sowie die zahlreichen sozialen Probleme haben eine tiefere Ursache in der Nichtbeachtung des Prinzips der Nachhaltigkeit (Bundesregierung 2012, S. 19). Nachhaltige Entwicklung bedeutet damit eine umfassende „Transition" zu nachhaltigeren Konsum- und Produktionssystemen (Marrakesch Prozess 2009, S. 6 f.). Diese Aufgabe *„erfordert das aktive Zusammenwirken von Gesellschaft und Staat"* (Bundesregierung 2012, S. 18). Unternehmen sind gesellschaftliche und strukturpolitische Akteure (Schneidewind 1998) und werden als bedeutungsvolle Handlungsgruppe in dem gesellschaftlichen Wandel zur Nachhaltigkeit benannt (EU Komm 2011, S. 3; Bundesregierung 2012; BMU 1992, S. 4). Einerseits verfügen sie über die notwendigen Ressourcen für eine „Transition" (Innovationskraft, Entscheidungsmacht und Kapital) und andererseits gestalten Unternehmen bisher aus der makrowirtschaftlichen Perspektive nicht-nachhaltige Produkt-Dienstleistungssysteme (Bringezu und Bleischwitz 2009; Rockström et al. 2009). Unternehmen sind neben den Konsumenten, den umgebenden Akteursgruppen und Strukturen zentraler Bestandteil des Produktions- und Konsumsystems, das selbst in Richtung Nachhaltigkeit transformiert werden muss (Action Plan 2008; Marrakesch Prozess 2009; SCP EU Komm 2010; WBGU 2010; WBCSD 2011).

Die Natur bietet einen begrenzten Umweltraum (Schmidt-Bleek 1994; Spangenberg 1995) und natürliche Ressourcen bedingen in ihrer Vielfalt die Funktionsfähigkeit des Wirtschaftssystems. „*Der Naturverbrauch in Deutschland beträgt im Durchschnitt etwa 70 Tonnen pro Einwohner und Jahr, ohne Wasser und Luft gerechnet.*“ (Schmidt-Bleek 2007, S. 44). Wenn dieser Umfang von Ressourcenverbrauch beibehalten oder gesteigert wird, wird mindestens das Äquivalent von 2,3 Planeten für die Fortführung unserer Lebensweise in 2050 gebraucht (WBCSD 2010, S. 3). Bevölkerungswachstum und steigernder Konsum wie die Übernahme ressourcenintensiver westlicher Lebensstile übt immer mehr Druck auf die Ökosysteme aus, die bereits zu 60 % übernutzt sind (EU Komm 2011, S. 3). Eine Destabilisierung, die extreme Umweltveränderungen mit katastrophalen Folgen begünstigt, zeichnet sich bereits ab (Rockström et al. 2009) (Abb. 1).

Um dieser Entwicklung entgegen zu wirken ist eine Reduktion der globalen Ressourcenextraktion um 80 % bzw. um den Faktor 5 in den nächsten 50 bis 100 Jahren (Bringezu und Bleischwitz 2009, S. 168) oder eine Steigerung der Ressourceneffizienz bis 2050 um das Vier- bis Zehnfache nötig (Schmidt-Bleek 1994, 2007; von Weizsäcker et al. 2009). Allerdings wird immer deutlicher, dass Effizienzmaßnahmen alleine nicht ausreichen (Schmidt-Bleek 1994, 2009), um diesen Herausforderungen zu begegnen. Eine Integration effizienter, konsistenter und suffizienter Nachhaltigkeitsstrategien (Schmidt-Bleek 1994; Paech 2006; Irrek 2012; Liedtke et al. 2012a) sowie die Beteiligung – für das jeweilig betrachtete System relevanter – Akteursgruppen (bspw. Liedtke et al. 2012b) der Gesellschaft wird für eine erfolgreiche Transition notwendig sein.

Dieser Beitrag soll die Rolle, Chancen und Herausforderungen der Akteursgruppe „Unternehmen“ in diesem Transition-Prozess beleuchten und zeigt einen Ansatz auf, das Potenzial von Unternehmen als „Transition Enablers“ zu erweitern, diese in ihrer Verantwortung zu stärken und für diesen Weg zu motivieren. Der Transition Enabling-Ansatz dient dabei als theoretisches Gerüst (Kapitel 2 „Entwicklungsstufen des Nachhaltigkeitsmanagements – Von der Betriebs- über die Markt- zur Gesellschaftsorientierung“) und führt zu der Diskussion von folgenden Fragen: Wie kann gesellschaftlicher Wandel in Richtung Nachhaltigkeit erzielt und vorangetrieben werden? Welche Rahmenbedingungen setzen staatliche Akteure auf nationaler Ebene? Dazu befasst sich der Beitrag (Kapitel 3 „Sustainable Marketing bei zunehmenden ökologischen Diskontinuitäten“) mit dem Wandel zur Nachhaltigkeit, für den es Veränderungsprozesse in allen Teilen und auf allen Ebenen der Gesellschaft bedarf (Geels 2002, 2010; Wuppertal Institut 2011; Baedeker 2012). Die Rahmenentwicklungen auf nationaler Ebene werden anhand der deutschen Nachhaltigkeitsstrategie aufgezeigt und Weiterentwicklungspotenziale aufgedeckt. Die Bedeutung der Rolle, die Unternehmen im Nachhaltigkeits-Management einnehmen wird ebenso deutlich wie der direkte Einfluss von Transition-Prozessen auf die Wirtschaft. Aber was bedeuten diese Veränderungen innerhalb der Gesellschaft, Wissenschaft und Politik für Unternehmen?

Der Fokus auf Transitionen auf Unternehmensebene (Kapitel 4 „Der Konsum der Verbraucher“) setzt sich mit Grundlagen für Organisationsentwicklungen auseinander, die einen erfolgreichen Wandel in Richtung Nachhaltigkeit ermöglichen. Basierend auf einer

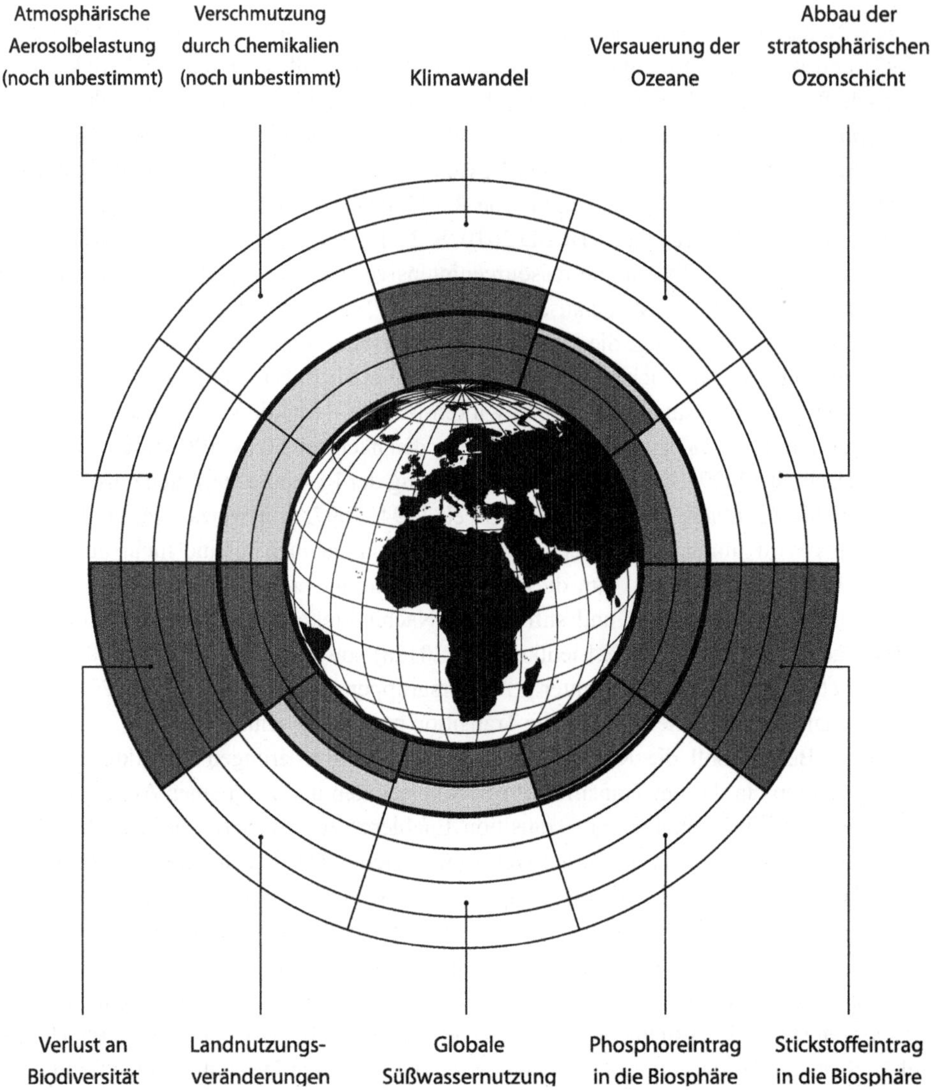

Abb. 1 Ökosysteme und planetarische Grenzen. (Quelle: nach (Rockström et al. 2009; BMBF 2012))

Fallstudienuntersuchung (Buddenberg 2012) erweist sich Kommunikation als ein Schlüsselthema in diesem Zusammenhang. Als nächstes führt der Beitrag die Transition-Ebenen „national" und „Unternehmen" zusammen, indem eine mögliche Initiative für die Umsetzung von Transitionen beleuchtet wird. Der Deutsche Nachhaltigkeitspreis (DNP) wird mit Ansatz und Methodik vorgestellt (Kapitel 5 „Wandel im Verbraucher- und Käuferverhalten"). Der DNP selbst ist als Lernprozess angelegt und stellt so auch einen Teil der gelebten Transition zur gesellschaftlichen Nachhaltigkeit dar. Dieser Entwicklungsweg wird anhand des Transition Enabling-Ansatzes des Wuppertal Instituts und seiner Kriterien (2011) deskriptiv bewertet, auch um mögliche Entwicklungspotenziale aufzuzeigen (Kapitel 6 „Rahmenbedingungen des Sustainable Marketing – Der Politische Wandel"). In der Zukunft wäre eine Evaluierung der Wirkungsweise des Preises selbst wie auch der Strategien der Preisträger vor und nach Erhalt des Preises interessant.

2 Gesellschaftliche Transformationsprozesse für Nachhaltigkeit

Ein Umbruch in den auf fossile Energieträger und nicht-erneuerbare Rohstoffe orientierten ökonomischen Systemen zeichnet sich international schon seit geraumer Zeit ab und wird oft als Beginn einer grundlegenden Veränderung zu einer nachhaltigeren Gesellschaft gedeutet (Schmidt-Bleek 2007; Rockström 2009; WBGU 2011). Hierbei werden in den letzten Jahren häufiger die Termini „Transition" und „Transformation" als Lösungsstrategie benannt, um in komplexen sozio-ökologischen Systemen (bewusst wird hier nicht von sozio-ökonomischen Systemen gesprochen) Gestaltungsoptionen und Handlungsstrategien explorativ zu entwickeln und schrittweise resilienz-orientiert umzusetzen (Folke 2002; SCP Action Plan 2008; Haxeltine und Seyfang 2009; Smith und Stirling 2010). Der Wissenschaftliche Beirat der Bundesregierung Globale Umweltveränderungen (WBGU) zum Beispiel nennt diese sich abzeichnende Entwicklung eine „Große **Transformation**" in Anlehnung an Karl Polanyis Beschreibung der Industriegesellschaftsbildung. Der Beirat erläutert: *„dass die erforderliche Transformation tiefgreifende Änderungen von Infrastrukturen, Produktionsprozessen, Regulierungssystemen und Lebensstilen sowie ein neues Zusammenspiel von Politik, Gesellschaft, Wissenschaft und Wirtschaft umfasst. Es gilt, vielfältige Pfadabhängigkeiten und Blockaden zu überwinden.*" (WGBU 2011, S. 1).

Transition ist ein der Transformationsdiskussion verwandter Begriff und steht ebenso im Zusammenhang mit Nachhaltiger Entwicklung – häufig werden diese sogar synonym verwandt. Die Definition beschreibt Transition als nicht linearen, systemischen Wandel in dominanter Kultur, Struktur und Praxis innerhalb einer Gesellschaft oder in einer spezifischen Arena (Loorbach 2010). Anstatt wie die Transformation eine Umwälzung zu einem fixen und geplanten neuen Zustand andeuten, sind Transitionen – wie in diesem Papier diskutiert – stufenweise Übergange von einer Phase zu einer anderen. Dieses Konzept erlaubt somit mehr Raum für Lernen und Experimentieren sowie mehr Resilienz im Angesicht der Komplexitäten auf dem Weg zu einer nachhaltigen Entwicklung (Wuppertal Institut 2011, S. 16).

Das Konzept von Transition ist in der Tradition von System-Denken verankert, das integrierte Ansätze verfolgt, um Verknüpfungen zwischen Systemen und Subsystemen zu erkennen und Anpassungsmöglichkeiten aufzeigt (Jäger 2007, S. 108). Transitionen für Nachhaltigkeit werden als gemeinsame Lernprozesse verstanden, die das Augenmerk auf langfristige und nachhaltige Lösungen werfen (Rotmans und Loorbach 2010, S. 140). Der zirkuläre und interaktive Charakter dieses Prozesses, des explorativen Lernens ist also

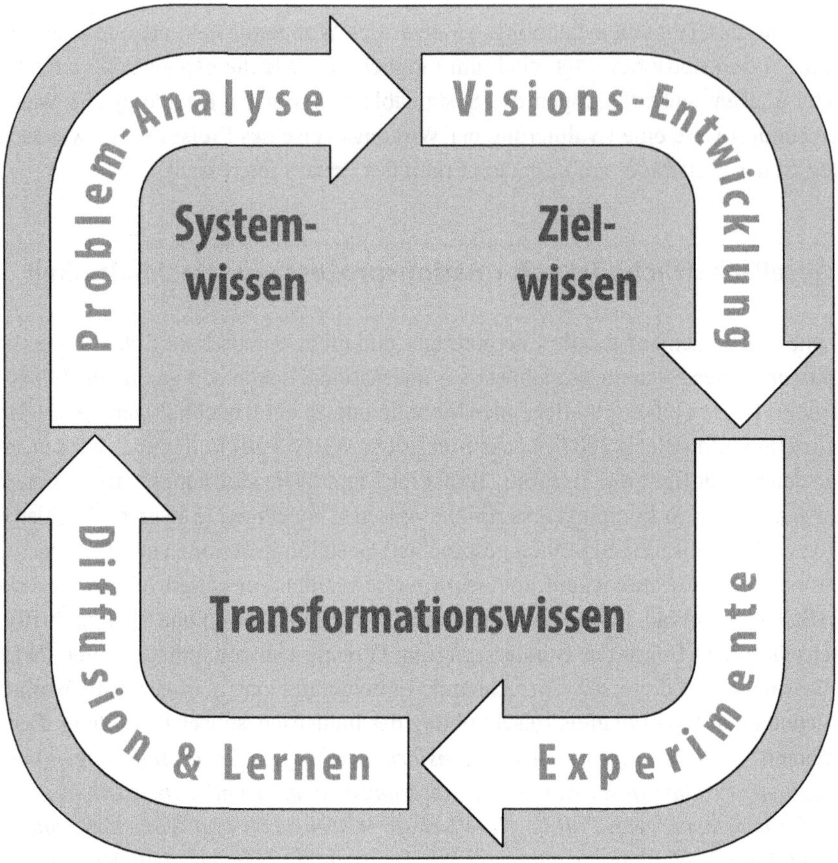

Abb. 2 Transition Enabling Cycle. (Quelle: (Wuppertal Institut 2011, S. 26) weiterentwickelt nach (Loorbach und Rotmans 2006))

von höchster Bedeutung für eine Veränderung und deren Gestaltung in Richtung Nachhaltigkeit (Wuppertal Institut 2011, S. 24; Stengel et al. 2008). Der darauf basierende „Transition Enabling Cycle" (Abb. 2) des Wuppertal Instituts entspricht einer Weiterentwicklung des Transition Management Cycles von Loorbach und Rotmans (2006) und hilft Druckpunkte im System zu erkennen, um den Weg für den Wandel zu einer nachhaltigeren Entwicklung zu finden.

Egal auf welches Subsystem einer Gesellschaft der „Transition Enabling Cycle" angewandt wird: er kann einen grundlegenden Beitrag für Wandlungsprozesse leisten. Der Transition-Ansatz gewährt eine Erörterung von den Applikationsfeldern eines Wandels zur Nachhaltigkeit und schafft über die Annahme und das erfahrbare Erproben von neuem System-, Ziel- und Transformationswissen neue Strukturen und Ressourcen, die angepasste soziale Routinen ermöglichen (Warde 2005; Jackson 2005). Hier seien als wichtige Explorationsorte und Erlebnisräume Städte und Unternehmen genannt, die ein großes Potential nachhaltiger soziotechnischer Innovationen in sich bergen (Wuppertal Institut 2011).

2.1 Transition Enabling

Um den Weg für Transitionen zu ebenen, werden in der Transition-Forschung Konzepte entwickelt, die den Pfad für Veränderungsprozesse explorieren und Impulse in gewollte Richtungen geben (Rotmans und Loorbach 2010, S. 140). Dies erfolgt durch das Organisieren von gemeinsamen Forschungs- und Lernprozessen mit dem Fokus auf langfristige und nachhaltige Lösungen. Der normative Wert eines Transition-Managements ist hoch, da suggeriert wird, dass „wir" eine bessere Welt erreichen können (Shove und Walker 2007, S. 1).

Der Schwerpunkt liegt daher darauf, Transition nicht zu „managen"[1], sondern Transition explorativ und resilient zu ermöglichen. Die Kunst, Transition zu befähigen ist, den Kontext für mögliche Transformationen zu erfassen und die richtigen Hebel und Impulse zu finden, um den Prozess in die gewünschte Richtung zu begleiten (Smith und Berkout 2005, S. 5). Um Veränderungen zu bewirken, bedarf es Akteuren (auch Change Agents genannt) die Transition-Prozesse anstoßen und mittragen. Ihnen muss jedoch die Entscheidungshoheit des Wie, Wann und Wo obliegen. Ansonsten werden solche Prozesse nicht akzeptiert und führen eben nicht zu einer Veränderung, die der Nachhaltigkeit förderlich ist (Stengel et al. 2008; Liedtke et al. 2012b). Zeit für Interaktion und gemeinsames Entwickeln ist also ein Schlüsselfaktor für einen erfolgreichen Veränderungsprozess, der zu neuen Routinen und Strukturen führt (Rotmans und Loorbach 2010, S. 145).

Das Wuppertal Institut hat Prinzipien für „**Transition Enabling**" entwickelt. Durch sie können Transitionen für Nachhaltigkeit aktiv und zusammen mit relevanten Stakeholdergruppen gestaltet werden (co-enabling) (Wuppertal Institut 2011, S. 17). Wichtig wiederum ist, dass die Prinzipien reflexiv sind und nicht durch klassische Steuerungsmechanismen, sondern an Hand von „Suchen, Lernen und Experimentieren" umgesetzt werden (Rotmans und Loorbach 2010, S. 147; Wuppertal Institut 2011, S. 22).

Prinzipien für „Transition Enabling" aus der Perspektive von Komplexen Systemen

- **Erschaffen einer Innovationskultur** – Strukturen um Vorreiter und Pioniere zu unterstützen, müssen gestärkt werden. Hierzu bedarf es einer Reihe von Innovationen und experimentellen Nuklei in der Gesellschaft die auch von der Wirtschaft umgesetzt werden (Liedtke et al. 2010), um eine Innovationskultur zu schaffen. Diese erlaubt radikalen Wandel und einen gesellschaftlich akzeptierten und somit erfolgreichen Implementationsprozess von Ideen der Innovatoren und Pioniere.

[1] Management als Begriff impliziert einen in komplexen Systemen irreführenden Optimismus von Kontrollmöglichkeit und Linearität von Ursache-Wirkungszusammenhängen wie Umsetzungsplanbarkeit.

- **Verstärken von Nischen:** Räume, sogenannte Transition-Arenen, und flexible Strukturen für Innovationen und experimentelles Lernen müssen geschaffen werden um dadurch Nischen-Entwicklungen voranzutreiben.
- **Fokus auf Vorreitern:** Vorreiter von Entwicklungsprozessen sind es, die Nischen erschließen können und deshalb ausschlaggebend für das Regime der allgemeinen Entwicklung sind. Vorreiter brauchen die nötige Kompetenz, um Fachkräfte im erfolgreichen Umgang mit komplexen sozialen Prozessen zu schulen. Ausbildung, Trainings und Bildungsinitiativen ermöglichen das.
- **Variation und Auswahl:** Eine Vielfalt von Entwicklungsprozessen die mehrere Innovationsmöglichkeiten aufzeigen sollte gefördert werden anstatt auf eine optimale Lösung zu setzen. Hierzu ist Fördern von experimentellem Lernen wichtig.
- **Schrittweiser radikaler Wandel**: Um eine Gegenreaktion zu vermeiden, ist es notwendig, Wandel Schritt für Schritt zu ermöglichen. Das System braucht Zeit, um Strukturen für die neuen Bedingungen zu schaffen (Rotmans und Loorbach 2010, S. 145).
- **Erfahrungswissen schaffen:** Handeln ist die Grundlage für das Sammeln von Systemwissen und Erfahrungen (Stengel et al. 2008; Liedtke et al. 2012b). Experimente können zum Vertiefen, Erweitern und Up-Scaling von Transition-Impulsen beitragen. Normaktivationsprozesse, die nach Abwägung der sozialen Kosten zu Handlungen bzw. Reaktionen führen, und diesen Prozess unterstützende Konzepte zur Kompetenzentwicklung, insbesondere der Gestaltungskompetenz (Probleme zu erkennen, Handlungsoptionen zu entwickeln, Veränderungen zu wollen und zu bewirken), sind zu integrierende Ansätze, um vom Wollen zum Handeln zu gelangen. Dies kann aber nur in realen Kontexten erprobt und erfahren werden. (Stengel et al. 2008; Liedtke und Welfens 2008).
- **Antizipation und Anpassung:** Erfolgreiches Transition Enabling verlangt die Vorbereitung von Zukunftstrends und Entwicklungen durch simultane und permanente Anpassung an das sich verändernde System (Stengel 2011; Baedeker 2012; Welfens et al. 2010).

Quelle: übersetzt, angepasst und zitiert nach Wuppertal Institut (2011, S. 22)

Transitionen sind evolutionäre Entwicklungen auf verschiedenen Ebenen, die nicht im klassischen Sinne gesteuert und gelenkt werden können (Loorbach und Rotmans 2006; Kemp et al. 2007). Der Frage nach der Initiierung und Steuerung einer Transition wird von dem beschriebenen Ansatz „Transition Enabling" (Wuppertal Institut 2011) deshalb weniger nachgegangen als eine Ermöglichung und Aktivierung von Transition-Impulsen – daher die Bezeichnung „Transition Enabling". Das Augenmerk richtet sich auf suchende Prozesse, die erlauben, das Erprobungsfeld explorativ und experimentell vozusondieren, bevor irreversible Strukturen geschaffen werden. Das ist einer der wichtigsten Aspekte, um eine resiliente Transformation zu erreichen, die an Veränderungen wächst anstatt daran zu zerbrechen. Resilienz und Veränderungen sind somit gleichrangige Faktoren in den systemischen Prozesses von Transitionen (Gunderson und Holling 2002; Rose 2011) – Enabling-Maßnahmen müssen beide mit einbeziehen.

3 Ein Rahmen für die Richtung von Transition-Prozessen: die deutsche Nachhaltigkeitsstrategie

Die Herausforderungen für die Weltgemeinschaft sind groß. 2050 müssen sich 9 Mrd. Menschen nachhaltig mit Nahrung, Wasser, Energie und Rohstoffen versorgen können. Bis 2015 sollen bereits die Millenniumsentwicklungsziele erreicht werden. (Bundesregierung 2012, S. 17)

Tab. 1 Übersicht über Indikatoren (vereinfacht) zur nachhaltigen Entwicklung auf nationaler Ebene. (Quelle: eigene Darstellung nach (Bundesregierung 2012))

Leitlinien	Schlüsselindikatoren
Generationengerechtigkeit	Ressourcen- und Energieproduktivität
	Treibhausgasemissionen
	Anteil erneuerbarer Energien am Energieverbrauch
	Flächeninanspruchnahme
	Artenvielfalt und Landschaftsqualität
	Staatsdefizit
	Bruttoanlageinvestitionen im Verhältnis zum BIP
	Private und öffentliche Ausgaben für F&E
	Bildungsgrad
Lebensqualität	Bruttoinlandsprodukt pro Kopf
	Mobilität (Transportintensität u. a.)
	Landbewirtschaftung (Ökologsicher Landbau u. a.)
	Luftqualität
	Gesundheit und Ernährung (Morbidität, Risikoverhalten)
	Kriminalität
Sozialer Zusammenhalt	Erwerbstätigenquote
	Ganztagsbetreuung für Kinder
	Gleichberechtigung (Verdienstabstand zwischen Frauen und Männern)
	Integration (Ausländer mit Schulabschluss)
Internationale Verantwortung	Entwicklungsausgaben an Bildung für Nachhaltige Entwicklung
	Importe aus Entwicklungsländern

Die deutsche Nachhaltigkeitsstrategie hat die Sicht auf eine nachhaltige Entwicklung in vier umfassende gesellschaftliche Zielbereiche zusammengefasst: Generationengerechtigkeit, Lebensqualität, sozialen Zusammenhalt und internationale Verantwortung. Diese sollen *„die integrierten und querschnittsbezogen Herausforderungen aus allen Dimensionen einer nachhaltigen Entwicklung darstellen.*" (Bundesregierung 2012, S. 24). Die dazu formulierten Managementregeln fokussieren die dargelegten Zieldefinitionen.

Um den Fortschritt der Umsetzung der deutschen Nachhaltigkeitsstrategie zu erfassen hat die Bundesregierung Indikatoren formuliert, die den vier Zielbereichen zusortiert sind, aber trotzdem dem Drei-Säulen-Verständnis von Nachhaltigkeit (Ökologie, Ökonomie, Soziales) folgen (siehe Tab. 1). Das Drei-Säulen-Modell der Nachhaltigkeit stellt drei vermeintlich systemisch gleichrangige Bereiche für eine nachhaltige Entwicklung separat dar. In der Realität wird eine systemische Integration selten erreicht als dem Primat des Ökonomischen zu folgen (Paech 2006). Unternehmen spielen dabei eine bedeutende Rolle, da sie in ihrer System- und Strukturlogik ihren Erfolg mehrheitlich am Ökonomischen orientieren. Wie also kann diese System- und Strukturlogik so an den Leitlinien

Generationengerechtigkeit, Lebensqualität, sozialem Zusammenhalt und internationaler Verantwortung ausgerichtet werden, dass dies zur Wettbewerbsfähigkeit nachhaltigerer Produkt- und Dienstleistungssysteme beiträgt? Bisher kommt es zu keiner übergreifenden Entlastung der Umwelt (vgl. Rockström et al. 2009; Bringezu und Bleischwitz 2009).

Notwendige Weiterentwicklung der deutschen Nachhaltigkeitsstrategie betreffen nicht nur die Systemintegration der angestrebten Ziele, sondern auch die zugehörigen Managementregeln und Indikatoren. Die Nachhaltigkeitsindikatoren des Statistischen Bundesamtes (siehe Tab. 1) versuchen auf der einen Seite, Dimensionen der Nachhaltigkeit vorzugeben, verharren dabei aber auf einem Set an Indikatoren, das nur bedingt in der Lage scheint, die Vielschichtigkeit und Komplexität etwa des Zieles „Lebensqualität" oder „Generationengerechtigkeit" in seiner Dynamik auch abzubilden.

Das Indikatorenset hinkt somit den Zielbereichen der deutschen Nachhaltigkeitsstrategie wie deren integrative Betrachtung hinterher. Dennoch, Indikatoren sind Teil eines gesellschaftlichen und unternehmerischen Lern- und Transition-Prozesses. Sie sind notwendig, um gesellschaftliche und unternehmerische Entwicklungen beobachten zu können, um auf deren Grundlage Ziele ausgeben zu können bzw. Maßnahmen zu ihren Gunsten bewerten zu können. Der Diskurs um eine neue Messung des Wohlstands jenseits des Bruttoinlandsproduktes (vgl. Stiglitz et al. 2009; Enquete 2012) oder die Integration von sozio-ökonomischen Aspekten in einen Ressourcenindikator[2] sind hierfür Beispiele.

Transitionsprozesse zu ermöglichen heißt auch, verschiedene Ebenen aus systemischer Perspektive zu integrieren – sprich die deutsche Nachhaltigkeitsstrategie mit den europäischen und internationalen Strategien (vgl. OECD 2011; EU Komm 2011; UNEP 2011) zu harmonisieren. Dadurch kann ein geeignetes institutionelles und gesellschaftliches Umfeld geschaffen werden, das einerseits konsensuale oder zumindest kompatible Vorstellungen und Visionen über die langfristig zu erreichenden Ziele entwickelt, und andererseits möglichst konkrete Pfade zur Erreichung dieser Ziele skizziert, gestaltet und erprobt. Lernen im Mehrebenenmodell – keine Ebene ist hier die Bestimmende – ist eine der zu leistenden Integrationsaufgaben, die eine strukturelle Rahmung und entsprechende Anreizsysteme benötigen. Das gilt für Unternehmen wie Wissenschaft und Haushalte bzw. andere gesellschaftliche Gruppen und Strukturen. Im Folgenden wird die Rolle von Unternehmen und ihr Selbstverständnis im Transition-Prozess behandelt (Abb. 3).

4 Transition für Nachhaltigkeit

4.1 Unternehmen als Change Agents – Beispiel: „Vision 2050" des WBCSD

Unternehmen spielen eine ausschlaggebende Rolle in der Transition zu Nachhaltigkeit (EU Komm 2011, S. 3; Bundesregierung 2012; BMU 1992, S. 4) auch weil sie einen

[2] Vgl. www.ressourcenpolitik.de.

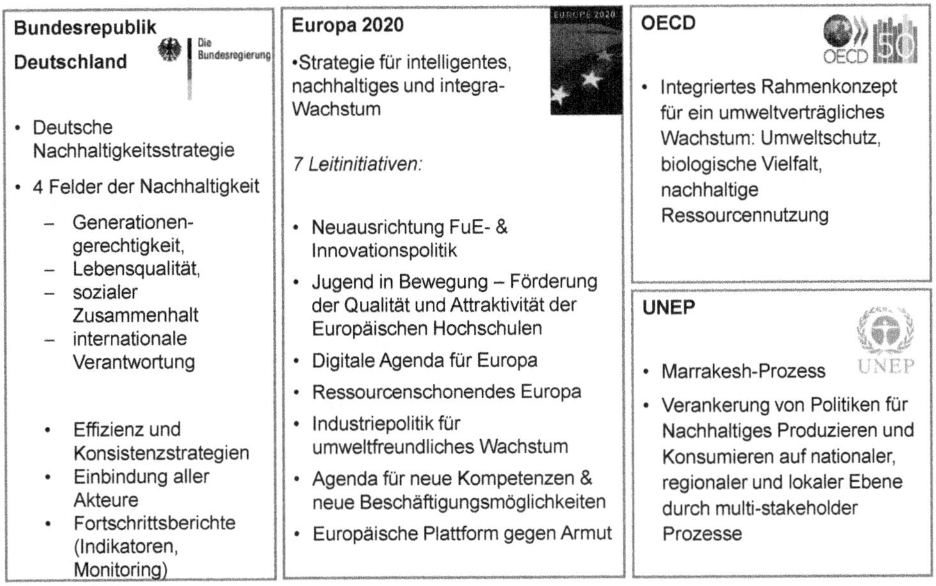

Abb. 3 Kernthemen der Nachhaltigsstrategien im Vergleich. (Quelle: eigene Darstellung nach (Bundesregierung 2012; EU Komm 2010; OECD 2011; UNEP 2011))

Wandel im Produktionssystem und zu gewissen Maße auch im Konsumsystem anstoßen können, der die Grundlage für nachhaltigeres Wirtschaften bildet (Marrakesch Prozess 2009; SCP Action Plan 2008, S. 1; EU 2020; WBGU 2011; WBCSD 2010). Viele Unternehmen stellen sich der Verantwortung, indem sie sich in Strategie- und Produktentwicklung an Nachhaltigkeit orientieren, Programme zu Corporate Social Responsibility (CSR) einführen und sich zu Netzwerken zusammenschließen um nachhaltiges Wirtschaften zu fördern (Becke 2010, S. 6, 7). Der World Business Council for Sustainable Development (WBCSD) – ein Zusammenschluss von mehr als 200 internationalen Unternehmen, der sich ausschließlich mit der Rolle von Unternehmen in der nachhaltigen Entwicklung befasst – hat eine „Vision 2050" entwickelt, in deren Mittelpunkt eine *„langfristige wirtschaftliche Entwicklung und das Wohlergehen der Menschen*" (WBCSD 2010, S. 8) steht.

Der WBCSD bezeichnet solche Unternehmen, die eine Transition für nachhaltige Entwicklung vorantreiben, als soziale Arbeitgeber, die Kreativität, Weiterbildung und Arbeitsplatzentstehung fördern. Daneben sind umweltbewusste Geschäftspraktiken Standard, die die Sicht nicht nur auf Material- und Energieverschwendung lenken, sondern auf Wiederverwertungskreisläufe auf qualitativ hohem Niveau bereits bei der Produktentwicklung achten und eher Upcycling als Downcycling im Fokus haben. Der Weg, um diese Vision zu erreichen, führt auch über neue kooperative Partnerschaften und mehr Zusammenarbeit zwischen Unternehmen mit der Politik, Universitäten und Nichtregierungsorganisationen. Der Aufbau von mehr Vertrauen und langfristiges Denken sind laut WBCSD notwendige Voraussetzungen, den Weg zur Vision 2050 zu gehen (WBCSD 2010, S. 11).

Die vom WBCSD definierten Ziele „Entscheidende Schritte" (WBCSD 2010, S. 2):[3]

- „die Auseinandersetzung mit den Entwicklungsbedürfnissen von Milliarden Menschen, Förderung von Bildung und wirtschaftlicher Emanzipation – vor allem von Frauen – und die Entwicklung von umweltschonenden Lösungen, Lebensweisen und Verhaltensweisen;
- die Berücksichtigung der Kosten externer Faktoren, beginnend mit CO_2, Ökosystemdienstleistungen und Wasser;
- die Verdoppelung des landwirtschaftlichen Ertrags bei gleich bleibender Fläche und Wassermenge;
- die Beendigung von Abholzung und die Ertragssteigerung bei künstlichen Wäldern;
- die Halbierung der globalen CO_2- Emissionen bis 2050 (gegenüber 2005), und sinkende Treibhausgasemissionen nach einem Höhepunkt 2020 durch Umstieg auf klimaschonende Energiesysteme und massiv erhöhte nachfrageseitige Energieeffizienz;
- die weltweite Verfügbarkeit klimaschonender Mobilität;
- eine vier bis zehn Mal effizientere Nutzung von Roh- und Werkstoffen."

Die Vision 2050 des WBCSD geht von einer Transition aus, die eine grundlegende Veränderung von Unternehmen als Organisationen erfordert. Ein klarer wettbewerblicher Vorteil ergibt sich laut WBCSD für Unternehmen, die ihr Kerngeschäft beim Lösen von großen globalen Herausforderungen aktiv einbringen. Die Unternehmen, die in den neuen Marktbedingungen überleben oder neu gegründet werden, sind flexibler und können mit Veränderungen besser umgehen (WBCSD 2011, S. 9). Zu den neuen Marktbedingungen gehören auch die steigenden gesellschaftlichen Anforderungen an Unternehmen, moralische Verantwortung ihre ökologischen Fußabdrücke minimal zu halten und somit zu einer Generationsgerechtigkeit im Sinne von nachhaltiger Entwicklung mitzuwirken (Shrivastava und Hart 1995, S. 156). Nachhaltigkeit ist mit einer normativen Ausrichtung von gesellschaftlicher Verantwortung eine attraktive Basis für eine Unternehmensvision (Becke 2010, S. 4).

4.2 Transition auf Unternehmensebene

> Wenn Unternehmen verantwortungsvoll handeln, hilft das nicht nur Umwelt und Gesellschaft, sondern auch den Unternehmen selbst. Denn wirtschaftlicher Erfolg und Nachhaltigkeit gehören zusammen. (Bundesarbeitsministerin Ursula von der Leyen[4])

Auch die Theorie im Sinne einer Nachhaltigkeitstransition schreibt Unternehmen eine wichtige Rolle im gesellschaftlichen Wandel zu. Unternehmen gelten als „Transforma-

[3] Die einzelnen Ziele werden hier nur zitiert. Es erfolgt keine Diskussion und kritische Reflektion der einzelnen Ziele bzw. deren Auswahl oder Zusammensetzung, da der Artikel eine andere Zielrichtung fokussiert und allein dargelegt werden soll, dass Unternehmen Nachhaltigkeitsziele erarbeiten.

[4] Zitiert auf der Webseite des BMAS: http://www.bmas.de/DE/Service/Presse/Pressemitteilungen/csr-preis-bundesregierung-bewerbungsphase.html;jsessionid=FE8F7AB619103C80F5B85C28F4166C26, Zugriff am 03.10.2012.

toren", die Anstöße im gesamten System bewirken (Düring und Wöhl 2002). Unternehmen können eine positive gesellschaftliche Kraft und in Anbetracht der Komplexität einer Transition für nachhaltige Entwicklung bedarf es Organisationen, die die Gesamtintelligenz des Systems fördern (Senge 2008, S. 167) – wie aber werden Unternehmen eine solch positive Kraft? Das Augenmerk liegt auf Organisationsentwicklung und Transformationsprozessen – also Wandel in Unternehmen selber. Tiefgreifender Organisationswandel ist erforderlich, um mit Hilfe von Nachhaltigkeitsstrategien im Interesse von Unternehmen ihren längerfristigen Erfolg zu fördern (Becke 2010, S. 7). Außerdem können Wirtschaftsakteure hiermit ihrer Verantwortung gegenüber der gesellschaftlichen Entwicklung gerecht werden (wie es schon Erhard (1964, S. 222) oder Keynes (1963, S. 369 f.) formulierten, ist die Wirtschaft hier Mittel zum Zweck).

Unternehmen sind keine unabhängigen Organisationsstrukturen. Sie existieren in Verbindung mit und innerhalb anderer gesellschaftlicher Systeme (Branche, Gesamt-Wirtschaft, Bildung, Wissenschaft, Konsumenten/innen, Politik) auf unterschiedlichen Ebenen (lokal, regional, national, global), die ihre eigenen Dynamiken und Komplexitäten aufweisen. Wechselwirkungen zwischen Systemen bedeuten Auswirkungen auf die Unternehmen, aber auch ihre Möglichkeit der Einflussnahme und des Mitgestaltens. Wie Unternehmen in Zukunft mit den gesamtgesellschaftlichen Entwicklungen umgehen und ob sie sich aktiv in die Entwicklung von ihren verknüpften Systemen einbringen, ist von hoher Bedeutung im Rahmen der Nachhaltigkeitsdebatte und folglich dem Feld von Sustainable Marketing Management.

Nach systemtheoretischen Ansätzen findet Wandel in Organisationen laufend an der Schnittstelle zwischen System (die Beziehungen zwischen Organisationseinheiten) und Umwelt (Beziehungen im Umfeld der Organisation) statt (Willke 2005). Dabei zielt der Wandel nicht auf das menschliche Verhalten, sondern auf die Verstärkung von Lernprozessen und Selbst-Organisation in Entscheidungsstrukturen (Schildknecht 1998; Kristof 2010). Unternehmen werden demnach als eine Form von Organisation verstanden, die sich in Wechselwirkung mit ihrer Umwelt stets verändert und dabei auch die Netzwerke der umgebenden Systeme verändert (Willke 1996, 2005; Luhmann 2005; Senge 2008). Solche Veränderungsprozesse machen Unternehmen resilienter indem die Anpassungsfähigkeit an unvorhersehbare Problemstellungen steigt und der Organisation ermöglicht, komplexe Herausforderungen wie z. B., Rohstoffknappheiten, -konkurrenzen, soziale Konflikte oder demografischen Wandel zu meistern.

Systemtheoretische Ansätze sehen sogar eine Abhängigkeit von Wandel in Unternehmen, was den geschäftlichen Erfolg bestimmt. Einerseits ist Wandel mit Risiko verbunden, andererseits wird das Risiko der Nicht-Veränderung zu oft unterschätzt (Luhmann 2005, S. 413–414). Change Management wird immer wichtiger und die Forschung belegt, dass in Zukunft der Erfolg von Unternehmen maßgeblich von ihrer Änderungsfähigkeit abhängen wird (Krüger 2006, S. 32). Aus einer Systemperspektive bedeutet die Bewältigung von Komplexität, zu lernen die Geschwindigkeit des Wandels an Bedürfnisse von Stabilität und Veränderung wie auch an Kompetenzvermögen der beteiligten Akteure anzupassen. Wandel und Stabilität stützen sich in dieser Hinsicht gegenseitig.

4.3 Grundlagen für Transformationsprozesse in Unternehmen

Erfolgreicher Wandel baut demnach auf die Fähigkeit des Lernens auf. Unternehmen sind aus systemtheoretischer Sicht soziale Organisationen die zu „Lernenden Organisationen“ (Senge 2008) werden, indem sie Veränderungen in ihrem Umfeld bewusst wahrnehmen und sich mit diesen weiterentwickeln. Der Lernprozess bedarf also eines fundierten Verständnisses von Systemzusammenhängen und Feedbackprozessen zwischen der Unternehmensorganisation und deren Umwelt. Diese Eigenschaft wird auch System-Intelligenz genannt und umschreibt die Fähigkeit, das „System zu sehen“ (Senge 2008, S. 334). Die Kompetenz, das System zu sehen, bedeutet für Unternehmen zwei Vorteile: sie schafft Räume des Lernens in der Organisation und kann positive Impulse für eine Förderung der Intelligenz des gesamten Systems setzen (Senge 2008, S. 167). Letztlich ist Reflexivität wichtig, um die Lernerkenntnisse und das Systemwissen aktiv in Struktur und Ressourcen umzusetzen (Giddens 1984). Die Organisationsentwicklung ist somit ein fortlaufender Prozess, der über das Reagieren hinausgeht und dafür reflexiv verläuft.

Globale Veränderung zu erkennen und die Organisationsentwicklung mit den daraus resultierenden systemischen Herausforderungen abzugleichen, ist also grundlegend für das mittel- bis langfristige Überleben eines Unternehmens. In der Praxis zeigt sich jedoch, dass mehr als zwei Drittel der Unternehmen erst auf Entwicklungen reagieren, wenn ihr Profit einbricht (Lauer 2010). Ein Wandel der Unternehmenslandschaft zu lernenden, intelligenten und reflexiven Organisationen bleibt somit eine Herausforderung, der sich viele Unternehmen noch nicht stellen. Wenn Unternehmen die Herausforderung jedoch annehmen, können sie Transformatoren für eine nachhaltige Gesellschaft sein und im Prozess die eigene Organisation und Nachhaltigkeit kooperativ mit anderen gesellschaftlichen Subsystemen weiterentwickeln.

Es gibt bereits positive Beispiele für Unternehmen, die sich erfolgreich im Sinne der Nachhaltigkeit entfalten. Eine Fallstudie zweier deutscher Unternehmen, die vom Deutschen Nachhaltigkeitspreis ausgezeichnet wurden, hebt grundlegende Erfolgsfaktoren hervor, die sich im organisationalen Wandel zum Ziel von Nachhaltigkeit als entscheidend erweisen (Buddenberg 2012). Grundsätzlich sind eine überzeugende Unternehmensvision und eine ausgeprägte Unternehmensidentität von hoher Bedeutung. Feste Unternehmenswerte (corporate values), die in die Entscheidungsstrukturen eingebettet sind, schaffen ein solides Selbstverständnis und verbessern den Umgang mit Veränderung, Unsicherheiten und Komplexität. Für die Verankerung in der Organisationsstruktur ist die Kommunikation dieser Werte ausschlaggebend. Die Formulierung einer Nachhaltigkeitsvisionen eignet sich besonders, um unternehmensumfassende und langfristige Unternehmenswerte zu finden und sie intern sowie extern zu kommunizieren. Verankert in der Entscheidungsstruktur stiften solche Werte Halt und Orientierung für Entscheidungen auf allen Ebenen.

Um Grundlagen für die Organisationsentwicklung in Richtung Nachhaltigkeit abzuleiten, sind die Ergebnisse zweier Fallstudien zu diesem Thema (Buddenberg 2012) in Abb. 4 zusammengefasst.

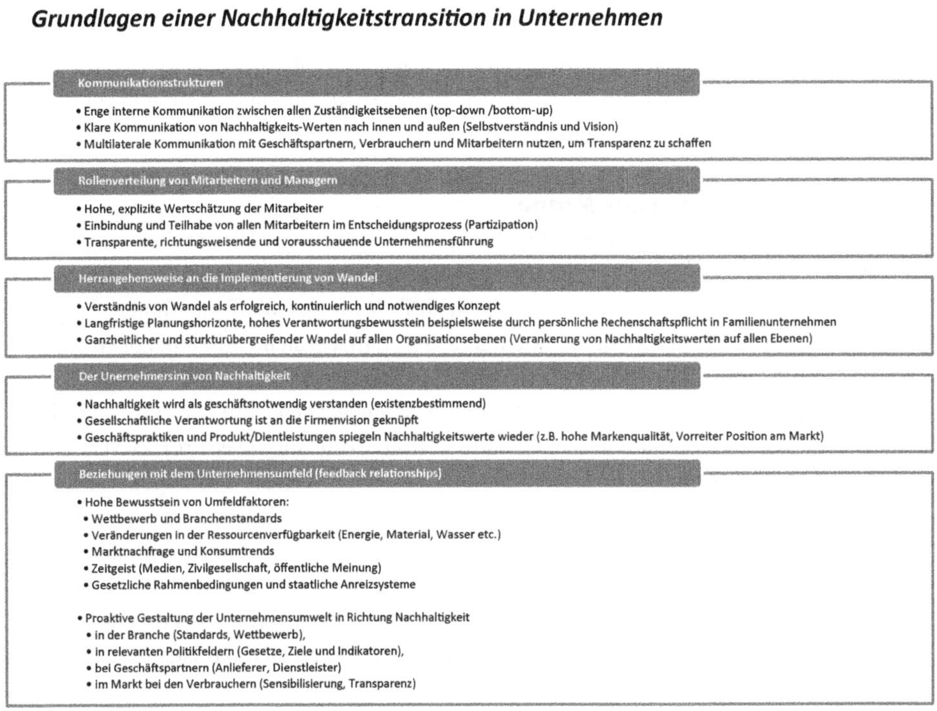

Abb. 4 Grundlagen einer Nachhaltigkeitstransition in Unternehmen. (Quelle: Buddenberg 2012, S. 91)

4.3.1 Rollenverteilung von Mitarbeitern

Eine klare Definition von Zuständigkeiten für eine Umsetzung von Organisationsentwicklung (Vision, Nachhaltigkeitsstrategie, Change Management) verschafft Transparenz und klare Entscheidungsstrukturen. Lösungsansätze von Unternehmen sind unterschiedlich: Beispielsweise wird ein Nachhaltigkeitsrat berufen oder ein Nachhaltigkeitsbeauftragter eingesetzt – je nach Präferenz des Unternehmens. Erfolg verspricht vor allem eine ganzheitliche Aufnahme von Nachhaltigkeit als Unternehmenswert in der gesamten Organisation. Um Wandel unternehmensweit umzusetzen, bedarf es der Einbindung und der Teilhabe von Mitarbeitern auf allen Verantwortungsebenen und Bereichen des Unternehmens.

Bezeichnend für eine funktionierende Einbindung von Mitarbeitern ist, wenn sowohl der Leiter der Kommunikationsabteilung sowie der Lagerarbeiter die Bedeutung von Nachhaltigkeit für das gesamte Unternehmen beschreiben können und darüber gerne und selbstsicher Auskunft geben. Weiter ist das Verständnis eines jeden Mitarbeiters zu persönlichen Aufgaben in der Organisationsentwicklung in Richtung Nachhaltigkeit von Bedeutung. Hohe Wertschätzung und Entscheidungseinbindung von Seiten des Managements gegenüber der Belegschaft geht hiermit Hand in Hand. Hohe Sicherheitsstandards am Arbeitsplatz, faire Bezahlung und gute Arbeitsbedingungen drücken hohe Wertschätzung aus. Zuständigkeitsdiffusion ist für die Umsetzung einer Transition in Richtung Nachhaltigkeit auf Unternehmensebene entscheidend. Gleichzeitig bleibt die Rolle der Topmanager besonders ausschlaggebend, weil eine richtungsweisende Unternehmensstrategie ein notwendiger Rahmen für Unternehmensentwicklung bleibt.

4.3.2 Ansatz in Bezug auf Wandel

Im Lernprozess der Organisationsentwicklung erweist sich das Verständnis von Wandel als wesentlich. Wenn Wandel im Unternehmen als positiv bewertet wird oder sogar als eine Voraussetzung für langfristigen Erfolg, schafft das Raum für Transitionen. Des Weiteren ist ein ganzheitlicher Ansatz, in dem alle Geschäftsbereiche miteinbezogen werden, im Sinne von Transition Enabling. Außerdem trägt eine ganzheitliche Sichtweise dazu bei, dass Wandel als ein immerwährender Lernprozess angesehen wird. So wird die Unternehmensentwicklung in Richtung Nachhaltigkeit als fortwährendes Projekt verstanden, wodurch Ziele, Maßnahmen und Indikatoren immer neu geprüft und angepasst werden können. Dementsprechend werden Planungshorizonte weiter gefasst, was längerfristige und verantwortungsvolle Strategieplanungen von Unternehmen ermöglicht. Die Unternehmensführung durch die Inhaber selber verstärkt letzteres. Die untrennbare Verantwortlichkeit der Inhaber für die Zukunft des Unternehmens schafft Transparenz und Rechenschaftspflicht, die für Mitarbeiter, Kunden und Öffentlichkeit sichtbar ist.

4.3.3 Verständnis von Nachhaltigkeit

Ähnlich wie Wandel wird Nachhaltigkeit als Wert und Vision in den Fallbeispiel-Unternehmen als geschäftsnotwendig und erfolgsbestimmend verstanden. Ein hohes Bewusstsein von gesellschaftlicher Verantwortung spiegelt sich in der Unternehmenskultur und nicht zuletzt in der Unternehmensvision wieder. Diese Werte sind jedoch nicht nur in den Zielen sichtbar, sondern finden sich unverkennbar in den Geschäftspraktiken und dem Produktangebot und -strategie wieder. Hierzu zählen der Anspruch auf eine hohe Qualitätssicherung, fairer Umgang mit Vertriebspartnern, Engagement in der Heimat-Region und ethisches Marketing. Als Vorreiter am Markt sind sich die Fallbeispiel- Unternehmen ihrer Verantwortung und den Ansprüchen der Kunden bewusst und knüpfen diese Einsicht eng an ihr Verständnis von Nachhaltigkeit.

4.3.4 Beziehungen mit dem Unternehmensumfeld

Nachhaltigkeit zu verfolgen, bedeutet einer komplexen Welt von multidimensionalen Systemen zu begegnen (Kemp et al. 2005). Eine Öffnung von Unternehmen gegenüber ihren Systemumwelten erweist sich als eine wichtige Eigenschaft in der Umsetzung von Nachhaltigkeitsstrategien. Durch die Auseinandersetzung mit dem Unternehmensumfeld erhält eine Organisation wichtige Informationen, die ein reines Reagieren auf neue Entwicklungen im Unternehmensumfeld vermeiden können und zu einem reflexiven Ansatz verhelfen. Die Systemumwelt eines Unternehmens umfasst größere Einflussbereiche wie

Politk und Medien aber auch direkte Interessensgruppen, auch Stakeholder genannt (Geschäftspartnern/innen, Konsumenten/innen, Mitarbeitern/innen, Gewerkschaften usw.). Ein sinnvoller Austausch und gute Beziehungen mit diesen Gruppen ermöglichen eine Auseinandersetzung mit der komplexen Systemumwelt um Nachhaltigkeit zu verfolgen. Zum Beispiel erlaubt eine enge Zusammenarbeit mit Zulieferern mehr Transparenz in Wertschöpfungsketten und kann so einen verantwortungsvollen Ein- und Verkauf von Ware erleichtern (supply chain management). Letztlich unterstützt eine fortwährende Anpassung an die äußeren Gegebenheiten Unternehmen darin, sich auf dem Markt zu behaupten und das Selbstverständnis des Unternehmens zu stärken – in der systemtheoretischen Sprache bedeutet dies die permanente Rekonstruktion der Unternehmensidentität (Willke 2005, S. 173).

Um eine Transition für Nachhaltigkeit in Unternehmen zu erreichen, ist ein schnelles Erkennen von Zukunftsentwicklungen auf dem Markt und in der Branche unabkömmlich. Hier hilft ein reger Austausch mit der Unternehmensumwelt, um Veränderungen und Herausforderungen schnell wahrzunehmen und zu antizipieren. Außerdem erscheint eine vorausschauende, langfristige Perspektive als bedeutende Voraussetzung in diesem Zusammenhang. Sie erlaubt eine Einordnung der Position des Unternehmens in die Umfeldentwicklungen und schafft den Anreiz und das Interesse, grundlegende Veränderungen mit dem damit verbundenen Risiko zu tragen. Eine langfristige Vision führt mitunter zu der Initiative, neue Wettbewerbsstandards im Sinne der Nachhaltigkeit zu etablieren. Beispielsweise engagierten sich beide Fallbeispiel-Unternehmen für höhere Nachhaltigkeitsstandards in ihren Branchen auf politischer Ebene (Buddenberg 2012).

4.3.5 Kommunikationsstrukturen

Eine effektive Kommunikationsstruktur empfinden die Unternehmen der Fallstudien als besonders wichtig, um Organisationswandel in Richtung Nachhaltigkeit zu bewältigen. Das bedeutet: Unternehmenswerte werden klar formuliert und durch Kommunikation in Entscheidungsprozessen berücksichtigt. Unter diesen Voraussetzungen kann eine ganzheitliche Orientierung der gesamten Organisation in die angestrebte Richtung stattfinden. Das wiederum stellt einen schrittweisen Lernprozess dar, der dem Transition-Zyklus (Abb. 2) gleicht. Organisationsweit-verankerte Werte und klare Ziele sind Leitplanken in einer Transition auf Unternehmensebene, die mit guter Kommunikation eine starke Unternehmensidentität bilden. Letztlich wird Nachhaltigkeit also ein Teil dieser Identität.

Um Kommunikation bedeutend zu gestalten und strategische Steuerung zu ermöglichen, sind eigens dafür zuständige Strukturen in der Organisation unabkömmlich. Bezeichnend dafür ist die Aufhängung des Nachhaltigkeitsthemas bei der Kommunikationsabteilung, und wiederum die enge Anbindung an das Top- Management und die Inhaber/innen der Unternehmen. Von hier aus kann Kommunikation nach innen und nach außen effektiv wirken. Für die interne Kommunikation bedeutet das: jede/r Mitarbeiter/in muss wissen, worauf es in den einzelnen Veränderungsprozessen ankommt und wie er/sie diese antizipieren und selbstbewusst mitgestalten kann. Trainings und Schulungen zum Thema Nachhaltigkeit sind hierbei genauso wichtig wie der Austausch zwischen Management und Personal über Nachhaltigkeitsziele und -strategien. Newsletter, Arbeitsgruppen und Workshops sind einige Methoden für interne Kommunikation. Mitarbeiter/innen verkörpern die kritischsten Stakeholder bei Veränderungsprozessen und nur eine partizipative Gestaltung solcher Prozesse im Dialog mit Mitarbeiter/innen führt dazu, dass diese die Transitionen mittragen. Die Verteilung von Zuständigkeiten, das Einführen verlässlicher Organisationsstrukturen, das Einhalten von Planungszielen und die Evaluierung von Fortschrittsberichten hängen von Kommunikation ab, ohne die Transparenz und Lerneffekte unerreichbar bleiben.

Externe Kommunikation wird gleichermaßen als wichtig erachtet, um Transitionen auf Unternehmensebene zu verwirklichen. Das bedeutet das Einbetten der Unternehmenswerte, insbesondere ihr Bezug zu Nachhaltigkeit, in jeglicher Kommunikation mit Geschäftspartnern, Kunden, Branchenvertretern, Medien, zivilgesellschaftlichen Akteuren und politischen Entscheidungsträgern. Indem der Unternehmenswert „Nachhaltigkeit" nach außen signalisiert wird, verändert sich die wahrgenommene Identität der Organisation. Das hilft auch den eigenen Strukturen diesen Wert zu internalisieren und letztlich Transitionen auf Unternehmensebene voranzutreiben. Solche Wechselwirkung zwischen Unternehmen und deren Umwelt wird durch Kommunikation ermöglicht, in der die Abgrenzung von Intern und Extern transparenter bzw. flexibler wird. Die Erfolge von Nachhaltigkeit öffentlich mitzuteilen, kann für positive Impulse innerhalb und außerhalb des Unternehmens sorgen. Beispielsweise wird Wettbewerb um nachhaltigere Produkte und Dienstleistungen verschärft oder Druck in den Reihen der Belegschaft, Branchenvertretern oder Gewerkschaften aufgebaut sich mit dem Thema auseinandersetzen. Nachhaltigkeitsberichte, Social Media oder Auszeichnungen sind erfolgreich genutzte Instrumente, um Kommunikation als Grundlage für Transitionen zu nutzen.

Eine selbstbewusste Kommunikation des Unternehmenswerts „Nachhaltigkeit" kann u. a. dazu führen, dass sich ein Unternehmen entschließt seine Strategie öffentlich einem Wettbewerb zu stellen um so eigene Transition-Erfolge öffentlich zu kommunizieren. Dies erfolgt bereits im zunehmenden Maße beim Wettbewerb des Deutschen Nachhaltigkeitspreises der im folgenden Kapitel vorgestellt wird.

5 Der Deutsche Nachhaltigkeitspreis– Konstruktion und Ablauf[5]

Um eine Transition in Richtung Nachhaltigkeit zu ermöglichen (Transition Enabling) gilt es, erfolgreichen Organisationswandel in Unternehmen zu fördern der weiter dazu führt, das Unternehmen gesellschaftliche Prozesse strategisch einplanen und proaktiv werden. Dafür ist es von hoher Relevanz, Vorreitern und Beispielgebern der Wirtschaft Sichtbarkeit zu verschaffen (Kristof 2010), um so gegenseitiges Vertrauen wie auch gesellschaft-

[5] Aus verschieden Texten des Deutschen Nachhaltigkeitspreis e. V.

liche Akzeptanz bezüglich unternehmerischer Transition-Prozesse zu schaffen. Kommunikation und gegenseitige vertrauenswürdige Information spielt also eine entscheidende Rolle. Werden Beispiele hervorgehoben und Lernerfahrungen mit erfolgreichen Transitionen auf Unternehmensebene veröffentlicht, trägt dies zu Inspiration, Wissensbildung und Austausch im Sinne des gesellschaftlichen Dialogs der Deutschen Nachhaltigkeitsstrategie bei. In Wechselwirkung stärkt derartige Kommunikation Transition-Prozesse auf Unternehmensebene, indem sie Erfolge belohnt und ein unternehmerisches oder auch produktbezogenes Image ausbildet, das für höhere Erwartungen bei Konsumenten/innen und in der Öffentlichkeit sorgt. Initiativen wie der Deutsche Nachhaltigkeitspreis (DNP) knüpfen an dieser Stelle an und möchten Best Practice Beispiele aufzeigen, um deren Kommunikation zu unterstützen und damit einen Wandel in Richtung Nachhaltigkeit voranzutreiben. Im Folgenden wird daher das Konzept des DNP dargestellt (Überblick, Ablauf, Methodik, Preisverleihung, Preisträger) und der DNP als eine Transition Enabling-Initiative diskutiert (Kapitel 6 „Rahmenbedingungen des Sustainable Marketing – Der Politische Wandel“).

5.1 Überblick

Der Deutsche Nachhaltigkeitspreis (DNP) wird als Auszeichnung für nachhaltiges Engagement vergeben. Der Preis würdigt im Rahmen eines Wettbewerbes die Arbeit von Unternehmen, die vorbildlich wirtschaftlichen Erfolg mit sozialer Verantwortung und Umweltschutz verbinden. Zielsetzung des DNP ist die Förderung nachhaltiger Entwicklung durch einen entsprechenden Wettbewerb, der eine motivierende Funktion in Unternehmen und Gesellschaft ausübt und ökonomische, politische und wissenschaftliche Interessen vereint. Die Auszeichnung will zeigen, dass verantwortliches Handeln nicht nur hilft, soziale und ökologische Probleme im globalen oder lokalen Maßstab zu lösen, sondern auch Profitabilität und Wettbewerbsfähigkeit erhöhen kann.

Neben Unternehmen wurden 2012 auch erstmals Städte und Gemeinden prämiert, die im Rahmen ihrer wirtschaftlichen Möglichkeiten die Stadt- und Gemeinde-Entwicklung nachhaltig gestalten. Zum ersten Mal wurden zudem auch Forschungsleistungen prämiert, die „Sustainability made in Germany“ voran bringen. Der folgende Überblick widmet sich gezielt dem DNP mit Fokus auf Wirtschaft.

Die Auszeichnung ist eine Initiative der Stiftung Deutscher Nachhaltigkeitspreis e. V. in Zusammenarbeit mit der Bundesregierung, dem Rat für Nachhaltige Entwicklung, kommunalen Spitzenverbänden, Wirtschaftsvereinigungen, Forschungseinrichtungen und zivilgesellschaftlichen Organisationen. Abbildung 5 stellt die Organisationsstruktur des DNP bildlich dar.

Der deutsche Nachhaltigkeitspreis mit Fokus Wirtschaft wird seit dem Jahr 2008 jährlich vergeben. Die Preis-Kategorien in 2012 gliederten sich wie folgt:

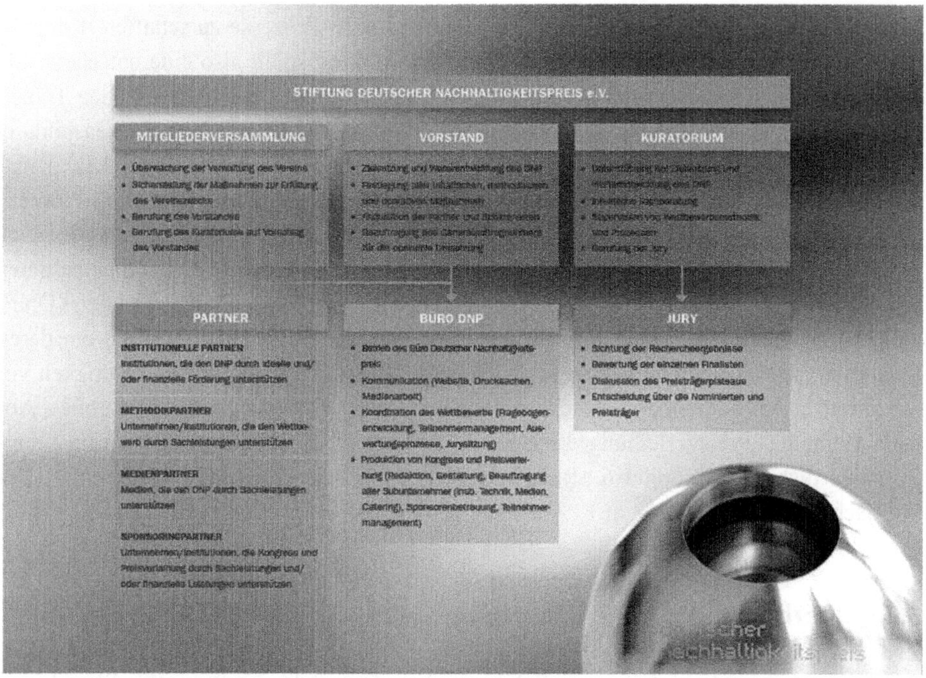

Abb. 5 Organigramm des deutschen Nachhaltigkeitspreises. (Quelle: http://www.nachhaltigkeitspreis.de/files/111206_organigramm.jpg)

- „Deutschlands nachhaltigste Unternehmen"
- „Deutschlands nachhaltigste Marken"
- „Deutschlands nachhaltigste Zukunftsstrategien (Konzerne/KMU[6])"
- „Deutschlands nachhaltigste Produkte/Dienstleistungen" und Initiativen
- „Blauer Engel-Preis"
- Sonderpreis „Deutschlands recyclingpapierfreundlichste Unternehmen"
- „Forschungspreis für Nachhaltige Entwicklung"

Tabelle 2 zeigt einen Überblick der Preisträger der Jahre 2008–2012 in den Hauptkategorien.

Der DNP konnte seinen Bekanntheitsgrad und seine Wahrnehmung in der Gesellschaft in den letzten fünf Jahren maßgeblich erhöhen. Dafür spricht die steigende Anzahl der Bewerbungen. Im Jahr 2008 befassten sich 350 Teilnehmer kategorienübergreifend mit der Methodik und dem Bewerbungsprozess des DNP; 2012 waren es mit 680 Unternehmen fast doppelt so viele. Den Erfolg des DNP bezeugt die Aufmerksamkeit von Unternehmen, die eine Transition in Richtung Nachhaltigkeit als für ihr Unternehmen relevant ansehen.

[6] Kleine und Mittelständische Unternehmen.

Tab. 2 Überblick der Preisträger der Jahre 2008–2012 in den Hauptkategorien (Quelle: www.nachhaltigkeitspreis.de)

DNP Kategorie	2008	2009	2010	2011	2012
„Deutschlands nachhaltigstes Unternehmen"	BSH	Bau-Fritz	Deutsche See	Alnatura	GLS Bank
„Deutschlands nachhaltigste/s Produkt/ Dienstleistung"	Osram	TransFair	C&A, Daimler	Vaillant	Kübler GmbH
„Deutschlands nachhaltigste Zukunftsstrategien (Konzern)"	Kategorie nicht vergeben	Deutsche Post DHL	Puma	Siemens	Unilever
„Deutschlands nachhaltigste Zukunftsstrategien (KMU)"	Kategorie nicht vergeben	Kategorie nicht vergeben	GESOBAU, Studiosus	Müller – Die lila Logistik	AfB
„Deutschlands nachhaltigste Marke"	Henkel	Frosch (Werner & Mertz)	LichtBlick	Viessmann	FRosTA

5.2 Ablauf

Teilnahmeberechtigt am Wettbewerb um den Deutschen Nachhaltigkeitspreis sind Unternehmen jeder Größe und Branche, die in Deutschland Produkte oder Dienstleistungen anbieten. Zeitlich startet der Ablauf mit der Bewerbungsphase im Frühjahr jeden Jahres, die sich im Regelfall über zwei bis drei Monate erstreckt. Auf Basis der Bewerbungen werden die Besten in allen Kategorien ermittelt und zu einer Shortlist zusammengestellt. Anfang September setzt sich die Jury zur Bewertung zusammen. Die offizielle Preisverleihung findet im Rahmen eines „Deutschen Nachhaltigkeitstages" Ende des Jahres in Düsseldorf statt, an dem eine Fachkonferenz und die abendliche Preisverleihung stattfinden.

5.3 Methodik

Grundlage der Vergabe des Deutschen Nachhaltigkeitspreises ist ein Wettbewerb. Die Methodik zielt auf eine möglichst hohe Transparenz ab, hält den Bearbeitungsaufwand für die Bewerber überschaubar und soll der Komplexität des Nachhaltigkeitsmanagements in großen und kleinen Einheiten gerecht werden.

5.3.1 Fragebogen

Die Bewerbung erfolgt anhand eines Fragebogens, der online über die Website *www.nachhaltigkeitspreis.de* verfügbar ist. Der Fragebogen ist die wesentliche Grundlage für die Bewertung. Die Erhebung basiert auf einem integrierten Bewertungsansatz über die Nachhaltigkeitsdimensionen (Ökologie, Soziales, Ökonomie), die Felder Strategie, Administration und alle Wertschöpfungsstufen.

Grundlage des Bewertungsmodells sind differenzierte, in der Regel zu belegende Selbstauskünfte der Bewerber innerhalb von vier Exzellenzstufen, die den Entwicklungspfad im Unternehmen von der Erfüllung von Standards über fokussiertes Engagement hin zu Vorbildfunktion mit Differenzierung und Wachstum durch Nachhaltigkeit beschreiben. Die Stufen lauten:

- 1 = „mitmachen“: Ihre Maßnahmen entsprechen dem Branchenstandard.
- 2 = „aktiv werden“: Ihre Maßnahmen liegen vereinzelt über dem Branchenstandard.
- 3 = „Zeichen setzen“: Ihre Maßnahmen liegen über dem Branchenstandard und sind breit umgesetzt.
- 4 = „Vorbild sein“: Ihre Maßnahmen liegen über dem Branchenstandard, sind breit umgesetzt und Vorbild in der Branche.

Ab Exzellenzstufe 2 sind die Selbsteinschätzungen mehrheitlich durch kurze weitere Angaben, Quantifizierungen und Quellenverweise zu belegen. Mit jeder Antwort sind analog zu den gewählten Exzellenzstufen meist 1–4 Punkte zu erreichen; bei den einzelnen Fragen sind die jeweils maximal zu erzielenden Punkte angegeben. Werden in den gekennzeichneten Fällen Selbsteinschätzungen ab Stufe 2 nicht oder unzureichend belegt, gehen Punkte verloren.

5.3.2 Auswertung

Die Auswertung erfolgt durch Methodikteams, die sich während des Prozesses austauschen und Ergebnisse abgleichen. Der Bereich Marke wird von *Prof. Dr. h.c. mult Heribert Meffert* und einem Team unter der Leitung von *Prof. Dr. Carsten Baumgarth* bearbeitet, die Unternehmensberatung *A. T. Kearney* widmet sich den Kategorien Gesamtunternehmen, Zukunftsstrategien und Initiativen. Das *Wuppertal Institut für Klima, Umwelt und Energie* wertet in Zusammenarbeit mit *Trifolium – Beratungsgesellschaft* die Bewerbungen zu Produkten und Dienstleistungen (wiederum in Zusammenarbeit mit *A. T. Kearney*) aus. Um die Prozesse ständig weiter zu optimieren, hat die Stiftung Deutscher Nachhaltigkeitspreis 2012 die PricewaterhouseCoopers AG Wirtschaftsprüfungsgesellschaft gebeten, anhand von durch die Stiftung festgelegten Schritten die ordnungsgemäße Anwendung von Teilen der Prozessbeschreibung (insbesondere die Umsetzung des Bewertungsvorgehens) zu untersuchen. Über das Ergebnis der Untersuchung wurde ein Bericht erstattet, der im Internet eingesehen werden kann.

5.3.3 Jury

Über die Nominierten und Sieger im Wettbewerb um den Deutschen Nachhaltigkeitspreis entscheidet eine Jury von sechzehn Mitgliedern aus Wirtschaft, Forschung, Zivilgesellschaft und Politik. Eine Liste der aktuellen Jury-Besetzung ist unter *http://www.nachhaltigkeitspreis.de* einzusehen. Jede/r Juror/in erhält zur Vorbereitung seiner Entscheidung in einer Übersichtsversion die Auswertung aller Teilnehmer sowie eine Shortlist, die nur die erfolgreichsten Teilnehmer in jeder Kategorie aufführt. Jede/r Juror/in kann Zusatzinformationen zu einzelnen Teilnehmern erbitten und nicht in der Shortlist erscheinende Teilnehmer, die er dennoch für chancenreich hält, in diese Liste aufnehmen lassen. Im Rahmen der Jurysitzung stellen die Methodik-Partner den Juroren/innen die Unternehmen der Shortlist und ihre Nachhaltigkeitsleistungen vor.

Die Jury betrachtet und diskutiert jeden einzelnen Bewerber unter dem Blickwinkel der im Fragebogen erhobenen Fakten und kann weitere inhaltliche Nachfragen an die Methodik-Partner stellen. Die Juroren/innen bringen individuelles Wissen zu den Nachhaltigkeitsleistungen einzelner Unternehmen in die Diskussion ein. Hier fließen auch Themen wie Vorbildcharakter und ethisch-moralische Kriterien ein. Verletzt ein Unternehmen aus Sicht eines Jurymitgliedes in schwerwiegender Weise ethische Prinzipien oder verstößt das Unternehmen in anderer Weise gegen die Regeln der Nachhaltigkeit, kann ein Jurymitglied die Auszeichnung verhindern, wenn es eine Sperrminorität von weiteren fünf der sechzehn Juroren/innen von dieser Position überzeugt.

Im nächsten Schritt betrachtet die Jury das Plateau der möglichen Preisträger und stellt eine vergleichende Würdigung der Nachhaltigkeitsexzellenz im gesamten Spitzenfeld an. Hier können die Juroren/innen auch eine Balance zwischen großen und kleinen Bewerbern sowie bekannten und weniger bekannten Unternehmen diskutieren. Ergebnis dieser Phase ist ein gefestigtes Bild über den engeren Kreis potenzieller Preisträger in den verschiedenen Kategorien. Die Jury entscheidet mit einfacher Mehrheit über die Preisträger. Sie nominiert durch Abstimmung jeweils drei Unternehmen in jeder Kategorien.

5.3.4 Best Practice-Studie

Jedes Unternehmen, das in seinem Fragebogen der anonymisierten Verwendung des eigenen Datenmaterials zugestimmt hat, erhält eine Best Practice-Studie. Das Papier basiert auf den im Wettbewerb erhobenen qualitativen und quantitativen unternehmens- und wertschöpfungskettenbezogenen Angaben der weiteren Teilnehmer. Darüber wird dem Einzelunternehmen zurückgespiegelt, wo es im Vergleich zu anderen Unternehmen steht. Zugleich sollen sie angeregt werden, sich im Rahmen eines selbstlernenden Prozesses weiterzuentwickeln. Auf Wunsch werden ergänzend individuelle Feedbackgespräche vereinbart.

5.4 Preisverleihung

Die Ergebnisse des Wettbewerbs und die erfolgreichsten Teilnehmer werden im Rahmen des Deutschen Nachhaltigkeitstages präsentiert. Zu diesem Anlass kommen Experten/innen aus der Wissenschaft und Zivilgesellschaft, Entscheidungsträger/innen der Politik, Persönlichkeiten der Medien und Unternehmensvertreter/innen zusammen, um die Herausforderungen einer nachhaltigen Entwicklung zu diskutieren und voranzutreiben. Im Laufe des Kongresses stellen ausgewählte Nominierte ihre Best Practices vor und die Vertreter/innen aus Unternehmen, Medien, Politik und Forschung sind eingeladen, an den Erfahrungen teilzuhaben. Alle Auszeichnungen werden am gleichen Abend im Rahmen der festlichen Preisverleihung vergeben und entsprechend auf der Website und in Medienberichten kommuniziert.

Durch die Preisverleihung bietet der DNP einen unkonventionellen Rahmen, das Thema Nachhaltigkeit in die Gesellschaft zu tragen und zu emotionalisieren. Ergebnis ist die Sichtbarkeit des Themas Nachhaltigkeit in sonst schwer erreichbaren Medien und außerhalb der „Nachhaltigkeits-community". Auch Endverbraucher/innen sollen zur Selbstreflektion aufgerufen werden, um das Verständnis für Nachhaltigkeit in der Bevölkerung zu schärfen.

5.5 Preisträger

Um den DNP praxisnäher darzustellen, werden im Folgenden zwei Beispiele von Preisträgern mit der jeweiligen Jurybegründung vorgestellt. Weitere Beispiele sind unter *http://www.nachhaltigkeitspreis.de* zugänglich.

Deutschlands nachhaltigstes Produkt 2011 - ecoPOWER 1.0 (Vaillant GmbH)

„Vaillant ist seit über 135 Jahren als mittelständisches, produzierendes Unternehmen in den Bereichen Heiz-, Klima- und Lüftungstechnik aktiv. Das Unternehmen bietet weltweit energieeffiziente Produkte und Systeme an, die zunehmend Technologien auf Basis erneuerbarer Energien integrieren. Mit dem ecoPOWER 1.0 hat Vaillant ein hocheffizientes Mikro-Heizkraftwerk auf Basis der Kraft-Wärme- Kopplung (KWK) entwickelt und im Jahre 2011 auf den Markt gebracht. Das ecoPOWER 1.0 ist europaweit das erste KWK-System, das für den Einsatz in Ein- und Zweifamilienhäusern geeignet ist. Es erreicht einen Wirkungsgrad von 92 %: Durch die dezentrale Wärme- und Stromerzeugung werden Kraftwerks- und Übertragungsverluste vermieden, so dass die CO2-Emissionen bei der Versorgung kleinerer Immobilien um bis zu 50 % reduziert werden können. Damit übertrifft der Wirkungsgrad des ecoPOWER 1.0 KWK-Systems sogar herkömmliche, dezentrale KWK-Systeme für größere Immobilien. Der Verbraucher profitiert durch Einsparungen bei den Heiz- und Stromkosten sowie durch die wachsende Autonomie von externen Stromversorgern.

Auch nach konservativen Schätzungen ist in den kommenden Jahren ein signifikantes Marktpotenzial für das ecoPOWER 1.0 KWK-System zu erwarten, da es sowohl für Neubauten als auch für Modernisierungen geeignet ist. Bei der Herstellung setzt Vaillant auf kontinuierliche Prozessverbesserung unter Einbeziehung der hochqualifizierten Mitarbeiter. Auf diese Weise konnten am Produktionsstandort des ecoPOWER 1.0 KWKSystems im Laufe der vergangenen 5 Jahre der Strom-, Gas- und Wasserverbrauch um 49, 54 bzw. 63 % gesenkt werden. Mit dem ‚ecoPOWER 1.0 KWK-System' leistet Vaillant im Rahmen seines durch hocheffiziente und innovative Lösungen geprägten Produktportfolios einen weiteren Beitrag, um die Kernfrage der ressourceneffizienten Energieversorgung der Zukunft bereits heute zu beantworten. Die Jury würdigt diese Leistung mit der Prämierung in der Kategorie ‚Deutschlands nachhaltigstes Produkt'."

Quelle: Jurybegründung http://www.nachhaltigkeitspreis.de/

Deutschlands nachhaltigstes Unternehmen 2010 – Deutsche See GmbH

„Die ‚Deutsche See' GmbH ist der nationale Marktführer bei der Herstellung und Vermarktung von Fisch und Meeresfrüchten. In bundesweit 23 Niederlassungen und Manufakturen in Bremerhaven und Hamburg sind insgesamt rund 1700 Mitarbeiter beschäftigt. Das Unternehmen übernimmt in besonderem Maße ökologische und soziale Verantwortung. Der Schwerpunkt liegt seit langem auf dem Umwelt- und Artenschutz. So verfolgt die ‚Deutsche See' GmbH das Ziel, Alternativen für Fischbestände, die gemäß wissenschaftlichen Befunden gefährdet sind, zu suchen und zu listen sowie einen wachsenden Anteil von Fisch aus Aquakultur und ökologischer Aquakultur (Bio-Fisch) im Sortiment sicherzustellen.

Die ‚Deutsche See' fördert besonders nachhaltig arbeitende Lieferanten und fokussiert auf nachhaltig gemanagte Bestände. Wichtigstes Merkmal der ‚Deutsche See' Nachhaltigkeitspolitik ist das aktive Managen der gesamten Kette vom Ursprung bis zum Kunden. Ökologische Kriterien spielen auch nach dem Fang des Fisches entlang der Wertschöpfungskette eine wichtige Rolle. Ein Beispiel ist die Berücksichtigung von Umwelt- und Energieeffizienzstandards bei den betriebsnotwendigen Anlagen und der Logistikflotte. Konsequent setzt das Unternehmen auf die Einhaltung und den Ausbau von Sozialstandards im eigenen Betrieb, bei Lieferanten und bei Handelspartnern. Erwähnenswert sind u. a. eine ‚Null-Toleranz-Politik' bei Korruption oder Bestechung, die besondere Achtung von Chancengleichheit aller Mitarbeiter sowie die Umsetzung möglichst hoher lokaler Sozialstandards für die Mitarbeiter. Ergänzend zu der Formulierung und Beachtung entsprechender Einkaufsbedingungen schult und qualifiziert die ‚Deutsche See' GmbH eigene Mitarbeiter in der Beachtung von Nachhaltigkeitsstandards. Die Jury würdigt die außergewöhnliche Breite und die vorbildliche Umsetzung des Nachhaltigkeitsengagements der ‚Deutsche See' GmbH in einem ausgesprochen schwierigen Marktumfeld mit Platz 1 in der Kategorie ‚Deutschlands nachhaltigste Unternehmen'."

Quelle: Jurybewertung http://www.nachhaltigkeitspreis.de/

6 Der DNP als Transition Enabling-Initiative

Transition Enabling benötigt Initiativen, die Impulse in Richtung Nachhaltigkeit setzen und Pfade für Veränderungsprozesse explorieren. Dies bedeutet, Nischen zu stärken, Best Practice Beispiele zu fördern und Lernprozesse anzustoßen (Wuppertal Institut 2011; Rotmans und Loorbach 2010). Der DNP stellt in vielfältiger Weise eine solche Initiative dar. Im Allgemeinen bildet er einen Teil des gesamtgesellschaftlichen Diskurses, der zu einer kontinuierlichen Weiterentwicklung der nationalen Nachhaltigkeitsstrategie beiträgt.

Der DNP versteht sich als eine Plattform zum „Netzwerken" und den Austausch von Ideen zur Umsetzung von Nachhaltigkeitsvisionen. Er bietet außerdem eine Grundlage für Vergleichbarkeit von Nachhaltigkeitsanstrengungen in der Wirtschaft und schafft so Anreize in der Wirtschaft, das Thema Nachhaltigkeit integrativ und ernsthaft anzunehmen. Der Bewertungsprozess inklusive Feedback verhilft Unternehmen selber ihren Status Quo zu erkennen, Maßnahmen zur Quantifizierung zu entwickeln und auf die gesamte Organisation auszuweiten. Durch das Aufzeigen von Positivbeispielen kann der Preis aktiv zu Transformations-Prozessen motivieren. Unternehmen nutzen den Preis bereits im Marketing und in der Kommunikation. Letztendlich verleiht der Preis somit direkte Anreize für Transformationsprozesse. Die Sichtbarkeit von positiven Transition-Impulsen, wie sie die Preisträger demonstrieren, trägt dazu bei, die Akzeptanz solcher Prozesse in der Wirtschaft und Gesellschaft zu fördern. Eine Evaluation der Wirkung steht noch aus. Buddenberg (2012) stellte jedoch in zwei Fallbeispielen dar, dass die beiden Preisträger organisational grundlegende Strukturen und Ressourcen geschaffen haben, die für positive Transformationsprozesse stehen und sich in der strategischen Positionierung sowie ihrer Wahrnehmung im Markt bestätigen.

Die folgende Ergebnistabelle unternimmt den Versuch, den DNP (Tab. 3) anhand von Transition Enabling-Prinzipien (vgl. dazu Kapitel 2 „Entwicklungsstufen des Nachhaltigkeitsmanagements – Von der Betriebs- über die Markt- zur Gesellschaftsorientierung", Abschnitt „Transition Enabling") zu analysieren, die Veränderungsprozesse in Richtung Nachhaltigkeit fördern (vgl. Wuppertal Institut 2011; Geels 2002; Rotmans und Loorbach 2010; Senge 2008; Buddenberg 2012).

Durch eine kontinuierliche Weiterentwicklung des DNP-Konzeptes kann das hohe Potential des Transition Enabling erweitert werden. Des Weiteren ist der DNP selbst Subjekt in einer Transition und befindet sich in einem immerwährenden Entwicklungs- und Verbesserungsprozess, so dass sein Profil und seine Aufgabe im Rahmen einer nachhaltigkeitsorientierten gesellschaftlichen Entwicklung an deren Leitbildern und Visionen orientiert werden kann. Je nach Anforderungen und Qualitätsniveau der Preisentwicklung kann er selbst Indikator sein für die Qualität einer nachhaltigeren Wirtschaftsweise in Deutschland. Entsprechende Evaluierungen stehen noch aus.

Tab. 3 Transition- und Weiterentwicklungspotenzials Bewertung des DNP. (Quelle: eigene Darstellung auf Basis (Wuppertal Institut 2011; Geels 2002; Rotmans und Loorbach 2010; Senge 2008; Buddenberg 2012))

	DNP	Erklärung und Weiterentwicklung
Transition Enabling Prinzipien		
Erschaffung einer Innovationskultur	+++	Sichtbare Wettbewerbe wie der DNP kommunizieren öffentlichkeitswirksam und über den Kreis der „Nachhaltigkeitsaktiven" hinaus. Antrieb für eine Transition in Richtung Nachhaltigkeit gelangt so in gesellschaftliche Bereiche, die dem Thema bisher kaum begegnet sind. Der DNP hat das Potential, Unternehmen als Erbringer von nachhaltigen Dienstleistungen in der Gesellschaft zu etablieren, Deutungsmuster zu ändern, Werte zu wandeln und eine Innovationskultur zu fördern. Hierzu wäre eine strategischere Kommunikationskampagne zusammen mit den Preisträgern erstrebenswert, die eine breitere Zielgruppe in der Gesellschaft sucht und somit mehr Verantwortung für die Ziele der nachhaltigen Entwicklung sowie im Sinne der deutschen Nachhaltigkeitsstrategie übernimmt.
Verstärkung von Nischen/ Raum für experimentelles Lernen	+	Der DNP unterstützt Nischen und erfolgreiche Experimente im bestehenden System, indem er sie auszeichnet und für die Öffentlichkeit beschreibt. Grundlage hierfür ist die explizite Berücksichtigung von allen Größen von Unternehmen oder Marken. Die Jury setzt zudem auf die starke Signalwirkung von hervorgehobenen Themen wie z. B. „Made in Germany" in 2012. Ausbaufähig ist eine Unterstützung von Kompetenzentwicklung in einem experimentellen Umfeld (Stengel et al. 2008, Liedtke und Welfens 2008). Zum Beispiel wäre eine Projektkooperation der Preisträger denkbar oder auch gemeinsame öffentliche konzentrierte Aktionen, die spezifische Zielsetzungen verfolgen wie beispielsweise veränderte Produktions- und Konsummuster
Fokus auf Vorreitern	+++	Vorreiter-Unternehmen werden von der DNP-Auszeichnung hervorgehoben und gesellschaftsweit kommuniziert. Hieraus ergeben sich Lerneffekte, die durch Sichtbarkeit und Prestige des Preises weiter getragen werden. Somit verleiht der Preis direkte Anreize für Transformationsprozesse im Sinne der Nachhaltigkeit. Bisher fehlen allerdings weiterführende Strukturen, die das Potenzial der Preisträger strategisch und kooperativ nutzen. Zahlreiche Verbesserungspotenziale bieten sich hier an. Abhängig von verfügungbaren Ressourcen wäre eine schrittweise Umsetzung hierbei von Vorteil.

Tab. 3 (Fortsetzung)

	DNP	Erklärung und Weiterentwicklung
Förderung von vielfältigen Entwicklungsprozessen	++	Mit den verschiedenen Kategorien des DNP fördert der Wettbewerb eine Vielfalt von Nachhaltigkeitsinitiativen. Die Preisträger weisen die unterschiedlichsten Merkmale auf. Durch die Unterstützung von Nischeninnovationen unterstreicht der DNP die Bedeutung von Vielfalt in Transition-Prozessen. Eine noch stärkere Diversifizierung der Preisträger und fortführende Überarbeitung der Kategorien kann diesen Aspekt weiterentwickeln.
Schrittweiser, radikaler Wandel	++	Indem existierende Initiativen für Nachhaltigkeit vom DNP ausgezeichnet werden und nachhaltige Entwicklung als ein Prozess verstanden wird, trägt der Wettbewerb zu schrittweisem, praktisch umsetzbaren Wandel bei. Unternehmensbedürfnisse werden einbezogen mit dem Ziel, einen Entwicklungsprozess zu begleiten. Gleichzeitig prämiert der Preis deutliche Entwicklungen Richtung Nachhaltigkeit, die sich durch Veränderung des „Business as usual" auszeichnen. Zusätzlich wäre es hilfreich, auch längerfristige und radikalere Umsetzungen von Nachhaltigkeitsstrategien in Unternehmen zu würdigen z. B. indem Preisträger nach gewissen Zeitabständen in ihrer Entwicklung neu bewertet werden.
Erfahrungswissen schaffen	++	Da Erfahrungswissen die Voraussetzung für Handeln darstellt, bietet eine Kommunikation der Erfahrungen von Vorreitern eine außergewöhnlich wertvolle Chance, wirkliche Veränderungen anzustoßen (Transition Enabling). Dabei erfüllt der DNP die Funktion, Best-Practice Beispiele aufzugreifen und zu verbreiten. Das bedeutet, Beispiele zu identifizieren und zu kommunizieren, andere Unternehmen sowie andere Akteure darüber zu informieren und Erfahrungsaustausch zu initiieren. Auch wenn die Fälle der Preisträger kontextabhängig sind, ist ein Up-Scaling Effekt nicht ausgeschlossen. Bisher fehlen allerdings weiterführende Strukturen, die das Potenzial der Preisträger strategisch und kooperativ nutzen.
Antizipation und Anpassung	+	Erfolgreiches Transition Enabling verlangt die Vorbereitung von Zukunftstrends und Entwicklungen durch simultane und permanente Anpassung an das sich verändernde System (Stengel 2011; Baedeker 2012; Welfens et al. 2010).

Tab. 3 (Fortsetzung)

	DNP	Erklärung und Weiterentwicklung
		Der DNP befindet sich selber in einer fortwährenden Entwicklung und Transition, die durch Verbesserung der Bewertung und permanente Anpassung der Zielsetzung gewährleistet werden kann. Einer Weiterentwicklung des zugrunde liegenden Nachhaltigkeitsverständnisses würde sich in der Umsetzung bei Methodik und Ablauf des DNP niederschlagen. Zum Beispiel erfordert es auch eine Anpassung der Fragebögen und der Bewertungskriterien. Außerdem empfiehlt sich eine Straffung der Kriterien für Nachhaltigkeit, um stetig die Standards zu erhöhen und die Anreize für Transformationsprozesse zu verstärken. Hier stellt sich die Frage, inwieweit den Bewerbern „unangenehme Fragen" gestellt werden, beispielsweise zur Nachhaltigkeit ihrer Kerngeschäfts (z. B. Luxusautos) oder den sozial negativen Folgen einer Werbekampagne (z. B. Verschuldung einer Familie).
Grundlagen für Nachhaltigkeits-Transition-Prozesse in Unternehmen		
Kommunikationsstrukturen und Identität	++	Eine DNP-Auszeichnung hilft der Sichtbarkeit von Erfolgen der Unternehmen in ihrer Organisationsentwicklung für Nachhaltigkeit. Damit wird eine externe Kommunikation unterstützt und gleichzeitig die Anstrengungen intern legitimiert. Die öffentliche Anerkennung stärkt außerdem das Selbstwertverständnis und die Identität des Unternehmens. Das Potenzial des DNP in dieser Hinsicht ist jedoch nicht ausgeschöpft. Mit einem tieferen Dialog zwischen den Preisträgern könnten Erfahrungen ausgetauscht, und so weitere Impulse in Unternehmen gesetzt werden.
Partizipative Entscheidungsprozesse	+	Der DNP hat keinen Einfluss auf die Rollenverteilung von Mitarbeitern/innen in der Umsetzung einer Firmenstrategie. Anreize könnten jedoch durch ein Kriterium, das Beteiligung der Mitarbeiter würdigt, geschaffen werden.
Ansatz in Bezug auf Wandel	+	Die Bewertung des DNP erlaubt zurzeit kaum Anerkennung von kontinuierlichen Transformationsprozessen. Trotzdem unterstützt das Feedback bei Nichtnominierung, einen Organisationswandel anzustoßen.

Tab. 3 (Fortsetzung)

	DNP	Erklärung und Weiterentwicklung
Verständnis von Nachhaltigkeit	+++	Ein tiefes Verständnis und die Umsetzung von Nachhaltigkeit unternehmensweit wird durch die DNP-Nominierung belohnt. Durch den Bewertungsprozess wird vor allem eine integriertere Auffassung und Umsetzung des Drei-Säulen-Konzept gefördert. Damit trägt der DNP auch zur Wertschätzung von Nachhaltigkeit in den Unternehmenskulturen bei. Weiterentwicklungspotential ergibt sich aus einer weitergreifenden Definition von Nachhaltigkeit, die jeweils in den Unternehmenskontext übersetzt werden muss
Beziehungen mit dem Unternehmensumfeld	++	Der DNP geht implizit auf das Bewusstsein der Unternehmen bezüglich Entwicklungen in ihrem Umfeld ein, indem er die exemplarische Leistung des Unternehmens zu Nachhaltiger Entwicklung und CSR würdigt. Der DNP gibt den Unternehmen außerdem eine Auszeichnung an die Hand, das seine Position stärkt.

+++ erfüllt, ++ gegeben, + ausbaufähig

7 Fazit

Der momentane Ressourcenverbrauch der Wirtschaft ist untragbar und das Ziel einer generationengerechten Gesellschaft im Zeichen der nachhaltigen Entwicklung ist bei weitem nicht erreicht (vgl. Bundesregierung 2012). Eine Transition muss deshalb auf verschiedenen Ebenen der Gesellschaft ermöglicht werden (Transition Enabling). Dabei darf sich das grundlegende Verständnis von Nachhaltigkeit nicht auf das Drei Säulen-Modell (Ökonomie, Ökologie, Soziales) beschränken. Vielmehr ist eine integrierende Deutung von Nachhaltigkeit angebracht, die als ein gemeinsamer Lernprozess aller Akteure aufgegriffen wird. Auch die Strategie der Bundesregierung möchte vielfältige Akteure in diesen Prozess einbinden und verweist auf die wichtige Rolle von Unternehmen in dieser Hinsicht.

Eine weitreichende und kontinuierliche Verbesserung der deutschen Nachhaltigkeitsstrategie durch einen gesamtgesellschaftlichen Dialog bedarf unterstützender Initiativen wie dem des Zukunftsdialogs der Bundeskanzlerin (Berg et al. 2012) und dem Deutschen Nachhaltigkeitspreis. Außerdem ist eine Weiterentwicklung der Indikatoren zur Evaluierung von Nachhaltigkeit Teil dieses Lernprozesses und stellt eine gelebte Transition dar. Durch einen gesamtgesellschaftlichen Dialog kann eine Innovationskultur geschaffen werden, die Nischenerfolge fördert und stets eine Vielfältigkeit der Entwicklung in der Nachhaltigkeitstransition gewährleistet. Nur dann können Nachhaltigkeitsstrategien von Unternehmen und Menschen ins Leben übersetzt werden.

Unternehmen sind wichtige Akteure in der Umsetzung einer gesamtgesellschaftlichen Transition in Richtung Nachhaltigkeit. Als Organisationen bewegen sie sich im Kontext der Weiterentwicklung von nationalen und internationalen Nachhaltigkeitsstrategien. Außerdem sehen sich Unternehmen mit den Herausforderungen in der Transition konfrontiert. Sie können positive Impulse setzen, indem sie selber zu Transformatoren werden. Besonders hilfreich sind in dieser Hinsicht effiziente Kommunikationsstrukturen die eine klare Vision vermitteln und Unternehmenswerte in die Organisation einbetten. Durch aktiven Austausch mit dem Unternehmensumfeld können Veränderungen besser antizipiert und die Lernfähigkeit der Organisation erhöht werden. Kommunikation von Erfolgen auf unternehmensebene stiftet wiederum Impulse für Transitionen in der Gesellschaft.

Der Deutsche Nachhaltigkeitspreis (DNP) zeigt in diesem Sinne Erfolgsbeispiele von Unternehmen auf und trägt damit zu dem Transition Enabling-Prozess bei. Die Auszeichnung von Best Practice – Beispielen stiften durch das Prestige und Sichtbarkeit des Preises einen Anreiz für Transformationsprozesse in Unternehmen. Des Weiteren zeigt der DNP erfolgreiche Pfade in der Transition auf und kann dadurch weiteren Wandel anstoßen. Als Plattform für Austausch und Ideenfindung kann er Lerneffekte erzielen und für Multiplikatoren sorgen. Das Potenzial dieser Initiative ist nicht ausgeschöpft und kann durch eine kontinuierliche Weiterentwicklung des grundlegenden Nachhaltigkeitsverständnis, der Methodik und Straffung der Kriterien einen höheren Transition Enabling-Effekt erreichen.

Dieser Beitrag belegt die Chance von Unternehmen als Akteure der Nachhaltigkeitstransition und zeigt die Bedeutung von Transition Enabling auf nationaler- und Unternehmensebene. Gleichsam unterstreicht er die Verantwortung, die Unternehmen im Rahmen der gesellschaftlichen Nachhaltigkeitsstrategieentwicklung tragen. An den gesellschaftlich definierten Zielen und Leitbildern (vgl. Bundesregierung 2012; EU Komm 2011) wird sich der Beitrag von Unternehmen für eine nachhaltige gesellschaftliche Entwicklung hier und in der Welt letztendlich messen lassen müssen. Es bedarf der Verbreitung und Verstärkung von Transition Enabling-Initiativen, um Zukunftschancen im Sinne der Nachhaltigkeit auf allen Ebenen zu initiieren, zu erproben und zu verwirklichen.

Literatur

Baedeker C (2012) Regionale Netzwerke Gesellschaftliche Nachhaltigkeit gestalten – am Beispiel von Lernpartnerschaften zwischen Schulen und Unternehmen. Wuppertaler Schriften zur Forschung für eine nachhaltige Entwicklung, Bd. 3. Oekom, München

Becke G (2010) Auf dem Weg zur Nachhaltigkeit – Vom Change Management zum Mindful Change. Organisations Entwicklung 4:4–11

Berg C, Callies C, Liedtke C, Meran G, Renn O, Schmalz W, Schreurs M (2012) Arbeitsgruppe „Nachhaltiges Wirtschaften und Wachstum". In: Presse- und Informationsamt der Bundesregierung (Hrsg) Dialog über Deutschlands Zukunft. Ergebnisbericht der Expertinnen und Experten des Zukunftsdialogs der Bundeskanzlerin 2011/2012 Langfassung, S 238–274. https://www.dialog-ueber-deutschland.de/SharedDocs/Downloads/DE/Ergebnisbericht/2012-09-10-Langfassung-barrierefrei.pdf?blob=publicationFile&v=2. Zugegriffen: 28. Nov. 2012

Bringezu S, Bleischwitz R (Hrsg) (2009) Sustainable resource management. Global trends, visions and policies. Greenleaf Publishing Ltd., Sheffield

Buddenberg J (2012) Organisational change for sustainable development: two german business case studies, Master Arbeit M.Sc. Environmental Governance, Albert-Ludwigs-Universität Freiburg (unveröffentlicht)

Bund M (Hrsg) (1995) Zukunftsfähiges Deutschland. Ein Beitrag zu einer global nachhaltigen Entwicklung. Eine Studie des Wuppertal Instituts. Fischer Taschenbuch, Frankfurt a. M.

Bundesministerium für Bildung und Forschung (BMBF) (2012) Die Rohstoff-Expedition – Entdecke was in (d)einem Handy steckt! Lern- und Arbeitsmaterial. http://www.die-rohstoff-expedition.de/fileadmin/handy.wissenschaftsjahr-2012/content_de/Download/Die_Rohstoff-Expedition_Lern-_und_Arbeitsmaterial.pdf. Zugegriffen: 28. Nov. 2012

Bundesministerium für Umwelt, Naturschutz und Reaktorsicherheit (BMU) (Hrsg) (1992) Konferenz der Vereinten Nationen für Umwelt und Entwicklung im Juni 1992 in Rio de Janeiro. Dokumente. Agenda 21. Bonn. http://www.un.org/depts/german/conf/agenda21/agenda_21.pdf. Zugegriffen: 28. Nov. 2012

Bundesregierung (2012) Fortschrittsbericht zur nationalen Nachhaltigkeitsstrategie. http://www.bundesregierung.de/Content/DE/Artikel/2012/02/2012–02-15-kabinett-fortschrittsbericht-2012.html. Zugegriffen: 28. Nov. 2012

Düring U, Wöhl G (2002) Einführung in die Allgemeine Betriebswirtschaftslehre. Vahlen, München

Enquete-Kommission Wachstum, Wohlstand, Lebensqualität (Enquete) (2012) Berichtsentwurf Projektgruppe 3: Wachstum, Ressourcenverbrauch und technischer Fortschritt – Möglichkeiten und Grenzen der Entkopplung. Kapitel 1–6. http://www.bundestag.de/bundestag/gremien/enquete/wachstum/Kommissionsdrucksachen/82_PG3_Berichtsentwurf.pdf. Zugegriffen: 28. Nov. 2012

Erhard L (1964) Wohlstand für Alle. Econ-Verlag, Düsseldorf. http://www.ludwig-erhard-stiftung.de/files/wohlstand_fuer_alle.pdf. Zugegriffen: 28. Nov. 2012

Europäische Kommission (SCP Action Plan) (2008) Aktionsplan für Nachhaltigkeit in Produktion und Verbrauch und für eine nachhaltige Industriepolitik. http://ec.europa.eu/enterprise/policies/sustainable-business/environment-action-plan/index_de.htm. Zugegriffen: 28. Nov. 2012

Europäische Kommission (EU Komm) (2010) Europe 2020. Commission proposes new economic strategy in Europe, IP/10/225, Brüssel

Europäische Kommission (EU Komm) (2011) Ressourcenschonendes Europa – eine Leitinitiative innerhalb der Strategie Europa 2020, KOM/2011/21, Brüssel

Folke C (2002) Resilience and sustainable development: building adaptive capacity in a world of transformations. Scientific background paper on resilience for the process of the world summit on sustainable development on behalf of The Environmental Advisory Council to the Swedish Government

Geels FW (2002) Technological transitions as evolutionary reconfiguration processes: a multi-level perspective and a case-study. Res Policy 31:1257–1274

Geels FW (2010) Ontologies, socio-technical transitions (to sustainability), and the multilevel perspective. Res Policy 39:495–510

Geels FW, Schot J (2010) The dynamics of transitions: a socio-technical perspective. In: Grin J, Rotmans J, Schot J (Hrsg) Transitions to sustainable development. new directions in the study of long term tansformative change. Routledge, New York, S 11–101

von Geibler J (2010) Nachhaltigkeit in globalen Wertschöpfungsketten: Nicht-staatliche Standards als Steuerungsinstrument im internationalen Biomassehandel. Dissertationsschrift, Buchreihe „Wirtschaftswissenschaftliche Nachhaltigkeitsforschung". Metropolis, Marburg

von Geibler J (2012) Market-based governance for sustainability in value chains: conditions for successful standard setting in the palm oil sector. J Clean Prod 56:39–53. doi:10.1016/j.jclepro.2012.08.027

Giddens A (1984) The constitution of society: outline of the theory of structuration. University of California Press, Berkeley

Gunderson L, Holling CS (2002) Panarchy: understanding transformations in human and natural systems. Island Press, Washington, DC

Hauff V (Hrsg) (1987) Unsere gemeinsame Zukunft. Eggenkamp, Greven
Haxeltine A, Seyfang G (2009) Transitions for the people: theory and practice of „Transition" and „Resilience" in the UK's transition movement. A paper presented at the 1st European Conference on Sustainability Transitions, Tyndall Working Paper 134
Hennicke P, Kristof K, Götz T (2011) Aus weniger mehr machen: Strategien für eine nachhaltige Ressourcenpolitik in Deutschland. Oekom, München
Irrek W (2012) How to reduce the rebound effect? In: Bleischwitz R, Welfens PJJ, Zhang Z (Hrsg) international economics of resource efficiency. Eco-Innovation policies for a green economy. Springer, Heidelberg, S 279–285
Jackson T (2005) Motivating sustainable consumption. A review of evidence on consumer behaviour and behavioural change. A report to the sustainable development research network
Jäger J (2007) Was verträgt unsere Erde noch? Wege in die Nachhaltigkeit. Fischer Taschenbuch, Frankfurt a. M.
Kemp R, Parto S, Gibson RB (2005) Governance for sustainable development: moving from theory to practice. Intern J Sustain Develop 8:12–30
Kemp R, Loorbach D, Rotmans J (2007) Transition management as a model for managing processes of co-evolution towards sustainable development. Int J Sustain Dev World Ecol 14:78–91
Keynes JM (1963) Economic possibilities for our grandchildren. In: Keynes JM (Hrsg) Essays in persuasion. W. W. Norton & Co, New York, S 358–372
Kristof K (2010) Wege zum Wandel: wie wir gesellschaftliche Veränderungen erfolgreicher gestalten können. Oekom, München
Krüger W (2006) Excellence in change. Wege zur strategischen Erneuerung. Gabler, Wiesbaden
Lauer T (2010) Change management. Grundlagen und Erfolgsfaktoren. Springer, Berlin
Liedtke C (2004) Toward sustainable products and services. In: Seiler-Hausmann, J- D, Liedtke C, von Weizsäcker EU (Hrsg) Eco-efficiency and beyond: towards the sustainable enterprise. Greenleaf, Sheffield, S 123–12
Liedtke C, Welfens MJ (2008) Vom Wissen zum Handeln: didaktische Module. Konsum (KON) Stiftung Forum für Verantwortung, Otzenhausen
Liedtke C, Kristof K, Bienge K, Geibler J von, Görlach S, Knappe F, Lemken T, Meinel U, Onischka M, Schmidt M, Zvezdov D (2010) Maßnahmenvorschläge zur Ressourcenpolitik im Bereich unternehmensnaher Instrumente: Zusammenfassung der Ergebnisse des Arbeitspakets 4 des Projekts „Materialeffizienz und Ressourcenschonung" (MaRess) (No. 49). Wuppertal Institut, Wuppertal
Liedtke C, Ameli N, Buhl J, Oettershagn P, Pears T (2012a) Sustainable products and services. Your Designguide. Developed for the Sustainable Summer School. http://www.sustainable-summer-school.org. Zugegriffen: 28. Nov. 2012
Liedtke C, Welfens, MJ, Rohn H, Nordmann J (2012b) Living lab: user-driven innovation for sustainability. Inter J Sustain Higher Educ 13:106–118
Loorbach D (2007) Transition management: new mode of governance for sustainable development. International Books, Utrecht
Loorbach D (2010) Transition management for sustainable development: a prescriptive, complexity-based governance framework. Gov Int J Policy Adm Inst 23:161–183
Loorbach D, Rotmans J (2006) Managing transitions for sustainable development. In: Olsthoorn X, Wieczorek A.J (Hrsg) understanding industrial transformation: views from different disciplines. Springer, Dordrecht, S 187–206
Luhmann N (2005) Struktureller Wandel: Die Poesie der Reformen und die Realität der Evolution. In: Jäger W, Schimank U (Hrsg) Organisationsgesellschaft. Facetten und Perspektiven. VS Verlag für Sozialwissenschaften, Wiesbaden, S 409–440
Madlener R, Alcott B (2011) Herausforderung für eine technisch-ökonomische Entkopplung von Naturverbrauch und Wirtschaftswachstum. unter besonderer Berücksichtigung der Systemati-

sierung von Rebound-Effekten und Problemverschiebungen. Enquete-Kommission „achstum, Wohlstand, Lebensqualität" des Deutschen Bundestages. Zürich
Marrakech Process Secretariat (Marakesh Prozess) (2009) 10 year framework of programmes on sustainable consumption and production. Third Public Draft. http://esa.un.org/marrakechprocess/pdf/Draft3_10yfpniputtoCSD2Sep09.pdf. Zugegriffen: 28. Nov. 2012
Onischka M, Liedtke C, Jordan ND (2012) How to sensitize the financial industry to resource efficiency considerations and climate change related risks. J Environ Assess Policy Manag 14:26
Opschoor JB, Costanza R (1995) Environmental performance indicators, environmental space and the preservation of ecosystem health. Global environmental change and sustainable development. EC DGXII/Office for Publication of EC, Luxemburg
Organisation for Economic Co-Operation and Development (OECD) (2011) Towards green growth. Paris
Ott K, Döring R (2004) Theorie und Praxis starker Nachhaltigkeit. Ökologie und Wirtschaftsforschung, Bd. 54. Metropolis, Marburg
Paech N (2005) Nachhaltiges Wirtschaften jenseits von Innovationsorientierung und Wachstum. Eine unternehmensbezogene Transformationstheorie. Metropolis, Marburg
Paech N (2006) Nachhaltigkeitsprinzipien Jenseits Des Drei-Säulen Paradigmas. Natur und Kultur 7:42–62
Rockström J et al (2009) Planetary boundaries: exploring the safe operating space for humanity. Ecol Soc 14. http://www.ecologyandsociety.org/vol14/iss2/art32/. Zugegriffen: 28. Nov. 2012
Rose A (2011) Resilience and sustainability in the face of disasters. Environ Innov Soc Transit 1:96–100
Rotmans J, Loorbach D (2010) Towards a better understanding of transitions and their governance: a systemic and reflexive approach. In: Grin J, Rotmans J, Schot J (Hrsg) Transitions to sustainable development. New directions in the study of long term tansformative change. Routledge, New York, S 105–220
Santarius T (2012) Der Rebound Effekt. Über die unerwünschten Folgen der erwünschten Energieeffizienz. Impulse zur Wachstumswende, 5. Wuppertal Institut, Wuppertal
Schildknecht C (1998) Management ganzheitlicher organisationaler Veränderung: Modell und Anwendung auf die Produkt- und Prozeßentwicklung. Deutscher Universitäts-Verlag, Wiesbaden
Schmidt-Bleek F (1994) Wieviel Umwelt braucht der Mensch? : MIPS - das Maß für ökologisches Wirtschaften. Birkhäuser Verlag, Berlin
Schmidt-Bleek F (2007) Nutzen wir die Erde richtig? Die Leistungen der Natur und die Arbeit des Menschen. Fischer Taschenbuch, Frankfurt a. M.
Schneidewind U (1998) Die Unternehmung als strukturpolitischer Akteur: kooperatives Schnittmengenmanagement im ökologischen Kontext. Metropolis, Marburg
Schneidewind U (2009) Nachhaltige Wissenschaft: Plädoyer für einen Klimawandel im deutschen Wissenschafts- und Hochschulsystem. Metropolis, Marburg
Schneidewind U (2010) Wie Systemübergänge nachhaltig gestaltet werden können. Perspektiven einer Sustainable Transition-Forschung in Deutschland. Ökologisches Wirtschaften 3:27–29
Senge PM (2008) The necessary revolution. How individuals and organisations are working together to create a sustainable world. Nicholas Brealey, London
Shove E, Walker G (2007) Caution Transition ahead: politics, practice and sustainable transition management. Environ Plan 39:763–770
Shrivastava P, Hart S (1995) Creating sustainable Corporations. In: Business Strategy and the Environment, Vol. 4, p. 154–165
Smith A, Stirling A (2010) The politics of social-ecological resilience and sustainable socio-technical transitions. Ecol Soc 15:11
Smith A, Stirling A, Berkhout F (2005) The governance of sustainable socio-technical transitions. Res Policy 34:1491–1510

Sorrel S (2010) Mapping rebound effects from sustainable behaviours. Key concepts and literature review. SLRG Working Paper 01–10

Spangenberg HJ (1995) Towards sustainable Europe: a study from the Wuppertal Institute for Friends of the Earth Europe. Friends of the Earth Publications, Luton

Stengel O, Liedtke C, Baedeker C, Welfens MJ (2008) Theorie und Praxis eines Bildungskonzpts für Nachhaltigkeit. Umweltpsychologie 12:29–42

Stengel O (2011) Suffizienz. Die Konsumgesellschaft in der ökologischen Krise. Oekom, München

Stiglitz P, Sen A, Fitoussi, J-P (2009) Report of the commission on the measurement of economic performance et social progress. http://www.stiglitz-sen-fitoussi.fr/documents/rapport_anglais.pdf. Zugegriffen: 28. Nov. 2012

Tremmel J (2003) Nachhaltigkeit als politische und analytische Kategorie. Oekom, München

United Nations Environmental Program (UNEP) (2011) Towards a green economy. Pathways to sustainable development and poverty eradication. http://www.unep.org/greeneconomy/greeneconomyreport/tabid/29846/default.aspx. Zugegriffen: 28. Nov. 2012

Warde A (2005) Consumption and theories of practice. J Consum Cult 5:131–153

Weizsäcker EU von (2009) Factor five: transforming the global economy through 80 % improvements in resource productivity. Earthscan, London

Welfens MJ, Liedtke C, Nordman J (2010) Sustainable consumption: between unsustainable reality and people's willingness to act. Paper presented at the ERSCP-EMSU Conference „Knowledge Collaboration & Learning for Sustainable Innovation", 25–29 October 2010. Delft

Willke H (1996) Grundlagen. Eine Einführung in die Grundprobleme der Theorie sozialer Systeme. Lucius & Lucius, Stuttgart

Willke, H (2005) Systemtheorie: Systemtheorie 2. Interventionstheorie: Grundzüge einer Theorie der Intervention in komplexen Systeme. 4. Aufl. Lucius & Lucius, Stuttgart

von Winterfeld U (2007) Keine Nachhaltigkeit ohne Suffizienz: Fünf Thesen und Folgerungen. Vorgänge 3:46–54

Wissenschaftlicher Beirat Globale Umweltveränderungen der Bundesregierung (WBGU) (2011) Welt im Wandel. Gesellschaftsvertrag für eine Große Transformation. Zusammenfassung für Entscheidungsträger. WGBU, Berlin

World Business Council for Sustainable Development (WBCSD) (2008) Sustainable consumption facts & trends: from a business perspective. http://www.wbcsd.org/Pages/EDocument/EDocumentDetails.aspx?ID=142&NoSearchContextKey=true. Zugegriffen: 28. Nov. 2012

World Business Council for Sustainable Development (WBCSD) (2010) Vision 2050. Die neue Agenda für Unternehmen (Kurzfassung). http://www.wbcsd.org/vision2050.aspx. Zugegriffen: 28. Nov. 2012

World Business Council for Sustainable Development (WBCSD) (2011) A vision for sustainable consumption – innovation, collaboration, and the management of choice. http://www.wbcsd.org/Pages/EDocument/EDocumentDetails.aspx?ID=13718&NoSearchContextKey=true. Zugegriffen: 28. Nov. 2012, 17. Sept.12

Wuppertal Institute (2011) Transitions towards Sustainability – Rethinking the Wuppertal Institute Research Perspective, Internal Working Paper. Wuppertal

Prof. Dr. Christa Liedtke studierte Biologie/Diplom/Lehramt und ev. Theologie/Lehramt und promovierte in der Zellbiologie. Sie leitet die Forschungsgruppe Nachhaltiges Produzieren und Konsumieren am Wuppertal Institut für Klima, Umwelt, Energie. Im August 2012 wurde sie Gast-Professorin für Nachhaltigskeitsforschung im Design an der Folkwang Universität der Künste in Essen. Christa Liedtke ist Mitglied des wissenschaftlichen Beirats "Verbraucher- und Ernährungspolitik" beim Bundesministerium für Ernährung, Landwirtschaft und Verbraucherschutz. Sie ist eine der Initiatorinnen der International Sustainable Summer School Designwalks (www.sustainable-summer-school.org seit 2009, jährlich) und war Expertin im Zukunftsdialog der Bundeskanzlerin "Menschlich und erfolgreich - Dialog über Deutschlands Zukunft", 2012 in der AG Nachhaltiges Wirtschaften. Ihre Arbeitsschwerpunkte sind: Forschungsstrategie(n) im Themenfeld Nachhaltiges Produzieren und Konsumieren, Bewertung von Ressourceneffizienz (Stoffstromanalysen, LCA-MIPS) und Nachhaltigkeit (Indikatorensysteme) von und in Wertschöpfungsketten, Analyse und Veränderungsoptionen von Handlungsmustern in Produktion und Konsum, Nutzer- und akteursintegrierte Produkt-Dienstleistungsentwicklung (Sustainable LivingLabs) sowie in Kooperation mit der Folkwang Universität der Künste Nachhaltigkeit im Design

Jade Buddenberg arbeitet zu Themen der Systemische Veränderungen, Change Management und Sozialen Innovationen. Mit der Forschungsgruppe "Nachhaltiges Konsumieren und Produzieren" des Wuppertal Instituts für Klima, Umwelt und Energie begleitete sie 2009-2013 transdiziplinäre Forschungsprojekte. Jade Buddenberg arbeitet heute mit internationalen Multi-Stakeholder Prozessen mit dem Collective Leadership Institute in Potsdam/Kapstadt. Sie hat außerdem einen Lehrauftrag zu Strategischem Management an der Hochschule Heilbronn an der Fakultät für International Business. Jade Buddenberg studierte an der London School of Economics, der BOKU Wien und der Albert-Ludwigs-Universität Freiburg Internationale Beziehungen, Ressourcenmanagement und Environmental Governance. Sie ist Gründungsmitglied und Vorstandsvorsitzende des Freiburg Scientific Theatre e.V. der interaktiven Dialog für Nachhaltigkeit fördert.

Johannes Buhl hat Soziologie und Volkswirtschaftslehre sowie Internationale Politik und Humangeographie an der Otto-Friedrich-Universität Bamberg (Diplom 2012) und Karls-Universität Prag studiert. Er war Stipendiat im Max Weber-Programm des Elitenetzwerks Bayern und der Studienstiftung des deutschen Volkes. Seit 2012 ist er Promovend am Wuppertal Institut für Klima, Umwelt, Energie in der Forschungsgruppe „Nachhaltiges Produzieren und Konsumieren". Zuvor hat er bereits als studentische und wissenschaftliche Hilfskraft am Institut gearbeitet. Zu seinen Arbeitsschwerpunkten zählen Nachhaltigkeitsstrategien und Rebound-Effekte. In seiner Dissertation stellt er sich deshalb die Frage, inwieweit und warum Ressourceneinsparungen nach Effizienzgewinnen durch Mehrkonsum kompensiert werden.

Nachhaltigkeitsmarketing in der Konsumgüterindustrie am Beispiel der Unilever Deutschland GmbH

Merlin Koene, Katja Wagner, Anja Buerke und Manfred Kirchgeorg

Inhaltsverzeichnis

M. Koene (✉) · K. Wagner
Unilever Deutschland Holding GmbH, Strandkai 1, 20355 Hamburg, Deutschland
E-Mail: merlin.koene@unilever.com

K. Wagner
E-Mail: katja.wagner@unilever.com

A. Buerke
SVI-Stiftungslehrstuhl für Marketing, HHL Leipzig Graduate School of Management, Jahnallee 59, 04109 Leipzig, Deutschland
E-Mail: anja.buerke@hhl.de

M. Kirchgeorg
SVI-Stiftungslehrstuhl für Marketing, HHL Leipzig Graduate School of Management, Jahnallee 59, 04109 Leipzig, Deutschland
E-Mail: manfred.kirchgeorg@hhl.de

H. Meffert et al. (Hrsg.), *Sustainable Marketing Management*,
DOI 10.1007/978-3-658-02437-6_20

Zusammenfassung

Ausgehend von der andauernden Volatilität der Weltmärkte und den Herausforderungen in Bezug auf das soziale und ökologische Gleichgewicht versuchen Unternehmen der Konsumgüterindustrie ihre Wertschöpfungskette zunehmend nachhaltiger zu gestalten. Vor diesem Hintergrund beschäftigt sich der folgende Beitrag mit der Darstellung eines Sustainable Marketing-Konzeptes anhand des Beispiels der Unilever Deutschland GmbH. Ausgehend von einer Situationsanalyse wird die Integration von Nachhaltigkeitsanforderungen in die Unternehmens- und Marketingziele sowie Marketingstrategie erörtert. Anschließend wird der koordinierte Einsatz aller Marketing-Mix-Instrumente diskutiert. Anhand der Fallstudie einer ressourcenschonenden Produktinnovation im Deodorantbereich wird verdeutlicht, wie die ambitionierten Nachhaltigkeitsziele des Unilever Sustainable Living Plans durch einen systematisch geplanten und umgesetzten Sustainable Marketing-Ansatz erreicht werden können.

1 Verankerung von Nachhaltigkeit in der Konsumgüterindustrie aus Sicht der Unilever Deutschland GmbH

Jeden Tag benutzen zwei Milliarden Menschen in 190 Ländern ein Produkt, das von Unilever hergestellt wurde. Über das gesamte Produktsortiment hinweg betrachtet zieht sich die Verwendung von Unilever-Produkten entlang einer Kette von Alltagshandlungen: Beim Trinken einer Tasse Tee, einem gesunden Frühstück oder beim Eis essen, aber auch beim Duschen, Zähne putzen und Wäsche waschen.

Mit 400 Marken in über 14 verschiedenen Produktkategorien ist Unilever einer der größten Hersteller von Konsumgütern. Anhand dieser zahlreichen Berührungspunkte zwischen dem Unternehmen und den Konsumenten lassen sich das Potenzial, viele Menschen zu erreichen und zu bewegen, sowie die weitreichenden Auswirkungen auf das Leben der Menschen heute und zukünftiger Generationen verdeutlichen.

Auf dem Weg zur nachhaltigen Entwicklung zählt das Handeln jeder einzelnen Person. Das Zusammenspiel zwischen dem Unternehmen und zwischen den Menschen ist es daher, wodurch der Effekt, den ein Unternehmen bewirken kann, erst wirklich zum Tragen kommt. Der Ausspruch von Harry Brouwer, Chairman der Unilever Deutschland GmbH von 2009 bis 2014, „*Es gibt nichts im Leben, was man alleine erreichen kann*", spiegelt dieses Bewusstsein für das Zusammenwirken verschiedener Akteure sowie den Antrieb und die Bereitschaft zur Kooperation – organisationsintern wie -extern – zum Erreichen eines gemeinsamen Ziels wider.

Kurzfristig gesehen erfordert es von Seiten eines Unternehmens erhebliche Investitionen und Vorleistungen, um Produkte nachhaltiger herzustellen und das Verhalten der Konsumenten zu verstehen und zu verändern. Die Integration von Nachhaltigkeit in das unternehmerische Handeln wird bei Unilever jedoch mit der Überzeugung vorangetrieben, einen strategischen Wettbewerbsvorteil aufzubauen.

Zum einen ist die nachhaltige Beschaffung von Rohstoffen in Zeiten volatiler Märkte und steigender Rohstoffpreise ein Mittel zur Sicherung von Ressourcen. Zum anderen müssen sich Unternehmen zunehmend den Herausforderungen stellen, Produkte anzubieten, die nachhaltigen Konsum so einfach und angenehm wie möglich machen, um mit verantwortungsbewusstem Handeln das Vertrauen der Konsumenten langfristig zu gewinnen. Weitere Wettbewerbsvorteile sind in der steigenden Nachfrage des Handels nach nachhaltigen Produkten, sowie in den Kostenvorteilen nachhaltigen Wirtschaftens zu sehen. Darüber hinaus können neue Märkte, zum Beispiel „Bottom of the Pyramid"-Segmente, erschlossen werden und die Innovationsraten sowie die Motivation von Mitarbeitern gesteigert werden.

2 Unternehmensgrundsätze und -ziele

Die Vision von Unilever ist das Geschäft zu verdoppeln, während der ökologische Fußabdruck verkleinert und der positive soziale Einfluss verstärkt wird. Das Unternehmen arbeitet jeden Tag für eine bessere Zukunft, mit Marken und Leistungen, die den Menschen helfen, sich gut zu fühlen, gut auszusehen und mehr vom Leben zu haben. Um diese Vision zu verwirklichen, hat sich Unilever einem Geschäftsmodell für nachhaltiges Wachstum verschrieben. Als wirtschaftlich nachhaltig denkendes Unternehmen hat sich Unilever das ambitionierte Ziel gesetzt, seinen Umsatz bis 2020 zu verdoppeln. Mit der Nachhaltigkeitsorientierung im Zentrum der Geschäftsstrategie beabsichtigt Unilever gleichzeitig, das Wachstum von den Umweltbelastungen zu entkoppeln und die positiven Einflüsse auf die Gesellschaft zu erhöhen. Unter dem Gesichtspunkt der ökologischen Nachhaltigkeit sollen die Belastungen durch Ressourcen- und Energieverbrauch pro Produkteinheit um 50 % gesenkt werden. Entgegen der weitläufig verbreiteten Annahme, dass Nachhaltigkeit und Wachstum sich gegenseitig ausschließen, werden ökologische und soziale Nachhaltigkeit als Innovations- und Wachstumsfaktoren angesehen: „*Wachstum und Nachhaltigkeit schließen einander nicht aus. Tatsächlich zeigt unsere Erfahrung, dass Nachhaltigkeit ein Wachstumstreiber ist*" (Paul Polman, CEO Unilever).

Die nachhaltige Geschäftsstrategie ist seit November 2010 im *Unilever Sustainable Living Plan* verankert, in dem die auf zehn Jahre angelegten Nachhaltigkeitsziele des Unternehmens festgeschrieben sind. Bei der Formulierung der Ziele wurden die drei Säulen der Nachhaltigkeit berücksichtigt: Die wirtschaftliche, soziale und ökologische Dimension. Der Nachhaltigkeitsplan erstreckt sich zudem auf das gesamte Produktportfolio und alle Länder, in denen das Unternehmen tätig ist. Zur Beurteilung der ökologischen Nachhaltigkeit wird der gesamte Produktlebensweg berücksichtigt – von der Beschaffung der Rohstoffe über die Verarbeitung bis hin zur Verwendung und Entsorgung der Produkte durch die Konsumenten.

Für die Vision, Nachhaltigkeit an oberste Stelle zu setzen, plant Unilever bis 2020 die Erreichung von drei übergeordneten Zielen. Als erstes hat sich Unilever die Steigerung des individuellen Wohlbefindens und der Gesundheit von mehr als einer Milliarde

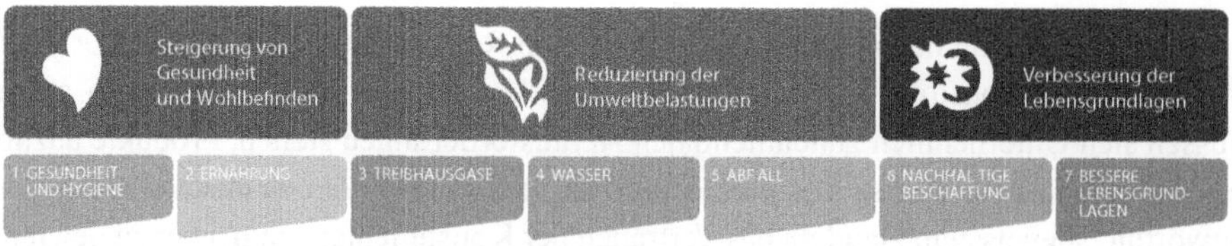

Abb. 1 Strukturierung der Nachhaltigkeitsziele im Unilever Sustainable Living Plan. (Unilever 2013, http://www.unilever.de/sustainable-living/uslp/)

Menschen zum Ziel gesetzt. Ein weiteres Ziel ist die Halbierung des ökologischen Fußabdrucks bei der Herstellung und Verwendung von Unilever-Produkten, um die Umweltbelastungen über den gesamten Produktlebenszyklus hinweg zu reduzieren. Das dritte Ziel ist die Verbesserung der Lebensgrundlagen der in die Wertschöpfungskette eingebundenen Menschen wie Kleinbauern oder Kleinhändlern sowie die Beschaffung aller landwirtschaftlichen Rohstoffe aus zu 100 % nachhaltigem Anbau. Die drei Oberziele sind in sieben nachhaltigkeitsbezogene Schwerpunktbereiche mit jeweils weiter spezifizierten Teilzielen aufgegliedert (siehe Abb. 1).

3 Situationsanalyse

Die Situationsanalyse bildet den Ausgangspunkt des Marketingmanagementprozesses. Zur Fundierung der strategischen und operativen Marketingentscheidungen werden die wesentlichen Umfeld- und Marktbedingungen betrachtet. Die externe Perspektive umfasst die Chancen und Risiken, die sich aus dem Verhalten der Nachfrager (Handelspartner und Endkunden), Wettbewerber sowie weiterer Stakeholder ergeben. Dies wird der unternehmensinternen Ausgangssituation, d. h. den Stärken und Schwächen des Unternehmens selbst, gegenübergestellt, um Ziele klar zu definieren und geeignete Strategien und Maßnahmen abzuleiten.

Die Gewohnheiten der Konsumenten im Alltag leisten einen entscheidenden Beitrag für eine nachhaltige Zukunft. Viele Produkte der Konsumgüterindustrie werden nahezu täglich benutzt: Duschgel, Waschmittel, Seife, Lebensmittel. Je nach Anwendung dieser Produkte durch die Konsumenten wird die Lebensqualität und Nachhaltigkeit auf unterschiedliche Art und Weise beeinflusst. Beispiele für potenzielle positive Effekte sind Energieeinsparungen durch das Waschen der Kleidung mit niedrigerer Temperatur, reduzierter Wasserverbrauch durch kürzere Duschzeiten und geringere Kindersterblichkeitsraten durch einfache Hygienemaßnahmen. Eine Analyse der Treibhausgasemissionen über den gesamten Produktlebenszyklus zeigt, dass mehr als zwei Drittel des Treibhausgas-Fußabdrucks der Unilever-Produkte auf die Verwendung durch die Konsumenten zurückzuführen ist, bspw. durch Erzeugung von Warmwasser beim Duschen und Wäschewaschen (siehe Abb. 2).

Vor diesem Hintergrund wird klar, dass die Berücksichtigung des Konsumentenverhaltens einen wesentlichen Erfolgsfaktor zur Verringerung der Umweltbelastungen und Er-

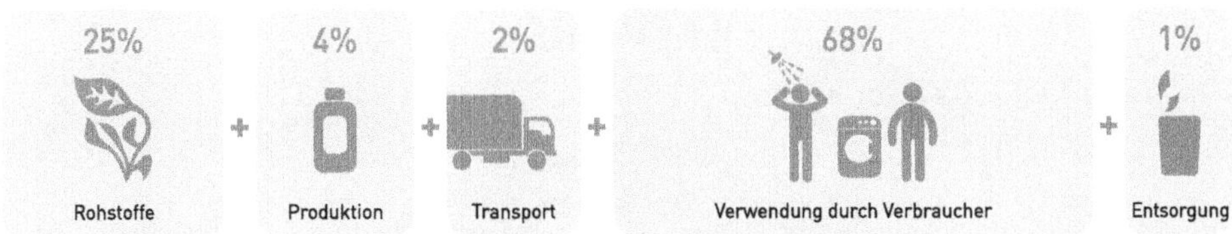

Abb. 2 Treibhausgasbilanz von Unilever entlang der Lieferkette. (Unilever 2013, USLP Fortschrittsbericht [1])

reichung der weiteren Nachhaltigkeitsziele darstellt. Eine zentrale Aufgabe für Konsumgüterhersteller ist daher, innovative Lösungen zu entwickeln und die nachhaltige Nutzung von Produkten so einfach wie möglich für die Konsumenten zu gestalten.

> Successful change comes from a real understanding of people, their habits and their motivations. (Paul Polman, CEO Unilever)

Zur Umsetzung der Nachhaltigkeitsstrategie von Unilever und zum Erreichen der gesetzten Ziele wurde in besonderem Maße das Verhalten der Konsumenten beim Kauf und bei der Produktnutzung berücksichtigt. Analysiert wurden zum einen die Barrieren, die Konsumenten davon abhalten ihr Verhalten zu ändern bzw. neue Verhaltensweisen umzusetzen. Zum anderen wurden Faktoren identifiziert, die Menschen motivieren, ihr Verhalten zu ändern sowie darüber hinaus diese neuen Verhaltensmuster beizubehalten.

Die Analyse von Verhaltensbarrieren und -treibern hat im Kern fünf zentrale Ansatzpunkte ergeben. Die so genannten „Five Levers for Change" sind in Abb. 3 dargestellt. Für jeden dieser Bereiche lassen sich im Unternehmen konkrete Maßnahmen ableiten, auf die der Hersteller Einfluss nehmen kann, um Konsumenten zur Übernahme nachhaltigen Konsumverhaltens zu motivieren.

Lever for Change „Make it understood"

Ein wirksamer Schritt, um eine Verhaltensänderung zu bewirken, ist zunächst die Aufmerksamkeit und ein grundlegendes Verständnis der Konsumenten zu schaffen. Aufklärungskampagnen mit breiter Aufmerksamkeitswirkung wie bspw. TV-Kampagnen verfolgen dieses Ziel.

Lever for Change „Make it easy"

Um ein nachhaltiges Produkt in den Alltag zu integrieren, sollte es für den Konsumenten so einfach wie möglich sein, neue Verhaltensweisen umzusetzen. Um Menschen davon zu überzeugen, ihr eigenes Verhalten zu ändern, ist es häufig wichtig zu zeigen, dass der Einsatz des neuen Produkts oder der neuen Anwendungsweise auch in der Realität gelingt. Um den Konsumenten den Test und das Erleben des neuen Produkts zu ermöglichen, können zum Beispiel Produktvorführungen am Point-of-Sale oder das Verteilen von Probierpackungen geeignete Maßnahmen darstellen.

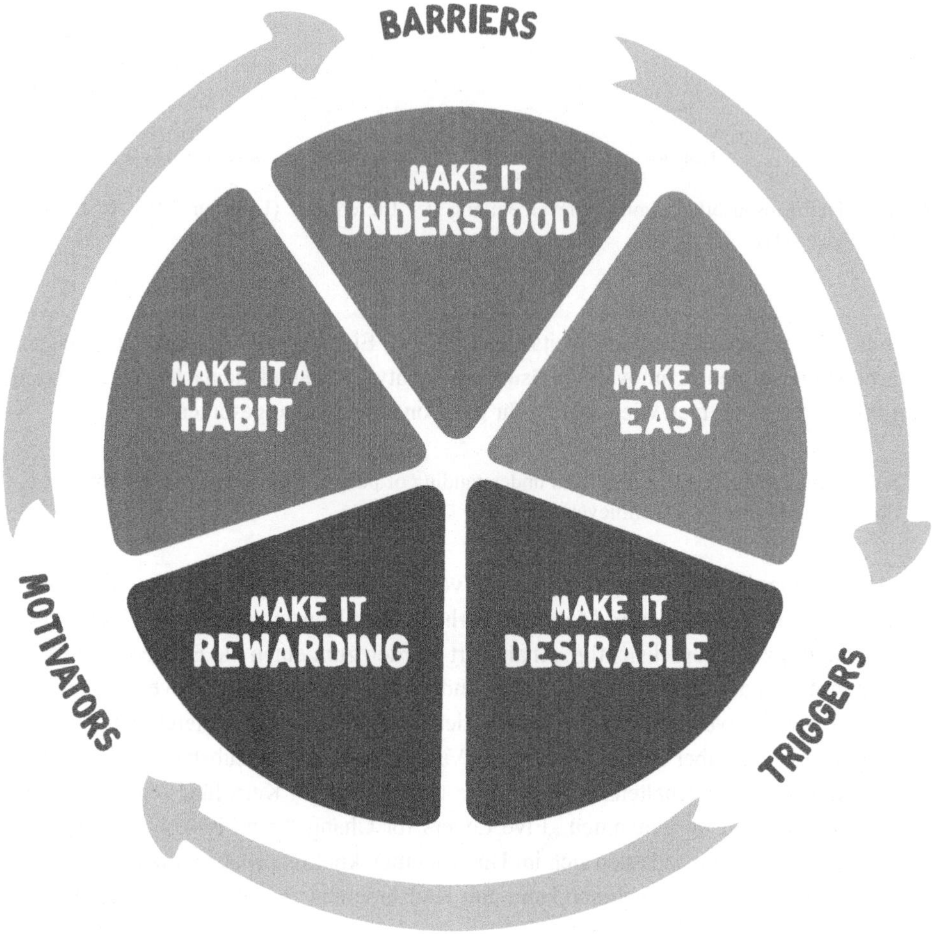

Abb. 3 „Five Levers for Change"-Modell zur Änderung von Konsumentenverhalten. (Unilever 2013, USLP Progress Report [2])

Lever for Change „Make it desirable"

Viele Produkte beinhalten zusätzlich zu ihren grundsätzlichen, funktionalen Eigenschaften auch symbolische Eigenschaften, die sozial erwünschte Merkmale wie bspw. sozialen Status symbolisieren. Menschen nutzen solche Produkte, um das eigene Selbstbild zu unterstreichen und gegenüber anderen stärker zum Ausdruck zu bringen. In der Kommunikation können diese gewünschten Eigenschaften auch eingesetzt werden, um nachhaltige Konsummuster zu fördern. So können etwa Vorbildfiguren ein entsprechendes Verhalten vorleben, um Anregungen zum Übernehmen dieser Verhaltensweisen zu geben.

Lever for Change „Make it rewarding"

Eine weitere Herausforderung ist, nachhaltigen Konsum neben den Vorteilen für die Umwelt auch mit spürbaren, positiven Konsequenzen für den Konsumenten zu verbinden.

So genannte Motivallianzen entstehen, wenn ein Produkt nicht nur die Umwelt schont, sondern auch finanzielle oder gesundheitliche Anreize für den Käufer und Nutzer bietet.

Lever for Change „Make it a habit"
Im Leitgedanken der Nachhaltigkeit liegt bereits begründet, dass eine Verhaltensänderung mit möglichst langfristiger Wirksamkeit erzielt werden soll. Am effektivsten sind also Maßnahmen, die nicht nur zu einer einmaligen Verhaltensänderung führen, sondern das Verhalten dauerhaft ändern. Hier setzen Programme an, die nicht nur einmalige Impulse setzen, sondern den Konsumenten kontinuierlich in seinem Alltag begleiten und gleichzeitig das neue Verhalten zu einer Gewohnheit werden lassen.

Die hier beschrieben fünf Maßnahmenpakete sind nicht in einer bestimmten Reihenfolge anzuwenden. Die Erfahrung von Unilever hat vielmehr gezeigt, dass der stärkste Effekt erzielt werden kann, wenn alle Instrumente zur Veränderung des Konsumentenverhaltens zusammen eingesetzt werden.

4 Marketingstrategie

Strategisch strebt Unilever die Qualitätsführerschaft in den jeweiligen Marktsegmenten an. Das Verfolgen einer Qualitätsstrategie bedeutet, sich über die Qualität der Produkte und Leistungen vom Wettbewerb zu differenzieren. Dies betrifft die gesamte Wertschöpfungskette und den Aufbau von starken Marken mit einem hohen Qualitätsimage, das den Erwartungen und Bedürfnissen der Kunden gerecht wird.

Vor dem Hintergrund der zunehmenden Relevanz der Nachhaltigkeitsziele fließen auch die im Unilever Sustainable Living Plan definierten Nachhaltigkeitsziele sowie das „Five Levers for Change"-Modell in die Ableitung der Marketingstrategien ein.

Zum einen ist im Nachhaltigkeitsplan festgelegt, dass alle Zielmärkte und Produktkategorien in das Nachhaltigkeitsmanagement einbezogen werden. Zum anderen soll die gesamte Wertschöpfungskette betrachtet werden, so dass auch das Konsumentenverhalten nach dem Kauf eine wichtige Rolle spielt.

Grundlegende Funktion des Marketings ist die Erfüllung der Kundenbedürfnisse. Durch die Integration der Nachhaltigkeit in das Geschäftsmodell von Unilever erweitert sich auch die Definition der Kundenbedürfnisse und bezieht Aspekte wie eine gesunde Lebensführung und das individuelle Wohlbefinden stärker mit ein. Für Konsumenten spielt jedoch nicht nur der Kauf oder die Produktnutzung selbst eine Rolle, um diese Bedürfnisse zu befriedigen. Da Konsumenten sich immer in einem sozio-kulturellen Kontext bewegen können generelle Einstellungen und Werte in der Gesellschaft bspw. beeinflussen, an welchen Maßstäben sich eine Person orientiert. Andersherum können auch die Marketing-Mix-Instrumente dazu eingesetzt werden, um einen gesellschaftlichen Bewusstseinswandel anzustoßen. Für die Marke Dove werden beispielsweise Strategien entwickelt, um ein gesünderes Schönheitsideal in der Gesellschaft zu verbreiten und das individuelle Selbstwertgefühl bspw. von Kindern und Jugendlichen zu stärken.

Ein konkreter Anwendungsfall zur Umsetzung einer nachhaltigkeitsorientierten Marketingstrategie, die einen integrierten Ansatz bei der Implementierung der Marketing-Mix-Instrumente erfordert, wird im nächsten Kapitel für die Personal Care-Kategorie beschrieben.

5 Fallbeispiel zum Sustainable Marketing und Einsatz der Marketing-Mix-Instrumente

Ein umfassendes Fallbeispiel für das Sustainable Marketing bei Unilever stellt die Entwicklung und Einführung der „Compressed Deodorants" dar. Zur Einführung dieser Produktinnovation wurden bei Unilever sämtliche Schritte des Marketingmanagementprozesses durchlaufen. Im Rahmen der *Situationsanalyse* wurden generelle Faktoren wie das Umweltbewusstsein der Konsumenten untersucht sowie Verbrauchertests in vier Ländern durchgeführt, um die Akzeptanz des neuen Produkts zu testen. *Ziel* von Unilever ist das nachhaltige Wachstum in der Deo-Kategorie, d. h. einem Ausbau der Marktführerschaft bei gleichzeitiger Reduzierung von Umweltbelastungen. Darauf aufbauend wurde eine *Strategie* entwickelt, um die ausgewählten Zielgruppen richtig anzusprechen, relevante Stakeholder frühzeitig in den Dialog einzubinden und die Markenpositionierungen zu stärken. Zur Umsetzung dieser Strategie war der konzertierte Einsatz aller Marketing-Mix-Instrumente notwendig, wie nachfolgend beschrieben wird.

Die operativen Marketing-Instrumente lassen sich den Bereichen der Produkt-, Kommunikations-, Preis- Distributionspolitik zuordnen. Die Produktpolitik ist von besonderer Bedeutung innerhalb des Marketing-Mix und beinhaltet bspw. das Management von Produktinnovationen. Darüber hinaus sind die Absatzkanäle, das Preisniveau bzw. Preisänderungen und die Kommunikation mit relevanten Zielgruppen konsistent zur Marketingstrategie zu gestalten.

5.1 Produktpolitik und Potenziale der „compressed"-Deospray-Innovation

Zur Erreichung der Nachhaltigkeitsziele und Reduzierung der Umweltbelastungen ist die Entwicklung von Produktinnovationen eine Notwendigkeit. In der Deodorant-Kategorie gelang Unilever mit den „compressed"-Deos der Durchbruch mit Hilfe eines neuen Sprühkopfs, der die gleiche Menge an Wirkstoffen mit weniger Treibgas freisetzt. In Abb. 4 ist dies anhand der blauen Wirkstoffkugeln illustriert, die in beiden Deospray-Dosen in der gleichen Anzahl enthalten sind, jedoch verteilt auf ein geringeres Volumen bei dem neuen Packungskonzept. Durch den geringeren Einsatz von Treibgas reduziert sich auch die Packungsgröße von 150 auf 75 ml, so dass weniger Aluminium für die Herstellung der Sprühdose benötigt wird. Weitere Vorteile entstehen für den Transport, da weniger Lagerplatz benötigt wird und somit mehr Produkte pro Fahrt transportiert werden können.

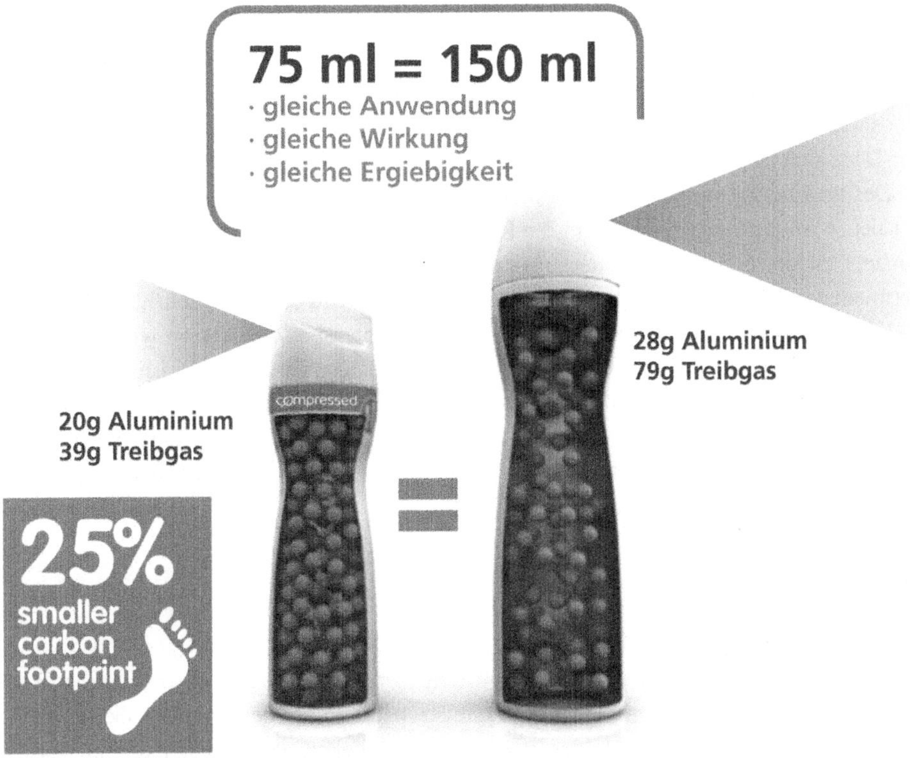

Abb. 4 Darstellung der Einsparungspotenziale bei „compressed"-Deosprays. (Unilever 2013, interne Unterlage)

Insgesamt führen die Ressourceneinsparungen sowie die effizientere Logistik zu einer Einsparung von bis zu 25 % der Treibhausgasemissionen.

Die Einsparpotenziale lassen sich anhand von zwei Beispielen sinnbildhaft verdeutlichen. Wenn eine Million Menschen zu „compressed"-Deosprays wechseln, könnten jedes Jahr 555 t CO_2 eingespart werden, dies entspricht dem CO_2-Umsatz von einer Autofahrt 100x um die Erde. Gleichzeitig wäre eine solche Menge von Aluminium wieder verfügbar, die zur Herstellung von 5.500 Fahrrädern ausreichen würde.[1]

5.2 Distributionspolitik für die definierten Zielgruppen und -märkte

Die Verbrauchertests haben gezeigt, dass 86 % der deutschen Verbraucher von der Produktleistung der „compressed"-Deosprays überzeugt werden können. Frauen interessieren sich

[1] Die berechneten Einsparungen an CO_2 und Packungsaluminium beruhen auf der Annahme, dass eine Million Verwender jeweils fünf Deo-Sprays im Jahr verwenden. http://www.compresseddeodorants.de/#environment (Zugegriffen: 27. Nov 2014)

prinzipiell am meisten für die Deodorant-Produkte und in 70 % der Haushalte sind Frauen für den Deokauf verantwortlich. Vor diesem Hintergrund wurde eine zweistufige Einführungsstrategie entwickelt, bei dem der Launch der „compressed"-Variante zunächst bei Deosprays für Frauen stattfindet. Dies beruht auf der Annahme, dass der Launch der Männer-Deos sich leichter gestaltet, wenn das Produkt im Frauen-Segment bereits etabliert ist.

Des Weiteren ist zunächst eine parallele Distribution der Deosprays in der alten wie auch der neuen Verpackung geplant, um die Konsumenten schrittweise an das neue Packungskonzept zu gewöhnen. Abwanderungs- oder negative Word-of-Mouth-Effekte sollen so vermieden werden. Der Anteil der „compressed"-Deos wird daraufhin schrittweise erhöht.

Die Herausforderungen zur Einführung der „compressed"-Innovation wurden für den deutschen Markt als besonders hoch eingestuft. Die Konsumenten sind hier besonders kritisch eingestellt und fordern im Besonderen eine transparente Informationspolitik ein. Die „compressed"-Deosprays wurden daher zunächst im Februar 2013 in Großbritannien eingeführt, dem größten Markt in der Deo-Kategorie, um die Einführungsstrategie und Akzeptanz der Konsumenten zu testen.

5.3 Preispolitik

Die ökologischen und wirtschaftlichen Vorteile der „compressed"-Deos liegen auf der Hand. Für den Konsumenten ergeben sich abgesehen von der geringeren Packungsgröße keine Änderungen, da die Produkte die gleiche Ergiebigkeit und Wirksamkeit aufweisen. Auch in der Anwendung, z. B. der Sprühdauer, ist keine Umgewöhnung erforderlich. Da die „compressed"-Deos zum gleichen Preis eingeführt werden, ist ein konstantes Preis-Leistungs-Verhältnis gegeben. Darüber hinaus bietet das Produkt einen ökologischen Zusatznutzen.

Dennoch birgt die kleinere Verpackung das Risiko, dass die Konsumenten zunächst vermuten, weniger Leistung für ihr Geld zu bekommen. Die Produktinnovation ist somit für Konsumenten „erklärungsbedürftig".

5.4 Endkundengerichtete Kommunikationspolitik

Zum Launch der „compressed"-Deos an den Regalen spielt die Gestaltung der Kommunikation am Point-of-Sale eine besondere Rolle. Die Platzierung in den Regalen ist hierbei entscheidend, um die Konsumenten auf das neue Produktkonzept aufmerksam zu machen. Maßnahmen zur Steigerung der Aufmerksamkeit sind bspw. eine Platzierung auf dem obersten Regalboden für Deosprays sowie die Produkte möglichst auf Augenhöhe der Konsumenten zu stellen. Um die Orientierung für die Konsumenten vor dem Regal zu erleichtern, sollen die „compressed"-Deos markenübergreifend im Block direkt anschließend an die 150 ml Deosprays gestellt werden. Um die kleineren 75 ml Deosprays optisch auf einer Höhe zu präsentieren, werden Regaltrays eingesetzt. Gleichzeitig die-

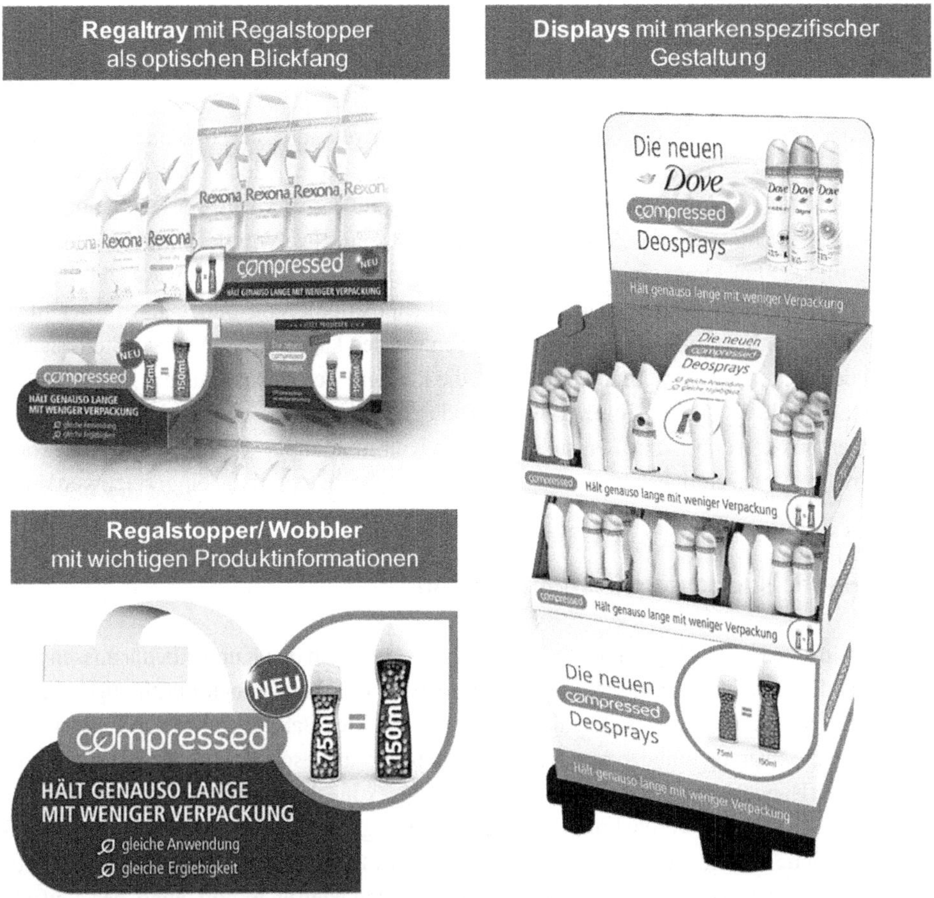

Abb. 5 Kommunikationsmaßnahmen am Point-of-Sale zu den neuen compressed Deos mit der Botschaft „Hält genauso lange mit weniger Verpackung". (Unilever 2013, interne Unterlage)

nen die Regaltrays als Kommunikationsmedium, um Aufmerksamkeit zu generieren und die Kernbotschaft zu erläutern. Weitere Aufmerksamkeit am Point-of-Sale schaffen die Infobroschüren am Regal sowie separat aufgestellte Displays und Kommunikationssäulen (siehe Abb.5). Auch die Mitarbeiter in den Läden werden auf das neue Produkt vorbereitet und als Marken-Botschafter geschult.

Erste Priorität bei der Kommunikation mit den Konsumenten hat die Etablierung der Kernbotschaft „*Hält genauso lange mit weniger Verpackung*". Zur Verbreitung dieser Botschaft wird eine Cross-Media-Kampagne entwickelt, die auf die grundsätzliche Bekanntheit des Konzepts abzielt sowie darüber hinaus auf das Verständnis und die Begeisterung der Konsumenten für die Vorteile, die das „compressed"-Konzept bietet.

In der ersten Phase der Einführung werden v. a. Medien zum Aufbau der Bekanntheit eingesetzt wie TV-Werbung. Der Verbreitung in der digitalen Welt dienen eine eigene Website (www.compresseddeodorants.de) und digitale Werbe- und Social Media-Kampagnen.

Die „compressed"-Deos bieten mehrere Zusatznutzen für den Konsumenten, die in der Kommunikation in Abhängigkeit von der Positionierung der Marken eingesetzt werden können.

Mit der Kernbotschaft wird der Gewinn für die Umwelt adressiert und markenübergreifend eingesetzt. Der reduzierte Verbrauch von Treibgas führt jedoch auch dazu, dass das Deospray weniger kalt auf der Haut empfunden wird und dass der Duft stärker wahrgenommen wird. Die angenehmere Anwendung zahlt bspw. auf die zentrale Markeneigenschaft „sanfte Pflege" bei Dove ein. Die verbesserte Wirkung ist wiederum ein Aspekt, der bei Rexona einen essentiellen Bestandteil der Markenpositionierung bildet und in der markenspezifischen Kommunikation hervorgehoben werden kann. In den Verbrauchertests hat sich zudem gezeigt, dass gerade von Frauen die kleinere Verpackung als ein klarer Vorteil des neuen Produktkonzepts gesehen wird, wodurch neue Verwendungsanlässe (z. B. Deo für Außerhaus-/Zweitnutzung) entstehen. In der Kommunikation für Marken wie Rexona und Dove bei der weiblichen Zielgruppe kann dieser Vorteil ebenfalls eingesetzt werden.

5.5 Handelsgerichtete Kommunikation

Die entwickelte Einführungsstrategie ist in höchstem Maße an den Kundenbedürfnissen ausgerichtet. Die schrittweise, kundenorientierte Umstellung führt jedoch kurzfristig gesehen zu einer erhöhten Komplexität für die Handelspartner. Der Handel wurde daher bereits im Vorfeld in die Planung einbezogen. Hervorzuheben sind insbesondere die langfristigen Vorteile für die Handelsunternehmen, die das neue Verpackungskonzept von Unilever bietet.

Durch die kleinere Verpackung ist eine Steigerung der Regalrentabilität möglich, da auf die gleiche Fläche ca. 20 % mehr Deodosen gestellt werden können. Somit kann auf gleicher Fläche mehr Umsatz generiert werden. Gleichzeitig nimmt auch das Out-of-stock-Risiko ab, weil pro Bestandseinheit eine höhere Verfügbarkeit gegeben ist.

Da die Regale dementsprechend seltener nachbefüllt werden müssen, stellt der geringere Arbeitsaufwand für das Marktpersonal einen weiteren Vorteil für den Handel dar. Spezielle Regaltrays mit Vorschubsystem für die „compressed"-Deos sorgen zudem dafür, dass die Ware stets vorne im Regal präsentiert wird und nicht vom Personal per Hand nach vorne ins Regal geräumt werden muss.

Abgesehen von den positiven Effekten im operativen Bereich bietet die „compressed"-Verpackung von Unilever den Händlern die Möglichkeit, sich mit dieser Initiative stärker im Bereich der Nachhaltigkeit zu profilieren und das Image auf dieser Dimension in der Wahrnehmung der Konsumenten zu schärfen.

6 Marketingorganisation

Eine der größten Herausforderungen ist die interne Koordination und Umsetzung der Nachhaltigkeitsstrategie. Aus diesem Grund sind die für Nachhaltigkeit verantwortlichen Funktionen zu 100 % in die Gesamtorganisation integriert. Hierfür wurde ein eigenes

„Sustainable Business Board" mit Vertretern aus den verschiedenen Funktionen Marketing, Logistik, usw. gebildet, das vom CEO geleitet wird.

Die Organisation ist daher sowohl Top-Down als auch dezentral aufgebaut. Hierfür gibt es so genannte „Sustainability Champions", die jede wichtige Funktion, jede Kategorie und jedes Land abdecken. Weitere eigenständige Initiativen sind die „Sustainable Living Teams", in denen sich die Trainees sowie weitere Mitarbeiter engagieren, die sich mit der internen Aktivierung des Nachhaltigkeitsplans befassen. Darüber hinaus gibt es weitere Möglichkeiten für Mitarbeiter, im Bereich der Nachhaltigkeit freiwillig aktiv zu werden.

Ein wichtiger Erfolgsfaktor ist die Integration von Nachhaltigkeitskriterien in die Zielvereinbarungen. Für eine steigende Zahl von Führungskräften, bspw. dem CEO und Mitgliedern der Unilever Leadership Executive, ist die Erreichung von Nachhaltigkeitszielen mit Bonuszahlungen verknüpft.

Besonders hervorzuheben bei Unilever ist das Engagement von Seiten des Top-Managements für eine nachhaltige Entwicklung. Dies treibt das Thema sowohl in der täglichen Arbeit der Mitarbeiter innerhalb des Konzerns voran als auch die Umsetzung dieser Vision in Kooperation mit anderen Unternehmen. Im direkten Dialog mit dem Top-Management von Lieferanten oder Handelspartnern können zudem weitreichende und langfristig orientierte Maßnahmen diskutiert und ergriffen werden. Paul Polman, CEO Unilever, formuliert vor dem Hintergrund der Herausforderungen des nachhaltigen Wirtschaftens die Notwendigkeit der proaktiven Übernahme von Verantwortung durch das Management und Unternehmen insgesamt folgendermaßen:

> Responsible business [...] sees, more and more, that the cost of inaction exceeds the cost of action. Responsible business also understands that they have to be part of the solution and not bystanders in a system that gives them life in the first place. [...] The great challenges of this century cannot be met with the working methods of the last. We need to do things differently. We need to work at scale, and this requires a different partnership, built on trust and mutual respect. (Polman 2013)

7 Marketingcontrolling

Die von Unilever gesetzten Ziele stellen Orientierungs- und Richtgrößen dar, um den Erfolg des unternehmerischen Handels zu messen. Die Fortschritte zur Erreichung der Nachhaltigkeitsziele werden vierteljährlich überprüft. Einmal im Jahr wird ein Fortschrittsbericht zur Umsetzung des Unilever Sustainable Living Plans veröffentlicht. Im Bericht wird dargestellt, welche Ziele bereits erreicht wurden und welche Ziele zeitlich „auf Plan" sind.

Bis Ende 2013 konnten folgende Fortschritte erzielt werden und wichtige Handlungsfelder identifiziert werden (Unilever 2014): Im Bereich Gesundheit und Hygiene wurde das Ziel avisiert, einer Milliarde Menschen bis 2020 zu helfen, ihre Hygienegewohnheiten zu verbessern und 500 Mio. Menschen mit sauberem Trinkwasser zu versorgen. In den ersten drei Jahren von 2010 bis Ende 2013 wurden bislang 303 Mio. Menschen erreicht, darunter 55 Mio. mit sauberer Trinkwasserversorgung. Bei der beabsichtigten Verbesserung der

Lebensbedingungen sind ebenfalls Fortschritte zu verzeichnen. Um mindestens 500.000 Kleinbauern in die Lieferkette einzubinden, wurden bis Ende 2013 bereits 570.000 Kleinbauern geschult. Für das Ziel, die Umweltbelastungen zu halbieren, wurden seit 2010 der Abfall um 11 % pro Verkaufseinheit reduziert. Fast die Hälfte der landwirtschaftlichen Rohwaren (48 %) wird seit Ende 2013 bereits aus nachhaltigem Anbau bezogen. Dies entspricht den Reduktionen, die im Unilever Sustainable Living Plan für diesen Zeitraum beabsichtigt waren. Bei der Reduzierung der Treibhausgasemissionen sind gegenläufige Effekte zu verzeichnen. Während in der Produktion 32 % weniger CO_2-Emissionen im Vergleich zu 2008 entstanden sind, ist der Treibhausgas-Abdruck insgesamt, einschließlich der Verwendung der Produkte durch die Verbraucher, seit 2010 insgesamt um 5 % gestiegen. Hier zeigt sich die Notwendigkeit eines differenzierten Zielkatalogs und Controllings, bei dem die gesamte Lieferkette betrachtet wird, um signifikante Verbesserungen zu erzielen. Um die Nachhaltigkeitsziele zu erfüllen, ist es zudem von entscheidender Bedeutung, die Konsumenten auf dem Weg zu mehr Nachhaltigkeit mitzunehmen.

Das Controlling im Rahmen des Nachhaltigkeitsplans soll sowohl herausstellen, welche Fortschritte bei der Umsetzung der Strategie gemacht wurden, als auch, an welchen Stellen verstärkte Anstrengungen unternommen werden müssen, um die langfristigen Ziele zu erreichen. Eine transparente Darstellung der erreichten Veränderungen fördert somit das Vertrauen von Stakeholdern innerhalb und außerhalb des Unternehmens in die gesetzten Ziele und deren Umsetzbarkeit.

Der Erfolg der im Fallbeispiel vorgestellten Produktinnovation der „compressed"-Deodorants kann bereits auf Basis der erfolgten Einführung im britischen Markt beurteilt werden. Die Erfahrungen aus dem Launch in Großbritannien haben gezeigt, dass die Akzeptanz der „compressed"-Deos auch im realen Marktumfeld sehr hoch ist. Durch die Kommunikationsmaßnahmen konnte bei der Zielgruppe der 25- bis 45-Jährigen eine Bekanntheit von 70 % erreicht werden, nach zwei Monaten lag der Anteil der verkauften „compressed"-Deos bereits bei 32 %. Die gute Annahme bei Erstkäufen setzte sich auch bei den nächsten Einkäufen fort. Die Wiederkaufsrate lag über den gesetzten Zielen.

Vier wesentliche Erfolgskriterien für einen gelungenen Produkt-Launch konnten identifiziert werden:

- Gleichzeitige Einführung bei allen Drogerie- und Großflächenkunden zu einem Stichtag.
- Flächendeckender Einsatz von Regaltrays erhöht die Kaufwahrscheinlichkeit um 29 % und macht es für den Verbraucher einfacher, das „compressed"-Konzept zu verstehen.
- Platzierung auf Augenhöhe, um die maximale Aufmerksamkeit des Shoppers zu erhalten.
- Platzierung von 150 und 75 ml „compressed"-Deos nebeneinander auf dem gleichen Regalboden als Markenblock.

Das neue Packungskonzept stellt somit einerseits einen Baustein in Unilevers Programm zur angestrebten Halbierung des ökologischen Fußabdrucks dar und leistet andererseits einen Beitrag zur „nachhaltigen Revolution" einer ganzen Produktkategorie.

8 Fazit: Erfolgsfaktoren des Sustainable Marketing am Beispiel von Unilever

Nachhaltigkeit ist ein höchst komplexes, multidimensionales Konzept. Ein erster Erfolgsfaktor basiert daher auf der Schaffung eines Zielgerüsts wie dem Unilever Sustainable Living Plan. Im Nachhaltigkeitsplan wird definiert, welche Ziele im Fokus stehen, d. h. die Anstrengungen innerhalb des Unternehmens werden gebündelt, und wichtige Meilensteine für die Erreichung dieser Ziele werden gesetzt.

Der strategische Fokus auf Qualität, die Innovationsorientierung und Stärke der Marken stellt eine Führungsfunktion dar. Ein wesentlicher Erfolgsfaktor ist daher die Unterstützung der Vision eines nachhaltigen Geschäftsmodells durch das Top-Management. Die authentische Verkörperung dieses Modells durch eine Leitfigur überträgt sich auf die Unternehmenskultur und motiviert Mitarbeiter, auf dieses Ziel gemeinsam hinzuarbeiten.

Letztlich ist der Ansatz, dass nur gemeinsam Veränderungen zu erreichen sind, zentral. Wie das Fallbeispiel der „compressed"-Deosprays gezeigt hat, ist es notwendig, alle Bereiche des Marketing-Mix aktiv einzusetzen, um sowohl das Produkt nachhaltiger zu gestalten als auch beim Konsumentenverhalten Veränderungen zu erzielen. Nur so können „Win-Win-Win"-Situationen für Hersteller, Handel und Konsumenten geschaffen werden.

Im Falle des „compressed"-Konzepts ist perspektivisch die Umstellung der kompletten Produktkategorie auf kleinere Packungsgrößen denkbar. Unilever verfolgt den Ansatz, die Funktionsweise des innovativen Sprühkopfs auch für Wettbewerber zugänglich zu machen, um die Kategorie insgesamt zu verändern und nachhaltiger zu gestalten. In der Produktkategorie nimmt Unilever eine Pionierrolle ein, der trotz des notwendigen Ressourceneinsatzes zu Beginn eine hohe Bedeutung zum Aufbau langfristig starker Marktpositionen zukommt. Unilever erhält somit einen Pioniervorteil und kann diesen nutzen, um seinen dauerhaften Wettbewerbsvorsprung auszubauen und sich als nachhaltig agierendes Unternehmen weiter zu profilieren.

Literatur

Polman P (2013) Rede beim Forum der Vereinten Nationen, MDG Success: Accelerating Action and Partnering for Impact, 23. September 2013. http://www.unilever.com/images/Paul-Polman-UN-General-Assembly-on-eradicating-poverty-2013_tcm13-372349.pdf. Zugegriffen: 8. Nov. 2013

Unilever (2013a) Unilever sustainable living plan: Fortschrittsbericht 2012. http://www.unilever.de/sustainable-living/uslp/. Zugegriffen: 8. Nov. 2013

Unilever (2013b) Unilever sustainable living plan: progress report 2012. http://www.unilever.de/sustainable-living/uslp/. Zugegriffen: 8. Nov. 2013

Unilever (2014) Unilever sustainable living plan: Fortschritte machen, Wandel voranbringen. http://www.unilever.de/sustainable-living-2014/unilever-sustainable-living-plan/. Zugegriffen: 27. Nov. 2014

Merlin Koene Merlin Koene ist seit 2009 Communications Director und Mitglied der Geschäftsleitung bei Unilever in DACH. Davor leitete er die Unternehmenskommunikation bei Pirelli Real Estate in Deutschland, arbeitete als Kommunikationsberater und verantwortete Reuters Business TV in Deutschland. Zudem war Herr Koene als Korrespondent für zahlreiche internationale Medien und als Spiegel - TV Reporter tätig.

Katja Wagner Katja Wagner ist seit 2011 für das Thema Nachhaltigkeit bei Unilever in Deutschland, Österreich und der Schweiz verantwortlich. Zuvor hat sie als Geschäftsführerin von Ben & Jerry's Deutschland die ihrer Meinung nach „beste Eiscreme der Welt" in den deutschen Markt eingeführt, nachdem sie mehrere Jahre als Brand Managerin die Marke Langnese bei Unilever verantwortet hatte. Frau Wagner hat an der Westfälischen Wilhelms-Universität in Münster studiert.

Anja Buerke Anja Buerke (Dipl.-Psych.) ist seit 2011 wissenschaftliche Mitarbeiterin und Doktorandin am SVI-Stiftungslehrstuhl für Marketing, insbes. E-Commerce und Crossmediales Management an der HHL Leipzig Graduate School of Management. Zuvor studierte sie Psychologie an der Universität Mannheim und Philipps-Universität Marburg und erhielt den Wissenschaftspreis der Plansecur-Stiftung für die beste Diplomarbeit. Ihre wissenschaftlichen Schwerpunkte liegen in der Konsumentenverhaltensforschung und im Nachhaltigkeitsmarketing.

Prof. Dr. Manfred Kirchgeorg ist Inhaber des SVI-Stiftungslehrstuhls für Marketing, insbes. E-Commerce und Crossmediales Management an der HHL Leipzig Graduate School of Management. Seine Forschungsschwerpunkte sind in vier Kompetenzbereichen verankert: Sustainable Marketing, Holistic Branding, E-Commerce und Cross-media Management. Prof. Kirchgeorg hat sich bereits in den 80er Jahren auf konzeptioneller und empirischer Grundlage mit Erfolgsfaktoren nachhaltiger Unternehmensstrategien beschäftigt. Zusammen mit Heribert Meffert publizierte er 1991 unter dem Titel „Marktorientiertes Umweltmanagement" eines der ersten managementorientierten Grundlagenwerke. In den Folgejahren setzte er sich mit Kreislaufwirtschaftsstrategien und den damit verbundenen netzwerkbezogenen Organisationskonzepten auseinander. Neben seinen Forschungs- und Lehraktivitäten ist er seither in einer Vielzahl von Gremien aktiv, die sich mit der nachhaltigen Zukunftsausrichtung beschäftigen.

Teil III
Ausblick

Was kann das Marketing für die Nachhaltigkeit tun?

Eine Beobachterperspektive auf die Zukunft des Sustainable Marketing

Estelle L.A. Herlyn und Franz Josef Radermacher

Inhaltsverzeichnis

Zusammenfassung

Der vorliegende Text diskutiert den möglichen Beitrag eines modernen Marketings zur Nachhaltigkeitsthematik aus einer „Beobachterperspektive". Er greift – aus einem Club of Rome-nahen und die internationale Dimension des Themas in besonderer Weise berücksichtigenden Blickwinkel – die im Sammelband *Sustainable Marketing Management* diskutierten Fragen auf: Wie steht es weltweit um das Ziel der Nachhaltigkeit? Was ist für die Zukunft zu erwarten? Was ist die Rolle des Marketings in diesem Kontext? Inwieweit reflektiert das Marketing bereits heute das Thema *Nachhaltigkeit* und wie kann das Marketing zukünftig mehr noch als heute zu einer nachhaltigen Entwicklung beitragen?

F. J. Radermacher (✉)
FAW/n, Lise-Meitner-Strasse 9, 89081 Ulm, Deutschland
E-Mail: radermacher@faw-neu-ulm.de

E. Herlyn
FOM Hochschule für Oekonomie und Management, 45141 Essen, Deutschland
E-Mail: estelle.herlyn@fom.de

H. Meffert et al. (Hrsg.), *Sustainable Marketing Management*,
DOI 10.1007/978-3-658-02437-6_21

1 Positionierung mit Blick auf das vorliegende Sammelwerk

Ausgangspunkt des vorliegenden, aus einer „Beobachterperspektive" entwickelten Textes sind die Beiträge der Herausgeber wie der Autoren des vorliegenden Sammelwerkes zum Thema „Sustainable Marketing Management". Diese werden mit Beobachtungen der Autoren im Bereich unternehmerischer (Marketing-)praxis verknüpft. Ein wesentliches Anliegen ist eine Einordnung der Textbeiträge in den Kontext der Nachhaltigkeitsdebatte, wie sie im Club of Rome und bei Protagonisten einer weltweiten Ökosozialen Marktwirtschaft, zu denen beide Autoren gehören, geführt wird. Des Weiteren geht es den Autoren um die Herausarbeitung besonders interessanter Positionierungen der Herausgeber und Autoren des Sammelwerkes. Sie werden im vorliegenden Beitrag hervorgehoben und teilweise kommentiert.

Aus Sicht der Autoren ist dabei zunächst festzustellen, dass Marketing in der Wissenschaft wie in der Öffentlichkeit je nach Blickwinkel sehr unterschiedlich verstanden wird. Viele Beobachter verstehen Marketing als eine Unternehmensfunktion, deren zentrale Aufgaben in den Bereichen **Absatz**, **Vertrieb** und **Werbung** liegen. Marketing ist dann mitverantwortlich für viele Entwicklungen, die das Gegenteil von nachhaltig sind: Im Rahmen einer teilweise manipulativen Kommunikationspolitik werden Kunden unter massivem Werbeeinsatz zu unnötigen Kaufhandlungen von Produkten gedrängt, deren Nutzen fragwürdig ist, und das in einem Umfang, der aus vielen Betrachtungswinkeln heraus gesellschaftlich negativ wirkt. Im Kontext der Preispolitik, einem weiteren Marketinginstrument, trifft man in der Praxis immer wieder auf Philosophien der Art „Geiz ist geil". Es ist naheliegend, dass derartige Strategien das Gegenteil von Nachhaltigkeit befördern.

Das dem vorliegenden Buch zugrundeliegende Verständnis ist ein anderes. Es reflektiert das lebenslange Bemühen von Wissenschaftlern wie Meffert und anderen, **Marketing als eine Leitdisziplin für das Handeln von Unternehmen** zu platzieren. Dies erfordert heute eine sehr reflektierte Position bzgl. der Zukunftsfähigkeit des eigenen Tuns, die die Anforderungen an Nachhaltigkeit aufgreift und eine Transformation unternehmerischen Handelns gegenüber dem Status Quo fordern muss. In diesem Sinne wird in dem vorliegenden Buch ein breites Verständnis des Marketings zugrunde gelegt: Marketing ist dann die Disziplin, die über die gesamte Wertschöpfungskette hinweg **vielfach Verantwortung** wahrnimmt für den Produktentwicklungs- und entstehungsprozess, für die Anforderungen an Lieferanten und nicht zuletzt für alle Maßnahmen, die die Interaktion mit den Kunden und weiteren Stakeholdern betreffen.

Die Herausgeber Peter Kenning, Manfred Kirchgeorg und Heribert Meffert platzieren mit dem vorliegenden Sammelband das Thema *Sustainable Marketing Management* in der beschriebenen Tradition und Intention mit **ganzheitlichem Anspruch** und in einer mit der Club of Rome-Sicht auf Nachhaltigkeit (Meadows et al. 1972; Mesarovic et al. 2003; Pestel und Radermacher 2003; Radermacher und Beyers 2011; Randers 2012; von Weizsäcker et al. 2010) kompatiblen Weise. Wie sie in ihrem Vorwort schreiben, führen sie dabei Forschungsergebnisse von Autoren zusammen, die sich in ihren Arbeiten immer wieder mit wesentlichen Marketingfragen in einem **modernen Verständnis des Faches** beschäftigt haben. Was sie antreibt und welche Motivationen das vorliegende Buch haben entstehen lassen, wird in Vorwort und Einführung durch die Herausgeber gut nachvollziehbar beschrieben. In den Einzelbeiträgen leisten sie weitere Klarstellungen.

Worin liegt nun der Beitrag des vorliegenden Textes? Er zielt darauf ab, mit einem Blick von außen auf die Beiträge in diesem Sammelband zu reagieren und dabei immer wieder **Bezüge zu den Herausgebern und Autoren des Sammelbandes herzustellen**. Für die grundlegende Positionierung des Themas erfolgt das durch Hervorhebung der nachfolgenden drei Beiträge.

Peter Kenning leistet mit seinem Beitrag „**Sustainable Marketing – Definition und begriffliche Abgrenzung**" die Einführung in das Anliegen des Buches. *Seine an die Brundtland-Definition angelehnte Definition des Sustainable Marketings ist anspruchsvoll, nämlich ein „Konzept der marktorientierten Unternehmensführung, welches bei der Planung, Realisation und Kontrolle sämtlicher Transaktionen und Beziehungen die sozialen, ökonomischen und ökologischen Bedürfnisse der betrieblichen Anspruchsgruppen berücksichtigt, ohne die künftiger Anspruchsgruppen in ihren Spielräumen zu beeinträchtigen." Der Autor macht deutlich, dass die Art, wie heute Ökonomie betrieben wird, das Ziel der Nachhaltigkeit nicht zu erreichen erlaubt. Das limitiert notwendigerweise auch die Möglichkeiten eines „Sustainable Marketings". Die Konsequenzen sind – wie auch der Club of Rome immer wieder herausstellt – gravierend, umfassend, vielfältig und fundamental. Hierin liegt sicher auch einer der Hauptmotivationen für die Herausgabe des vorliegenden Sammelbandes. Die Erfüllung ökologischer und sozialer Belange muss neben der ökonomischen Wirksamkeit ein durchgehendes Anliegen allen unternehmerischen Handelns werden, wenn Nachhaltigkeit das Ziel ist. Das ist etwas anderes als Lippenbekenntnisse und Greenwashing. Kenning gibt sich mit Blick auf derartige „Halbheiten" Mühe klarzumachen, was Sustainable Marketing* ***nicht*** *ist, z. B. nicht (nur) Umwelt- und Öko-Marketing. Sustainable Marketing ist auch mehr als CSR und hat insbesondere einen intertemporalen Bezug. Es geht aus Unternehmersicht letztlich um die „Licence-to-Operate" und darum, auf Dauer als Unternehmer erfolgreich zu sein. Das bedeutet allerdings keineswegs eine Absage an Wachstum. Nachhaltigkeit ist auch nicht primär eine Suffizienzfrage, wie es heute immer wieder in Vorschlägen an die Wirtschaft und das Marketing dargestellt wird. Nein, es geht nach wie vor um Wirtschaften und Wachstum, aber so, dass ökologische und soziale Anliegen dergestalt als Leitplanken mit dem ökonomischen System und einer erforderlichen Wachstumsdynamik verbunden werden, dass daraus eine gute Zukunft für die ganze Menschheit resultiert. Insofern ist Sustainable Marketing ein integratives Führungskonzept, vielmehr als nur ein bloßes Marketinginstrument.*

Heribert Meffert und **Jan Hensmann** gehen in ihrem Beitrag „**Entwicklungsstufen des Nachhaltigkeitsmanagement – Von der Betriebs- über die Markt- zur Gesellschaftsorientierung**" *auf Entwicklungsstufen des Nachhaltigkeitsmanagements über die letzten Jahre ein, von der Betriebs- über die Markt- zur Gesellschaftsorientierung. Sie zeichnen den langen Weg der Veränderung des Denkens und der betrieblichen Praxis bzgl. eines zukunftsgerichteten Marketingverständnisses nach. Es ist interessant zu sehen, wie sich das Nachhaltigkeitsmanagement in Stufen entwickelt hat: von einem betriebsorien-*

tierten Umweltmanagement als Ursprung über die Erweiterung der Marktperspektive bis hin zur Gesellschaftsorientierung, die mittlerweile erreicht ist und den Übergang bildet zu einem ganzheitlichen Nachhaltigkeitsmanagement.

Besonders hervorzugeben ist auch der Beitrag „**Sustainable Marketing bei zunehmenden ökologischen Diskontinuitäten**“ von **Manfred Kirchgeorg**. *Er ist geprägt durch den nicht häufig (so offen) geäußerten Gedanken, dass es alles andere als sicher ist, dass wir als Menschheit Lösungen für die drängenden Nachhaltigkeitsprobleme finden werden. Das ist eine* ***mutige Haltung*** *des Autors. Sie entspricht der langjährigen Position des Club of Rome, dass die Übernutzung der ökologischen Systeme mit substantieller Wahrscheinlichkeit nicht mehr verhindert werden wird bzw. kann. Insbesondere spricht viel dafür, dass wir das 2 °C-Ziel im Klimabereich nicht erreichen werden. Es liegt nahe, dass in dem Maße, wie diese Gefahr deutlich wird, Resilienz- und Adaptionskonzepte an Bedeutung gewinnen werden. Jeder muss sich dann selber schützen so gut er kann, gemäß der Logik „Den Letzten beißen die Hunde“.*

Derartige Alternativen zu einer nachhaltigen Entwicklung diskutiert der Club of Rome unter Szenariobezeichnungen wie „Brasilianisierung“ (bzw. „weltweite Zweiklassengesellschaft“) und „Ökologischer Kollaps“, deren Eintrittswahrscheinlichkeit höher als die für eine nachhaltige Entwicklung eingeschätzt wird. Jorgen Randers, Autor der neuen Club of Rome-Studie „2052“ (Randers 2012), die anlässlich des 40. Geburtstages von „Grenzen des Wachstums“ (Meadows et al. 1972) erschien, sieht die Zukunft besonders düster und kaum noch eine Chance für eine nachhaltige Entwicklung. Er diskutiert die beiden genannten alternativen Szenarien unter den Begriffen „overshoot and managed decline“ sowie „overshoot and decline enforced by nature“.

Dennis Meadows, der Hauptautor von „Limits to Growth“ (Meadows et al. 1972), sieht die Zukunft ähnlich pessimistisch wie Jorgen Randers, der schon damals an der Erarbeitung von „Limits to Growth“ beteiligt war. Fehleinschätzungen bezüglich der Machbarkeit der Zukunft und noch mehr bezüglich der Leistungsfähigkeit des aktuellen Weltwirtschaftssystems und der unterstellten hohen systemischen Intelligenz der Finanzmärkte sind Ursachen der berechtigten Sorge um unsere Zukunft. Das marktfundamentalistische Dogma hat massenhaft Gehirne infiltriert und ist tief in internationalen Verträgen verankert. Daran ändert auch die mittlerweile eingetretene Ernüchterung nach dem Fast-Kollaps der Weltfinanzsysteme wenig. *Kirchgeorg verwendet in diesem Kontext den eingängigen Begriff „**Sustainability Myopia**“.*

In den Ausführungen von Kirchgeorg nehmen massive anthropogene Klimaveränderungen, Extremwettersituationen und die Bedrohung durch den Klimawandel einen großen Raum ein. Aus diesem Grund wird in diesem Beitrag in Abschn. 6, aufbauend auf jüngeren Arbeiten der Autoren, der Versuch unternommen aufzuzeigen, dass das 2 °C-Ziel noch erreichbar ist, aber nur, wenn sich der Privatsektor – und insbesondere die Unternehmen – adäquat und massiv im Klimaschutz engagieren, **weit über gesetzliche Anforderungen hinaus**. In der Wahrnehmung und Kommunikation dieser Chance liegt ein großes Potenzial für ein Sustainable Marketing. Der zugrundeliegende Ansatz wird deshalb ausführlich behandelt. Vieles spricht dafür, auch weiter auf derartige Mitigationsstrategien zu setzen.

Kirchgeorg argumentiert aber überzeugend, dass die Argumente für eine Konzentration auf Adaptationsstrategien (Strategien zur Anpassung an Klimaveränderungen) zunehmen. Insbesondere entfalten sich in Zeiten ökologischer Diskontinuitäten der beschriebenen Art anbieter- und nachfragebezogene Nutzendilemma, die einen Wechsel von Mitigations- zu Adaptation-Strategien begünstigen – und zwar sowohl auf der Anbieter- als auch auf der Nachfragerseite. Wer sich für Mitigation einsetzt, ist mit den negativen Wirkungen von Trittbrettfahrern konfrontiert. Wer Adaptation betreibt, hilft sich unmittelbar selber, z. B. durch Abschluss einer Versicherung gegen extreme Wetterereignisse. Klar ist, dass eine zunehmende Konzentration von Akteuren auf die Adaptation-Seite eine Reduktion von Aktivitäten im Mitigation-Bereich zur Folge haben wird, was im Sinne einer self-fulfilling prophecy die Risiken für einen Weg in die Brasilianisierung der Welt oder für einen ökologischen Kollaps massiv erhöhen wird. Es ist dies ein sehr schwieriges Themenumfeld und es ist wichtig, dass Kirchgeorg es anspricht. Hier wird deutlich, wie komplex die Herausforderungen im Nachhaltigkeitsbereich sind, vor allem, wenn man im Bereich des Ökonomischen eine Investorperspektive einnimmt.

2 Handlungserfordernisse im Kontext der Nachhaltigkeit: die Autorensicht

Nachhaltigkeit ist heute ein international nicht mehr weg zu denkendes Thema (Herlyn und Radermacher 2012b; Radermacher 2002, 2012; Radermacher und Beyers 2011). Es wird zunehmend in fast allen Lebensbereichen diskutiert, insbesondere in der Ökonomie, dort insbesondere in Unternehmen, die eine große Aufmerksamkeit der Öffentlichkeit und der Kunden genießen, zentral bei **Markenunternehmen**. Meist wird die Nachhaltigkeitsdefinition der Brundtland-Kommission von 1987 zugrunde gelegt. Diese bezeichnet eine Entwicklung als nachhaltig, die es der jetzigen Generation ermöglicht, ihre Bedürfnisse zu befriedigen, ohne damit die Möglichkeiten künftiger Generationen zu gefährden, ihre Bedürfnisse zu befriedigen.

Stellt man die Frage, wie es heute um die Bemühungen um Nachhaltigkeit bestellt ist, so fällt die Antwort wenig optimistisch aus. Nachhaltigkeit ist zu einem Megatrend geworden, dennoch liegen Welten zwischen der Ebene der Worte und Erklärungen und der Ebene des tatsächlichen Tuns (Bartosch und Gansczyk 2007; Diamond 2005; Herlyn und Radermacher 2012b, Mesarovic et al. 2003; Pestel und Radermacher 2003; Riegler 1990; Scheiber und Ceipek 2013). Als Folge der ökonomischen Globalisierung befindet sich das weltökonomische System in einem Prozess **zunehmender Entfesselung und Entgrenzung** im Kontext des Megatrends „explosiver Beschleunigung" (Glotz 2011; Radermacher 2013d). Dieser geht einher mit teilweise inadäquaten weltweiten Rahmenbedingungen für die ökonomischen Prozesse. Preise sagen häufig nicht die ökologische und soziale Wahrheit (Herlyn und Radermacher 2012b; Radermacher et al. 2011; von

Weizsäcker et al. 2010). Oligopole verfügen über große Macht, die nicht immer zum Wohle des Gemeinwesens genutzt wird. Der **Finanzsektor ist inadäquat reguliert** und zu intransparent (Solte 2009). Schmerzhafte Folge dieser Fehlentwicklungen ist die aktuelle Weltfinanz- und Weltwirtschaftskrise, die u. a. wegen der aus ihr resultierenden massiven Erhöhung der Verschuldung der Staaten unsere Zukunftsfähigkeit erheblich bedroht.

Ursache der weltweiten Regeldefizite ist vor allem der **Verlust des Primats der Politik** im Kontext der Globalisierung, weil die politischen Kernstrukturen – im Unterschied zu den ökonomischen Prozessen – nach wie vor national oder allenfalls kontinental, aber nicht global ausgerichtet sind. Unzureichende internationale Regulierungsvereinbarungen und die daraus resultierende Fehlorientierung des Weltmarkts laufen dem Ziel einer nachhaltigen Entwicklung massiv entgegen. Das größte weltweite Problem ist zurzeit die **Entgrenzung des Finanzsektors** infolge der Globalisierung in Form des sog. digitalen Kapitalismus. Das zurzeit geplante **Transatlantische Freihandelsabkommen** (TTIP/Transatlantische Handels- und Investitionspartnerschaft) droht, diese Entwicklung weiter zu verstärken.

Doch die Finanz- und Wirtschaftskrise ist nicht der einzige große Problembereich. Vor dem Hintergrund des extrem raschen Wachstums der Weltbevölkerung verschärft sich zugleich die **weltweite Umwelt- und Ressourcensituation** innerhalb sehr kurzer Zeiträume signifikant. Die Menschheit bewegt sich in Richtung einer Größe von 10 Mrd. Menschen. Hinzu kommt das Hineinwachsen von Hunderten Millionen weiterer Menschen in **ressourcenintensive Lebensstile**. Die unbeantwortete Frage ist, ob es mit einer solchen Perspektive überhaupt eine nachhaltige Entwicklung geben kann.

Im vorliegenden Sammelband werden grundsätzliche Fragen des beschriebenen Typs facettenreich von zahlreichen Autoren diskutiert. Zusammengefasst gilt: In der Folge der weltweiten Wachstumsprozesse nehmen der Zugriff auf Ressourcen und die Umweltbelastungen dramatisch zu. Ohne Ressourcennutzung gibt es keinen Reichtum. Bei übermäßigem Zugriff auf sie droht ein ökologischer Kollaps. Wer kann, wer darf in welchem Umfang auf Ressourcen zugreifen? Die Geschichte zeigt, dass diese Frage eine Frage von **Krieg und Frieden** werden kann (Diamond 2005). So kann es in den nächsten Jahrzehnten trotz massiver Steigerung der Nahrungsmittelproduktion eng werden hinsichtlich der Ernährung der Weltbevölkerung (Radermacher 2013c, Radermacher und Beyers 2011). Ähnlich bedrückend sieht es im Energie- und Klimabereich aus (Club of Rome 2009). Unter Berücksichtigung der historischen Entwicklung droht der Zusammenbruch ganzer Gesellschaften.

Derartige übergeordnete Fragen werden im vorliegenden Sammelband in dem Beitrag von **Frank-Martin Belz „Wandel aus integrativer Sicht“** beleuchtet. *Der Autor gibt einen guten Überblick über die aktuellen Herausforderungen. Seine Argumentation liegt auf der Linie und in der Tradition des Club of Rome. Er bezieht sich auf die* ***IPAT-Formel****, die den Impact der Menschheit multiplikativ aus der Größe der Weltbevölkerung, der Affluence (also dem Konsumstil), dem materiellen Verbrauch pro Kopf der Weltbevölkerung und einem Technologie-Faktor errechnet. Er thematisiert die wachsende globale Verbraucherklasse und die resultierenden Herausforderungen, etwa im Bereich der Technologie mit Themen wie Faktor 5 und Faktor 10* (von Weizsäcker et al. 2010). *Er diskutiert die*

Implikationen für das Sustainable Marketing in einer ehrlichen Sicht auf das Thema und empfiehlt, den Impact gemäß IPAT-Formel als Ausgangspunkt eines glaubwürdigen Sustainable Marketings zu wählen. Eine weitere Implikation besteht in der Notwendigkeit nachhaltiger Produkte und Leistungen als Beitrag zu Kontraktion und Konvergenz, wobei ersteres die Abschmelzung der Ressourcenverbräuche der reichen Welt widerspiegelt und die Konvergenz das Aufholen der ärmeren Länder. Wichtig sind in diesem Kontext technologische ***Nachhaltigkeitsinnovationen****. Die dritte Implikation für ein Sustainable Marketing muss die Förderung global nachhaltiger Lebens- und Konsumstile sein und zwar mit dem Ziel, die Affluence zu senken – also global nachhaltige Lebens- und Konsumstile zu fördern, möglichst ohne Verschlechterung der Wohlstandssituation. Hier liegt eine große Herausforderung für die Marketingkommunikation. Belz thematisiert mit seiner vierten Implikation, dass Unternehmen, die zur Nachhaltigkeit beitragen wollen, sich schon aus wohlverstandenem Eigeninteresse für entsprechende Änderungen der* ***Rahmenbedingungen*** *des Wirtschaftens einsetzen müssen. Er argumentiert für das, was man eine* ***Ökosoziale Marktwirtschaft*** (Radermacher und Beyers 2011; Radermacher et al. 2011; Riegler 1990; Scheiber und Ceipek 2013) *nennt, also ein marktwirtschaftliches System, in dem die externen Kosten in Form von sozialen und ökologischen Constraints internalisiert werden. Es müssen ökonomische Anreize für Produzenten und Konsumenten bestehen, sich nachhaltig zu verhalten. Dies sehen die Autoren dieses Beitrags genauso* (Herlyn und Radermacher 2012b). *Sustainable Marketing wird schließlich auch als Herausforderung in Forschung und Lehre diskutiert.*

Die Herausforderungen, vor der die Welt heute steht, lassen sich wie folgt zusammenfassen: Aus der aktuellen Weltfinanz- und Weltwirtschaftskrise heraus, konfrontiert mit dem drohenden Klima- und Ressourcenkollaps, gilt es, über die nächsten 70 Jahre eine **lebenswerte Zukunft für 10 Mrd. Menschen** zu schaffen. Gelingt ein hoher weltweiter Wohlstand mit sozialem Ausgleich auch zwischen Staaten, dann wird die **Weltbevölkerungszahl ab etwa 2050 kontinuierlich absinken** – eine mit Blick auf eine nachhaltige Welt wünschenswerte und notwendige Entwicklung. Die Frage bleibt, ob ein hoher Wohlstand für die prognostizierten 10 Mrd. Menschen überhaupt denkbar ist. Im Moment gibt es immer mehr Menschen, die das ökonomische Wachstum als die Wurzel allen Übels verteufeln. Es sind Vorschläge im Raum, die für eine **Post-Wachstums-Gesellschaft** argumentieren. Andere wollen den Finanzsektor bis hin zur **Abschaffung des Zinses** ganz anders organisieren. Solche Ansätze unterschätzen, wie viel **Dynamik** die Welt braucht, um für 10 Mrd. Menschen einen ausreichenden Wohlstand zu schaffen. Ein „Programm des Zurück" wird nicht akzeptabel sein, schon gar nicht in demokratischen Prozessen. Es würde allenfalls nach Katastrophen oder nach verlorenen Kriegen hingenommen.

So falsch das unreflektierte Wachstumscredo auch ist, so gefährlich sind die Verteufelung von Wachstum und die Unterschätzung des **Innovationspotenzials**. Wir befinden uns **nicht in einem Nullsummenspiel**, in dem primär Knappheiten verteilt werden müssen. Dies gilt allenfalls für die Ressourcen, nicht aber für das, was wir als Menschheit aus ihnen machen können. Eine gute Zukunft ist vorstellbar, wenn es gelingt, vor allem in ökonomisch unterentwickelten Ländern ein erhebliches wirtschaftliches Wachstum über lange Zeit zu realisieren – bei konsequentem Umwelt- und Ressourcenschutz. Dieser Ansatz wird sehr anschaulich im Einführungsbeitrag von **Kenning** diskutiert. Das Problem der Ressourcenknappheit muss durch entsprechende Rechtezuordnungen, Preisentwicklungen, neue Technologien und andere Lebensstile bewältigt werden. Die eigentliche Herausforderung ist dabei ein **qualitatives bzw. grünes Wachstum**, durchgesetzt über eine adäquate Regulierung (**Global Governance**). Beide Themen, „grünes Wachstum" und „Global Governance", waren in 2012 nicht überraschend zentraler Gegenstand der Weltkonferenz Rio +20 in Rio, und finden sich auch wieder in den Überlegungen für **internationale Nachhaltigkeitsziele 2015–2030** in Form einer **weltweiten Entwicklungs-Agenda** in Fortführung der Millenniumsentwicklungsziele der Vereinten Nationen.

Innovation in Technik und zugleich **in Governance** ist für die eventuelle Erreichung von Nachhaltigkeit der Schlüssel. Wenn wir die Potentiale geeigneter Innovationen nutzen und konsequent die erforderlichen Ressourcennutzungsbeschränkungen durchsetzen, was globale Abstimmung und die **Internalisierung adäquater Preise in der Weltwirtschaft** voraussetzt, dann bestehen gute Chancen auf ein weltweites Wirtschaftswunder, dann haben wir eine Chance für weltweiten, mit Nachhaltigkeit kompatiblen Wohlstand. Der weitere technische Fortschritt besitzt dabei eine Schlüsselrolle.

Dennoch ist Vorsicht geboten: Technik allein löst die Probleme nicht – heute so wenig wie in der Vergangenheit. Technischer Fortschritt ohne Flankierung durch geeignete Regulierung führt vielmehr aufgrund des sogenannten **Bumerang-** bzw. **Rebound-Effekts** (Neirynck 1994; Radermacher 2002; Radermacher und Beyers 2011) oft sogar zu einer höheren Belastungen der ökologischen Systeme statt zu einer niedrigeren (Beispiel: das vermeintlich „papierlose Büro" als Ort des größten Papierverbrauchs aller Zeiten). Deshalb müssen absolute Grenzen bzw. Leitplanken zur Begrenzung des Ressourcenverbrauchs verhandelt und durchgesetzt werden. Damit stellt sich sofort auch die weltweite Verteilungsfrage in voller Schärfe. Diese zu lösen ist zentrales Thema der **Global Governance**. Deshalb brauchen wir simultan Innovationen in den Bereichen Technik und Governance, wobei die Governance offensichtlich **supranationalen Charakter** haben muss.

Heute befördern die deutlich erschwerte Lage der Nationalstaaten und die Weltfinanzkrise Maßnahmen in die beschriebene Richtung. Signifikant ist der Übergang von der G8 zur G20. In der G20 sind zwei Drittel der Weltbevölkerung und 90 % der Weltwirtschaftsleistung vertreten; das ist eine wünschenswerte Annäherung an „weltdemokratische" Verhältnisse. Es gibt Hoffnung, dass die G20 das Thema der **Steuerparadiese** und der **grenzüberschreitenden aggressiven Steueroptimierung** wie auch das Thema einer **besseren Governance des Finanzsektors** konsequent adressiert und endlich versucht, längst überfällige Veränderungen durchzusetzen. Derartige Maßnahmen sind eine entscheidende Voraussetzung für das Erreichen von Nachhaltigkeit. In den letzten 2 Jahren ist in diesem Bereich viel passiert. So hat die Schweiz ihr ‚Geschäftsmodell' mittlerweile unter dem Druck der G20 wesentlich verändert.

Der Dienst an den Menschen, die Lösung sozialer Fragen, die Bereitstellung benötigter Güter und Dienstleistungen sollten die vordringlichen Aufgaben der Ökonomie und von Global Leadership sein. Dabei sollte die Umwelt konsequent geschützt werden, die Ressourcen für zukünftige Generationen erhalten werden, eine Klimakatastrophe vermieden und die Würde jedes Menschen geachtet werden. Umwelt- und Ressourcenschutz kommen zuerst, Wachstum nur unter dieser Prämisse. Ein solches Wachstum muss Teil eines neuen **Global Green New Deal** sein (Herlyn und Radermacher 2012b; Radermacher et al. 2011). In diesem Prozess muss die kreative Kraft der Marktprozesse, die Kraft von Innovationen genutzt werden. Der Markt als leistungsstarkes Innovationssystem ist dazu in der Lage, im Besonderen, wenn die Renditen auf risikolose Finanzanlagen nicht zu hoch sind und die Rahmenbedingungen, die Incentives, im Bereich der Innovationen richtig gesetzt werden.

Das beschriebene Programm ist realisierbar. Der Weg dahin ist nicht neu, sondern aus der Sphäre der Nationalstaaten bekannt. Aber er muss neu thematisiert und nunmehr – als gesellschaftliche Innovation – **weltweit gedacht werden**. Die Antwort auf die heutige Krise und Orientierungslosigkeit ist der **ökologisch-soziale** und im Kern ordoliberale Ansatz regulierter Märkte, wie er für Europa (soziale Marktwirtschaft) und einzelne asiatische Volkswirtschaften (Netzwerkökonomien) typisch ist. Für dieses ökonomische Ordnungsmodell gilt in einer weltweiten Perspektive die Gleichung: **Marktwirtschaft + Nachhaltige Entwicklung = Ökosoziale Marktwirtschaft** (Herlyn und Radermacher 2012b; Radermacher 2012; Radermacher und Beyers 2011; Radermacher et al. 2011). Es sei an dieser Stelle darauf hingewiesen, dass die deutsche Bundeskanzlerin Angela Merkel in ihrer Regierungserklärung vom 29.01.2014 drei Bezüge zu einer solchen Form der Marktwirtschaft hergestellt hat.

- *„Die **soziale** Marktwirtschaft ist unser Kompass, weil ihre Prinzipien zeitlos gültig sind und sie doch mit der Zeit gehen und weiterentwickelt werden können, wie dies mit der **ökologischen** und der internationalen Dimension unseres Lebens gelungen ist."*
- *„Die Energiewende kann nur gelingen, wenn alle – Bund, Länder, Gemeinden, Verbände, jeder Einzelne – über ihren Schatten springen und nur eines im Blick haben: das Gemeinwohl. Aber dann – davon bin ich überzeugt – wird die Energiewende auch gelingen; dann wird sie ein weiteres Beispiel gelebter **ökologischer und sozialer Marktwirtschaft** sein."*
- *„Im Übrigen können unsere Wirtschaft und unser Handwerk davon profitieren. Umweltschutz, die **ökologische und soziale Marktwirtschaft** schafft Arbeitsplätze."*

Dieses Modell ist im Rahmen der Weltökonomie zu etablieren und würde letztlich im Rahmen eines **Weltvertrags** (Frey 2007) Forderungen eines Weltethos und des interkulturellen Humanismus (Küng 1993; Küng 2012) übersetzen in eine Form von Weltinnenpolitik (Bartosch und Gansczyk 2007; von Weizsäcker und Picht 1964) mit weltdemokratischem Charakter. Auch im Orientierungstext von **Kenning** findet sich der Verweis auf eine Ökosoziale Marktwirtschaft und eine nachhaltige Wirtschaft im hier diskutierten Sinne (Schneider 2009).

3 Was lässt sich aus der Historie des Begriffes Nachhaltigkeit lernen?

Der Nachhaltigkeitsbegriff geht in Deutschland insbesondere auf Carl von Carlowitz zurück (Carlowitz 1713; Grober 2010; Radermacher 2013a). Er war verantwortlich für die Wälder in Sachsen. Holz war damals ein entscheidender Faktor für die **Silbergewinnung** und damit indirekt für die **Finanzierung der Staatsausgaben**. Für die Metallschmelze wurde Holzkohle in großem Umfang gebraucht. Holz hatte damals eine so hohe Bedeutung wie sie heute das Erdöl hat. Es war die Basis für Salzsiederei, für Metallverarbeitung und insbesondere auch für die großen Flotten und damit die **Machtauseinandersetzungen** zwischen den damaligen Großmächten der Welt, insbesondere auch für die Auseinandersetzung um die Macht in Europa und indirekt die Kontrolle der nordamerikanischen Kolonien. Parallel dazu liefen die Auseinandersetzungen um die **Kontrolle des Mittelmeeres** (Venedig im Konflikt mit dem Osmanischen Reich) und später um die Seewege und die Beherrschung der Kolonien.

Die mit dem Begriff der „Nachhaltigkeit" verbundenen neuen Erkenntnisse im Kontext der Waldnutzung haben den Wald damals dennoch nicht gerettet. Hierzu mussten erst die „unterirdischen Wälder", d. h. **Kohle** und später **Gas** und **Öl** gefunden werden. Deren Ära geht zu unserer Lebzeit ihrem Ende entgegen, nicht wegen Mangel an Kohle (sie würde noch für 1000 Jahre reichen), sondern wegen der durch die fossilen Energieträger induzierte **Klimaprobleme**. Zugleich setzt sich mit der Vernichtung immer weiterer Regenwaldgebiete die Historie von Fehlentwicklungen beim Wald weiter fort.

Die heutige Nachhaltigkeitskonzeption, hervorgegangen aus der **Brundtland-Kommission** und erstmals der Weltgemeinschaft vorgestellt 1992 in Rio, hat ihre Ursprünge 1972 auf der UN Weltumweltkonferenz in Stockholm. Es war die damalige Ministerpräsidentin Indiens, **Indira Gandhi**, die den reichen Ländern vermittelte, dass Weltkonferenzen zum Schutz der Umwelt als alleiniges Thema nicht akzeptabel sind, wenn nicht die Bedürfnisse der sich entwickelnden Länder auf Entwicklung gleichrangig zu dem Ziel des weltweiten Umwelt- und Ressourcenschutz verfolgt werden (Töpfer 2012). Dies war insbesondere deshalb unbestritten, weil die damals (und heute) reichen Länder ihren Wohlstand auf **nicht-nachhaltigem Verhalten** aufbauen konnten, teils auch in der Rolle derjenigen, die als Erste auf Ressourcen zugreifen konnten, während die Situation für die ‚Nachzügler' heute weitaus schwieriger ist.

Nachhaltigkeit verbindet also zwei, in einem gewissen Sinne fast konträre Ziele, nämlich den **Schutz der Umwelt** und der Ressourcenbasis und gleichzeitig die **Ermöglichung von weltweiter wirtschaftlicher Entwicklung**. Umweltschutz und Ressourcen einerseits und die soziale Frage andererseits sind damit konstitutiv für Nachhaltigkeit, wobei die soziale Frage im internationalen Kontext vor allem die wirtschaftlichc Entwicklung und damit Wohlstandsmehrung in ärmeren Staaten betrifft. Die soziale Dimension wird damit zunehmend eine Frage der **sozialen Balance zwischen Staaten**, in Ergänzung zur Thematik der **sozialen Balance innerhalb von Staaten** (Chakravarty et al. 2009; Club of Rome 2009; Herlyn 2012; Kämpke et al. 2003; Mesarovic et al. 2003; Pestel und Radermacher 2003; Radermacher und Beyers 2011; Radermacher et al. 2011; Riegler 1990; Stiglitz 2012; Wilkinson und Pickett 2009/2010). Die in den Industrieländern erreichte Form der sozialen Balance, die weltweit eine einzigartige Errungenschaft darstellt, reflektiert insbesondere den historischen Übergang aus der Zeit eines fast unerträglichen Feudalismus bzw. nachfolgend Manchesterkapitalismus hin zur sozialen Marktwirtschaft als heutige typische Form des Marktes in voll entwickelten Staaten.

Erkennt man das Erfordernis von mehr Balance zwischen den Staaten an, hat das mit Blick auf ärmere Länder auch eine stärkere Thematisierung der sozialen Balance innerhalb dieser Staaten zur Folge, und zwar als wichtiges Element nationaler Entwicklungsprozesse (Herlyn 2012; Radermacher 2012; Stiglitz 2012; Wilkinson und Pickett 2009/2010). Wenn die Einkommensverteilung ein legitimes Thema zwischen den Staaten ist, dann ist sie erst recht ein legitimes Thema innerhalb der Staaten, umso mehr, als die heute wohlhabenden Länder zum Vorteil ihrer Bürger die höchste soziale Balance besitzen. Hinzu kommt, dass empirisch offensichtlich ist, dass nur sozial balancierte Staaten wohlhabend sind (Herlyn 2012; Kämpke et al. 2003; Mesarovic et al. 2003; Pestel und Radermacher 2003; Radermacher und Beyers 2011; Wilkinson und Pickett 2009/2010).

Die bis heute unbeantwortete Frage ist, ob sich alle **Nachhaltigkeitsdimensionen gleichzeitig** realisieren lassen. Es ist nicht garantiert, dass sich die Welt irgendwann in einen nachhaltigen Zustand befinden wird. Darauf wurde mit Verweis auf den entsprechenden Beitrag von **Kirchgeorg** bereits hingewiesen. Genauso wenig ist sicher, ob das Konzept des Marktes zur Organisation der Bereitstellung von Gütern und Dienstleistungen, das global viel fester etabliert ist als das Konzept der Nachhaltigkeit, mit Nachhaltigkeit kompatibel ist. Ist es grundsätzlich möglich, im Rahmen offener Märkte, im Rahmen der großen vier Markt-konstituierenden Freiheiten (Herlyn und Radermacher 2012b; Kay 2004) (Freiheit des Eigentums, Vertragsfreiheit, Freiheit zur Innovation, Freiheit zur Kreditaufnahme bzw. zur Kreditgewährung) Nachhaltigkeit zu erreichen?

Der Markt ist in internationalen Verträgen fest etabliert, die Nachhaltigkeit nicht. Die Weltgemeinschaft tut sich extrem schwer, in Bezug auf Nachhaltigkeit zu völkerrechtlich bindenden Verträgen zu kommen (Frey 2007). Dies gilt vor allem bzgl. der offensichtlichen Defizite in Bezug auf wichtige Ressourcen, in den Klimaverhandlungen, aber auch bzgl. des Erhalts der genetischen Vielfalt und der Frage der sozialen Balance sowie der Überwindung des Hungers. Alle diese Themen führen nämlich immer auch zur Frage nach **Querfinanzierung** zwischen Staaten, ähnlich dem Länderfinanzausgleich in Deutschland oder seinem (begrenzten) Pendant innerhalb der EU in Form der **Struktur- und Kohärenzfonds**. Dieser Frage wollen alle potentiell zur Zahlung Verpflichteten möglichst ausweichen.

Während Nachhaltigkeit in zahlreichen Debatten, auf der Ebene der Worte, ständig an Bedeutung gewinnt, verschlechtert sich unsere Situation zusehends. Die CO_2-Emmissionen waren noch nie so hoch wie im Jahr 2013. Auch die jährlichen Zuwächse waren noch nie so hoch wie zuletzt. Während überall von **Corporate Social Responsibility** gesprochen wird, Marken-Unternehmen ihr „Carbon Budget" zügig absenken und darüber in beeindruckenden Reports berichten, steigen die weltweiten Klimagasemissionen immer schneller an. Wir fahren gegen die Wand – in einem gewissen Sinne sogar „**zertifiziert**".

Auf der Ebene der gesprochenen und geschriebenen Worte sind wir sehr fortschrittlich, aber die Umsetzung ist extrem schwierig, insbesondere deshalb, weil sie häufig gegen die heutige **rechtliche Konstitution der Märkte** läuft. In einer Welt, in der die soziale Spaltung in Folge der massiven Globalisierungsprozesse und der obszönen Verhältnisse in Steuerparadiesen auch in der reichen Welt wieder zunimmt, ist es die hohe Kaufkraft, die es Konsumenten in unterschiedlichem Umfang erlaubt, zu erwerben, was mit Nachhaltigkeit nicht kompatibel ist, obwohl dieselben Personen bei Befragungen erklären, dass sie wollen, dass wir uns als Menschheit nachhaltig verhalten.

Vor dem beschriebenen Hintergrund findet sich in zahlreichen Publikationen des zweiten Autors (Radermacher 2002; Radermacher und Beyers 2011; Radermacher et al. 2011), wie auch im neuesten Club of Rome Report „2052" von Jorgen Randers (Randers 2012) der Hinweis darauf, dass die Wahrscheinlichkeit größer ist, dass die Welt in einem nicht nachhaltigen Zustand enden wird als in einem nachhaltigen. Der wahrscheinlichste Zustand ist eine **Welt-Zwei-Klassen-Gesellschaft** (Brasilianisierung bzw. overshoot and managed decline), gefolgt von einem ökologischen Kollaps (overshoot and decline managed by nature). Der **ökologische Fußabdruck** (Wackernagel und Beyers 2010) der Menschheit ist zu hoch und uns fehlen die Instrumente, diesen erfolgreich zu verkleinern. Erforderlich wäre eine „Explosion" an technischen Innovationen gekoppelt mit einer deutlich besseren Global Governance als Folge politischer Innovationen. Beides gäbe uns durchaus eine Chance auf Nachhaltigkeit, aber es spricht viel mehr dafür, dass es anders kommen wird.

In diesem Kontext sei ein weiterer umfangreicher Beitrag des vorliegenden Sammelbandes hervorgehoben, der die angesprochenen großen Fragen adressiert und dabei die Brücke zum Deutschen Nachhaltigkeitspreis herstellt. **Jade Buddenberg, Johannes Buhl, Christa Liedkte** und **Klaus Wiesen** diskutieren das Thema im größeren Rahmen einer Transition der Gesellschaft in Richtung Nachhaltigkeit in ihrem Beitrag „**Transition Enabling auf nationaler und Unternehmensebene – ein Überblick unter besonderer Berücksichtigung der Bedeutung des Deutschen Nachhaltigkeitspreises**". *Sie greifen dabei die neue Botschaft des WBGU auf, die zwar inhaltlich nicht neu gegenüber der Club of Rome-Position seit 40 Jahren ist, aber begrifflich aktuell und alarmierend – und wahrscheinlich durchaus richtig* (WBGU 2008, 2011). *Beschrieben wird die wichtige Rolle der Unternehmen in diesem Kontext aber auch, dass zumindest „**Enabling-Rahmenbedingungen**" erforderlich sind, wenn die Rahmenbedingungen der Ökonomie als solche nicht stimmig sind. Die Deutsche Nachhaltigkeitsstrategie und der **Deutsche Nachhaltigkeitspreis** werden in diesem Zusammenhang als positive Beispiele für solche Enablingprozesse vorgestellt. Sie fördern die Kommunikation erfolgreicher Best-Practice-Beispiele, machen Nachhaltigkeitserfolge sichtbar und geben so Anreize für Transformationsprozesse. Letztlich müssen Unternehmen als **Change Agents** wirken, wenn Nachhaltigkeit unter den bestehenden Bedingungen erreicht werden soll. Die „**Vision 2050**" des WBCSD wird an dieser Stelle als positives Beispiel dargestellt und diskutiert. Für den Deutschen Nachhaltigkeitspreis erfolgt eine weitergehende Analyse mit Vorstellung einzelner Preisträger. Hier findet der interessierte Leser viele interessante Praxis- und Orientierungsbeispiele.*

4 Missverständnisse, Irrtümer und der Bumerang-Effekt

Das Sustainable Marketing muss schwierige Zusammenhänge verständlich kommuizieren. Dies gelingt oft nicht adäquat. Stecken dahinter Missverständnisse oder handelt es sich um eine bewusst gewählte Kommunikation? In vielen Werbebotschaften wird auf Effizienzgewinne abgehoben. So werden z. B. Automobile bzgl. ihres Kraftstoffverbrauchs immer effizienter. Pro Einheit Wertschöpfung verringern sich der Energieverbrauch und die Klimagasemissionen. In Summe steigen die Emissionen aber häufig dennoch an. Dieser sogenannte **Bumerang-** bzw. **Rebound-Effekt** (Neirynck 1994) wird leider oft nicht thematisiert, obwohl er einer der wichtigsten Gründe für viele Probleme ist, die wir weltweit mit der Umsetzung des Nachhaltigkeitsgedankens haben. Günstigere Preise führen oft zu überproportionalen Volumensteigerungen, während die Situation des Ressourcenverbrauchs pro Wertschöpfungseinheit verbessert wurde. Oftmals verlagern sich Belastungszuwächse auch in andere Bereiche, werden also in den eigenen Bilanzen nicht mehr sichtbar, obwohl es sie noch gibt. Dies gilt insbesondere auch dann, wenn man besonders klimabelastende Teile der Produktion in andere Teile der Welt, z. B. **Billiglohnländer**, auslagert. Dies gilt gerade auch in grenzüberschreitenden Prozessen der Arbeitsteilung und des Handels (Peters et al. 2011).

Vieles, was in diesem Kontext passiert und kommuniziert wird, ist problematisch und muss letztlich dem Themenfeld „**Greenwashing**" zugeordnet werden. Die Abgrenzung zwischen Greenwashing und echtem wirksamem Engagement diskutieren im vorliegenden Sammelband **Carsten Baumgarth** und **Lars Binckebanck** in ihrem Beitrag **„Best Practices der CSR- Markenführung und Kommunikation"**.

Das Problem der Auslagerung von CO_2-Emissionen kennt man unter dem europäischen Klimaregime auch als **Carbon Leakage** (DEHSt). Unternehmen verlagern ihre CO_2-intensive Produktion aus Europa heraus, ersatzweise erfolgen Erweiterungsinvestitionen oder Ersatz außerhalb Europas. Häufig versucht die Politik, dieser Entwicklung entgegenzuwirken. Das führt zu Sonderregeln und Rabatten im Strombereich für energieintensive Unternehmen, damit sie im Land bleiben – aktuell ein hitzig diskutiertes Thema. So gibt es einerseits Verbesserungen und andererseits Leakage-Effekte. In Summe fallen viele ursprünglich deutsche CO_2-Emissionen aus Deutschland nun in China bei Zulieferern an. Das bedeutet letztlich nichts anderes, als dass die Verbesserungen unserer Klimabilanz teilweise daraus resultieren, dass wir gleichzeitig die Situation in China verschlechtern. Dabei kommt erschwerend hinzu, dass wegen der im Verhältnis zur deutschen deutlich geringeren **Energie- und Klimaeffizienz** der chinesischen Wirtschaft über derartige Verschiebungen die anfallenden Klimagasemissionen häufig sogar überproportional erhöht werden. Die bis heute nur innerhalb der nationalen Grenzen stattfindende Klimagasbilanzierung ist damit nicht sauber und Teil des Problems (Peters et al. 2011; Radermacher 2010a).

Eine ähnliche Problematik zeigt sich bei der Einführung von **Mindestlöhnen**. Wollen wir weltweite (entwicklungsstand-abhängige) Mindestniveaus, müssen wir insbesondere dazu bereit sein, diese über **Querfinanzierung** mit zu tragen. Die Alternative ist eine extreme Konkurrenzsituation in weltweiter Dimension, womit letztlich die Ärmsten am Ende einer langen Zuliefererkette fast unbemerkt extrem kostengünstig für uns arbeiten und dabei ihre Umwelt zerstören, damit wir auf diese Weise preiswert die dort hergestellten Produkte erwerben können. **Lohnsklaverei** ist heute in manchen Teilen der Welt eine nicht erträgliche Realität.

So erreicht z. B. ein Designer-Hemd, das für mehr als 100 € an einem europäischen Flughafen verkauft wird, für nur 5 € die europäische Küste. In einem solchen Kontext diskutieren wir über die soziale Frage in Bangladesh oder Pakistan. Letztlich geht es darum, ob wir mittels gesetzlicher Vorgaben die externen Kosten unserer Produktion in das weltweite ökonomische System **internalisieren** wollen oder nicht. Davon kann zum jetzigen Zeitpunkt keine Rede sein, so wenig wie von der Sicherstellung der erforderlichen **Transparenz entlang der Zulieferkette**. Vieles, was im unmittelbaren Umfeld nicht auftauchen soll, geschieht dann irgendwo entlang der Wertschöpfungskette, genügend weit entfernt, so dass der direkte Zusammenhang zu den eigenen Wertschöpfungsprozessen nicht nachgewiesen werden kann. Die Komplexität der Prozesse ermöglicht es, ‚sauber' zu erscheinen, obwohl man es nicht ist.

Die geschilderten Zustände machen die wichtige Rolle der Politik deutlich. Letztlich muss in Wechselwirkung zwischen (Marken-)Unternehmen, aufgeklärten Wählern und Konsumenten und einer klugen Politik ein geeigneter, weltweiter Ordnungsrahmen durchgesetzt werden. Hierin liegt die heute zentrale Herausforderung, nämlich eine funktionierende **Global Governance**.

Was die Politik in diesem Bereich in den letzten Legislaturperioden bewirkt hat, welche die großen Fragen waren, zeigt der interessante Beitrag von **Helmut Schneider, Frederik Ferié** und **Anja Quednau „Rahmenbedingungen des Sustainable Marketing – der politische Wandel"**. *In diesem Text wird die Wechselwirkung von CSR mit dem politischen Diskurs, mit dem Druck in Richtung* ***Selbstverpflichtungen*** *und dem Druck aus* ***eventuellen oder befürchteten Gesetzen*** *diskutiert. Es geht darum, welchen Beitrag das Marketing für die nachhaltige Entwicklung einer Gesellschaft leistet beziehungsweise leisten sollte. Letztlich betrifft das die Legitimation eines Unternehmens – die „Licence to Operate". Die politischen Rahmenbedingungen spielen dabei eine große Rolle. Der Text analysiert die Entwicklungen in diesem Bereich seit 1990, also seit der Wiedervereinigung Deutschlands. Dabei geht es nicht um konkrete parlamentarische Gesetzgebungen, sondern um aus dieser Zeit stammende* ***Koalitionsvereinbarungen****. Koalitionsvereinbarungen beschreiben den Willen der jeweiligen Regierungen auf Bundesebene und zeigen auf, was die jeweilige Koalition erreichen will. Es zeigen sich interessante Schwerpunkte des jeweiligen politischen Willens, aber auch ein steter Wechsel der ‚Mode'-Themen im Kontext Nachhaltigkeit.*

Aus dem Sammelband geht auch hervor, dass viel Aufklärung in den Unternehmen selber erforderlich ist. Die Mitarbeiter müssen verstehen, was passiert.

Ruth Stock-Homburg, **Anette von Ahsen** und **Marina Melanie Wagner** diskutieren dies in ihrem Beitrag **„Nachhaltigkeit in der Unternehmens- und Mitarbeiterführung"**. *Nachhaltigkeit impliziert die Berücksichtigung ökonomischer, ökologischer und sozialer Aspekte. Nachhaltigkeitsorientierte Unternehmensführung ist darauf wie auf die Interdependenzen zwischen den Bereichen auszurichten. Managementsysteme haben* *dafür eine besondere Bedeutung. Diese wiederum erfolgreich zu implementieren und zu leben erfordert, dass die Mitarbeiterführung in diesem Fall nachhaltigkeitsorientiert ausgestaltet ist. Die Führung muss erreichen, dass die Mitarbeiter ihr Handeln an Nachhaltigkeitszielen ausrichten. Das Erreichen dieser Ziele ist aktiv zu unterstützen. Dazu muss sich die Mitarbeiterführung aber auch selbst an diesen Prinzipien messen lassen.*

5 Die Vielfalt der Märkte und Konsumenten

Konsumenten sind heute unterschiedlich informiert. Einige sind sehr intensiv mit dem Thema Nachhaltigkeit befasst. Bestimmte Konsumenten-Gruppen wie die sogenannten **LOHAS** haben einen Lebensstil, der an Nachhaltigkeit und Gesundheit orientiert ist. Sie sind über globale Wertschöpfungsketten informiert und kennen die ‚Tricks', mit denen wirtschaftliche Akteure versuchen, Zusammenhänge und Verantwortlichkeiten entlang weltweiter Wertschöpfungsketten zu verschleiern. Insbesondere verstehen sie das „Spiel mit Worten" (Lakoff 2004) und sind selber sehr vertraut mit dem Konzept der Nachhaltigkeit und seinen Herausforderungen. Das gilt für die weit überwiegende Zahl der Konsumenten leider nicht – ein in diesem Sammelband weitgehend vernachlässigtes Thema.

In diesem Kontext untersucht **Raimund Wildner** in seinem Beitrag „**Wandel im Verbraucher und Käuferverhalten**" die Verankerung des Begriffs Nachhaltigkeit im allgemeinen Sprachgebrauch. *Er greift dabei vor allem auf Ergebnisse des **Vereins der Gesellschaft für Konsumforschung** zurück und diskutiert den Wandel in den Einstellungen der Menschen. Er untersucht beispielsweise, wie das Interesse der Verbraucher für den Umweltschutz mit Arbeitslosigkeit oder wirtschaftlicher Stabilität korreliert ist und stößt auf ein gegenläufiges Verhalten: Geht es wirtschaftlich gut, nimmt das Interesse für Umweltschutz zu, geht es schlecht, nimmt das Interesse ab. Der Autor studiert Wandlungen im Käuferverhalten, etwa bzgl. der Haushalte, die Biolebensmittel einkaufen. Ausführlicher wird die Konsumentengruppe der LOHAS behandelt, also der Menschen mit einem Lifestyle of Health and Sustainability. Der Autor bestätigt erneut, dass diese Gruppe deutlich qualitäts- und weniger preisbewusst operiert als die große Mehrheit der Verbraucher. LOHAS haben eine klare Orientierung zu Premiumprodukten. Firmen wie BMW mit „efficient dynamics" und Starbucks mit „gerechter Handel und beste Qualität – alles in einer Tasse" haben darauf wirkungsvoll reagiert. Der Autor macht ferner deutlich, dass Handelsmarken Profiteure des Trends zur Nachhaltigkeit sind. Die Nachfrage nach an Nachhaltigkeit orientierten Produkten und Dienstleistungen wächst durchgehend, schon weil die entsprechenden Zielgruppen wachsen und auch in Zukunft wachsen werden. Es sind anspruchsvolle Zielgruppen, die mit gutem Gewissen konsumieren wollen, dafür auch einen höheren Preis zu akzeptieren bereit sind, die aber keine Abstriche an der Leistung des Produkts oder der Dienstleistung hinnehmen. Aus Sicht des Autors steht der **breite Durchbruch** in Richtung eines stärker nachhaltigkeitsorientierten Konsums dennoch noch aus. Dies hängt auch mit den begrenzten finanziellen Möglichkeiten der überwie-*

genden Zahl der Konsumenten zusammen. Vor diesem Hintergrund ist Wildner deutlich weniger optimistisch als Stehr und Adolf mit ihrer Idee der **Moralisierung der Märkte**.

Eine Reihe NGOs, sog. **Watchdogs**, haben sich darauf spezialisiert, das Verhalten von Unternehmen, ihre Ankündigungen und ihr tatsächliches Tun sehr genau zu beobachten. Es hängt entscheidend von der jeweiligen Situation eines Unternehmens ab, inwieweit die verschiedenen Stakeholder-Interessen beachtet werden müssen oder können. Dies wiederum bestimmte die Potentiale für mehr Nachhaltigkeit in der Wechselwirkung mit einschlägigen NGOs.

Dass Firmen, die sich tatsächlich bemühen und in der Folge auch ihre Kunden in die Pflicht nehmen, ist in diesem Kontext eine besonders vielversprechende Entwicklung, fast schon eine „**Königsebene**" des Sustainable Marketing Managements.

Dies diskutieren **Vera Fricke** und **Ulf Schrader** in ihrem Beitrag „**Unternehmenskommunikation zur Förderung des nachhaltigen Konsums**". *Die Autoren beschäftigen sich mit Fällen, in denen Unternehmen, die für Nachhaltigkeit eintreten, in ihrem Marketing auch die Konsumenten auf ihre Verantwortung hinweisen. Der dafür geprägte Begriff lautet* ***Consumer Social Responsibility****. Beispiele, die diskutiert werden, sind die folgenden:*

- *Energieversorgungsunternehmen, die Energiespartipps geben*
- *Alnatura weist auf Folgeschäden intensiven Fleischkonsums hin*
- *Das Outdoor-Unternehmen Patagonia wendet sich an seine Kunden mit dem Hinweis „Don't buy this jacket", will also Kunden zum Kaufverzicht motivieren.*

Illustrative Beispiele verantwortungsvoller Kundenkommunikation finden sich auch im **Immobiliensektor** (FAW/n 2010; Hölscher und Radermacher 2012; Zentraler Immobilien Ausschuss e. V. 2011). Dort werden heute große politische Programme und Kommunikationsprozesse um die Begriffsbildung des „**Green Building**" organisiert. Die Potenziale in diesem Bereich sind in der Tat enorm und können einen entscheidenden Beitrag zur Lösung der weltweiten Probleme im Energie- und Klimasektor leisten. Das betrifft insbesondere den wichtigen **Wärmebereich**. Es ist zwischen Neubauten und Sanierungen zu unterscheiden. Der Neubauanteil in Deutschland liegt bei nur etwa 1 % pro Jahr.

Energetische Sanierung eröffnet viele Chancen für mehr Klima- und Ressourcenschutz. Die Kosten sind aber nur dann über Energieeinsparungen zu kompensieren, wenn man im **natürlichen Rhythmus der sonstigen Sanierungen operiert**. Die Autoren haben diese Fragestellung für den Bundesverband deutscher Wohnungs- und Immobilienunternehmen (GdW) untersucht, der für 7 Mio. Wohnung in Deutschland verantwortlich ist (FAW/n 2010). Deutlich wurde dabei folgendes: Will man energetische Sanierung gegen den natürlichen Sanierungsrhythmus durchführen, wird es sehr teuer und **sozial unverträglich**. Mit den erzielbaren Einsparungen lässt sich ein solches Vorgehen nicht begründen, eher handelt es sich um Eigentums- und Wertvernichtung.

Das gilt jedoch nicht für alle Akteure im Immobilienbereich, sondern für den Wohnungsbau, insbesondere für den sozialen Wohnungsbau. Es gilt nicht für **Prestigebauten**, die DAX-Unternehmen beziehen. DAX-Unternehmen stehen in der Regel unter scharfer Beobachtung von Premiumkunden, die erwarten, dass die Unternehmen etwas gegen den Klimawandel tun. Diese Unternehmen sind in der **Global Reporting Initiative** eingebunden, sie haben sich verpflichtet, regelmäßig über ihr Carbon Budget zu berichten und müssen dieses Budget möglichst Jahr für Jahr absenken. Es ist klar, dass diese großen Unternehmen in den nächsten Jahren nur noch in Gebäuden residieren werden, die **Green Buildings** sind. Damit verlagern sie einen Teil ihrer Einspar- und Berichts-Probleme im CO_2-Bereich auf die Vorlieferanten, in diesem Fall die Vermieter der Gebäude. Sie verfahren genauso bei Geschäftsreisen, wenn sie CO_2-neutral reisen und in ihrer Logistik, wenn sie nur noch CO_2-neutrale Logistik einkaufen. Die Probleme der Nachhaltigkeit sind dann **Probleme der Vorlieferanten**. Die Vorlieferanten müssen sich darauf einstellen und für diese Herausforderungen Lösungen bereitstellen. Für DAX-Unternehmen ist die Beachtung der CO_2-Anforderungen letztlich eine Frage der BWL und der Reputation und nur noch in zweiter Linie eine Frage der Energiekosten. Konsequenterweise führte die verdienstvolle Entwicklung eines **Nachhaltigkeitskodex für die deutsche Immobilienwirtschaft** (genauer für den Zentralen Immobilienausschuss (ZIA)), in die die Autoren eingebunden waren (Zentraler Immobilien Ausschuss e. V. 2011) zu einer Empfehlung in Richtung „**Green Buildings**" und dahingehend, dass sich alle Mitgliedsunternehmen des ZIA der **Global Reporting Initiative anschließen sollen**.

Dies ist ein interessantes Beispiel, wie heute die Beobachtung von Markenunternehmen durch kritische Konsumenten und Investoren den Auftritt von Unternehmen und damit auch die Kundenkommunikation und das Marketing massiv beeinflussen – bis hin zu dem Punkt, dass sich **betriebswirtschaftliche Gegebenheiten verändern**.

Es wäre übrigens völlig falsch, daraus entsprechendes für alle Gebäudebesitzer abzuleiten. Die Situation im Wohnungsbau für Eigentümer bzw. Mieter mit kleinen und mittleren Einkommen ist substantiell anders. Green Buildings sind dort aus nachvollziehbaren Gründen alles andere als ein Selbstläufer.

Im **Wohnungsbau**, vor allem im Bereich des sozialen Wohnungsbaus, gibt es kaum Reputationsfragen, dafür gesellschaftliche Vorgaben, zahlungsschwächere Mieter und Städte, die sich bei Mietanpassungen schwer tun, insbesondere dann, wenn sie für das Wohngeld für viele Personen aufkommen müssen. Energetische Sanierung gegen die natürlichen Sanierungszyklen kann hier zu ökonomischen Katastrophen führen und Unternehmen in die Insolvenz treiben. Sozialschwache Mieter bleiben auf der Strecke. 600.000 Hz IV-Empfängern in Deutschland wurde bereits der Strom abgestellt. Dabei ist folgendes zu beachten: Ist die Absenkung der Klimagasemissionen das eigentliche Ziel, kann man Zeiträume bis zur nächsten regulären Sanierung in intelligenter Weise durch Nutzung von internationalen Instrumenten zur **Kompensation von Klimagasemissionen**, z. B. Aufforstung, überbrücken. Dies bringt bei viel geringeren Kosten viel stärkere und positive Klimaeffekte. Diesen Ansatz, der **Wirtschaftlichkeit mit mehr Klimaschutz** verbindet, verfolgt auch das Land Hessen in seiner **Klimaneutralitätsstrategie** bis 2030

(Hölscher und Radermacher 2012). Dies ist auch der Ansatz des **Klimaneutralitätsbündnisses** führender Unternehmen im österreichischen Bundesland Vorarlberg, das Ende 2013 geschlossen wurde. Derartige Bündnisse, die sich hoffentlich bald in einen (an den Global Compact angelehnten) GLOBAL NEUTRAL (Radermacher 2014) übersetzen werden, sind ein entscheidender Ansatz für Aktivitäten, die ein **Sustainable Marketing** aufgreifen und in Breite kommunizieren sollte. Dieser wird deshalb im nachfolgenden Abschnitt genauer beschrieben.

6 Kann das 2 °C-Ziel im Klimabereich noch erreicht werden?

Der Klimaschutz ist heute das wahrscheinlich eindringlichste Beispiel, um zu verstehen, was im Umfeld der Nachhaltigkeitsthematik international zu leisten ist und was für die **Weltgemeinschaft** auf dem Spiel steht, denn es geht um die Atmosphäre, ein Weltgemeingut (Global Common) von zentraler Bedeutung für das Wohlergehen der Menschheit. Mittlerweile geht die Beanspruchung der Atmosphäre als „Deponie für Klimagase" zu weit. Wir erleben einen Streit um die Nutzung dieser knappen Ressource unter unzureichenden Governancebedingungen und bei extrem konträren Vorstellungen darüber, was **gerecht** ist. Charakteristisch und spezifisch ist, dass es für die Atmosphäre im Wesentlichen **keine Eigentumsrechte** gibt. Aufholende Staaten können deshalb ihre Emissionen widerstandslos erhöhen, insbesondere wenn in der Folge ihr Wohlstand zunimmt. Aus Gerechtigkeitsüberlegungen ist schwer dagegen zu argumentieren, dass sich entwickelnde Staaten endlich auch am Wohlstand teilhaben. Es resultiert eine komplizierte Konstellation sehr verschiedener Interessenlagen, auch was die tangierten Gerechtigkeitsfragen anbelangt (Töpfer 2012). Gerade weil wenig Konsens besteht, wird die Schlüsselrolle des Themas noch deutlicher. Grundsatzfragen der Gerechtigkeit verbinden sich mit harten Anforderungen im Bereich der Ermöglichung von Wohlstand.

Klimaschutz ist, nicht überraschend, auch in Deutschland das Thema, auf das sich die Nachhaltigkeitsdebatte mehr als auf alle anderen Fragestellungen konzentriert. International ist es das am stärksten „bearbeitete" Einzelthema im Nachhaltigkeitskontext. Die internationale Staatengemeinschaft strebt nach wie vor das sogenannte **2 °C-Ziel** an (durchschnittliche Erwärmung weltweit um maximal 2 °C gegenüber den Verhältnissen in vorindustrieller Zeit), auch wenn die praktische Umsetzung bisher nicht gelingt (Club of Rome 2009; Töpfer 2012; WBGU 2008, 2011). In der Folge steigen die weltweiten CO_2-Emissionen stetig weiter an, selbst das Zuwachstempo nimmt zu. In dieser Situation stellt sich die Frage, ob der aktuelle Verhandlungsstand nach den Klimakonferenzen in Kopenhagen, Cancún, Durban und jüngst Warschau die Basis für einen Post-Kyoto-Vertrag sein kann, mit dem das 2 °C-Ziel noch zu erreichen ist. Diese Frage kann aus Sicht der Autoren noch positiv beantwortet werden, allerdings nur, wenn unkonventionelle Ansätze verfolgt werden (Herlyn und Radermacher 2012a). Diese positive Einschätzung resultiert aus umfangreichen Forschungsarbeiten zum Thema am FAW/n in Ulm (Radermacher 2010a, b, 2013a, 2014).

Die Erreichung des 2 °C-Ziels erfordert heute in jedem Fall komplexe, miteinander verknüpfte Entscheidungen und Maßnahmen und die Zusammenarbeit von Politik und Privatsektor (Organisationen, Unternehmen und Privatpersonen). Aufgrund der fortgeschrittenen Zeit muss eine Lösung heute beinhalten, dass 1) der Atmosphäre in gigantischem Umfang **CO_2 entzogen wird** (sogenannte Negativemissionen) und 2) dies mit einer Wohlstandsperspektive in sich entwickelnden Ländern verknüpft wird, um sie als Partner für einen Weltklimavertrag zu gewinnen. Schlüsselelemente sind ein massives Stilllegungsprogramm für legal zulässige Klimagasemissionen, finanziert durch den Privatsektor und parallel dazu **ein gigantisches Weltaufforst- und Grünlandmanagementprogramm** zur gleichzeitigen Erzeugung von Wohlstand und von Negativemissionen in den tropischen Ländern.

Erforderliche Aktivitäten beziehen sich einerseits auf die globale, andererseits auf die regionale Ebene. Regionale Bemühungen in den reichen Ländern sind selbstverständliche Voraussetzung für eine tragfähige Lösung des Klimaproblems, da in diesen Ländern weiterhin die höchsten Pro-Kopf-Emissionen entstehen und dort die historische Verantwortung liegt. Zudem bestehen dort die besten materiellen und technischen Voraussetzungen, um zu den erforderlichen Veränderungen bezüglich der Klimagasemissionen zu kommen, ohne dabei Wohlstandsverluste hinnehmen zu müssen. Wegen der Begrenztheit der finanziellen Mittel ist auch in diesen Staaten auf eine **hohe Klima-Wirksamkeit der eingesetzten Finanzmittel** zu achten. Zugleich ist der besondere Hebel zu nutzen, der in globaler internationaler Kooperation liegt, denn ohne die inhaltliche, finanzielle und technische Einbindung der ökonomisch zurückliegenden Staaten ist das Klimaproblem nicht mehr lösbar (Hölscher und Radermacher 2012).

Wie im Folgenden beschrieben wird, ist ein Win-Win-Programm ableitbar, das die **einkommensstarke Konsumentenklasse** auf diesem Globus über das Instrument der **Klimaneutralität** von Organisationen, Unternehmen und Individuen geeignet einbindet (Herlyn und Radermacher 2012a; Radermacher 2010a, 2013a, 2014). Hier liegt eine wichtige Brücke zu Corporate Social Responsibility (CSR) und zu **nachhaltigem Marketing**. Zu den erforderlichen Elementen der Umsetzung des beschriebenen Programms gehört insbesondere ein **massives weltweites Aufforst- und Landschaftsrestaurierungsprogramm**. Wald und Grünland erweisen sich als Schlüsselelemente zur Lösung des Klimaproblems, da sie es in erheblichem Umfang erlauben, **Negativemissionen** zu erzeugen, also der **Atmosphäre CO_2 zu entziehen**, bei gleichzeitiger Förderung von nachholendem Wohlstand und zahlreicher weiterer Nachhaltigkeitsanliegen.

Die Frage nach der Erreichbarkeit des 2 °C-Ziels wird sehr kontrovers diskutiert. Viele haben die Hoffnung längst aufgegeben und fordern Anstrengungen, wenigstens bei 3 °C oder 4 °C eine Grenze einzuziehen. Aus aktuellen Arbeiten der Autoren geht jedoch hervor, dass das 2 °C-Ziel noch erreicht werden kann, wenn sofort intelligente neue Ansätze geeignet miteinander kombiniert werden. Dass die Weltgemeinschaft das tun wird, ist wenig wahrscheinlich – immerhin besteht aber die theoretische Möglichkeit. Es folgt eine kurze Vorstellung derselben (Radermacher 2014), auch deshalb, weil extreme freiwillige Anstrengungen des Privatsektors notwendig werden, die höchst attraktive Ansätze für ein

Sustainable Markteting eröffnen und zwar im Kontext einer **Klimaneutralitätsstrategie** von Unternehmen, für die es mittlerweile eindrucksvolle Vorreiter gibt. Abbildung 1 verdeutlicht die dem neuen Ansatz zugrundeliegenden Überlegungen.

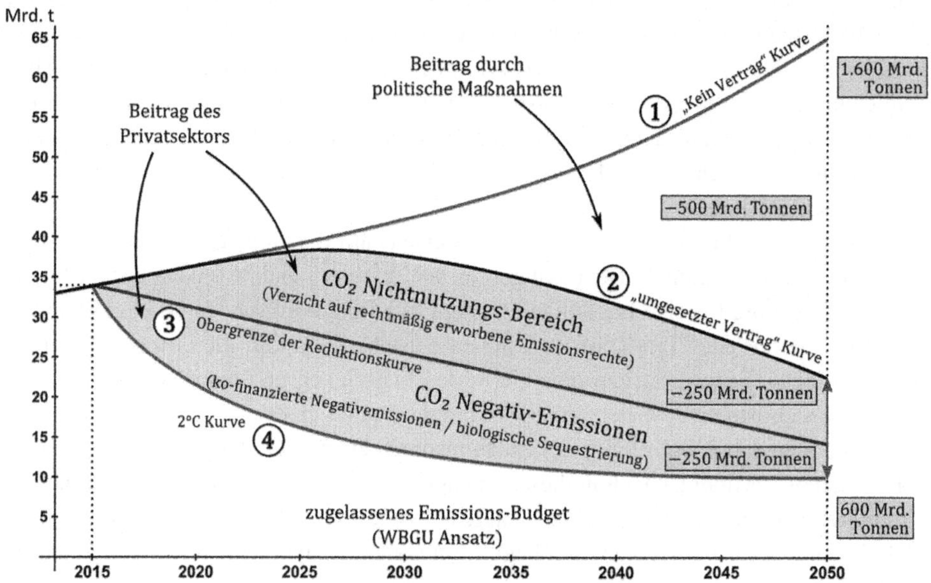

Abb. 1 Verteilte Klimaschutz-Verantwortung zwischen Politik und Privatsektor

1. Kopenhagen-Formel als Grundlage
   Der Vertragsvorschlag orientiert sich an der sog. **Kopenhagen-Formel**: Industrieländer senken ihre Emissionen absolut, Nicht-Industrieländer relativ zu ihrer wirtschaftlichen Wachstumsrate ab. Die Staaten legen dabei ihre jeweiligen Reduktionsziele (Pledges) individuell und unabhängig voneinander fest. Ein **Green Climate Fund** von mindestens 100 Mrd. US $ pro Jahr, finanziert durch die Industrieländer, zur Unterstützung von klimabezogenen Maßnahmen in den übrigen Ländern, ist ein weiteres wesentliches Element des Pakets.
2. Resultierendes dynamisches Cap
   Aus der Umsetzung der Kopenhagen-Formel resultiert ein **dynamisches weltweites Cap** (die „No contract"-Kurve (1)), das temporär noch wachsen kann, parametrisiert anhand der wirtschaftlichen Wachstumsraten der Nicht-Industrieländer.
3. Inhomogener Instrumentensatz auf Regierungsseite
   Für 2020 wird kein homogenes, globales Cap-and-Trade-System erwartet. Stattdessen wird ein **inhomogener Instrumentensatz** auf Seiten der Staaten zur Durchsetzung ihrer Vertragszusagen berücksichtigt, der u. a. folgende Punkte umfasst: Regionale

Cap-and-Trade-Systeme, Carbon-Steuern sowie Förderung eines klimaorientierten „Green Race“ auf der Technologieseite.

4. 500 Mrd. t erwartetes Absenkvolumen
   Unter Nutzung des beschriebenen Instrumentensatzes wird erwartet, dass die Politik über den beschriebenen Weltklimavertrag bis 2050 eine Absenkung der für den „No-Contract“ Fall geschätzten 1600 Mrd. t Gesamtklimagasemissionen aus fossilen Quellen um etwa 500 Mrd. t auf dann noch 1100 Mrd. t leisten kann.
5. Zentrale Einbindung des Privatsektors
   Das nach Regierungshandeln erwartete aufaddierte Volumen an CO_2-Emissionen aus fossilen Quellen von 1100 Mrd. t bis 2050 liegt immer noch um etwa 500 Mrd. t oberhalb des Wertes von etwa 600 Mrd. t, der aufgrund der **WBGU-Budgetgleichung** (WBGU 2008, 2011) noch kompatibel ist mit der Erreichung des 2 °C-Ziels. Hier ist in Arbeitsteilung mit der Politik der **Privatsektor** (Unternehmen, Organisationen, Privatpersonen) massiv gefordert, diese Lücke durch **freiwillige Maßnahmen** zu schließen und zwar im Rahmen eines **Klimaneutralitätsvertrages** des Privatsektors. Dieser Weg kann durch das Kaufverhalten aufgeklärter Konsumenten im Kontext einer „Moralisierung der Märkte“ positiv befördert werden (Reputationsthematik). Im vorliegenden Sammelband finden sich hierzu umfangreiche Hinweise in den Texten von **Stehr** und **Adolf**. Die Vereinten Nationen könnten einen solchen Weg durch die Etablierung eines **GLOBAL NEUTRAL**, in Anlehnung an den **Global Compact**, fördern. Die durch den Privatsektor geleisteten Beiträge müssen etwa denselben Umfang ausmachen wie der unmittelbare Beitrag der Politik, also etwa 500 Mrd. t Klimabilanzgewinn bis 2050. Für den Privatsektor bestehen insbesondere die beiden nachfolgend beschriebenen Ansatzpunkte für entscheidende Beiträge zum Klimaschutz, nämlich „**Stilllegung**“ vom Emissionsrechten und „Erzeugung von **Negativemissionen**“.
6. „Stilllegung“ durch den Privatsektor
   Hier geht es um die freiwillige Aufbringung von Finanzmitteln durch den Privatsektor, um in Wechselwirkung mit den Staaten die zulässigen Emissionen weiter abzusenken, z. B. durch Stilllegung von Emissionszertifikaten in einem regionalen Cap-und-Trade-System. Denkbar, mit einer weltweiten Wohlstandsperspektive kompatibel und daher **pragmatisch umsetzbar** erscheinen etwa 250 Mrd. t auf diese Weise vermiedene Emissionen bis 2050 (Absenkung der Verhandlungskurve (2) zur Grenzreduktionskurve (3) in Abb. 1). Über die Finanzierung von Stilllegungen durch den Privatsektor können außerdem wesentliche Finanzbeiträge zur Finanzierung des Green-Climate-Funds erschlossen werden (Berliner Appell 2012; Hölscher und Radermacher 2012).
7. „Negativemissionen“ durch den Privatsektor
   Ein weiterer möglicher Beitrag des Privatsektors liegt in der freiwilligen Finanzierung der Erzeugung von **Negativemissionen**. Durch Negativemissionen wird der Atmosphäre CO_2 entzogen. Dies kann insbesondere über biologische Sequestrierung geschehen. Dazu gehören ein wirksamer Waldschutz, Grünlandmanagement, Management von Feuchtbiotopen und **insbesondere internationale Aufforstprogramme** in den Tropen. Über die Erzeugung von Negativemissionen muss eine Absenkung der Belas-

tung der Atmosphäre im Umfang von etwa 250 Mrd. t CO_2 bis 2050 geleistet werden, wenn das 2 °C-Ziel noch erreicht werden soll (Übergang von der Grenzreduktionskurve (3) zur 2 °C-Kurve (4) in Abb. 1). Dies ist sehr ambitioniert. Es geht letztlich darum, 500–1000 Mio. Ha degradierter Böden wieder aufzuforsten (World Resources Institute 2010).

8. Grenzausgleichsabgaben
Zur Vermeidung von „Free-riding" muss ein Regime von **Grenzausgleichsabgaben** auf Importe in Unterzeichnerstaaten des angestrebten Weltklimavertrags aus Staaten, die sich nicht am Weltklimavertrag beteiligen, festgelegt werden. Dieses muss mit den **Anforderungen der WTO** kompatibel ist (Leidwein 2005; Radermacher 2010a). Auf diesem Wege verliert ein „Free-riding" im Klimabereich seinen ökonomischen Reiz.

Weltweite Waldaufforstung und Landschaftsrestaurierung besitzt eine Vielzahl von **Win-Win-Potenzialen** und ist insbesondere ein Projekt, das der Philosophie eines **Global Marshall Plans** entspricht (Radermacher 2002; Radermacher und Beyers 2011; Riegler 1990). Win-Win-Potenziale reichen von einem Erhalt der Biodiversität, einem verbesserten Wasserhaushalt über neu entstehende Infrastrukturen, von zusätzlichen Arbeitsplätzen über verbesserte Ernährung, von vielfältigen Werkstoffen und nutzbaren Materialien bis hin zu einem enormen Volumen an Biomasse und erschließbaren Formen von **erneuerbarer Energie**.

Es bleibt die Frage nach der **Finanzierung** eines derart umfangreichen Programms. Über 40 Jahre geht es (inklusive Waldschutz) um die Stilllegung bzw. Neutralisierung von bis zu 800–1000 Mrd. t CO_2, also pro Jahr im Mittel um etwa 20–25 Mrd. t, das entspricht pro Jahr etwa 2/3 der heutigen jährlichen weltweiten CO_2-Emissionen aus fossilen Quellen. Diese übersetzen sich unter Berücksichtigung der aus Aufforstprogrammen resultierenden erheblichen zukünftigen Einnahmen in ein erforderliches Finanzvolumen von 200–400 Mrd. $ pro Jahr, das von Seiten des privaten Sektors zur Erreichung von Klimaneutralität aufgebracht werden müsste. Hier sind insbesondere die **Premiumkonsumenten** auf der ganzen Welt gefordert, sich zu engagieren. Sie verursachen direkt oder indirekt die weitaus größten Klimagasemissionen und profitieren am meisten von der Dynamik des weltweiten ressourcenintensiven Wirtschaftssystems (Chakravarty et al. 2009). Es ist eine Frage der **Gerechtigkeit**, dass bezüglich der Finanzierung weltweiter Klimaschutzaktivitäten nicht nur eine Balance zwischen reichen und ärmeren Staaten, sondern auch die Balance zwischen Premiumkonsumenten und den übrigen Menschen herbeigeführt wird, wobei zu beachten ist, dass es mittlerweile auch in ärmeren Ländern viele solcher superreicher Premiumkonsumenten gibt.

Wenn gemäß der beschriebenen Logik die Gruppe der **1–2 % höchstverdienenden Personen auf diesem Globus** – dies sind 100 Mio. Menschen – je 2.000–4.000 $ pro Jahr direkt oder indirekt (über nachgefragte Güter und Dienstleistungen) für Klimaneutralität aufbringen, wäre das benötigte Finanzierungsvolumen bereits aufgebracht. Tatsächlich ist die Basis für eine Mit-Finanzierung sogar deutlich größer, weshalb die Aussichten auf die Erreichung des 2 °C-Ziels gut sind, wenn die internationale Politik entsprechende

Voraussetzungen (Aufforstprojekte, Zertifikatesysteme) in **reputationsrisikofreier** Form schafft.

Es geht bei dem beschriebenen weltweiten Waldaufforstungs- und Landschaftsrestaurierungsprogramm nicht um eine Alternative zum Umbau der Industriegesellschaft zu immer mehr „grüner" Energie und zur Anpassung der Lebensstile. Diese Veränderungen müssen in jedem Fall erfolgen, wenn das 2 °C-Ziel in politisch konsensfähiger Weise sicher erreicht werden soll. Es geht vielmehr darum, in einem Parallelprozess die **erforderliche Zeit** für eine maximale Ausschöpfung der Möglichkeiten im organisatorisch-technischen Bereich und bezüglich der Lebensstile zu gewinnen, unter dem Motto **„Einmal Klimaschutz ist nicht genug"** (Radermacher 2010a, b). Ohne diesen Zeitgewinn durch die massive Erzeugung von Negativemissionen ist das 2 °C-Ziel **nicht mehr erreichbar**. Die Zeitnot resultiert daraus, dass die Staaten der Welt schon viel zu lange keine Einigung bzgl. eines tragfähigen Klimavertrags erzielt haben. Klimaneutralität und biologische Sequestrierung ist der (Finanzierungs-)Schlüssel zur Erreichung des beschriebenen Ziels und damit das Gegenteil von „**Freikauf**", wie Aufforstung manchmal im NGO-Umfeld abqualifiziert wird. Eine Herausforderung für das Sustainable Marketing besteht darin, für die Vermittlung der beschriebenen komplexen Zusammenhänge Kommunikationsstrategien zu entwickeln, die eine erfolgreiche Einbindung aller Stakeholder in die Erreichung des 2 °C-Ziels zur Folge haben.

7 Zukunft des Sustainable Marketing: die Autorensicht

Das Sustainable Marketing kann viele Beiträge zur Nachhaltigkeit leisten. Für viele im Marketing Tätige verlangt dies aber eine **Erweiterung ihrer Weltsicht**. Im vorliegenden Buch werden die Welt und insbesondere auch die Nachhaltigkeitsfragen aus Sicht eines zukunftsorientierten, ganzheitlichen Marketings betrachtet, das eine starke Rolle in der Ausrichtung eines Unternehmens einnimmt. Es wird die Frage nach der **Zukunft des Sustainable Marketing Managements als Disziplin** aufgeworfen und genauso die Frage, was das Sustainable Marketing für die Zukunft und für Nachhaltigkeit tun kann. Ist eine solche Herangehensweise an das Thema gerechtfertigt? Ist das Marketing überhaupt bedeutsam genug, um eine Schlüsselbedeutung für Nachhaltigkeit zu haben oder ist das vermessen?

Die Beantwortung dieser Fragen ist davon abhängig, wie das Marketing platziert wird. Geht es in einer ‚engen' Sichtweise um Absatz, Vertrieb und Werbung, so fällt die Antwort negativ aus. Geht es um Marketing als **ganzheitliche Führungsdisziplin** in Unternehmen, wie es in diesem Sammelband verstanden wird, ist sie positiv, denn Unternehmen sind entscheidende Akteure im Ringen um eine nachhaltige Entwicklung. Marketing im hier zugrunde gelegten Sinne stellt dabei die **Brücke** zu den Konsumenten, zum Konsumentenverhalten und letztlich auch zur Produktentwicklung dar. Diese Bereiche sind für die Ermöglichung einer nachhaltigen Entwicklung von großer Bedeutung.

Üblicherweise **kommunizieren Gesellschaften ihre größten Herausforderungen über neue Begriffe**. Der Begriff der Nachhaltigkeit ist ein solcher Begriff. Der Menschheit ist klar, dass sie in Bezug auf Nachhaltigkeit ein massives Problem hat, und viele beginnen zu ahnen, dass große Wohlstandsverluste die Folge der heutigen Entwicklungen sein können. Dies kann auch viele Menschen der heute reichen Welt negativ treffen, im Besonderen, wenn die Entwicklung in Richtung Brasilianisierung/ Welt-Zwei-Klassen-Gesellschaft, alternativ in Richtung ökologischer Kollaps gehen sollte. Die Weltfinanzkrise und die daraus resultierende Verarmung der staatlichen Seite, zum Beispiel in Südeuropa, zeigt mit allen Konsequenzen, dass der Weg in Richtung Brasilianisierung bereits eingeschlagen ist, z. B. in Form der dortigen **hohen Jugendarbeitslosigkeit** – man spricht auch von **Prekarisierung** als Zwischenschritt zu einer Zweiklassengesellschaft. Auch ein zunehmender Billiglohnsektor fügt sich in dieses Bild (Herlyn 2012; Radermacher und Beyers 2011).

Wie sieht die gesellschaftliche Reaktion auf die unbefriedigende Lage aus? Da die Menschen registrieren, dass die Politik offenbar nicht die internationalen Verträge zustande bringt, die erforderlich wären, um die Probleme zu lösen, nimmt der **Druck auf andere Akteure zu**, von denen man glaubt, dass sie verantwortlich sind und/oder wesentlich zu Lösungen beitragen können. Das sind die großen Organisationen, die großen internationalen Unternehmen, aber auch Individuen, die über viel Macht, Einfluss und Geld verfügen. Es geht um die großen Konzerne, aber letztlich auch um den Mittelstand (Gerth et al. 2013). Der Druck auf alle diese Akteure nimmt zu, aktiv zu werden, damit Nachhaltigkeit herbeigeführt wird. Ein besonders großer Druck wird dabei in Richtung von **Markenunternehmen** entwickelt. Die Wertschätzung dieser Unternehmen wird mit sehr verschiedenen Stakeholderanforderungen verknüpft. NGOs beobachten wachsam, was passiert und stehen immer bereit, **Fehlverhalten** seitens der Unternehmen **zu skandalisieren**.

Dies diskutieren **Nico Stehr** und **Marian Adolf** in ihrem wichtigen Beitrag **„Der sozioökonomische Wandel: Der Konsum der Verbraucher“**. *Die Autoren leiten ihre Überlegungen von der dominierenden Rolle der Verbraucher in der modernen Ökonomie ab. Dies gilt vor allem auch für die US-Ökonomie als, neben der EU, größter Einzelmarkt der Welt. Es geht dort auf der Konsumentenseite um etwa 70 % der Wirtschaftsleistung. Es wird beschrieben, wie sich über die Zeit das Denken und Verhalten der Verbraucher verändert hat. Im Besonderen wird ein Phänomen herausgearbeitet, das die Autoren als die* ***zunehmende Moralisierung der Märkte*** *bezeichnen. Das bedeutet, dass der Konsument immer weniger als* ***Homo Oeconomicus*** *operiert, dass also nicht-utilitaristische Motive immer stärker mit in die Konsumentscheidungen einfließen. Das gilt insbesondere für gut ausgebildete, gut situierte Kunden, z. B. die spezielle Gruppe der sogenannten* ***LOHAS****, also Menschen, die einen Lifestyle of Health and Sustainability verfolgen. Die Autoren diskutieren Ursachen und Mechanismen dieses „****Moralisierungs-Prozesses****“ und den daraus resultierenden sozio-strukturell induzierten Veränderungsdruck in Richtung von (Marken-)Unternehmen. Wenn auch nur ein Teil der Kunden „moralisch“ operiert, verändert das die Situation für Unternehmen in Märkten total, vor allem für Markenhersteller.*

Die Hersteller müssen reagieren und zwar irgendwann in all ihrem Tun. Das veränderte Verhalten wird für diese Hersteller und irgendwann auch für die Zulieferer, Partner etc. und hoffentlich irgendwann auch für alle Akteure in der Ökonomie so selbstverständlich, dass es sich durch die ganze Gesellschaft verbreitet.

Die Gesellschaft verändert sich aufgrund der beschriebenen Prozesse. Es werden also zunehmend Produkte nachgefragt, die mit den moralischen Erwartungen des Konsumenten im Einklang stehen. ***Konsumieren wird tendenziell zu einem bewussten Akt****, der nicht alleine der Bedürfnisbefriedigung dient, sondern der zudem individuelle und gruppenspezifische* ***Werthaltungen*** *zum Ausdruck bringt.*

Das hat Konsequenzen für die Ebene der Produktion, das hat Konsequenzen für Wertschöpfungsketten und natürlich auch für den Verbrauch von Ressourcen – sowohl was die Art als auch den Umfang anbelangt. Das Bild des Menschen in der Ökonomie als Homo-Oeconomicus wird zunehmend ersetzt durch eine andere moderne Sicht, zumindest potentiell. Dies ist der ***moralisch-ethisch orientierte Verbraucher****, der den Markenhersteller zu einem Partner in der Veränderung der Welt macht, auf den irgendwann auch die Politik reagiert und reagieren kann.*

Das sind wichtige Überlegungen. So falsch wie das weltökonomische System heute in Bezug auf Nachhaltigkeit orientiert ist, brauchen wir dringend Veränderungen. Der Einfluss eines moralisierenden Verbrauchers könnte hier in einer schwierigen Gesamtkonstellation ***Tipping-Point Wirkung*** *haben.*

Es gibt nicht viele Hebel, die so viel Potential haben. Das ist die positive Seite. Die Stärke der wirkenden Gegenkräfte kann allerdings leider kaum überschätzt werden. Das ist die andere Seite.

Von den Unternehmen wird erwartet, dass sie Nachhaltigkeit entlang der Wertschöpfungskette sicherstellen. Die Unternehmen sollen ihre Prozesse so gestalten, dass wir eine Klimakatastrophe vermeiden. Kinderarbeit, Zerstörung der Umwelt, Bedrohung seltener Arten – all dies soll und darf nicht sein. Den Konsumenten wäre es am liebsten, dass die Unternehmen alle diese Probleme lösen – am besten so, dass die Produkte dabei nicht teurer werden.

Es gibt in unserer Gesellschaft eine Tendenz sich einzureden, dass man alles gleichzeitig haben kann, dass man einen **Double- oder einen Triple-Win** bekommen kann. Je mehr entsprechende Illusionen im Raum stehen, umso mehr nimmt der Druck auf die Unternehmen zu, zu liefern, was eigentlich nicht geht. Es ist unvermeidbar, dass der Druck irgendwann auch das Marketing erreicht, wenn dieses genügend breit und zukunftsorientiert verstanden wird. Auch dieses Phänomen wird im vorliegenden Buch thematisiert.

Interessant ist in diesem Kontext der Beitrag von **Hermann Simon** und **Andreas von der Gathen „Nachhaltigkeit in der Preis- und Konditionenpolitik“**. *Die Autoren diskutieren die Preis- und Konditionenpolitik von Unternehmen. Ihre Ausführungen zeichnen sich durch eine wohltuende Ehrlichkeit aus, indem nicht nur Win-Win-Szenarien beschrieben werden, sondern klar gemacht wird, dass Nachhaltigkeit in vielen Fällen mit* ***erhöhten Kosten*** *verbunden ist, denen dann allerdings auch* ***erhebliche Vorteile*** *gegenüberstehen. Für das Marketing ist entscheidend, dass man den Kunden vermitteln kann, dass Zu-*

satzkosten für einen vernünftigen Zweck anfallen. Herauszufinden ist, was für bestimmte Käufergruppen akzeptabel ist. Die Baumarktkette Praktiker wird als Beispiel dafür herangezogen, dass eine aggressive Fokussierung auf immer niedrigere Preise mittlerweile alleine nicht mehr den Erfolg garantiert, im Gegenteil. Kunden wollen verstehen, wofür sie zahlen. Wenn die Zahlen stimmen, zahlen sie dafür auch mehr.

Die Konzentration auf das Marketing hängt mit der zentralen Rolle des Marketings für die **Ausgestaltung des Angebotsportfolios von Unternehmen** inklusive der **Kommunikation über dieses Portfolio** zusammen, wenn man einen zeitgemäßen, zukunftsweisenden Marketingbegriff verwendet, wie das in diesem Sammelband der Fall ist. In der „Philosophie" dieses Sammelbandes ist das Marketing der Ort, an dem Unternehmen entscheiden, welche Produkte sie hervorbringen, wie die Produktionsbedingungen und weltweiten Wertschöpfungsprozesse aussehen und wie darüber kommuniziert wird. Unternehmen bzw. die für das Marketing Verantwortlichen müssen Entscheidungen darüber treffen, welche Produkte angeboten werden, welche Anforderungen an Lieferanten bestehen, wie sie mit ihren Kunden umgehen und wie mit ihren Geldgebern.

Ingo Balderjahn diskutiert diesen Aspekt unter dem Titel „**Entscheidungsorientierung im Sustainable Marketing Management**". *In diesem Beitrag geht es um die Thematisierung der Entscheidungsfrage, also die Auswahl derjenigen Handlungsalternativen, die unter den jeweiligen Markt- und Umweltbedingungen zu den besten Ergebnissen, d. h. zu einer möglichst vollständigen Erreichung von gesetzten ökonomischen, ökologischen und sozialen Zielen (**triple bottom line concept**) führen. Für den Autor ist Sustainable Management eine Unternehmensfunktion/Querschnittsfunktion. Ziele des Sustainable Marketing Managements sind auf der ökologischen Seite vor allem der betriebliche Umweltschutz, ökonomisch die Steigerung der Wettbewerbsfähigkeit und auf der sozialen Seite die Sozialverträglichkeit. Dabei werden Indikatoren der Global Reporting Initiative zugrunde gelegt. Im Bereich Planung und Analyse geht es um die Einschätzung zukünftiger Entwicklungen, die Identifikation, Bewertung und Auswahl von Strategien und Maßnahmen. Wichtig ist dem Autor auch die Sustainability Anspruchsanalyse. Hier unterscheidet er, welchen Druck wer durch Mobilisierung der öffentlichen Meinung in der Lage ist aufzubauen.*

Ist Nachhaltigkeit gefordert, sind alle diese Themen auch unter dem Aspekt der Nachhaltigkeit zu sehen. **Meffert** und **Hensmann** diskutieren das ausführlich in ihrem Beitrag „Entwicklungsstufen des Nachhaltigkeitsmanagement – Von der Betriebs- zur Gesellschaftsorientierung". Gleichzeitig müssen aber auch ökonomischer Erfolg, Schutz der Umwelt und soziale Balance gesichert werden. Diese Gleichzeitigkeit ist für jeden, der Nachhaltigkeit ganzheitlich sieht und die Bedeutung einer zukunftsfähigen Ökonomie mit hoher Leistungskraft erkannt hat, unverzichtbar. Eine ausführliche Diskussion dieser Aspekte findet sich im Einführungstext von Kenning.

Marketing ist der Ort, an dem von der Produktdefinition herkommend, letztlich diese Art von Fragen und die entsprechenden Positionierungen beantwortet bzw. festgelegt werden, wenn man den breiten Blick einnimmt, der diesem Sammelband zugrunde liegt. Das betrifft neben der physischen Produktion auch Dienstleistungen.

Diesen Aspekt beleuchtet **Manfred Bruhn** in seinem Beitrag „**Wettbewerbsvorteil durch Nachhaltigkeit in Dienstleistungsangeboten**". *Auch im Dienstleistungsumfeld ist Nachhaltigkeit ein bedeutender Einflussfaktor für Kaufentscheidungen. Zugrunde gelegt wird das Drei-Säulen-Modell der Nachhaltigkeit. Nachhaltige Dienstleistungsangebote sind solche Dienstleistungen, die eine integrierte ökologische, soziale und ökonomische Orientierung an Nachhaltigkeit verfolgen. Exemplarisch werden eine Reihe von Dienstleistungsangeboten dieses Typs diskutiert. Nachhaltigkeit als Wettbewerbsvorteil bedeutet, dass Nachhaltigkeit aus Kundensicht ein Differenzierungsmerkmal darstellt. Nachhaltigkeit als Erfolgsfaktor bedeutet, dass Nachhaltigkeitsbemühungen vorhanden sind und einen Beitrag zum Unternehmenserfolg leisten.*

Die größte Herausforderung ist und bleibt vor dem Hintergrund des Gesagten die für jedes Unternehmen unvermeidbare Ausgangssituation im Bereich der Ökonomie, also der **Markt als Ort des Wettbewerbs** und das **ökonomische Prinzip**. Ein Unternehmen muss unter allen Umständen unter Marktbedingungen erfolgreich sein, wenn es auf Dauer existieren will. Jedes Unternehmen, dem das nicht gelingt, jede ökonomisch nicht erfolgreiche Firma, wird irgendwann vom Markt verschwinden. Die Regelwerke, unter denen dieser Erfolg im Markt herbeizuführen ist, im Besonderen die weltweiten Regelwerke zur Gestaltung globaler Wertschöpfungsprozesse, z. B. bei der **Welthandelsorganisation** (WTO), sind heute von ihrem Charakter her bezüglich Nachhaltigkeit häufig kontraproduktiv.

Eine Rolle hat in diesem Kontext ein marktorientiertes Nachhaltigkeitscontrolling, das freiwillige Umwelt- und Sozialleistungen im Auge behält, wie es **Stefan Schaltegger** in seinem Beitrag „**Marktorientiertes Nachhaltigkeitscontrolling**" *beschreibt. Die Art des Managements beeinflusst demnach die Erfolgsrelevanz von Nachhaltigkeit. Freiwillige Umwelt- und Sozialleistungen können sowohl Risiken und Kosten als auch Chancen und Erträge für den ökonomischen Erfolg eines Unternehmens bedeuten. Nachhaltigkeitscontrolling steckt noch in den Anfängen. Die* ***Sustainability Balance Scorecard*** *bietet eine Chance zur Strukturierung des Nachhaltigkeitscontrollings. Dabei werden eine Finanzperspektive, Marktperspektive, Prozessperspektive, Lernperspektive und eine außermarktliche Perspektive unterschieden.*

Dass in diesem Zusammenhang Nachhaltigkeit auch einen **Business Case** darstellen kann, zeigen verschiedenen Firmen auf. Sie können dabei in ihren Versuchen, in Richtung Nachhaltigkeit zu operieren, immer nur in dem Rahmen bleiben, der unter **heutigen Weltmarktbedingungen** noch ökonomisch tragfähig ist. Das ist oft deutlich weniger als eigentlich erforderlich wäre. Das ist den Unternehmen auch klar. Aber solange es keine globalen Rahmenbedingungen gibt, gibt es Grenzen des Möglichen, wenn das ökonomische Überleben gesichert werden soll. Erforderlich ist dann ein **doppelstrategisches Herangehen**: Soviel nachhaltigkeitskonformes Verhalten wie möglich, soviel marktkonzentriertes Verhalten wie nötig (Radermacher und Beyers 2011). Das führt dann u. a. zum „**Best-in-Class**" Ansatz, also zu der Frage, wie die Nachhaltigkeitsorientierung in einem Unternehmen in Relation zu anderen Unternehmen derselben Branche aussieht. Wobei es für ein Sustainable Marketing besonders wichtig ist, ggf. zu kommunizieren, **warum man**

oft nicht tun kann, was eigentlich erforderlich wäre. Ist man also gezwungen, im Markt das aus Sicht der Nachhaltigkeit „Falsche" zu tun, dann muss man das sagen und erklären, warum man das tun muss. Auf keinen Fall darf man das „Falsche" als richtig verteidigen, nur weil man dazu gezwungen ist. Vielmehr muss man die **Zwänge, die zu einem Fehlverhalten führen,** thematisieren, sonst kann sich nichts ändern. Derartige Zwänge sind unbedingt zu kommunizieren. Hierin liegt vielleicht einer der **wichtigsten Beiträge**, den Unternehmen für Nachhaltigkeit leisten können. Zu beachten ist auch, dass **Unternehmen mit auskömmlichem Geschäftsmodell** am meisten für Nachhaltigkeit tun können. Das ist im **Mittelstand** nicht anders als in der übrigen Ökonomie (Gerth et al. 2013).

Die beschriebenen Potentiale wie ***Limitationen*** *finden sich in den im Sammelband diskutierten positiven Beispielen für Bemühungen deutscher Unternehmen zum Thema,* etwa bei **Merlin Koene, Katja Wagner, Anja Buerke** und **Manfred Kirchgeorg** das Beispiel **„Nachhaltigkeitsmarketing in der Konsumgüterindustrie am Beispiel der Unilever Deutschland GmbH"**, bei **Martin Koers** das wichtige Thema **„Nachhaltigkeit in der Automobilindustrie"**, *das ein Premiumsegment der deutschen Wirtschaft mit Schlüsselbedeutung für unser Land betrifft. Hier wird vor allem die hohe Bedeutung von* ***Innovationen*** *für die Zukunftssicherung herausgearbeitet.*

Interessant ist auch der Bankenbereich. Hier behandelt ***Frank Niehage*** *von der* ***Bank Sarasin AG*** *das Thema* ***„Nachhaltigkeit in der Produkt- und Programmpolitik"*** *mit Blick auf die eigene Bank und ihre Strategie. Dies gilt ebenso für die* ***Deutsche Telekom****. Deren Strategie wird von* ***Christian Hahn*** *und* ***Ina Andree*** *unter dem Titel* ***„Nachhaltigkeit in der Kommunikationspolitik der Deutschen Telekom"*** *analysiert.*

Ein weiteres interessantes Unternehmen ist die Otto Group, die in dem entsprechenden Beitrag von ***Christian Brock*** *und* ***Andreas Streubig*** *thematisiert wird.*

Das Unternehmen Otto ist in Deutschland sehr bekannt für seine vielfachen Initiativen zur Verbesserung der Situation in der ***internationalen Wertschöpfungskette*** *in der* ***Textilindustrie****, ein Thema, das erst kürzlich wieder die Medien beschäftigte, nachdem es zu großen Unglücken in einschlägigen Unternehmen* in **Bangladesh** und **Pakistan** gekommen war.

Nicht überraschend ist das Thema **Klimaneutralität**, das in Abschn. 6 einen breiten Raum einnahm, für alle im Sammelband erwähnten Unternehmen und Wertschöpfungsprozesse eine Option mit großem Wirkungspotential in Richtung der Konsumenten (Felix & Freunde 2009; Hölscher und Radermacher 2012). Es erfordert nicht nur neue, effizientere Technologien oder einen (teureren) grünen Strom, auch die **globale Kompensation** von Emissionen stellt einen wirkungsvollen Ansatz dar. Diese muss bezahlt werden. So bieten bereits heute die Deutsche Bahn, die Lufthansa oder auch DHL klimaneutrale Produkte an. Das ist zu begrüßen. Derartige Modelle fügen sich perfekt in den in Abschn. 6 vorgestellten Ansatz zur eventuellen Erreichung des 2 °C-Ziels. Wenn der Kunde mehr bezahlt, werden seine Aktivitäten klimaneutral gestellt. Manchmal geschieht das sogar flächendeckend, d. h. ohne Mehrzahlung. Ein Beispiel sind die neuen BahnCards der Deutschen Bahn.

Über derartige Produkte werden z. B. weltweite Aufforstprojekte bzw. Grünlandmanagementverbesserung finanziert. So wird der Atmosphäre CO_2 entzogen und zugleich der Wohlstand in sich entwickelnden Ländern gefördert, die wir dringend als **Partner** für den Klimaschutz brauchen. Auf diese Weise können Veränderungen über die ganze Wertschöpfungskette induziert werden.

Bringt der moralisierende Kunde Premiumunternehmen dazu, konsequent in Richtung Nachhaltigkeit zu operieren, werden diese Unternehmen nachfolgend **alle ihre Zulieferer mobilisieren**. Das ist ein sehr wirkungsvoller Prozess, der durch das in Abschn. 6 vorgeschlagenen **GLOBAL NEUTRAL**–Konzept auf UN-Ebene noch deutlich an Schubkraft gewinnen könnte. Er kann final über sich anschließende Regulierungsmaßnahmen dazu führen, dass sich **alle Wertschöpfungspartner mit all ihren Aktivitäten klimaneutral stellen**. Dann wäre in diesem Bereich Entscheidendes gelungen.

Viele Kunden wollen jedoch nicht mehr bezahlen als bisher. Manche dieser Kunden werfen den Unternehmern sogar „**Greenwashing**" vor, weil diese die Neutralität zwar anbieten, jedoch nicht für alle Produkte und nicht zu den bisherigen Konditionen. Die Situation ist also für das Marketing schwierig, und je nach Branche und je nach Fragestellung müssen ganz unterschiedliche Antworten gefunden werden. Das hängt u. a. damit zusammen, dass das Klimaproblem in seiner ganzen Komplexität vielfach nicht diskutiert bzw. verstanden wird.

In ihrem Beitrag **„Sustainable Branding – Konzept, Wirkungen und empirische Befunde"** diskutieren deshalb **Heribert Meffert** und **Christian Rauch** dieses und andere Themen aus Sicht der Unternehmen. *Es geht um die Frage, inwiefern Nachhaltigkeitsaspekte in der Marke verankert werden sollten und welche Wirkungen Sustainable Branding besitzt. Auf Basis empirischer Befunde geben die Autoren mit Blick auf unterschiedliche Anspruchsgruppen im Kontext Nachhaltigkeit einen Überblick über verschiedene Markeneffekte.*

*Besonders interessant erscheint die folgende Einschätzung der Autoren: Sustainable Branding entfaltet besondere Wirkungen im Kontext der Thematik „**Licence-to-Operate**". Die primären positiven Wirkungseffekte des Sustainable Branding, vor allem für Dienstleistungsunternehmen, liegen im Bereich der **Reputation**. Weniger als häufig angenommen sind damit Wettbewerbsvorteile verbunden. Was aber erreicht wird, ist die vorauslaufende Abwehr von Wettbewerbsnachteilen im Sinne des Entzugs der Licence-to-Operate oder der Einführung weiterer Regulierungen oder Sanktionen von staatlicher Seite.*

8 Ausblick

Es ist sehr begrüßenswert, dass es den vorliegenden Sammelband gibt. Es ist gut, dass er vor dem Hintergrund eines umfassend verstandenen Marketingbegriffs auf besorgniserregende Entwicklungen hinweist und auch auf die Notwendigkeit des Transfers wissenschaftlicher Erkenntnisse im Bereich des Sustainable Marketing Managements in die betriebliche Praxis. Sehr hilfreich ist auch die Feststellung, dass es in diesem Bereich noch **erhebliche Forschungs- und Umsetzungsdefizite** gibt und dass dringend weitere Forschung erforderlich ist. Ein offenes Forschungsfeld betrifft die Tatsache, dass es keine **geschlossene Managementtheorie** für das Themenfeld der Nachhaltigkeit gibt. Die Operationalisierung des Leitbildes der Nachhaltigkeit stellt im Rahmen der betriebswirtschaftlichen Forschung aus Sicht der Herausgeber des Sammelbandes wie der Autoren dieses Textes nach wie vor eine zentrale Herausforderung dar. Das gilt auch für eine **adäquate Positionierung des Wachstumsparadigma**. Dabei kann den Herausgebern und ihrem Abschlussstatement nur zugestimmt werden, wenn sie wie folgt formulieren: „*Es bedarf auf dem Weg zu einer nachhaltigen Entwicklung eines intelligenten Zusammenspiels zwischen Markt und Staat über Ländergrenzen hinweg, um die Übernutzung der natürlichen Ressourcenbasis bei gleichzeitiger Balancierung von Wohlfahrtsunterschieden zu begrenzen. Auf nationaler wie internationaler Ebene braucht ein Sustainable Marketing **institutionellen Flankenschutz** durch Selbstverpflichtungen oder einen internationalen Rechtsrahmen.*“ Will das Marketing seinen Führungsanspruch in diesem wichtigen Themenbereich absichern, muss es dem Leitbild der Nachhaltigkeit viel mehr Raum widmen als das heute der Fall ist. Die Inhalte des Sustainable Marketing Managements müssen auf der Ebene des **Topmanagements von Unternehmen adäquat verankern werden**.

Einer der wichtigsten Beiträge, den Unternehmen heute leisten können, ist die offene Thematisierung der **unbedingten Notwendigkeit besserer (internationaler) Rahmenbedingungen**, um nachhaltiges Unternehmertum zu ermöglichen, zu befördern. Viele Unternehmen würden viel mehr für Nachhaltigkeit tun, wenn es nicht – wie es heute der Fall ist – Wettbewerbsnachteile mit sich bringen würde, ökologischen und sozialen Belangen freiwillig mehr Bedeutung beizumessen als es die Konkurrenz tut. Unternehmen finden sich dann in einem „**Gefangenendilemma**“ wieder. Sie sollten daher **aktiv Partnerschaften mit der Politik** anstreben, um gemeinsam einen Nachhaltigkeit befördernden internationalen Ordnungsrahmen zu gestalten, so wie das z. B. der **Senat der Wirtschaft e. V.** unter seinem Motto der **gemeinwohlorientierten Politikberatung** tut. In diesem Kontext fällt einem breit verstandenen Marketing, als die für die Kommunikation mit den verschiedenen Stakeholdern verantwortliche Unternehmensfunktion, eine entscheidende Bedeutung zu.

Literatur

Bartosch U, Gansczyk K (Hrsg) (2007) Weltinnenpolitik für das 21. Jahrhundert – Carl Friedrich von Weizsäcker verpflichtet. LIT, Münster

Berliner Appell: Klimaneutral handeln! (2012) Initiator Horst Emse. www.klimaneutral-handeln.de

Carlowitz von HC (1713) Sylviecultura oeconomica – Anweisung zur wilden Baumzucht

Chakravarty S, Chikkatur A, de Coninck H, Pacala S, Socolow R, Tavoni M (2009) Sharing global CO_2 emission reductions among one billion high emitters. PNAS 106(29):11884–11888

Club of Rome (Hrsg) (2009) Climate, energy and economic recovery. Global Assembly, Amsterdam. www.clubofrome.org

Diamond J (2005) Kollaps. Warum Gesellschaften überleben oder untergehen. S. Fischer, Frankfurt a. M.
Felix & Freunde (2009) Baum für Baum – Jetzt retten wir Kinder die Welt. oekom, München
Forschungsinstitut für anwendungsorientierte Wissensverarbeitung (FAW/n), Ulm (2010) Studie im Auftrag des GdW Bundesverband deutscher Wohnungs- und Immobilienunternehmen, „Die soziale Dimension des Klimaschutzes und der Energieeffizienz im Kontext von Bau- und Wohnungswirtschaft“. www.gdw.de/index.php?mod=article_details&id_art=3618&id_mnu=23
Frey A (2007) Das Konzept Weltvertrag: Evaluation internationaler Rahmenbedingungen. Dissertation, Universität Duisburg
Gerth M, Herlyn E, Kämpke T, Radermacher FJ, Solte D (2013) Bedeutung und Stärkung mittelständischer Unternehmen für eine zukunftsfähige Gesellschaft, FAW/n Bericht für die Walcker Stiftung, Isny
Glotz P (2011) Die beschleunigte Gesellschaft – Kulturkämpfe im digitalen Kapitalismus. Rowohlt, Reinbek
Grober U (2010) Die Entdeckung der Nachhaltigkeit. Kulturgeschichte eines Begriffs. Kunstmann, München
Herlyn E (2012) Einkommensverteilungsbasierte Präferenz- und Koalitionsanalysen auf der Basis selbstähnlicher Equity-Lorenzkurven – Ein Beitrag zu Quantifizierung sozialer Nachhaltigkeit. Springer Gabler, Wiesbaden
Herlyn E, Radermacher FJ (2012a) Klimaneutralität und 2°-C-Ziel – Warum globale und regionale Bemühungen miteinander verbunden werden müssen. In: Hölscher L, Radermacher FJ (Hrsg) Klimaneutralität – Hessen geht voran. Springer Vieweg, Wiesbaden
Herlyn E, Radermacher FJ (2012b) Radermacher: Ökosoziale Marktwirtschaft: Wirtschaften unter Constraints der Nachhaltigkeit. In Rogall H (Hrsg) Jahrbuch Nachhaltige Ökonomie. Metropolis-Verlag, Marburg
Hölscher L, Radermacher FJ (Hrsg) (2012) Klimaneutralität – Hessen geht voran. Springer Vieweg, Wiesbaden
Kämpke T, Pestel R, Radermacher FJ (2003) A computational concept for normative equity. Eur J Law Econ 2(15):129–163
Kay J (2004) The truth about markets. Why some nations are rich but most remain poor. HarperBusiness, London
Küng H (1993) Projekt Weltethos, 2. Aufl. Piper, München
Küng H (2012) Handbuch Weltethos – Eine Vision und ihre Umsetzung. Piper, München
Lakoff G (2004) Don't think of an elephant! Know your values and frame the debate. The essential guide for progressives. Chelsea Green Publishing, White River Junction
Leidwein A (2005) Die Umwelt im WTO-Recht. Grundlagen, Judikatur und politischer Handlungsspielraum. Agrarische Rundschau 4:10–27
Meadows D, Meadows L, Zahn E (1972) Die Grenzen des Wachstums. Bericht des Club of Rome zur Lage der Menschheit. Deutsche Verlags-Anstalt, Stuttgart
Mesarovic M, Pestel R, Radermacher FJ (2003) Which future? – Contribution to EU projekt Terra. www.terra2000.org
Neirynck J (1994) Der göttliche Ingenieur. Expert-Verlag, Renningen
Pestel R, Radermacher FJ (2003) Equity, wealth and growth: why market fundamentalism makes countries poor. Manuscript to the EU Projekt TERRA 2000, FAW Ulm
Peters G, Minx J, Weber C, Edenhofer O (2011) Growth in emission transfers via international trade from 1990 to 2008. http://www.pnas.org/content/108/21/8903
Radermacher FJ (2002) Balance oder Zerstörung: Ökosoziale Marktwirtschaft als Schlüssel zu einer weltweiten nachhaltigen Entwicklung. Ökosoziales Forum Europa (Hrsg). Österreichischer Agrarverlag, Wien

Radermacher FJ (2010a) Weltklimapolitik nach Kopenhagen: Umsetzung der neuen Potentiale. FAW/n-Report
Radermacher FJ (2010b) Klimapolitik und 2 °C-Ziel: Uns läuft die Zeit davon. FAW/n-Bericht
Radermacher FJ (2012) Die Zukunft unserer Welt – Navigieren in schwierigem Gelände. In: von Andreas S (Hrsg). Edition Stifterverband, Essen
Radermacher FJ (2013a) Die Ressourcen der Erde setzen uns Grenzen – vom sächsischen Bergmann Hans Carl von Carlowitz 1713 bis zum neuen Club of Rome Report 2052. In: Sächsische Hans-Carl-von-Carlowitz-Gesellschaft (Hrsg) Die Erfindung der Nachhaltigkeit – Leben, Werk und Wirkung des Hans Carl von Carlowitz. Oekom, München
Radermacher FJ (2013b) Klimapolitik nach Doha – Hindernisse in Lösungen verwandeln, erschienen. GAIA 22/2:87–92
Radermacher FJ (2013c) Die Ernährungssituation der Menschheit – Überlegungen zu einem brisanten Thema, Vortrag beim 125. VDLUFA-Kongress (Verband Deutscher Landwirtschaftlicher Untersuchungs- und Forschungsanstalten e. V.), Technische Universität Berlin, 17.–20.09.2013, Generalthema: „Untersuchen, Bewerten, Beraten, Forschen: 125 Jahre VDLUFA im Dienste von Landwirtschaft, Umwelt- und Verbraucherschutz"
Radermacher FJ (2013d) Von der Vision zur Realität – Beitrag zum 75. Geburtstag von Dr. Josef Riegler, erschienen im Band: Zukunft als Auftrag – Die Welt gehört unseren Kindern. Verlag DTW Zukunfts PR
Radermacher FJ (2014) Kann das 2 °C-Ziel noch erreicht werden – Ansätze für einen neuen Klimavertrag, FAW/n Bericht (Kurzvariante)
Radermacher FJ, Beyers B (2011) Welt mit Zukunft – Die Ökosoziale Perspektive. Murmann, Hamburg
Radermacher FJ, Riegler J, Weiger H (2011) Ökosoziale Marktwirtschaft – Historie, Programm und Perspektive eines zukunftsfähigen globalen Wirtschaftssystems. oekom, München
Randers J (2012) 2052: a global forecast for the next forty years. Chelsea Green Publishing, White River Junction
Riegler J (1990) Antworten auf die Zukunft, Ökosoziale Marktwirtschaft. Adolf Holzhausens Nfg., Wien
Scheiber E, Ceipek K (2013) Zukunft als Auftrag – Die Welt gehört unseren Kindern. Verlag DTW Zukunfts PR, Mauerbach
Solte D (2009) Weltfinanzsystem am Limit – Einblicke in den „Heiligen Gral" der Globalisierung, 2. Aufl. Terra Media Verlag, Berlin
Stiglitz JE (2012) Der Preis der Ungleichheit. Siedler, München
Töpfer K (2012) Klima als globale Herausforderung – CO_2-neutrale Landesverwaltung Hessen: Ein spannendes und wichtiges Projekt. In: Hölscher L, Radermacher FJ (Hrsg) Klimaneutralität – Hessen geht voran. Springer, Wiesbaden, S 21–26
Umweltbundesamt, Deutsche Emissionshandelsstelle (DEHSt), Carbon Leakage: Die Verlagerung von Produktion und Emissionen als Herausforderung für den Emissionshandel? www.umweltbundesamt.de/emissionshandel
Wackernagel M, Beyers B (2010) Der Ecological Footprint – Die Welt neu vermessen. Europäische Verlagsanstalt, Hamburg
von Weizsäcker CF, Picht G (1964) Bedingungen des Friedens. Vandenhoeck, Göttingen
von Weizsäcker EU, Hargroves K, Smith M (2010) Faktor Fünf – Die Formel für nachhaltiges Wachstum. Droemer, München
Wilkinson R, Pickett K (2009/2010) Spirit level—why equality is better for everyone. Penguin Books Ltd., London
Wissenschaftlicher Beirat der Bundesregierung für Globale Umweltveränderungen (WBGU) (Hrsg) (2008) Kassensturz für den Klimavertrag – Der Budgetansatz. Sondergutachten

Wissenschaftlicher Beirat der Bundesregierung für Globale Umweltveränderungen (WBGU) (Hrsg) (2011) Welt im Wandel: Gesellschaftsvertrag für eine Große Transformation. Hauptgutachten. WBGU, Berlin

World Resources Institute (2010) Global map of forest landscape restoration opportunities. Washington, DC. http://www.wri.org/map/global-map-forest-landsape-restoration-opportunities

Zentraler Immobilien Ausschuss e. V. (2011) Buch Nachhaltigkeit in der Immobilienwirtschaft – Kodex, Bericht und Compliance. www.zia-deutschland.de

Prof. Dr. Estelle L.A. Herlyn ist Hochschullehrerin an der FOM Hochschule für Oekonomie und Management und arbeitet freiberuflich für das FAW/n. Dabei stellen Fragen der Nachhaltigkeit einen Schwerpunkt ihrer Arbeit in Forschung, Lehre und Praxisprojekten dar. Sie ist Vorstandsmitglied des Forums Ökologisch-Soziale Marktwirtschaft (FÖS). Nach einem Studium der Wirtschaftsmathematik an der TU Dortmund arbeitete sie zunächst mehrere Jahre in verschiedenen internationalen Unternehmen, bevor sie an der RWTH Aachen eine Promotion zu Fragen einer balancierten Einkommensverteilung als entscheidendem Aspekt der sozialen Dimension der Nachhaltigkeit absolvierte.

Prof. Dr. Dr. F. J. Radermacher (Dr. h.c.) Professor für „Datenbanken und Künstliche Intelligenz" an der Universität Ulm, gleichzeitig Vorstand des Forschungsinstituts für anwendungsorientierte Wissensverarbeitung/n (FAW/n) Ulm, Präsident des Senats der Wirtschaft e. V., Bonn, Vizepräsident des Ökosozialen Forum Europa, Wien sowie Mitglied des Club of Rome.

Er studierte Mathematik und Wirtschaftswissenschaften (RWTH Aachen, Universität Karlsruhe), Habilitation in Mathematik an der RWTH Aachen 1982. Seine Forschungsschwerpunkte sind u. a. globale Problemstellungen, lernende Orga-nisationen, Umgang mit Risiken, Fragen der Verantwortung von Personen und Systemen, umweltverträgliche Mobilität, nachhaltige Entwicklung, Überbevölkerungsproble, Welternährung, Klima und Energie, Regulierung des Weltfinanzsystems.

Ausgezeichnet wurde er u. a. durch den Planetary Consciousness Award des Club of Budapest, den Preis für Zukunftsforschung des Landes Salzburg (Robert-Jungk-Preis), den Karl-Werner-Kieffer-Preis, den "Integrations-Preis" der Apfelbaum Stiftung und den Umweltpreis „Goldener Baum" der Stiftung für Ökologie und Demokratie e.V. 2013 Fellow der World Academy of Art & Science (WAAS). Seit 01.07.2013 Vorstand der Rotarian Action Group for Population & Development (RFPD). 2013 Verleihung der Ehrendoktorwürde der International Hellenic University, Thessaloniki.

Nachwort

Gegenstand des vorliegenden Buches war es, vor dem Hintergrund der besorgniserregenden Entwicklungen in verschiedenen gesellschaftlich relevanten Bereichen den Transfer wissenschaftlicher Erkenntnisse im Kontext des Sustainable Marketing Managements in die betriebliche Praxis zu fördern. Hierzu haben wir die vorliegenden Autorenbeiträge in eine entscheidungsorientierte Grundstruktur eingeordnet. Aufbauend auf Beiträgen, die einen Einblick in die wesentlichen Umweltfaktoren von Märkten erlauben, wurden Zielkonzeptionen, Strategien und Maßnahmen vorgestellt, die wissenschaftlich fundiert sind und sich praktisch bewährt haben. Schließlich wurden Problemstellungen wie auch Lösungsoptionen diskutiert, die im Sinne einer lernorientierten Kontrolle eine Weiterentwicklung der Thematik ermöglichen.

Aber auch wenn die Managementkonzeption damit auf den ersten Blick geschlossen ist, wurde an vielen Stellen deutlich, dass es noch erhebliche Forschungs- und Umsetzungsdefizite gibt, die sich sowohl auf funktionelle als auch auf institutionelle Aspekte beziehen. Im Folgenden sollen diese Defizite in strukturierter und kurzer Form noch einmal zusammenfassend hervorgehoben werden. Damit verbinden wir die Hoffnung, weitere Arbeiten in diesem hochrelevanten Problemfeld der Betriebswirtschaftslehre zu motivieren, ohne jedoch den Anspruch auf Vollständigkeit erheben zu können.

Ein erstes, wohl ganz grundlegendes Defizit, welches sich in funktioneller, wissenschaftlicher Hinsicht ergibt, ist, dass es bis dato keine in sich geschlossene Managementtheorie für das Themenfeld der Nachhaltigkeit gibt. Die verwendeten Konzepte und Konstrukte sind oft noch unscharf, die Wirkungszusammenhänge erst ansatzweise deutlich und manche Problemfelder noch so unstrukturiert, dass die Forschung erst ganz am Anfang steht. Es verwundert daher nicht, dass im wissenschaftlichen Kontext dementsprechende institutionelle Defizite bestehen. So gibt es bis dato zum Beispiel nur wenige Lehrstühle, die sich explizit mit dem Thema „Sustainable Marketing Management" beschäftigen. Institute, die einen systematischen Wissenstransfer in die Praxis beziehungsweise einen systematischen Austausch mit der Praxis etabliert haben und somit wichtige Funktionen des Wissenstransfers übernehmen könnten, sind noch die seltene Ausnahme. Gleichwohl

H. Meffert et al. (Hrsg.), *Sustainable Marketing Management*,
DOI 10.1007/978-3-658-02437-6

lassen sich einige ermutigende Ansätze und Entwicklungen beobachten, wie zum Beispiel die Entscheidung des VHB das Thema „Nachhaltigkeit" zum Thema der Jahrestagung 2011 in Kaiserslautern zu ernennen und diese Entscheidung seinerzeit wie folgt zu begründen:

> „Für eine erfolgreiche Umsetzung des Leitbildes der Nachhaltigkeit ist es notwendig, dass Unternehmungen Nachhaltigkeitsaspekte strategisch verankern und damit einen Beitrag zur Transformation gesellschaftlicher Ziele auf die Mikroebene leisten.
> Die Operationalisierung des Leitbildes der Nachhaltigkeit stellt im Rahmen der betriebswirtschaftlichen Forschung nach wie vor eine der Herausforderungen dar, auch wenn einzelne Ansätze wie etwa Wirtschaftsökologie, Industrial Ecology und Corporate Social Responsibility wertvolle Beiträge geleistet haben. Damit sind die vorhandenen Forschungslücken nicht auf ein mangelndes Interesse an diesem Konstrukt zurückzuführen sondern eher auf die „systembedingte" Unschärfe des Leitbildes".

Wenngleich der Nachhaltigkeitsgedanke trotz oder sogar wegen seiner Unschärfe weltweit eine prominente Beachtung gefunden hat, so ist es verwunderlich, dass nahezu alle Volkswirtschaften mit Blick auf die Wohlstandsentwicklung uneingeschränkt am Wachstumsparadigma festhalten. Philip Kotler fordert vor diesem Hintergrund ein „Demarketing", das Unternehmen wie auch andere Institutionen proaktiv zur Reduzierung des Ressourcenverbrauches einsetzen sollen. Ungelöst bleibt jedoch die Frage, in welchem Umfang Demarketing-Ansätze freiwillig umgesetzt werden können, wenn Unternehmen hierdurch ihr eigenes Geschäftsmodell gefährden oder durch Trittbrettfahrerprobleme im Wettbewerb Nachteile erlangen. Letztlich bedarf es auf dem Weg zu einer nachhaltigen Entwicklung eines intelligenten Zusammenspiels zwischen Markt und Staat über Ländergrenzen hinweg, um die Übernutzung der natürlichen Ressourcenbasis bei gleichzeitiger Balancierung von Wohlfahrtsunterschieden zu begrenzen. Auf nationaler wie internationaler Ebene braucht ein Sustainable Marketing institutionellen Flankenschutz durch Selbstverpflichtungen oder einen internationalen Rechtsrahmen.

Weitere Defizite lassen sich in funktioneller und institutioneller Hinsicht erkennen, wenn man den Blick auf die Marketingpraxis lenkt. Zwar werden ja gerade in diesem Sammelwerk einige ermutigende Initiativen der betrieblichen Praxis vorgestellt, gleichwohl bilden diese noch in vielen Branchen die Ausnahme. Von einer breiten und systematischen Umsetzung der hier skizzierten Managementkonzeption sind die meisten Unternehmen noch weit entfernt. Dies mag zum einen daran liegen, dass das Thema zunächst nur schwer zu operationalisieren ist und zudem zahlreiche betriebliche Strukturen eher auf die Erreichung kurzfristiger Ziele ausgelegt sind – man denke beispielsweise an die viel zitierten Quartalszahlen im Financial Reporting oder das Phänomen des ungeduldigen Managers in der Organisationslehre. Zum anderen realisiert die Praxis erst nach und nach die ökonomisch langfristige Vorteilhaftigkeit des Sustainable Marketing Managements. Es bleibt in diesem Zusammenhang aber fraglich, welche Chance dieser Ansatz in Unternehmen und Betrieben haben kann, in denen die Idee des Marketings als Führungskonzept noch keine Akzeptanz gefunden hat. So bleibt unklar, wer die gesellschaftspolitisch notwendigen Aspekte des Sustainable Marketing Managements auf der Ebene des

Top-Managements vertreten kann, wenn dies nicht durch den Chief Marketing Officer geschehen soll, der sich wiederum auf fundierte Forschungsergebnisse der angewandten Marketingforschung stützen kann.

Insofern verwundert es nicht, dass Unternehmen, denen es bereits an den für die marktorientierte Führung notwendigen Institutionen im Top-Management mangelt, immer stärker öffentlich unter Druck geraten und zusehends ihre „license to operate" verlieren. Betrachtet man die damit verbundenen, gravierenden Konsequenzen, die nicht nur betriebswirtschaftlich sondern auch volkswirtschaftlich bedeutsam sein können, so stellt sich die Frage, warum die Marketingwissenschaft dieses ganz grundlegende, hochrelevante Forschungsfeld nach wie vor randständig behandelt und nicht stattdessen stärker die Position eines Impulsgebers einnimmt. Es ist nicht ganz unwahrscheinlich zu vermuten, dass dadurch eine Chance vertan wird, den Führungsanspruch des Marketings zu sichern, zu erneuern und darüber hinausgehend wichtige gesellschaftliche Impulse seitens der Marketingwissenschaft zu geben. Damit verbunden wird – vielleicht leichtfertig – die Chance vertan, die nach wie vor manifeste pejorative Entwicklung des Marketingbegriffs umzukehren, die ja gerade auch im marketingwissenschaftlichen Kontext oft beklagt wird.

Angesichts dieser Entwicklungen und Defizite aber auch der daraus resultierenden Chancen bleibt es zu hoffen, dass es der Marketingwissenschaft künftig noch stärker gelingen wird, durch den systematischen Transfer von relevanten Forschungsergebnissen im Bereich des Sustainable Marketing Managements die Marketingpraxis zu befähigen, die mit dem Themengebiet der Nachhaltigkeit verbundenen besorgniserregenden Probleme dauerhaft zu lösen. Wenn dieses Buch hierzu einen Beitrag leisten könnte, so hätte es seinen Zweck zweifelsohne erfüllt.

Münster, Düsseldorf und Leipzig

Heribert Meffert
Peter Kenning
Manfred Kirchgeorg

Printed by Printforce, the Netherlands